U0819469

建 筑 施 工

（第四版）

赵志缙
应惠清　主编

同济大学出版社
TONGJI UNIVERSITY PRESS

图书在版编目(CIP)数据

建筑施工. 第四版/赵志缙,应惠清主编.—上海:
同济大学出版社,2004.9(2022.12 重印)

ISBN 978-7-5608-2824-4

Ⅰ. 建… Ⅱ. ① 赵… ②应… Ⅲ. 建筑工程—工程施工—高等学校—教材 Ⅳ. TU7

中国版本图书馆 CIP 数据核字(2004)第 011668 号

建筑施工(第四版)

赵志缙　应惠清　主编

责任编辑　方　芳　　责任校对　郁　峰　　封面设计　李志云

出版发行　同济大学出版社　　www.tongjipress.com.cn
(地址:上海市四平路1239号　邮编:200092　电话:021-65985622)

经　　销　全国各地新华书店

印　　刷　启东市人民印刷有限公司

开　　本　787mm×1092mm　1/16

印　　张　26

印　　数　150 801—152 900

字　　数　666 000

版　　次　2004年9月第4版　2022年12月第22次印刷

书　　号　ISBN 978-7-5608-2824-4

定　　价　33.00元

本书若有印装质量问题,请向本社发行部调换　版权所有　侵权必究

前　言

“建筑施工”是“建筑工程专业”和“土木工程专业”的一门主要专业课程。它在培养学生独立分析和解决建筑工程施工中有关施工技术和组织计划问题的基本能力方面，起着重要的作用。

“建筑施工”是一门研究建筑工程施工中各建筑物（构筑物）和其主要分部、分项工程的施工技术和组织计划的基本规律的学科。由于它涉及面广，又日新月异地在发展，因此，在教学时间有限的前提下，为提高本课程的教学质量，就必须紧密结合我国实际，综合运用本专业的基础理论和近代科学技术的成果，有重点地讲授一些基本的和重要的内容。一些操作性较强的内容，则主要是通过生产实习、现场教学、教学参观等教学环节进行；一些特殊的施工技术和近代科学技术在建筑施工中的具体应用等，则留待选修课讲授。

由于我国大规模的基本建设，建筑施工技术在不断地发展，电子计算机和网络技术的应用使施工组织与计划的内容日益更新。为适应建筑施工课程的教学需要和反映我国建筑工程施工方面的新技术、新成就，1985 年 8 月由江景波、赵志缙主编的《建筑施工》出版后被许多兄弟院校用作教材，反映较好，并于 1987 年荣获国家教委的优秀教材优秀奖。为了及时反映现代建筑技术的新成就和适应施工规范和规程的修订，1989 年 2 月由江景波、赵志缙主编修订出版了《建筑施工》第二版；1997 年 9 月又由赵志缙、应惠清主编修订出版了《建筑施工》第三版。

近几年来，由于我国建筑技术迅速地发展，出现了日新月异的变化，为了能反映我国当前建筑技术的水平，与现行规范、规程接轨，更好地满足建筑施工课程的教学需要，我们参照教学大纲的要求，重新组织力量编写了第四版《建筑施工》教材。本书的绪论、第二、三、八、十章由赵志缙编写；第一、五、十一、十三章由应惠清编写；第九、十二章由徐伟、李建伟、马锦明编写；第六、十四章由吴水根编写；附录“建筑工程概预算”由徐蓉编写；第四、七章由李辉编写。全书由赵志缙、应惠清主编，进行了审校和统一加工。

本教材既保留了原有教材的传统和风格，删去了过时的内容，又补充了一些新技术，从全书看，比过去有所提高，但是限于我们的水平，本教材一定还存在不足，为此恳切希望读者一如既往地给予批评指正，以便我们作进一步的修改和补充。

编　者

2003 年 11 月

目　录

绪　论

一、建筑施工课程的研究对象、任务和学习方法

在基本建设中，建筑安装工程占有重要地位。从投资来看，国家用于建筑安装工程方面的资金，约占基本建设投资总额的60%。所以，要全面而高效率地完成基本建设任务，首先就要出色地完成建筑安装工程的施工任务。

一个建筑物或一个建筑群的施工，是由许多分部工程（土石方工程、砌筑工程、混凝土结构工程、结构吊装工程、装饰工程等）组成的。而每一个分部工程的施工，都可以采用不同的施工方案、不同的施工技术和机械设备、不同的劳动组织和施工组织方法来完成。如何根据施工对象的特点和规模、地质水文和气候条件、机械设备和材料供应等客观条件，从运用先进技术、提高经济效益出发，做到技术和经济统一，选择各分部工程最合理的施工方案，研究其施工规律，是本课程的研究对象之一。

此外，一个建筑物的各个施工过程和一个建筑群中各个建筑物的施工可以有不同的顺序，构件生产可以采用不同的方式，运输工作可以采用不同的工具和方式，工地上的机械设备、仓库、搅拌站、办公房屋、水电线路等可以有不同的布置方案，开工前的一系列施工准备工作可以用不同的方法解决。对于这一系列的问题，如何根据工程性质、规模和各种客观条件，从经济和技术统一的全局出发，对各种问题通盘加以考虑，做出科学的、合理的全面部署，编制出指导施工的施工组织设计，并在以后的贯彻执行过程中，根据条件的变化，随时适当地进行修正和补充，亦是本课程的研究对象。

概括起来，建筑施工的研究对象就是研究最有效地建造房屋（构筑物）和建筑物群（构筑物群）的理论、方法和有关的施工规律，以求用最少的消耗取得最大的成果，全面而高效率地完成建筑安装工程，以较好的经济效益保证建设项目迅速投产或使用。

根据上述的研究对象，可以看出本课程的任务，就是根据专业培养目标的要求，使学生了解我国的基本建设方针和政策以及各项具体的技术经济政策，了解建筑施工领域内国内外的新技术和发展动态，掌握分部工程和单个建筑物施工方案的选择和施工组织设计的编制，具有独立分析和解决建筑施工技术和组织计划问题的初步能力，并为今后进一步学习有关的知识和进行科学研究打下基础。

上述任务，对于本专业的学生将来参加国家四个现代化的建设是十分重要的。根据专业培养目标，将来不论是从事科学研究工作、结构设计工作或是具体的施工技术管理工作，都十分需要掌握这方面的基本理论和基本知识。

本学科涉及的理论面广、实践性强、政策性强，而且技术发展迅速。在学习中必须坚持理论联系实际的学习方法。除去对于课堂讲授的基本理论、基本知识加以理解和掌握之外，还需要随时注意党和政府颁布的有关基本建设的方针政策，随时了解国内外的最新发展，并对有关的实践性教学环节，如现场教学、习题和课程设计、教学参观、生产实习等给予足够的重视。

二、我国建筑施工发展概况

我国是一个历史悠久和文化发达的国家，在世界科学文化的发展史上，我国人民有过极为卓越的贡献，在建筑技术方面，我国同样有巨大的成绩。在殷代，我国已开始用水测定水平，用夯实的土壤作地基，并开始在墙壁上进行涂饰。战国、秦、汉时，砌筑技术有很大发展，已有方砖、空心砖和装饰性条砖，还用特制的楔形砖和企口砖砌筑拱券和穹窿，发券的方法也有单层、双层和多层券。此时已有精巧的榫卯，表明木构架建筑的施工技术已达到一定的水平。至两晋、南北朝，木塔的建造显示木结构技术有了进步。云冈石窟的开凿等表明了石工技术的水平。砖石结构开始大规模运用于地面上建筑，如河南登封嵩岳寺塔等的建造表明这方面有很大进步。隋、唐、五代时，土、石、砖、瓦、石灰、钢铁、矿物颜料和油漆的应用技术已渐趋熟练。夯土技术除用于城墙和地基外，还用于宫殿墙壁，并能用土坯砌筑半圆形穹窿顶。唐代大规模城市的建造，表明房屋施工技术达到了相当高的水平，宋、辽、金时，开始在基础下打桩。从砖塔和拱桥（如芦沟桥）可看出砖石结构的施工技术水平。同时在室内装饰方面亦更加秀丽而绚烂。至元、明、清，已能用夯土墙建造三、四层楼房，内加竹筋。砖券结构的普及说明了砌砖技术的进步。此外，木构架的整体性加强了，馏金、玻璃等用于建筑，丰富了装饰手法。现存的北京故宫等建筑，表明此时我国的建筑技术已达到很高的水平。

鸦片战争以后，帝国主义势力开始侵入我国，此后在我国的高等学校开始建立土建类的系科，开始了较正规的建筑教育。在沿海一些大城市也出现了一些用钢铁和混凝土建造的现代化建筑工程，但多数由外国建筑公司承建。此时，由我国私人创办的营造厂虽然也有所发展，并承建了一些工程，但由于规模小，技术装备较差，技术进步亦慢。因此，从整体来看解放前我国的建筑技术和组织管理水平是较低的。

新中国建立后，我国的建筑事业发生了根本的变化，经过对私营建筑业的改造和为适应国民经济恢复时期建设的需要，我国的施工力量就由 1949 年初的 20 万人左右，发展到 1952 年的 140 万人，至 1958 年更发展到 533 万人。到 1977 年，施工单位的职工已发展到占全国职工总数的 5.9%，成为一支力量雄厚的建设队伍，到 1985 年年底，从事建筑业的人数已达 1700 万人。近年来又有很大的发展，已达 3000 万人以上，成为一支有较高技术水平的施工队伍。

建筑安装企业完成的工作量逐年提高，1950～1952 年的国民经济恢复时期完成 78.4 亿元；1953～1957 年的第一个五年计划完成 550 亿元；到 1979 年，建国 30 年来累计完成的工作量，已达 3600 亿元。进入 20 世纪 80 年代增长更快，“六五”（1981—1985 年）期间完成固定资产投资 7997 亿元，“七五”（1986—1990 年）期间完成固定资产投资 19746 亿元。进入 20 世纪 90 年代，由于改革开放我国国民经济进入快速发展期，每年的基本建设投资都在 3 万亿元以上。进入 21 世纪，中央决定对我国西部进行大开发，西气东输、西电东送等一系列的巨大工程和南水北调以及东部沿海的一些巨大工程的相继开展，加上为改善人民居住条件的房地产业和城市建设的快速发展，使我国的基本建设投资又逐年增长。

解放初期为恢复生产力，我国建设了鞍山钢铁公司、长春汽车厂等一千多个规模宏大的工矿企业。1958—1959 年在北京建设了人民大会堂、北京火车站、中国历史博物馆等结构复杂、功能要求严格、装修标准高的十大建筑。改革开放以后，我国建设了上海宝山钢铁总公司，扬子、齐鲁、大庆、上海等大型乙烯工程，秦山、大亚湾、岭澳和连云港核电站，全国各地为数众多的新技术开发区，北京国家大剧院、上海大剧院、上海东方明珠电视塔、上海东方艺术中心等文化设施，北京亚运村和上海八万人体育场、北京奥运会工程等体育设施，首都国际机场、上海浦东国际机场和全国各地新建机场等公共设施，上海金茂大厦、深圳地王商业大厦、广州中天广场等一大批超高层建筑，以及正在建设的北京奥运会和上海世博会设施、长江的和跨海的许多大桥、各地的地铁工程等，都集中体现出我国建筑施工已达到很高的水平，有些已达到或领先国际水平。

在建筑施工技术方面，改革开放尤其是近十多年进步很快。我们不但掌握了大型复杂的工业企业、高层和超高层建筑以及大跨公用建筑的成套施工技术，而且在地基处理和基础工程方面推广和发展了注浆法、旋喷法、深层搅拌法、强夯法和托换技术、深基坑工程的支护技术、深层降水和挖土技术、大直径超深钻孔灌注桩、超长的打设桩、地下连续墙和逆筑法新技术；在混凝土工程技术方面，采用了高强高性能混凝土、纤维混凝土等新型混凝土，发展了预拌混凝土和混凝土泵送技术，对预应力混凝土、大体积混凝土施工技术有很大提高，还发展了新型模板体系和粗钢筋机械连接技术；在钢结构工程方面，掌握了高层钢结构施工技术，发展了空间钢结构、轻型钢结构和预应力钢结构技术，在索、膜结构方面亦有很大发展；其他在附着升降脚手架、地下和屋面防水技术以及现代装饰装修技术方面也都有了极大的提高。

经过多年大规模的经济建设，也促使我国建筑施工组织计划的水平不断提高。我国在第一个五年计划期间，在一些重点工程上已开始编制施工组织设计，后来并相继有所发展；到 20 世纪 60 年代中期处于停顿；但进入 20 世纪 70 年代中期以后，又在一些重要工程上得到恢复和发展。近年来随着网络计划技术和电子计算机等新技术的应用以及项目管理的推行，更进一步提高了我国的施工组织与项目管理的水平。

三、施工规范与施工规程（规定）

建筑工程施工方面的规范主要是“施工质量验收规范”，它是国家标准，是按建筑工程的分部工程或子分部工程（如建筑地基基础工程、混凝土结构工程、钢结构工程等）分别制订，分册出版。另外，还有一本“建筑工程施工质量验收统一标准”GB50300—2001。它们都是由国家建设部组织编写和颁发的重要法规。规范规定了分部（子分部）工程和分项工程质量验收的标准、内容和方法，施工现场质量管理和质量控制要求，涉及结构安全的见证及抽样检测等。

凡新建、改建、修复等工程，在施工竣工验收时均应遵守相应的施工质量验收规范。对隐蔽工程在隐蔽之前就进行检查和验收。

规范中以黑体字标示的条文为强制性条文，必须严格执行。施工质量验收规范由国家建设部负责管理和对强制性条文的解释，由各册的主编单位负责具体技术内容的解释。随着设计和施工水平的提高，每隔一定时间，须对施工质量验收规范进行相应的修订。

《施工规程（规定）》是比《施工质量验收规范》低一个等级的施工标准文件，多为国家行业标准，它一般由各部、委或重要的科学研究单位编制，呈报规范的管理单位批准或备案后发布试行。它主要是为了及时推广一些新结构、新材料、新工艺而制订的标准，如《建筑基坑支护技术规程》JGJ120—99、《混凝土泵送施工技术规程》JGJ/T10—95 等，有时将设计与施工合并为一册，制订设计与施工规程，如《液压滑升模板工程设计与施工规定》、《高层建筑箱形基础设计与施工规定》等，其内容不尽相同，根据结构与施工工艺特点而定。设计与施工规程（规定）一般包括总则、设计规定、计算要求、构造要求、施工规定和工程验收，有时还附有具体内容的附录。

《施工规程（规定）》中有关质量验收的内容不能与《施工质量验收规范》抵触，如有不同，应以规范为准。

第一章　土方工程

第一节　概　述

土方工程包括一切土的挖掘、填筑和运输等过程以及排水、降水、土壁支撑等准备工作和辅助工程。在土木工程中，最常见的土方工程有场地平整、基坑(槽)开挖、地坪填土、路基填筑及基坑回填土等。

土方工程施工往往具有工程量大、劳动繁重和施工条件复杂等特点；土方工程施工又受气候、水文、地质、地下障碍等因素的影响较大，不可确定的因素也较多，有时施工条件极为复杂。因此，在组织土方工程施工前，应详细分析与核对各项技术资料(如地形图、工程地质和水文地质量勘察资料、地下管道、电缆和地下构筑物资料及土方工程施工图等)，进行现场调查并根据现有施工条件，制订出技术可行经济合理的施工设计方案。

土方工程顺利施工，不但能提高土方施工的劳动生产率，而且为其他工程的施工创造有利条件，对加快基本建设速度有很大意义。

一、土的工程分类

土的分类繁多，其分类法也很多，如按土的沉积年代、颗粒级配、密实度、液性指数分类等。在土木工程施工中，按土的开挖难易程度将土分为八类(表 1-1)，这也是确定土木工程劳动定额的依据。

表 1-1　土的工程分类

类　别	土　的　名　称	开挖方法	可松性系数	
			K_s	K_s'
第一类(松软土)	砂，粉土，冲积砂土层，种植土，泥炭(淤泥)	用锹、锄头挖掘	1.08～1.17	1.01～1.04
第二类(普通土)	粉质粘土，潮湿的黄土，夹有碎石、卵石的砂，种植土，填筑土和粉土	用锹、锄头挖掘，少许用镐翻松	1.14～1.28	1.02～1.05
第三类(坚土)	软及中等密实粘土，重粉质粘土，粗砾石，干黄土及含碎石、卵石的黄土、粉质粘土、压实的填筑土	主要用镐，少许用锹、锄头，部分用撬棍	1.24～1.30	1.04～1.07
第四类(砾砂坚土)	重粘土及含碎石、卵石的粘土，粗卵石，密实的黄土，天然级配砂石，软泥灰岩及蛋白石	先用镐、撬棍，然后用锹挖掘，部分用楔子及大锤	1.26～1.37	1.06～1.09
第五类(软石)	硬石炭纪粘土，中等密实的页岩、泥灰岩、白垩土，胶结不紧的砾岩，软的石灰岩	用镐或撬棍，大锤，部分用爆破方法	1.30～1.45	1.10～1.20

续表

类别	土的名称	开挖方法	可松性系数	
			K_s	K_s'
第六类（次坚石）	泥岩，砂岩，砾岩，坚实的页岩、泥灰岩，密实的石灰岩，风化花岗岩、片麻岩	用爆破方法，部分用风镐	1.30～1.45	1.10～1.20
第七类（坚石）	大理岩，辉绿岩，玢岩，粗、中粒花岗岩，坚实的白云岩、砂岩、砾岩、片麻岩、石灰岩，风化痕迹的安山岩、玄武岩	用爆破方法	1.30～1.45	1.10～1.20
第八类（特坚石）	安山岩，玄武岩，花岗片麻岩，坚实的细粒花岗岩、闪长岩、石英岩、辉长岩、辉绿岩，玢岩	用爆破方法	1.45～1.50	1.20～1.30

二、土的工程性质

土的工程性质对土方工程施工有直接影响，也是进行土方施工设计必须掌握的基本资料。土的工程性质主要如下：

（一）土的可松性

土具有可松性。即自然状态下的土，经过开挖后，其体积因松散而增大，以后虽经回填压实，仍不能恢复。由于土方工程量是以自然状态的体积来计算的，所以在土方调配、计算土方机械生产率及运输工具数量等的时候，必须考虑土的可松性。土的可松性程度用可松性系数表示，即

$$K_s=\frac{V_2}{V_1};\quad K_s'=\frac{V_3}{V_1} \tag{1-1}$$

式中 K_s——最初可松性系数；

K_s'——最后可松性系数；

V_1——土在天然状态下的体积（m^3）；

V_2——土经开挖后的松散体积（m^3）；

V_3——土经回填压实后的体积（m^3）。

在土方工程中，K_s 是计算土方施工机械及运土车辆等的重要参数，K_s' 是计算场地平整标高及填方时所需挖土量等的重要参数。

（二）土的压缩性

移挖作填或取土回填，松土经填压后会压缩，一般松土的压缩率见表1-2。在松土回填时应考虑土的压缩率，一般可按填方断面增加10％～20％计算松土的土方数量。

表 1-2　　土的压缩率

土的类别	土的名称	土的压缩率(%)	每 m^3 松散土压实后的体积(m^3)	土的类别	土的名称	土的压缩率(%)	每 m^3 松散土压实后的体积(m^3)
一～二类土	种植土	20	0.80	三类土	天然湿度黄土	12～17	0.85
	一般土	10	0.90		一般土	5～10	0.95
	砂　土	5	0.95		干燥坚实黄土	5～7	0.94

（三）原状土经机械压实后的沉降量

原状土经机械往返压实或经其他压实措施后，会产生一定的沉陷，根据不同土质，其沉陷量一般在 3～30cm 之间。可按下述经验公式计算：

$$S=\frac{P}{C} \tag{1-2}$$

式中　S——原状土经机械压实后的沉降量(cm)；

P——机械压实的有效作用力(MPa)；

C——原状土的抗陷系数(MPa)，可按表 1-3 取值。

表 1-3　　不同土的 C 值参考表

原　状　土　质	C(MPa)	原　状　土　质	C(MPa)
沼泽土	0.01～0.015	大块胶结的砂、潮湿粘土	0.035～0.06
凝滞的土、细粒砂	0.018～0.025	坚实的粘土	0.1～0.125
松砂、松湿粘土、耕土	0.025～0.035	泥灰石	0.13～0.18

此外，土的工程性质还有渗透性、密实度、抗剪强度、土压力等，这些内容在土力学中有详细分析，在此不再赘述。

第二节　场地设计标高的确定

大型工程项目通常都要确定场地设计平面，进行场地平整。场地平整就是将自然地面改造成人们所要求的平面。场地设计标高应满足规划、生产工艺及运输、排水及最高洪水位等要求，并力求使场地内土方挖填平衡且土方量最小。

一、场地设计标高确定的一般方法

如场地比较平缓，对场地设计标高无特殊要求，可按下述方法确定：

将场地划分成边长为 a 的若干方格，并将方格网角点的原地形标高标在图上(图 1-1)。原地形标高可利用等高线用插入法求得或在实地测量得到。

按照挖填土方量相等的原则，场地设计标高可按下式计算：

$$na^2z_0=\sum_{i=1}^{n}\left(a^2\frac{z_{i1}+z_{i2}+z_{i3}+z_{i4}}{4}\right)$$

即

$$z_0=\frac{1}{4n}\sum_{i=1}^{n}(z_{i1}+z_{i2}+z_{i3}+z_{i4}) \tag{1-3}$$

式中 z_0——所计算场地的设计标高(m)；

n——方格数；

z_{i1}，z_{i2}，z_{i3}，z_{i4}——第 i 个方格四个角点的原地形标高(m)。

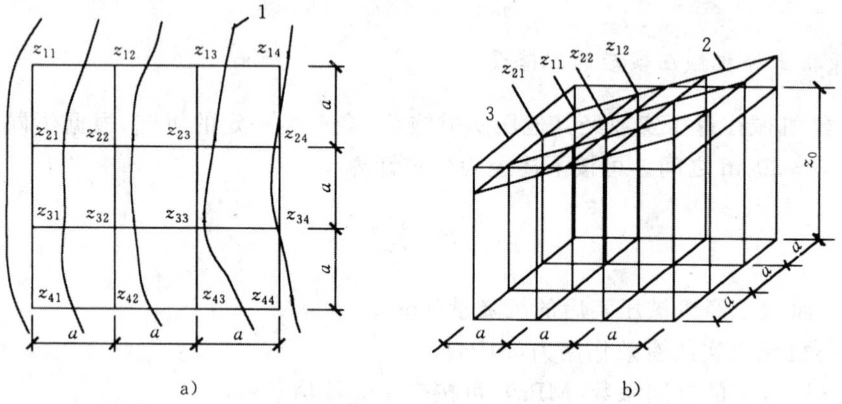

图 1-1 场地设计标高计算示意图

a) 地形图方格图；b) 设计标高示意图

1—等高线；2—自然地面；3—设计平面

由图 1-1 可见，11 号角点为一个方格独有，而 12，13，21，24 号等角点为两个方格共有，22，23，32，33 号角点则为四个方格所共有。在用式(1-3)计算 z_0 的过程中类似 11 号角点的标高仅加一次，类似 12 号角点的标高加两次，类似 22 号角点的标高则加四次，这种在计算过程中被应用的次数 P_i，反映了各角点标高对计算结果的影响程度，测量上的术语称为“权”。考虑各角点标高的“权”，式(1-3)可改写成更便于计算的形式：

$$z_0=\frac{1}{4n}(\sum z_1+2\sum z_2+3\sum z_3+4\sum z_4) \tag{1-4}$$

式中 z_1——一个方格独有的角点标高；

z_2，z_3，z_4——分别为二、三、四个方格所共有的角点标高。

按式(1-4)得到的设计平面为一水平的挖填方相等的场地，实际场地均应有一定的泄水坡度。因此，应根据泄水要求计算出实际施工时所采用的设计标高。

以 z_0 作为场地中心点的标高(图 1-2)，则场地任意点的设计标高为

$$z_i'=z_0\pm l_xi_x\pm l_yi_y \tag{1-5}$$

式中，z_i' 是考虑泄水坡度的角点设计标高。

求得 z_i' 后，即可按下式计算各角点的施工高度 H_i：

$$H_i=z_i'-z_i \tag{1-6}$$

式中，z_i 是 i 角点的原地形标高。

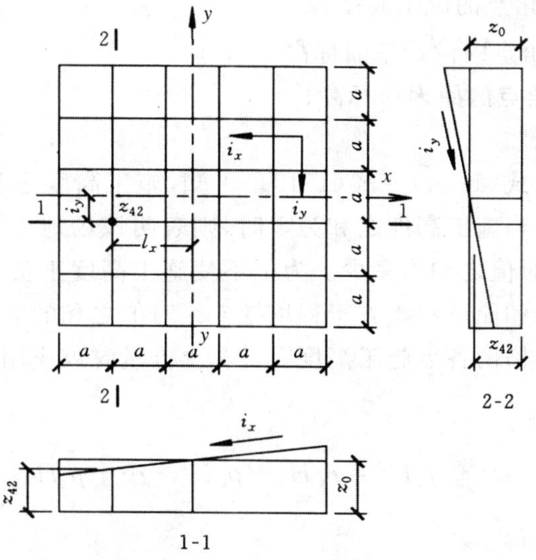

图 1-2　场地泄水坡度

若 H_i 为正值，则该点为填方，H_i 为负值则为挖方。

二、用最小二乘法原理求最佳设计平面

按上述方法得到的设计平面，能使挖方量与填方量平衡，但不能保证总的土方量最小。应用最小二乘法的原理，可求得满足上述两个条件的最佳设计平面。

当地形比较复杂时，一般需设计成多平面场地，此时可根据工艺要求和地形特点，预先把场地划分成几个平面，分别计算出最佳设计单平面的各个参数，然后适当修正各设计单平面交界处的标高，使场地各单平面之间的变化缓和且连续。因此，确定单平面的最佳设计平面是竖向规划设计的基础。

我们知道，任何一个平面在直角坐标体系中都可以用三个参数 c, i_x, i_y 来确定（图1-3）。在这个平面上任何一点 i 的标高 z_i'，可以根据下式求出：

$$z_i' = c + x_i i_x + y_i i_y \qquad (1\text{-}7)$$

式中　x_i——i 点在 x 方向的坐标；

y_i——i 点在 y 方向的坐标。

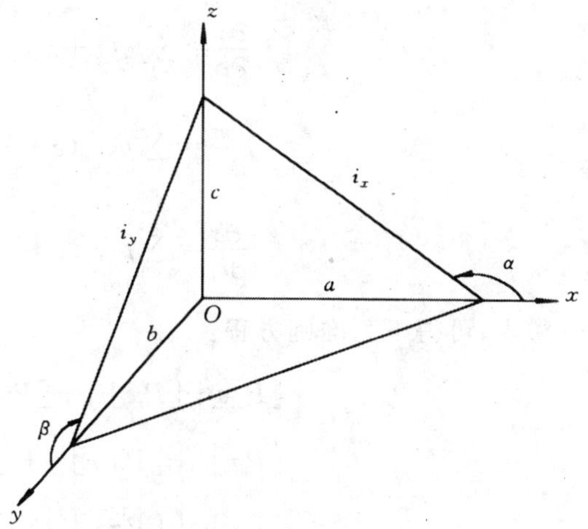

图 1-3　一个平面的空间位置

c—原点标高；$i_x = \tan\alpha = -\dfrac{c}{a}$，$x$ 方向的坡度；

$i_y = \tan\beta = -\dfrac{c}{b}$，$y$ 方向的坡度

与前述方法类似，将场地划分成方格网，并将原地形标高 z_i 标于图上，设最佳设计平面的方程式为式(1-7)，则该场地方格网角点的施工高度为

$$H_i = z_i' - z_i = c + x_i i_x + y_i i_y - z_i \quad (i = 1, \cdots, n) \qquad (1\text{-}8)$$

式中　H_i——方格网各角点的施工高度；

z_i'——方格网各角点的设计平面标高；

z_i——方格网各角点的原地形标高；

n——方格角点总数。

由土方量计算公式(式(1-14)～式(1-19))可知，施工高度之和与土方工程量成正比。由于施工高度有正有负，当施工高度之和为零时，则表明该场地土方的填挖平衡，但它不能反映出填方和挖方的绝对值之和为多少。为了不使施工高度正负相互抵消，若把施工高度平方之后再相加，则其总和能反映土方工程填挖方绝对值之和的大小。但要注意，在计算施工高度总和时，应考虑方格网各点施工高度在计算土方量时被应用的次数 p_i，令 σ 为土方施工高度之平方和，则

$$\sigma=\sum_{i=1}^{n}p_iH_i^2=p_1H_1^2+p_2H_2^2+\cdots+p_nH_n^2 \tag{1-9}$$

将式(1-8)代入式(1-9)，得

$$\begin{aligned}\sigma=&p_1(c+x_1i_x+y_1i_y-z_1)^2+p_2(c+x_2i_x+y_2i_y-z_2)^2\\&+\cdots+p_n(c+x_ni_x+y_ni_y-z_n)^2\end{aligned}$$

当 σ 的值最小时，该设计平面既能使土方工程量最小，又能保证填挖方量相等(填挖方不平衡时，上式所得数值不可能最小)。这就是用最小二乘法求设计平面的方法。

为了求得 σ 最小时的设计平面参数 c，i_x，i_y，可以对上式的 c，i_x，i_y 分别求偏导数，并令其为 0，于是得

$$\left.\begin{aligned}\frac{\partial\sigma}{\partial c}&=\sum_{i=1}^{n}p_i(c+x_ii_x+y_ii_y-z_i)=0\\\frac{\partial\sigma}{\partial i_x}&=\sum_{i=1}^{n}p_ix_i(c+x_ii_x+y_ii_y-z_i)=0\\\frac{\partial\sigma}{\partial i_y}&=\sum_{i=1}^{n}p_iy_i(c+x_ii_x+y_ii_y-z_i)=0\end{aligned}\right\} \tag{1-10}$$

经过整理，可得下列准则方程：

$$\left.\begin{aligned}&[P]c+[Px]i_x+[Py]i_y-[Pz]=0\\&[Px]c+[Pxx]i_x+[Pxy]i_y-[Pxz]=0\\&[Py]c+[Pxy]i_y+[Pyy]i_y-[Pyz]=0\end{aligned}\right\} \tag{1-11}$$

式中　$[P]=P_1+P_2+\cdots+P_n$

$[Px]=P_1x_1+P_2x_2+\cdots+P_nx_n$

$[Pxx]=P_1x_1x_1+P_2x_2x_2+\cdots+P_nx_nx_n$

$[Pxy]=P_1x_1y_1+P_2x_2y_2+\cdots+P_nx_ny_n$

其余类推。

解联立方程组(1-11)，可求得最佳设计平面(此时尚未考虑工艺、运输等要求)的三个参数 c,i_x,i_y。然后即可根据方程式(1-3)算出各角点的施工高度。

应用上述准则方程时，若已知 c 或 i_x，或 i_y 时，只要把这些已知值作为常数代入，即可求得该条件下的最佳设计平面，但它与无任何限制条件下求得的最佳设计平面相比，其总土方量一般要比后者大。

例如，要求场地为水平面(即 $i_x=i_y=0$)，则由式(1-11)中的第一式可得

$$c=\frac{[Pz]}{[p]} \tag{1-12}$$

c 就是场地为水平面时的设计标高，它与式(1-4)中的 z_0 的意义完全相同，说明按式(1-14)方法所得的场地设计平面，仅是在场地为水平面条件下的最佳设计平面，显然，它不能保证在一般情况下总的土方量最小。

三、设计标高的调整

实际工程中，对计算所得的设计标高，还应考虑下述因素进行调整，这工作在完成土方量计算后进行。

(1) 考虑土的最终可松性，需相应提高设计标高，以达到土方量的实际平衡。

(2) 考虑工程余土或工程用土，相应提高或降低设计标高。

(3) 根据经济比较结果，如采用场外取土或弃土的施工方案，则应考虑因此引起的土方量的变化，需将设计标高进行调整。

场地设计平面的调整工作也是繁重的，如修改设计标高，则须重新计算土方工程量。

例 1-1 如例 1-1 图 a)所示场地为 40m×40m 的矩形广场，方格边长为 10m，试用四方棱柱体法确定其最佳设计平面各方格顶点的施工高度。

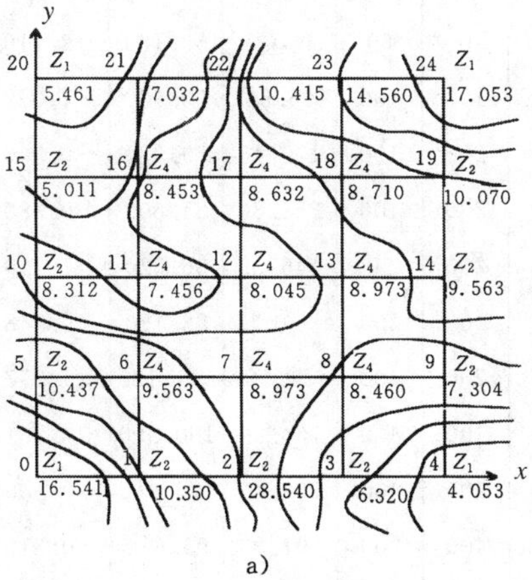

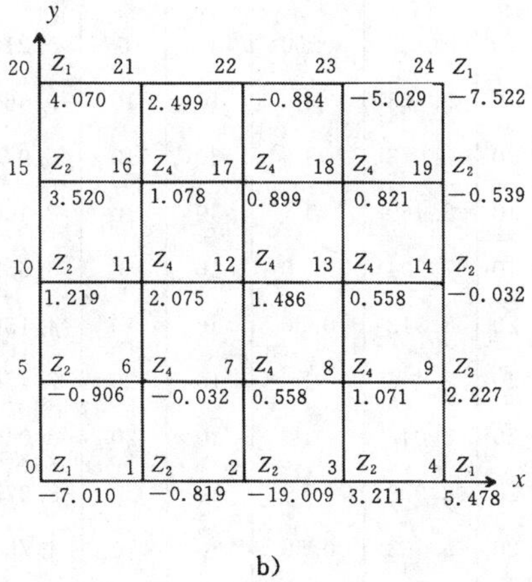

例 1-1 图

a) 场地方格网及原地形标高；b) 最佳设计平面计算结果

解 首先确定场区的坐标及方格网 10m×10m 各顶点的标高及 P 值。接下来计算准

则方程的系数，为便于计算可用表的形式进行。例 1-1 表中第 1 列为点号，第 2，3，4 列为各角点的坐标，第 5 列为各顶点的 P 值。为了便于计算，所有的 P 值都乘以 0.25。从第 6 列起至第 13 列止为系数的运算部分，将系数的总和写在表中的最下一行中。

计算后，系数总和值代入准则方程组

$$\left.\begin{aligned}16c+320i_x+320i_y-142.496=0\\320c+8800i_x+6400i_y-2891.47=0\\320c+6400i_x+8800i_y-2907.24=0\end{aligned}\right\}$$

联解方程组求得设计平面的三个参数为

$$c=+8.082080;\quad i_x=+0.0173125;\quad i_y=+0.0238833$$

将这三个参数代入式(1-7)，即可求出各方格顶点的施工高度，即

$$H=8.082080+0.0173125x_i+0.0238833y_i-z_i$$

最后进行检查，将第 5 列的 P 值和第 14 列的 H 相乘所得数字填在表的第 15 列内。$[PH]=0$，说明整个计算过程无误。

例 1-1 表　　　　最佳设计平面计算表

1	2	3	4	5	6	7	8	9	10	11	12	13	14	15
点号	x	y	z	P	Px	Py	Pz	Pxx	Pxy	Pyy	Pxz	Pyz	H	PH
0	0	0	16.541	0.25	0	0	4.135	0	0	0	0	0	−8.459	−2.115
1	10	0	10.350	0.50	5	0	5.175	50	0	0	51.75	0	−2.095	−1.048
2	20	0	8.540	0.50	10	0	4.270	200	0	0	85.40	0	−0.112	−0.056
3	30	0	6.320	0.50	15	0	3.160	450	0	0	94.80	0	+2.281	+1.141
4	40	0	4.053	0.25	10	0	1.013	400	0	0	40.53	0	+4.722	+1.181
5	0	10	10.437	0.50	0	5	5.218	0	0	50	0	52.185	−2.116	−1.058
6	10	10	9.563	1	10	10	9.563	100	100	100	95.63	95.630	−1.069	−1.069
7	20	10	8.973	1	20	10	8.973	400	200	100	179.46	89.730	−0.306	−0.306
8	30	10	8.460	1	30	10	8.460	900	300	100	253.80	84.600	+0.380	+0.380
9	40	10	7.304	0.50	20	5	3.652	800	200	50	146.08	36.520	+1.710	+0.855
10	0	20	8.312	0.50	0	10	4.156	0	0	200	0	83.120	+0.248	+0.124
11	10	20	7.456	1	10	20	7.456	100	200	400	74.56	149.120	+1.277	+1.277
12	20	20	8.045	1	20	20	8.045	400	400	400	160.90	160.900	+0.861	+0.861
13	30	20	8.973	1	30	20	8.973	900	600	400	269.19	179.460	+0.106	+0.106
14	40	20	9.563	0.50	20	10	4.781	800	400	200	191.26	95.630	−0.310	−0.155
15	0	30	6.011	0.50	0	15	3.005	0	0	450	0	90.165	+2.787	+1.394
16	10	30	8.453	1	10	30	8.453	100	300	900	84.53	253.590	+0.518	+0.518
17	20	30	8.632	1	20	30	8.632	400	600	900	172.64	258.960	+0.512	+0.512

续表

1	2	3	4	5	6	7	8	9	10	11	12	13	14	15
点号	x	y	z	P	Px	Py	Pz	Pxx	Pxy	Pyy	Pxz	Pyz	H	PH
18	30	30	8.710	1	30	30	8.710	900	900	900	261.30	261.300	+0.607	+0.607
19	40	30	10.070	0.50	20	15	5.035	800	600	450	210.40	151.050	−0.579	−0.290
20	0	40	5.461	0.25	0	10	1.365	0	0	400	0	54.610	+3.576	+0.894
21	10	40	7.032	0.50	5	20	3.516	50	200	800	35.16	140.640	+2.178	+1.089
22	20	40	10.415	0.50	10	20	5.207	200	400	800	104.15	208.300	−1.032	−0.516
23	30	40	14.560	0.50	15	20	7.280	450	600	800	218.40	291.200	−5.004	−2.502
24	40	40	17.053	0.25	10	10	4.263	400	400	400	170.53	170.530	−7.323	−1.831
				16	320	320	142.496	8800	6400	8800	2891.47	2907.240		~0.000
				[P]	[Px]	[Py]	[Pz]	[Pxx]	[Pxy]	[Pyy]	[Pxz]	[Pyz]		[PH]

第三节　土方工程量计算与调配

一、土方工程量计算

在土方工程施工之前，通常要计算土方的工程量。但土方工程的外形往往复杂，不规则，要得到精确的计算结果很困难。一般情况下，都将其假设或划分成为一定的几何形状，并采用具有一定精度而又和实际情况近似的方法进行计算。

（一）基坑（槽）和路堤的土方量计算

基坑（槽）和路堤的土方量可按拟柱体积的公式计算（图 1-4），即

$$V=\frac{H}{6}(F_1+4F_0+F_2) \tag{1-13}$$

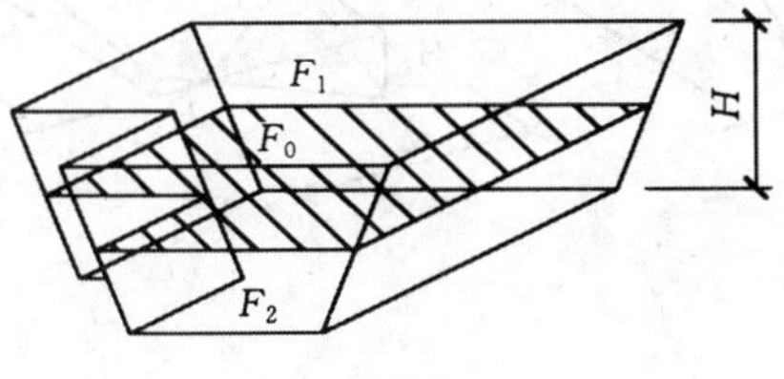

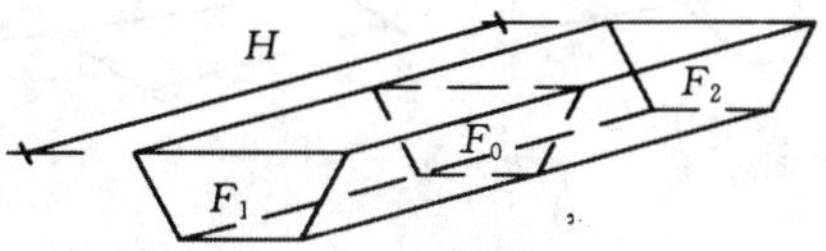

图 1-4　土方量计算

a）基坑土方量计算；b）基槽、路堤土方量计算

式中　V——土方工程量（m^3）；

H,F_1,F_2——如图所示。对基坑而言，H 为基坑的深度，F_1，F_2 分别为基坑的上下底面积（m^2）；对基槽或路堤，H 一般取基槽或路堤的长度（m），F_1，F_2

为两端端面的面积(m^2);

F_0——F_1 与 F_2 之间的中截面面积(m^2)。

基槽与路堤通常根据其形状(曲线、折线、变截面等)划分成若干计算段,分段计算土方量,然后再累加求得总的土方工程量。如果基槽、路堤是等截面的,则 $F_1 = F_2 = F_0$,可由式(1-13)计算 $V = HF_1$。

(二) 场地平整土方量的计算

在场地设计标高确定后,需平整的场地各角点的施工高度即可求得,然后按每个方格角点的施工高度算出填、挖土方量,并计算场地边坡的土方量,这样即得到整个场地的填、挖土方总量。计算前先确定"零线"的位置,有助于了解整个场地的挖、填区域布分状态。零线即挖方区与填方区的交线,在该线上,施工高度为 0。零线的确定方法是:在相邻角点施工高度为一挖一填的方格边线上,用插入法求出零点的位置(图1-5),将各相邻的零点连接起来即为零线。

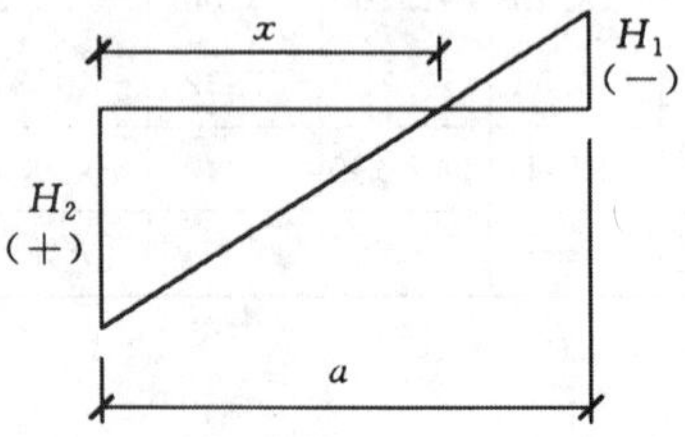

图 1-5 零点计算示意图

如不需计算零线的确切位置,则绘出零线的大致走向即可。

零线确定后,便可进行土方量的计算。方格中土方量的计算有两种方法:"四方棱柱体法"和"三角棱柱体法"。

1. 四方棱柱体的体积计算方法

方格四个角点全部为填或全部为挖(图 1-6a))时:

$$V = \frac{a^2}{4}(H_1 + H_2 + H_3 + H_4) \tag{1-14}$$

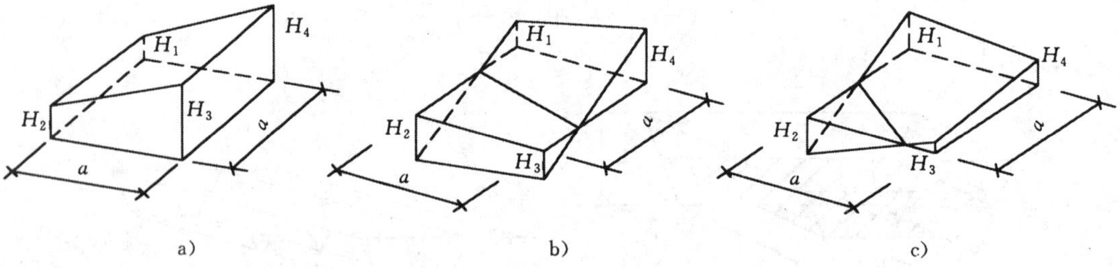

图 1-6 四方棱柱体的体积计算

a) 角点全填或全挖;b) 角点二填二挖;c) 角点一填(挖)三挖(填)

式中 V——挖方或填方体积(m^3);

H_1, H_2, H_3, H_4——方格四个角点的填挖高度,均取绝对值(m)。

方格四个角点,部分是挖方,部分是填方(图 1-6b)和 c))时:

$$V_{填} = \frac{a^2}{4}\frac{(\sum H_{填})^2}{\sum H} \tag{1-15}$$

$$V_{挖}=\frac{a^2}{4}\frac{(\sum H_{挖})^2}{\sum H} \tag{1-16}$$

式中　$\sum H_{填(挖)}$——方格角点中填(挖)方施工高度的总和，取绝对值(m)；

$\sum H$——方格四角点施工高度之总和，取绝对值(m)；

a——方格边长(m)。

2. 三角棱柱体的体积计算方法

计算时先把方格网顺地形等高线，将各个方格划分成三角形(图1-7)。

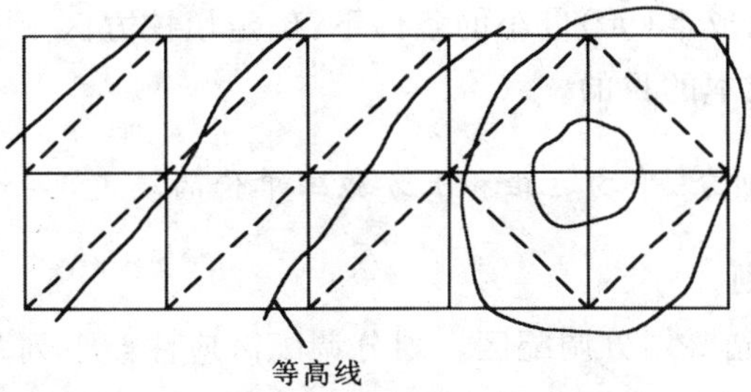

图1-7　按地形将方格划分成三角形

每个三角形的三角点的填挖施工高度，用H_1，H_2，H_3表示。当三角形三个角点全部为挖或全部为填时(图1-8a))：

$$V=\frac{a^2}{6}(H_1+H_2+H_3) \tag{1-17}$$

式中　a——方格边长(m)；

H_1，H_2，H_3——三角形各角点的施工高度(m)，用绝对值代入。

三角形三个角点有填有挖时，零线将三角形分成两部分，一个是底面为三角形的锥体，一个是底面为四边形的楔体(图1-8)。

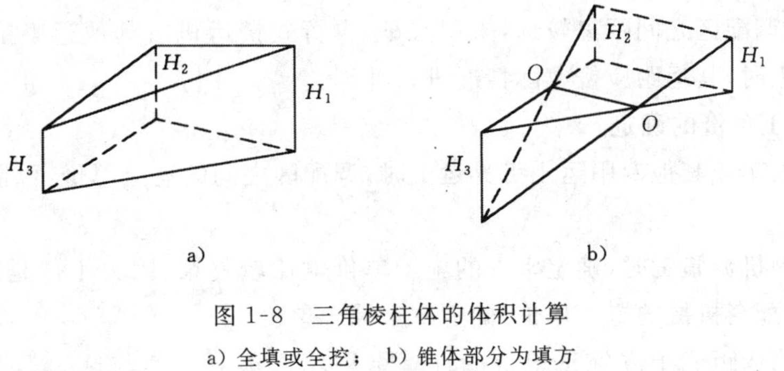

图1-8　三角棱柱体的体积计算

a) 全填或全挖；b) 锥体部分为填方

其中，锥体部分的体积为

$$V_{锥}=\frac{a^2}{6}\frac{H_3^3}{(H_1+H_3)(H_2+H_3)} \tag{1-18}$$

楔体部分的体积为

$$V_{楔}=\frac{a^2}{6}\left[\frac{H_3^3}{(H_1+H_3)(H_2+H_3)}-H_3+H_2+H_1\right] \tag{1-19}$$

式中，H_1，H_2，H_3 分别为三角形各角点的施工高度(m)，取绝对值，其中，H_3 指的是锥体顶点的施工高度。

二、土方调配

土方调配是大型土方施工设计的一个重要内容。土方调配的目的是在使土方总运输量($m^3 \cdot m$)最小或土方运输成本(元)最小的条件下，确定填挖方区土方的调配方向和数量，从而达到缩短工期和降低成本的目的。

(一) 土方调配区的划分、平均运距和土方施工单价的确定

1. 调配区的划分原则

进行土方调配时，首先要划分调配区。划分调配区应注意下列几点：

(1) 调配区的划分应该与工程建(构)筑物的平面位置相协调，并考虑它们的开工顺序、工程的分期施工顺序；

(2) 调配区的大小应该满足土方施工主导机械(铲运机、挖土机等)的技术要求；

(3) 调配区的范围应该和土方工程量计算用的方格网协调，通常可由若干个方格组成一个调配区；

(4) 当土方运距较大或场地范围内土方不平衡时，可根据附近地形，考虑就近取土或就近弃土，这时一个取土区或弃土区都可作为一个独立的调配区。

2. 平均运距的确定

调配区的大小和位置确定之后，便可计算各填、挖方调配区之间的平均运距。当用铲运机或推土机平土时，挖土方调配区和填方调配区土方重心之间的距离，通常就是该填、挖方调配区之间的平均运距。

当填、挖方调配区之间距离较远，采用汽车、自行式铲运机或其他运土工具沿工地道路或规定线路运土时，其运距应按实际情况进行计算。

3. 土方施工单价的确定

如果采用汽车或其他专用运土工具运土时，调配区之间的运土单价，可根据预算定额确定。

当采用多种机械施工时，确定土方的施工单价就比较复杂，因为不仅是单机核算问题，还要考虑运、填配套机械的施工单价，确定一个综合单价。

将上述平均运距或土方施工单价的计算结果填入土方平衡与施工运距(单价)表(表1-4)内。

(二) 用“线性规划”方法进行土方调配时的数学模型

表 1-4 是土方平衡与施工运距(单价)表。

表 1-4 **土方平衡与施工运距(单价)**

挖方区	填方区						挖方量
	T_1	T_2	…	T_j	…	T_n	
W_1	x_{11} c_{11} / c'_{11}	x_{12} c_{12} / c'_{12}	…	x_{1j} c_{1j} / c'_{1j}	…	x_{1n} c_{1n} / c'_{1n}	a_1
W_2	x_{21} c_{21} / c'_{21}	x_{22} c_{22} / c'_{22}	…	x_{2j} c_{2j} / c'_{2j}	…	x_{2n} c_{2n} / c'_{2n}	a_2
⋮	⋮	⋮	x_{ef} c_{ef} / c'_{ef}	⋮	x_{eq} c_{eq} / c'_{eq}	⋮	⋮
W_i	x_{i1} c_{i1} / c'_{i1}	x_{i2} c_{i2} / c'_{i2}	…	x_{ij} c_{ij} / c'_{ij}	…	x_{in} c_{in} / c'_{in}	a_i
⋮	…	…	x_{pf} c_{pf} / c'_{pf}	…	x_{pq} c_{pq} / c'_{pq}	…	⋮
W_m	x_{m1} c_{m1} / c'_{m1}	x_{m2} c_{m2} / c'_{m2}	…	x_{mj} c_{mj} / c'_{mj}	…	x_{mn} c_{mn} / c'_{mn}	a_m
填方量	b_1	b_2	…	b_j	…	b_n	$\sum_{i=1}^{m} a_i = \sum_{j=1}^{n} b_j$

上列表格说明了整个场地划分为 m 个挖方区 $W_1, W_2, \cdots, W_m$，其挖方量相应为 $a_1, a_2, \cdots, a_m$；有 n 个填方区 $T_1, T_2, \cdots, T_n$，其填方量相应为 $b_1, b_2, \cdots, b_n$；x_{ij} 表示由挖方区 i 到填方区 j 的土方调配数，由填挖方平衡，即

$$\sum_{i=1}^{m} a_i = \sum_{j=1}^{n} b_j \tag{1-20}$$

从 W_1 到 T_1 的价格系数(平均运距，或单位土方运价，或单位土方施工费用)为 c_{11}，一般地，从 W_i 到 T_j 的价格系数为 c_{ij}。于是土方调配问题可以用下列数学模型表达：求一组 x_{ij} 的值，使目标函数

$$Z = \sum_{i=1}^{m} \sum_{j=1}^{n} c_{ij} x_{ij} \tag{1-21}$$

为最小值，并满足下列约束条件：

$$\left.\begin{aligned} &\sum_{i=1}^{n} x_{ij} = a_i \quad (i = 1, 2, \cdots, m) \\ &\sum_{j=1}^{m} x_{ij} = b_j \quad (j = 1, 2, \cdots, n) \\ &x_{ij} \geqslant 0 \end{aligned}\right\} \tag{1-22}$$

根据约束条件知道，未知量有 $m \times n$ 个，而方程数为 $m+n$ 个。由于填挖平衡，前面 m 个方程相加减去后面 $n-1$ 个方程之和可以得到第 n 个方程，因此，独立方程的数量实际上只有 $m+n-1$ 个。

由于未知量个数多于独立方程数，因此，方程组有无穷多的解，而我们的目的是求出一组最优解，使目标函数为最小。这属于“线性规划”中的“运输问题”，可以用“单纯形法”或“表上作业法”求解。运输问题用“表上作业法”求解较方便，用“单纯形法”则较繁琐。

下面介绍“表上作业法”进行土方调配的方法，这个方法是通过“假想价格系数”求检验数的。

表 1-4 中 c'_{ij} 表示假想系数，其值待定。

（三）用“表上作业法”进行土方调配

下面结合一个例子，说明用表上作业法求调配最优解的步骤与方法。

图 1-9 为一矩形广场，图中小方格的数字为各调配区的土方量，箭杆上的数字则为各调配区之间的平均运距。试求土方调配最优方案。

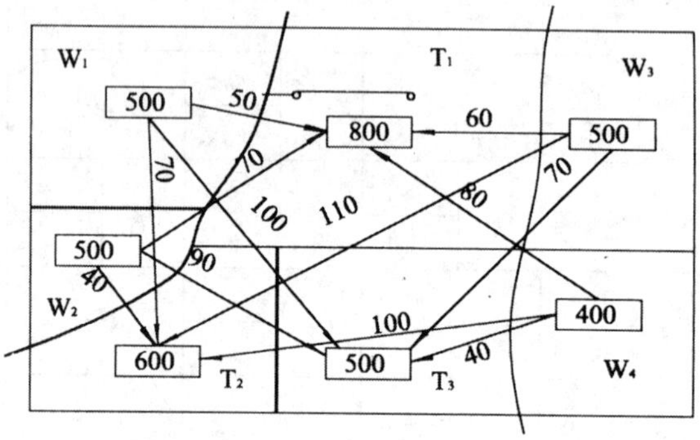

图 1-9　各调配区的土方量和平均运距

1. 编制初始调配方案

初始方案的编制采用“最小元素法”，即对应于价格系数 c_{ij} 最小的土方量 x_{ij} 取最大值，由此逐个确定调配方格的土方数及不进行调配的方格，并满足式(1-22)。

首先将图 1-9 中的土方数及价格系数（本例即平均运距）填入计算表格中（表 1-5）。

表 1-5　　各调配区土方量及平均运距

填方区 挖方区	T_1		T_2		T_3		挖方量（m^3）
W_1	x_{11}	50	x_{12}	70	x_{13}	100	500
		c'_{11}		c'_{12}		c'_{13}	
W_2	x_{21}	70	x_{22}	40	x_{23}	90	500
		c'_{21}		c'_{22}		c'_{23}	
W_3	x_{31}	60	x_{32}	110	x_{33}	70	500
		c'_{31}		c'_{32}		c'_{33}	
W_4	x_{41}	80	x_{42}	100	x_{43}	40	400
		c'_{41}		c'_{42}		c'_{43}	
填方量（m^3）	800		600		500		1900

在表 1-5 中找价格系数最小的方格，确定它所对应的调配土方数。本例最小的为 c_{22} 及 c_{43}，($c_{22}=c_{43}=40$)，任取其中之一，如取 c_{43}，则先确定 x_{43} 的值，使 x_{43} 尽可能大，考虑挖方区 W_4 最大挖方量为 400，填方区 T_3 最大填方量为 500，则 x_{43} 最大为 400。由于 W_4 挖方区的土方全部调到 T_3 填方区，所以 x_{41} 和 x_{42} 都等于零。将 400 填入表 1-6 中的 x_{43} 格内，同时在 x_{41}，x_{42} 格内画上一个"×"号。然后在没有填上数字和"×"号的方格内，再选一个 c_{ij} 最小的方格，即 $c_{22}=40$，我们使 x_{22} 尽量大，$x_{22}=\min(500,600)=500$，同时使 $x_{21}=x_{23}=0$。将 500 填入表 1-6 的 x_{22} 格内，并在 x_{21}，x_{23} 格内画上"×"号(表 1-6)。

表 1-6　　初始方案确定过程

挖方区＼填方区	T_1		T_2		T_3		挖方量(m^3)
W_1		50 c'_{11}		70 c'_{12}		100 c'_{13}	500
W_2	×	70 c'_{21}	500	40 c'_{22}	×	90 c'_{23}	500
W_3		60 c'_{31}		110 c'_{32}		70 c'_{33}	500
W_4	×	80 c'_{41}	×	100 c'_{42}	400	40 c'_{43}	400
填方量(m^3)	800		600		500		1900

重复上面步骤，依次地确定其余 x_{ij} 数值，最后可以得出表 1-7。

表 1-7　　初始方案计算结果

挖方区＼填方区	T_1		T_2		T_3		挖方量(m^3)
W_1	500	50	×	70	×	100	500
W_2	×	70	500	40	×	90	500
W_3	300	60	100	110	100	70	500
W_4	×	80	×	100	400	40	400
填方量(m^3)	800		600		500		1900

表 1-7 中所求得的一组 x_{ij} 的数值，便是本例的初始调配方案。由于利用“最小元素法”确定的初始方案首先是让 c_{ij} 最小的那些格内的 x_{ij} 值取尽可能大的值，也就是考虑“最优调配”，所以求得之总运输量(或总费用)是较小的。但是这并不能保证其总运输量(或总费用)是最小，因此，还需要进行判别，看它是否是最优方案。

2. 最优方案判别法

在“表上作业法”中，判别是否最优方案的方法有许多。采用“假想价格系数法”求检验数较清晰直观，此处介绍该方法。该方法是求得无调配土方的方格(如本例中的 W_1-T_3，W_4-T_2 等方格)的检验数 λ_{ij}，并判别 λ_{ij} 是否非负，如所有检验数 $\lambda_{ij}\geqslant 0$，则方案为最优方案，否则该方案不是最优方案，需要进行调整。

首先求出表中各个方格的假想价格系数 c'_{ij}，有调配土方方格的假想价格系数 $c'_{ij}=c_{ij}$，无调配土方方格的假想系数用下式计算：

$$c'_{ef}+c'_{pq}=c'_{eq}+c'_{pf} \tag{1-23}$$

式(1-23)的意义即构成任一矩形的四个方格内对角线上的假想价格系数之和相等(参见表 1-4)。

利用已知的假想价格系数，逐个求解未知的 c'_{ij}。寻找适当的方格构成一个矩形，最终能求得所有的 c_{ij}。这些计算，均在表上作业。

在表 1-7 的基础上先将有调配土方的方格的假想价格系数填入方格的右下角。$c'_{11}=50$，$c'_{22}=40$，$c'_{31}=60$，$c'_{32}=110$，$c'_{33}=70$，$c'_{43}=40$，寻找适当的方格由式(1-23)即可计算得全部假想价格系数。例如，由 $c'_{21}+c'_{32}=c'_{22}+c'_{31}$ 可得 $c'_{21}=-10$(表 1-8)。

表 1-8　　计算假想价格系数

挖方区 填方区	T_1			T_2			T_3			挖方量(m^3)
W_1	500	50	50	×	70	100	×	100	60	500
W_2	×	70	−10	500	40	40	×	90	0	500
W_3	300	60	60	100	110	110	100	70	70	500
W_4	×	80	30	×	100	80	400	40	40	400
填方量(m^3)	800			600			500			

假想价格系数求出后，按下式求出表中无调配土方方格的检验数：

$$\lambda_{ij}=c_{ij}-c'_{ij} \tag{1-24}$$

只要把表中无调配土方的方格右边两小格的数字上下相减即可。如 $\lambda_{21}=70-(-10)$

$=+80$，$\lambda_{12}=70-100=-30$。将计算结果填入表 1-9。表 1-9 中只写出各检验数的正负号，因为我们只对检验数的符号感兴趣，而检验数的值对求解结果无关，因而可不必填入具体的值。

表 1-9　　计算检验数

填方区 / 挖方区	T_1		T_2		T_3	
W_1		50	－	70	＋	100
		50		100		60
W_2	＋	70		40	＋	90
		－10		40		0
W_3		60		110		70
		60		110		70
W_4	＋	80	＋	100		40
		30		80		40

表 1-9 中出现了负检验数，说明初始方案不是最优方案，需要进一步进行调整。

3. 方案的调整

第一步　在所有负检验数中选一个（一般可选最小的一个），本例中便是 λ_{12}，把它所对应的变量 x_{12} 作为调整对象。

第二步　找出 x_{12} 的闭回路。其做法是：从 x_{12} 格出发，沿水平与竖直方向前进，遇到适当的有数字的方格作 90°转弯（也不一定转弯），然后继续前进，如果路线恰当，经有限步骤便能回到出发点，形成一条以有数字的方格为转角点的、用水平和竖直线联起来的闭合回路（表 1-10）。

表 1-10　　求解闭合回路

填方区 / 挖方区	T_1	T_2	T_3
W_1	500　←	x_{12}	
W_2	↓	↑ 500 ↑	
W_3	300　→	100	100
W_4			400

第三步　从空格 x_{12} 出发，沿着闭回路（方向任意）一直前进，在各奇数次转角点（以 x_{12} 出发点为 0）的数字中，挑出一个最小的（本例中便是在 x_{11}（500）及 x_{32}（100）中选出“100”），将它由 x_{32} 调到 x_{12} 方格中（即空格中）。

第四步　将“100”填入 x_{12} 方格中，被调出的 x_{32} 为 0（该格变为空格）；同时将闭回路上其他的奇数次转角上的数字都减去“100”，偶数次转角上数字都增加“100”，使得填挖方区的土方量仍然保持平衡，这样调整后，便可得到表 1-11 的新调配方案。

表 1-11　　**调整后的新调配方案**

填方区 / 挖方区	T_1		T_2		T_3		挖方量（m^3）
W_1	400	50 50	100	70 70	+	100 60	500
W_2	+	70 20	500	40 40	+	90 30	500
W_3	400	60 60	+	110 80	100	70 70	500
W_4	+	80 20	+	100 40	400	40 40	400
填方量（m^3）	800		600		500		1900

对新调配方案，再进行检验，看其是否已是最优方案。如果检验数中仍有负数出现，那就仍按上述步骤继续调整，直到找出最优方案为止。

表 1-11 中所有检验数均为正号，故该方案即为最优方案。

该最优土方调配方案的土方总运输量为

$$z=400\times50+100\times70+500\times40+400\times60$$
$$+100\times70+400\times40=94\,000(m^3\cdot m)$$

将表 1-11 中土方调配数值绘成土方调配图（图 1-10）。图中箭杆上数字为土方调配数。

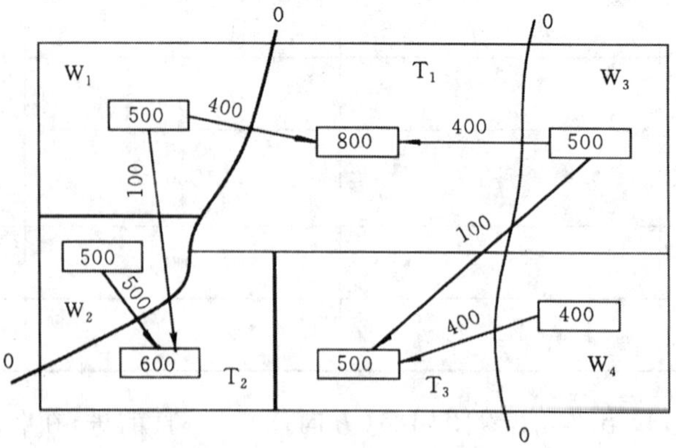

图 1-10　土方调配图

最后，我们来比较一下最佳方案与初始方案的运输量：

初始方案的土方总运输量为

$$z_0=500\times50+500\times40+300\times60+100\times110+100\times70+400\times40$$

$$=97\,000(m^3\cdot m)$$

$$z-z_0=94\,000-97\,000=-3000(m^3\cdot m)$$

即调整后总运输量减少了 3000($m^3\cdot m$)。

土方调配的最优方案可以不只是一个，这些方案调配区或调配土方量可以不同，但它们的目标函数 z 都是相同的。有若干最优方案，为人们提供了更多的选择余地。

当土方调配区数量较多时，用上述表上作业法计算最优方案仍较费工。如采用手工计算，要找出所有最优方案需经过多次轮番计算，工作量很大。现已有较完善的电算程序，能准确、迅速地求得最优方案，而且还能得到所有可能的最优方案。图 1-11 是土方调配最优方案计算的电算程序框图。

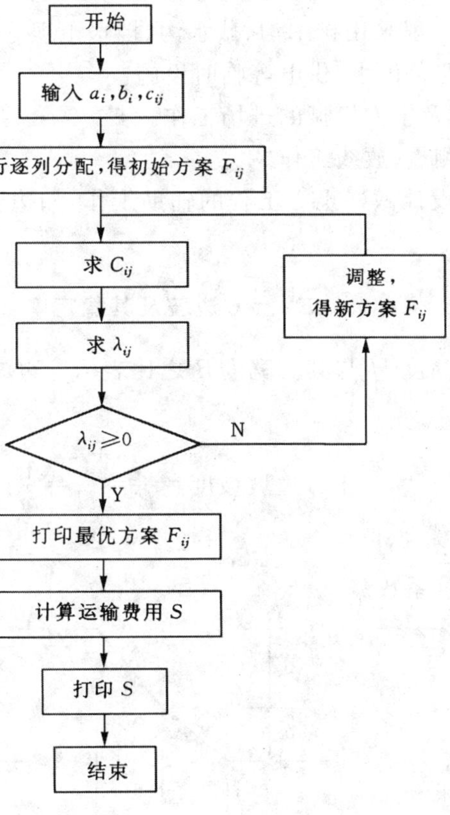

图 1-11　土方调配程序框图

“线性规划”求最优解的方法，不仅可在土方调配中应用，而且可在钢筋下料、运输调度及土方机械选择等优化设计中应用。关于线性规划的理论及计算方法详见有关专著。

第四节　土方工程的准备与辅助工作

土方工程的准工作及辅助工作是保证土方工程顺利进行所必不可少的，在编制土方工程施工方案时应作周密、细致的设计。在土方施工前、施工过程中乃至施工后，都要认真执行所制定的有关措施，进行必要的监测，并根据施工中实际情况的变化及调整实施方案。

一、土方工程施工前的准备工作

土方工程施工前应做好下述准备工作：

(1) 场地清理

包括清理地面及地下各种障碍。在施工前应拆除旧房和古墓，拆除或改建通讯、电力设备、地下管线及建筑物，迁移树木，去除耕植土及河塘淤泥等。

(2) 排除地面水

场地内低洼地区的积水必须排除，同时应注意雨水的排除，使场地保持干燥，以利用土方施工。地面水的排除一般采用排水沟、截水沟、挡水土坝等措施。

(3) 修筑好临时道路及供水、供电等临时设施。

(4) 做好材料、机具及土方机械的进场工作。

(5) 做好土方工程测量、放线工作。

(6) 根据土方施工设计做好土方工程的辅助工作，如边坡稳定、基坑(槽)支护、降低地下水等。

二、土方边坡及其稳定

土方边坡坡度以其高度 H 与其底宽度 B 之比表示。边坡可做成直线形、折线形或踏步形(图 1-12)。

$$土方边坡坡度=\frac{H}{B}=\frac{1}{\frac{H}{B}}=\frac{1}{m} \tag{1-25}$$

式中，$m=H/B$，称为坡度系数。

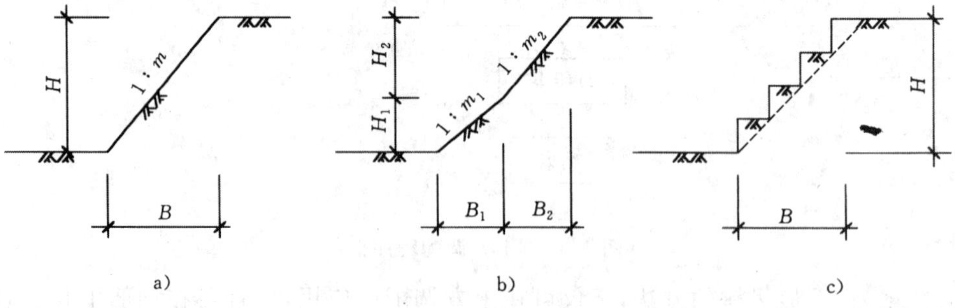

图 1-12　土方放坡

a) 直线形； b) 折线形； c) 踏步形

施工中，土方放坡坡度的留设应考虑土质、开挖深度、施工工期、地下水水位、坡顶荷载及气候条件等因素。当地下水水位低于基底，在湿度正常的土层中开挖基坑或管沟，如敞露时间不长，在一定限度内可挖成直壁不加支撑。

边坡稳定的分析方法很多，如摩擦圆法、条分法等。有关这方面的计算，可参考有关教材。

施工中除应正确确定边坡，还要进行护坡，以防边坡发生滑动。土坡的滑动一般是指土方边坡在一定范围内整体地沿某一滑动面向下和向外移动而丧失其稳定性。边坡失稳往往是在外界不利因素影响下触动和加剧的。这些外界不利因素导致土体下滑力的增加或抗剪强度的降低。

土体的下滑在土体中产生剪应力。引起下滑力增加的因素主要有：坡顶上堆物、行车等荷载，雨水或地面水渗入土中使土的含水量提高而使土的自重增加，地下水渗流产生一定的动水压力，土体竖向裂缝中的积水产生侧向静水压力等。引起土体抗剪强度降低的因素主要是：气候的影响使土质松软，土体内含水量增加而产生润滑作用，饱和的细砂、粉砂受振动而液化等。

因此，在土方施工中，要预估各种可能出现的情况，采取必要的措施护坡防坍，特别要注意及时排除雨水、地面水，防止坡顶集中堆载及振动。必要时可采用钢丝网细石混凝土（或砂浆）护坡面层加固。如是永久性土方边坡，则应做好永久性加固措施。

三、基坑（基槽）支护

开挖基坑（槽）时，如地质条件及周围环境许可，采用放坡开挖是较经济的。但在建筑稠密地区施工，或有地下水渗入基坑（槽时往往不可能按要求的坡度放坡开挖，这时就需要进行基坑（槽）支护，以保证施工的顺利和安全，并减少对相邻建筑、管线等的不利影响。

基坑（槽）支护结构的主要作用是支撑土壁，此外，钢板桩、混凝土板桩及水泥土搅拌桩等围护结构还兼有不同程度的隔水作用。

基坑（槽）支护结构的形式有多种，根据受力状态可分为横撑式支撑、重力式支护结构、板桩式支护结构等，其中，板桩式支护结构又分为悬臂式和支撑式。

（一）横撑式支撑

开挖较窄的沟槽，多用横撑式土壁支撑。横撑式土壁支撑根据挡土板的不同，分为水平挡土板式（图 1-13a））以及垂直挡土板式（图 1-13b））两类。前者挡土板的布置又分间断式和连续式两种。湿度小的粘性土挖土深度小于 3m 时，可用间断式水平挡土板支撑；对松散、湿度大的土可用连续式水平挡土板支撑，挖土深度可达 5m。对松散和湿度很高的土可用垂直挡土板式支撑，其挖土深度不限。

支撑所承受的荷载为土压力。土压力的分布不仅与土的性质、土坡高度有关，且与支撑的形式及变形亦有关。由于沟槽的支护多为随挖、随铺、随撑，支撑构件的刚度不同，撑紧的程度又难以一致，故作用在支撑上的土压力不能按库伦或朗肯土压力理论计算。实测资料表明，作用在横撑式支撑上的土压力的分布很复杂，也很不规则。工程中通常按图 1-14 所示的几种简化图形进行计算。

挡土板、立柱及横撑的强度、变形及稳定等可根据实际布置情况进行结构计算。对较宽

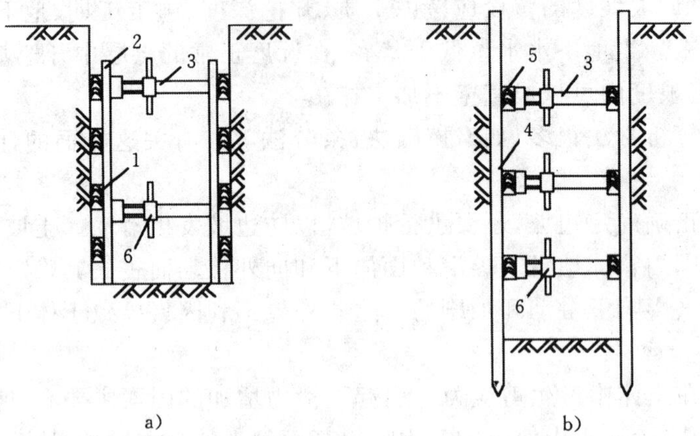

图 1-13　横撑式支撑

a）间断式水平挡土板支撑；　b）垂直挡土板支撑

1—水平挡土板；2—立柱；3—工具式横撑；4—垂直挡土板；5—横楞木；6—调节螺丝

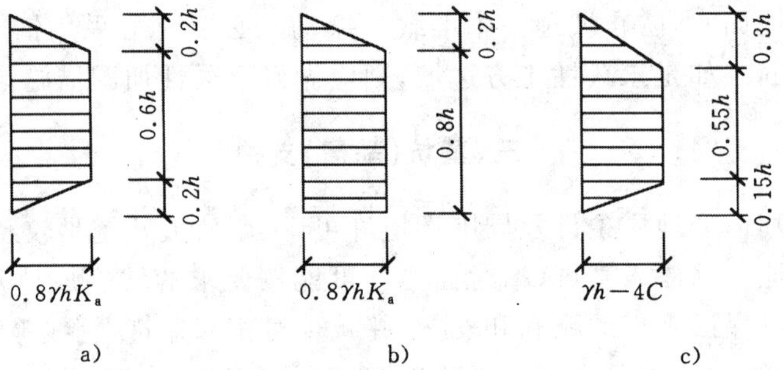

图 1-14　横撑式支撑计算土压力

a）密砂；　b）松砂；　c）粘土

的沟槽，采用横掌式支撑便不适应，此时的土壁支护可采用类似于基坑的支护方法。

（二）重力式支护结构

基坑支护结构一般根据地质条件、基坑开挖深度以及对周边环境保护要求采取重力式水泥土墙、板式支护结构、土钉墙等形式。在支护结构设计中首先要考虑周边环境的保护，其次要满足本工程地下结构施工的要求，再则应尽可能降低造价、便于施工。

水泥土搅拌桩（或称深层搅拌桩）支护结构是近年来发展起来的一种重力式支护结构。它是通过搅拌桩机将水泥与土进行搅拌，形成柱状的水泥加固土（搅拌桩）。用于支护结构的水泥土其水泥掺量通常 12%～15%（单位土体的水泥掺量与土的重力密度之比），水泥土的强度可达 0.8～1.2MPa，其渗透系数很小，一般不大于 10^{-6}cm/s。由水泥土搅拌桩搭接而形成水泥土墙，它既具有挡土作用，又兼有隔水作用。它适用于 4～6m 深的基坑，最大可达 7～8m。

水泥土墙通常布置成格栅式，格栅的置换率（加固土的面积：水泥土墙的总面积）为

0.6～0.8。墙体的宽度 b、插入深度 h_d 根据基坑开挖深度 h 估算，一般 $b=(0.6\sim0.8)h$，$h_d=(0.8\sim1.2)h$，(图 1-15)。

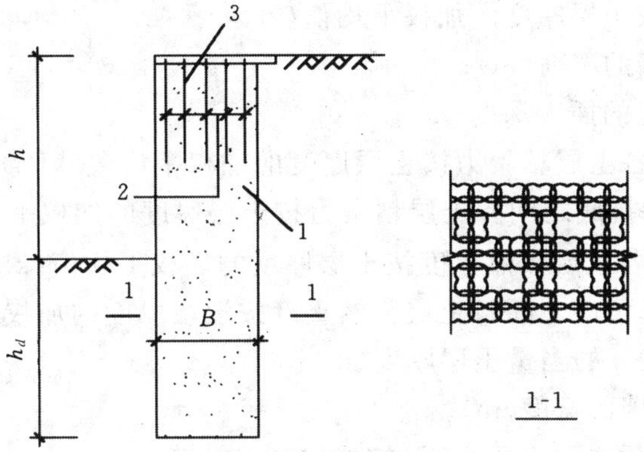

图 1-15　水泥土墙

1—搅拌桩；2—插筋；3—面板

1. 水泥土墙的设计

水泥土重力式支护结构的设计主要包括整体稳定、抗倾覆稳定、抗滑移稳定、位移等，有时还应验算抗渗、墙体应力、地基强度等。

图 1-16 为水泥土支护结构的计算图式。

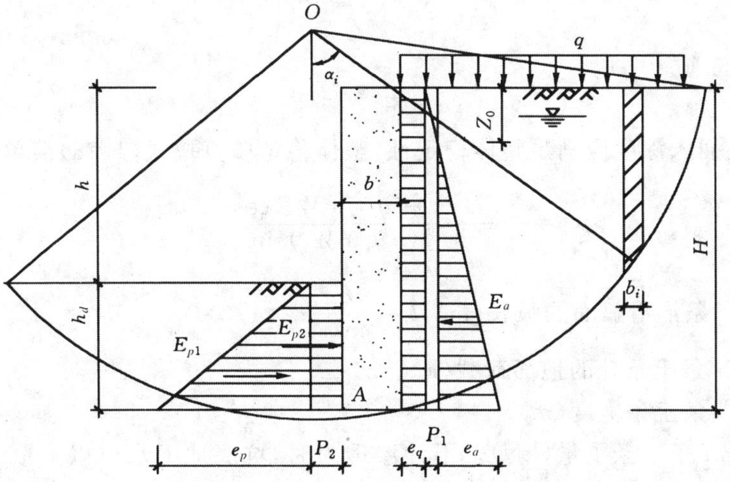

图 1-16　水泥土墙的计算图式

图 1-16 中：$p_1=2c\sqrt{k_a}$；$p_2=2c_1\sqrt{k_p}$；$e_a=\gamma Hk_a$；$e_p=\gamma_1 h_d k_p$；$e_q=\gamma h_q k_a$；$z_0=\dfrac{2c}{\gamma\sqrt{k_a}}$；

式中　k_a——主动土压力系数，$k_a=\tan^2\left(45°-\dfrac{\varphi}{2}\right)$，其中，$\varphi$ 为墙底以上各土层内摩擦角按土层厚度的加权平均值(°)；

k_p——被动土压力系数，$k_p=\tan^2\left(45°+\frac{\varphi_1}{2}\right)$，其中 φ_1 为墙底至基坑底之间各土层内摩擦角按土层厚度的加权平均值(°)；

H——水泥土墙的墙高(m)；

h_d——水泥土墙的插入深度(m)；

c——墙底以上各土层粘聚力按土层厚度的加权平均值(kPa)；

c_1——墙底至基抗底之间各土层粘聚力按土层厚度的加权平均值(kPa)；

γ——墙底以上各土层天然重度按土层厚度的加权平均值(kN/m³)；

γ_1——墙底至基坑底之间各土层天然重度按土层厚度的加权平均值(kN/m³)；

h_q——地面荷载 q 的当量土层厚度(m)；

b——水泥土挡墙的宽度(m)。

按照计算图式，墙后主动土压力 E_a 按式(1-26)计算：

$$E_a=\left(\frac{\gamma H^2}{2}+qH\right)k_a-2cH\sqrt{k_a}+\frac{2c^2}{\gamma} \tag{1-26}$$

式中，q 为地面荷载(kPa)。

其他符号意义同前。

墙前被动土压力 E_p 按式(1-27)计算：

$$E_p=\frac{\gamma_1 h_d^2}{2}k_p+2c_1 h_d\sqrt{k_p} \tag{1-27}$$

式中，符号意义同前。

(1) 整体稳定

水泥土墙的插入深度应满足整体稳定性，整体稳定验算按式(1-28)简单条分法计算：

$$K_z=\frac{\sum c_i l_i+\sum(q_i b_i+W_i)\cos\alpha_i\tan\varphi_i}{\sum(q_i b_i+W_i)\sin\alpha_i} \tag{1-28}$$

式中 l_i——第 i 条沿滑弧面的弧长(m)，$l_i=\frac{b_i}{\cos\alpha_i}$；

q_i——第 i 条土条处的地面荷载(kN/m)；

b_i——第 i 条土条宽度(m)；

W_i——第 i 条土条重量(kN)。不计渗透力时，坑底地下水位以上取天然重度，坑底地下水位以下取浮重度；当计入渗透力作用时，坑底地下水位至墙后地下水位范围内的土体重度在计算滑动力矩(分母)时取饱和重度，在计算抗滑力矩(分子)时取浮重度；

α_i——第 i 条滑弧中点的切线和水平线的夹角(°)；

c_i，φ_i——分别表示第 i 条土条滑动面上土的粘聚力(kPa)和内摩擦角(°)；

K_z——整体稳定安全系数，一般取 1.2～1.5。

(2) 抗倾覆稳定

根据整体稳定得出的水泥土墙的 h_d 以及选取的 b 按重力式挡土墙验算墙体绕前趾 A 的抗倾覆稳定安全系数：

$$K_q=\frac{\frac{E_{P1}h_d}{3}+\frac{E_{P2}h_d}{2}+\frac{Wb}{2}}{\frac{(E_a-K_aqH)(H-Z_0)}{3}+\frac{K_aqH^2}{2}} \tag{1-29}$$

式中 W——水泥土挡墙的自重(kN),$W=\gamma_c bH$，γ_c 为水泥土墙体的自重(kN/m^3)，根据自然土重度与水泥掺量确定，可取 18～19kN/m^3；

K_q——抗倾覆安全系数，一般取 1.3～1.5。

其他符号意义同前。

(3) 抗滑移稳定

水泥土墙如满足整体稳定性及抗倾覆稳定性，一般可不必进行抗滑移稳定的验算，在特殊情况下可按式(1-30)验算沿墙底面滑移的安全系数：

$$K_h=\frac{W\cdot\tan\varphi_0+c_0b+E_p}{E_a} \tag{1-30}$$

式中 φ_0,c_0——分别表示墙底土层的内摩擦角(°)与粘聚力(kPa)；

K_h——抗倾滑稳定安全系数，取 1.2～1.3。

(4) 位移计算

重力式支护结构的位移在设计中应引起足够重视，由于重力式支护结构的抗倾覆稳定有赖于被动土压力的作用，而被动土压力的发挥是建立在挡土墙一定数量位移的基础上的，因此，重力式支护结构发生一定的位移是必然的，设计的目的是将该位移量控制在工程许可的范围内。

水泥土墙的位移可用"m"法等方法计算，但其计算较复杂，目前工程中常用下述经验公式，该计算法来自数十个工程实测资料，考虑了影响水泥土墙水平位移的几个主要因素，计算简便、适用：

$$\Delta_0=\frac{0.25K_aLh^2}{h_db} \tag{1-31}$$

式中 Δ_0——墙顶估计水平位移(cm)；

L——开挖基坑的最大边长(m)；

h——基坑开挖深度。

其他符号意义同前。

施工质量对水泥土墙位移的影响不可忽略。施工质量优劣对水泥土墙的位移可相差 50%～100%。因此，施工中必须严格控制水泥掺入量，注意搅拌均匀并使桩体之间的搭接可靠，以减小水泥土墙的位移。

2. 水泥土搅拌桩的施工

(1) 施工机械

深层搅拌桩机的组成由深层搅拌机(主机)、机架及灰浆搅拌机、灰浆泵等配套机械组成(图 1-17)。

深层搅拌桩机常用的机架有三种形式：塔加式、桅杆式及履带式。前两种构造简便，易于加工，在我国应用较多，但其搭设及行走较困难。履带式的机械化程度高，塔架高度大，钻进深度大，但机械费用较高。

(2) 施工工艺

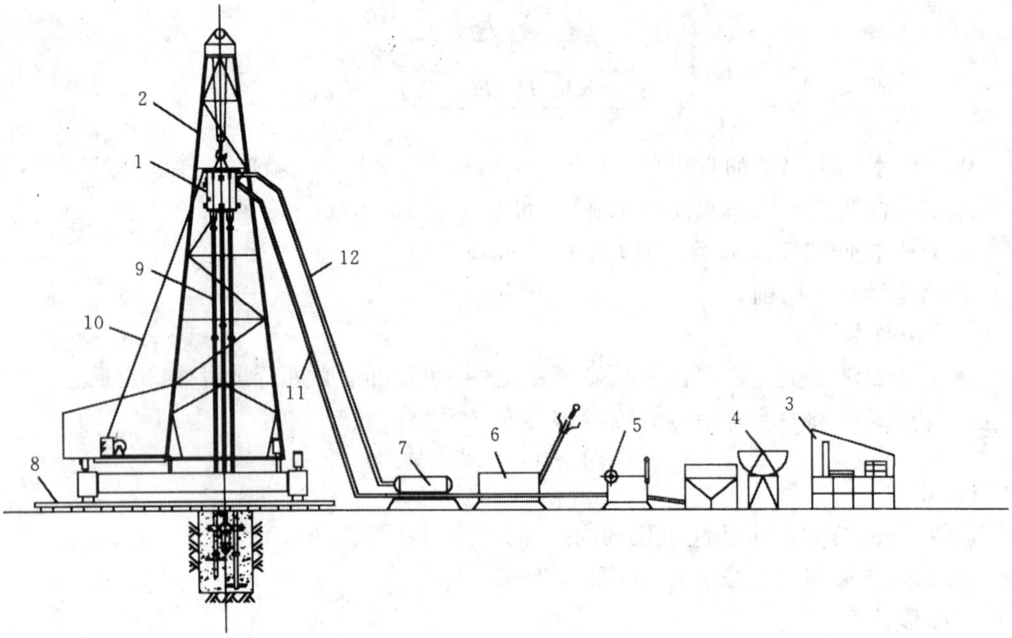

图 1-17　深层搅拌桩机机组

1—主机；2—机架；3—灰浆拌制机；4—集料斗；5—灰浆泵；6—贮水池；
7—冷却水泵；8—道轨；9—导向管；10—电缆；11—输浆管；12—水管

搅拌桩成桩工艺可采用“一次喷浆、二次搅拌”或“二次喷浆、三次搅拌”工艺，主要依据水泥掺入比及土质情况而定。水泥掺量较小，土质较松时，可用前者；反之，可用后者。

“一次喷浆、二次搅拌”的施工工艺流程如图 1-18 所示。当采用“二次喷浆、三次搅拌”工艺时可在图示步骤 e)作业时也进行注浆，以后再重复一次 d)与 e)的过程。

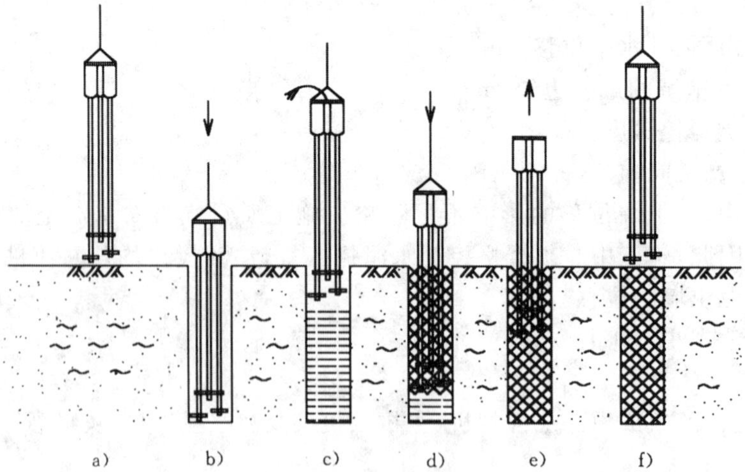

图 1-18　“一次喷浆、二次搅拌”施工流程

a) 定位；b) 预埋下沉；c) 提升喷浆搅拌；d) 重复下沉搅拌；e) 重复提升搅拌；f) 成桩结束

水泥土搅拌桩施工中应注意水泥浆配合比及搅拌制度、水泥浆喷射速率与提升速度的关系及每根桩的水泥浆喷注量，以保证注浆的均匀性与桩身强度。施工中还应注意控制桩的垂直度以及桩的搭接等，以保证水泥土墙的整体性与抗渗性。

（三）板式支护结构

板式支护结构由两大系统组成：挡墙系统和支撑（或拉锚）系统（图 1-19）。悬臂式板桩支护结构则不设支撑（或拉锚）。

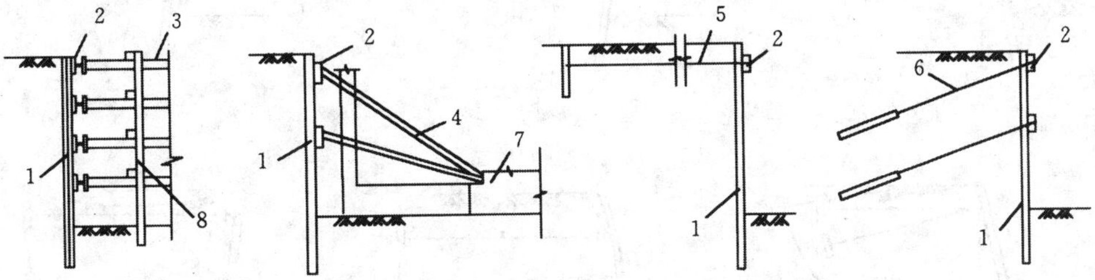

图 1-19　板式支护结构

1—板桩墙；2—围檩；3—钢支撑；4—斜撑；5—拉锚；6—土锚杆；7—先施工的基础；8—竖撑

挡墙系统常用的材料有槽钢、钢板桩、钢筋混凝土板桩、灌注桩及地下连续墙等。

钢板桩有平板形和波浪形两种（图1-20）。钢板桩之间通过锁口互相连接，形成一道连续的挡墙。由于锁口的连接，使钢板桩连接牢固，形成整体。同时也具有较好的隔水能力。钢板桩截面积小，易于打入，U 形、Z 形等波浪式钢板桩截面抗弯能力较好。钢板桩在基础施工完毕后还可拔出重复使用。

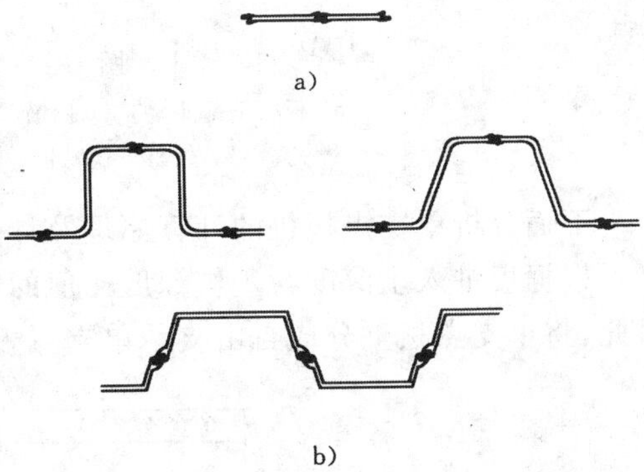

图 1-20　钢板桩形式

a）平板式；　b）波浪式

支撑系统一般采用大型钢管、H 型钢或格构式钢支撑，也可采用现浇钢筋混凝土支撑。拉锚系统材料一般用钢筋、钢索、型钢或土锚杆。根据基坑开挖的深度及挡墙系统的截面性能可设置一道或多道支点。基坑较浅，挡墙具有一定刚度时，可采用悬臂式挡墙而不设支撑点。支撑或拉锚与挡墙系统通过围檩、冠梁等连接成整体。

以下介绍有关板桩的计算方法，其他形式的板式支护结构计算也与其类似。

1. 板桩计算

由于悬臂板桩弯矩较大，所需板桩的截面大，且悬臂板桩的位移也较大，故多用于 3～4m 深的浅基坑工程，一般基坑工程中广泛采用支撑式板桩。

总结板桩的工程事故，其失败的原因主要有五方面：① 板桩的入土深度不够，在土压力作用下，板桩的入土部分走动而出现坑壁滑坡（图 1-21a））；②支撑或拉锚的强度不够（图 1-21b），c））。③ 拉锚长度不足，锚碇失去作用而使土体滑动（图 1-21d））；④ 板桩本身刚度不够，在土压力作用下失稳而弯曲（图 1-21e））。⑤ 板桩位移过大，造成周边环境的破坏（图 1-21f））。为此，板桩的入土深度、截面弯矩、支点反力、拉锚长度及板桩位移称为板桩的设计五大要素。

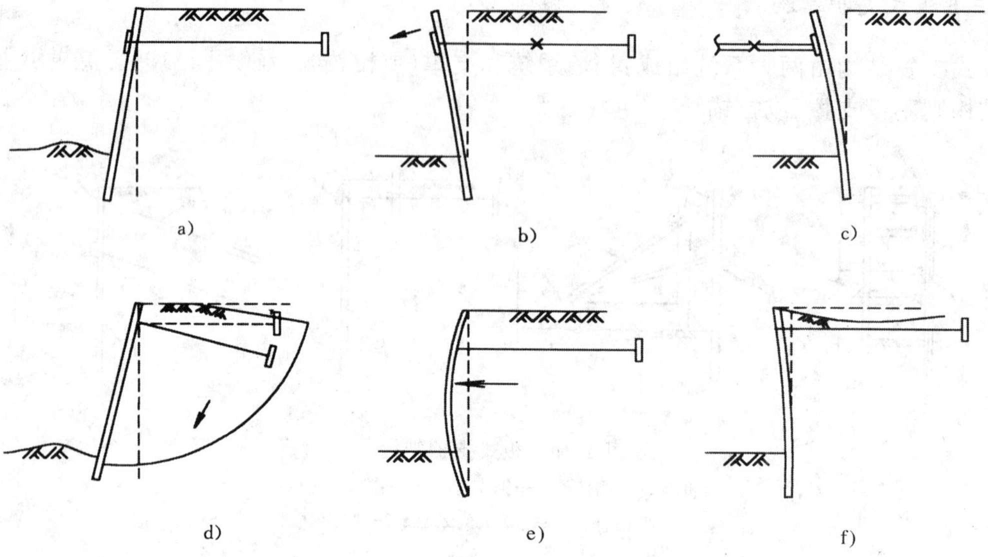

图 1-21　板桩的工程事故

a）板桩下部走动；b）拉锚破坏；c）支撑破坏；d）拉锚长度不足；

e）板桩失稳弯曲；f）板桩变形及桩背土体沉降

下面分析单支点板桩的计算原理及计算方法。

根据板桩入土深度与基坑深度比值的大小，单支点板桩变形也不同，特别是入土部分。由此，将单支点板桩分成自由支承单支点板桩和嵌固支承单支点板桩（图 1-22）。

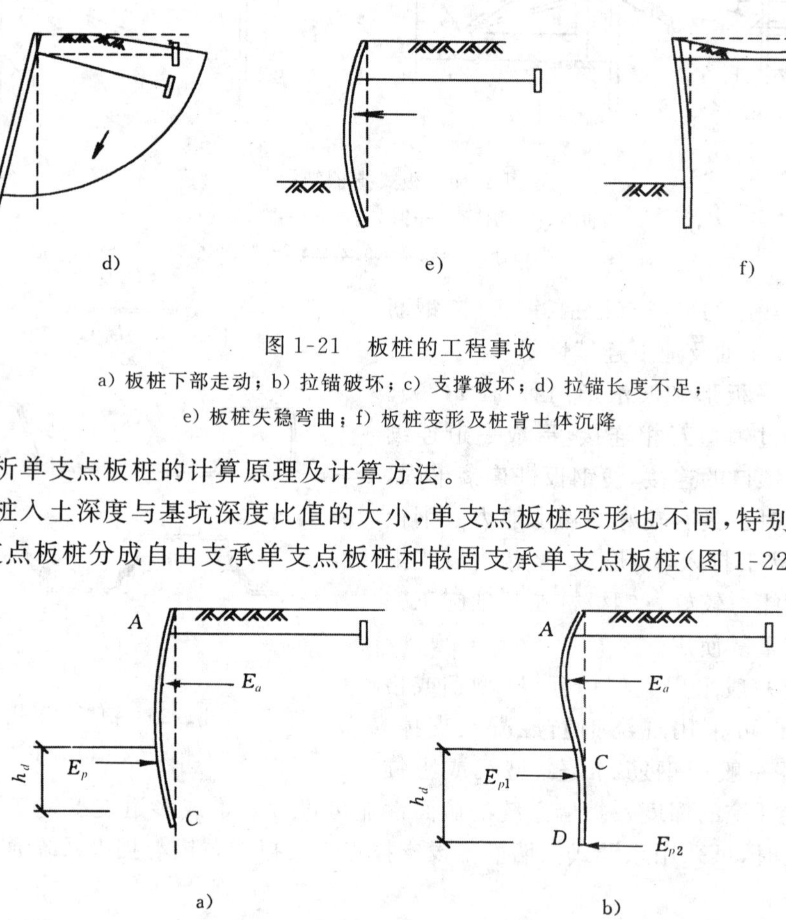

图 1-22　单支点板桩的两种计算类型

a）自由支承；b）嵌固支承

两种类型单支点板桩的土压力分布、弯矩和变形也不尽相同。板桩入土深度较浅，整个板桩都向坑内变形，板桩底端发生转动并有微小的位移，坑底的被动土压力得以全部发挥。如板桩的入土深度增加，由于作用在桩前被动土压力也随之增加，当达到某一平衡状态时，

桩底 C 仅在原位置发生转动而无位移。上述两种板桩底端支承相当于简支，称为自由支承。

如果入土深度继续增加，则桩前被动土的土压力随深度的增加继续增加，当达到一定深度 D 点时，板桩底部有一段既无位移也无转角，这时板桩在土中处于嵌固状态。这种板桩为单支点嵌固板桩，其在一定深度 D 点以下的弯矩为零。

板桩的精确计算较为困难，主要是插入地下部分属超静定问题，其土压力分布状态难以精确确定，目前的计算方法也有多种，如“弹性曲线法”、“竖向弹性地基梁法”、“相当梁法”等，下面介绍单支点嵌固板桩的简化计算方法——相当梁法。

(1) 板墙部分计算

板桩前后的被动、主动土压力是由板桩位移引起的，而桩的位移又随土压力的大小而变化，要考虑它们的共同变形是较复杂的。一般都将土压力简化为线性分布来进行计算。

分析图 1-23 所示的一端固定、一端简支的梁。它受到均布荷载作用，该梁的弯矩图及挠度曲线如图 1-22b)、c)所示。将梁 AD 在反弯点 C 处截断，并设简单支承于截断处(图 1-23d))，则梁 $A'C'$ 的弯矩与原梁 AC 段的弯矩相同，我们称 $A'C'$ 为 AC 的相当梁。通过求解相当梁 $A'C'$ 的支座反力 R_C，即梁 $C'D'$ 的支座反力 $R'_{C'}$，由此可求得 $C'D'$ 梁的其他未知量。

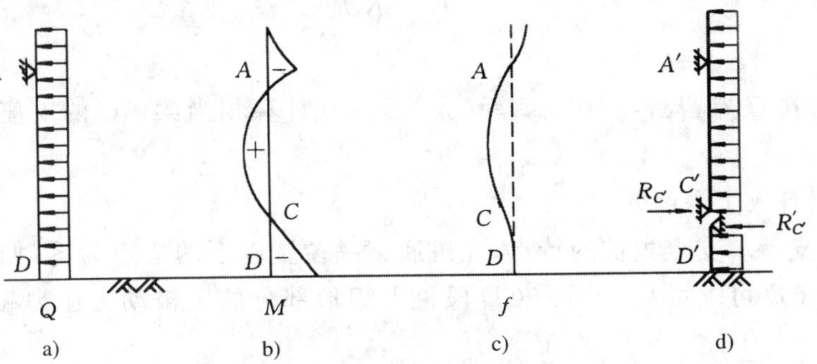

图 1-23　相当梁示意图

图 1-24 是嵌固支承单支点板桩土压力分布。该板桩在 D 点以下板桩的性状及土压力状况难以精确计算，如将 D 点以下的土压力用一个力 E_{p2} 代之，此时该板桩求解未知量有三个，即 T_{c1}，E_{p2} 及 h_d，而可利用的平衡方程仅有两个，即 $\sum X=0$，$\sum M=0$，要直接求解仍有困难。将其下视为固定端，则该板桩与图 1-23 一端固定、一端简支的梁类似，只是板桩的荷载为三角形分布，而图 1-23 所示的梁是受到均布荷载作用。采用这样的假设，嵌固支承单支点板桩也可用“相当梁法”来求解。

用上述“相当梁法”求解嵌固支承单支点板桩，首先要找出板桩的反弯点 C。反弯点 C 的位置与土的内摩擦角、粘聚力有关，并受板桩后的地下水位及地面荷载等因素影响。通过对不同长度和不同入土深度的板桩弯矩与挠曲线的研究，发现板桩的反弯点 C 与土压力强度等于零的位置较接近，计算中可取该点作为反弯点，由此引起的误差不大，但使计算大大简化。

用相当梁法计算嵌固支承单支点板桩的步骤如下(图 1-24)：

① 计算作用于板桩上的主动土压力和被动土压力；

② 计算板桩上土压力强度为零的点 C 至坑底的距离 h_{c1}，利用下式

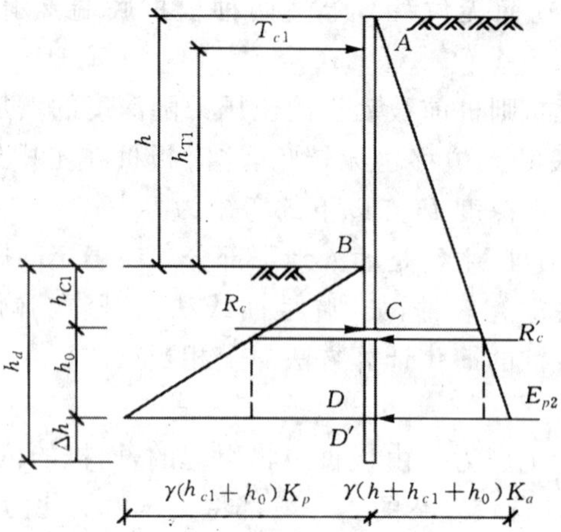

图 1-24 嵌固支承板桩

$$\gamma K_p h_{c1}=\gamma K_a(h+h_{c1})$$

即
$$h_{c1}=\frac{K_a h}{K_p-K_a} \tag{1-32}$$

③ 将板桩在 C 点截断，利用 $\sum X=0$，$\sum M=0$ 计算相当梁 AC 的支座反力 R_C 和支撑或锚杆反力 T_{C1}；

④ 计算板桩入土深度 h_d

根据嵌固支承单支点板桩的特点，在桩底某一位置以下的弯矩为零，如该点位于 D 点，则由下段板桩 CD 可求得 h_0。因为 CD 段桩上矩形部分的主被动土压力相等，由 $\sum M_D=0$ 得 $R'_C h_0=\frac{\gamma}{2}h_0^2K_p\ \frac{1}{3}h_0-\frac{\gamma}{2}h_0^2K_a\ \frac{1}{3}h_0$，所以有

$$h_0=\sqrt{\frac{6R'_C}{\gamma(K_p-K_a)}} \tag{1-33}$$

由于实际桩前被动土压力较图 1-24 所示者小，按(1-33)计算得到 h_0 的偏小，故应增加入土深度 Δh，Δh 取 $0.2h_0$，因此，板桩入土深度为

$$h_d=h_{c1}+1.2h_0 \tag{1-34}$$

⑤ 在剪力为零处求得 $M_{\max}$；

上式(1-32)至式(1-34)中的符号意义如下：

γ——土的重力密度；

K_a——主动土压力系数，$K_a=\tan^2\left(45°-\frac{\varphi}{2}\right)$；

K_p——被动土压力系数 $K_p=\tan^2\left(45°+\frac{\varphi}{2}\right)$。

其他符号意义见图。

(2) 支撑(拉锚)系统设计

支撑或拉锚一端固定在板桩上部的围檩上，另一端则支撑到基坑对面的板桩上或固定到锚锭、锚座板上。

板墙单位长度的支撑（或拉锚）反力 T_{C1}，通过板墙部分的计算已可求得，则根据支撑或拉锚布置的间距，即可求得每一支撑或拉锚的轴力。

如果支撑长度过大，则应在支撑中央设置竖撑（图1-19），以防止支撑在自重作用下挠度过大引起附加内力。拉锚则应计算其长度。

拉锚长度应保证锚锭或锚座板位于它本身引起的被动土楔滑移线、板桩位移引起的主动土楔滑移线和静土楔滑移线之外，如图 1-25 所示的阴影区内。

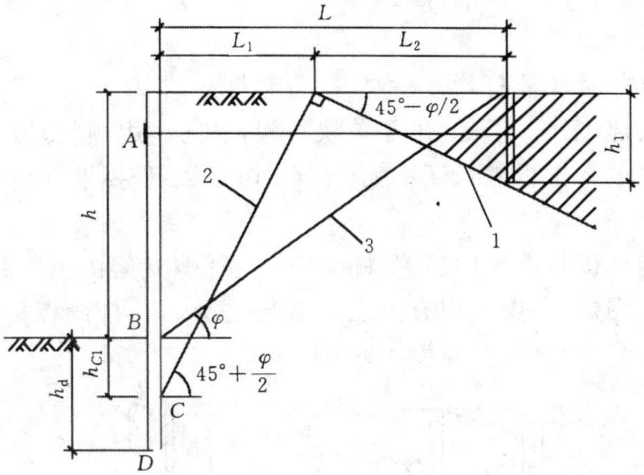

图 1-25　拉锚长度计算

1—锚碇被动土楔滑移线；2—板桩主动土楔滑移线；3—静土楔滑移线

拉锚的最小长度按下列两式计算，取其中大值：

$$L=L_1+L_2$$

$$=(h+h_{c1})\tan\left(45°-\frac{\varphi}{2}\right)+h_1\tan\left(45°+\frac{\varphi}{2}\right) \tag{1-35}$$

$$L=h\tan(90°-\varphi)$$

式中　L——拉锚最小长度；

h——基坑深度；

h_{c1}——对自由支承板桩：即板桩入土深度；对嵌固支承板桩，取基坑底至反弯点的距离；

h_1——锚锭底端至地面的距离；

φ——土的内摩擦角。

(3) 围檩计算

围檩可采用型钢，如大型槽钢，H 型钢等，也可采用现浇混凝土结构。钢筋混凝土围檩可按连续梁计算；钢围檩则按简支梁计算，作用其上的荷载即 T_{C1}，其支座反力为每一支撑（或拉锚）的轴力。当支撑系均匀布置的对撑时，可简化计算。

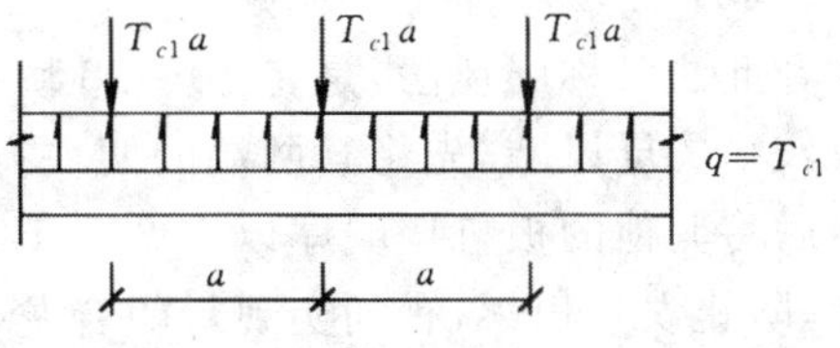

图 1-26　围檩计算简图

如支撑间距为 a，则每一支撑轴力为 $T_{C1}a$(图 1-26)。

2. 桩板墙的施工

板桩墙的施工根据挡墙系统的形式选取相应的方法。一般钢板桩、混凝土板桩采用打入法，而灌柱桩及地下连续墙则采用就地成孔(槽)现浇的方法。灌注桩的施工方法见第二章有关内容。下面介绍钢板的施工方法。

板桩施工要正确选择打桩方法、打桩机械和流水段划分，以便使打设后的板桩墙有足够的刚度和良好的防水作用，且板桩墙面平直，以满足基础施工的要求，对封闭式板桩墙还要求封闭合龙。

对于钢板桩，通常有三种打桩方法：

(1) 单独打入法

此法是从一角开始逐块插打，每块钢板桩自起打到结束中途不停顿。因此，桩机行走路线短，施工简便，打设速度快。但是，由于单块打入，易向一边倾斜，累计误差不易纠正，墙面平直度难以控制。一般在钢板桩长度不大(小于 10m)、工程要求不高时可采用此法。

(2) 围檩插桩法

要用围檩支架作板桩打设导向装置(图 1-27)。围檩支架由围檩和围檩桩组成，在平面上分单面围檩和双面围檩，高度方向有单层和双层之分。在打设板桩时起导向作用。双面围檩之间的距离，比两块板桩组合宽度大 8～15mm。

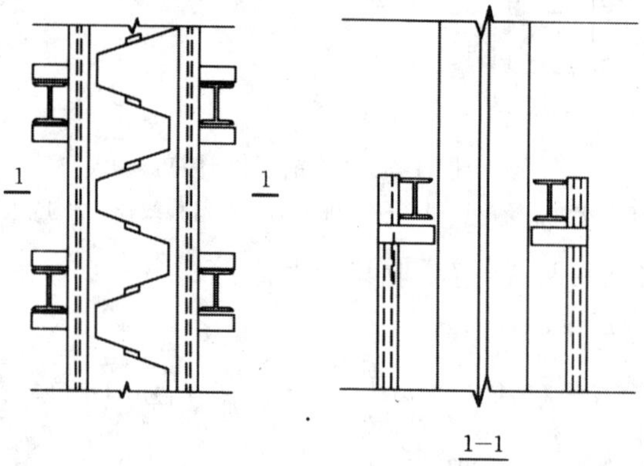

图 1-27 围檩插桩法

双层围檩插桩法是在地面上，离板桩墙轴线一定距离先筑起双层围檩支架，而后将钢板桩依次在双层围檩中全部插好，成为一个高在原钢板桩墙，待四角实现封闭合龙后，再按阶梯型逐渐将板桩一块块打入设计标高。此法优点是可以保证平面尺寸准确和钢板板桩的垂直度，但施工速度慢，不经济。

(3) 分段复打桩

此法又称屏风法，是将 10～20 块钢板桩组成的施工段沿单层围檩插入土中一定深度形成较短的屏风墙，先将其两端的两块打入，严格控制其垂直度，打好后用电焊固定在围檩上，然后将其他的板桩按顺序以 1/2 或 1/3 板桩高度打入。此法可以防止板桩过大的倾斜和扭转，防止误差积累，有利实现封闭合龙，且分段打设，不会影响邻近板桩施工。

打桩锤根据板桩打入阻力确定，该阻力包括板桩端部阻力、侧面摩阻力和锁口阻力。桩锤不宜过重，以防因过大锤击而产生板桩顶部纵向弯曲，一般情况下，桩锤得量约为钢板桩得量的 2 倍。此外，选择桩锤时还应考虑锤体外形尺寸，其宽度不能大于组合打入板桩块数的宽度之和。

地下工程施工结合后，钢板桩一般都要拔出，以便重复使用。钢板桩的拔除要正确选择拔除方法与拔除顺序，由于板桩拔出时带土，往往会引起土体变形，对周围环境造成危害。必要时还应采取注浆填充等方法。

四、降　　水

在开挖基坑或沟槽时，土壤的含水层常被切断，地下水将会不断地渗入坑内。雨季施工时，地面水也会流入坑内。为了保证施工的正常进行，防止边坡塌方和地基承载能力的下降，必须做好基坑降水工作。降水方法可分为重力降水(如积水井、明渠等)和强制降水(如轻型井点、深井泵、电渗井点等)。土方工程中采用较多的是集水井降水和轻型井点降水。

(一) 集水井降水

这种方法是在基坑或沟槽开挖时，在坑底设置集水井，并沿坑底的周围或中央开挖排水沟，使水在重力作用下流入集水井内，然后用水泵抽出坑外(图 1-28)。

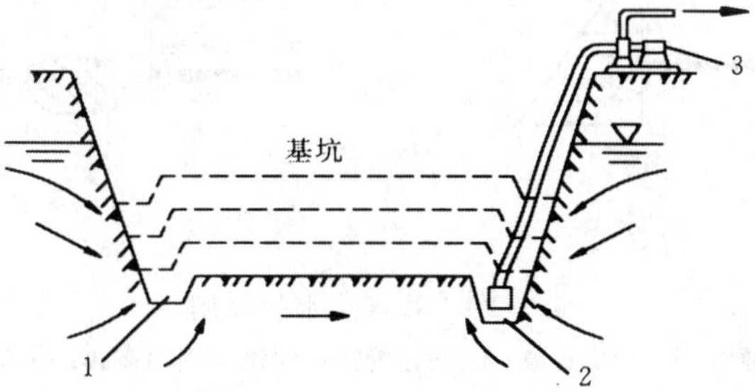

图 1-28　集水井降水

1—排水沟；2—集水井；3—水泵

四周的排水沟及集水井一般应设置在基础范围以外、地下水流的上游，基坑面积较大时，可在基础范围内设置盲沟排水。根据地下水量、基坑平面形状及水泵能力，集水井每隔 20～40m 设置一个。

集水井的直径或宽度，一般为 0.6～0.8m。其深度随着挖土的加深而加深，要经常低于挖土面 0.7～1.0m，井壁可用竹、木等简易加固。当基坑挖至设计标高后，井底应低于坑底 1～2m，铺设碎石滤水层，以免在抽水时将泥砂抽出，防止井底的土被搅动，并做好较坚固的井壁。

集水井降水方法比较简单、经济，对周围影响小，因而应用较广。但当涌水量较大，水位差较大或土质为细砂或粉砂，易产生流砂、边坡塌方及管涌等时，此时往往采用强制降水的方法，人工控制地下水流的方向，降低水位。

(二) 井点降水

1. 井点降水的作用

井点降水就是在基坑开挖前，预先在基坑四周埋设一定数量的滤水管(井)，在基坑开挖前和开挖中，利用真空原理，不断抽出地下水，使地下水位降低到坑底以下。井点降水有下述作用：防止地下水涌入坑内（图 1-29a)），防止边坡由于地下水的渗流而引起塌方（图 1-29b)），使坑底的土层消除地下水位差引起的压力，因此防止了坑底的管涌（图 1-29c)）。降水后，使板桩减少了横向荷载（图 1-29d)），消除了地下水的渗流，也就防止了流砂现象（图 1-29e)）。降低地下水位后，还能使土壤固结，增加地基的承载能力。

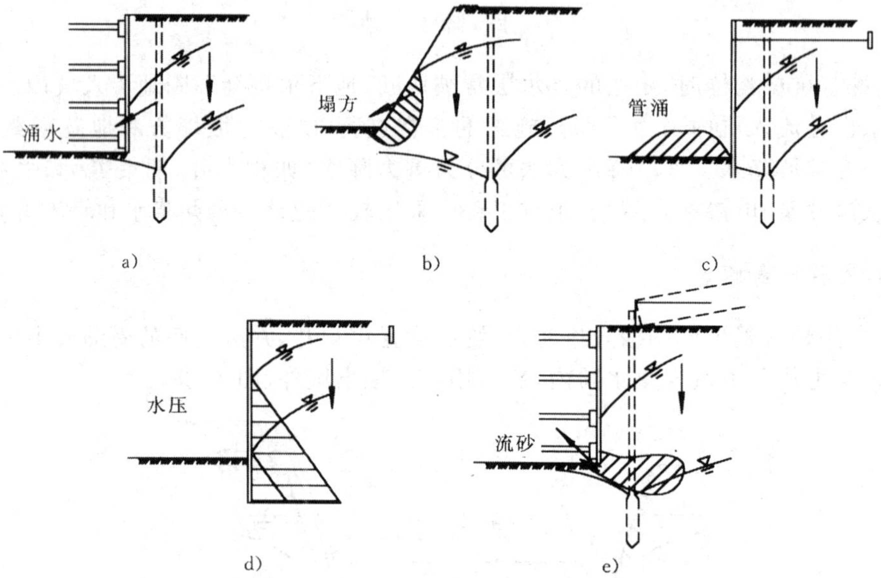

图 1-29　井点降水的作用

a) 防止涌水；b) 稳定边坡；c) 防止管涌；d) 减少横向荷载；e) 防止流砂

2. 流砂的成因与防治

流砂现象产生的原因，是水在土中渗流所产生的动水压力对土体作用的结果。

地下水的渗流对单位体内骨架产生的压力称为动水压力，用 G_D 表示，它与单位土体内渗流水受到土骨架的阻力 T 大小相等、方向相反，如图 1-30 所示，水在土体内从 A 向 B 流动，沿水流方向行取一土柱体，其长度为 L，横断面积为 F，两端点 A 和 B 之间的水头差为 H_A-H_B。计算动水压力时，考虑到地下水的渗流加速度很小($a\approx0$)，因而忽略惯性力。

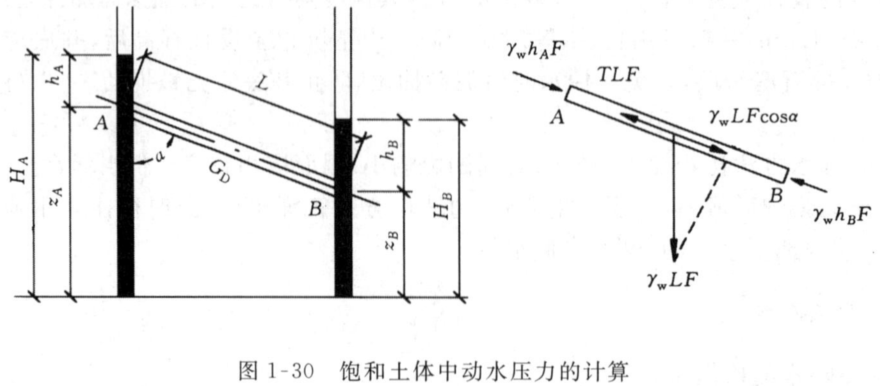

图 1-30　饱和土体中动水压力的计算

土柱体内饱和土柱中孔隙水的重量与土骨架所受浮力的反力之和为 $\gamma_w LF$；

土柱体中骨架对渗流水的总阻力 TLF。

由 $\sum X=0$ 得

$$\gamma_w h_A F-\gamma_w h_B F-TLF+\gamma_w LF\cos\alpha=0$$

将 $\cos\alpha=\dfrac{Z_A-Z_B}{L}$ 代入上式可得

$$T=\gamma_w \frac{(h_A+Z_B)-(h_B+Z_B)}{L}=\gamma_w \frac{H_A-H_B}{L}$$

$\dfrac{H_A-H_B}{L}$ 为水头差与渗透路径之比，称为水力坡度，γ_w 用 i 来表示。于是

$$T=i\gamma_w$$

$$G_D=-T=-i\gamma_w \tag{1-36}$$

式中，负号表示 G_D 与所设水渗流时的总阻力 T 的方向相反，即与水的渗流方向一致。

由上式可知，动力水压 G_D 的大小与水力坡度成正比，即水位差 H_A-H_B 愈大，则 G_D 愈大；而渗透路程 L 愈长，则 G_D 愈小。当水流在水位差的作用下对土颗粒产生向上压力时，动水压力不但使土粒受到了水的浮力，而且还受到向上动水压力的作用。如果压力等于或大于土的浮重度 γ'，即

$$G_D\geqslant\gamma' \tag{1-37}$$

则土粒失去自重，处于悬浮状态，土的抗剪强度等于零，土粒能随着渗流的水一起流动，这种现象就叫"流砂现象"。$G=\gamma'$ 水的力坡度称为产生流砂的临界水力坡度：

$$i_{cr}=\frac{\gamma'}{\gamma_w} \tag{1-38}$$

细颗粒、均匀颗粒、松散及饱和的土容易产生流砂现象，因此，流砂现象经常在细砂、粉砂及粉土中出现，但是否出现流砂的重要条件是动水压力的大小，防治流砂应着眼于减小或消除动水压力。

防治流砂的方法主要有：水下挖土法、冻结法、枯水期施工、抢挖法、加设支护结构及井点降水等，其中井点降水法是根除流砂的有效方法之一。

3. 井点降水法的种类

井点有两大类：轻型井点和管井类。一般根据土的渗透系数、降水深度、设备条件及经济比较等因素确定，可参照表 1-12 选择。

表 1-12　　各种井点的适用范围

井点类别		土的渗透系数(m/d)	降水深度(m)
轻型井点	一级轻型井点	0.1～50	3～6
	多级轻型井点	0.1～50	视井点级数而定
	喷射井点	0.1～50	8～20
	电渗井点	＜0.1	视选用的井点而定
管井点	管井井点	20～200	3～5
	深井井点	10～250	＞15

实际工程中，一般轻型井点应用最为广泛，下面介绍这类井点。

4. 一般轻型井点

(1) 一般轻型井点设备

轻型井点设备由管路系统和抽水设备组成(图 1-31)。

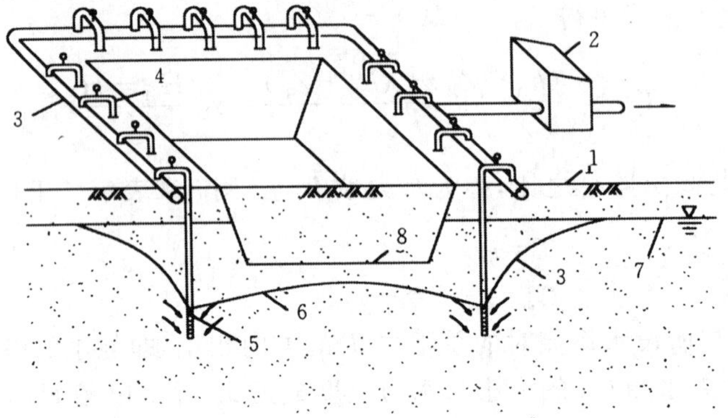

图 1-31　轻型井点法降低地下水位全貌

1—地面；2—泵站；3—总管；4—弯联管；5—滤管；6—降低后的地下水位；7—原地下水位；8—基坑底面

管路系统包括滤管、井点管、弯联管及总管等。

滤管(图 1-32)为进水设备，通常采用长 1.0～1.5m、直径 38mm 或 51mm 的无缝钢管，管壁钻有直径为 12～19mm 的滤孔。骨架管外面包以两层孔径不同的生丝布或塑料布滤网。为使流水畅通，在骨架与滤网之间用塑料管或梯形铅丝隔开，塑料管沿骨架绕成螺旋形。滤网外面再绕一层粗铁丝保护网，滤管下端为一铸铁塞头，滤管上端与井点管连接。

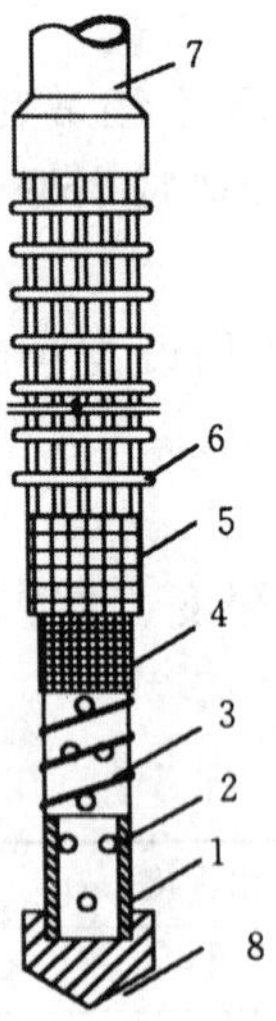

图 1-32　滤管构造

1—钢管；2—管壁上的小孔；3—缠绕的塑料管；4—细滤网；5—粗滤网；6—粗铁丝保护网；7—井点管；8—铸铁塞头

井点管为直径 38mm 或 51mm、长 5～7m 的钢管。井点管上端用弯联管与总管相连。集水总管为直径 100～127mm 的无缝钢管，每段长 4m，其上装有与井点管连接的短接头，间距 0.8m 或 1.2m。

抽水设备是由真空泵、离心泵和水气分离器(又叫集水箱)等组成，其工作原理如图 1-33 所示。抽水时先开动真空泵，将水气分离器内部形成一定程度的真空，使土中的水分和空气受真空吸力作用而吸出，进入水气分离器。当进入水气分离器内的水达到一定高度，即可开动离心泵。在水气分离器内的水和空气向两个方向流去：水经离心泵排出，空气集中在上部由真空泵排出，少量从空气中带来的水从放水口放出。一套抽水设备的负荷长度(即集水总管长度)为 100～120m。常用的 W5，W6 型干式真空泵，其最大负荷长度分别为 100m 和 120m。

(2) 轻型井点布置和计算

井点系统布置应根据水文地质资料、工程要求和设备条件

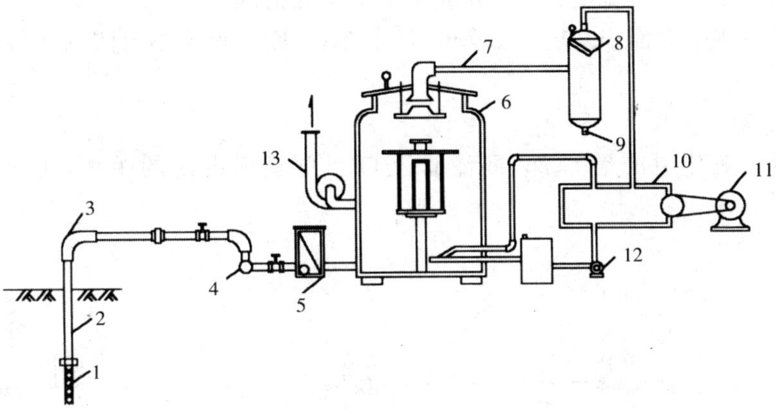

图 1-33 轻型井点设备工作原理

1—滤管；2—井点管；3—弯管；4—集水总管；5—过滤室；6—水气分离器；7—进水管；8—副水气分离器；9—放水口；10—真空泵；11—电动机；12—循环水泵；13—离心水泵

等确定。一般要求掌握的水文地质资料有：地下水含水层厚度、承压或非承压水及地下水变化情况、土质、土的渗透系数、不透水层位置等。要求了解的工程性质主要是：基坑（槽）形状、大小及深度，此外尚应了解设备条件，如井管长度、泵的抽吸能力等。

轻型井点布置包括高程布置与平面布置。平面布置即确定井点布置的形式、总管长度、井点管数量、水泵数量及位置等。高程布置则确定井点管的埋置深度。

布置和计算的步骤是：确定平面布置→高程布置→计算井点管数量等→调整设计。下面讨论每一步的设计计算方法：

① 确定平面布置

根据基坑（槽）形状，轻型井点可采用单排布置（图 1-34a））、双排布置（图 1-34b））以及环形布置（图 1-34c）），当土方施工机械需进出基坑时，也可采用 U 形布置（图 1-34d））。

单排布置适用于基坑、槽宽度小于 6m，且降水深度不超过 5m 的情况。井点管应布置在地下水的上游一侧，两端延伸长度不宜小于坑、槽的宽度（图 1-34a））。

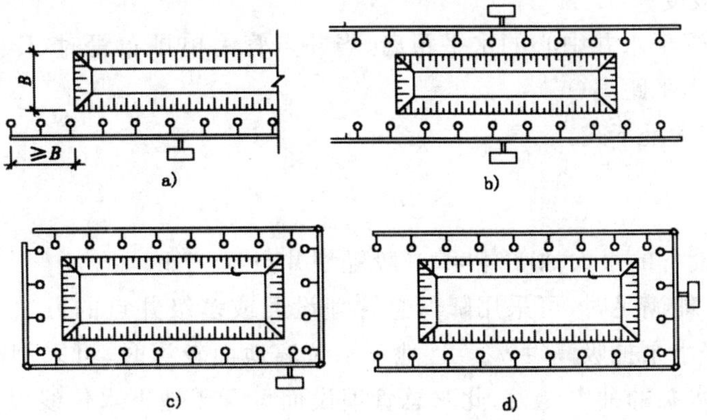

图 1-34 轻型井点的平面布置

a) 单排布置；b) 双排布置；c) 环形布置；d) U 型布置

双排布置适用于基坑宽度大于 6m 或土质不良的情况。

环形布置适用于大面积基坑。如采用 U 形布置，则井点管不封闭的一段应设在地下水的下游方向。

② 高程布置

高程布置系确定井点管埋深，即滤管上口至总管埋设面的距离，可按下式计算（图 1-35）：

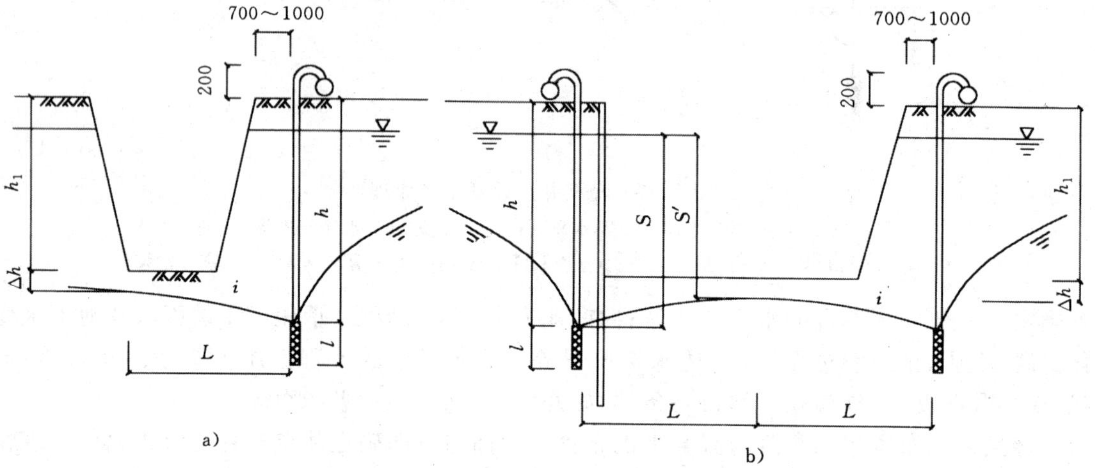

图 1-35 高程布置计算

a）单排井点；b）双排、U 型或环形布置

$$h \geqslant h_1 + \Delta h + iL \tag{1-39}$$

式中 h—井点管埋深(m)；

h_1——总管埋设面至基底的距离(m)；

Δh——基底至降低后的地下水位线的距离(m)；

i——水力坡度；

L——井点管至水井中心的水平距离，当井点管为单排布置时，L 为井点管至对边坡脚的水平距离(m)。

计算结果尚应满足下式：

$$h \leqslant h_{p\max} \tag{1-40}$$

式中，$h_{p\max}$ 为抽水设备的最大抽吸高度，一般轻型井点 6～7m。

如式(1-47)不能满足时，可采用降低总管埋设面或多级井点的方法。当计算得到的井点管埋深 h 略大于水泵抽吸高度 $h_{p\max}$ 且地下水位离地面较深时，可采用降低总管埋设面的方法，以充分利用水泵的抽水能力，此时总管埋设面可置于地下水位线以上。如略低于地下水位线也可，但在开挖第一层土方埋设总管时，应设集水井降水。

当按式(1-40)计算的 h 值与 $h_{p\max}$ 相差很多且地下水位离地表距离较近时，则可用多级井点。

任何情况下，滤管必须埋设在含水层内。

在上述公式中有关数据按下述取值：

(a) Δh 一般取 0.5～1m，根据工程性质和水文地质状况确定。

(b) i 的取值：当单排布置时 $i=1/4\sim1/5$；

当双排布置时 $i=1/7$；

当环形布置时 $i=1/10$。

(c) L 为井点管至水井中心的水平距离，当基坑井点管为环形布置时，L 取短边方向的长度，这是由于沿长边布置的井点管的降水效应比沿短边方向布置的井点管强的缘故。当基坑(槽)两侧是对称的，则 L 就是井点管至基坑中心的水平距离，如坑(槽)两侧不对称(如图 1-35b))中一边打板桩、一边放坡，则取井点管之间 1/2 距离计算。

(d) 井点管布置应离坑边有一定距离(0.7～1m)，以防止边坡塌土而引起局部漏气。

(e) 实际工程中，井点管均为定型的，有一定标准长度。通常根据给定井点管长度验算 Δh，如 $\Delta h\geqslant0.5\sim1$m 则可满足，$\Delta h$ 可按下式计算：

$$\Delta h=h'-0.2-h_1-iL \tag{1-41}$$

式中 h'——井点管长度；

0.2——井点管露出地面的长度；

其他符号同前，上式中各符号单位均为 m。

③ 总管及井点管数量的计算

总管长度根据基坑上口尺寸或基槽长度即可确定，进而可根据选用的水泵负荷长度确定水泵数量。

a. 井点系统的涌水量

确定井点管数量时，需要知道井点系统的涌水量。井点系统的涌水量按水井理论进行计算。根据地下水有无压力，水井分为无压井和承压井。当水井布置在具有潜水自由面的含水泥层中时(即地下水面为自由水面)，称为无压井(图 1-36 之 1,2)；当水井布置在承压含水层中时(含水层中的地下水充满在两层不透水层间，含水层中的地下水水面具有一定水压)，称为承压井(图 1-36 之 3,4)。当水井底部达到不透水层时称完整井(图 1-36 之 2,4)，否则称为非完整井(图 1-36 之 1,3)，各类井的涌水量计算方法都不同。

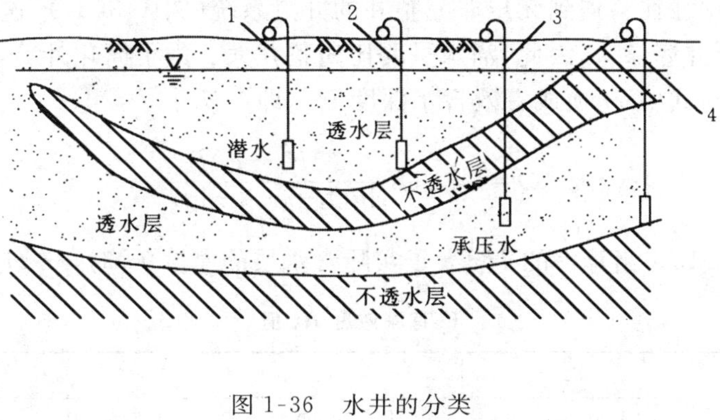

图 1-36 水井的分类

1—无压非完整井；2—无压完整井；3—承压非完整井；4—承压完整井

目前采用的计算方法，都是以法国水力学家裘布依(Dupuit)的水井理论为基础的。分析得到无压整井单井(图 1-37)的涌水量计算式为

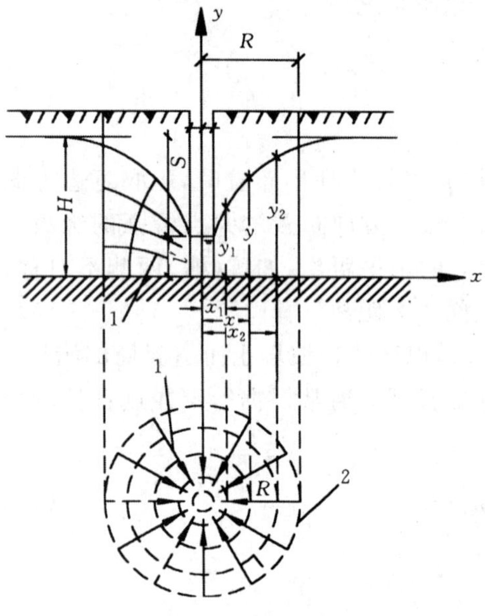

图 1-37　无压完整井计算图式

1—流线；2—过水断面

$$Q=\pi K\frac{H^2-l'^2}{\ln R-\ln r} \tag{1-42}$$

设水井中水位降落值为 S，$l'=H-S$，则

$$Q=\pi K\frac{(2H-S)S}{\ln R-\ln r}$$

或

$$Q=1.364K\frac{(2H-S)S}{\lg R-\lg r} \tag{1-43}$$

式中　K——土的渗透系数(m/d)；

H——含水层厚度(m)；

S——井水处水位降落高度(m)；

R——为单井的降水影响半径；

r——为单井的半径。

裘布依公式的计算与实际有一定出入，这是由于在过水断面处水流的水力坡度并非恒值，在靠近井的四周误差较大。但对于离井外有相当距离处其误差是很小的(图 1-37)。

公式(1-43)是无压完整单井的涌水量计算公式。但在井点系统中，各井点管是布置在基坑周围，许多井点同时抽水，即群井共同工作的涌水量的计算，可把由各井点管组成的群井系统，视为一口大的圆形单井。

涌水量计算公式为

$$Q=1.364K\frac{(2H-S)S}{\lg(R+x_0)-\lg x_0} \tag{1-44}$$

式中　x_0——由井点管围成的水井的半径(m)；

S——井点管处的水位降落值(m)；

其他符号含义同前。

在实际工程中往往会遇到无压非完整井的井点系统(图 1-34d))，这时地下水不仅从井的侧面流入，还从井底渗入，因此，涌水量要比完整井大。为了简化计算，对于群井仍可采用公式(1-44)。此时式中 H 换成有效含水深度 H_0，即

$$Q=1.364K\frac{(2H_0-S)S}{\lg(R+x_0)-\lg x_0} \tag{1-45}$$

H_0 可查表 1-13。当算得的 H_0 大于实际含水层的厚度 H 时，取 $H_0=H$。

表 1-13　　**有深效度 H_0 值**

$S/(S+l)$	0.2	0.3	0.5	0.8
H_0	$1.3(S+l)$	$1.5(S+l)$	$1.7(S+l)$	$1.84(S+l)$

注：l 为滤管长度(m)；$S/(S+l)$的中间值可采用插入法求 H_0。

有效含水深度 H_0 的意义是，抽水时在 H_0 范围内受到抽水影响，而假设在 H_0 以下的水不受抽水影响，因而也可将 H_0 视为抽水影响深度。

应用上述公式时，先要确定 x_0，R，K。

由于基坑大多不是圆形，因而不能直接得到 x_0。当矩形基坑长度宽比不大于 5 时，环形布置的井点可近似作为圆形井来处理，并用面积相等原则确定，此时将近似圆的半径作为矩形水井的假想半径：

$$x_0 = \sqrt{\frac{F}{\pi}} \tag{1-46}$$

式中 x_0——环形井点系统的假想半径(m)；

F——环形井点所包围的面积(m^2)。

抽水影响半径与土的渗透系数、含水层厚度、水位降抵值及抽水时间等因素有关。在抽水 2～5d 后，水位降落漏斗基本稳定，此时抽水影响半径可近似地按下式计算：

$$R = 1.95S\sqrt{HK} \quad (\text{m}) \tag{1-47}$$

式中，S，H 的单位为 m；K 的单位为 m/d。

渗透系数 K 值对计算结果影响较大。K 值的确定可用现场抽水试验或通过实验室测定。对重大工程，宜采用现场抽水试验以获得较准确的值。

b. 单根井管的最大出水量

单根井管的最大出水量，由下式确定：

$$q = 65\pi dl\sqrt[3]{K} \quad (\text{m}^3/\text{d}) \tag{1-48}$$

式中，d 为滤管直径(m)；其他符号同前。

c. 井点管数量

井点管最少数量由下式确定：

$$n' = \frac{Q}{q} \quad (\text{根}) \tag{1-49}$$

井点管最大间距便可求得

$$D' = \frac{L}{n'} \quad (\text{m}) \tag{1-50}$$

式中 L——总管长度(m)；

n'——井点管最少根数。

实际采用的井点管 D 应当与总管上接头尺寸相适应。即尽可能采用 0.8，1.2，1.6 或 2.0m，且 $D<D'$，这样实际采用的井点数 $n>n'$，一般 n 应当超过 $1.1n'$，以防井点管堵塞等影响抽水效果。

(3) 轻型井点的施工

轻型井点的施工，大致包括下列几个过程：准备工作、井点系统的埋设、使用及拆除。

准备工作包括井点设备、动力、水源及必要材料的准备，排水沟的开挖，附近建筑物的标高观测以及防止附近建筑物沉降措施的实施。

埋设井点的程序是：先排放总管，再设井点管，用弯联管将井点与总管接通，然后安装抽水设备。

井点管的埋设一般用水冲法进行，并分为冲孔与埋管（图 1-38）两个过程。

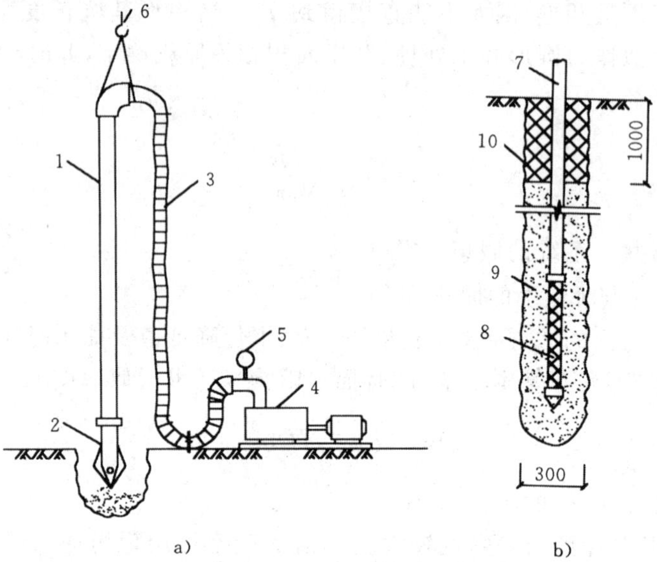

图 1-38　井点管的埋设

a）冲孔；b）埋管

1—冲管；2—冲嘴；3—胶管；4—高压水泵；5—压力表；

6—起重机吊钩；7—井点管；8—滤管；9—填砂；10—粘土封口

冲孔时，先用起重设备将冲管吊起并插在井点的位置上，然后开动高压水泵，将土冲松，冲管则边冲边沉。冲孔直径一般为 300mm，以保证井管四周有一定厚度的砂滤层，冲孔深度宜比滤管底深 0.5m 左右，以防冲管拔出时，部分土颗粒沉于底部而触及滤管底部。

井孔冲成后，立即拔出冲管，插入井点管，并在井点管与孔壁之间迅速填灌砂滤层，以防孔壁塌土。砂滤层的填灌质量是保证轻型井点顺利抽水的关键。一般宜选用干净粗砂，填灌均匀，并填至滤管顶上 1～1.5m，以保证水流畅通。

井点填砂后，须用粘土封口，以防漏气。

井点系统全部安装完毕后，需进行试抽，以检查有无漏气现象。开始抽水后一般不应停抽。时抽时停，滤网易堵塞，也容易抽出土粒，使水混浊，并引起附近建筑物由于土粒流失而发生沉降开裂。正常的排水应是细水长流，出水澄清。

抽水时需要经常检查井点系统工作是否正常，以及检查观测井中水位下降情况，如果有较多井点管发生堵塞，影响降水效果时，应逐根用高压水反向冲洗或拔出重埋。

轻型井点降水有许多优点，在地下工程中广泛应用，但其抽水影响范围较大，影响半径可达百米至数百米，且会导致周围土壤固结而引起地面沉陷，要消除地面沉陷可采用回灌井点方法。即在井点设置线外 4～5m 处，以间距 3～5m 插入注水管，将井点中抽取的水经过沉淀后用压力注入管内，形成一道水墙，以防止土体过量脱水，而基坑内仍可保持干燥。这种情况下抽水管的抽水量约增加 10%，可适当增加抽水井点的数量。回灌井点布置如图 1-39 所示。

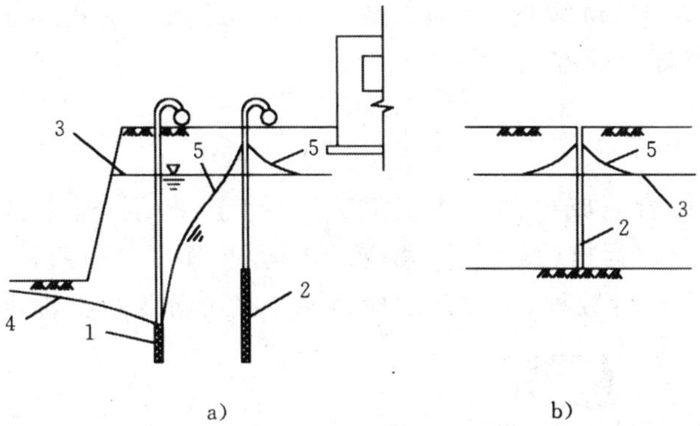

图 1-46　回灌井点布置

a) 回灌井点布置；b) 回灌井点水位图

1—降水井点；2—回灌井点；3—原水位线；4—基坑内降低后的水位线；5—回灌后水位线

第五节　土方工程的机械化施工

土方工程的施工过程包括：土方开挖、运输、填筑与压实，土方工程应尽量采用机械施工，以减轻繁重的体力劳动和提高施工速度。

一、主要挖土机械及其性能

（一）推土机

推土机是土方工程施工的主要机械之一，它是在履带式拖拉机上安装推土板等工作装置而成的机械。常用推土机的发动机功率有 45kW，75kW，90kW，120kW 等数种。推土板多用油压操纵。图 1-40 所示是液压操纵的 T_2-100 型推土机外形图，液压操纵推土板的推土机除了可以升降推土板外，还可调整推土板的角度，因此具有更大的灵活性。

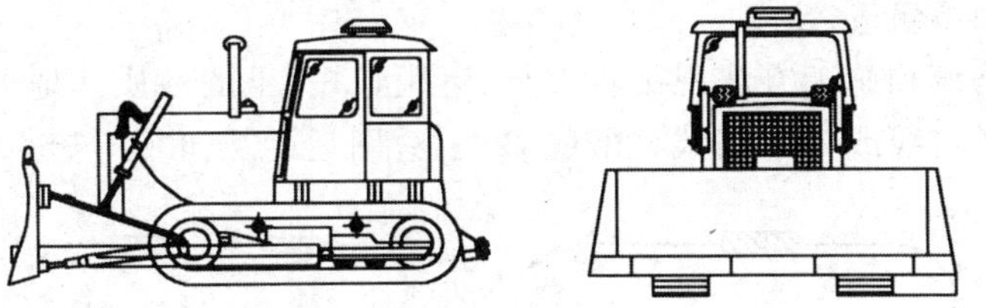

图 1-40　T_2-100 型推土机外形图

推土机操纵灵活，运转方便，所需工作面较小，行驶速度快，易于转移，能爬 30°左右的缓坡，因此，应用范围较广。

推土机适于开挖一至三类土。多用于平整场地，开挖深度不大的基坑，移挖作填，回填土方，堆筑堤坝以及配合挖土机集中土方、修路开道等。

推土机作业以切土和推运土方为主，切土时应根据土质情况，尽量采用最大切土深度在最短距离（6～10m）内完成，以便缩短低速行进的时间，然后直接推运到预定地点。上下坡坡度不得超过 35°，横坡不得超过 10°。几台推土机同时作业时，前后距离应大于 8m。

推土机经济运距在100m以内，效率最高的运距为60m。为提高生产率，可采用槽形推土、下坡推土以及并列推土等方法。

（二）铲运机

铲运机是一种能综合完成全部土方施工工序（挖土、装土、运土、卸土和平土）的机械。按行走方式分为自行式铲运机（图1-41）和拖式铲运机（图1-42）两种。常用的铲运机斗容量为$2m^3$，$5m^3$，$6m^3$，$7m^3$等数种，按铲斗的操纵系统又可分为机械操纵和液压操纵两种。

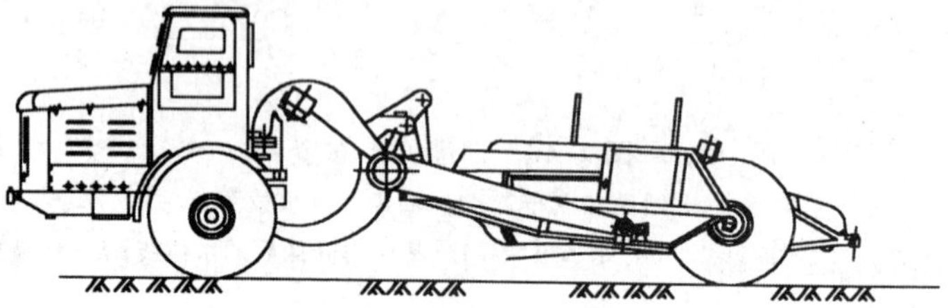

图1-41　自行式铲运机外形图

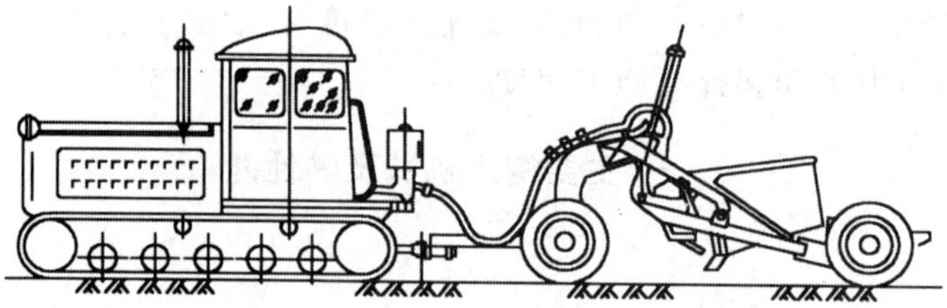

图1-42　拖式铲运机外形图

铲运机操纵简单，不受地形限制，能独立工作，行驶速度快，生产效率高。

铲运机适于开挖一至三类土，常用于坡度20°以内的大面积土方挖、填、平整、压实，大型基坑开挖和堤坝填筑等。

铲运机运行路线和施工方法视工程大小、运距长短、土的性质和地形条件等而定。其运行线路可采用环形路线或8字路线（图1-43）。适用运距为600～1 500m，当运距为200～

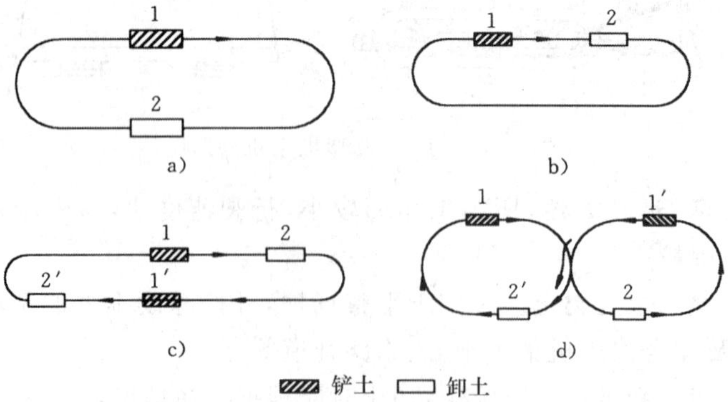

图1-43　铲运机开行路线

a）环形路线；b）环形路线；c）大环形路线；d）8字型路线

350m 时效率最高。采用下坡铲土、跨铲法、推土机助铲法等，可缩短装土时间，提高上斗装土量，以充分发挥其效率。

（三）挖掘机

挖掘机按行走方式分为履带式和轮胎式两种。按传动方式分为机械传动和液压传动两种。斗容量有 $0.2m^3$，$0.4m^3$，$1.0m^3$，$1.5m^3$，$2.5m^3$ 等多种，工作装置有正铲、反铲、抓铲，机械传动挖掘机还有拉铲。使用较多的是正铲与反铲。挖掘机利用土斗直接挖土，因此也称为单斗挖土机。

1. 正铲挖掘机

正铲挖掘机外型如图 1-44 所示。它适用于开挖停机面以上的土方，且需与汽车配合完成整个挖运工作。正铲挖掘机挖掘力大，适用于开挖含水量较小的一类土和经爆破的岩石及冻土。

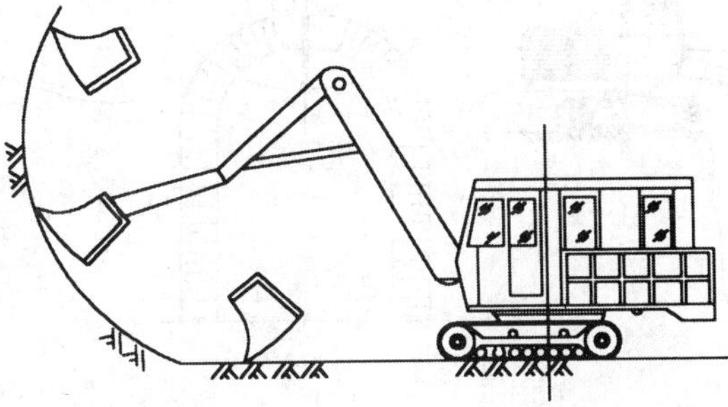

图 1-44　正铲挖掘机外形

正铲的开挖方式根据开挖路线与汽车相对位置的不同分为正向开挖、侧向装土以及正向开挖、后方装土两种（图 1-45）。前者生产率较高。

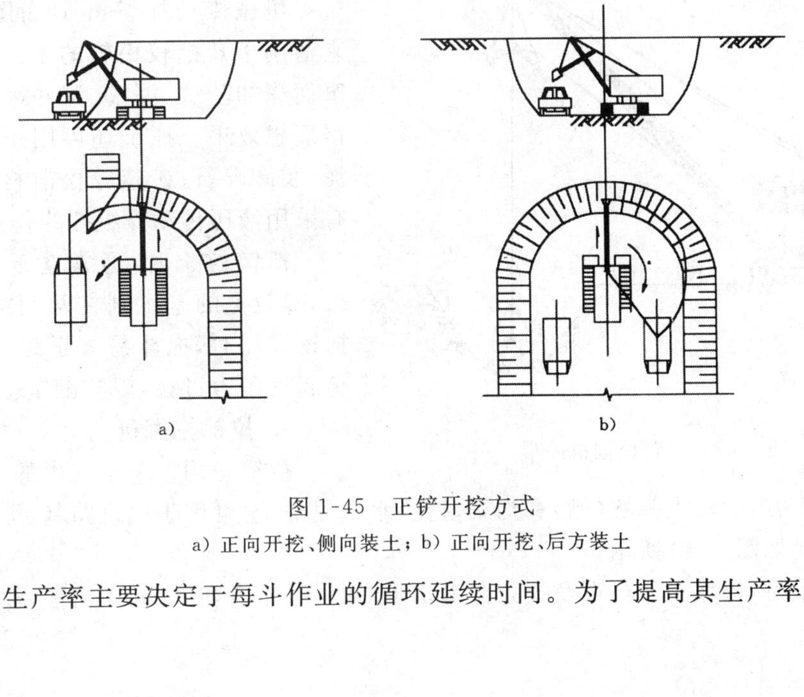

图 1-45　正铲开挖方式

a）正向开挖、侧向装土；b）正向开挖、后方装土

正铲的生产率主要决定于每斗作业的循环延续时间。为了提高其生产率，除了工作面

高度必须满足装满土斗的要求之外，还要考虑开挖方式和与运土机械配合。尽量减少回转角度，缩短每个循环的延续时间。

2. 反铲挖掘机

反铲适用于开挖一至三类的砂土或粘土。主要用于开挖停机面以下的土方，一般反铲最大挖土深度 4～6m，经济合理的挖土深度为 3～5m。反铲也需要配备运土汽车进行运输。反铲的外型如图 1-46 所示。

反铲的开挖方式可以采用沟端开挖法，即反铲停于沟端，后退挖土，向沟一侧弃土或装汽车运走(图 1-47a))，也可采用沟侧开挖法，即反铲停于沟侧，沿沟边开挖，它可将土弃于距沟较远的地方，如装车则回转角度也小，但边坡不易控制(图 1-47b))。

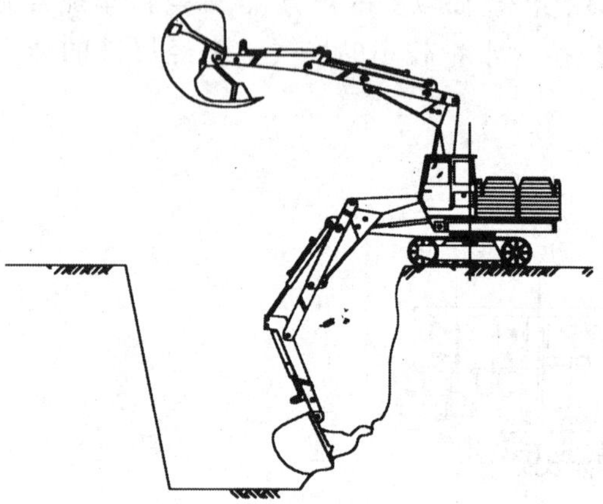

图 1-46　液压反铲挖掘机外形

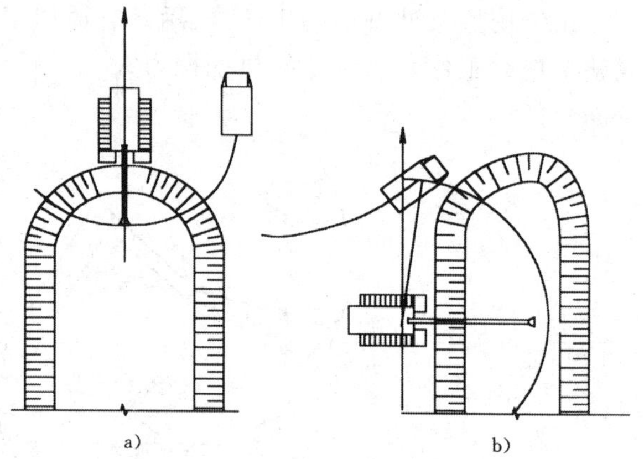

图 1-47　反铲开挖方式

a) 沟端开挖；b) 沟侧开挖

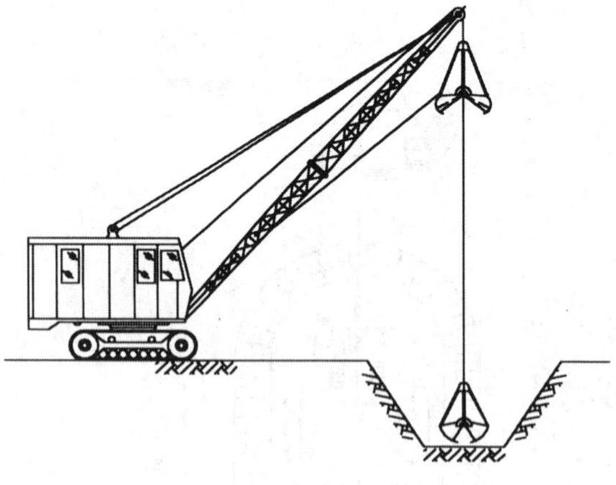

图 1-48　抓铲挖掘机外形

3. 抓铲挖掘机

机械传动抓铲外形如图1-48所示。它适用于开挖较松软的土。对施工面狭窄而深的基坑、深槽、深井采用抓铲可取得理想效果。抓铲还可用于挖取水中淤泥、装卸碎石、矿碴等松散材料。抓铲也有采用液压传动操纵抓斗作业。

抓铲挖土时，通常立于基坑一侧进行，对较宽的基坑则在两侧或四侧抓土。抓挖淤泥时，抓斗易被淤泥“吸住”，应避免起吊用力过猛，以防翻车。

4. 拉铲挖掘机

拉铲适用于一至三类的土，可开挖停机面以下的土方，如较大基坑(槽)和沟渠，挖取水下泥土，也可用于填筑路基、堤坝等。其外形及工作状况如图 1-49 所示。

拉铲挖土时，依靠土斗自重及拉索拉力切土，卸土时斗齿朝下，利用惯性，较湿的粘土也

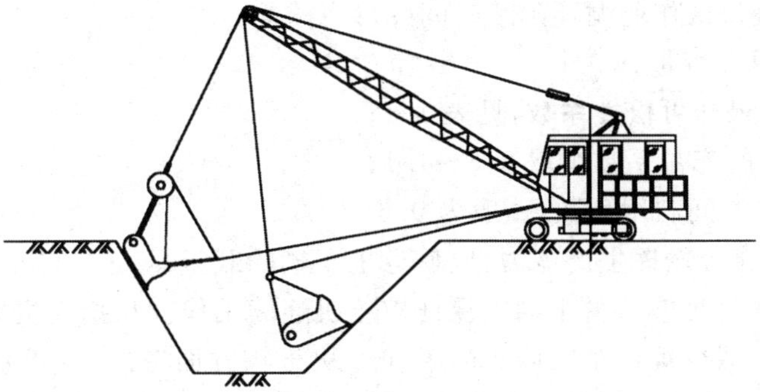

图 1-49　拉铲挖掘机外形及工作状况

能卸净。但其开挖的边坡及坑底平整度较差，需更多的人工修坡（底）。它的开挖方式也有沟端开挖和沟侧开挖两种。

二、土方机械的选择

前面已经叙述了主要挖土机械的性能和适用范围，现将选择土方施工机械的要点综合如下：

（一）选择土方机械的依据

1. 土方工程的类型及规模

不同类型的土方工程，如场地平整、基坑（槽）开挖、大型地下室土方开挖、构筑物填土等施工各有其特点，应依据开挖或填筑的断面（深度及宽度）、工程范围的大小、工程量多少来选择土方机械。

2. 地质、水文及气候条件

如土的类型、土的含水量、地下水等条件。

3. 机械设备条件

指现有土方机械的种类、数量及性能。

4. 工期要求

如果有多种机械可供选择时，应当进行技术经济比较，选择效率高、费用低的机械进行施工。一般可选用土方施工单价最小的机械进行施工，但在大型建设目中，土方工程量很大，而现有土方机械的类型及数量常受限制，此时必须将现有机械进行最优分配，使施工总费用最少。可应用线形规划的方法来确定土方机械的最优分配方案。

（二）土方机械与运土车辆的配合

当挖土机挖出的土方需要运土车辆运走时，挖土机的生产率不仅取决于本身的技术性能，而且还决定于所选的运输工具是否与之协调。

由技术性能，可按下式算出挖土机的生产率 P：

$$P=\frac{8\times 3600}{t}q\frac{K_c}{K_s}K_B\text{（m}^3\text{/台班）} \tag{1-51}$$

式中　t——挖土机每次作业循环延续时间(s)；

q——挖土机斗容量(m^3)；

K_s——土的最初可松性系数，见表 1-1；

K_c——土斗的充盈系数可取 0.8～1.1；

K_B——工作时间利用系数，一般为 0.6～0.8。

为了使挖土机充分发挥生产能力，应使运土车辆的载重量 Q 与挖土机的每斗土重保持一定的倍率关系，并有足够数量车辆以保证挖土机连续工作。从挖土机方面考虑，汽车的载重量越大越好，可以减少等待车辆调头的时间。从车辆方面考虑，载重量小，台班费便宜但使用数量多；载重量大，则台班费高但数量可减少。最合适的车辆载重量应当是使土方施工单价为最低，可以通过核算确定。一般情况下，汽车的载重量以每斗土重的 3～5 倍为宜。运土车辆的数量 N，可按下式计算：

$$N=\frac{T}{t_1+t_2} \tag{1-52}$$

式中　T——运输车辆每一工作循环延续时间(s)，由装车时间、重车运输时间、卸车时间、空车开回时间及等待时间组成；

t_1——运输车辆调头而使挖土机等待的时间(s)；

t_2——运输车辆装满一车土的时间(s)。

$$t_2=nt$$

$$n=\frac{10Q}{q\dfrac{K_c}{K_s}\gamma} \tag{1-53}$$

式中　n——运土车辆每车装土次数；

Q——运土车辆的载重量(t)；

γ——自然状态土的实土重度(kN/m^3)。

其他符号意义同前。

为了减少车辆的调头、等待和装土时间，装车场地必须考虑调头方法及停车位置。如在坑边设置两个通道，使汽车不用调头，可以缩短调头、等待时间。

第六节　土方的填筑与压实

压实填土包括分层压实和分层夯实。当利用压实填土作为建筑工程的地基持力层时，在平整场地前，应根据结构类型、填料性能和现场条件等，对拟压实的填土提出质量要求。

未经检验查明以及不符合质量要求的压实填土，均不得作为建筑工程的地基持力层。

一、土料的选用与处理

填方土料应符合设计要求，保证填方的强度与稳定性，选择的填料应力强度高、压缩性小、水稳定性好、便于施工的土、石料。如设计无要求时，应符合下列规定：

① 级配良好的砂土或碎石土；

② 以砾石、卵石或块石作填料，分层夯实时其最大粒径不宜大于 400mm；分层压实时其最大粒径不宜大于 200mm；

③ 以粉质粘土、粉土作填料时，其含水量宜为最优含水量，可采用击实试验确定；

④ 如采用工业废料作为填土，必须保证其性能的稳定性；

⑤ 挖高填低或开山填沟的土料和石料，应符合设计要求；

⑥ 不得使用淤泥、耕土、冻土、膨胀性土以及有机质含量大于 5%的土。

填土应严格控制含水量，使土料的含水量接近土的最佳含水量。施工前应对土的含水量进行检验。当土的含水量过大，应采用翻松、晾晒、风干等方法降低含水量，或采用换土回填、均匀掺入干土或其他吸水材料、打石灰桩等措施；如含水量偏低，则可预先洒水湿润。含水量过大或过小的土均难以压实。

二、填土的方法

铺填料前，应清除或处理场地内填土层底面以下的耕土和软弱土层。填土可采用人工填土和机械填土。

人工填土一般用手推车运土，人工用锹、耙、锄等工具进行填筑，从最低部分开始由一端向另一端自下而上分层铺填。

机械填土可用推土机、铲运机或自卸汽车进行。用自卸汽车填土，需用推土机将土推开推平，采用机械填土时，可利用行驶的机械进行部分压实工作。

填土必须分层进行，并逐层压实。特别是机械填土，不得居高临下、不分层次、一次倾倒填筑。压实填土的施工缝各层应错开搭接，在施工缝的搭接处，应适当增加压实遍数。

在雨季、冬季进行压实填土施工时，应采取防雨、防冻措施，防止填料（粉质粘土、粉土）受雨水淋湿或冻结，并应采取措施防止出现“橡皮土”。

三、压实方法

填土的压实方法有碾压、夯实和振动压实等几种。

碾压适用于大面积填土工程。碾压机械有平碾（压路机）、羊足碾和汽胎碾。羊足碾需要较大的牵引力而且只能用于压实粘性土，因在砂土中碾压时，土的颗粒受到“羊足”较大的单位压力后会向四面移动，而使土的结构破坏。汽胎碾在工作时是弹性体，给土的压力较均匀，填土质量较好。但应用最普遍的是刚性平碾。利用运土工具碾压土壤也可取得较大的密实度，但必须很好地组织土方施工，利用运土过程进行碾压。如果单独使用运土工具进行土壤压实工作，在经济上是不合理的，它的压实费用要比用平碾压实贵一倍左右。

夯实主要用于小面积填土，可以夯实粘性土或非粘性土。夯实的优点是可以压实较厚的土层。夯实机械有夯锤、内燃夯土机和蛙式打夯机等。夯锤借助起重机提起并落下，其重量大于 1.5t，落距 2.5～4.5m，夯土影响深度可超过 1m，常用于夯实湿陷性黄土、杂填土以及含有石块的填土。内燃夯土机作用深度为 0.4～0.7m，它和蛙式打夯机都是应用较广的夯实机械。人力夯土（木夯、石硪）方法则已很少使用。

振动压实主要用于压实非粘性土，采用的机械主要是振动压路机、平板振动器等。

四、影响填土压实的因素

填土压实质量与许多因素有关，其中的主要影响因素为压实功、土的含水量以及每层铺土厚度。

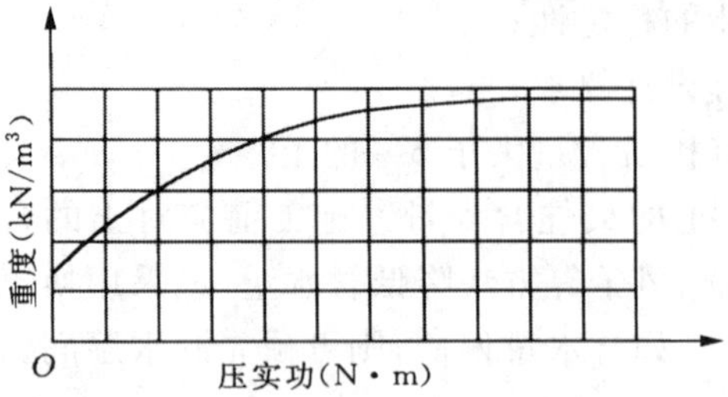

图 1-50 土的重度与压实功的关系

(一) 压实功的影响

填土压实后的重度与压实机械在其上所施加的功有一定的关系。土的重度与所耗的功的关系见图 1-50。当土的含水量一定，在开始压实时，土的量度急剧增加，待到接近土的最大重度时，压实功虽然增加许多，而土的重度则没有变化。实际施工中，对不同的土应根据选择的压实机械和密实度要求选择合理的压变遍数。此外，松土不宜用重型碾压机械直接滚压，否则土层有强烈起伏现象，效率不高。如果先用轻碾，再用重碾压实就会取得较好效果。

(二) 含水量的影响

在同一压实功条件下，填土的含水量对压实质量有直接影响(图 1-51)。较为干燥的土，由于土颗粒之间的摩阻力较大而不易压实。当土具有适当含水量时，水起了润滑作用，土颗粒之间的摩阻力减小，从而易压实。但含水量过大，土的孔隙被水占据，则难以压实，还常常会出现“橡皮土”的现象。每种土壤都有其最佳含水量。土在这种含水量的条件下，使用同样的压实功进行压实，所得到的重度最大(图 1-52)。各种土的最佳含水量 w_{op} 和所能获得的最大干重度，可由击实试验取得。施工中，土的含水量与最佳含水量之差可控制在－4%～＋2%范围内。

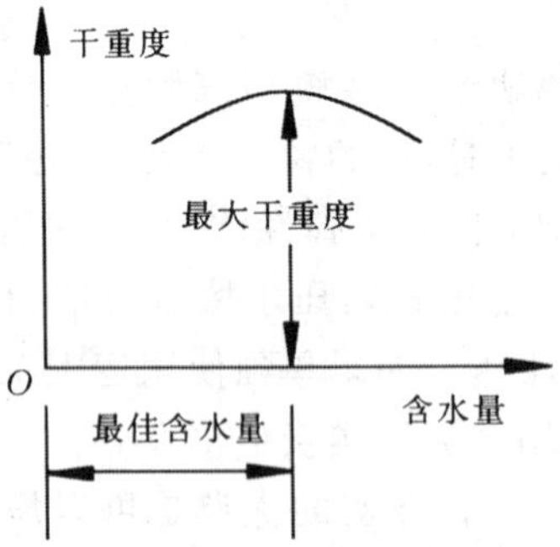

图 1-51 土的含水量对其压实质量的影响

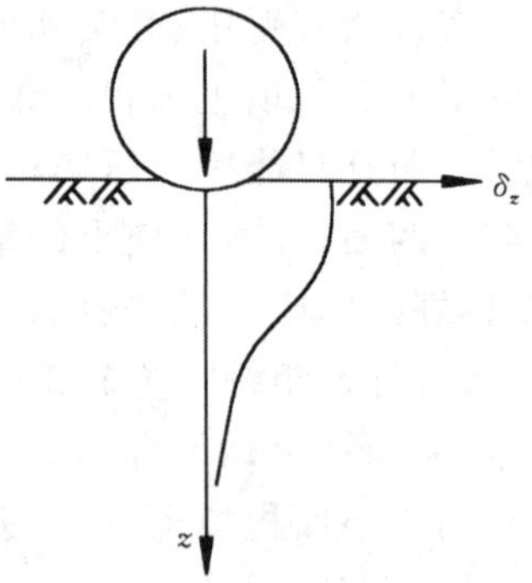

图 1-52 压实作用沿深度的变化

(三) 铺土厚度的影响

土在压实功的作用下，压应力随深度增加而逐渐减小(图 1-52)，其影响深度与压实机械、土的性质和含水量等有关。铺土厚度应小于压实机械压土时的有效作用深度，而且还应考虑最优土层厚度。铺得过厚，要压很多遍才能达到规定的密实度；铺得过薄，则要增加机械的总压实遍数。最优的铺土厚度应能使土方压实而机械的功耗费最少。填土的铺土厚度及压实遍数可参考表1-14选择。

表1-14　　填方每层的铺土厚度和压实遍数

压实机具	每层铺土厚度(mm)	每层压实遍数
平　碾	200～300	6～8
羊足碾	200～350	8～16
蛙式打夯机	200～250	3～4
人工打夯	<200	3～4

五、填土压实的质量检查

压实填土的质量以压实系数 λ_c 控制，工程中可根据结构类型和压实填土所在部位按表1-15的数值确定。

表1-15　　压实填土的质量控制

结构类型	填土部位	压实系数 λ_c	控制含水量(%)
砌体承重结构和框架结构	在地基主要受力层范围内	≥0.97	$w_{op}\pm2$
	在地基主要受力层范围以下	≥0.95	
排架结构	在地基主要受力层范围内	≥0.96	
	在地基主要受力层范围以下	≥0.94	

注：1. w_{op} 为最优含水量；

2. 地坪垫层以下及基础底面标高以上的压实填土，压实系数不应小于0.94。

压实系数(压实度) λ_c 为土的控制干密度 γ_d 与土的最大干密度 $\gamma_{d\max}$ 之比，即

$$\lambda_c=\frac{\gamma_s}{\gamma_{d\max}} \tag{1-54}$$

γ_d 可用“环刀法”或灌砂(或灌水)法测定。$\gamma_{d\max}$ 则用击实试验确定，当无试验资料时，最大干密度可按下式计算：

$$\gamma_{d\max}=\eta\frac{\rho_w d_s}{1+0.01w_{op}d_s} \tag{1-55}$$

式中　$\gamma_{d\max}$——分层压实填土的最大干密度；

η——经验系数，粉质粘土取0.96，粉土取0.97；

ρ_w——水的密度；

d_s——土粒相对密度(比重)；

w_{op}——填料的最优含水量，可按当地经验取或取 ω_{p+2}，ω_p 为土的塑限。

当填料为碎石或卵石时，其最大干密度可取2.0～2.2t/m^3。

第二章　深基础工程

一般工业与民用建筑物多采用天然浅基础，它造价低，施工简便。如果天然浅土层软弱，可采用机械压实、强夯、深层搅拌、堆载预压、砂桩挤密、化学加固等方法进行人工加固，形成人工地基浅基础。如深部土层同样软弱，或上部荷载很大而且对变形和稳定有严格要求的一些特殊建筑、设备基础或高层建筑，无法采用浅基础时，则需要经过技术经济比较后采用深基础。

深基础是指桩基础、墩基础、沉井基础、沉箱基础和地下连续墙等，其中桩基础应用最广。深基础不但可选用深部较好的土层来承受上部荷载，还可利用深基础周壁的摩阻力来共同承受上部荷载，因而其承载力高、变形小、稳定性好。但其施工技术复杂、造价高、工期长。

第一节　桩 基 础

桩基础是一种常用的深基础形式，它由桩和桩顶的承台组成。

桩按承载性状分为摩擦型桩和端承型桩。前者又分为摩擦桩、端承摩擦桩；后者又分为端承桩、摩擦端承桩。桩按成桩时挤土状况，分为挤土桩、部分挤土桩和非挤土桩。桩按施工方法，分为预制桩和灌注桩两类。

预制桩是在工厂或施工现场制成的各种材料和形式的桩（如木桩、混凝土方桩、预应力混凝土管桩、钢管或型钢的钢桩等），而后用沉桩设备将桩打入、压入或振入（有时还兼用高压水冲）土中。灌注桩是在施工现场的桩位上用机械或人工成孔，然后在孔内灌注混凝土而成。根据成孔方法的不同分为钻孔、挖孔、冲孔灌注桩；沉管灌注桩和爆扩桩。如在成孔内灌注砂、石灰等，则称为砂桩、石灰桩等。

一、混凝土预制桩施工

混凝土预制桩能承受较大的荷载、坚固耐久、施工速度快，但对周围环境影响较大，是我国广泛应用的桩型之一。常用的为混凝土实心方桩和预应力混凝土空心管桩。混凝土方桩的断面尺寸，多为250～550mm，单根桩或多节桩的单节长度，应根据桩架高度、制作场地、运输和装卸能力而定；多节桩如用电焊或法兰接桩时，节点的竖向位置尚应避开土层中的硬夹层。如在工厂制作，长度不宜超过12m；如在现场预制，长度不宜超过30m。混凝土强度等级不宜低于C30（静压沉桩时，不宜低于C20）。桩身配筋与所采用的沉桩方法有关。锤击沉桩的纵向钢筋配筋率不宜小于0.8%，静压沉桩不宜小于0.4%，但压入桩的桩身细长时，桩的纵向配筋率亦不宜小于0.8%，桩的纵向钢筋直径不宜小于14mm，桩身宽度或直径大于或等于350mm时，纵向钢筋不应少于8根。桩的接头不宜超过两个。桩顶应设钢筋网片。

预应力混凝土管桩，是以离心法在工厂生产的，直径多为400～600mm，壁厚80～

100mm，每节长度 8～10m，用法兰连接，下节桩底端可设桩尖，亦可以是开口的。

（一）混凝土预制桩的制作、起吊、运输和堆放

混凝土预制桩多数是在打桩现场或附近就地预制，较短的桩亦可在预制厂生产。

为节省场地，现场预制桩多用叠浇法制作，重叠层数取决于地面允许荷载和施工条件，一般不宜超过 4 层。场地应平整、坚实，不得产生不均匀沉降。桩与桩间应做好隔离层，桩与邻桩、底模间的接触面不得发生粘结。上层桩或邻桩的浇筑，必须在下层桩或邻桩的混凝土达到设计强度的 30%以后，方可进行。

钢筋骨架的主筋连接宜用对焊，同一截面内的接头数量不得超过 50%。同一根钢筋两个接头的距离应大于 $30d_0$（主筋直径），并且不小于 500mm。

钢筋骨架及桩身尺寸的允许偏差，见《建筑地基基础工程施工质量验收规范》GB50202—2002，如超出规范允许的偏差，容易被打坏。如为多节桩，上节桩和下节桩尽量在同一纵轴线上施工，使上下钢筋和桩身减少偏差。桩的预制先后次序应与打桩次序对应，以缩短养护时间。

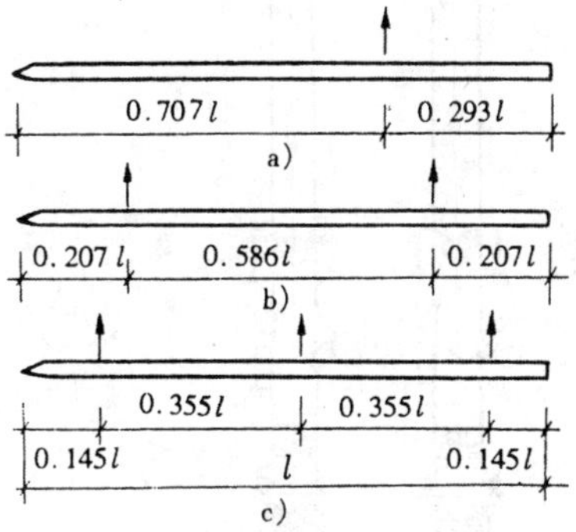

图 2-1 桩的合理吊点位置

a）一点起吊；b）两点起吊；c）三点起吊

预制桩的混凝土浇筑，应由桩顶向桩尖连续进行，严禁中断。锤击的预制桩的粗骨料粒径宜为 5～40mm。

当桩的混凝土强度达到设计强度的 70%方可起吊；达到 100%方可运输和打桩。如提前起吊，必须采取措施并经验算合格方可进行。

桩在起吊和搬运时，必须平稳，并且不得损坏。吊点应符合设计要求，如图 2-1 所示。

打桩前桩从制作处运到现场或桩架前以备打桩，并应根据打桩顺序随打随运以避免两次搬运。桩的运输方式，在运距不大时，可用起重机吊运或在桩下垫以滚筒，用卷扬机拖拉；当运距较大时，可采用轻便轨道小平台车运输。

堆放桩的地面必须平整、坚实，垫木间距应与吊点位置相同，各层垫木应位于同一垂直线上，堆放层数不宜超过四层。不同规格的桩，应分别堆放。

（二）混凝土预制桩的沉桩

混凝土预制桩的沉桩方法有锤击法、静力压桩法、振动法和水冲法等。

1. 锤击法

锤击法是利用桩锤的冲击克服土对桩的阻力，使桩沉到预定深度或达到持力层。这是最常用的一种沉桩方法。

（1）打桩设备

打桩设备包括桩锤、桩架和动力装置。

① 桩锤

桩锤是对桩施加冲击，将桩打入土中的主要机具。桩锤主要有落锤、蒸汽锤、柴油锤和

液压锤，目前应用最多的是柴油锤。桩锤的吨位以落下部分的质量表示。

a. 落锤　构造简单，使用方便，能随意调整落锤高度。轻型落锤可用人力拉升，一般均用卷扬机拉升施打。落锤生产效率低，桩身的损坏也较大。落锤的吨位一般为 0.5～1.5t，重型锤可达数吨。

b. 柴油锤　利用燃油爆炸，推动活塞往复运动进行锤击打桩，它的工作原理见图 2-2（筒式柴油锤）。靠活塞循环往复的运动产生冲击进行打桩，其能量来源是喷入的柴油。柴油锤结构简单使用方便，不需从外部供应能源。但在过软的土中由于贯入度（每打击一次桩的下沉量，一般用 mm 表示）过大，燃油不能爆发，桩锤反跳不起来，会使工作循环中断。另一个缺点是会造成噪音和空气污染的公害，故在城市中施工受到一定限制。柴油锤冲击部分的质量有 2.0t，2.5t，3.5t，4.5t，6.0t，7.2t 等数种。每分钟锤击次数约 40～80 次。可以用于打大型混凝土桩和钢管桩等。

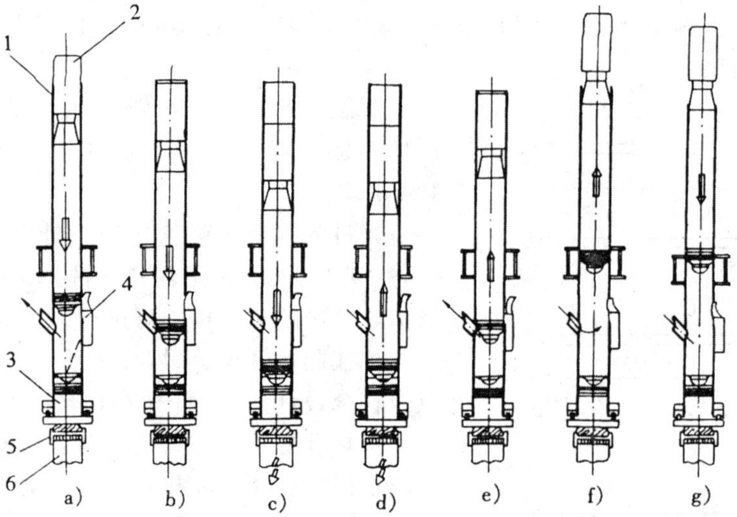

图 2-2　筒式柴油锤工作原理

a）喷油；b）压缩；c）冲击；d）爆发；e）排气；f）吸气；g）降落

1—气缸；2—上活塞；3—下活塞；4—燃油泵；5—桩帽；6—桩

c. 蒸汽锤　利用蒸汽的动力进行锤击。根据其工作情况又可分为单动式汽锤与双动式汽锤。单动式汽锤的冲击体只在上升时耗用动力，下降靠自重；双动式汽锤的冲击体升降均由蒸汽推动。蒸汽锤需要配备一套锅炉设备。

单动式汽锤的冲击力较大，可以打各种桩，常用锤重为 3～10t。每分钟锤击次数为 25～30 次。

双动式汽锤的外壳（即汽缸）是固定在桩头上的，而锤是在外壳内上下运动。因冲击频率高（100～200 次/min），所以工作效率高。它适宜打各种桩，也可在水下打桩并用于拔桩。锤重一般为 0.6～6t。

d. 液压锤　是一种新型打桩设备，它的冲击缸体通过液压油提升与降落。冲击缸体下部充满氮气，当冲击缸体下落时，首先是冲击头对桩施加压力，接着是通过可压缩的氮气对桩施加压力，使冲击缸体对桩施加压力的过程延长，因此每一击能获得更大的贯入度。液压锤不排出任何废气，无噪音，冲击频率高，并适合水下打桩，是理想的冲击式打桩设备，但构造复杂，造价高。国内已有生产。

用锤击沉桩时，为防止桩受冲击应力过大而损坏，力求选用重锤轻击。如选用轻锤重打，锤击功能很大部分被桩身吸收，桩不易打入，且桩头容易打碎。锤重可根据土质、桩的规格等参考表 2-1 进行选择，如能进行锤击应力计算则更为科学。

表 2-1　　锤重选择表

锤型			柴油锤					
			20	25	35	45	60	72
锤的动力性能		冲击部分质量(t)	2.0	2.5	3.5	4.5	6.0	7.2
		总质量(t)	4.5	6.5	7.2	9.6	15.0	18.0
		冲击力(kN)	2000	2000～2500	2500～4000	4000～5000	5000～7000	7000～10000
		常用冲程(m)	1.8～2.3					
桩的截面		混凝土预制桩的边长或直径(cm)	25～35	35～40	40～45	45～50	50～55	55～60
		钢管桩的直径(cm)	40			60	90	90～100
持力层	粘性土 粉土	一般进入深度(m)	1.0～2.0	1.5～2.5	2.0～3.0	2.5～3.5	3.0～4.0	3.0～5.0
		静力触探比贯入度 P_s 平均值(MPa)	3	4	5	>5		
	砂土	一般进入深度(m)	0.5～1.0	0.5～1.5	1.0～2.0	1.5～2.5	2.0～3.0	2.5～3.5
		标准贯入击数 N(未修正)	15～25	20～30	30～40	40～45	45～50	50
常用的控制贯入度(cm/10 击)				2～3		3～5	4～8	
设计单桩极限承载力(kN)			400～1200	800～1600	2500～4000	3000～5000	5000～7000	7000～10000

② 桩架

桩架是支持桩身和桩锤，在打桩过程中引导桩的方向，并保证桩锤能沿着所要求方向冲击的打桩设备。桩架的形式多种多样，常用的通用桩架（能适应多种桩锤）有两种基本形式：一种是沿轨道行驶的多能桩架；另一种是装在履带底盘上的打桩架。

a. 多能桩架（图 2-3）　由立柱、斜撑、回转工作台、底盘及传动机构组成。它的机动性和适应性很大，在水平方向可作 360°回转，立柱可前后倾斜，底盘下装有铁轮，可在轨道上行走。这种桩架可适应各种预制桩及灌注桩施工。缺点是机构较庞大，现场组装和拆迁比较麻烦。

b. 履带式桩架（图 2-4）　以履带式起重机为底盘，增加立柱和斜撑用以打桩。性能较多能桩架灵活，移动方便，可适应各种预制桩及灌注桩施工。目前应用最多。

③ 动力装置

动力装置的配置取决于所选的桩锤。当选用蒸汽锤时，则需配备蒸汽锅炉和卷扬机。

(2) 打桩施工

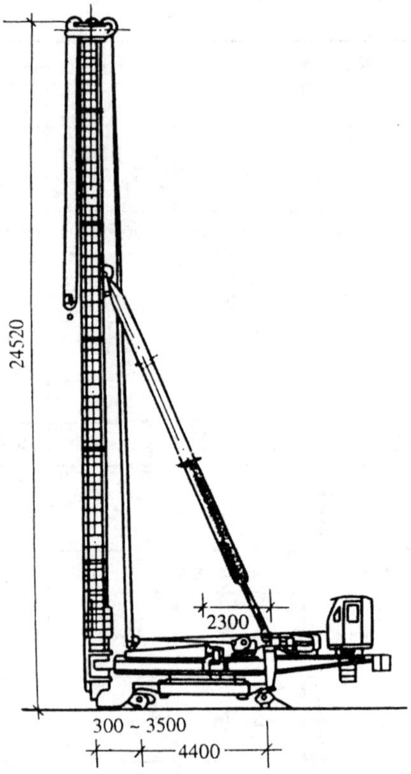

图 2-3　多能桩架

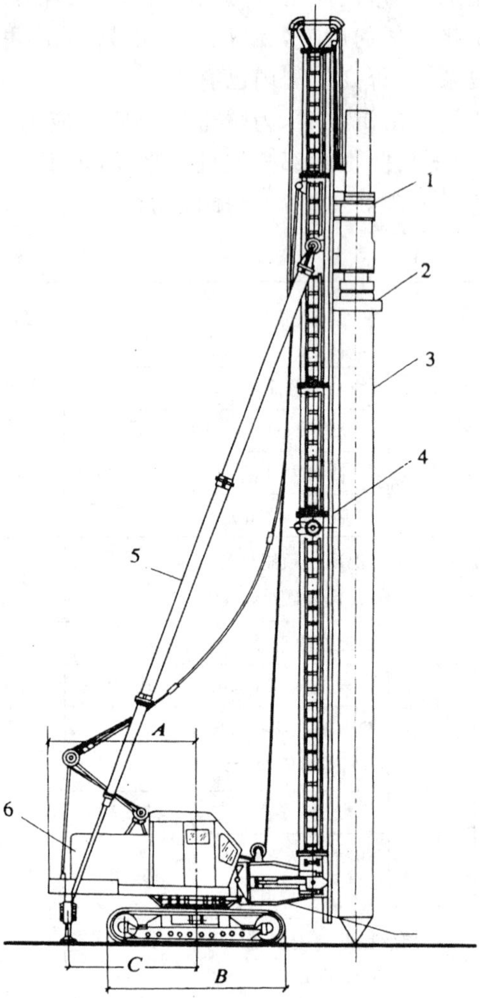

图 2-4　履带式打桩架

1—桩锤；2—桩帽；3—桩；4—立柱；
5—斜撑；6—车体；7—立柱支撑

打桩前应做好下列准备工作：清除妨碍施工的地上和地下的障碍物；平整施工场地；定位放线；设置供电、供水系统；安装打桩机等。

桩基轴线的定位点，应设置在不受打桩影响的地点，打桩地区附近需设置不少于两个水准点。在施工过程中可据此检查桩位的偏差以及桩的入土深度。

打桩时应注意下列一些问题：

① 打桩顺序

打桩顺序合理与否，影响打桩速度和打桩质量，尤其对周围的影响更大。当桩的中心距小于四倍桩径时，打桩顺序尤为重要。打桩顺序决定挤土方向，打桩向哪个方向推进，则向哪个方向挤土。根据桩群的密集程度，可选用下述打桩顺序：由一侧向单一方向进行（图2-5a)）；自中间向两个方向对称进行（图2-5b)）；自中间向四周进行（图2-5c)）。第一种打桩顺序，打桩推进方向宜逐排改变，以免土朝一个方向挤压，导致土壤挤压不均匀，对于同一排桩，必要时还可采用间隔跳打的方式。对于大面积的桩群，宜采用后两种打桩顺序，以免土壤受到严重挤压，使桩难以打入，或使先打入的桩受挤压而倾斜。大面积的桩群多分成几个区域，由多台打桩机采用合理的顺序同时进行打设。

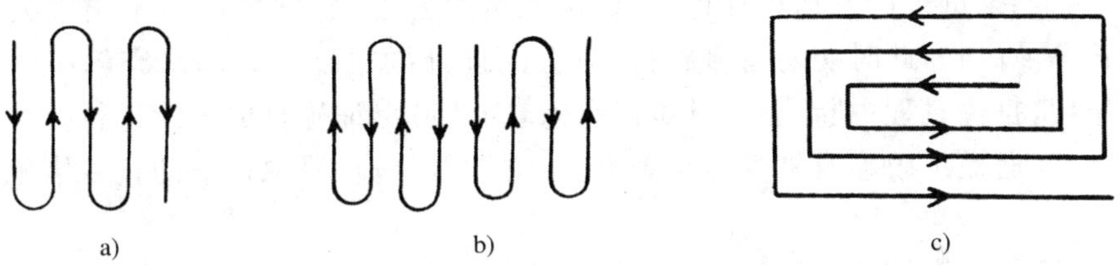

图 2-5　打桩顺序

a）由一侧向单一方向进行；b）自中间向两个方向对称进行；c）自中间向四周进行

② 打桩方法

打桩机就位后，将桩锤和桩帽吊起来，然后吊桩并送至导杆内，垂直对准桩位缓缓送下插入土中，垂直度偏差不得超过 0.5%，然后固定桩帽和桩锤，使桩、桩帽、桩锤在同一铅垂线上，确保桩能垂直下沉。在桩锤和桩帽之间应加弹性衬垫，桩帽和桩顶周围应有 5～10mm的间隙，以防损伤桩顶。

打桩开始时，锤的落距应较小，待桩入土至一定深度且稳定后，再按要求的落距锤击，用落锤或单动汽锤打桩时，最大落距不宜大于 1m，用柴油锤时应使锤跳动正常。在打桩过程中，遇有贯入度剧变，桩身突然发生倾斜、移位或有严重回弹，桩顶或桩身出现严重裂缝或破碎等异常情况时，应暂停打桩，及时研究处理。

如用送桩法将桩送入土中时，桩与送桩杆的纵轴线应在同一直线上，拔出送桩杆后，桩孔应及时回填或加盖。

多节桩的接桩，可用焊接、法兰或硫磺胶泥锚接，前两种接桩方法适用于各类土层；后者只适用于软弱土层。目前焊接接桩应用最多，预埋铁件表面应清洁，上、下节桩之间如有间隙应用铁片填实焊牢，焊接时焊缝应连续饱满，并采取措施减少焊接变形。接桩时，上、下节桩的中心线偏差不得大于 10mm，节点弯曲矢高不得大于 1‰桩长。

打桩过程中，应做好沉桩记录，以便工程验收。

③ 打桩的质量控制

打桩的质量检查包括桩位偏差、最后贯入度与沉桩标高、桩顶和桩身是否打坏以及对周围环境有无造成严重危害。

桩的垂直偏差应控制在 1%之内。

桩平面位置的允许偏差，对于建筑物桩基，单排或双排桩的条形基础，垂直于条形桩基纵轴线方向为 100mm，平行于条形桩基纵轴线方向为 150mm；桩数为 1～3 根桩基中的桩为 100mm；桩数为 4～16 根桩基中的桩为 1/3 桩径或 1/3 边长；桩数大于 16 根桩基中的桩，最外边的桩为 1/3 桩径或 1/3 边长，中间桩为 1/2 桩径或边长。

打桩的控制，对于桩尖位于坚硬土层的端承型桩，以贯入度控制为主，桩尖进入持力层深度或桩尖标高可作参考。如贯入度已达到而桩尖标高未达到时，应继续锤击 3 阵，每阵 10 击的平均贯入度不应大于规定的数值。桩尖位于软土层的摩擦型桩，应以桩尖设计标高控制为主，贯入度可作参考。如主要控制指标已符合要求，而其他指标与要求相差较大时，应会同有关单位研究解决。设计与施工中所控制的贯入度是以合格的试桩数据为准，如无试桩资料，可参考类似土的贯入度，由设计确定。测量最后贯入度应在下列正常条件下进行：桩顶没有破坏，锤击没有偏心，锤的落距符合规定，桩帽和弹性垫层正常，汽锤的蒸汽压力符合规定。如果沉桩尚未达设计标高，而贯入度突然变小，则可能是土层中夹有硬土层，或遇到孤石等障碍物，此时切勿盲目施打，应会同设计勘察部门共同研究解决。此外，由于土的固结作用，打桩过程中断，会使桩难以打入，因此应保证施打的连续进行。

打桩时，如遇桩顶破碎或桩身严重裂缝，应立即暂停，在采取相应的技术措施后，方可继续施打。

打桩时，除了注意桩顶与桩身由于桩锤冲击破坏外，还应注意桩身受锤击拉应力而导致的水平裂缝，在软土中打桩，在桩顶以下 1/3 桩长范围内常会因反射的张力波使桩身受拉而引起水平裂缝。开裂的地方往往出现在吊点和蜂窝处，这些地方容易形成应力集中。采用重锤低击和较软的桩垫可减少锤击拉应力。

打桩时，引起桩区及附近地区的土体隆起和水平位移虽然不属单桩本身的质量问题，但由于邻桩相互挤压导致桩位偏移，会影响整个工程质量。如在已有建筑群中施工，打桩还会引起临近已有地下管线、地面交通道路和建筑物的损坏和不安全。为此，在邻近建筑物（构筑物）打桩时，应采取适当的措施，如挖防振沟（应力释放沟）、砂井排水（或塑料排水板排水）、预钻孔取土打桩、控制打桩速度等。

2. 静力压桩

静力压桩是利用无振动、无噪音的静压力将桩压入土中，用于软弱土层和邻近怕振动的建筑物（构筑物）时。静力压桩机有机械式和液压式之分，目前多应用液压式静力压桩机，压力可达 5 000kN，如图 2-6 所示。压桩一般是分节压入、逐段接长，为此，桩需分节预制。当第一节桩压入土中，其上端距地面 2m 左右时将第二节桩接上，继续压入。对每一根桩的压入，各工序应连续施工。

如初压时桩身发生较大移位、倾斜，压入过程中如桩身突然下沉或倾斜；桩顶混凝土破坏或压桩阻力剧变时，应暂停压桩，及时研究处理。

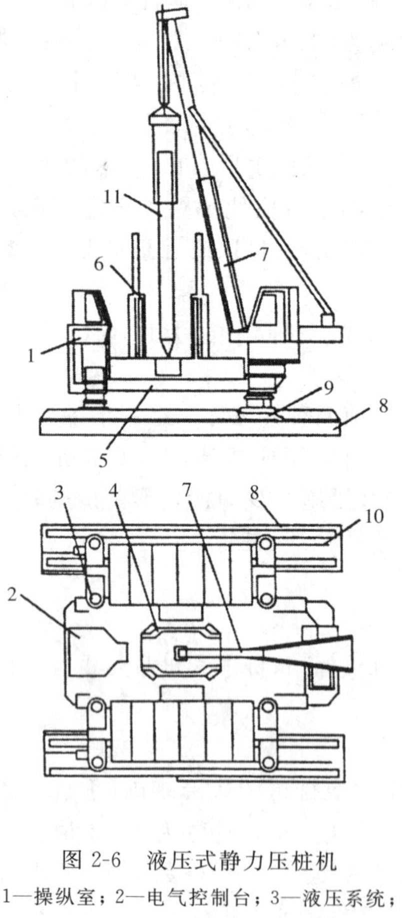

图 2-6 液压式静力压桩机

1—操纵室；2—电气控制台；3—液压系统；4—导向架；5—配重；6—夹持装置；7—吊桩把杆；8—支腿平台；9—横向行走与回转装置；10—纵向行走装置；11—桩

3. 振动法

振动法沉桩是利用振动锤(图 2-7)沉桩,将桩与振动锤连接在一起,振动锤产生的振动力通过桩身使土体振动,使土体的内摩擦角减小、强度降低而将桩沉入土中。在砂土中施工效率较高。钢板桩较多用振动法沉桩。

4. 水冲法(射水沉桩)

水冲法沉桩是锤击沉桩的一种辅助方法。利用高压水流经过桩侧面或空心桩内部的射水管冲击桩尖附近土层,便于锤击沉桩。一般是边冲水边打桩,当沉桩至最后1～2m时停止冲水,用锤击至规定标高。水冲法适用于砂土和碎石土,有时对于特别长的预制桩,单靠锤击有一定困难时,亦可用水冲法辅助之。

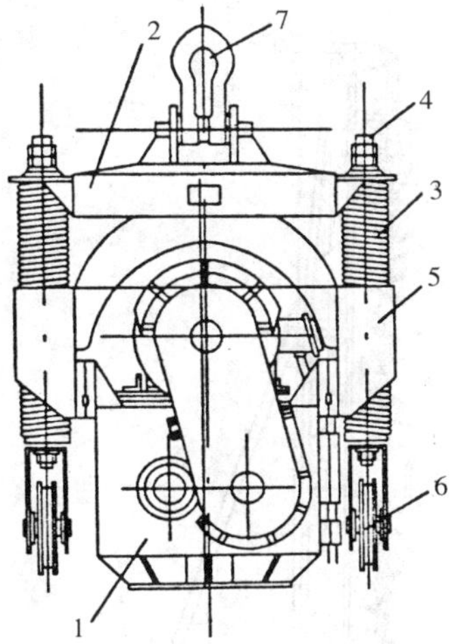

图 2-7 振动锤

1—振动器;2—横梁;3—竖轴;4—弹簧;5—吸振器;6—加压滑轮;7—起重环

二、灌注桩施工

灌注桩是直接在桩位上就地成孔,然后在孔内灌注混凝土或钢筋混凝土而成。根据成孔工艺不同,分为干作业成孔的灌注桩、泥浆护壁成孔的灌注桩、套管成孔的灌注桩和爆扩成孔的灌注桩。灌注桩施工工艺近年来发展很快,还出现端夯扩沉管灌注桩、挤压分支钻孔灌注桩、钻孔压浆成桩等一些新工艺。

灌注桩能适应地层的变化,无需接桩,施工时无振动、无挤土和噪音小,宜于在建筑物密集地区使用。但其操作要求严格,施工后需一定的养护期方可承受荷载,成孔时有大量土渣或泥浆排出。

1. 干作业成孔灌注桩

干作业成孔灌注桩适用于地下水位较低、在成孔深度内无地下水的土质,勿需护壁可直接取土成孔。目前常用螺旋钻机成孔,对短桩亦有用洛阳铲成孔的。

螺旋钻成孔灌注桩是利用动力旋转钻杆,使钻头的螺旋叶片旋转削土,土块沿螺旋叶片上升排出孔外(图 2-8)。在软塑土层,含水量大时,可用疏纹叶片钻杆,以便较快地钻进。在可塑或硬塑粘土中,或含水量较小的砂土中应用密纹叶片钻杆,缓慢地均匀地钻进。一节钻杆钻入后,应停机接上第二节,继续钻到要求深度,操作时要求钻杆垂直,钻孔过程中如发现钻杆摇晃或难钻进时,可能是遇到石块等异物,应立即停车检查。全叶片螺旋钻机成孔直径一般为 300～600mm,钻孔深度 8～20m。钻进速度应根据电流值变化及时调整。在钻进过程中,应随时清理孔口积土,遇有塌孔、缩孔等异常情况,应及时研究解决。

钢筋笼应一次绑扎完成放入孔内,钢筋笼长度由设计决定。混凝土应随浇随振,每次浇筑高度不得大于 1.5m。

如为扩底桩,则需于桩底部用扩孔刀片切削扩孔,扩底直径应符合设计要求,且孔底虚土厚度,对摩擦型桩虚土厚度不得大于 300mm,对端承型桩则不得大于 100mm。

如孔底虚土超过规范规定,可用勺钻清理孔底虚土,或用原钻机多次投钻。如孔底虚土是砂或砂卵石时,可灌入砂浆拌合,然后再浇筑混凝土。

如成孔时发生塌孔,宜钻至塌孔处以下 1～2m 处,用低强度等级的混凝土填至塌孔以

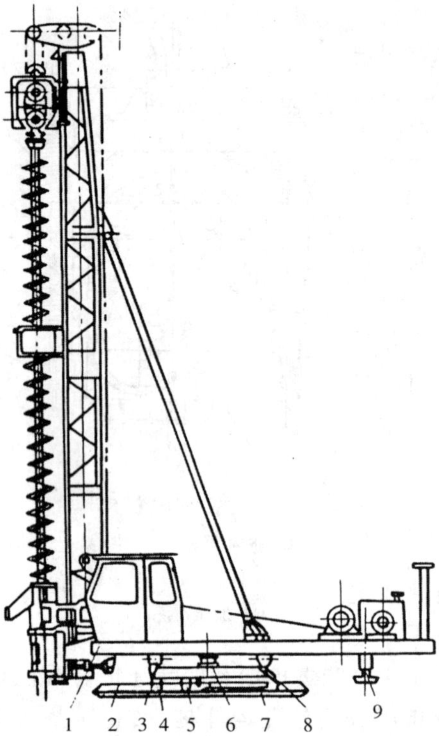

图 2-8 步履式螺旋钻机

1—上盘；2—下盘；3—回转滚轮；4—行车滚轮；5—钢丝滑轮；6—回转中心轴；7—行车油缸；8—中盘；9—支盘

上 1m 左右，待混凝土初凝后再继续下钻，钻至设计深度，也可用 3∶7 的灰土夯实代替填筑混凝土。

2. 泥浆护壁成孔灌注桩

泥浆护壁成孔是用泥浆保护孔壁、防止塌孔和排出土渣而成孔，对不论地下水位高或低的土层皆适用。多用于含水量高的软土地区。

泥浆一般需专门配制，当在粘土中成孔时，也可用孔内钻渣加水后的原土自造泥浆。

成孔机械有回转钻机、潜水钻机、冲击钻机等，其中以回转钻机应用最多。

(1) 回转钻机成孔

回转钻机是由动力装置带动钻机回转装置转动，由其带动带有钻头的钻杆转动，由钻头切削土壤。根据泥浆循环方式的不同，分为正循环回转钻机和反循环回转钻机。

正循环回转钻机成孔的工艺如图 2-9 所示。由空心钻杆内部通入泥浆或高压水，从钻杆底部喷出，携带钻下的土渣沿孔壁向上流动，由孔口将土渣带出流入泥浆池。

反循环回转钻机成孔的工艺如图 2-10 所示。它是泥浆或清水由钻杆与孔壁间的环状间隙流入钻孔，然后，由吸泥泵等在钻杆内形成真空使之携带钻下的土碴由钻杆内腔返回地面而流向泥浆池。反循环工艺的泥浆上流的速度较高，能携带较大的土渣。

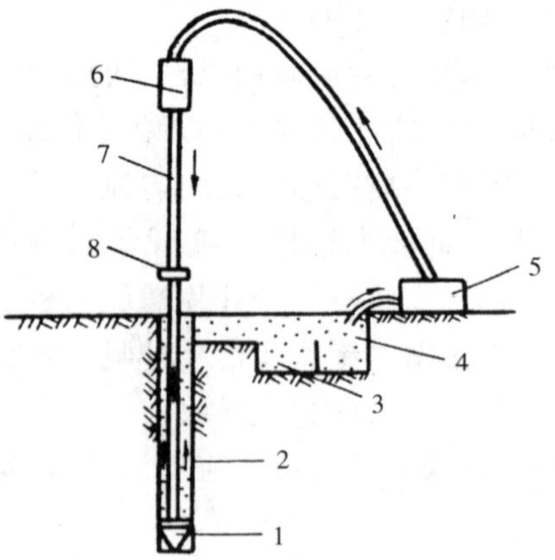

图 2-9 正循环回转钻机成孔工艺原理图

1—钻头；2—泥浆循环方向；3—沉淀池；4—泥浆池；5—泥浆泵；6—水龙头；7—钻杆；8—钻机回转装置

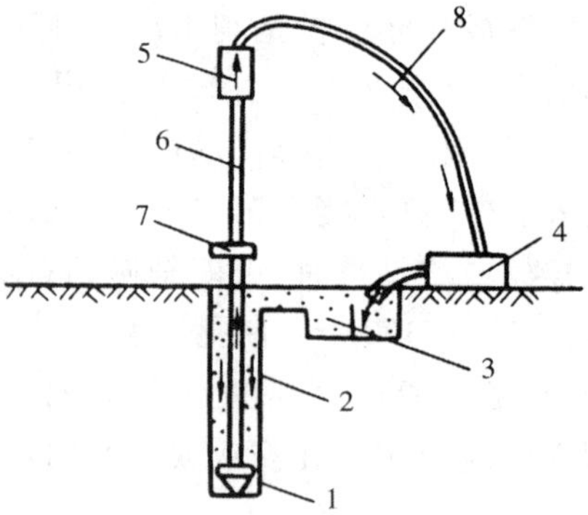

图 2-10 反循环回转钻机成孔工艺原理图

1—钻头；2—新泥浆流向；3—沉淀池；4—砂石泵；5—水龙头；6— 钻杆；7—钻机回转装置；8—混合液流向

在杂填土或松软土层中钻孔时，应在桩位处埋设护筒，以起定位、保护孔口、维持水头等作用。护筒用钢板制作，内径应比钻头直径大 10cm，埋入土中深度通常不宜小于 1.0～1.5m，特殊情况下，埋深需要大于 1.5m。在护筒顶部应开设 1～2 个溢浆口。在钻孔过程中，应保持护筒内泥浆水位高于地下水位。在粘土中钻孔，可采用清水钻进，自造泥浆护壁，以防止坍孔；在砂土中钻孔，则应注入制备泥浆钻进，注入的泥浆比重控制在 1.1 左右，排出泥浆的比重宜为 1.2～1.4。钻孔达到要求的深度后，测量沉渣厚度，进行清孔。以原土造浆的钻孔，清孔可用射水法，同时钻具只转不进，待泥浆比重降到 1.1 左右即认为清孔合格；注入制备泥浆的钻孔，可采用换浆法清孔，至换出泥浆的比重小于 1.15 时方为合格，在特殊情况下可以放宽到 1.25。

钻孔灌注桩的桩孔钻成并清孔后，应尽快吊放钢筋骨架并灌注混凝土。在无水或少水的浅桩孔中灌注混凝土时，应分层浇注振实，每层高度一般为 0.5～0.6m，不得大于 1.5m。混凝土坍落度在一般粘性土中宜用 5～7cm，砂类土中用 7～9cm，黄土中用 6～9cm。灌注混凝土至桩顶时，应适当超过桩顶设计标高，以保证在凿除浮浆层后，桩顶标高和质量能符合设计要求。水下灌注混凝土时，常用垂直导管灌筑法水下施工，施工方法见第三章。

钻孔灌注桩施工时常会遇到孔壁坍陷和钻孔偏斜等问题。

钻进过程中，如发现排出的泥浆中不断出现气泡，或泥浆突然漏失，这表示有孔壁坍陷迹象。孔壁坍陷的主要原因是土质松散，泥浆护壁不好，护筒周围未用粘土紧密填封以及护筒内水位不高。钻进中如出现缩颈、孔壁坍陷时，首先应保持孔内水位并加大泥浆比重以稳孔护壁。如孔壁坍陷严重，应立即回填粘土，待孔壁稳定后再钻。

钻杆不垂直，土层软硬不匀或碰到孤石时，都会引起钻孔偏斜。钻孔偏斜时，可提起钻头，上下反复扫钻几次，以便削去硬土，如纠正无效，应于孔中局部回填粘土至偏孔处 0.5m 以上，重新钻进。

施工后的灌注桩的平面位置及垂直度都需满足规范的规定。灌注桩施工前宜进行试成孔。

(2) 潜水钻机成孔

潜水钻机是一种旋转式钻孔机械，其动力、变速机构和钻头连在一起，加以密封，因而可以下放至孔中地下水位以下进行切削土壤成孔(图 2-11)。用正循环工艺输入泥浆，进行护壁和将钻下的土渣排出孔外。

潜水钻机成孔，亦需先埋设护筒，其他施工过程皆与回转钻机成孔相似。

(3) 冲击钻成孔

冲击钻主要用于在岩土层中成孔，成孔时将冲锥式钻头提升一定高度后以自由下落的冲击力来破碎岩层，然后用掏渣筒来掏取孔内的渣浆(图 2-12)。

还有一种冲抓锥(图 2-13)，锥头内有重铁块和活动抓片，下落时松开卷扬机刹车，抓片张开，锥头自由下落冲入土中，然后开动卷扬机拉升锥头，此时抓片闭合抓土，将冲抓锥整体提升至地面卸土，依次循环成孔。

3. 套管成孔灌注桩

套管成孔灌注桩是利用锤击打桩法或振动打桩法，将带有钢筋混凝土桩靴(又叫桩尖)或带有活瓣式桩靴(图 2-14)的钢套管沉入土中，然后灌注混凝土并拔管而成。若配有钢筋时，则在规定标高处应吊放钢筋骨架。利用锤击沉桩设备沉管、拔管时，称为锤击灌注桩；利

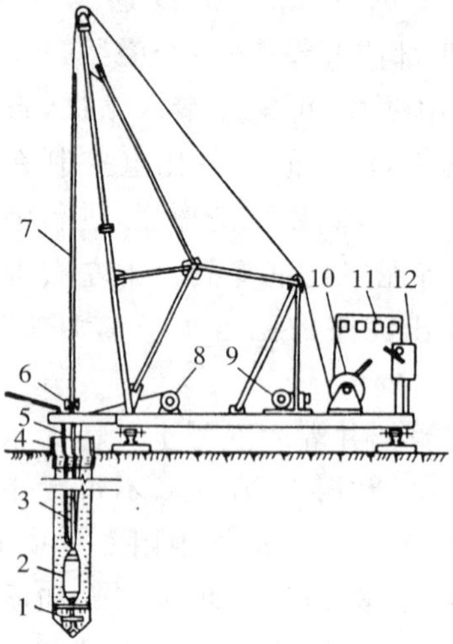

图 2-11　潜水钻机示意图

1—钻头；2—潜水钻机；3—电缆；
4—护筒；5—水管；6—滚轮(支点)；
7—钻杆；8—电缆盘；9—0.5t 卷扬机；
10—1t 卷扬机；11—电流电压表；
12—起动开关

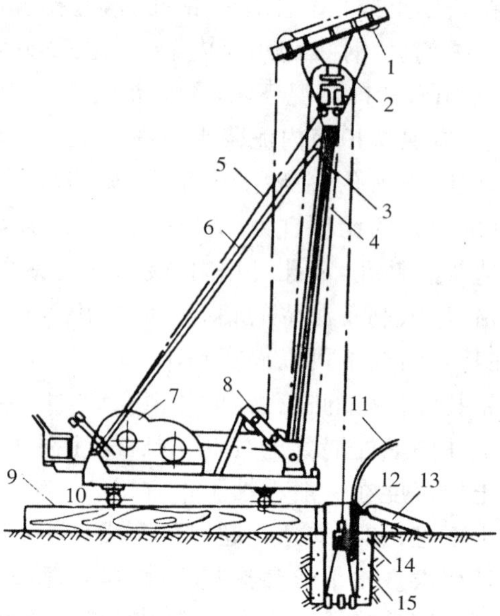

图 2-12　冲击钻成孔示意图

1—副滑轮；2—主滑轮；3—主杆；4—前拉索；
5—后拉索；6—斜撑；7—双滚筒卷扬机；8—导向轮；
9—垫木；10—钢管；11—供浆管；12—溢流口；
13—泥浆溜槽；14—护筒回填土；15—钻头

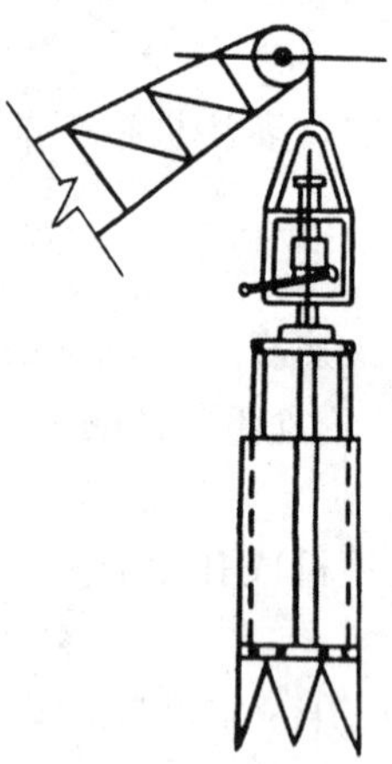

图 2-13　冲抓锥

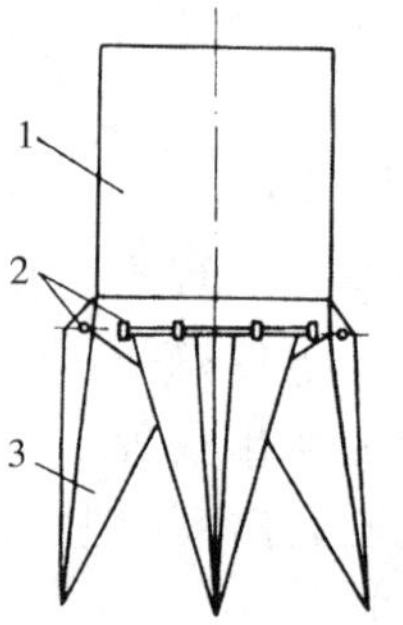

图 2-14　活瓣桩尖示意图

1—桩管；2—锁轴；3—活瓣

用激振器振动沉管、拔管时，称为振动灌注桩。图 2-15 为沉管灌注桩施工过程示意图。

(1) 锤击灌注桩

锤击灌注桩施工时，用桩架吊起钢套管，对准预先设在桩位处的预制钢筋混凝土桩靴。套管与桩靴连接处要垫以麻、草绳，以防止地下水渗入管内。然后缓缓放下套管，套入桩靴压进土中。套管上端扣上桩帽，检查套管与桩锤是否在一垂直线上，套管偏斜≤0.5%时，即可起锤沉套管。先用低锤轻击，观察后如无偏移，才正常施打，直至符合设计要求的贯入度或沉入标高，并检查管内有无泥浆或水进入，即可灌筑混凝土。套管内混凝土应尽量灌满，然后开始拔管。拔管要均匀，第一次拔管高度控制在能容纳第二次所需的混凝土灌量为限，不宜拔管过高。拔管时应保持连续密锤低击不停，并控制拔出速度，对一般土层，以不大于1m/min为宜；在软弱土层及软硬土层交界处，应控制在0.8m/min以内。桩锤冲击频率，视锤的类型而定：单动汽锤采用倒打拔管，频率不低于70次/min；自由落锤轻击不得少于50次/min。在管底未拔到桩顶设计标高之前，倒打或轻击不得中断。拔管时还要经常探测混凝土落下的扩散情况，注意使管内的混凝土保持略高于地面，这样一直到全管拔出为止。桩的中心距在5倍桩管外径以内或小于2m时，均应跳打。中间空出的桩须待邻桩混凝土达到设计强度的50%以后，方可施打。

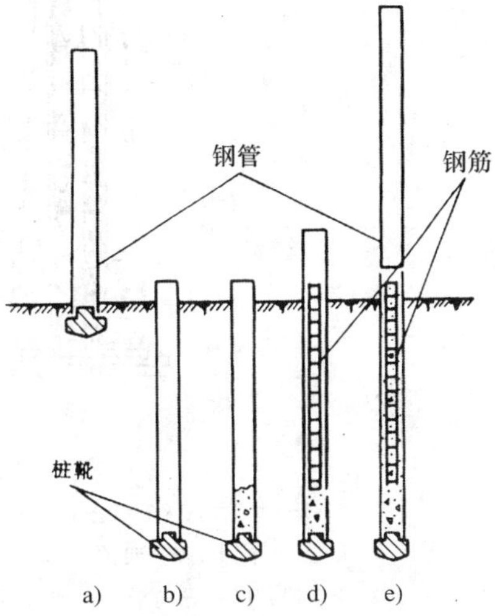

图2-15　沉管灌注桩施工过程

a) 就位；b)沉套管；c) 开始灌注混凝土；d) 下钢筋骨架继续浇灌混凝土；e) 拔管成型

为了提高桩的质量和承载能力，常采用复打扩大灌注桩。其施工顺序如下：在第一次灌注桩施工完毕，拔出套管后，清除管外壁上的污泥和桩孔周围地面的浮土，立即在原桩位再埋预制桩靴或合好活瓣第二次复打沉套管，使未凝固的混凝土向四周挤压扩大桩径，然后再灌筑第二次混凝土。拔管方法与初打时相同。施工时要注意：前后两次沉管的轴线应重合；复打施工必须在第一次灌注的混凝土初凝之前进行。

锤击灌注桩宜用于一般粘性土、淤泥质土、砂土和人工填土地基。

(2) 振动灌注桩

振动灌注桩采用激振器或振动冲击锤沉管，其设备见图2-16。施工时，先安装好桩机，将桩管下端活瓣合起来，对准桩位，徐徐放下套管，压入土中，勿使偏斜，即可开动激振器沉管。激振器又称震动锤，由电动机带动装有偏心块的轴旋转而产生振动。桩管受振后与土体之间摩阻力减小，当振动频率与土体自振频率相同时（一般粘性土的自振频率为600～750次/min；砂土自振频率为900～1200次/min），土体结构因共振而破坏，同时在套管上加压，套管即能沉入土中。加压方法常利用桩架自重，通过收紧加压滑轮组的钢丝绳把压力传到套管上。套管一直沉到要求深度为止。

沉管时，必须严格控制最后两个两分钟的贯入速度，其值按设计要求，或根据试桩和当地长期的施工经验确定。

振动灌注桩可采用单打法、反插法或复打法施工。

单打法施工时，在沉入土中的套管内灌满混凝土，开动激振器，振动5～10s，开始拔管，边振边拔。每拔0.5～1m，停拔振动5～10s，如此反复，直到套管全部拔出。在一般土层内拔管速度宜为1.2～1.5m/min，在较软弱土层中，不得大于0.8m/min。

反插法施工时，在套管内灌满混凝土后，先振动再开始拔管，每次拔管高度0.5～1.0m，向下反插深度0.3～0.5m。如此反复进行并始终保持振动，直至套管全部拔出地面。反插

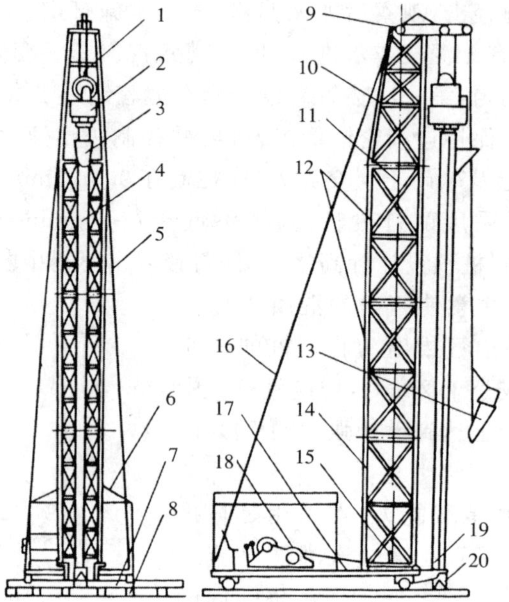

图 2-16 振动沉管设备示意图

1—滑轮组；2—激振器；3—漏斗口；4—桩管；5—前拉索；6—遮栅；7—滚筒；
8—枕木；9—架顶；10—架身顶段；11—钢丝绳；12—架身中段；13—吊斗；
14—架身下段；15—导向滑轮；16—后拉索；17—架底；18—卷扬机；19—加压滑轮；20—活瓣桩尖

法能使桩的截面增大，从而提高桩的承载能力，宜在较差的软土地基上应用。

复打法要求与锤击灌注桩相同。

振动灌注桩的适用范围除与锤击灌注桩相同外，并适用于稍密及中密的碎石土地基。

(3) 套管成孔灌注桩施工常遇问题及处理方法

套管成孔灌注桩施工时常易发生断桩、缩颈、桩靴进水或进泥及吊脚桩等问题，施工中应加强检查并及时处理。

断桩的裂缝是水平的或略带倾斜，一般都贯通整个截面，常出现于地面以下 1～3m 的不同软硬土层交接处。断桩的原因主要有：桩距过小，邻桩施打时土的挤压所产生的水平横向推力和隆起上拔力影响；软硬土层间传递水平力大小不同，对桩产生剪应力；桩身混凝土终凝不久，强度弱，承受不了外力的影响。避免断桩的措施有：桩的中心距宜大于 3.5 倍桩径；考虑打桩顺序及桩架行走路线时，应注意减少对新打桩的影响；采用跳打法或控制时间法以减少对邻桩的影响。断桩检查，在 2～3m 以内，可用木锤敲击桩头侧面，同时用脚踏在桩头上，如桩已断，会感到浮振。对深处断桩目前常采用开挖的办法检查。断桩一经发现，应将断桩段拔去，将孔清理干净后，略增大面积或加上铁箍联接，再重新灌筑混凝土补做桩身。

缩颈的桩又称瓶颈桩，部分桩颈缩小，截面积不符合要求。产生缩颈的原因是：在含水量大的粘性土中沉管时，土体受强烈扰动和挤压，产生很高的孔隙水压力，桩管拔出后，这种水压力便作用到新灌筑的混凝土桩上，使桩身发生不同程度的缩颈现象；拔管过快，混凝土量少，或和易性差，使混凝土出管时扩散差等。施工中应经常测定混凝土落下情况，发现问题及时纠正，一般可用复打法处理。

桩靴进水或进泥砂，常见于地下水位高，含水量大的淤泥和粉砂土层。处理方法可将桩管拔出，修复改正桩靴缝隙后，用砂回填桩孔重打。地下水量大时，桩管沉到地下水位时，用水泥砂浆灌入管内约 0.5m 作封底，并再灌 1m 高混凝土，然后打下。

吊脚桩指桩底部的混凝土隔空，或混凝土中混进了泥砂而形成松软层的桩。造成的原因是预制桩靴被打坏而挤入套管内，拔管时拔靴未及时被混凝土压出或桩靴活瓣未及时张开，如发现问题应将套管拔出，填砂重打。

第二节　地下连续墙

一、地下连续墙的施工过程

地下连续墙是近几十年来在地下工程和深基础工程中发展起来并应用较广泛的一项技术。近年来，高层建筑、地铁及各种大型地下设施日益增多，其基础埋置深度大，再加上周围环境和施工场地的限制，无法采用传统的施工方法，地下连续墙便成为深基础施工的有效手段。地下连续墙可以用作深基坑的支护结构，亦可以既作为深基坑的支护又用作建筑物的地下室外墙，后者更为经济。我国的广州白天鹅宾馆、花园饭店；北京的王府宾馆；上海的金茂大厦、国际贸易中心、地铁 1 号线和 2 号线的各车站等基础工程和地下工程皆有效地采用了地下连续墙。

地下连续墙的优点是刚度大，既挡土、又挡水，施工时无振动，噪音低，可用于任何土质，还可用于逆筑法施工。其缺点是成本高，施工技术较复杂，需配备专用设备，施工中用的泥浆要妥善处理，否则有一定的污染性。

地下连续墙的施工过程，是利用专用的挖槽机械在泥浆护壁下开挖一定长度(一个单元槽段)，挖至设计深度并清除沉渣后，插入接头管，再将在地面上加工好的钢筋笼用起重机吊入充满泥浆的沟槽内，最后用导管浇筑混凝土，待混凝土初凝后拔出接头管，一个单元槽段即施工完毕(图 2-17)，如此逐段施工，即形成地下连续的钢筋混凝土墙。

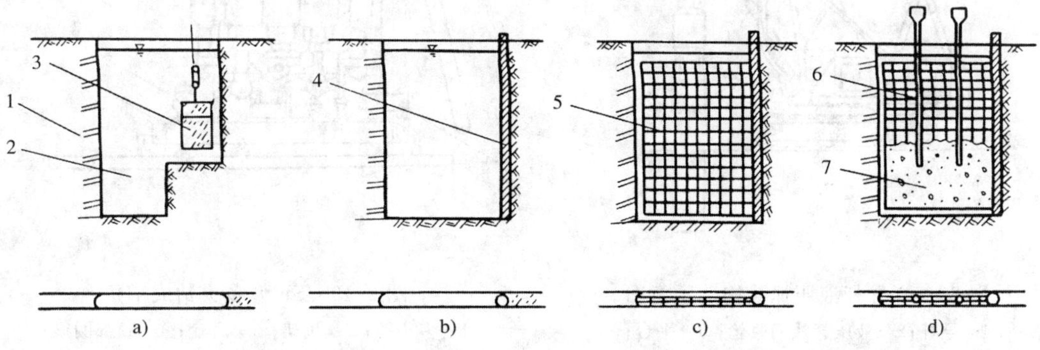

图 2-17　地下连续墙施工过程示意图

a) 成槽；b) 插入接头管；c) 放入钢筋笼；d) 浇筑混凝土

1—已完成的单元槽段；2—泥浆；3—成槽机；4—接头管；

5—钢筋笼；6—导管；7—浇筑的混凝土

二、地下连续墙的施工工艺

地下连续墙在成槽之前先要沿设计轴线施工导墙，导墙的作用是挖槽导向、防止槽段上口塌方、存蓄泥浆和作为测量的基准。导墙多呈“⌉⌈”形，深度一般1～2m，顶面高出施工地面，防止地面水流入槽段，内墙面应竖直，内外两墙墙面间距为地下墙设计厚度加施工余量(40～60mm)，导墙顶面应水平。导墙多为现浇钢筋混凝土的，宜筑于密实的粘性土地基上，墙背侧用粘性土回填并夯实，防止漏浆。导墙拆模后，应立即在墙间加设支撑，混凝土养护期间，起重机等不应在导墙附近作业或停置，以防导墙开裂和位移。

挖槽是地下连续墙施工中的主要工序，槽宽取决于设计墙厚，一般为600mm，800mm，1000mm。挖槽是在泥浆中进行，目前我国常用的挖槽设备为导板抓斗、导杆抓斗(图2-18)和多头钻成槽机(图2-19)。挖槽按单元槽段进行，挖至设计标高后要进行清孔(清除沉于槽底的沉渣)，然后尽快地下放接头管和钢筋笼，并立即浇筑混凝土，以防槽段塌方。有时，在下放钢筋笼后，要第二次进行清孔。

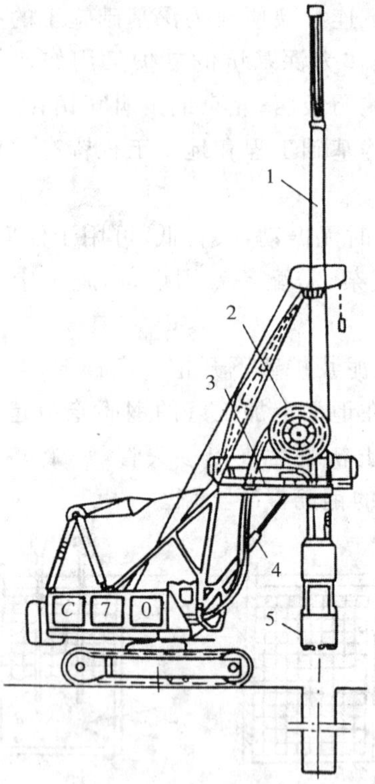

图2-18 导杆液压抓斗构造示意图

1—导杆；2—液压管线回收轮；3—平台；4—调整倾斜度用的千斤顶；5—抓斗

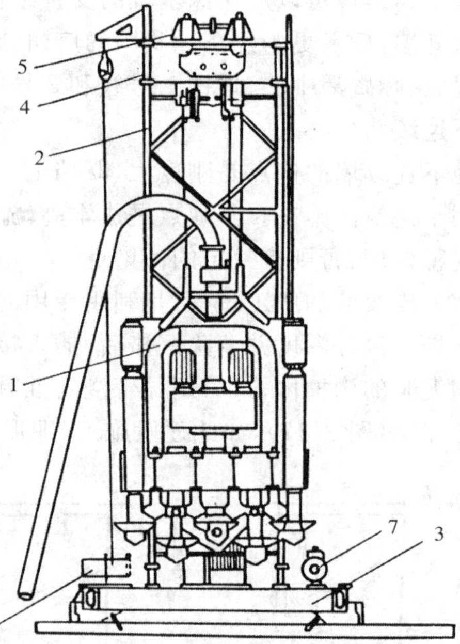

图2-19 SF型多头钻成槽机

1—多头钻；2—机架；3—底盘；4—顶部圈梁；5—顶梁；6—电缆收线盘；7—空气压缩机

泥浆是在挖槽过程中用来护壁，防止槽壁塌方。在用多头钻成槽时还利用泥浆的循环将钻下的土屑携带出槽段。泥浆的配制和在成槽过程中保持其应有的性能，对顺利成槽非常重要。

我国常用的膨润土泥浆，由膨润土、掺合物和水组成。掺合物有多种，视需要掺加。对泥浆的相对密度、粘度、含砂量、失水量和泥皮厚度、pH 值、静切力、稳定性和胶体率等指标方面都有一定的要求，应经常进行检验和调整。

地下连续墙是按单元槽段施工的，槽段之间在垂直面上存在接头。如地下连续墙只用作支护结构，接头只要密合不漏水，则可用接头管形成半圆形的接合面，使槽段紧密相接，以增强抗渗能力。接头管在成槽后、吊入钢筋笼之前插入，浇筑的混凝土初凝后逐渐拔出。如果地下连续墙用作主体结构侧墙或结构的地下墙，则除要求接头抗渗外，还要求接头有抗剪能力，此时就需在接头处增加钢板使相邻墙段有力地连接成整体。

钢筋笼都是在施工现场加工的，为便于起重机整体（过长者亦可分段制作）起吊，需加强其刚度。插入槽段时要对准槽段徐徐下放，防止碰撞槽壁造成塌方而加大清孔的工作量。

浇筑混凝土是在泥浆中进行，为此需用导管法进行浇筑，导管法详见第三章的水下浇筑混凝土。

第三节　墩基础

墩基础是在人工或机械成孔的大直径孔中浇筑混凝土（钢筋混凝土）而成，我国多用人工开挖，亦称大直径人工挖孔桩。直径在 1～5m 之间，多为一柱一墩。墩身直径大，有很大的强度和刚度，多穿过深厚的软土层直接支承在岩石或密实土层上。我国广州、深圳、杭州、北京等地亦有应用。

墩基础在人工开挖时，可直接检查成孔质量，易于清除孔底虚土，施工时无噪音、无振动，且可多人进行若干个墩的同时开挖，底部扩孔易于施工。

人工开挖为防止塌方造成事故，需制作护圈，每开挖一段则浇筑一段护圈，护圈多为钢筋混凝土现浇的；否则对每一墩身则需事先施工围护，然后才能开挖。人工开挖还需注意通风、照明和排水。

在地下水位高的软土地区开挖墩身，要注意隔水。否则，在开挖墩身时水涌入大量排水，会使地下水位大量下降，有可能造成附近周围地面的下沉，影响附近已有的建筑物和管线等的安全（图 2-20）。

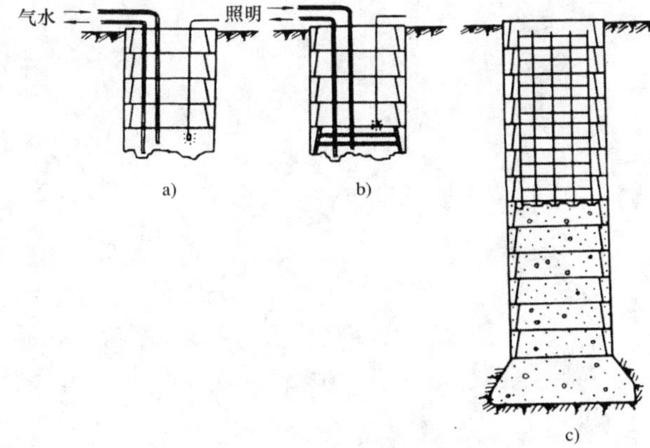

图 2-20　墩基础施工

a) 在护圈保护下开挖土方；b) 支模板浇筑混凝土护圈；c) 浇筑墩混凝土

第四节　沉井基础

沉井是由刃脚、井筒、内隔墙等组成的呈圆形或矩形的筒状钢筋混凝土结构，多用于重型设备基础、桥墩、水泵站、取水结构、超高层建筑物基础等。

沉井施工(图 2-21)时，先在地面上铺设砂垫层，设置枕木，制作钢板或角钢刃脚后浇筑第一节沉井，待其达到一定重量和强度后，抽去枕木，在井筒内边挖土(或水力吸泥)边下沉，然后加高沉井，分段浇筑、多次下沉，下沉到设计标高后，用混凝土封底，浇筑钢筋混凝土底板则构成地下结构。如在井筒内填筑素混凝土或砂砾石则构成深基础。

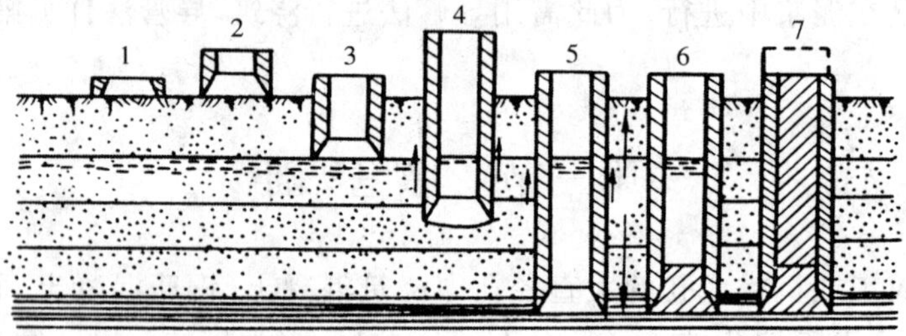

图 2-21　沉井施工过程示意图

1—开始浇筑；2—接高；3—开始下沉；4—边下沉边接高；
5—下沉至设计标高；6—封底；7—施工内部

刃脚在井筒最下端，形如刀刃，在沉井下沉时起切入土中的作用。井筒是沉井的外壁，在下沉过程中起挡土作用，同时还需有足够的重量克服筒壁与土之间的摩阻力和刃脚底部的土阻力，使沉井能在自重作用下逐步下沉。内隔墙的作用是把沉井分成许多小间减少井壁的净跨距减小弯矩，施工时亦便于挖土、控制沉降和纠偏。

在施工沉井时要注意均衡挖土、平稳下沉，如有倾斜则及时纠偏。

第三章　混凝土工程

混凝土工程包括混凝土基础子分部工程、混凝土结构子分部工程等，由模板分项工程、钢筋分项工程和混凝土分项工程组成，混凝土工程是建筑施工中最重要的分部工程之一。混凝土工程在建筑施工中，无论在人力、物力消耗和对工期的影响方面都占有非常重要的地位。混凝土工程包括现浇混凝土结构施工与采用装配式预制混凝土构件的工厂化施工两个方面。原先是以现浇混凝土结构施工为主，限于当时的技术条件，现场施工时模板材料消耗多，劳动强度高，工期亦相对较长，因而逐渐向工厂化施工方面发展。但现浇混凝土结构的整体性好，抗震能力强，钢材消耗少，特别是近些年来一些新型工具式模板和施工机械的出现，使混凝土结构工程现浇施工亦能达到较好的技术经济指标，因而它得到迅速的发展。尤其是目前我国的高层建筑大多数为现浇混凝土结构，高层建筑的发展亦促进了混凝土施工技术的提高。根据现有技术条件，现浇施工和预制装配这两个方面，各有所长，皆有其发展前途。

混凝土工程的施工技术近年来得到很大的发展。

钢筋分项工程方面，不但生产和应用了多种高强度普通低合金钢筋，而且在钢筋加工工艺方面，亦提高了机械化、自动化的水平，采用了数字程序控制调直剪切机、光电控制点焊机等，还在电焊技术、气压焊、机械连接以及线性规划用于钢筋下料等方面取得不少成绩。

模板分项工程方面，采用了工具式支模方法与钢框木(竹)组合模板，还推广了大模板、滑升模板、爬模、提模、台模、隧道模和预应力混凝土薄板、压延型钢、永久模板和模板早拆体系等新技术。

混凝土分项工程方面，已实现了混凝土搅拌站后台上料机械化、称量自动化和混凝土搅拌自动化或半自动化，扩大了预拌混凝土应用范围，还推广了混凝土强制搅拌、高频振动、混凝土搅拌运输车和混凝土泵送等新工艺。特别是近年来流态混凝土、高性能混凝土等新型混凝土的出现，将会引起混凝土工艺很大的变化。

在预应力混凝土工艺中，也出现了折线张拉、曲线张拉、无粘着后张等新技术。

混凝土工程是由钢筋、模板、混凝土等多个分项工程组成，由于施工过程多，因而要加强施工管理，统筹安排，合理组织，以保证质量、加速施工和降低造价。

第一节　钢筋工程

混凝土结构和预应力混凝土结构应用的钢筋有普通钢筋、预应力钢绞线、钢丝和热处理钢筋。后三种用作预应力钢筋。

普通钢筋都是热轧钢筋，分 HPB235(Q235)，$d=8\sim20$mm；HRB335(20MnSi)，$d=6\sim50$mm；HRB400(20MnSiV，20MnSiNb，20MnTi)，$d=6\sim50$mm 和 RRB400(K20MnSi)，$d=8\sim40$mm 四种。使用时宜首先选用 HRB400 级和 HRB335 级钢筋。HPB235 为光圆钢筋，其他为带肋钢筋。

钢筋出厂应有出厂质量证明书或试验报告单。钢筋进场时，应按现行国家标准《钢筋混凝土用热轧带肋钢筋》GB1499 等的规定抽取试件作力学性能检验，其质量必须符合有关标准的规定。使用中发现钢筋脆断、焊接性能不良或力学性能显著不正常等现象时，应对该批钢筋进行化学成分检验或其他专项检验。

钢筋一般在钢筋车间或现场钢筋棚加工，然后运至施工现场安装或绑扎。钢筋加工过程取决于成品种类，一般的加工过程有调直、剪切、弯曲、连接等。

钢筋调直宜用机械方法，也可用冷拉调直。当用冷拉方法调直钢筋时，HPB235 级钢筋的冷拉率不宜大于 4%，HRB335 级，HRB400 级和 RRB400 级钢筋的冷拉率不宜大于 1%。

钢筋剪切即按设计要求的长度用钢筋剪切机进行剪断。

钢筋的弯折和弯钩用钢筋弯曲机。各级钢筋弯钩和弯折的角度、弯弧内直径和弯后平直部分长度都有规定；箍筋末端弯钩的角度、弯弧内直径和弯后平直部分长度亦有规定，需按《混凝土结构工程施工质量验收规范》的规定执行。

本节着重介绍钢筋连接。

钢筋连接方法有绑扎搭接连接、焊接连接和机械连接。在普通混凝土中，轴心受拉及小偏心受拉杆件（如桁架和拱的拉杆）的纵向受力钢筋不得采用绑扎搭接连接；当受拉钢筋的直径 $d>28$mm 及受压钢筋的直径 $d>32$mm 时，亦不宜采用绑扎搭接连接。

钢筋连接的接头宜设置在受力较小处。同一纵向受力钢筋不宜设置两个或两个以上接头。钢筋接头末端至钢筋弯起点的距离不应小于钢筋直径的 10 倍。

一、钢筋绑扎搭接连接

钢筋绑扎搭接连接即将相互搭接的钢筋用细铁丝绑扎在一起。纵向受力钢筋和受压钢筋绑扎搭接接头的最小搭接长度按《混凝土结构工程施工质量验收规范》的规定执行。

在同一构件中，相邻纵向受力钢筋的绑扎搭接接头宜相互错开，钢筋绑扎搭接接头连接区段的长度为 $1.3l_1$（l_1 为搭接长度），凡搭接接头中点位于该连接区段长度内的搭接接头均属于同一连接区段。同一连接区段内，纵向受拉钢筋搭接接头面积百分率（为该区段内有搭接接头的纵向受力钢筋截面面积与全部纵向受力钢筋截面面积的比值）应符合设计要求；当设计无具体要求时，应符合下列规定：对梁类、板类及墙类构件不宜大于 25%；对柱类构件不宜大于 50%；当工程中确有必要增大接头面积百分率时，对梁类构件不应大于 50%；对其他构件可根据具体情况放宽。

在梁、柱类构件的纵向受力钢筋搭接长度范围内，应按设计要求配置箍筋。当设计无具体要求时，应按《混凝土结构工程施工质量验收规范》的规定配置箍筋。

二、钢筋焊接连接

钢筋焊接分为压焊和熔焊两种形式。压焊包括闪光对焊、电阻点焊和气压焊；熔焊包括电弧焊和电渣压力焊。此外，钢筋与预埋件 T 形接头的焊接应采用埋弧压力焊，也可用电弧焊或穿孔塞焊，但焊接电流不宜大，以防烧伤钢筋。

钢筋的焊接质量与钢材的可焊性、焊接工艺有关。可焊性与钢筋含碳量、合金元素的含量有关，含碳、锰量增加，则可焊性差；而含适量的钛可改善可焊性。焊接工艺（焊接参数与操作水平）亦影响焊接质量，即使可焊性差的钢材，若焊接工艺合宜，亦可获得良好的焊接质量。当环境温度低于－5℃，即为钢筋低温焊接，此时应调整焊接工艺参数，使焊缝和热影响区缓慢冷却。风力超过 4 级时，应有挡风措施。环境温度低于−20℃时不得进行焊接。

受力钢筋采用焊接接头或机械连接接头，设置在同一构件内的接头宜相互错开。

纵向受力钢筋焊接接头及机械连接接头连接区段的长度为 35 倍 d(d 为纵向受力钢筋的较大直径)且不小于 500mm，凡接头中点位于该连接区段长度内的接头均属于同一连接区段。同一连接区段内纵向受力钢筋的接头面积百分率应符合设计要求；当设计无具体要求时，应符合下述规定：① 在受拉区不宜大于 50%；② 接头不宜设置在有抗震设防要求的框架梁端、柱端的箍筋加密区；当无法避开时，对等强度高质量的机械连接接头，不应大于 50%；③ 直接承受动力荷载的结构构件中，不宜采用焊接接头；当采用机械连接接头时，不应大于 50%。

1. 闪光对焊

闪光对焊广泛用于钢筋纵向连接及预应力钢筋与螺丝端杆的焊接。热轧钢筋的焊接宜优先用闪光对焊，不可能时才用电弧焊。

钢筋闪光对焊的原理(图 3-1)是利用对焊机使两段钢筋接触，通过低电压的强电流，待钢筋被加热到一定温度变软后，进行轴向加压顶锻，形成对焊接头。

钢筋闪光对焊工艺常用的有连续闪光焊、预热闪光焊和闪光-预热-闪光焊(图 3-2)。对Ⅳ级钢筋有时在焊接后还进行通电热处理。

(1) 连续闪光焊

这种焊接的工艺过程是待钢筋夹紧在电极钳口上后，闭合电源，使两钢筋端面轻微接触。由于钢筋端部不平，开始只有一点或数点接触，接触面小而电流密度和接触电阻很大，接触点很快熔化并产生金属蒸气飞溅，形成闪光现象。闪光一开始就徐徐移动钢筋，使形成连续闪光过程，同时接头也被加热。待接头烧平、闪去杂质和氧化膜、白热熔化时，随即施加轴向压力迅速进行顶锻，使两根钢筋焊牢。

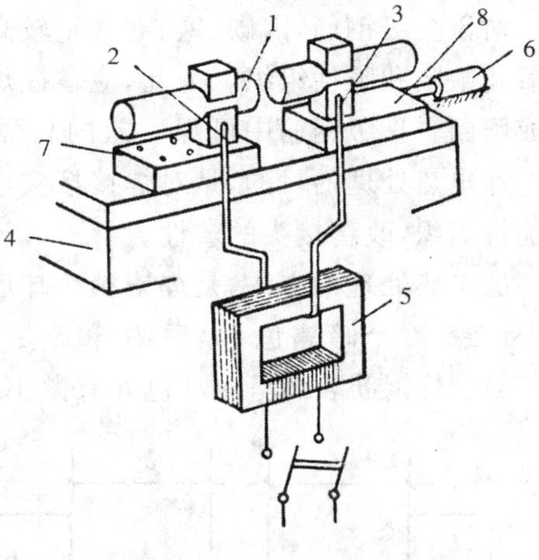

图 3-1 钢筋闪光对焊原理

1—焊接的钢筋；2—固定电极；3—可动电极；4—机座；5—变压器；6—手动顶压机构

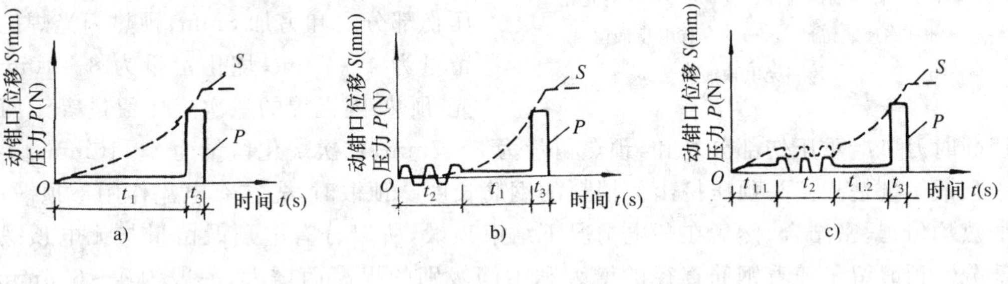

图 3-2 钢筋闪光对焊工艺过程图解

a) 连续闪光焊；b) 预热闪光焊；c) 闪光-预热-闪光焊

t_1—烧化时间；$t_{1.1}$—一次烧化时间；$t_{1.2}$—二次烧化时间；t_2—预热时间；t_3—顶锻时间

连续闪光焊宜于焊接直径 25mm 以内的Ⅰ～Ⅲ级钢筋。焊接直径较小的钢筋最适宜。连续闪光焊的工艺参数为调伸长度、烧化留量、顶锻留量及变压器级数等。

（2）预热闪光焊

钢筋直径较大，端面比较平整时宜用预热闪光焊。与连续闪光焊不同之处，在于前面增加一个预热时间，先使大直径钢筋预热后再连续闪光烧化进行加压顶锻。

（3）闪光-预热-闪光焊

端面不平整的大直径钢筋连接采用半自动或自动的 150 型对焊机，焊接大直径钢筋宜采用闪光-预热-闪光焊。这种焊接的工艺过程是进行连续闪光，使钢筋端部烧化平整；再使接头处作周期性闭合和断开，形成断续闪光使钢筋加热；接着再是连续闪光，最后进行加压顶锻。

闪光-预热-闪光焊的工艺参数为调伸长度、一次烧化留量、预热留量和预热时间、二次烧化留量、顶锻留量及变压器级数等。

对于Ⅳ级钢筋，因碳、锰、硅含量较高和钛、钒的存在，对氧化、淬火、过热比较敏感，易产生氧化缺陷和脆性组织。为此，应掌握焊接温度，并使热量扩散区加长，以防接头局部过热造成脆断。Ⅳ级钢筋中可焊性差的高强钢筋，宜用强电流进行焊接，焊后再进行通电热处理。通电热处理的目的，是对焊接接头进行一次退火或高温回火处理，以消除热影响区产生的脆性组织，改善接头的塑性。

通电热处理的方法，是焊毕稍冷却后松开电极，将电极钳口调至最大距离，重新夹住钢筋，待接头冷至暗黑色（焊后约 20～30s），进行脉冲式通电热处理（频率约 2 次/s，通电 5～7s）。待钢筋表面呈桔红色并有微小氧化斑点出现时即可。

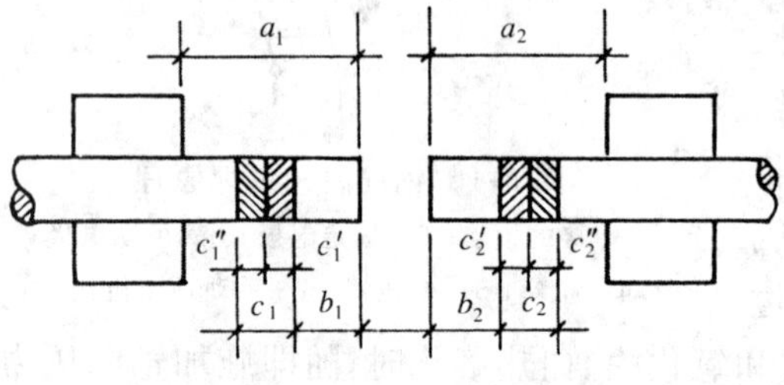

图 3-3　调伸长度及留量

a_1，a_2—左、右钢筋的调伸长度；b_1+b_2—烧化留量；c_1+c_2—顶锻留量；$c_1'+c_2'$—有电顶锻留量；$c_1''+c_2''$—无电顶锻留量

调伸长度（图 3-3）是指焊接前钢筋从电极钳口伸出的长度。其数值取决于钢筋的品种和直径，应能使接头加热均匀，且顶锻时钢筋不致弯曲。Ⅲ，Ⅳ级钢筋对焊应采用较大的调伸长度。

烧化留量和预热留量是指在闪光和预热过程中烧化的钢筋长度。连续闪光焊烧化留量长度等于两段钢筋切断时刀口严重压伤部分之和另加 8mm；预热闪光焊的预热留量为 4～7mm，烧化留量为 8～10mm；闪光-预热-闪光焊的一次烧化留量等于两段钢筋切断时刀口严重压伤部分之和，预热留量为 2～7mm，二次烧化留量为 8～10mm。

顶锻留量是指接头顶压挤出而消耗的钢筋长度。顶锻时，先在有电流作用下顶锻，使接头加热均匀、紧密结合，然后在断电情况下结束顶锻，所以分有电顶锻留量与无电顶锻留量两部分。顶锻留量随着钢筋直径的增大和钢筋级别的提高而增大，一般为 4～6.5mm。其中，有电顶锻留量约占 1/3，无电顶锻留量占 2/3。顶锻应在一定压力下快速完成，使焊口闭合良好并产生适当的镦粗变形。过大的焊口会产生裂纹，过小则溶渣和氧化物有可能残留在焊口内。

变压器级数是用来调节焊接电流的大小，根据钢筋直径确定。

焊接不同直径的钢筋时，其截面比不宜超过 1.5。焊接参数按大直径钢筋选择并减少大直径钢筋的调伸长度。焊接时先对大直径钢筋预热，以使两者加热均匀。

负温下焊接，冷却快，易产生淬硬现象，内应力也大。为此，负温下焊接应减小温度梯度和冷却速度。为使加热均匀，增大焊件受热区，可增大调伸长度 10%～20%，变压器级数可降低一级或二级，应使加热缓慢而均匀，降低烧化速度，焊后见红区应比常温时长。

钢筋闪光对焊后，除对接头进行外观检查（无裂纹和烧伤、接头弯折不大于 4°、接头轴线偏移不大于 0.1d，d 为钢筋直径，也不大于 2mm）外，还应按《钢筋焊接及验收规程》JGJ18—84 的规定进行抗拉试验和冷弯试验。

2. 电弧焊

电弧焊是利用弧焊机使焊条与焊件之间产生高温电弧，使焊条和电弧燃烧范围内的焊件熔化，待其凝固便形成焊缝或接头，电弧焊广泛用于钢筋接头、钢筋骨架焊接、装配式结构接头的焊接、钢筋与钢板的焊接及各种钢结构焊接。

钢筋电弧焊的接头形式（图 3-4）有：搭接焊接头（单面焊缝或双面焊缝）、帮条焊接头（单面焊缝或双面焊缝）、剖口焊接头（平焊或立焊）、熔槽帮条焊接头（用于安装焊接 $d\geqslant 25$mm的钢筋）和窄间隙焊（置于 U 形铜模内）。

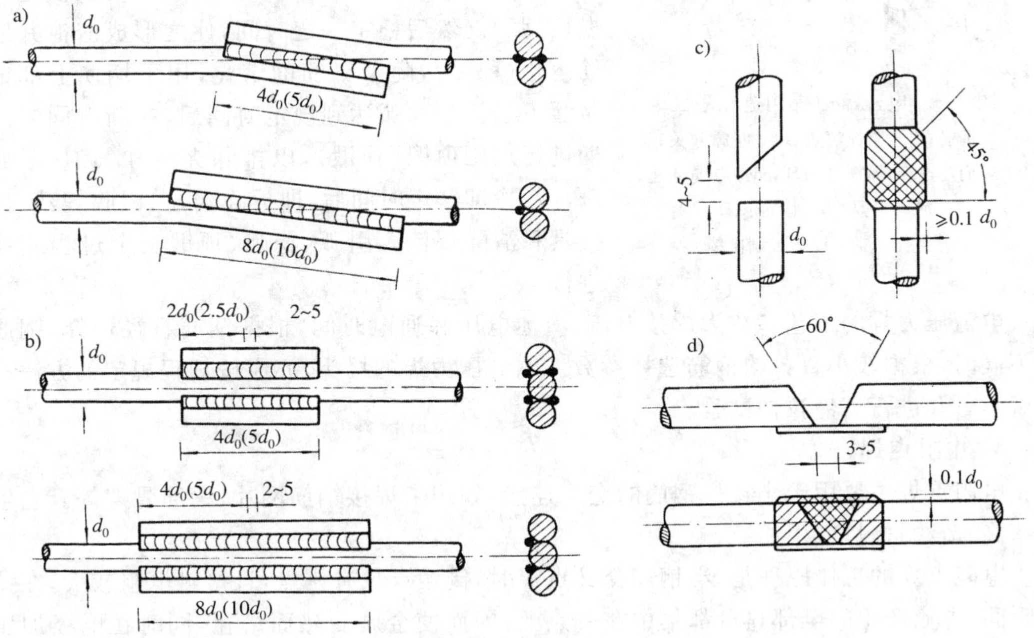

图 3-4　钢筋电弧焊的接头形式

a）搭接焊接头；b）帮条焊接头；c）立焊的坡口焊接头；d）平焊的坡口焊接头

弧焊机有直流与交流之分，常用的为交流弧焊机。

焊条的种类很多，如 E4303、E5003、E5503 等，钢筋焊接根据钢材等级和焊接接头型式选择焊条。焊条表面涂有药皮，它可保证电弧稳定，使焊缝免致氧化、并产生溶渣覆盖焊缝以减缓冷却速度，对熔池脱氧和加入合金元素，以保证焊缝金属的化学成分和力学性能。

焊接电流和焊条直径根据钢筋级别、直径、接头形式和焊接位置进行选择。

搭接接头的长度、帮条的长度、焊缝的长度和高度等,规程都有具体的规定。搭接焊、帮条焊和坡口焊的焊接接头,除外观质量检查外,亦需抽样作拉伸试验。如对焊接质量有怀疑或发现异常情况,还可进行非破损检验(X 射线、γ 射线、超声波探伤等)。

3. 电渣压力焊

电渣压力焊在建筑施工中多用于现浇钢筋混凝土结构构件内竖向或斜向(倾斜度在 4∶1的范围内)钢筋的焊接接长。有自动与手工电渣压力焊。与电弧焊比较,它工效高、成本低、可进行竖向连接,在工程中应用较普遍。

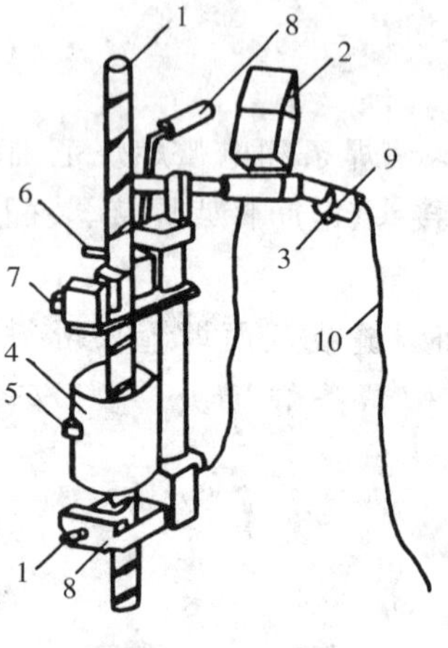

图 3-5　电渣压力焊构造原理图

1—钢筋;2—监控仪表;3—电源开关;4—焊剂盒;5—焊剂盒扣环;6—电缆插座;7—活动夹具;8—固定夹具;9—操作手柄;10—控制电缆

进行电渣压力焊宜选用合适的变压器。夹具(图 3-5)需灵巧、上下钳口同心,保证上下钢筋的轴线应尽量一致,其最大偏移不得超过 $0.1d$,同时也不得大于 2mm。

焊接时,先将钢筋端部约 120mm 范围内的铁锈除尽,将夹具夹牢在下部钢筋上,并将上部钢筋扶直夹牢于活动电极中,自动电渣压力焊还在上下钢筋间放引弧用的钢丝圈等。再装上药盒(直径 90～100mm)和装满焊药,接通电路,用手柄使电弧引燃(引弧)。然后稳定一定时间,使之形成渣池并使钢筋溶化(稳弧),随着钢筋的熔化,用手柄使上部钢筋缓缓下送。当稳弧达到规定时间后,在断电同时用手柄进行加压顶锻(顶锻),以排除夹渣和气泡,形成接头。待冷却一定时间后,即拆除药盒、回收焊药、拆除夹具和清除焊渣。引弧、稳弧、顶锻三个过程应连续进行。

电渣压力焊的工艺参数为焊接电流、渣池电压和通电时间,根据钢筋直径选择,钢筋直径不同时,根据较小直径的钢筋选择参数。电渣压力焊的接头,亦应按规程规定的方法检查外观质量和进行试件拉伸试验。

4. 电阻点焊

电阻点焊主要用于小直径钢筋的交叉连接,如用来焊接钢筋网片、钢筋骨架等。它生产效率高、节约材料,应用广泛。

电阻点焊的工作原理是,当钢筋交叉点焊时,接触点只有一点,且接触电阻较大,在接触的瞬间,电流产生的全部热量都集中在一点上,因而使金属受热而熔化,同时在电极加压下使焊点金属得到焊合,原理如图 3-6 所示。

常用的点焊机有单点点焊机、多头点焊机(一次可焊数点,用于焊接宽大的钢筋网)、悬挂式点焊机(可焊钢筋骨架或钢筋网)、手提式点焊机(用于施工现场)。

电阻点焊的主要工艺参数为:变压器级数、通电时间和电极压力。在焊接过程中应保持一定的预压和锻压时间。

通电时间根据钢筋直径和变压器级数而定。电极压力则根据钢筋级别和直径选择。

焊点应有一定的压入深度。点焊热轧钢筋时,压入深度为较小钢筋直径的30%~45%;点焊冷拔低碳钢丝时,压入深度为较小钢丝直径的30%~35%。

电阻点焊不同直径钢筋时,如较小钢筋的直径小于10mm,大小钢筋直径之比不宜大于3;如较小钢筋的直径为12mm或14mm时,大小钢筋直径之比则不宜大于2。应根据较小直径的钢筋选择焊接工艺参数。

焊点应进行外观检查和强度试验。热轧钢筋的焊点应进行抗剪试验。

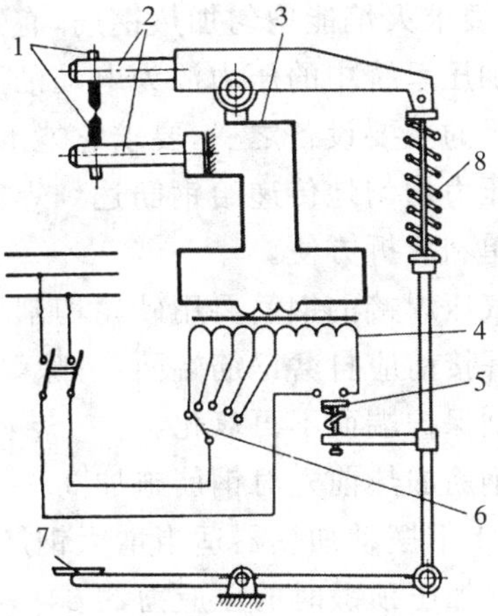

图3-6 点焊机工作原理图

1—电极;2—电极臂;3—变压器的次级线圈;4—变压器的初级线圈;5—断路器;6—变压器的调节开关;7—踏板;8—压紧机构

5. 气压焊

气压焊连接钢筋是利用乙炔-氧混合气体燃烧的高温火焰对已有初始压力的两根钢筋端面接合处加热,使钢筋端部产生塑性变形,并促使钢筋端面的金属原子互相扩散,当钢筋加热到约1250~1350℃(相当于钢材熔点的0.80~0.90,此时钢筋加热部位呈桔黄色,有白亮闪光出现)时进行加压顶锻,使钢筋内的原子得以再结晶而焊接在一起。

钢筋气压焊接属于热压焊。在焊接加热过程中,加热温度只为钢材熔点的0.8~0.9,钢材未呈熔化液态,且加热时间较短,钢筋的热输入量较少,所以不会出现钢筋材质劣化倾向。另外,它设备轻巧、使用灵活、效率高、节省电能、焊接成本低,可进行全方位(竖向、水平和斜向)焊接,所以在我国逐步得到推广。

气压焊接设备主要包括加热系统与加压系统两部分(图3-7)。

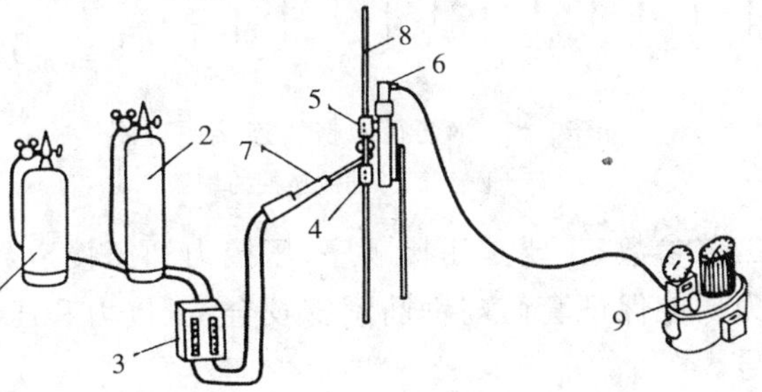

图3-7 气压焊接设备示意图

1—乙炔;2—氧气;3—流量计;4—固定卡具;5—活动卡具;6—压接器;7—加热器与焊炬;8—被焊接的钢筋;9—电动油泵

加热系统中的加热能源是氧和乙炔。氧的纯度宜为99.5%,工作压力为0.6~0.7MPa;乙炔的纯度宜为98.0%,工作压力为0.06MPa。流量计用来控制氧和乙炔的输入量,焊接不同直径的钢筋要求不同的流量。加热器用来将氧和乙炔混合后,从喷火嘴喷出火焰加热钢筋，要求火焰能均匀加热钢筋，有足够的温度和功率并安全可靠。

加压系统中的压力源为电动油泵（亦有手揿油泵），使加压顶锻时压力平稳。压接器是气压焊的主要设备之一，要求它能准确、方便地将两根钢筋固定在同一轴线上，并将油泵产生的压力均匀地传递给钢筋达到焊接的目的。施工时压接器需反复装拆，要求它重量轻、构造简单和装拆方便。

气压焊接的钢筋要用砂轮切割机断料，不能用钢筋切断机切断，要求端面与钢筋轴线垂直。焊接前应打磨钢筋端面，清除氧化层和污物，使之现出金属光泽，并即喷涂一薄层焊接活化剂保护端面不再氧化。

钢筋加热前先对钢筋施加 30～40MPa 的初始压力，使钢筋端面贴合。当加热到缝隙密合后，上下摆动加热器适当增大钢筋加热范围，促使钢筋端面金属原子互相渗透也便于加压顶锻。加压顶锻时的压应力约 34～40MPa，使焊接部位产生塑性变形。直径小于 22mm 的钢筋可以一次顶锻成型，大直径钢筋可以进行二次顶锻。

三、钢筋机械连接

钢筋机械连接包括套筒挤压连接和螺纹套管连接。是近年来大直径钢筋现场连接的主要方法，它不受钢筋化学成分、可焊性及气候等影响，质量稳定、操作简便、施工速度快、无明火，近年来在我国得到推广。

1. 钢筋套筒挤压连接

钢筋套筒挤压连接是将需连接的变形钢筋插入特制钢套筒内，利用液压驱动的挤压机进行径向或轴向挤压，使钢套筒产生塑性变形，使套筒内壁紧紧咬住变形钢筋实现连接（图 3-8）。它适用于竖向、横向及其他方向的较大直径变形钢筋的连接。

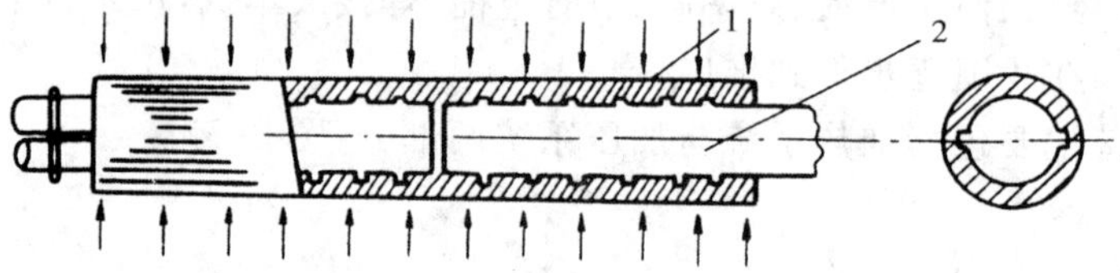

图 3-8 钢筋径向挤压连接原理图

1—钢套筒；2—被连接的钢筋

钢筋挤压连接的工艺参数，主要是压接顺序、压接力和压接道数。压接顺序应从中间逐道向两端压接。压接力要能保证套筒与钢筋紧密咬合，压接力和压接道数取决于钢筋直径、套筒型号和挤压机型号。

钢筋套筒挤压连接接头，按验收批进行外观质量和单向拉伸试验检验。

2. 钢筋螺纹套筒连接

钢筋螺纹套筒连接分为锥螺纹套筒连接和直螺纹套筒连接两种。

用于这种连接的钢套管内壁，用专用机床加工有锥螺纹，钢筋的对接端头亦在套丝机上加工有与套管匹配的锥螺纹。连接时，经对螺纹检查无油污和损伤后，先用手旋入钢筋，然后用扭矩扳手紧固至规定的扭矩即完成连接（图 3-9）。它施工速度快、不受气候影响、质量稳定、对中性好，已在我国广泛应用。

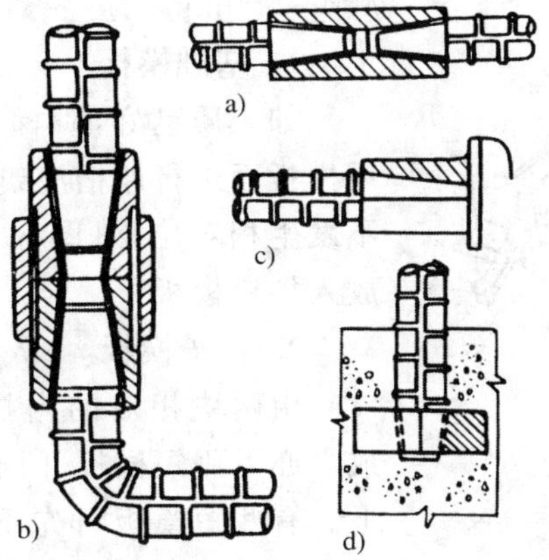

图 3-9 钢筋螺纹套管连接示意图

a) 两根直钢筋连接；b) 一根直钢筋与一根弯钢筋连接；

c) 在金属结构上接装钢筋；d) 在混凝土构件中插接钢筋

锥螺纹套筒连接由于钢筋的端头在套丝机上加工有螺纹，截面有所削弱，有时达不到与母材等强度要求。为确保达到与母材等强度，可先把钢筋端部镦粗，然后切削直螺纹，用套筒连接就形成直螺纹套筒连接。或者用冷轧方法在钢筋端部轧制出螺纹，由于冷强作用亦可达到与母材等强。

钢筋在现场安装时，宜特别关注受力钢筋，受力钢筋的品种、级别、规格和数量都必须符合设计要求。钢筋安装位置的允许偏差应参照《混凝土结构工程施工质量验收规范》。

第二节 模板工程

模板是新浇混凝土成形用的模具，要求它能保证结构和构件的形状、尺寸的准确；具有足够的承载能力、刚度和稳定性，能可靠地承受浇筑混凝土的重量、侧压力和施工荷载；装拆方便，能多次周转使用；接缝严密不漏浆。模板系统包括模板、支架和紧固件。模板工程量大，材料和劳动力消耗多，正确选择其材料、形式和合理组织施工，对加速混凝土工程施工和降低造价有显著效果。

模板及其支架，应根据工程结构形式、荷载大小、地基土类别、施工设备和材料供应等条件进行设计。

一、木模板

虽然目前推广组合钢模板和钢框竹胶板模板，但一些地区还有一定数量的工程使用木模板，而胶合板模板应用更多。为节约木材，模板和支架最好由加工厂或木工棚加工成基本元件（拼板），然后在现场进行拼装。

拼板由一些板条用拼条钉拼而成（胶合板模板则用整块胶合板），板条厚度一般为25～50mm，板条宽度不宜超过200mm（工具式模板不超过150mm），以保证干缩时缝隙均匀，浇水后易于密封。但梁底板的板条宽度不限制，以免漏浆。拼板的拼条一般平放，但梁侧板的拼条则立放。拼条的间距取决于新浇混凝土的侧压力和板条的厚度，多为

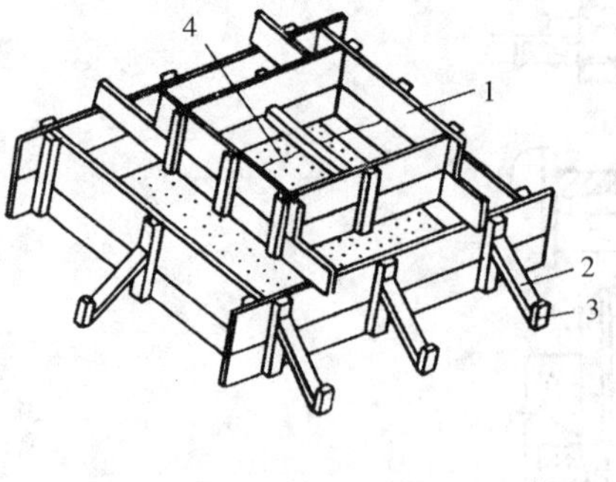

图 3-10　阶梯形基础模板

1—拼板；2—斜撑；3—木桩；4—铁丝

400～500mm。

1. 基础模板

如土质良好，阶梯形基础模板的最下一级可不用模板而进行原槽浇筑。安装时，要保证上、下模板不发生相对位移（图 3-10）。如有杯口，还要在其中放入杯口模板。

2. 柱子模板

由两块相对的内拼板夹在两块外拼板之间拼成。亦可用短横板（门子板）代替外拼板钉在内拼板上。有些短横板可先不钉上，作为浇筑混凝土的浇筑孔，待浇至其下口时再钉上。

柱模板底部开有清理孔，沿高度每隔约 2m 开有浇筑孔。柱底一般有一钉在底部混凝土上的木框，用以固定柱模板的位置。为承受混凝土侧压力，拼板外要设柱箍，其间距与混凝土侧压力、拼板厚度有关，因而柱模板下部柱箍较密。柱模板顶部根据需要可开有与梁模板连接的缺口（图 3-11）。

3. 梁、楼板模板

梁模板由底模板和侧模板组成。底模板承受垂直荷载，一般较厚，下面有支撑（或桁架）承托。支撑多为伸缩式，可调整高度，底部应支承在坚实地面或楼面上，下垫木楔。如地面松软，则底部应垫以木板，支撑的弹性挠度或压缩变形不得超过结构跨度的 1/1000。在多层建筑施工中，应使上、下层的支撑在同一条竖向直线上，否则，要采取措施保证上层支撑的荷载能传到下层支撑上。支撑间应用水平和斜向拉杆拉牢，以增强整体稳定性。当层间高度大于 5m 时，宜用桁架支模或多层支架支模。

梁跨度在 4m 或 4m 以上时，底模板应起拱，起拱高度按设计要求，如设计无具体规定时，一般为结构跨度的 1/1000～3/1000，木模板可取偏大值，钢模板可取偏小值。

梁侧模板承受混凝土侧压力，底部用钉在支撑顶部的夹条夹住，顶部可由支承楼板模板的搁栅顶住，或用斜撑顶住。

楼板模板多用组合模板或胶合板，它支承在搁栅上，搁栅支承在梁侧模板外的横挡上（图3-12）。

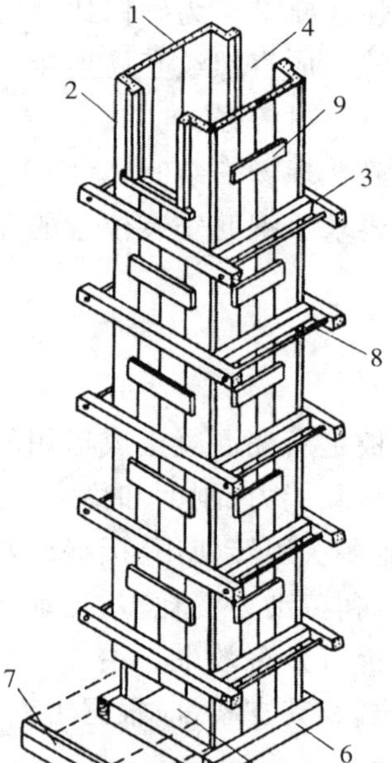

图 3-11　柱子模板

1—内拼板；2—外拼板；3—柱箍；4—梁缺口；5—清理孔；6—底部木框；7—盖板；8—拉紧螺栓；9—拼条

二、组合模板

组合模板是一种工具式模板，是工程施工用得最多的一种模板。它由具有一定模数的若干类型的板块、角模、支撑和连接件组成（图3-13），用它可以拼出多种尺寸和几何形状，以

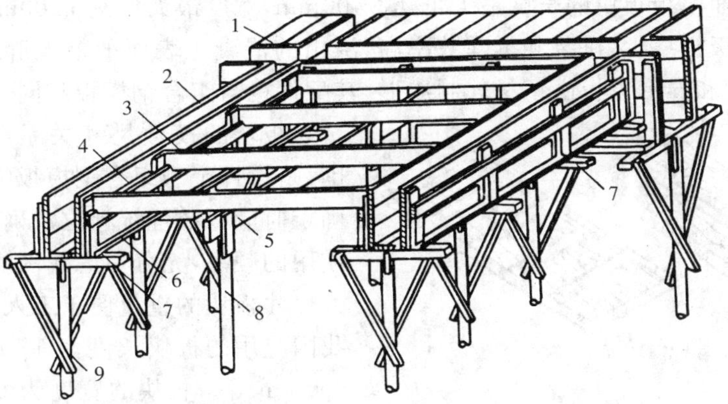

图 3-12　梁及楼板模板

1—楼板模板；2—梁侧模板；3—搁栅；4—横挡；5—牵杠；6—夹条；7—短撑木；8—牵杠撑；9—支撑

适应各种类型建筑物的梁、柱、板、墙、基础和设备基础等施工的需要，也可用它拼成大模板、隧道模和台模等。施工时可以在现场直接组装，亦可以预拼装成大块模板或构件模板用起重机吊运安装。

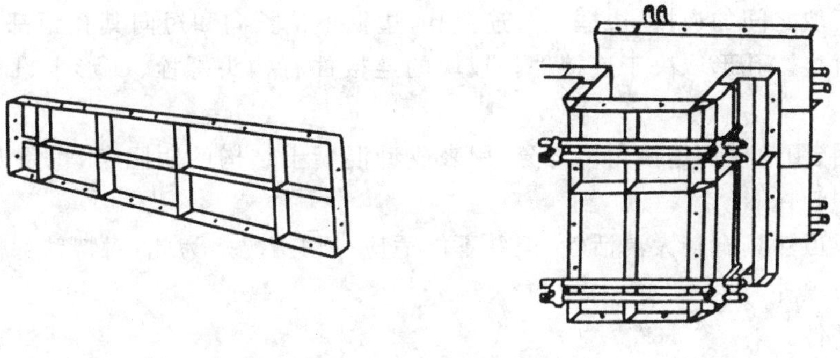

a)　　　b)

图 3-13　组合钢模板

a）板块；b）用组合钢模板拼装的附壁柱模板

组合模板的板块和配件，轻便灵活、拆装方便，可用人力装拆；由于板块小，板块重量轻，存放、修理、运输极方便，如用集装箱运输效率更高。

1. 板块与角模

板块是组合模板的主要组成构件，有钢的，亦有钢框竹（木）胶合板的，它由边框、面板和纵横肋构成。我国用的组合钢模板多以 2.75～3.0mm 厚的钢板为面板；55mm 或 70mm 高、3mm 厚的扁钢为纵横肋；边框多与面板一次轧成，高度与纵横肋相同。

钢框竹（木）胶合板模板的板块，由钢边框内镶可更换的竹（木）胶合板及钢横肋组成。钢边框及横肋与组合钢模板板块相同。胶合板两面涂塑，经树脂覆膜处理，所有边缘和孔洞均经有效的密封材料处理，以防吸水受潮变形。

钢框竹（木）胶合板模板的品种系列有 55 系列（边框高 55mm），还有 63，65，70，75，95 等系列，用得较多的为 55、70 系列。为了与组合钢模板可以同时使用，有的钢框竹（木）胶合板模板系列的板块型号和尺寸基本与组合钢模板板块相同，只是由于钢框竹（木）胶合板模板自重轻，其平面模板板块的长度最大可达2400mm，宽度最大可达1200mm。由于其板块尺寸大，因而模板拼缝少，拼装和拆除效率高，浇出的混凝土表面平整光滑。钢框竹(木)胶合板模板的角模和异形模板由钢材轧制成形，其配件也与组合钢模板相同(图3-14)。

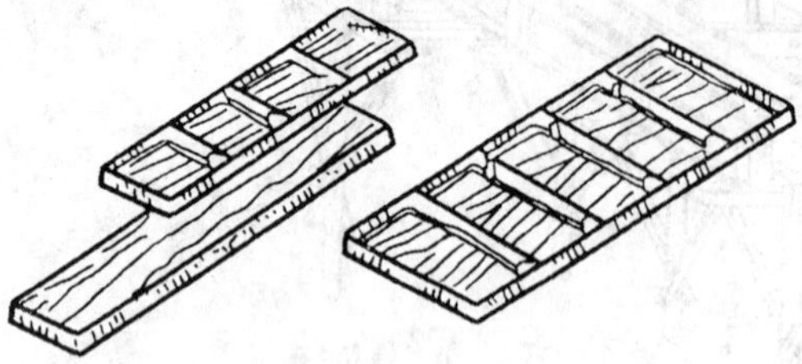

图3-14　钢框竹(木)胶合板模板

板块的模数尺寸关系到模板的使用范围，是设计定型组合钢模板的基本问题之一。确定时应以数理统计方法确定结构各种尺寸使用的频率，充分考虑我国的模数制，并使最大尺寸板块的重量便于工人手工安装。目前我国应用的板块长度为1500mm，1200mm，900mm等。板块的宽度为600mm，300mm，250mm，200mm，100mm等。进行配板设计时，如出现不足50mm的空缺，则用木方补缺，用钉子或螺栓将木方与板块边框上的孔洞连接。

板块承受新浇混凝土的侧压力，计算时，面板由于和肋是焊接的，一般按四面支承板计算；纵横肋视其与面板焊接情况，确定是否考虑其与面板共同工作；由于边框与面板一次轧成，故边框应按与面板共同工作进行计算。

为便于板块之间的连接，边框上有连接孔，边框不论长向和短向其孔距都为150mm，以便横竖都能拼接。孔形取决于连接件。板块的连接件有钩头螺栓、U形卡、L形插销、紧固螺栓(拉杆)。

角模有阴、阳角模和连接角模之分，用来成型混凝土结构的阴阳角，也是两个板块拼装成90°角的连接件。

组合模板虽然具有较大灵活性，但并不能适应一切情况。为此，对特殊部位仍需在现场配制少量木板填补。

2. 支承件

支承件包括支承墙模板的支承梁(多用钢管和冷弯薄壁型钢)和斜撑；支承梁、板模板的支撑桁架和顶撑等。

对于墙模板，用紧固螺栓拉固主梁(钢管或轻型槽钢焊接的组合梁)，主梁支撑次梁(钢管、空腹矩形管和冷弯薄壁型钢)，次梁支撑板块。次梁位置布置的合理能增加板块的承载能力，次梁的位置，以板块的挠度和弯距最小为原则。

梁、板的支撑有梁托架、支撑桁架和顶撑(图3-15)，还可用多功能门架式脚手架来支撑。梁托架可用钢管或角钢制作。支撑桁架的种类很多，如跨度小、荷重轻，可用上弦为角钢、腹杆和下弦杆为钢筋焊成的钢筋桁架，否则，可用由角钢、扁铁和钢管焊成的整榀式桁架或由两个半榀桁架组成的拼装式桁架，还有可调节跨度的伸缩式桁架，使用更加方便。

顶撑皆采用不同直径的钢套管，通过套管的抽拉可以调整到各种高度。这种顶撑可按两端铰接的轴心受压杆件进行验算。近年来发展了快拆体系，在顶撑顶部安设快拆头(图3-16)，可以使楼板模板下落提早拆除模板，而顶撑仍撑在楼板底面。

如钢管支撑在中点无拉条且接头松动而使中点外移形成折线而产生初偏心，此时其承载能力将显著降低。

对整体式多层房屋，分层支模时，上层支撑应对准下层支撑，并铺设垫板。

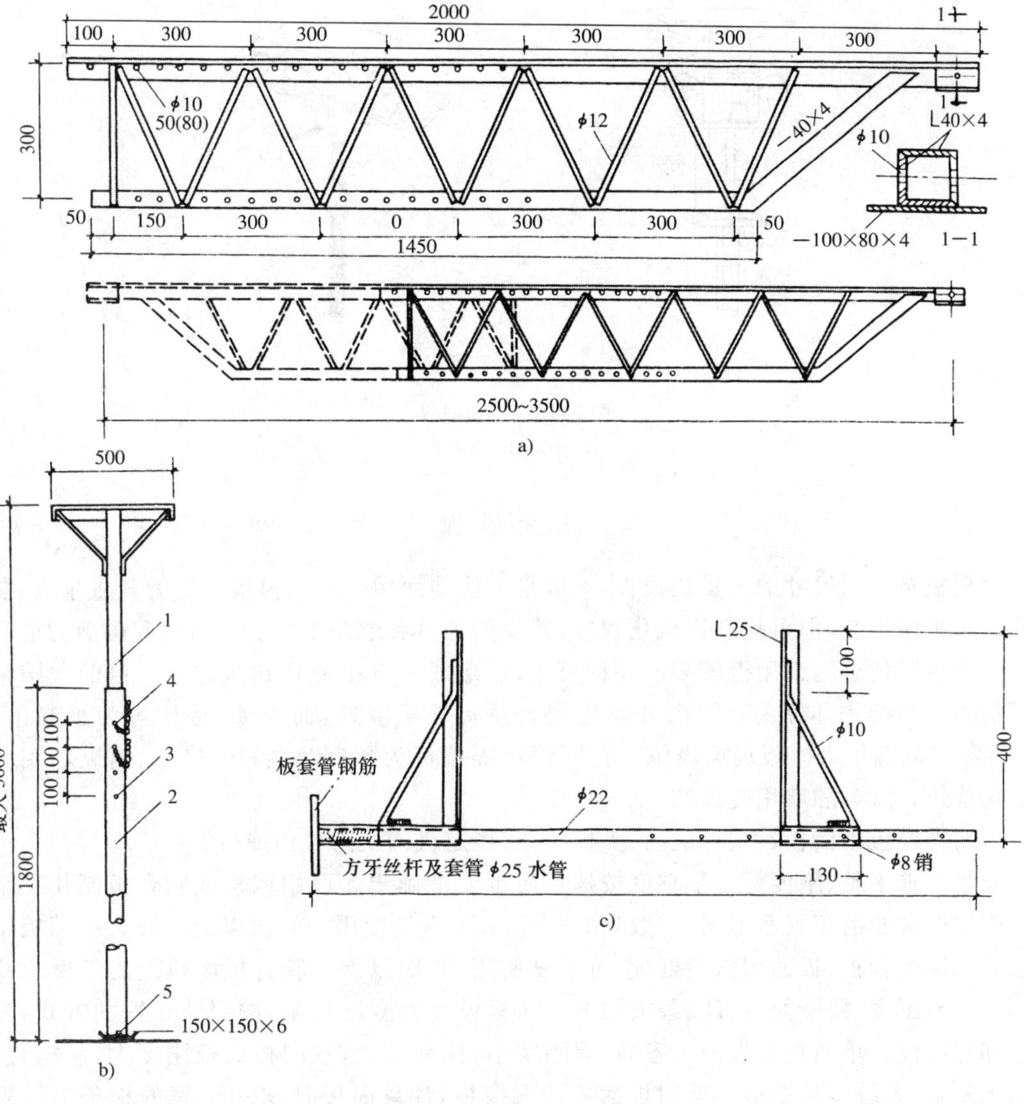

图 3-15　定型组合模板的支撑

a) 支撑桁架；b) 钢管顶撑；c) 梁托架

1—内套钢管；2—外套钢管；3—插销孔；4—插销；5—垫板

用定型组合钢模板需进行配板设计。由于同一面积的模板可以用不同规格的板块和角模组成各种配板方案，配板设计就是从中找出最佳组配方案。

进行配板设计之前，先绘制结构构件的展开图，据此作构件的配板图。配板的原则是尽量选用大规格的板块，再以较小规格的板块拼凑尺寸，不足 50mm 的空缺用木板补足。这样拼成的模板，整体刚度好，节省连接件和支承件，省工省时。在配板图上要标明所配板块和角模的规格、位置和数量。直接支承钢模板的支承件，其位置以虚线标明。预埋件亦用虚线标明，并说明其固定方法。用木板嵌补的缝隙只注明尺寸即可。

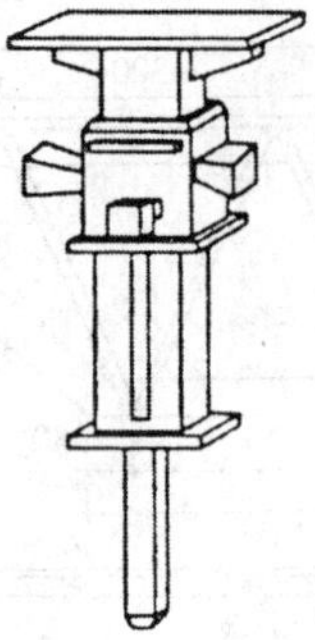
a)

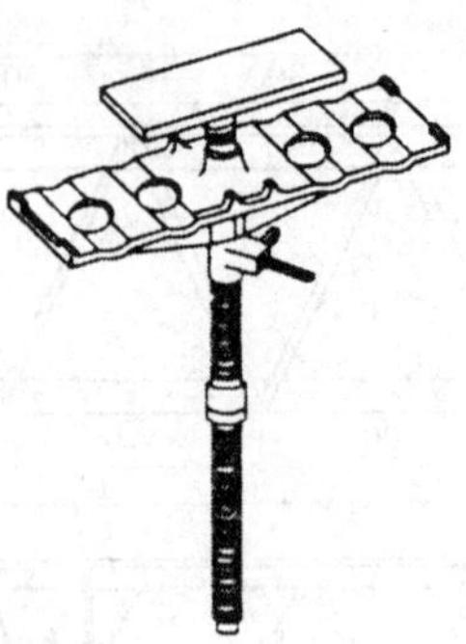
b)

图 3-16 早拆柱头

a）锲形；b）螺栓形

三、大 模 板

大模板是一大尺寸的工具式模板，一般是一块墙面用一块大模板。因为其重量大，装拆皆需起重机械吊装，但可提高机械化程度，减少用工量和缩短工期。是目前我国剪力墙和筒体体系的高层建筑施工用得较多的一种模板，已形成一种工业化建筑体系。目前我国采用大模板施工的结构体系有：① 内外墙皆用大模板现场浇筑，而隔墙、楼梯等为预制吊装；② 横墙、内纵墙用大模板现场浇筑，而外墙板、隔墙板为预制吊装；③ 横墙、内纵墙用大模板现场浇筑，外墙、隔墙用砖砌筑。

一块大模板由面板、主肋、次肋、支撑桁架、稳定机构及附件组成(图 3-17)。

面板要求平整、刚度好。平整度按抹灰质量要求确定。可用钢板或胶合板制作。钢面板厚度根据次肋的布置而不同，一般为 3～5mm，可重复使用 200 次以上。胶合板面板常用七层或九层胶合板，板面用树脂处理，可重复使用 50 次以上。胶合板面板上易于做出线条或凹凸浮雕图案，使墙面具有线条或图案。面板设计由刚度控制，按照肋布置的方式，分单向板和双向板。单向板面板加工容易，但刚度小，耗钢量大；双向板面板刚度大，结构合理，但加工复杂、焊缝多易变形。单向板面板的大模板，计算面板时，取 1m 宽的板条为计算单元，次肋视作支承，按连续梁计算，强度和挠度都要满足要求。双向板面板的大模板，计算面板时，取一个区格作为计算单元，其四边支承情况取决于混凝土浇筑情况，在满载情况下，取三边固定、一边简支的不利情况进行计算。

次肋的作用是固定面板，把混凝土侧压力传递给主肋。面板若按单向板设计，则只有水平（或垂直）次肋；面板若按双向板设计，则不分主、次肋。次肋一般用∟65 角钢或[65 槽钢。间距一般为 300～500mm。计算简图为以主肋为支承的连续梁，为降低耗钢量，设计时应考虑使之与面板共同工作，按组合截面计算截面抵抗矩，验算强度和挠度。

主肋是穿墙螺栓的固定支点，承受传来的水平力和垂直力，一般用背靠背的两个[65 或[80 槽钢，间距约为 1～1.2m。其计算简图为以穿墙螺栓为支承的连续梁。

亦可用组合模板拼装成大模板，用后拆卸仍可用于其他构件，虽然重量较大但机动灵活，亦有一定的优点。

大模板的组合方案取决于结构体系。对外墙为预制墙板或砌筑者，多用平模方案，即一

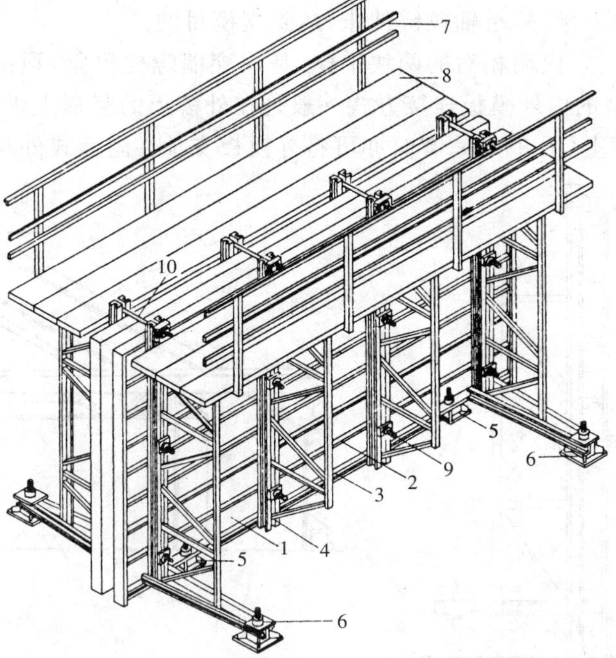

图 3-17　大模板构造示意图

1—面板；2—次肋；3—支撑桁架；4—主肋；5—调整水平用的螺旋千斤顶；

6—调整垂直用的螺旋千斤顶；7—栏杆；8—脚手板；9—穿墙螺栓；10—卡具

面墙用一块平模。对内、外墙皆现浇，或内纵墙与横墙同时浇筑者，多用小角模方案（图 3-18），即以平模为主，转角处用∟100×10 的小角模。对于电梯井等有时用筒模（图 3-19），即将四面墙板模板用铰链连接，可整体安装和脱模，脱模时旋转花篮螺丝脱模器，拉动相对

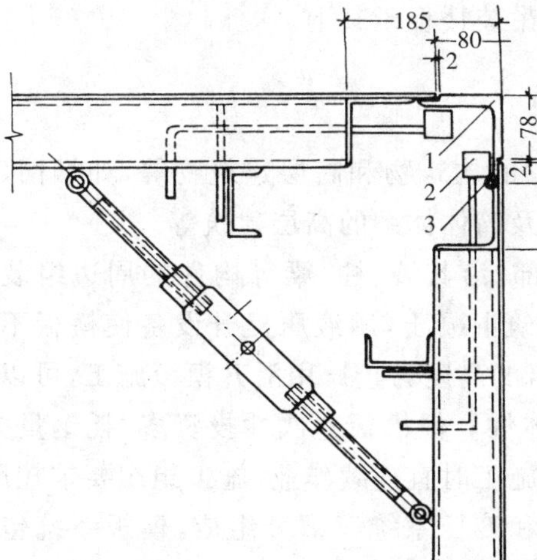

图 3-18　小角模的连接

1—小角模；2—偏心压杆；3—合页

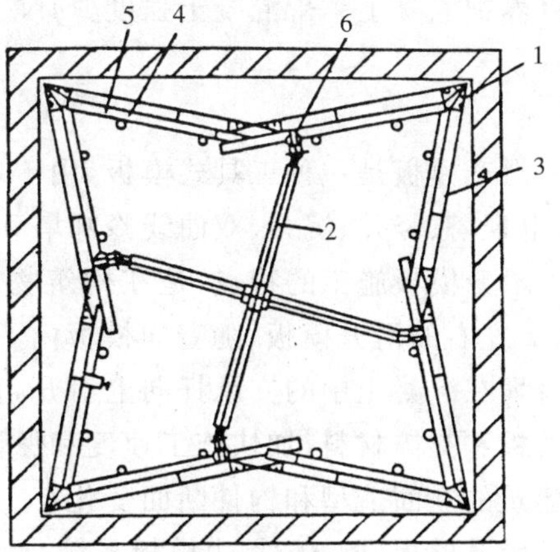

图 3-19　筒模

1—单轴铰链；2—花篮螺丝脱模器；

3—平面大模板；4—主肋；

5—次肋；6—连接板

两片大模板向内移动，使单轴铰链折叠收缩，模板脱离墙体。支模时反转花蓝螺丝脱模器，使相对两片大模板向外推移，单轴铰链伸张，达到支模目的。

大模板之间的连接，内墙相对的两块平模，是用穿墙螺栓拉紧，顶部的螺栓亦可用卡具代替(图 3-20)。外墙的内外模板连接方式一般是在外模板的竖楞上焊一槽钢横梁，用其将外模板悬挂在内模板上(图 3-21)；有时亦可将外模板支承在附墙式外脚手架上。

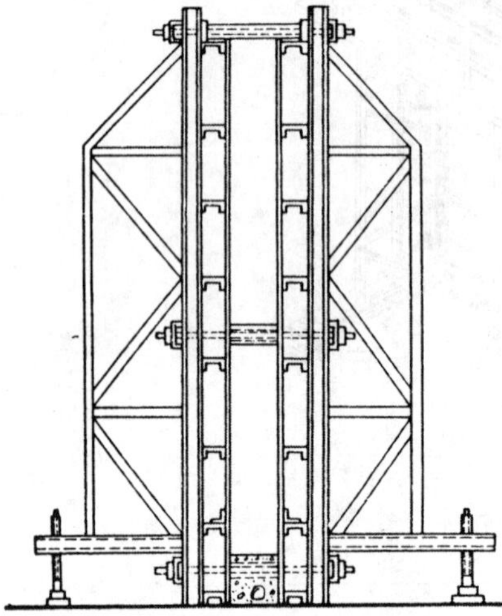

图 3-20　内墙大模板的连接

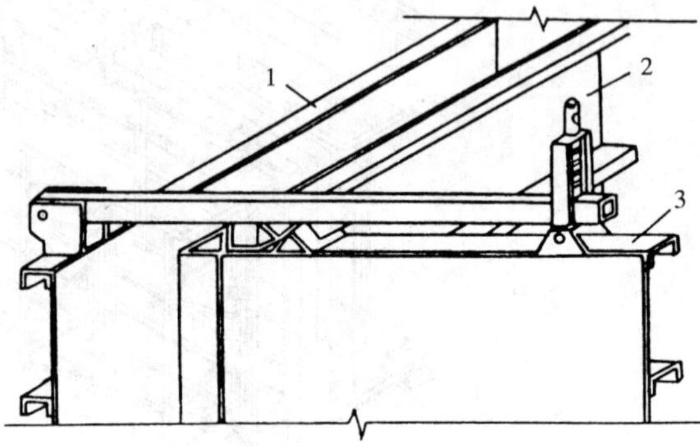

图 3-21　悬挑式外模

1—外墙的外模；2—外墙的内模；3—内墙模板

大模板堆放时要防止倾倒伤人，应将板面后倾一定角度。大模板板面须喷涂脱模剂以利脱模，常用的有海藻酸钠脱模剂、油类脱模剂、甲基树脂脱模剂和石蜡乳液脱模剂等。

向大模板内浇筑混凝土应分层进行，于门窗口两侧应对称均匀下料和捣实，防止固定在模板上的门窗框移位。待浇筑的混凝土强度达到 $1N/mm^2$ 方可拆除大模板。拆模后要喷水以养护混凝土。待混凝土强度≥$4N/mm^2$ 时才能吊装楼板于其上。

四、滑升模板

滑升模板是一种工具式模板，用于现场浇筑高耸的构筑物和高层建筑物等，如烟囱、筒仓、电视塔、竖井、沉井、双曲线冷却塔和剪力墙体系及筒体体系的高层建筑等。

滑升模板施工的特点，是在构筑物或建筑物底部，沿其墙、柱、梁等构件的周边组装高 1.2m 左右的滑升模板，随着向模板内不断地分层浇筑混凝土，用液压提升设备使模板不断地沿埋在混凝土中的支承杆向上滑升，直到需要浇筑的高度为止。用滑升模板施工，可以节约模板和支撑材料、加快施工速度和保证结构的整体性。但模板一次性投资多、耗钢量大，对建筑的立面造型和构件断面变化有一定的限制。施工时宜连续作业，施工组织要求较严。

滑升模板(图 3-22)由模板系统、操作平台系统和液压系统三部分组成，模板系统包括模板、围圈和提升架等。模板用于成型混凝土，承受新浇混凝土的侧压力，多用钢模或钢木混合模板。模板的高度取决于滑升速度和混凝土达到出模强度($0.2\sim0.4N/mm^2$)所需的时间，一般高 1.0～1.2m，采用“滑一浇一”工艺时，外墙的外模和部分内墙模板加长，以增加模板滑空时的稳定性。模板呈上口小下口大的锥形，单面锥度约(0.2%～0.5%)H(H 为模板高度)，以模板上口以下 2/3 模板高度处的净间距为结构断面的厚度。围圈(围檩)用于支承和固定模板，一般情况下，模板上下各布置一道，它承受模板传来的水平侧压力(混凝土的侧压力和浇筑混凝土时的水平冲击力)和由摩阻力、模板与围圈自重(如操作平台支承在围圈上，还包括平台自重和施工荷载)等产生的竖向力。围圈近似于以提升架为支承的双向弯曲的多跨连续梁，材料多用角钢或槽钢，以其受力最不利情况计算确定其截面。提升架又称千斤顶架，其作用是固定围圈，把模板系统和操作平台系统连成整体，承受整个模板系统和操作平台系统的全部荷载并将其传递给液压千斤顶。提升架分单横梁式与双横梁式两种，多用型钢制作，其截面按框架计算确定，有的呈变截面形式。

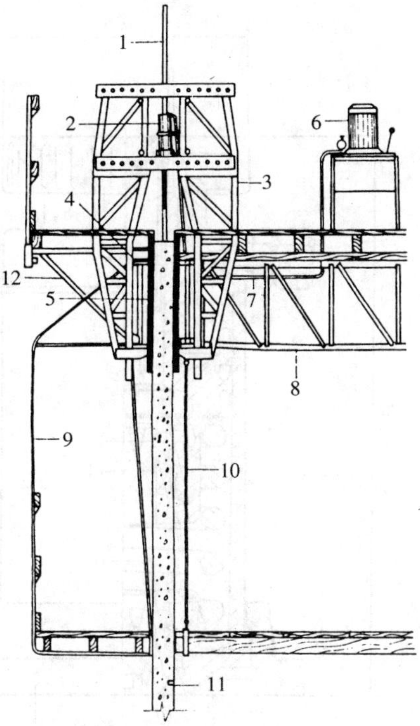

图 3-22　滑升模板

1—支承杆；2—液压千斤顶；3—提升架；4—围圈；5—模板；6—高压油泵；7—油管；8—操作平台桁架；9—外吊架；10—内吊架吊杆；11—混凝土墙体；12—外挑架

操作平台系统包括操作平台、内外吊架和外挑架，是施工操作的场所，其承重构件(平台桁架、钢梁、铺板、吊杆等)根据其受力情况按一般的钢木结构进行计算。采用“滑一浇一”工艺时平台的中间部分应做成活动式，以便模板滑升后吊去浇筑混凝土。

液压系统包括支承杆(爬杆)、液压千斤顶和操纵装置等，是使滑升模板向上滑升的动力装置。支承杆既是液压千斤顶向上爬升的轨道，又是滑升模板的承重支柱，它承受施工过程中的全部荷载。其规格要与选用的千斤顶相适应，用钢珠作卡头的千斤顶，需用Ⅰ级圆钢筋，用楔块作卡头的千斤顶，Ⅰ～Ⅳ级钢筋皆可用，如用体外滑模(支承杆在浇筑墙体的外面，不埋在混凝土内)支承杆多用钢管。支承杆承载能力按下式确定：

$$[P]=\alpha\frac{40EI}{K(l_0+95)^2}\quad(\mathrm{N})\tag{3-1}$$

式中　$[P]$——支承杆的承载能力(N)；

α——群杆工作系数(考虑群杆荷载不均匀、个别支承杆超载失稳后会给相邻者增加额外荷载)。整体式平台 $\alpha=0.70$，分割式平台 $\alpha=0.80$，带套管的工具式支承杆 $\alpha=1.0$；

E——支承杆的弹性模量($2.1\times10^5\,\mathrm{N/mm^2}$)；

I——支承杆的截面惯性矩(mm^4)；

K——安全系数≥2.0；

l_0——支承杆的脱空长度(mm)。

目前滑升模板所用之液压千斤顶，有以钢珠作卡头的 GYD-35 型和以楔块作卡头的

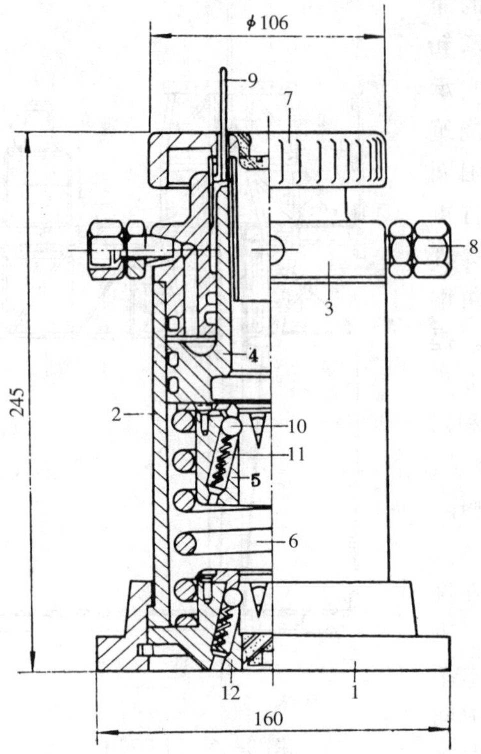

图 3-23　液压千斤顶

1—底座；2—缸体；3—缸盖；4—活塞；5—上卡头；6—排油弹簧；7—行程调整帽；8—油嘴；9—行程指示杆；10—钢珠；11—卡头小弹簧；12—下卡头

QYD-35 型等起重量 3.5t 的小型液压千斤顶，还有起重量 6t 和 10t 的中型液压千斤顶 YL50-10 型等。GYD-35 型（图3-23）目前仍应用较多，其工作原理如图3-24所示。施工时，将液压千斤顶安装在提升架横梁上与之联成一体，支承杆穿入千斤顶的中心孔内。当高压油液压入它的活塞与缸盖之间（图3-24a）），在高压油作用下，由于上卡头 2（与活塞相联）内的小钢珠（在卡头上，环形排列，共 7 个，支承在斜孔内的弹簧上）与支承杆 6 产生自锁作用，使上卡头与支承杆锁紧，因而活塞 1 不能下行。于是就在油压作用下，迫使缸体连带底座和下卡头一起向上升起，由此带动提升架等整个滑升模板上升。当上升到下卡头紧碰着上卡头时，即完成一个工作行程（图 3-24b））。此时排油弹簧处于压缩状态，上卡头承受滑升模板的全部荷载。当回油时，油压力消失，在排油弹簧的弹力作用下，把活塞与上卡头一起推向上，油即从进油口排出。在排油开始的瞬间，下卡头又由于其小钢珠与支承杆间的自锁作用，与支承杆锁紧，使缸筒和底座不能下降，接替上卡头所承受的荷载（图 3-24c））。当活塞上升到极限后，排油工作完毕，千斤顶便完成一个上升的工作循环。一次上升的行程大于 20mm。排油时，千斤顶是不上升的，也不能下降。如此不断循环，千斤顶就沿着支承杆不断上升，模板也就被带着不断向上滑升。

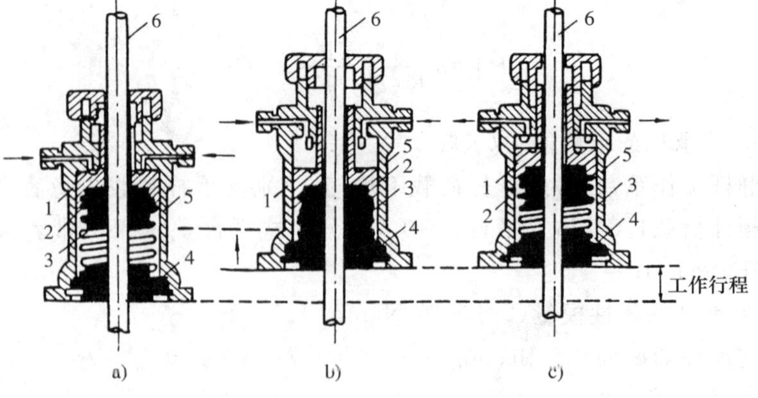

图 3-24　液压千斤顶工作原理

1—活塞；2—上卡头；3—排油弹簧；4—下卡头；5—缸体；6—支承杆

采用钢珠式的上、下卡头，其优点是体积小，结构紧凑，动作灵活，但钢珠对支承杆的压痕较深，这样不仅不利于支承杆拔出重复使用，而且会出现千斤顶上升后的“回缩”下降现象，此外，钢珠还有可能被杂质卡死在斜孔内，导致卡头失效。因此，有的已改用楔块式卡头，这种卡头利用四瓣楔块锁固支承杆，具有加工简单、起重量大、卡头下滑量小、锁紧能力强、压痕小等优点，它不仅适用于光圆钢筋支承杆，亦可用于螺纹钢筋支承杆。

为将支承杆滑后拔出，可在提升架上设支承杆套管，使支承杆不与混凝土粘结，滑升可逐节拔出支承杆以节约钢材。亦可将支承杆(多用钢管)放在混凝土体多支承在楼盖上使模板滑升，以节约支承杆。

利用滑升模板施工高层建筑物时，滑升模板只用来浇筑竖向承重构件(墙、柱等)，而楼盖的施工则需采用其他方法。目前多采用现场支模浇筑。

当采用现浇楼板时，楼板的浇筑方法有三种：

(1) 降模施工法

此法是利用桁架或纵横梁结构将每间的楼板模板组装成整体，成为降模平台，通过吊杆、钢丝绳等悬吊于施工的建筑物的承重构件上。浇筑楼板并待其混凝土达到一定强度后，将降模平台下降至下一层楼板的标高，固定后继续浇筑，如此自上而下逐层建筑。当建筑物高度不很高(如10层左右)，可将滑升模板滑到顶后，拆除模板、油泵等，利用操作平台作为降模平台自上而下逐层浇筑楼板。如建筑物高度很大，为保证建筑物施工期间的稳定性，则在建筑物施工到一定高度后，即组装降模平台，从建筑物已浇部分的顶部开始浇筑楼板，逐层下降，同时滑升模板也向上逐层浇筑墙体，待其到顶后再利用操作平台作为降模平台从建筑物顶部开始向下逐层浇筑楼板。用降模浇筑楼板，存在施工期间墙体稳定问题，需加以验算；同时楼板后浇与墙(尤其是端墙)形成后浇节点，其整体性能和抗震性能需加以保证。

(2) 逐层空滑现浇楼板法

逐层空滑现浇楼板法简称“滑一浇一”工艺。此法是近年来高层建筑滑升模板施工中楼板施工应用较多的一种方法。施工时，当每层墙体混凝土用滑升模板浇筑至上一层楼板底标高后，停止浇筑混凝土将滑升模板继续向上空滑至模板下口与墙体顶部脱空一定高度(一般比楼板厚度多5～10cm)，然后吊去操作平台的活动平台板，提供工作空间进行现浇楼板的支模、绑扎钢筋和浇筑混凝土，然后再继续向上滑升墙体。如此逐层进行。施工时模板的脱空范围主要取决于楼板的配筋情况，如楼板为横墙承重的单向板，则只需将横墙及部分内纵墙的模板脱空，外纵墙的模板则不必脱空。这样，当横墙与内纵墙的混凝土停浇后，外纵墙应继续浇筑使外纵墙滑升模板内有一定高度的混凝土，这有利于整个模板体系保持稳定。这种方法楼板进墙增强了建筑物的整体性和刚度，有利于提高高层建筑的抗震和抗水平力的能力，不存在施工过程中墙体的失稳问题，但在模板空滑时易将墙顶部混凝土拉松，滑升模板由于不能连续滑升，施工速度放慢。

(3) 与滑模施工墙体的同时间隔数层自下而上现浇楼板法

此法是间隔数层墙体与楼板同时进行浇筑。即上面利用滑升楼板连续进行墙体浇筑，在楼板标高处于墙体上预留插入钢筋的孔洞，间隔3～5层从底层开始自下而上逐层支设模板、绑扎钢筋和浇筑楼板混凝土。

滑模施工速度快，节省模板和劳动力，因而受到人们的青睐。但由于滑模施工时模板与墙体产生摩擦，易使墙面粗糙，滑升速度掌握不当还易造成墙体拉裂。因而对一些表面不再装饰、光洁度要求较高的构筑物，或墙体厚度较小的建筑物等，用滑模施工则有一些难以克服的困难。为此，经过不断探索发展出滑框倒模工艺，于北京中央电视塔、天津国际大厦(38层)等工程上得到应用，收到较好效果。

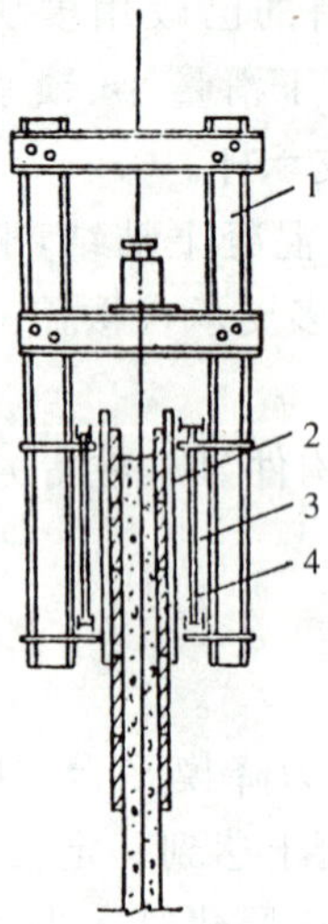

图 3-25　滑框倒模施工装置示意图

1—提升架；2—滑道；3—围圈；4—模板

滑框倒模工艺(图 3-25)，仍然采用滑模施工的设备和装置，不同点在于围圈内侧增设控制模板的竖向滑道，该滑道随滑升系统一起滑升，而模板留在原地不动，待滑道滑出模板，再将模板拆除倒到滑道上重新插入施工。因此，模板的脱模时间不受混凝土硬化和强度增长时间的制约，不需考虑模板滑升时的摩阻力。

在滑框倒模施工中，滑道随滑升系统滑升后，模板则因混凝土的粘结作用仍留在原处。滑模施工中存在的模板与混凝土之间的滑动摩擦，改变为滑道与模板之间的滑动摩擦。混凝土脱模方式，也由滑模施工的滑动脱模，改变为滑框倒模施工的拆倒脱模。

在滑框倒模施工中，滑道的滑升时间，以不引起支承杆失稳、混凝土坍落为准，一般混凝土强度达到 0.5～1.0N/mm^2 为宜。

滑框倒模施工，虽然可以从容处理各种因素引起的施工停歇，但仍应做到连续滑升为主。

滑框倒模技术，虽然可以解决一些滑模施工无法解决的问题，但模板的拆倒多消耗人工，与滑模施工相比增加了一道模板拆倒的工序，因此，只应于存在滑模施工无法克服的矛盾的情况下才采用，否则，应优先选用滑模施工。

五、爬升模板

爬升模板简称爬模，国外亦称跳模，是施工剪力墙体系和筒体体系的钢筋混凝土结构高层建筑的一种有效的模板体系，我国已推广应用。由于模板能自爬，不需起重运输机械吊运，减少了高层建筑施工中起重运输机械的吊运工作量，能避免大模板受大风影响而停止工作。由于自爬的模板上悬挂有脚手架所以还省去了结构施工阶段的外脚手架，因为能减少起重机械的数量、加快施工速度而经济效益较好。

爬模分有爬架爬模和无爬架爬模两类。有爬架爬模由爬升模板、爬架和爬升设备三部分组成(图 3-26)。

外爬架是一格构式钢架，用来提升外爬模，由下部附墙架和上部支承架两部分组成，高度超过三个层高。附墙架用螺栓固定在下层墙壁上；支承架高度大于两层模板，座落在附墙架上，与之成为整体。支承架上端有挑横梁，用以悬吊提升外爬升模板用的手拉葫芦。如用液压千斤顶作为爬升设备则支承架上端的挑横梁悬吊爬杆，支承架中部还装有外爬架爬升用的液压千斤顶，使之沿悬吊在外爬升模板顶端挑横梁上的爬杆向上爬升。

内爬架为一断面较小的格构式钢架，高度超过两个层高，用来提升内爬升模板，顶部亦悬吊有爬升设备。

外爬升模板的高度为层高加 50～100mm，利用长出部分与下层墙搭接，宽度根据需要确定，多与开间宽度相适应，对于山墙等可更宽。模板顶端装有提升外爬架用的手拉葫芦。如爬升设备为液压千斤顶，则模板顶端的挑横梁上悬吊外爬架液压千斤顶爬升用的爬杆，在模板背面装有模板爬升用液压千斤顶，使之沿悬吊在外爬架顶端的爬杆向上爬升。外爬升模板的背面底部还悬挂有外脚手架。

内爬升模板的高度等于层高，由内爬架提升。

如上所述，爬升设备可为手拉葫芦、液压千斤顶和电动千斤顶。手拉葫芦简单易行，由人力操纵。如用液压千斤顶，则爬架、爬升模板各用一台油泵供油。爬杆用 $\phi 25$ 圆钢，用螺帽和垫板固定在模板或爬架的挑横梁上。

无爬架爬模取消了爬架，模板由甲、乙两类模板组成，爬升时两类模板互为依托，用提升设备使两类相邻模板交替爬升。

甲、乙两类模板中甲型模板为窄板，高度大于两个层高；乙型模板按建筑物外墙尺寸配制，高度略大于层高，与下层墙体稍有搭接，以免漏浆和错台。两类模板交替布置，甲型模板布置在内、外墙交接处，或大开间外墙的中部。模板背面设有竖向背楞，作为模板爬升的依托，加强模板刚度。内、外模板用穿墙螺栓拉结固定，模板爬升时利用相邻模板与墙体的拉结来抵抗模板爬升时的外张力。

在乙型模板的下面，设有用 $\phi 22$ 螺栓固定于下层墙上的"生根"背楞（图 3-27），背楞上端设连接板，用以支撑上面的乙型模板。

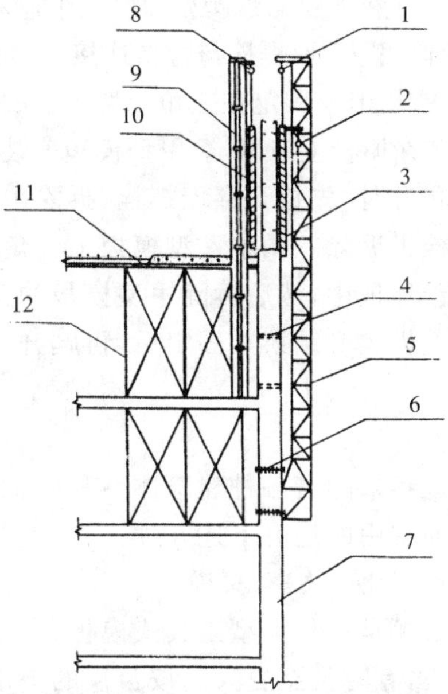

图 3-26　爬升模板

1—提升外爬升模板的手拉葫芦；
2—提升外爬架的手拉葫芦；3—外爬升模板；
4—预留孔；5—外爬架(包括支承架和附墙架)；
6—螺栓；7—外墙；8—提升内爬升模板的手拉葫芦；
9—内爬架；10—内爬升模板；
11—楼板模板；12—楼板模板支撑

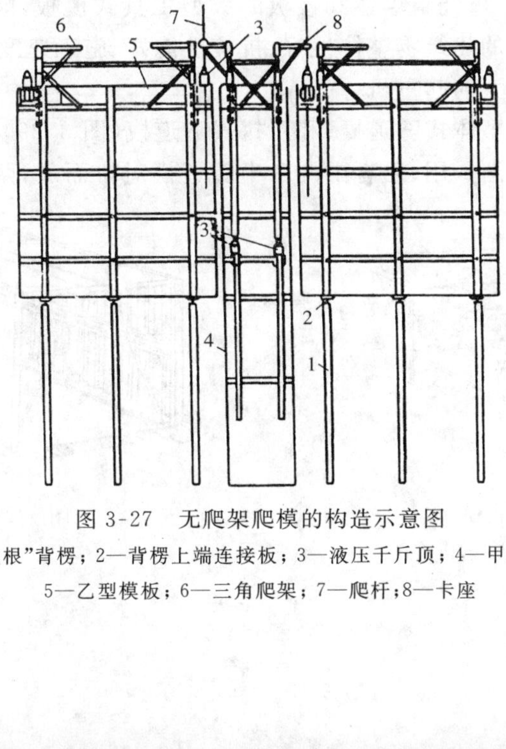

图 3-27　无爬架爬模的构造示意图

1—"生根"背楞；2—背楞上端连接板；3—液压千斤顶；4—甲型模板；
5—乙型模板；6—三角爬架；7—爬杆；8—卡座

爬升装置由三角爬架、爬杆、卡座和液压千斤顶组成。三角爬架插在模板两端上口的套筒内，套筒用"U"形螺栓与背楞连接，三角爬架可自由回转，用以支承爬杆。爬杆为 ϕ25mm 的圆钢，上端用卡座固定在三角爬架上。每块模板上装有两台起重量为 3.5t 的液压千斤顶，乙型模板装在模板上口两端，甲型模板安装在模板中间偏下处。供油用齿轮泵和高压胶管。

爬升时，先松开穿墙螺栓，拆除内模板，并使墙外侧的甲、乙型模板与混凝土脱离，但穿墙螺栓未拆除。调整乙型模板上三角爬架的角度，装上爬杆，爬杆下端穿入甲型模板中间的液压千斤顶中，然后拆除甲型模板的穿墙螺栓，起动千斤顶将甲型模板爬升至预定高度。待甲型模板爬升结束并固定后，再爬升乙型模板。

六、其他模板

近年来随着各种建筑体系和施工机械化的发展，新型模板不断出现，除上述者外，国内外目前常用的还有下述几种：

1. 台模(飞模、桌模)

台模是一种大型工具式模板，主要用于浇筑平板式或带边梁的楼板，一般是一个房间一块台模，有时甚至更大。按台模的支承形式分为支腿式(见图3-28)和无支腿式两类。前者又有伸缩式支腿和折叠式支腿之分；后者是悬架于墙上或柱顶，故也称悬架式。支腿式台模由面板(胶合板或钢板)、支撑框架、檩条等组成。支撑框架的支腿底部一般带有轮子，以便移动，有的台模没有轮子，在滚道上滚动。浇筑后待混凝土达到规定强度，落下台面，将台模推出墙面放在临时挑台上，再用起重机整体吊运至上层或其他施工段；亦可不用挑台，推出墙面后直接吊运。

目前我国使用的台模，除铝合金制作的正规台模外，还利用由小块的定型组合模板和钢管支撑等拼装成的台模。利用台模施工楼板可省去模板的装拆时间，能降低劳动消耗和加速施工，但一次性投资较大。

2. 隧道模

隧道模是用于同时整体浇筑墙体和楼板的大型工具式模板，能将各开间沿水平方向逐段逐间整体浇筑，故施工的建筑物整体性好、抗震性能好、施工速度快，但模板的一次性投资大，模板起吊和转运需较大的起重机。

隧道模有全隧道模(整体式隧道模)和双拼式隧道模(图 3-29)两种。前者自重大，推移时多需铺设轨道，目前逐渐少用；后者由两个半隧道模对拼而成，两个半隧道模的宽度可以

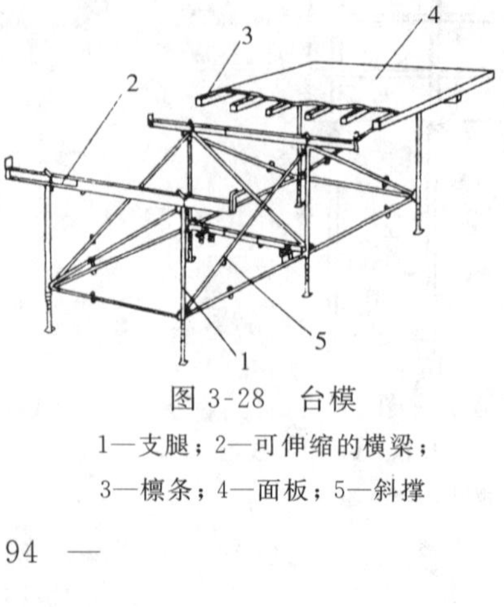

图 3-28　台模

1—支腿；2—可伸缩的横梁；
3—檩条；4—面板；5—斜撑

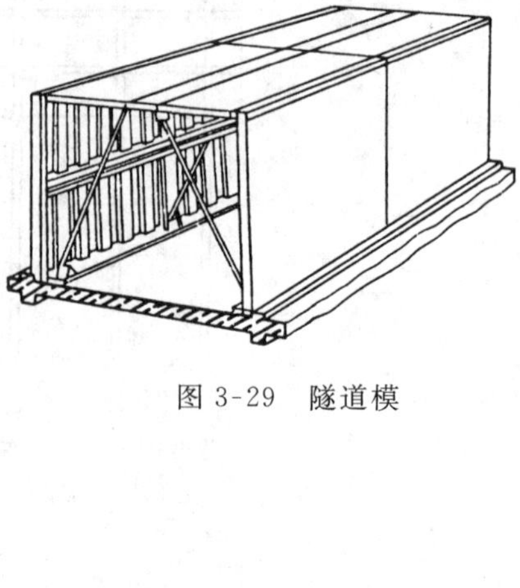

图 3-29　隧道模

不同，再增加一块插板，即可以组合成各种开间需要的宽度。

混凝土浇筑后强度达到 $7N/mm^2$ 左右，即可先拆除半边的隧道模，推出墙面放在临时挑台上，再用起重机转运至上层或其他施工段，楼板临时用竖撑加以支撑，再养护一段时间（视气温和养护条件而定），待混凝土强度约达到 $20N/mm^2$ 以上时，再拆除另一半边的隧道模，但保留中间的竖撑，以减小施工期间楼板的弯矩。

3. 永久式模板

这是一些施工时起模板作用而浇筑混凝土后又是结构本身组成部分之一的预制板材，目前国内外常用的有异形（波形、密肋形等）金属薄板（亦称压型钢板）、预应力混凝土薄板、玻璃纤维水泥模板、小梁填块（小梁为倒 T 形，填块放在梁底凸缘上，再浇混凝土）、钢桁架型混凝土板等。预应力混凝土薄板在我国已在一些高层建筑中应用，铺设后稍加支撑，然后在其上铺放钢筋浇筑混凝土形成楼板，施工简便。压型钢板在我国一些高层钢结构施工中多有应用，施工简便，施工速度快，但耗钢量较大。

模板是钢筋混凝土工程中的一个重要组成部分，国内外都十分重视，新型模板亦不断出现，除上述各种类型模板外，还有玻璃钢模板、塑料模板、提模、艺术模板和专门用途的模板等。

七、模板设计

根据我国规范规定，模板及其支架应根据工程结构形式、荷载大小、地基土类别、施工设备和材料供应等条件进行设计。

模板和支架的设计，包括选型、选材、荷载计算、结构计算、拟定制作、安装和拆除方案、绘制模板图。

1. 荷载

模板、支架按下列荷载设计或验算：

(1) 模板及支架自重

模板及支架的自重，可按图纸或实物计算确定，或参考表 3-1 确定。

表 3-1　　楼板模板自重标准值

模板构件	木模板(kN/m^2)	组合钢模板(kN/m^2)
平板模板及小楞自重	0.3	0.5
楼板模板自重(包括梁模板)	0.5	0.75
楼板模板及其支架自重(楼层高度 4m 以下)	0.75	1.1

(2) 新浇筑混凝土的自重标准值

普通混凝土用 $24kN/m^3$，其他混凝土根据实际重力密度确定。

(3) 钢筋自重标准值

根据设计图纸确定。一般梁板结构每立方米钢筋混凝土结构的钢筋自重标准值：楼板 1.1kN；梁 1.5kN。

(4) 施工人员及设备荷载标准值

计算模板及直接支承模板的小楞时：均布活荷载 $2.5N/m^2$，另以集中荷载 2.5kN 进行验算，取两者中较大的弯矩值；

计算支承小楞的构件时：均布活荷载 1.5kN/m²；

计算支架立柱及其他支承结构构件时：均布活荷载 1.0kN/m²。

对大型浇筑设备（上料平台等）、混凝土泵等按实际情况计算。木模板板条宽度小于150mm 时，集中荷载可以考虑由相邻两块板共同承受。如混凝土堆集料的高度超过100mm 时，则按实际情况计算。

（5）振捣混凝土时产生的荷载标准值

水平面模板 2.0kN/m²；垂直面模板 4.0kN/m²（作用范围在有效压头高度之内）。

（6）新浇筑混凝土对模板侧面的压力标准值

影响混凝土侧压力的因素很多，如与混凝土组成有关的骨料种类、配筋数量、水泥用量、外加剂、坍落度等都有影响，但更重要的还是外界影响，如混凝土的浇筑速度、混凝土的温度、振捣方式、模板情况、构件厚度等。

混凝土的浇筑速度是一个重要影响因素，最大侧压力一般与其成正比。但当其达到一定速度后，再提高浇筑速度，则对最大侧压力的影响就不明显。混凝土的温度影响混凝土的凝结速度，温度低、凝结慢，混凝土侧压力的有效压头高，最大侧压力就大。反之，最大侧压力就小。模板情况和构件厚度影响拱作用的发挥，因之对侧压力也有影响。

由于影响混凝土侧压力的因素很多，想用一个计算公式全面加以反映是有一定困难的。国内外研究混凝土侧压力，都是抓住几个主要影响因素，通过典型试验或现场实测取得数据，再用数学方法分析归纳后提出计算公式。

我国目前采用的计算公式为，采用内部振动器时，新浇筑的混凝土作用于模板的最大侧压力，按下列两式计算，并取两式中的较小值：

$$F=0.22\gamma_c t_0 \beta_1 \beta_2 V^{\frac{1}{2}} \tag{3-2}$$

$$F=\gamma_c H \tag{3-3}$$

式中 F——新浇混凝土对模板的最大侧压力（kN/m²）；

γ_c——混凝土的重力密度（kN/m³）；

t_0——新浇混凝土的初凝时间（h），可按实测确定。当缺乏试验资料时，可采用 $t_0=200/(T+15)$ 计算（T 为混凝土的温度，℃）；

V——混凝土的浇筑速度（m/h）；

H——混凝土侧压力计算位置处至新浇混凝土顶面的总高度（m）；

β_1——外加剂影响修正系数，不掺外加剂时取 1.0，掺具有缓凝作用的外加剂时取 1.2；

β_2——混凝土坍落度影响修正系数，当坍落度小于 30mm 时，取 0.85；当坍落度为 50～90mm时，取 1.0；当坍落度为 110～150mm 时，取 1.15。

（7）倾倒混凝土时产生的荷载标准值

倾倒混凝土时对垂直面模板产生的水平荷载标准值，按表 3-2 采用。

计算滑升模板、水平移动式模板等特种模板时，荷载应按专门的规定计算。对于利用模板张拉和锚固预应力筋等产生的荷载亦应另行计算。

表 3-2　　向模板中倾倒混凝土时产生的水平荷载标准值

项　次	向模板中供料方法	水平荷载标准值(kN/m^2)
1	用溜槽、串筒或由导管输出	2
2	用容量为$<0.2m^3$的运输器具倾倒	2
3	用容量$0.2\sim0.8m^3$的运输器具倾倒	1
4	用容量$>0.8m^3$的运输器具倾倒	6

注:作用范围在有效压头高度以内。

计算模板及其支架时的荷载设计值,应采用荷载标准值乘以相应的荷载分项系数求得,荷载分项系数按表 3-3 采用。

表 3-3　　荷载分项系数

项　次	荷　载　类　别	γ_i
1	模板及支架自重	1.2
2	新浇筑混凝土自重	
3	钢筋自重	
4	施工人员及施工设备荷载	1.4
5	振捣混凝土时产生的荷载	
6	新浇筑混凝土对模板侧面的压力	1.2
7	倾倒混凝土时产生的荷载	1.4

参与模板及其支架荷载效应组合的各项荷载,应符合表 3-4 的规定。

表 3-4　　参与模板及其支架荷载效应组合的各项荷载

模　板　类　别	参与组合的荷载项	
	计算承载能力	验算刚度
平板和薄壳的模板及支架	1,2,3,4	1,2,3
梁和拱模板的底板及支架	1,2,3,5	1,2,3
梁、拱、柱(边长≤300mm)、墙(厚≤100mm)的侧面模板	5,6	6
大体积结构、柱(边长>300mm)、墙(厚>100mm)的侧面模板	6,7	6

2. 计算规定

计算钢模板、木模板及支架时都要遵守相应结构的设计规范。

验算模板及其支架的刚度时,其最大变形值不得超过下列允许值:对结构表面外露的模板,为模板构件计算跨度的 1/400;对结构表面隐蔽的模板,为模板构件计算跨度的 1/250;对支架的压缩变形值或弹性挠度,为相应的结构计算跨度的 1/1000。

支架的立柱或桁架应保持稳定,并用撑拉杆件固定。验算模板及其支架在自重和风荷载作用下的抗倾倒稳定性时,应符合有关的专门规定。

八、模板拆除

现浇结构的模板及其支架拆除时的混凝土强度，应符合设计要求；当设计无具体要求时，侧模可在混凝土强度能保证其表面及棱角不因拆除模板而受损坏后拆除；底模拆除时所需的混凝土强度如表3-5所示。

表3-5 现浇结构拆模时所需混凝土强度

结构类型	构件跨度(m)	达到设计要求的混凝土立方体抗压强度标准值的百分率(%)
板	≤2	≥50
	>2,≤8	≥75
	>8	≥100
梁、拱、壳	≤8	≥75
	>8	≥100
悬臂构件	—	≥100

后浇带模板的拆除和支顶，应按制订的施工技术方案执行。

对后张法预应力混凝土结构构件，其侧模宜在预应力张拉前拆除；底模支架的拆除应按施工技术方案执行，当无具体要求时，不应在结构构件建立预应力前拆除。

模板侧模拆除时，混凝土强度应能保证其表面及棱角不受损伤。

模板拆除时，不应对楼层形成冲击荷载。拆除的模板和支架宜分散堆放并及时清运。

第三节 混凝土工程

混凝土分项工程包括混凝土制备、运输、浇筑捣实和养护等施工过程，各个施工过程相互联系和影响，任一施工过程处理不当都会影响混凝土工程的最终质量。近年来混凝土外加剂发展很快，它们的应用影响了混凝土的性能和施工工艺。此外，自动化、机械化的发展和新的施工机械和施工工艺的应用，也大大改变了混凝土工程的施工面貌。

一、混凝土的制备

混凝土由水泥、粗骨料、细骨料和水组成，有时掺加外加剂、矿物掺合料。保证原材料的质量是保证混凝土质量的前提。尤其对于水泥，当水泥进场时应对其品种、级别、包装或散装仓号、出厂日期等进行检查，并对其强度、安定性及其他必要的性能指标进行复验，其质量必须符合现行国家标准。

1. 混凝土施工配制强度确定

混凝土配合比应根据混凝土强度等级、耐久性和工作性能等按国家现行标准《普通混凝土配合比设计规程》确定，有需要时，还需满足抗渗性、抗冻性、水化热低等要求。

混凝土制备之前按下式确定混凝土的施工配制强度，以达到95%的保证率：

$$f_{cu,0}=f_{cu,k}+1.645\sigma \tag{3-4}$$

式中　$f_{cu,0}$——混凝土的施工配制强度（N/mm^2）；

$f_{cu,k}$——设计的混凝土强度标准值（N/mm^2）；

σ——施工单位的混凝土强度标准差（N/mm^2）。

当施工单位具有近期的同一品种混凝土强度的统计资料时，σ 可按下式计算：

$$\sigma=\sqrt{\frac{\sum f_{cu,i}^2-N\mu_{fcu}^2}{N-1}} \tag{3-5}$$

式中　$f_{cu,i}$——统计周期内同一品种混凝土第 i 组试件强度（N/mm^2）；

μ_{fcu}——统计周期内同一品种混凝土 N 组强度的平均值（N/mm^2）；

N——统计周期内相同混凝土强度等级的试件组数，$N\geqslant25$。

当混凝土强度等级为 C20 或 C25 时，如计算得到的 $\sigma<2.5N/mm^2$，取 $\sigma=2.5N/mm^2$；当混凝土强度等级高于 C25 时，如计算得到的 $\sigma<3.0N/mm$ 时，取 $\sigma=3.0N/mm^2$。

对预拌混凝土厂和预制混凝土的构件厂，其统计周期可取为一个月；对现场拌制混凝土的施工单位，其统计周期可根据实际情况确定，但不宜超过三个月。

施工单位如无近期同一品种混凝土强度统计资料时，σ 可按表 3-6 取值。

表 3-6　　**混凝土强度标准差 σ**

混凝土强度等级	低于 C20	C25～C35	高于 C35
σ（N/mm^2）	4.0	5.0	6.0

注：表中 σ 值，反映我国施工单位的混凝土施工技术和管理的平均水平，采用时可根据本单位情况作适当调整。

2. 混凝土搅拌机选择

混凝土制备是指将各种组成材料拌制成质地均匀、颜色一致、具备一定流动性的混凝土拌合物。由于混凝土配合比是按照细骨料恰好填满粗骨料的间隙，而水泥浆又均匀地分布在粗细骨料表面的原理设计的。如混凝土制备得不均匀就不能获得密实的混凝土，影响混凝土的质量，所以制备是混凝土施工工艺过程中很重要的一道工序。

混凝土制备的方法，除工程量很小且分散用人工拌制外，皆应采用机械搅拌。混凝土搅拌机按其搅拌原理分为自落式和强制式两类（图 3-30）。自落式搅拌机的搅拌筒内壁焊有弧形叶片，当搅拌筒绕水平轴旋转时，弧形叶片不断将物料提高一定高度，然后自由落下而互相混合。因此，自落式搅拌机主要是以重力机理设计的。在这种搅拌机中，物料的运动轨迹是这样的：未处于叶片带动范围内的物料，在重力作用下沿拌合料的倾斜表面自动滚下；处于叶片带动范围内的物料，在被提升到一定高度后，先自由落下再沿倾斜表面下滚。由于下落时间、落点和滚动距离不同，使物料颗粒相互穿插、翻拌、混合而达到均匀。

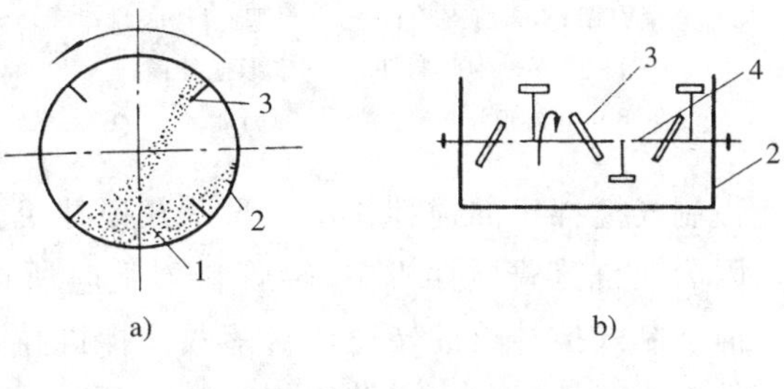

图 3-30　混凝土搅拌原理图

a) 自落式搅拌；b) 强制式搅拌

1—混凝土拌合物；2—搅拌筒；3—叶片；4—转轴

自落式搅拌机宜于搅拌塑性混凝土。根据构造的不同又分为若干种。鼓筒式搅拌机已被国家列为淘汰产品，自 1987 年年底起停止生产和销售。

双锥反转出料式搅拌机（图 3-31）是自落式搅拌机中较好的一种，宜于搅拌塑性混凝土。它在生产率、能耗、噪音和搅拌质量等方面都比鼓筒式搅拌机好。双锥反转出料式搅拌机的搅拌筒由两个截头圆锥组成，搅拌筒每转一周，物料在筒中的循环次数比鼓筒式搅拌机多，效率较高而且叶片布置较好，物料一方面被提升后靠自落进行拌合，另一方面又迫使物料沿轴向左右窜动，搅拌作用强烈。它正转搅拌，反转出料，构造简易，制造容易。

双锥倾翻出料式搅拌机结构简单，适合于大容量、大骨料、大坍落度混凝土搅拌，在我国多用于水电工程。

强制式搅拌机图（3-32）主要是根据剪切机理设计的。在这种搅拌机中有转动的叶片，这些不同角度和位置的叶片转动时通过物料，克服了物料的惯性、摩擦力和粘滞力，强制其产生环向、径向、竖向运动，而叶片通过后的空间，又由翻越叶片的物料、两侧倒坍的物料和相邻叶片推过来的物料所充满。这种由叶片强制物料产生剪切位移而达到均匀混合的机理，称为剪切搅拌机理。

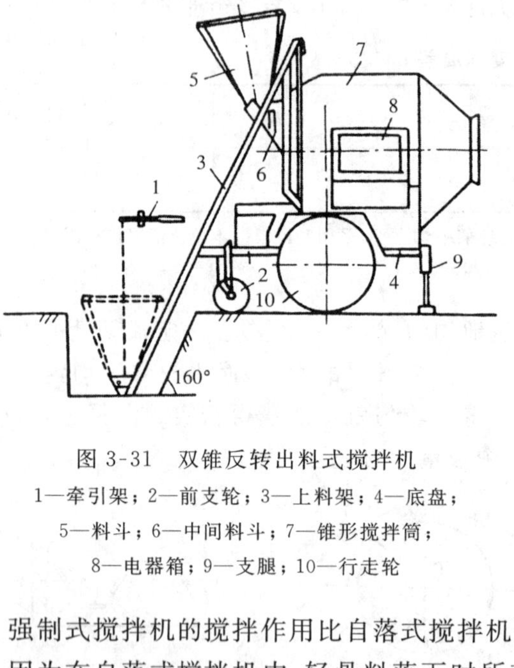

图 3-31　双锥反转出料式搅拌机

1—牵引架；2—前支轮；3—上料架；4—底盘；5—料斗；6—中间料斗；7—锥形搅拌筒；8—电器箱；9—支腿；10—行走轮

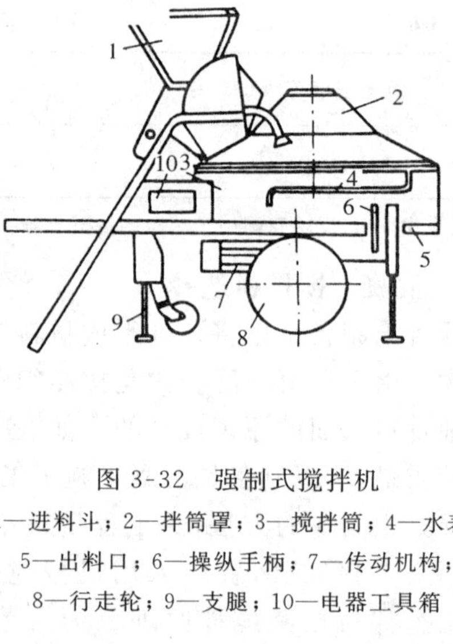

图 3-32　强制式搅拌机

1—进料斗；2—拌筒罩；3—搅拌筒；4—水表；5—出料口；6—操纵手柄；7—传动机构；8—行走轮；9—支腿；10—电器工具箱

强制式搅拌机的搅拌作用比自落式搅拌机强烈，宜于搅拌干硬性混凝土和轻骨料混凝土。因为在自落式搅拌机中，轻骨料落下时所产生的冲击能量小，不能产生很好的拌合作用。但强制式搅拌机的转速比自落式搅拌机高，动力消耗大，叶片、衬板等磨损也大。

强制式搅拌机分为立轴式与卧轴式，卧轴式有单轴、双轴之分，而立轴式又分为涡浆式和行星式（表 3-7）。涡浆式是在盘中央装有一根回转轴，轴上装若干组叶片。行星式则有两根回转轴，分别带动几个叶片。行星式又分为定盘式和盘转式两种，在定盘式中叶片除绕自己的轴转动（自转）外，两根装叶片的轴还共同绕盘的中心线转动（公转）。在盘转式中，两根装叶片的轴不进行公转运动，而是整个盘做相反方向转动。

涡浆式强制搅拌机构造简单、但转轴受力较大，且盘中央的一部分容积不能利用，因为叶片在那里的线速度太低。行星式强制搅拌机构造复杂，但搅拌作用强烈。其中盘转式消耗能量较多，已逐渐为定盘式所代替。

表 3-7　　混凝土搅拌机类型

自落式			强制式			
鼓筒式	双锥式		立轴式			卧轴式（单轴、双轴）
	反转出料	倾翻出料	涡浆式	行星式		
				定盘式	盘转式	
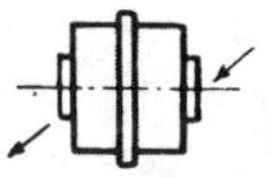	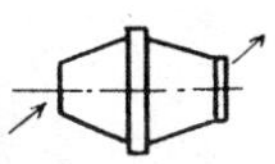	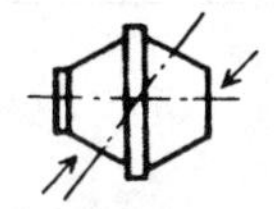				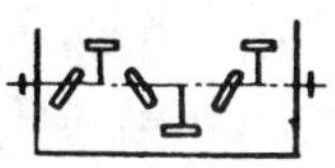

立轴式搅拌机是通过盘底部的卸料口卸料，卸料迅速。但如卸料口密封不好，水泥浆易漏掉，所以立轴式搅拌机不宜于搅拌流动性大的混凝土。

卧轴式搅拌机具有适用范围广、搅拌时间短、搅拌质量好等优点，是目前国内外大力发展的机型。这种搅拌机的水平搅拌轴上装有搅拌叶片，搅拌筒内的拌合物在搅拌叶片的带动下，作相互切翻运转和按螺旋形轨迹交替运动，得到强烈的搅拌。搅拌叶片的形状、数量和布置方式影响着搅拌质量和搅拌机的技术性能。

选择搅拌机时，要根据工程量大小、混凝土的坍落度、骨料尺寸等而定。既要满足技术上的要求，亦要考虑经济效益和节约能源。

我国规定混凝土搅拌机以其出料容量(m^3)×1000 为标定规格，故我国混凝土搅拌机的系列为 50，150，250，350，500，750，1000，1500 和 3000。

3. 确定搅拌制度

为了获得质量优良的混凝土拌合物，除正确选择搅拌机外，还必须正确确定搅拌制度，即搅拌时间、投料顺序和进料容量等。

(1) 混凝土搅拌时间

搅拌时间是指从原材料全部投入搅拌筒时起，到开始卸料时为止所经历的时间。它与搅拌质量密切有关。它随搅拌机类型和混凝土的和易性的不同而变化。在一定范围内随搅拌时间的延长而强度有所提高，但过长时间的搅拌既不经济也不合理。因为搅拌时间过长，不坚硬的粗骨料在大容量搅拌机中会因脱角、破碎等而影响混凝土的质量。加气混凝土也会因搅拌时间过长而使含气量下降。为了保证混凝土的质量，规定有混凝土搅拌的最短时间(表 3-8)。该最短时间是按一般常用搅拌机的回转速度确定的，不允许用超过混凝土搅拌机说明书规定的回转速度进行搅拌以缩短搅拌延续时间。原因是当自落式搅拌机搅拌筒的转速达到某一极限时，筒内物料所受的离心力等于其重力，物料就贴在筒壁上不会落下，不能产生搅拌作用。该极限转速称为搅拌筒的"临界转速"。

在立轴强制式搅拌机中，如叶片的速度太高，在离心力作用下，拌合料会产生离析现象，同时能耗、磨损都大大增加。所以叶片线速度亦有"临界速度"的限值。临界速度是根据作用在料粒上的离心力等于惯性重力求得。

表 3-8　　　　　　　　　　　　　　**混凝土搅拌的最短时间(s)**

混凝土坍落度(mm)	搅拌机机型	搅拌机出料量(L)		
		<250	250～500	>500
≤30	强制式	60	90	120
	自落式	90	120	150
>30	强制式	60	60	90
	自落式	90	90	120

注:① 当掺有外加剂时,搅拌时间应适当延长;
② 全轻混凝土、砂轻混凝土搅拌时间应延长 60～90s。

在现有搅拌机中,叶片的线速度多为临界线速度的 2/3。涡浆式搅拌机叶片的线速度即为叶片的绝对速度,行星式则为叶片相对于搅拌盘的相对速度。

(2) 投料顺序

投料顺序应从提高搅拌质量、减少叶片和衬板的磨损、减少拌合物与搅拌筒的粘结、减少水泥飞扬,改善工作环境等方面综合考虑确定。常用的有一次投料法和两次投料法。一次投料法是在上料斗中先装石子、再加水泥和砂,然后一次投入搅拌机。对自落式搅拌机要在搅拌筒内先加部分水,投料时砂压住水泥,水泥不致飞扬,且水泥和砂先进入搅拌筒形成水泥砂浆,可缩短包裹石子的时间。对立轴强制式搅拌机,因出料口在下部,不能先加水,应在投入原料的同时,缓慢均匀分散地加水。

两次投料法经过我国的研究和实践形成了"裹砂石法混凝土搅拌工艺",它是在日本研究的造壳混凝土(简称 SEC 混凝土)的基础上结合我国的国情研制成功的,它分两次加水,两次搅拌。用这种工艺搅拌时,先将全部的石子、砂和 70%的拌合水倒入搅拌机,拌合 15s 使骨料湿润,再倒入全部水泥进行造壳搅拌 30s 左右,然后加入 30%的拌合水再进行糊化搅拌 60s 左右即完成。与普通搅拌工艺相比,用裹砂石法搅拌工艺可使混凝土强度提高 10%～20%,或节约水泥 5%～10%。推广这种新工艺,有巨大的经济效益。此外,我国还对净浆法、净浆裹石法、裹砂法、先拌砂浆法等各种两次投料法进行了试验和研究。

(3) 进料容量

进料容量是将搅拌前各种材料的体积累积起来的容量,又称干料容量。进料容量 V_J 与搅拌机搅拌筒的几何容量 V_g 有一定的比例关系,一般情况下 $V_J/V_g=0.22\sim0.40$。如任意超载(进料容量超过 10%以上),就会使材料在搅拌筒内无充分的空间进行掺合,影响混凝土拌合物的均匀性。反之,如装料过少,则又不能充分发挥搅拌机的效能。

对拌制好的混凝土,应经常检查其均匀性与和易性,如有异常情况,应检查其配合比和搅拌情况,及时加以纠正。

4. 混凝土搅拌站

混凝土拌合物在搅拌站集中制备成预拌混凝土能提高混凝土质量和取得较好的经济效益。搅拌站根据其组成部分在竖向布置方式的不同分为单阶式和双阶式(图 3-33)。在单阶式混凝土搅拌站中,原材料一次提升后经过贮料斗,然后靠自重下落进入称量和搅拌工序。这种工艺流程,原材料从上道工序到下道工序的时间短,效率高,自动化程度高,搅拌站占地面积小，适用于产量大的固定式大型混凝土搅拌站（厂）。在双阶式混凝土搅拌站中，原材料经第一次提升进入贮料斗，下落经称量配料后，再经第二次提升进入搅拌机。这种工艺流程的搅拌站的建筑物高度小，运输设备简单，投资少，建设快，但效率和自动化程度相对较低。建筑工地上设置的临时性混凝土搅拌站多属此类。

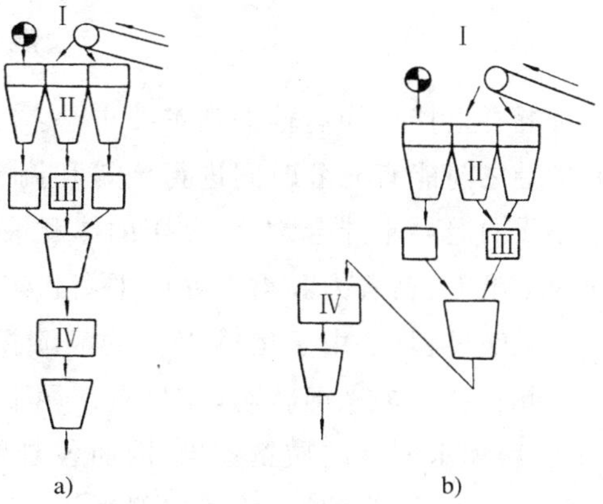

图 3-33　混凝土搅拌站工艺流程

a）单阶式；b）双阶式

Ⅰ—运输设备；Ⅱ—料斗设备；

Ⅲ—称量设备；Ⅳ—搅拌设备

双阶式工艺流程的特点是物料两次提升，可以有不同的工艺流程方案和不同的生产设备。骨料的用量很大，解决好骨料的贮存和输送是关键。目前我国骨料多露天堆存，用拉铲、皮带运输机、抓斗等进行一次提升，经杠杆秤、电子秤等称量后，再用提升斗进行二次提升进入搅拌机进行拌合。

散装水泥用金属筒仓贮存最合理。散装水泥输送车上多装有水泥输送泵，通过管道即可将水泥送入筒仓。水泥的称量亦用杠杆秤或电子秤。水泥的二次提升多用气力输送或大倾角竖斜式螺旋输送机。

图 3-34 所示的双阶式混凝土搅拌站是目前所推崇的。骨料堆于扇形贮仓，拉铲可用来堆料和一次提升，由于拉铲可以回转，其服务范围是一个以悬臂长度为半径的扇形，扇形的中心角可达 210°，用挡料墙加以分割，可以贮存各种不同的骨料。骨料在自重作用下经卸料闸门进入秤斗，由提升机进行二次提升倒入搅拌机。水泥的称量设备设在搅拌机上方，由倾斜的螺旋输送机进行二次提升，经称量后直接倒入搅拌机内。

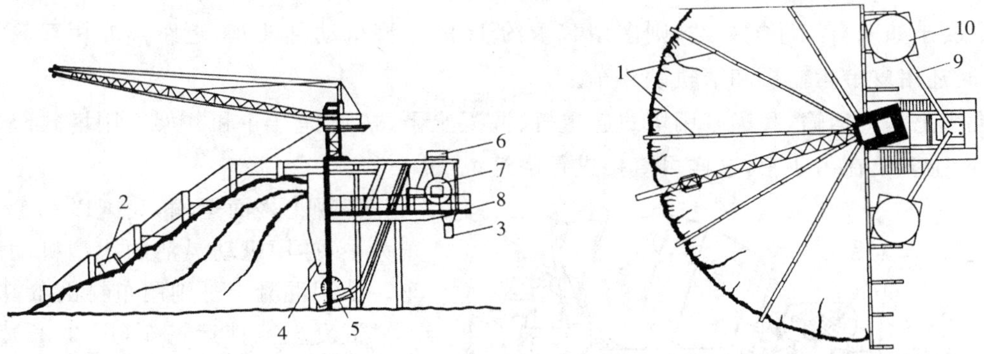

图 3-34　双阶式混凝土搅拌站

1—挡料墙；2—拉铲；3—出料斗；4—卸料闸门；5—骨料称量设备；6—水泥称量设备

7—混凝土搅拌机；8—工作平台；9—螺旋输送机；10—金属水泥筒仓

预拌混凝土是发展方向，国内一些大中城市发展很快，不少城市已有较大的规模，一些城市在一定范围内已规定必须采用预拌混凝土，不得现场拌制。目前，一些大城市已发展到采用预拌砂浆。

二、混凝土的运输

对混凝土拌合物运输的基本要求是:不产生离析现象、保证浇筑时规定的坍落度和在混凝土初凝之前能有充分时间进行浇筑和捣实。

匀质的混凝土拌合物,为介于固体和液体之间的弹塑性物体,其中的骨料,由于作用其上的内摩阻力、粘着力和重力处于平衡状态,而能在混凝土拌合物内均匀分布和处于固定位置。在运输过程中,由于运输工具的颠簸振动等动力的作用,粘着力和内摩阻力将明显削弱。由此骨料失去平衡状态,在自重作用下向下沉落,质量越大,向下沉落的趋势越强,由于粗、细骨料和水泥浆的质量各异,因而各自聚集在一定深度,形成分层离析现象。这对混凝土质量是有害的,为此,运输道路要平坦,运输工具要选择恰当,运输距离要限制以防止分层离析。如已产生离析,在浇筑前要进行二次搅拌。

此外,运输混凝土的工具要不吸水、不漏浆,且运输时间有一定限制。普通混凝土从搅拌机中卸出后到浇筑完毕的延续时间不宜超过表3-9的规定。如需进行长距离运输可选用混凝土搅拌运输车。

表 3-9　　混凝土从搅拌机中卸出到浇筑完毕的延续时间(min)

混凝土强度等级	气　温(℃)	
	≤25	>25
≤C30	120	90
>C30	90	60

混凝土运输分为地面运输、垂直运输和楼面运输三种情况。

混凝土地面运输,如采用预拌(商品)混凝土运输距离较远时,我国多用混凝土搅拌运输车。混凝土如来自工地搅拌站,则多用载重约1t的小型机动翻斗车,近距离亦用双轮手推车,有时还用皮带运输机和窄轨翻斗车。

混凝土垂直运输,我国多用塔式起重机、混凝土泵、快速提升斗和井架。用塔式起重机时,混凝土多放在吊斗中,这样可直接进行浇筑。

混凝土楼面运输,我国以双轮手推车为主,亦用机动灵活的小型机动翻斗车。如用混凝土泵则用布料机布料。

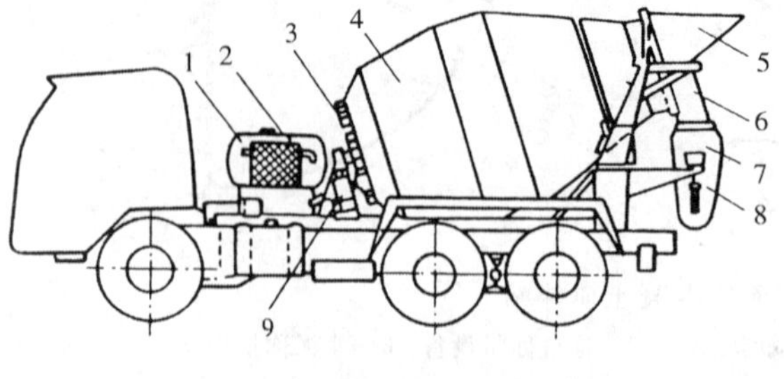

图 3-35　混凝土搅拌运输车

1—水箱;2—外加剂箱;3—大链条齿轮;4—搅拌筒;5—进料斗;6—固定卸料溜槽;7—活动卸料溜槽;8—活动卸料调节机构;9—传动系统

混凝土搅拌运输车(图3-35)为长距离运输混凝土的有效工具,它有一搅拌筒斜放在汽车底盘上,在预拌混凝土搅拌站装入混凝土后,由于搅拌筒内有两条螺旋状叶片,在运输过程中搅拌筒可进行慢速转动进行拌合,以防止混凝土离析,运至浇筑地点,搅拌筒反转即可迅速卸出混凝土。搅拌筒的容量可由 2～10m^3，搅拌筒的结构形状和其轴线与水平的夹角、螺旋叶片的形状和它与铅垂线的夹角，都直接影响混凝土搅拌运输质量和卸料速度。搅拌筒可用单独发动机驱动，亦可用汽车的发动机驱动，以液压传动者为佳。

混凝土泵是一种有效的混凝土运输和浇筑工具，它以泵为动力，沿管道输送混凝土，可以一次完成水平及垂直运输，将混凝土直接输送到浇筑地点，是发展较快的一种混凝土运输方法。大体积混凝土、工业与民用建筑施工皆可应用，在我国一些大中城市正逐渐推广，上海的预拌混凝土 90%以上是泵送的，已取得较好的效果。混凝土泵我国主要利用活塞泵。

活塞泵(图 3-36)目前多用液压驱动，它主要由料斗、液压缸和活塞、混凝土缸、分配阀、Y 形输送管、冲洗设备、液压系统和动力系统等组成。活塞泵工作时，搅拌机卸出的或由混凝土搅拌运输车卸出的混凝土倒入料斗 6，分配阀 7 开启、分配阀 8 关闭，液压活塞 4 在液压作用下通过活塞杆 5 带动活塞 2 后移，料斗内的混凝土在重力和吸力作用下进入混凝土缸 1。然后，液压系统中压力油的进出反向，活塞 2 向前推压，同时分配阀 7 关闭，而分配阀 8 开启，混凝土缸中的混凝土拌合物就通过“Y”形输送管压入输送管送至浇筑地点。由于有两个缸体交替进料和出料，因而能连续稳定的排料。不同型号的混凝土泵，其排量不同，水平运距和垂直运距亦不同，常用者，混凝土排量 30～90m^3/h，水平运距 200～900m，垂直运距 50～300m。目前我国已能一次垂直泵送 400m。

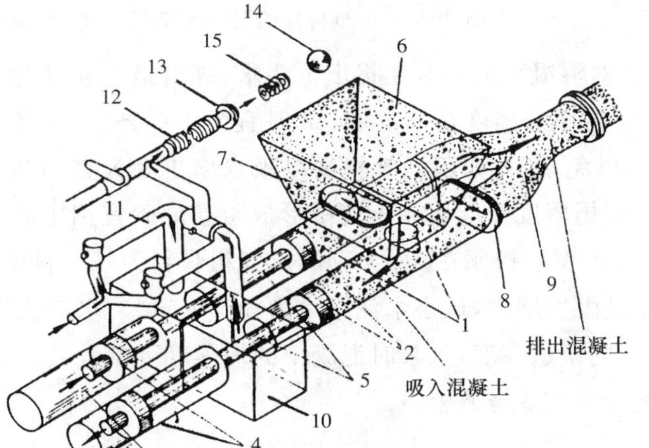

图 3-36　液压活塞式混凝土泵工作原理图

1—混凝土缸；2—推压混凝土活塞；3—液压缸；4—液压活塞；5—活塞杆；6—料斗；7—控制吸入的水平分配阀；8—控制排出的竖向分配阀；9—Y 形输送管；10—水箱；11—水洗装置换向阀；12—水洗用高压软管；13—水洗用法兰；14—海绵球；15—清洗活塞

常用的混凝土输送管为钢管，也有橡胶和塑料软管。直径为 75～200mm、每段长约 3m，还配有 45°，90°等弯管和锥形管，弯管、锥形管和软管的流动阻力大，计算输送距离时要换算成水平换算长度。垂直输送时，在立管的底部要增设逆流阀，以防止停泵时立管中的混凝土反压回流。

将混凝土泵装在汽车上便成为混凝土泵车(图 3-37)，在车上还装有可以伸缩或屈折的“布料杆”，其末端是一软管，可将混凝土直接送至浇筑地点，使用十分方便。

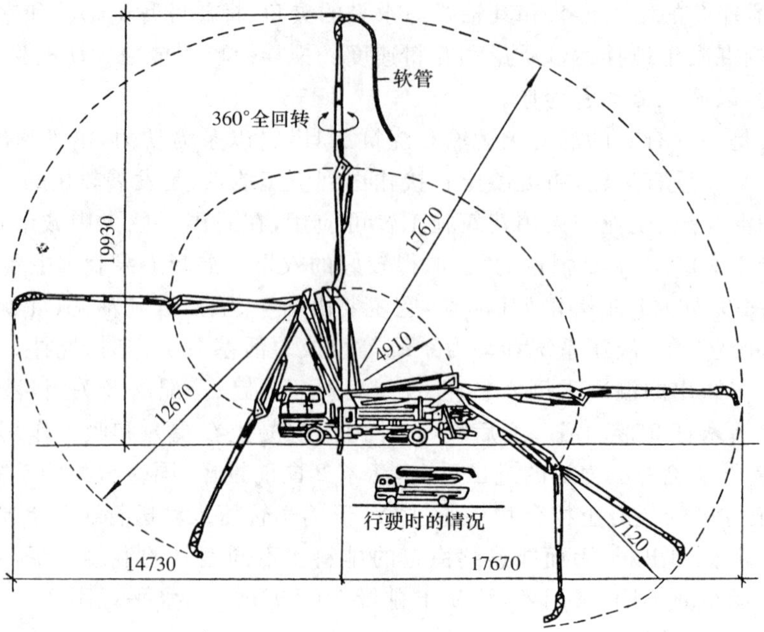

图 3-37　带布料杆的混凝土泵车

泵送混凝土工艺对混凝土的配合比提出了要求：碎石最大粒径与输送管内径之比宜为1∶3，卵石可为1∶2.5，泵送高度在50～100m时宜为1∶3～1∶4，泵送高度在100m以上时宜为1∶4～1∶5，以免堵塞，如用轻骨料则以吸水率小者为宜，并宜用水预湿，以免在压力作用下强烈吸水，使坍落度降低而在管道中形成阻塞。砂宜用中砂，通过0.315mm筛孔的砂应不少于15%。砂率宜控制在38%～45%，如粗骨料为轻骨料还可适当提高。水泥用量不宜过少，否则泵送阻力增大，最小水泥用量为300kg/m^3。水灰比宜为0.4～0.6。泵送混凝土的坍落度对不同泵送高度，入泵时混凝土的坍落度可参考表3-10选用。如泵送高强混凝土，其混凝土配合比宜适当调整。

表 3-10　　不同泵送高度入泵时混凝土坍落度选用值

泵送高度(m)	30以下	30～60	60～100	100以上
坍落度(mm)	100～140	140～160	160～180	180～200

混凝土泵宜与混凝土搅拌运输车配套使用，且应使混凝土搅拌站的供应能力和混凝土搅拌运输车的运输能力大于混凝土泵的泵送能力，以保证混凝土泵能连续工作，保证不堵塞。进行输送管线布置时，应尽可能直，转弯要缓，管段接头要严，少用锥形管，以减少压力损失。如输送管向下倾斜，要防止因自重流动使管内混凝土中断、混入空气而引起混凝土离析，产生阻塞。为减小泵送阻力，用前先泵送适量的水泥浆或水泥砂浆以润滑输送管内壁，然后进行正常的泵送。在泵送过程中，泵的受料斗内应充满混凝土，防止吸入空气形成阻塞。混凝土泵排量大，在进行浇筑大面积建筑物时，最好用布料机进行布料。

泵送结束要及时清洗泵体和管道，用水清洗时将管道与“Y”形管拆开，放入海绵球14及清洗活塞15，再通过法兰13，使高压水软管12与管道连接，高压水推动活塞15和海绵球14，将残存的混凝土压出并清洗管道。

用混凝土泵浇筑的结构物，要加强养护，防止因水泥用量较大而引起龟裂。如混凝土浇筑速度快，对模板的侧压力大，模板和支撑应保证稳定和有足够的强度。

选择混凝土运输方案时，技术上可行的方案可能不只一个，这就要进行综合的经济比较来选择最优方案。

三、混凝土的浇筑和捣实

混凝土浇筑要保证混凝土的均匀性和密实性，要保证结构的整体性、尺寸准确和钢筋、预埋件的位置正确，拆模后混凝土表面要平整、光洁。

浇筑前应检查模板、支架、钢筋和预埋件的正确性，并进行验收。由于混凝土工程属于隐蔽工程，在浇筑前须按规定对钢筋进行验收，对混凝土量大的工程、重要工程或重点部位的浇筑，以及其他施工中的重大问题，均应随时填写施工记录。

（一）混凝土浇筑应注意的问题

1. 防止离析

浇筑混凝土时，混凝土拌合物由料斗、漏斗、混凝土输送管、运输车内卸出时，如自由倾落高度过大，由于粗骨料在重力作用下，克服粘着力后的下落动能大，下落速度较砂浆快，因而可能形成混凝土离析。为此，混凝土自高处倾落的自由高度不应超过2m，在竖向结构中限制自由倾落高度不宜超过3m，否则应沿串筒、斜槽、溜管或振动溜管等下料。

2. 正确留置施工缝

混凝土结构多要求整体浇筑，如因技术或组织上的原因不能连续浇筑时，且停顿时间有可能超过混凝土的初凝时间，则应事先确定在适当位置留置施工缝。由于混凝土的抗拉强度约为其抗压强度的1/10，因而施工缝是结构中的薄弱环节，宜留在结构剪力较小的部位，柱子宜留在基础顶面、梁或吊车梁牛腿的下面、吊车梁的上面、无梁楼盖柱帽的下面（图3-38），同时又要照顾到施工的方便。和板连成整体的大断面梁应留在板底面以下20～30mm处，当板下有梁托时，留置在梁托下部。单向板应留在平行于板短边的任何位置。有主次梁楼盖宜顺着次梁方向浇筑，应留在次梁跨度的中间1/3跨度范围内（图3-39）。楼梯应留在楼梯长度中间1/3长度范围内。墙可留在门洞口过梁跨中1/3范围内，也可留在纵横墙的交接处。双向受力的楼板、大体积混凝土结构、拱、薄壳、多层框架等及其他结构复杂的结构，应按设计要求留置施工缝。

在施工缝处继续浇筑混凝土时，应除掉水泥薄膜和松动石子，加以湿润并冲洗干净，先铺抹水泥浆或与混凝土砂浆成分相同的砂浆一层，待已浇筑的混凝土的强度不低于1.2 N/mm^2时才允许继续浇筑。

如设计留有后浇带，宜选用专用模板，何时浇筑混凝土由设计确定，混凝土应浇捣密实，防止渗漏水。

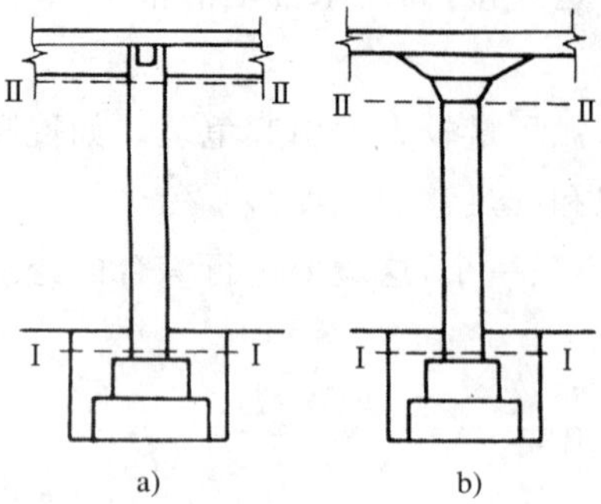

图 3-38 柱子的施工缝位置

a）梁板式结构；b）无梁楼盖结构

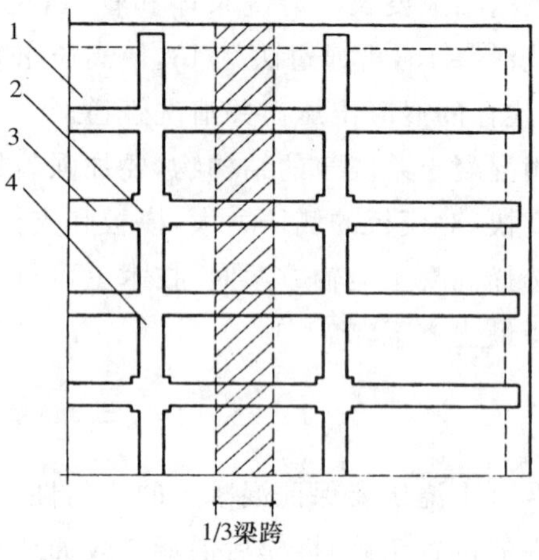

图 3-39 有主次梁楼盖的施工缝位置

1—楼板；2—柱；3—次梁；4—主梁

（二）混凝土浇筑方法

1. 现浇多层钢筋混凝土框架结构的浇筑

浇筑这种结构首先要划分施工层和施工段，施工层一般按结构层划分，而每一施工层如何划分施工段，则要考虑工序数量、技术要求、结构特点等。要尽量做到各工种的流水施工，并注意各层施工应保证下层所浇筑的混凝土强度应达到允许工人在上面操作的强度（$1.2N/mm^2$）。

施工层与施工段确定后，就可求出每班（或每小时）应完成的工程量，据此选择施工机具和设备并计算其数量。

混凝土浇筑前应做好必要的准备工作，如模板、钢筋和预埋管线的检查和清理以及隐蔽工程的验收，浇筑用脚手架、走道的搭设和安全检查，根据试验室下达的混凝土配合比通知单准备和检查材料，施工用具的准备等。

浇筑柱子时，一施工段内的每排柱子应由外向内对称地顺序浇筑，不要由一端向另一端推进，预防柱子模板逐渐受推倾斜而误差积累难以纠正。断面在 400mm×400mm 以内，或有交叉箍筋的柱子，应在柱子模板侧面开孔以斜溜槽分段浇筑，每段高度不超过 2m，断面在 400mm×400mm 以上、无交叉箍筋的柱子，如柱高不超过 4.0m，可从柱顶浇筑；如用轻骨料混凝土且从柱顶浇筑，则柱高不得超过 3.5m。开始浇筑柱子时，底部应先浇筑一层厚 50～100mm与所浇筑混凝土内砂浆成分相同的水泥砂浆或水泥浆。浇筑完毕，如柱顶处有较大厚度的砂浆层，则应加以处理。柱子浇筑后，应间隔 1～1.5h，待混凝土拌合物初步沉实，再浇筑上面的梁板结构。

梁和板一般同时浇筑，从一端开始向前推进。只有当梁高大于 1m 时才允许将梁单独浇筑，此时的施工缝留在楼板板面下 20～30mm 处。梁底与梁侧面注意振实，振动器不要直接触及钢筋和预埋件。楼板混凝土的虚铺厚度应略大于板厚，用表面振动器或内部振动器振实，振捣完后用长的木抹子抹平。浇筑时要保证混凝土保护层厚度和负弯矩钢筋位置。

为保证捣实质量，混凝土应分层浇筑，每层厚度如表 3-11 所示。

表 3-11 混凝土浇筑层的厚度

项次	捣实混凝土的方法	浇筑层厚度(mm)
1	插入式振动	振动器作用部分长度的 1.25 倍
2	表面振动	200
3	人工捣固 (1) 在基础或无筋混凝土和配筋稀疏的结构中 (2) 在梁、墙板、柱结构中 (3) 在配筋密集的结构中	250 200 150
4	轻骨料混凝土 插入式振动 表面振动(振动时需加荷)	 300 200

浇筑叠合式受弯构件时,应按设计要求确定是否设置支撑,且叠合面应有不小于 6mm 的凸凹差。

2. 大体积混凝土结构浇筑

大体积混凝土结构在工业建筑中多为设备基础,在高层建筑中多为厚大的桩基承台或基础底板等,其上有巨大的荷载,整体性要求较高,往往不允许留施工缝,要求一次连续浇筑完毕。另外,大体积混凝土结构浇筑后水泥的水化热量大,由于体积大,水化热聚积在内部不易散发,混凝土内部温度显著升高,而表面散热较快,这样形成较大的内外温差,内部产生压应力,而表面产生拉应力,如温差过大则易于在混凝土表面产生裂纹。在混凝土内部逐渐散热冷却产生收缩时,由于受到基底或已浇筑的混凝土的约束,接触处将产生很大的拉应力,当拉应力超过混凝土的极限抗拉强度时,与约束接触处会产生裂缝,甚至会贯穿整个混凝土块体,由此带来严重的危害。大体积混凝土结构的浇筑,上述两种裂缝(尤其是后一种裂缝)都应设法防止。

要防止大体积混凝土浇筑后产生裂缝,就要降低混凝土的温度应力,这就必须减少浇筑后混凝土的内外温差(不宜超过 25℃)。为此,应优先选用水化热低的水泥,降低水泥用量,掺入适量的粉煤灰,降低浇筑速度和减小浇筑层厚度,或采取人工降温措施。必要时,经过计算和取得设计单位同意后可留后浇带或施工缝而分段分层浇筑。

如要保证混凝土的整体性,则要保证使每一浇筑层在初凝前就被上一层混凝土覆盖并捣实成为整体。为此要求混凝土按不小于下述的浇灌量进行浇筑:

$$Q=\frac{FH}{T} \quad (m^3/h) \tag{3-6}$$

式中 Q——混凝土单位时间最小浇筑量(m^3/h);

F——混凝土浇筑区的面积(m^2);

H——浇筑层厚度(m),取决于混凝土捣实方法;

T——下层混凝土从开始浇筑到初凝为止所容许的时间间隔(h)。

大体积混凝土结构的浇筑方案,一般分为全面分层、分段分层和斜面分层(图 3-40)三种。全面分层法要求的混凝土浇筑强度较大。根据结构物的具体尺寸、捣实方法和混凝土供应能力,通过计算选择浇筑方案,目前应用较多的是斜面分层法。如用矿渣硅酸盐水泥或其他泌水性较大的水泥拌制的混凝土,浇筑完毕后,必要时应排除泌水,进行二次振捣。浇筑宜在室外气温较低时进行。如果需要,大体积混凝土在浇筑之前宜于其内预埋测温元件,浇筑后适时进行测温。

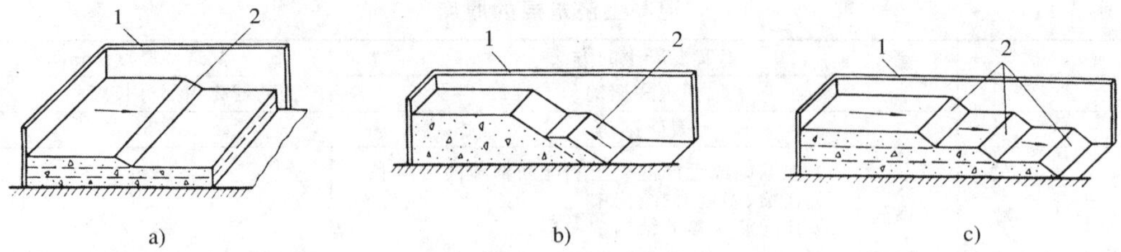

图 3-40　大体积混凝土浇筑方案

a）全面分层；b）分段分层；c）斜面分层

1—模板；2—新浇筑的混凝土

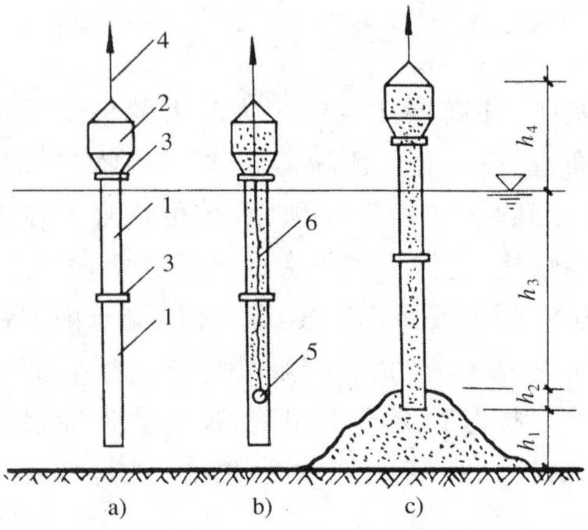

图 3-41　导管法水下浇筑混凝土

1—钢导管；2—漏斗；3—密封接头；

4—吊索；5—球塞；6—铁丝或绳子

3. 水下浇筑混凝土

深基础、沉井、沉箱的封底，钻孔灌注桩以及凝土，钻孔灌注桩和地下连续墙是在泥浆中浇筑混凝土。水下或泥浆中浇筑混凝土，目前多用导管法(图 3-41)。

导管直径约 250～300mm(至少为最大骨料粒径的 8 倍)，每节长 3m，用法兰密封连接，顶部有漏斗。导管用起重设备吊住，可以升降。

浇筑前，导管下口先用隔水塞(木、橡皮等)堵塞，隔水塞用绳子或铁丝吊住。然后在导管内灌筑一定数量的混凝土，将导管插入水下使其下口距地基面的距离 h_1 约 300mm 进行浇筑，距离太小易堵管，太大则要求管内混凝土量较多，因为开管前管内的混凝土量要使混凝土冲出后足以封住并高出管口。当导管内混凝土的体积及高度满足上述要求后，剪断吊住隔水塞的绳子进行开管，使混凝土在自重作用下迅速排出隔水塞进入水中。此后一面均衡地浇筑混凝土，一面慢慢提起导管，导管下口必须始终保持在混凝土表面之下一定数值。下口埋得越深，则混凝土顶面越平，但也越难浇筑。

在整个浇筑过程中，一般应避免在水平方向移动导管，直到混凝土顶面接近设计标高时，才可将导管提起，换插到另一浇筑点。一旦发生堵管，如半小时内不能排除，应立即换插备用导管。浇筑完毕，应清除顶面与水接触的厚约 200mm 的一层松软部分。

如水下结构物面积大，可用几根导管同时浇筑。导管的有效作用半径 R 取决于最大扩散半径 $R_{最大}$，而最大扩散半径可用下述经验公式计算：

$$R_{最大}=\frac{KQ}{i} \tag{3-7}$$

式中　K——保持流动系数，即维持坍落度为 150mm 时的最小时间(h)；

Q——混凝土浇筑强度($m^3/(m^2 \cdot h)$)；

i——混凝土面的平均坡度，当导管插入深度为 1～1.5m 时，取 1/7。

$$R - 0.85R_{max}$$

导管的作用半径亦与导管的出水高度有关，出水高度应满足下式：

$$P = 0.05h_4 + 0.015h_3 \tag{3-8}$$

式中 P——导管下口处混凝土的超压力(MPa)，不得小于表 3-12 中的数值；

h_4——导管出水高度(m)；

h_3——导管下口至水面高度(m)。

表 3-12　　　　超压力最小值

导管作用半径(m)	超压力值(MPa)
4.0	0.25
3.5	0.15
3.0	0.10

如水下浇筑的混凝土体积较大，将导管法与混凝土泵结合使用可以取得较好的效果。

(三) 混凝土密实成型

混凝土拌合物浇筑之后，需经密实成型才能赋予混凝土制品或结构一定的外形和内部结构。强度、抗冻性、抗渗性、耐久性等皆与密实成型的好坏有关。

当前，混凝土拌合物密实成型的途径有三：一是藉助于机械外力(如机械振动)来克服拌合物的剪应力而使之液化；二是在拌合物中适当多加水以提高其流动性，使之便于成型，成型后用离心法、真空作业法等将多余的水分和空气排出；三是在拌合物中掺入高效能减水剂，使其坍落度大大增加，可自流浇筑成型。下面仅讨论前两种方法。

1. 混凝土振动密实成型

(1) 混凝土振动密实原理

混凝土振动密实的原理，在于产生振动的机械将一定频率、振幅和激振力的振动能量通过某种方式传递给混凝土拌合物时，受振混凝土拌合物中所有的骨料颗粒都受到强迫振动，它们之间原来赖以保持平衡并使混凝土拌合物保持一定塑性状态的粘着力和内摩擦力随之大大降低，受振混凝土拌合物呈现出所谓的“重质液体状态”，因而混凝土拌合物中的骨料犹如悬浮在液体中，在其自重作用下向新的稳定位置沉落，排除存在于混凝土拌合物中的气体，消除空隙，使骨料和水泥浆在模板中得到致密的排列和迅速有效的填充。

振动密实的效果和生产率，与振动机械的结构形式和工作方式(插入振动或表面振动)、振动机械的振动参数(振幅、频率、激振力)以及混凝土拌合物的性质(骨料粒径、坍落度等)密切有关。混凝土拌合物的性质影响着混凝土系统的自然频率，它对各种参数的振动在其中的传播呈现出不同的阻尼和衰减，有着适应它的最佳频率和振幅。振动机械的结构形式和工作方式，决定了它对混凝土传递振动能量的能力，也决定了它适用的有效作用范围和生产率。

(2) 振动机械的选择

振动机械按其工作方式分为：内部振动器、表面振动器、外部振动器和振动台(图3-42)。

内部振动器又称插入式振动器，其工作部分是一棒状空心圆柱体，内部装有偏心振子，

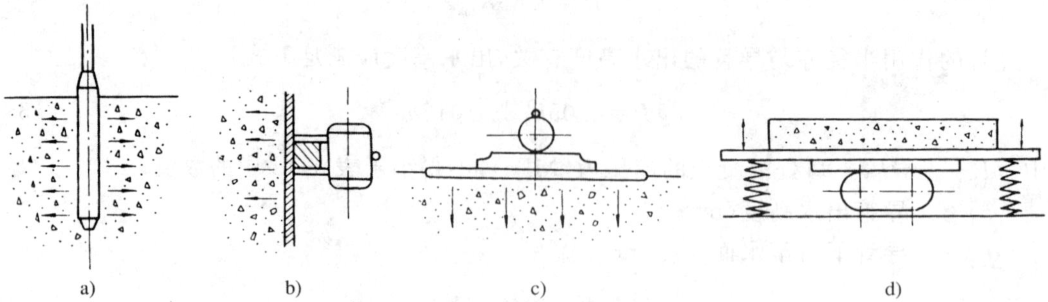

图 3-42 振动机械示意图

a) 内部振动器；b) 外部振动器；c) 表面振动器；d) 振动台

在电动机带动下高速转动而产生高频微幅的振动。多用于振实梁、柱、墙、厚板和大体积混凝土结构等。

根据振动棒激振的原理，内部振动器有偏心轴式和行星滚锥式（简称行星式）两种，其激振结构的工作原理如图 3-43 所示。

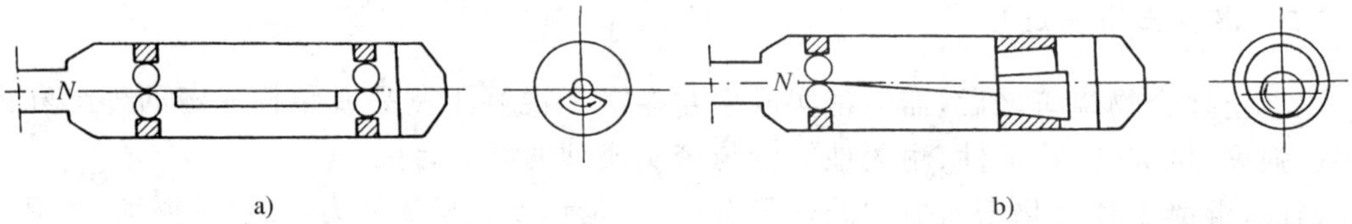

图 3-43 振动棒的激振原理示意图

a) 偏心轴式；b) 行星滚锥式

偏心轴式内部振动器是利用振动棒中心具有偏心质量的转轴，在高速旋转时产生的离心力，通过轴承传给振动棒壳体，使振动棒产生圆振动。其振动频率为

$$A=n_0 \tag{3-9}$$

式中 A——振动频率（次/min）；

n_0——振动棒偏心轴的转速（r/min）。

现在对内部振动器的振动频率都要求在 10000 次/min 以上，这就要求设置齿轮升速机构以提高电动机的转速。这不但机构复杂，重量增加，而且如此高的转速软轴也难以适应。所以偏心轴式逐渐被行星滚锥式取代。

行星滚锥式内部振动器是利用振动棒中一端空悬的转轴，它旋转时，其下垂端圆锥部分沿棒壳内圆锥面滚动，形成滚动体的行星运动而驱动棒体产生圆振动。其振动频率为

$$A=\frac{n_0}{\frac{d_1}{d_2}-1} \tag{3-10}$$

式中 A——振动频率（次/min）；

n_0——转轴的自转速度（r/min）；

d_1——转轴滚动圆锥的直径（mm）；

d_2——振动棒壳内圆锥滚道的内径（mm）。

从上式可以看出，只要适当选择 d_1 和 d_2，即可使振动棒在一般电机的转速下获得较高的频率。而调整 d_1 和 d_2 的比值，即可获得不同的振动频率。图 3-44 所示即电动软轴行星式内部振动器。

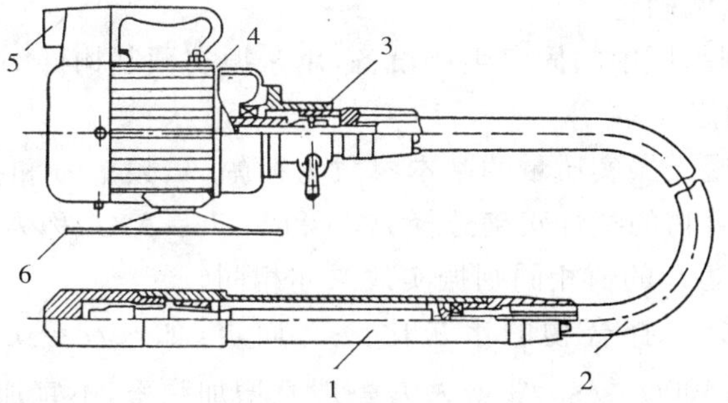

图 3-44　电动软轴行星式内部振动器

1—振动棒；2—软轴；3—防逆装置；4—电动机；5—电器开关；6—支座

用内部振动器振捣混凝土时，应垂直插入，并插入下层尚未初凝的混凝土中 50～100mm，以促使上下层结合。插点的分布有行列式和交错式两种(图 3-45)。对普通混凝土插点间距不大于 1.5R(R 为振动器作用半径)，对轻骨料混凝土，则不大于 1.0R。

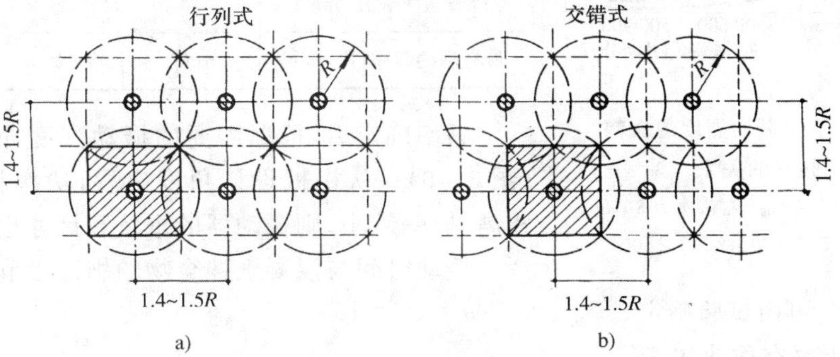

图 3-45　插点的分布

a) 行列式；b) 交错式

表面振动器又称平板振动器，它由带偏心块的电动机和平板(木板或钢板)等组成。在混凝土表面进行振捣，适用于楼板、地面等薄型构件。它的有效作用深度为

$$h=\frac{P_c}{\gamma F} \tag{3-11}$$

式中　P_c——被振实的混凝土拌合物的重量：

$$P_c=\frac{P_0 e}{A_1}-Q \tag{3-12}$$

$P_0 e$——振动器的偏心动力矩(P_0 为偏心块重量，e 为偏心距)；

A_1——振动器与拌合物一起振动时的振幅；

Q——振动器的重量；

γ——混凝土拌合物的重力密度；

F——振动器的振动板面积。

外部振动器又称附着式振动器，它通过螺栓或夹钳等固定在模板外部，是通过模板将振动传给混凝土拌合物，因而模板应有足够的刚度。它宜于振捣断面小且钢筋密的构件。其有效作用范围可通过实测确定。

振动台是混凝土制品厂中的固定生产设备，用于振实预制构件。

(3) 振动烈度的确定

实践证明，影响混凝土振实质量的基本参数为振幅 A、频率 ω 和振动时间 t。确定振动烈度，即根据混凝土拌合物的特性正确选择 A，ω 和 t。$L=A^3\omega^2$ 称为振动烈度，无论 A 与 ω 怎样变化，只要振动烈度 L 的值相同则振实效果亦相同。

振动烈度根据混凝土拌合物的水灰比 w/c 而定，如 $w/c=0.55$，$L_{最佳}=850\text{cm}^2/\text{s}$，$w/c=0.45$，则 $L_{最佳}=1400\text{cm}^2/\text{s}$。要增大 L 一般宜增加频率，不宜加大振幅。

频率选择取决于骨料大小和混凝土拌合物的流动性。骨料小者可选用高频率，反之则用较低频率。干硬性混凝土用高频率有效，由于振动衰减慢，能增大振动作用半径，功效较高。较合适的频率与骨料粒径的关系如表 3-13 所示。

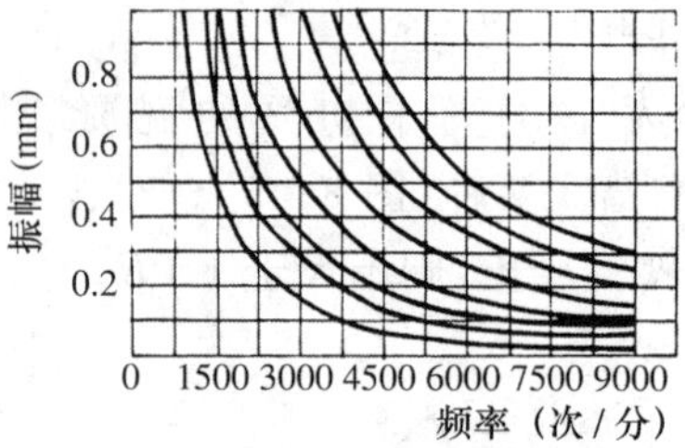

图 3-46　不同振动烈度的振幅和频率的关系

L 曲线的值自下左向上右依次为 30，80，150，300，700，1200，2000，2800

表 3-13　　振动频率与骨料粒径的关系

碎石最大粒径(mm)	10	20	40
最有利的频率(次/min)	6000	3000	2000

频率确定后，根据需要的振动烈度即可确定振幅(图 3-46)。从机械设计角度出发，功率相同时，频率较高，振幅越小，则振动器的重量和尺寸也越小。

振动时间与混凝土拌合物的坍落度和振动器的振动烈度有关，它可由试验确定。

2. 混凝土真空作业法

混凝土真空作业法是借助于真空负压，将水从刚浇筑成型的混凝土拌合物中吸出，同时使混凝土密实的一种成型方法(图 3-47)。

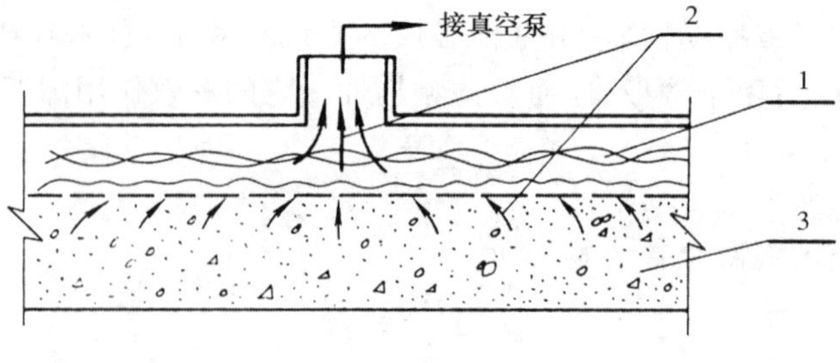

图 3-47　混凝土真空作业法原理图

1—真空腔；2—吸出的水；3—混凝土拌合物

按真空作业的方式，分为表面真空作业与内部真空作业。表面真空作业是在混凝土构件的上、下表面或侧表面布置真空腔进行吸水。上表面真空作业适用于楼板、预制混凝土平板、道路、机场跑道等；下表面真空作业适用于薄壳、隧道顶板等；墙壁、水池、桥墩等则宜用侧表面真空作业。有时还可将上述几种方法结合使用。

内部真空作业是利用插入混凝土内部的真空腔进行，比较复杂，实际工程中应用较少。

进行真空作业的主要设备有：真空吸水机组、真空腔和吸水软管。真空吸水机组由真空泵、电动机、真空室、集水室、排水管及滤网等组成。真空腔有刚性吸盘和柔性吸垫两种。

近年来流态混凝土得到发展，它是伴随着预拌混凝土、混凝土搅拌运输车和混凝土泵等新工艺而出现的一种新型混凝土。它就是将运至现场的混凝土，在浇筑前加入一定数量的流化剂（高效能减水剂），经二次搅拌制成流动化的混凝土。流化剂以非加气型不缓凝的高效能减水剂较好，主要有萘系高缩合物和三聚氰酰胺系两类，我国试用萘系的 FDN 效果较好。掺量约为水泥重量的 0.4%～0.6%。对流态混凝土要防止流化后由于砂浆成分不足而引起离析。

流态混凝土虽然坍落度大、流动性好，但浇筑时短时间的振捣还是必要的。

四、混凝土养护

混凝土养护包括人工养护和自然养护，现场施工多为自然养护。混凝土浇捣后，所以能逐渐凝结硬化，主要是因为水泥水化作用的结果，而水化作用则需要适当的温度和湿度条件。所谓混凝土的自然养护，即在平均气温高于＋5℃的条件下于一定时间内使混凝土保持湿润状态。

混凝土浇筑后，如气候炎热、空气干燥，不及时进行养护，混凝土中水分会蒸发过快，出现脱水现象，使已形成凝胶体的水泥颗粒不能充分水化，不能转化为稳定的结晶，缺乏足够的粘结力，从而会在混凝土表面出现片状或粉状剥落，影响混凝土的强度。此外，在混凝土尚未具备足够的强度时，其中，水分过早的蒸发还会产生较大的收缩变形，出现干缩裂纹，影响混凝土的整体性和耐久性。所以混凝土浇筑后初期阶段的养护非常重要。混凝土浇筑完毕 12h 以内就应开始养护，干硬性混凝土应于浇筑完毕后立即进行养护。

自然养护分洒水养护和喷涂薄膜养生液养护两种。

洒水养护即用草帘等将混凝土覆盖，经常洒水使其保持湿润。养护时间长短取决于水泥品种，普通硅酸盐水泥和矿渣硅酸盐水泥拌制的混凝土，不少于 7d；掺有缓凝型外加剂或有抗渗要求的混凝土不少于 14d。洒水次数以能保证湿润状态为宜。

喷涂薄膜养生液养护适用于不易洒水养护的高耸构筑物和大面积混凝土结构。它是将过氯乙烯树脂塑料溶液用喷枪喷涂在混凝土表面上，溶液挥发后在混凝土表面形成一层塑料薄膜，将混凝土与空气隔绝，阻止其中水分的蒸发以保证水化作用的正常进行。有的薄膜在养护完成后能自行老化脱落，否则，不宜于喷洒在以后要做粉刷的混凝土表面上。在夏季，薄膜成型后要防晒，否则易产生裂纹。

地下建筑或基础，可在其表面涂刷沥青乳液以防止混凝土内水分蒸发。

混凝土必须养护至其强度达到 $1.2N/mm^2$ 以上，才能够在其上行人或安装模板和支架。

拆模后如发现有缺陷，应及时修补，对数量不多的小蜂窝或露石的结构，可先用钢丝刷或压力水清洗，然后用 1∶2～1∶2.5 的水泥砂浆抹平。对蜂窝和露筋，应凿去全部深度内的薄弱混凝土层和个别突出的骨料，用钢丝刷和压力水清洗后，用比原强度等级高一级的细骨料混凝土填塞，并仔细捣实。对影响结构承重性能的缺陷，要会同有关单位研究后慎重处理。

五、混凝土质量的检查

混凝土质量检查包括拌制和浇筑过程中的质量检查和养护后的质量检查。在拌制和浇筑过程中，对组成材料的质量检查每一工作班至少两次；拌制和浇筑地点坍落度的检查每一工作班至少两次；在每一工作班内，如混凝土配合比由于外界影响而有变动时，应及时检查；对混凝土搅拌时间应随时检查。

对于预拌混凝土，应在商定的交货地点进行坍落度检查，混凝土的坍落度与指定坍落度之间的允许偏差应符合表 3-14 的规定。

表 3-14　　混凝土坍落度与要求坍落度之间的允许偏差

混凝土要求坍落度(mm)	允许偏差(mm)
<50	±10
50～90	±20
>90	±30

混凝土养护后的质量检查，主要指抗压强度检查，如设计上有特殊要求时，还需对其抗冻性、抗渗性等进行检查。混凝土的抗压强度是根据 150mm 边长的标准立方体试块在标准条件下(20±3℃的温度和相对湿度 90％以上)养护 28d 的抗压强度来确定。评定强度的试块，应在浇筑处或制备处随机抽样制成，不得挑选。试块的最优取样率暂时还无法确定，目前确定的试块组数如下：

① 每拌制 100 盘且不超过 100m^3 的相同配合比的混凝土，取样不得少于 1 次；

② 每工作班拌制的相同配合比的混凝土不足 100 盘时，取样不得少于 1 次；

③ 当一次连续浇筑超过 1 000m^3 时，同一配合比的混凝土每 200m^3 取样不得少于 1 次；

④ 每一楼层、同一配合比的混凝土，取样不得少于 1 次；

⑤ 每次取样至少留置一组标准养护试件，同条件养护试件的留置组数应根据实际需要确定。

对有抗渗要求的混凝土结构，其试件应在浇筑地点随机取样。同一工程、同一配合比的混凝土，取样不应少于 1 次，留置组数根据需要确定。

若有其他需要，如为了检查结构或构件的拆模、出池、出厂、吊装、张拉、放张及施工期间临时负荷的需要等，尚应留置与结构或构件同条件养护的试件，试件组数按实际需要确定。每组三个试件应在同盘混凝土中取样制作。其强度代表值取三个试件试验结果的平均值，作为该组试件强度代表值；当三个试件中的最大或最小的强度值，与中间值相比超过中间值 15％时，取中间值代表该组的混凝土试件强度；当三个试件中的最大和最小的强度值，与中间值相比均超过中间值 15％时，则其试验结果不应作为评定的依据。

混凝土强度应分批验收。同一验收批的混凝土应由强度等级相同、龄期相同以及生产工艺和配合比基本相同的混凝土组成。按单位工程的验收项目划分验收批，每个验收项目应按有关规定确定。同一验收批的混凝土强度，应以同批内全部标准试件的强度代表值评定。

当混凝土的生产条件在较长时间内能保持一致，且同一品种混凝土的强度变异性能保持稳定时，由连续三组试件代表一个验收批，其强度应同时满足下列要求：

$$m_{fcu} \geqslant f_{cu,k} + 0.7\sigma_0 \tag{3-13}$$

$$f_{cu,\min} \geqslant f_{cu,k} - 0.7\sigma_0 \tag{3-14}$$

当混凝土强度等级不高于 C20 时，强度的最小值尚应满足下式要求：

$$f_{cu,\min} \geqslant 0.85 f_{cu,k} \tag{3-15}$$

当混凝土强度等级高于 C20 时，强度的最小值则应满足下式要求：

$$f_{cu,\min} \geqslant 0.90 f_{cu,k} \tag{3-16}$$

式中 m_{fcu}——同一验收批混凝土强度的平均值(N/mm^2)；

$f_{cu,k}$——设计的混凝土强度标准值(N/mm^2)；

σ_0——验收批混凝土强度的标准差(N/mm^2)；

$f_{cu,\min}$——同一验收批混凝土强度的最小值(N/mm^2)。

验收批混凝土强度的标准差，应根据前一个检验期内同一品种混凝土试件的强度数据，按下式计算：

$$\sigma_0 = \frac{0.59}{m} \sum \Delta f_{cu,i} \tag{3-17}$$

式中 $\Delta f_{cu,i}$——前一检验期内第 i 验收批混凝土试件强度中最大值与最小值之差；

m——前一检验期内验收批总批数。

每个检验期不应超过三个月，且在该期间内验收批总批数不得少于 15 组。

当混凝土的生产条件不满足上述规定时，或在前一个检验期内的同一品种混凝土没有足够的数据来确定验收批混凝土强度标准差时，应由不少于 10 组的试件代表一个验收批，其强度应同时满足下列要求：

$$m_{fcu} - \lambda_1 S_{fcu} \geqslant 0.9 f_{cu,k} \tag{3-18}$$

$$f_{cu,\min} \geqslant \lambda_2 f_{cu,k} \tag{3-19}$$

式中 S_{fcu}——验收批混凝土强度的标准差(N/mm^2)；按下式计算：

$$S_{fcu} = \sqrt{\sum_{i=1}^{n} f_{cu,i}^2 - n m_{fcu}^2} \tag{3-20}$$

$f_{cu,i}$——验收批内第 i 组混凝土试件的强度值(N/mm^2)；

n——验收批内混凝土试件的总组数。

λ_1, λ_2——合格判定系数，按表 3-15 取值。

表 3-15　　合格判定系数

试件组数	10～14	15～24	≥25
λ_1	1.70	1.65	1.60
λ_2	0.90	0.85	

当 $S_{f_{cu}}$ 的计算值小于 $0.06f_{cu,k}$ 时，取 $S_{f_{cu}}=0.06f_{cu,k}$。

对零星生产的预制构件混凝土或现场搅拌的批量不大的混凝土，可不采用上述统计法评定，而采用非统计法评定。此时，验收批混凝土的强度必须同时满足下述要求：

$$m_{f_{cu}} \geqslant 1.15f_{cu,k} \tag{3-21}$$

$$f_{cu,\min} \geqslant 0.95f_{cu,k} \tag{3-22}$$

式中，符号同前。

非统计法的检验效率较差，存在将合格产品误判为不合格产品，或将不合格产品误判为合格产品的可能性。

如由于施工质量不良、管理不善、试件与结构中混凝土质量不一致，或对试件检验结果有怀疑时，可采用从结构或构件中钻取芯样的方法，或采用非破损检验方法，按有关规定对结构或构件混凝土的强度进行推定，作为处理混凝土质量问题的一个重要依据。

现浇混凝土结构除强度满足要求外，还不应存在外观质量缺陷，如存在质量缺陷，应由施工单位和监理单位等各方根据其对结构性能和使用功能影响的严重程度，按《混凝土结构工程施工质量验收规范》的有关规定确定其属于哪一类缺陷。一般不应有严重缺陷，否则要制定处理方案进行处理，并重新检查验收。

现浇结构和混凝土设备基础的尺寸允许偏差亦见质量验收规范。而且不应有影响结构性能和使用功能或设备安装的尺寸偏差，否则亦需进行处理并重新检查验收。

第四节　混凝土预制构件制作

发展预制构件是建筑工业化的重要措施之一，国内外都在不断改进生产工艺，采用先进技术，使其日趋完善。尺寸和重量大的构件，可在施工现场就地制作，以避免繁重的运输。定型化的中小型构件，则应发挥工厂化生产的优点在预制厂(场)制作。

施工现场就地制作构件，为节省木模板材料，可用土胎膜或砖胎膜。为节约底模板，或场地狭小，屋架、柱子、桩等大型构件可平卧叠浇，即利用已预制好的构件作底板，沿构件两侧安装侧模板再浇制上层构件。上层构件的模板安装和混凝土浇筑，需待下层构件的混凝土强度达到 $5N/mm^2$ 后方可进行。在构件之间应涂抹隔离剂以防混凝土粘结。

现场制作空心构件(空心柱等)，为形成孔洞，除用木内模外，还可用胶囊充以压缩空气作内模，待混凝土初凝后，将胶囊放气抽出，便形成圆形、椭圆形等孔洞。胶囊是用纺织品(尼龙布、帆布)和橡胶加工成胶布、再用氯丁粘胶冷粘而成。胶囊内的气压根据气温、胶囊尺寸和施工外力而定，以保证几何尺寸准确。制作空心柱用的 ϕ250mm 胶囊，充气压力约 0.05～0.07MPa。

大量的混凝土预制构件是在预制厂制作的，此处着重加以介绍。

一、构件制作的工艺方案

预制厂制作构件的工艺方案，根据成型和养护的不同，有下述三种：

1. 台座法

台座是表面光滑平整的混凝土地坪、胎膜或混凝土槽。构件的成型、养护、脱模等生产过程都在台座上同一地点进行。构件在整个生产过程中固定在一个地方，而操作工人和生产机具则顺序地从一个构件移至另一个构件，来完成各项生产过程。

用台座法生产构件，设备简单，投资少。但占地面积大，机械化程度较低，生产受气候影响。设法缩短台座的生产周期是提高生产率的重要手段。

2. 机组流水法

此法在车间内生产，将整个车间根据生产工艺的要求划分为几个工段，每个工段皆配备相应的工人和机具设备，构件的成型、养护、脱模等生产过程分别在有关的工段循序完成。生产时，构件随同模板沿着工艺流水线，借助于起重运输设备，从一个工段移至下一个工段，分别完成各有关的生产过程，而操作工人的工作地点是固定的。构件随同模板在各工段停留的时间长短可以不同。此法生产效率比台座法高，机械化程度较高，占地面积小，但建厂投资较大、生产过程中运输繁多，宜于生产定型的中小型构件。

3. 传送带流水法

用此法生产，模板在一条呈封闭环形的传送带上移动，生产工艺中的各个生产过程（如清理模板、涂刷隔离剂、排放钢筋、预应力筋张拉、浇筑混凝土等）都是在沿传送带循序分布的各个工作区中进行。生产时，模板沿着传送带有节奏地从一个工作区移至下一个工作区，而各工作区要求在相同的时间内完成各自的有关生产过程，以此保证有节奏连续生产。此法是目前最先进的工艺方案，生产效率高，机械化自动化程度高，但设备复杂，投资大，宜于大型预制厂大批量生产定型构件。

二、预制厂生产预制构件用的模板

预制厂制作预制构件，常用的模板有钢平模、水平拉模、固定式胎膜、成组立模等。

机组流水法、传送带流水法中普遍应用钢平模。它是利用铰链将侧模和端模板与底架连接，启闭方便。钢模的底架要能承受运输时混凝土的重量，制作预应力混凝土构件时，还要能承受预应力筋的作用力。底架要有足够的刚度，防止构件变形。

固定式胎模多用以制作大型钢筋混凝土肋形板或其他形状复杂的构件，胎膜的上表面形状与所浇制构件的下表面形状吻合，混凝土浇入胎膜，即获得所要求的结构外形。

水平拉模（图 3-48）是在长线台座上生产预应力混凝土空心板广泛采用的一种工具式模板。

拉模由钢外框架、内框架侧模与芯管、前后端头板、振动器、卷扬机抽芯装置等组成。内

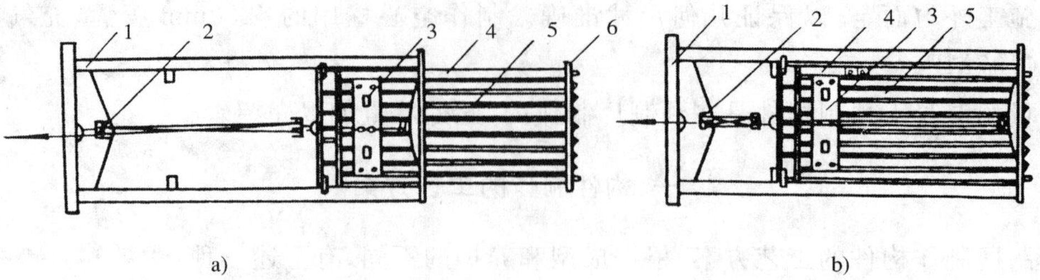

图 3-48　水平拉模构造示意图

a）浇筑混凝土时；b）抽芯、拉模后

1—钢外框架；2—滑轮组；3—振动器；4—内框架侧模；5—芯管；6—后端头板

框架侧模、芯管和前端头板组装为一整体，可整体抽芯和脱模。前、后端头板为钢板制成，中间开圆孔可供芯管穿过，下开槽口可容预应力钢丝通过，前后端头板之间的距离即空心板长度。振动器在模外振动芯管，改善了振动效果。

用水平拉模生产多孔板的工艺流程如图 3-49 所示。

在台座上张拉预应力钢丝 → 开动卷扬机向前拉动钢外框架 → 安装后端头板 → 安装非预应力钢筋 → 浇筑混凝土 → 芯管振动 → 用平板振动器振动板面 → 抹面压平 → 拆后端头板 → 开动卷扬机抽芯拉模、内框架进入外框架 → 构件整修、养护

图 3-49　水平拉模生产多孔板的工艺流程

目前楼板多为现浇，采用多孔板的已愈来愈少，只在个别地区还有采用。

三、预制构件的成型

预制构件的浇筑与现浇构件基本相同，只是有时可发挥工厂化生产的优越性采用混凝土浇灌机等。在捣实混凝土方面，在预制厂则有多种捣实方法，如振动法、挤压法、离心法等。

1. 振动法

用台座法制作构件，使用插入式振动器和表面振动器。用机组流水法和传送带流水法制作构件则用振动台。

振动台是一个支承在弹性支座上的由型钢焊成的框架平台，平台下设振动机构。振动机构即转轴上装置偏心块，通过偏心块数量和位置的变化，可得到不同的振幅。振动台有的只有一种振动频率，有的可改变频率。框架平台应有足够的刚度，以保证振幅的分布均匀一致，否则影响振动效果。

振动台振动的运动形式有：非定向的圆周振动和定向的垂直或水平振动。前者振动台台面的振幅分布不均匀。我国生产的载重 3t 和 5t 的振动台一般都采用定向垂直振动。振动时须将模板牢固地固定在振动台上，否则模板的振幅和频率将小于振动台的振幅和频率，最方便的固定方法是利用电磁铁。

在振动成型过程中，如同时在构件上面施加一定压力，则可加速捣实过程，提高捣实效果，使构件表面光滑。这种生产方法叫“振动加压法”，如图 3-50 所示。加压的方法分为静

态加压和动态加压。前者用一压板加压,后者是在压板上加设振加器加压。压力的数值取决于混凝土的干硬度,常用者约为 $1\sim3kN/m^2$。

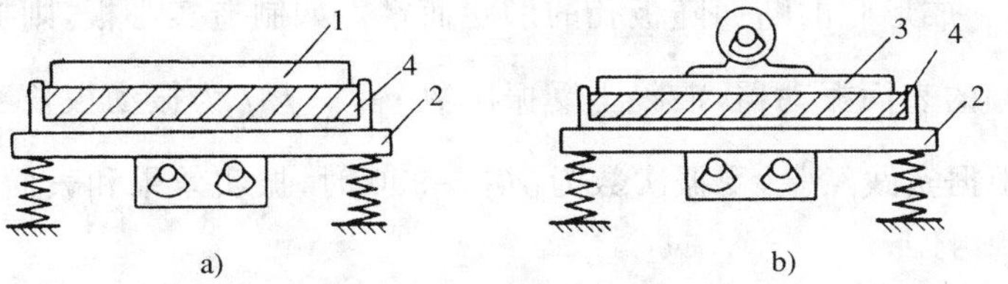

图 3-50 振动加压方法

a) 静态加压; b) 动态加压

1—压板; 2—振动台; 3—振动压板; 4—构件

2. 挤压法

采用螺旋挤压形式的行模(简称挤压机)生产预应力混凝土圆孔板,工艺已成熟,挤压机已定型,该机构造如图 3-51 所示,只是目前这种圆孔板已应用不多。

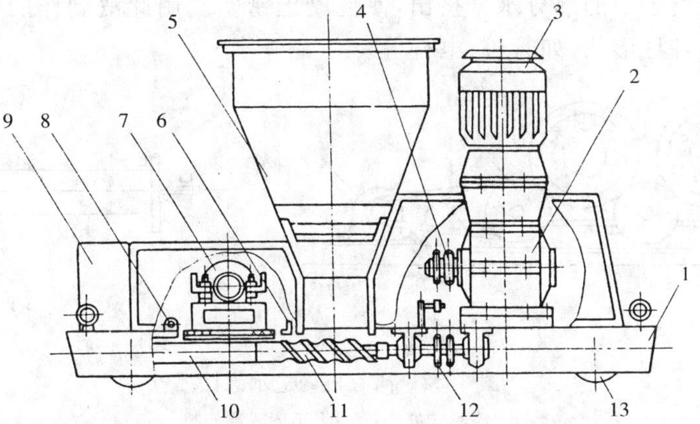

图 3-51 混凝土圆孔板挤压机构造示意图

1—机架及行模; 2—减速箱; 3—立式电动机; 4—上传动链轮; 5—受料斗; 6—强制板; 7—振动器; 8—抹光板; 9—配重; 10—成形管; 11—螺旋铰刀; 12—下传动链轮; 13—导轮

挤压机的工作原理是用旋转的螺旋铰刀把由料斗漏下的混凝土向后挤送,在挤送过程中,由于受到振动器的振动和已成型的混凝土空心板的阻力(反作用力)而被挤压密实,挤压机也在这一反作用力的作用下,沿着与挤压方向相反的方向被推动自行前进,在挤压机后面即形成一条连续的预应力混凝土空心板带。挤压机一般是沿着长线台座上的导轨行驶。但也可不设导轨,利用预应力钢丝导向,使机架上的梳子板沿预应力钢丝板移动,但这要求机身自重对称,螺旋铰刀送料均匀,否则易使挤压机行走偏向。

螺旋铰刀是挤压机的主要部件,其数量取决于空心板的圆孔数量。为避免挤压机行走偏斜,螺旋铰刀的旋转方向分为两组,相对作反向转动。螺旋铰刀的螺距大小影响对混凝土的挤压力,螺距愈小,挤压力愈大,混凝土愈密实,但送料量减少,挤压机行速减慢。为便于拆换磨损最严重的挤压段,可采用组合式螺旋铰刀,把各个螺旋铰刀的螺距、叶片长度等统一,而以不同的速比来解决边上和中间不同的送料量,以适应空心板边角的混凝土量比中间大的问题。

螺旋铰刀后面连有板孔成形管，铰刀把混凝土挤向成形管周围，沿成形管表面向后移动，从而形成孔洞。成形管的断面随板孔的形状而定。如制造实心板，则拆去成形管。

振动器为低频的表面振动器，混凝土受振次数 $n=\frac{l}{V}f$，l 为振动板长度，V 为行走速度，f 为振动频率。根据实践经验，受振次数为 700～950 时，振实效果和表面质量都较好，少于 700 次，则质量受影响。

用挤压机连续生产空心板，有两种切断方法：一种是在混凝土达到可以放松预应力筋的强度时，用钢筋混凝土切割机整体切断；另一种是在混凝土初凝前用灰铲手工操作或用气割法、水冲法把混凝土切断，待混凝土达到可以放松预应力筋的强度时，再切断钢丝。目前，一般用后一种方法。

3. 离心法

用离心法制作构件是将装有混凝土的模板放在离心机上（离心机构造见图 3-52），使模板以一定转速绕自身的纵轴旋转，模板内的混凝土由于离心力作用而远离纵轴，均匀分布于模板内壁，并将混凝土中的部分水分挤出，使混凝土密实。用此法制作的构件，都需有圆形空腔，而外形可为各种形状，如管桩、电杆等。

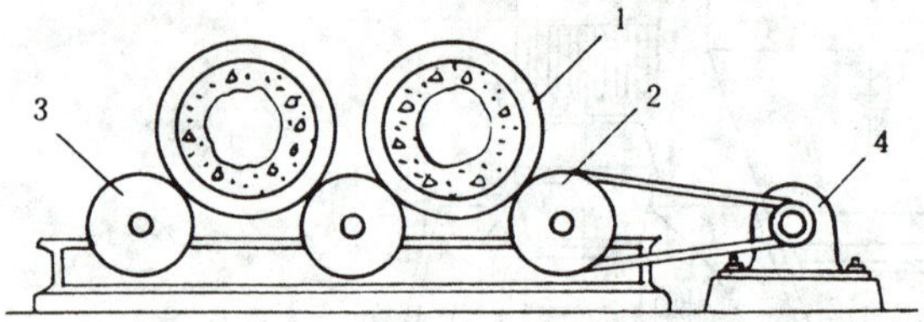

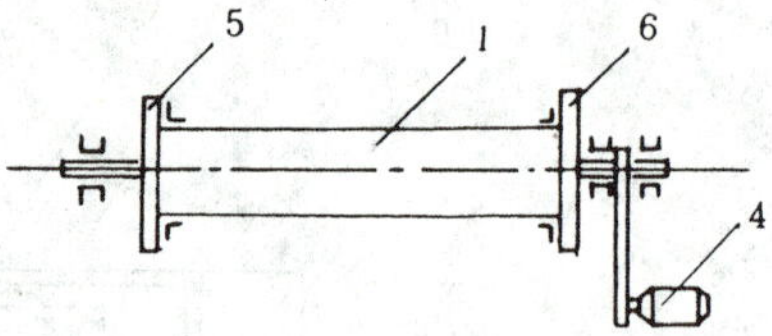

图 3-52 离心机构造示意图

a）滚轮式离心机；b）车床式离心机

1—模板；2—主动轮；3—从动轮；4—电动机；5，6—卡盘

离心机有滚轮式和车床式两类，都具有多级变速装置。离心成型过程分为两个阶段：第一阶段是使混凝土沿模板内壁分布均匀，形成空腔，此时转速不宜太高，以免造成混凝土离析现象；第二阶段是使混凝土密实的阶段，此时可提高转速，增大离心力，压实混凝土。

四、预制构件的养护

目前预制构件的养护方法有自然养护、蒸汽养护、热拌混凝土热模养护、太阳能养护、远红外线养护等。自然养护成本低，但养护时间长，模板（或台座）周转慢，我国南方地区的台座法生产多用自然养护。近年来应用太阳能进行养护，取得较好的效果。

1. 蒸汽养护

蒸汽养护即将构件放在充满饱和蒸汽或蒸汽与空气混合物的养护坑（或窑）内，在较高的温度和湿度的环境中，以加速混凝土的硬化，使之在较短时间内达到规定的强度。

蒸汽养护效果与蒸汽养护制度有关，它包括：养护前静置时间、升温和降温速度、养护温度、恒温养护时间、相对湿度等。构件成型后要在常温下静置一定时间，然后再进行蒸汽养护,以减少不良的加热养护制度带来的不利影响。对普遍硅酸盐水泥制作的构件至少应静置1～2h;对火山灰质硅酸盐水泥或矿渣硅酸盐水泥则不需静置。升温或降温都必须平缓地进行,不能骤然升降,否则,在构件表面与内部之间要产生过大的温差,引起裂缝;还可能由于混凝土毛细管内的水分和湿空气的热膨胀,而引起混凝土内部组织破坏。对塑性混凝土的薄壁构件,升温速度每小时不得超过25℃,其他构件不得超过20℃。降温速度,每小时不得超过10℃,出池后构件表面与外界温差不得大于20℃。养护温度取决于水泥品种,对普通硅酸盐水泥一般为80℃,对矿渣硅酸盐水泥可达85℃～95℃。对采用先张法施工的预应力混凝土构件,养护的最高允许温度应根据设计要求的允许温差(张拉钢筋的温度与台座温度之差)经计算确定。恒温养护时间根据混凝土在不同温度条件下的强度增长曲线来确定。养护时应保持适宜的湿度,以防构件内水分蒸发,在恒温阶段应保持90%～100%的相对湿度。

(1) 坑式蒸汽养护室

为间歇式蒸汽养护室,有地下和半地下式(见图3-53)。构件的装入和吊出利用起重机,坑内可堆放几层构件。坑盖应有良好的保温性能,坑盖与坑壁间的密封性靠水封来保证。因为养护系分批进行,一个养护周期完毕,养护坑又冷却下来,故蒸汽消耗量大。

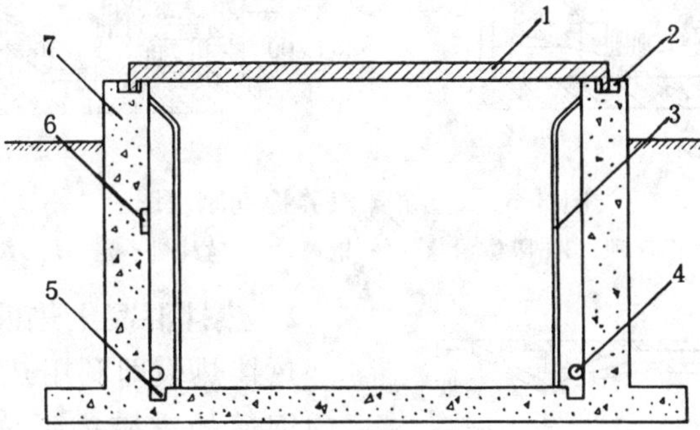

图3-53 坑式蒸汽养护室

1—坑盖;2—水封;3—槽钢;4—蒸汽管;5—排水沟;6—测温计;7—坑壁

(2) 立窑蒸汽养护室

为连续式蒸汽养护室(图3-54),传送带流水法生产工艺用之。它是利用蒸汽比空气轻而自动上升的原理,使窑内温度自下而上逐渐增高。构件在窑内上升、横移和下降的过程,即升温、恒温和降温的过程。构件进窑后用顶升机1将其逐步向上升起,到顶后用横移机5将其横移,然后再使其逐渐下降,抵养护室底部便被送出养护室。每隔一定时间,随着左侧进入一个构件的同时,右侧也送出一个成品,进行连续生产。窑内蒸汽区分上下两部分,上部为恒温区,下部为升温区或降温区。

(3) 隧道窑蒸汽养护室

间歇式和连续式两者皆可。它有水平直线形和折线形两类。前者端部易漏气,室内顶部或底部之间温差较大。折线型隧道窑(图3-55)是利用蒸汽自动上升原理自然形成升温、恒温和降温区的,它具备立窑蒸汽养护室的热工特点,可连续生产,结构和设备简化,减少一次性投资。

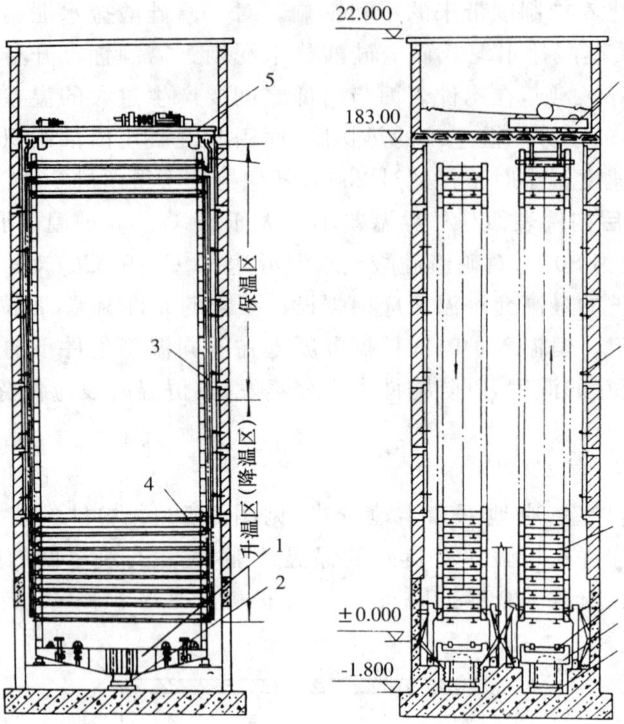

图 3-54　立窑蒸汽养护室原理图

1—顶升机；2—油压千斤顶；3—限位滑道；4—钢模；5—横移机；6—蒸汽管道；7—进窑辊道

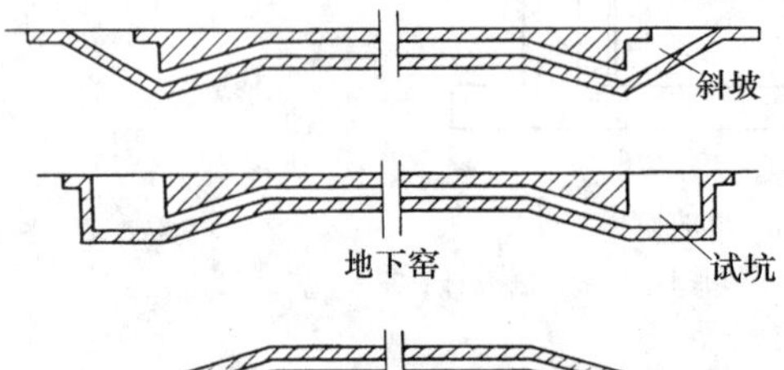

图 3-55　折线型隧道窑蒸汽养护室示意图

2. 热拌混凝土热模养护

热拌热模即利用热拌混凝土浇筑构件，然后向钢模的空腔内通入蒸汽进行养护。此法与冷拌混凝土进行常压蒸汽养护比较，养护周期大为缩短，节约蒸汽。这是因为用此法养护时，构件不直接接触蒸汽，热量由模板传递给构件，使构件内部冷热对流加速，且因为利用热拌混凝土，使构件内部温差远比常压蒸汽养护时小，而且平衡较快，因而可省去静置工序，缩短升温时间，较快地进入高温养护。

3. 远红外线养护

红外线为 B·格尔列于 1800 年发现，它是一种肉眼看不到的热射线。从 20 世纪 60 年代起，国外已将红外线加热技术用于混凝土养护，并取得了效果。我国从 1976 年起，对用煤气、蒸汽和电能为热源的远红外线技术进行了试验研究，并应用于构件生产和大模板冬季施工，取得了一定效果并积累了经验。

红外线是用热源（电能、蒸汽、煤汽等）加热红外线辐射体而产生的。红外线被吸收到物体内部，被吸收的能量就转变为热，目前常用的幅射体为铁铬铝金属网片、陶瓷板或在碳化硅板上涂远红外辐射材料（TiO_2，SiO_2，Cr_2O_3）等。对辐射体的要求是耐高温、不易氧化、辐射率大等。选择辐射体时，还要求其发射的红外线波长与水泥和其水化产物的吸收波长相一致或相近，这样可提高养护效率。

用红外线热辐射进行混凝土养护有许多优点，养护时间短、能量消耗低，有较好的经济效益。

第五节　混凝土冬期施工

一、混凝土冬期施工原理

混凝土所以能凝结、硬化并获得强度，是由于水泥和水进行水化作用的结果。水化作用的速度在一定湿度条件下主要取决于温度，温度愈高，强度增长也愈快，反之则慢。当温度降至0°C以下时，水化作用基本停止，温度再继续降至－2°C～－4°C，混凝土内的水开始结冰，水结冰后体积增大8%～9%，在混凝土内部产生冰晶应力，使强度很低的水泥石结构内部产生微裂纹，同时减弱了水泥与砂石和钢筋之间的粘结力，从而使混凝土强度降低。

受冻的混凝土在解冻后，其强度虽能继续增长，但已不能达到原设计的强度等级。试验证明，混凝土遭受冻结带来的危害，与遭冻的时间早晚、水灰比等有关，遭冻时间愈早，水灰比愈大，则强度损失愈多；反之，则损失少。

经过试验得知，混凝土经过预先养护达到一定强度后再遭冻结，其后期抗压强度损失就会减少。一般把遭冻结其后期抗压强度损失在5%以内的预养强度值定为“混凝土受冻临界强度”。

通过试验得知，该临界强度与水泥品种、混凝土强度等级有关。对普通硅酸盐水泥和硅酸盐水泥配制的混凝土，受冻临界强度定为设计的混凝土强度标准值的30%；对矿渣硅酸盐水泥配制的混凝土，为设计的混凝土强度标准值的40%；但不大于C10的混凝土，不得低于$5N/mm^2$。

混凝土冬期施工除上述早期冻害之外，还需注意拆模不当带来的冻害。混凝土构件拆模后表面急剧降温，由于内外温差较大会产生较大的温度应力，亦会使表面产生裂纹，在冬期施工中亦应力求避免这种冻害。

凡根据当地多年气温资料室外日平均气温连续5d稳定低于＋5℃时，就应采取冬期施工的技术措施进行混凝土施工。因为从混凝土强度增长情况看，新拌混凝土在＋5℃的环境下养护，其强度增长很慢。而且在日平均气温低于＋5℃时，最低气温已低于0°C～－1°C，混凝土可能受冻。

二、混凝土冬期施工方法的选择

混凝土冬期施工方法分为三类：混凝土养护期间不加热的方法、混凝土养护期间加热的方法和综合方法。混凝土养护期间不加热的方法包括蓄热法、掺化学外加剂法；混凝土养护期间加热的方法包括电极加热法、电器加热法、感应加热法、蒸汽加热法和暖棚法；综合方法即把上述两类方法综合应用，如目前最常用的综合蓄热法，即在蓄热法基础上掺加外加剂（早强剂或防冻剂）或进行短时加热等综合措施。

选择混凝土冬期施工方法，要考虑自然气温、结构类型和特点、原材料、工期限制、能源情况和经济指标。对工期不紧和无特殊限制的工程，从节约能源和降低冬期施工费用考虑，应优先选用养护期间不加热的施工方法或综合方法；在有工期限制、施工条件又允许时才考虑选用混凝土养护期间的加热方法，一般要经过技术经济比较才能确定。一个理想的冬期施工方案，应当是在杜绝混凝土早期受冻的前提下，用最低的冬期施工费用，在最短的施工期限内，获得优良的施工质量。

三、混凝土冬期施工方法

（一）蓄热法

1. 方法实质

蓄热法是利用加热原材料（水泥除外）或混凝土（热拌混凝土）所预加的热量及水泥水化热，再用适当的保温材料覆盖，防止热量过快散失，延缓混凝土的冷却速度，使混凝土在正温条件下增长强度以达到预定值，使其不小于混凝土受冻临界强度。

室外最低气温不低于−15℃，地面以下的工程或表面系数不大于15m^{-1}的结构，应优先采用蓄热法。

2. 原材料加热方法及热工计算

水的比热容比砂石大，且水的加热设备简单，故应首先考虑加热水，如水加热至极限温度而热量尚嫌不足时，再考虑加热砂石。水的加热极限温度视水泥等级和品种而定，当水泥小于52.5强度等级时，不得超过80℃；当水泥等于和大于52.5强度等级时，不得超过60℃，如加热温度超过此值，则搅拌时应先与砂石拌合，然后加入水泥以防止水泥假凝。骨料加热可用将蒸汽直接通到骨料中的直接加热法或在骨料堆、贮料斗中安设蒸汽盘管进行间接加热。工程量小也可放在铁板上用火烘烤。砂石加热的极限温度亦与水泥等级和品种有关，对于小于52.5强度等级的水泥，不应超过60℃；对等于和大于52.5强度等级的水泥，则不应超过40℃。当骨料不需加热时，也必须除去骨料中的冰凌后再进行搅拌。

水泥绝对不允许加热。

为保证混凝土在冬期施工中能达到规范规定的混凝土受冻临界强度，应对原材料的加热、搅拌、运输、浇筑和养护进行热工计算：

（1）混凝土拌合物的温度公式

$$T_0=[0.9(m_{ce}T_{ce}+m_{sa}T_{sa}+m_gT_g)+4.2T_w(m_w-w_{sa}m_{sa}-w_gm_g)+c_1(w_{sa}m_{sa}T_{sa}+w_gm_gT_g)-c_2(w_{sa}m_{sa}+w_gm_g)]\div[4.2m_w+0.9(m_{ce}+m_{sa}+m_g)] \tag{3-23}$$

式中 T_0——混凝土拌合物的温度（℃）；

m_w,m_{ce},m_{sa},m_g——水、水泥、砂、石的用量（kg）；

T_w,T_{ce},T_{sa},T_g——水、水泥、砂、石的温度（℃）；

w_{sa},w_g——砂、石的含水率（%）；

c_1,c_2——水的比热容（kJ/(kg·K)）及溶解热（kJ/kg）。

当骨料温度>0℃时，$c_1=4.2,c_2=0$；

≤0℃时，$c_1=2.1,c_2=335$。

（2）混凝土拌合物的出机温度公式

$$T_1=T_0-0.16(T_0-T_i) \tag{3-24}$$

式中　T_1——混凝土拌合物的出机温度(℃)；

T_i——搅拌机棚内温度(℃)。

(3) 混凝土拌合物经运输至成型完成时的温度公式

$$T_2=T_1-(\alpha t_\tau+0.032n)(T_1-T_a) \tag{3-25}$$

式中　T_2——混凝土拌合物经运输至浇筑成型完成时的温度(℃)；

t_τ——混凝土拌合物自运输至浇筑成型完成的时间(h)；

n——混凝土拌合物转运次数；

T_a——运输时的环境气温(℃)；

α——温度损失系数(h^{-1})：

当用混凝土搅拌运输车时，$\alpha=0.25$；

当用开敞式大型自卸汽车时，$\alpha=0.20$；

当用开敞式小型自卸汽车时，$\alpha=0.30$；

当用封闭式自卸汽车时，$\alpha=1.0$；

当用手推车时，$\alpha=0.50$。

(4) 考虑模板和钢筋吸热影响，混凝土成型完成时的温度公式

$$T_3=\frac{c_c m_c T_2+c_f m_f T_f+c_s m_s T_s}{c_c m_c+c_f m_f+c_s m_s} \tag{3-26}$$

式中　T_3——考虑模板和钢筋吸热影响，混凝土成型完成时的温度(℃)；

c_c,c_f,c_s——混凝土拌合物、模板材料、钢筋的比热容(kJ/(kg·K))；

m_c——每立方米混凝土的重量(kg)；

m_f,m_s——与每立方米混凝土拌合物相接触的模板、钢筋的重量(kg)；

T_f,T_s——模板、钢筋的温度，未预热者可采用当时环境气温(℃)。

3. 混凝土蓄热养护过程中的温度计算

(1) 混凝土蓄热养护开始至任一时刻 t 的温度

$$T=\eta e^{-\theta v_{ce} t}-\varphi e^{-v_{ce} t}+T_{m,a} \tag{3-27}$$

(2) 混凝土蓄热养护开始至任一时刻 t 的平均温度

$$T_m=\frac{1}{v_{ce} t}\left(\varphi e^{-v_{ce} t}-\frac{\eta}{\theta}e^{-\theta v_{ce} t}+\frac{\eta}{\theta}-\varphi\right)+T_{m,a} \tag{3-28}$$

其中　θ,φ,η 为综合参数，取值计算如下：

$$\theta=\frac{\omega K\psi}{v_{ce} c_c \rho_c}$$

$$\varphi=\frac{v_{ce} c_{ce} m_{ce}}{v_{ce} c_c \rho_c-\omega K\psi}$$

$$\eta=T_3-T_{m,a}+\varphi$$

式中　T——混凝土蓄热养护开始至任一时刻 t 的温度(℃)；

T_m——混凝土蓄热养护开始至任一时刻 t 的平均温度(℃)；

t——混凝土蓄热养护开始至任一时刻的时间(h)；

$T_{m,a}$——混凝土蓄热养护开始至任一时刻 t 的平均气温(℃)；

ρ_c——混凝土的质量密度(kg/m^3)；

m_{ce}——每立方米混凝土的水泥用量(kg/m^3)；

c_{ce}——水泥累积最终放热量(kJ/kg)；；

v_{ce}——水泥水化速度系数(h^{-1})；

ω——透风系数；

ψ——结构表面系数(m^{-1})；

K——围护层的总传热系数($kJ/(m^2 \cdot h \cdot K)$)；

e——自然对数之底，可取 e=2.72。

结构表面系数 φ 按下式计算：

$$\varphi=\frac{A_c(\text{混凝土结构表面积})}{V_c(\text{混凝土结构总体积})} \tag{3-29}$$

$T_{m,a}$可取蓄热养护开始至 t 时气象预报的平均气温，若遇大风雪及寒潮降临，可按每时或每日平均气温计算。

K 值按下式计算：

$$K=\frac{3.6}{0.04+\sum_{i=1}^{n}\frac{d_i}{k_i}} \tag{3-30}$$

式中 d_i——第 i 围护层的厚度(m)；

k_i——第 i 围护层的导热系数($W/(m \cdot K)$)。

c_{ce}和 v_{ce}按表 3-16 取值，ω 按表 3-17 取值。

表 3-16　水泥累积最终放热量 c_{ce}和水泥水化速度系数 v_{ce}

水泥品种及强度等级	c_{ce}(kJ/kg)	v_{ce}(h^{-1})
52.5 强度等级的硅酸盐水泥	400	0.013
52.5 强度等级的普通硅酸盐水泥	360	
42.5 强度等级的普通硅酸盐水泥	330	
42.5 强度等级的矿渣、火山灰、粉煤灰水泥	240	

表 3-17　透风系数 ω

保温层的种类	透风系数 ω		
	小风	中风	大风
保温层由容易透风材料组成	2.0	2.5	3.0
在容易透风材料外面包以不易透风材料	1.5	1.8	2.0
保温层由不易透风材料组成	1.3	1.45	1.6

注：小风速 $v_W<3m/s$，中风速 $3 \leqslant v_W \leqslant 5m/s$，大风速 $v_W>5m/s$。

4. 混凝土蓄热养护冷却至 0℃ 的时间

当需要计算混凝土蓄热养护冷却至 0℃ 的时间时，可根据公式(3-27)采用逐次逼近的方法进行计算，如果实际采取的蓄热养护条件满足$\frac{\varphi}{T_{m,a}} \geqslant 1.5$，且 $K\varphi \geqslant 50$ 时，也可按下式直接计算：

$$t_0=\frac{1}{v_{ce}}\ln\frac{\varphi}{T_{m,a}} \tag{3-31}$$

式中，t_0 为混凝土蓄热养护冷却至0℃的时间(h)。

混凝土蓄热养护开始冷却至0℃时间 t_0 内的平均温度，可根据式(3-28)取 $t=t_0$ 进行计算。

根据上述公式算出的混凝土蓄热养护的平均温度 T_m 和混凝土冷却至0℃的时间 t_0，即可根据混凝土强度增长曲线求出混凝土在此养护过程中能达到的强度，并看其是否满足混凝土受冻临界强度的要求。如满足要求则事先制订的施工方案(材料加热温度、保温措施等)是可行的，否则可采取下列措施：

(1) 提高混凝土的热量，即提高水、砂、石的加热温度，但不能超过规范规定的最高值。

(2) 改善蓄热法用的保温措施，更换或加厚保温材料，使混凝土热量散发较慢，以提高混凝土的平均养护温度。

(3) 掺加外加剂，使混凝土早强、防冻。

(4) 混凝土浇筑后短时加热，提高混凝土热量和延长其冷却至0℃的时间。

(二) 掺外加剂法

这是一种只需要在混凝土中掺入外加剂，不需采取加热措施就能使混凝土在负温条件下继续硬化的方法。在负温条件下，混凝土拌合物中的水要结冰，随着温度的降低，固相逐渐增加，结果，一方面增加了冰晶应力，使水泥石内部结构产生微裂缝；另一方面由于液相减少，使水泥水化反应变得十分缓慢而处于休眠状态。

掺外加剂的作用，就是使之产生抗冻、早强、催化、减水等效用，降低混凝土的冰点，使之在负温下加速硬化以达到要求的强度。我国常用外加剂的效用如表3-18所示。

表3-18　常用外加剂的效用

外加剂种类	外加剂发挥的效用					
	早强	抗冻	缓凝	减水	塑化	阻锈
氯化钠	+	+				
氯化钙	+	+				
硫酸钠	+		+			
硫酸钙			+	+	+	+
亚硝酸钠		+				
碳酸钾	+	+				
三乙醇胺	+					
硫代硫酸钠	+					
重铬酸钾		+				
氨水		+	+		+	
尿素		+	+		+	
木素磺酸钙			+	+	+	+

氯化钠具有抗冻、早强作用，且价廉易得，从50年代开始就得到应用，但其掺量有限制，否则会引起钢筋腐蚀，这是因为在普通混凝土中钢筋是处于碱性介质中，钢筋表面会生成一层碱性薄膜而不会生锈。但一旦掺入氯盐则情况有所变化，因为氯盐内的氯离子很活泼，它可加速铁的离子化，使之成为 Fe^{++} 阳离子，氯离子又促使混凝土中的水和氧反应成为 $(OH)^-$ 阴离子。这样就使 Fe^{++} 与 $(OH)^-$，反应生成 Fe(OH) 进而氧化成 $Fe(OH)_3$，促使钢筋产生电化锈蚀。因此，目前规定氯盐剂量不得超过水泥重量的1%，必须振捣密实，不宜用蒸汽养护，且有限制，如为冷拉钢筋、冷拔低碳钢丝等不得使用，并优先考虑与阻锈剂复合使用。如掺入一定量的亚硝酸钠（$NaNO_2$）阻锈剂，则活泼的亚硝酸钠溶液与钢筋化合生成 Na_2FeO_2，其中，部分 Na_2FeO_2 再次与亚硝酸钠溶液化合而生成 $Na_2Fe_2O_4$。然后上述两种化合物同时起化学反应生成 Fe_3O_4，即

$$Na_2FeO_2+Na_2Fe_2O_4+2H_2O \longrightarrow Fe_3O_4+4NaOH$$

Fe_3O_4 在钢筋表面与水泥结合成一层灰色保护膜，使钢筋不再生锈。氯盐除去掺量有限制外，还在高湿度环境、预应力混凝土结构等一系列情况下禁止使用。

外加剂种类的选择取决于施工要求和材料供应，而掺量应由试验确定，但混凝土的凝结速度不得超过其运输和浇筑所规定的允许时间，且混凝土的后期强度损失不得大于5%，其他物理力学性能不得低于普通混凝土。新型外加剂不断出现，其效果愈来愈好。目前掺加外加剂多从单一型向复合型发展，外加剂也从无机向有机化合物方向发展。

（三）蒸汽加热法

此法即利用低压（不高于0.07MPa）饱和蒸汽对新浇筑的混凝土构件进行加热养护。此法各类构件皆可应用，唯需锅炉等设备，消耗能源多，费用高，因而只有当在一定龄期内采用蓄热法达不到要求时，并经过经济比较后才能采用。此法宜优先选用矿渣硅酸盐水泥，因其后期强度损失比普通硅酸盐水泥少。

蒸汽加热法除去预制构件厂用的蒸汽养护窑之外，还有汽套法、毛细管法和构件内部通汽法等。用蒸汽加热法养护混凝土，当用普通硅酸盐水泥时温度不宜超过80℃，用矿渣硅酸盐水泥时可提高到85°C～95℃，升温、降温速度亦有限制，并应设法排除冷凝水。

汽套法，即在构件模板外再加密封的套板，模板与套板间的空隙不宜超过15cm，在套板内通入蒸汽加热养护混凝土。此法加热均匀，但设备复杂、费用大，只在特殊条件下用于养护水平结构的梁、板等。

毛细管法，即利用所谓“毛细管模板”将蒸汽通在模板内进行养护。此法用汽少、加热均匀，如图3-56所示，适用于垂直结构。此外大模板施工，亦有在模板背面加装蒸汽管道，再用薄铁皮封闭并适当加以保温，用于大模板工程冬期施工。

构件内部通气法，即在构件内部预埋外表面涂有废机油隔离剂的钢管或胶皮管，浇筑混凝土后隔一定时间将管子抽出，形成孔洞，再于一端孔内插入短管即可通入蒸汽加热混凝土。加热时混凝土温度一般控制在30°C～60℃，待混凝土达到要求强度后，用砂浆或细石混凝土灌入通气孔加以封闭。构件内需留汽孔数量，可根据蒸汽经孔壁发出的热量等于混凝土经过围护（模板等）向空气散发出的热量来计算：

$$F_r=\frac{F_pK_p(t_d-t)}{K_r(t_R-t_d)} \tag{3-32}$$

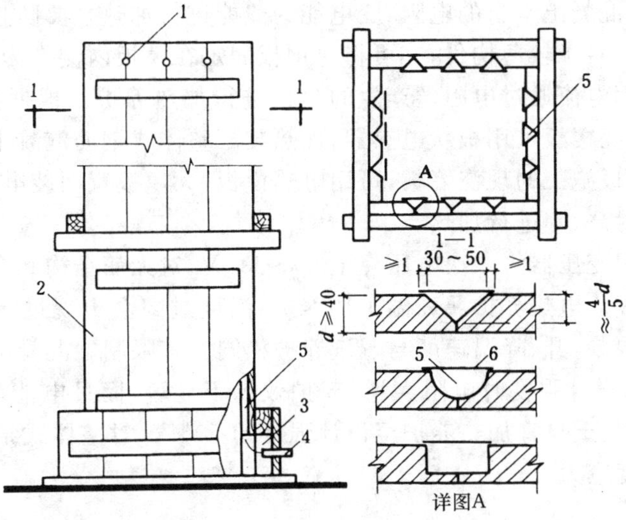

图 3-56　柱子用毛细管法养护

1—出气孔；2—模板；3—分汽箱；4—进气管；5—毛细管；6—薄铁皮

式中　F_r——汽孔(埋管)的表面积(m^2/m)；

F_p——混凝土围护面积(m^2/m)；

K_r——汽孔混凝土的传热系数($W/m^2 \cdot K$)；

K_p——混凝土围护(模板等)的传热系数；

t_d——混凝土等温加热的温度(℃)；

t_R——蒸汽温度(℃)；

t——室外大气温度(℃)。

用蒸汽养护时，根据构件的表面系数，混凝土的升温速度有一定限制。冷却速度和极限加热温度亦有限制。养护完毕，混凝土的强度至少要达到混凝土冬期施工临界强度。对整体式结构，当加热温度在40℃以上时，有时会使结构物的敏感部位产生裂缝，因而应对整体式结构的温度应力进行验算，对一些结构要采取措施降低温度应力，或设置必要的施工缝。

(四) 电 热 法

电热法是利用电流通过不良导体混凝土(或通过电阻丝)所发出的热量来养护混凝土。它虽然设备简单，施工方便有效，但耗电量大，施工费用高，应慎重选用。由电能产生的热量可由焦尔-楞次定律计算：

$$Q=3.617I^2RT \tag{3-33}$$

式中　Q——电能产生的热量(kJ)；

I——电流(A)；

R——混凝土或其他导体的电阻(Ω)；

T——通电时间(h)。

电热法养护混凝土，分电极法和电热器法两类。

电极法，即在新浇筑的混凝土中，按一定间距(200～400mm)插入电极($\phi 6$～$\phi 12$ 短钢筋)，接通电源，利用混凝土本身的电阻，变电能为热能进行加热。要防止电极与构件内的钢筋接触而引起短路。对于较薄构件，亦可将薄钢板固定在模板内侧作为电极。

电热器法是利用电流通过电阻丝产生的热量进行加热养护。根据需要，电热器可制成多种形状，如加热现浇楼板可用板状电热器；加热装配整体式钢筋混凝土框架的接头可用针状电热器；对用大模板施工的现浇墙板，可用电热模板(大模板背面装电阻丝形成热夹层，其外用铁皮包矿渣棉封严)等进行加热。

电热法施工要用变压器将二次电压降至 50～110V，对无筋结构和含钢量≤50kg/m^3 的结构可用 120～220V。电热养护属高温干热养护，温度过高会出现过热脱水现象。混凝土加热有极限温度的限制，升、降温速度与蒸汽养护相同亦有限制。混凝土电阻随强度发展而增大，当加热至 50％设计强度时电阻大增，养护效果不显著，而且电能消耗增加，为节省电能，用电热法养护混凝土只宜加热养护至设计强度的 50％。对整体式结构亦要防止加热养护时产生过大的温度应力。

第四章　预应力混凝土工程

第一节　概　述

预应力结构是在结构承受外荷载之前，预先对其在外荷载作用下的受拉区施加压应力，以改善结构使用性能的一种结构形式。目前预应力结构不仅用于混凝土工程中，而且在钢结构工程中也有应用。本章只讨论预应力混凝土结构的有关施工问题。

一、预应力混凝土的特点

在荷载作用下，当普通混凝土构件中受拉钢筋应力为 20～30MPa 时，其相应的拉应变为$(1.0\sim1.5)\times10^{-4}$，这大致相当于混凝土的极限抗拉应变，此时受拉混凝土可能会产生裂缝。但在正常使用荷载下钢筋应力一般在 150～200MPa 左右，此时受拉混凝土不仅早已开裂，而且裂缝已展开较大宽度，另外构件的挠度也比较大。因此，为限制截面裂缝宽度、减小构件挠度，往往需要对普通混凝土构件施加预应力。

对混凝土构件受拉区施工预压应力的方法，是通过预应力钢筋或锚具，将预应力钢筋的弹性收缩力传递到混凝土构件上并产生预应力。预应力的作用可部分或全部抵消外荷载产生的拉应力，从而提高结构抗裂性，对于在使用荷载下出现裂缝的构件，预应力也会起到减小裂缝宽度的作用。

与非预应力结构相比，预应力结构具有如下的一些特点：改善结构的使用性能，提高结构的耐久性；减小构件截面高度，减轻自重；充分利用高强钢材；具有良好的裂缝闭合性能与变形恢复性能；提高抗剪承载力；提高抗疲劳强度，此外，预应力混凝土结构具有良好的经济性。

二、预应力筋的种类

为了获得较大的预应力，预应力筋常用高强度钢材，目前较常见的有以下五种：

1. 钢绞线

钢绞线一般是由几根碳素钢丝围绕一根中心钢丝在绞丝机上绞成螺旋状，再经低温回火制成。图 4-1 为预应力钢绞线截面图。钢绞线的直径较大，一般为 9～15mm，它比较柔软、施工方便，但价格比钢丝贵。

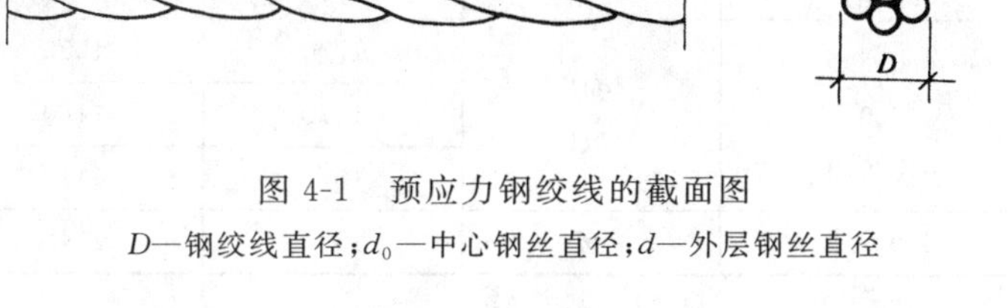

图 4-1　预应力钢绞线的截面图

D—钢绞线直径；d_0—中心钢丝直径；d—外层钢丝直径

钢绞线规格有 2 股、3 股、7 股和 19 股等。7 股钢绞线由于面积较大、柔软、施工定位方便，适用于先张法和后张法预应力结构与构件，是目前国内外应用最广的一种预应力筋。表 4-1 给出了我国常用的钢绞线的规格及其强度设计值。

表 4-1　　钢绞线强度设计值（N/mm²）

钢丝种类	钢筋直径（mm）	符　号	f_{ptk}	f_{py}	f_{py}
1×3	8.6 10.8 12.9	ΦS	1860	1320	390
			1720	1220	
			1570	1110	
1×7	9.5，11.1， 12.7，15.2		1860	1320	
			1720	1220	

2. 高强度钢丝

常用的高强钢丝分为冷拉和矫直回火两种，按外形分为光面、刻痕和螺旋肋三种。常用的高强钢丝的直径（mm）有 4.0，5.0，6.0，7.0，8.0 和 9.0 等几种。

高强钢丝是用优质碳素钢热轧盘条经冷拔制成。然后，可用机械方式对钢丝进行压痕处理形成刻痕钢丝（图 4-2），对钢丝进行低温（一般低于 500℃）矫直回火处理后便成为矫直回火钢丝。

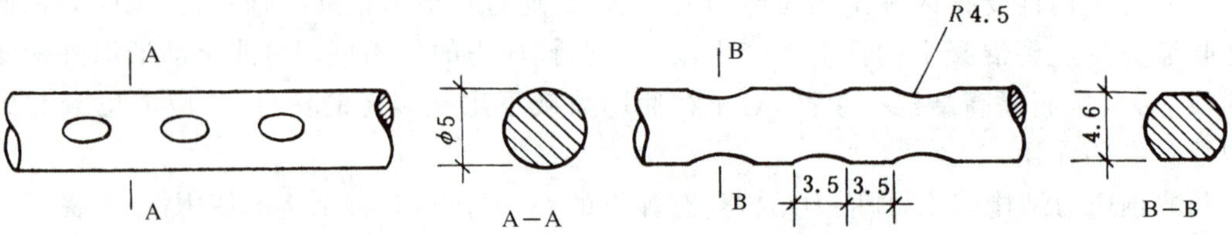

图 4-2　刻痕钢丝的外形

预应力钢丝经矫直回火后，可消除钢丝冷拔过程中产生的残余应力，其比例极限、屈服强度和弹性模量等也会有所提高，塑性也有所改善，同时也解决钢丝的矫直问题。这种钢丝通常被称为消除应力钢丝。消除应力钢丝的松弛损失虽比消除应力前低一些，但仍然较高。于是人们又发展了一种叫做“稳定化”的特殊生产工艺，即在一定的温度（如 350℃）和拉应力下进行应力消除回火处理，然后冷却至常温。经“稳定化”处理后，钢丝的松弛值仅为普通钢丝的 0.25～0.33 左右。这种钢丝被称为低松弛钢丝，目前已在国内外广泛应用。我国消除应力钢丝的品种及其强度设计值见表 4-2。

表 4-2　　消除应力钢丝强度设计值（N/mm²）

钢丝种类	钢筋直径（mm）	符号	f_{ptk}	f_{py}	f_{py}
光面螺旋肋	4.0，5.0 6.0 7.0，8.0，9.0	ΦP ΦH	1770	1250	410
			1670	1180	
			1570	1110	
刻痕	5.0，7.0	ΦI	1570	1110	

3. 热处理钢筋

热处理钢筋是由普通热轧中碳合金钢筋经淬火和回火调质热处理后制成。具有高强度、高韧性和高粘结力等优点，直径为 6～10mm。成品钢筋为直径 2m 的弹性盘卷，开盘后自行伸直，每盘长度为 100～120m。

热处理钢筋的螺纹外形有带纵肋和无纵肋两种，如图 4-3 所示。热处理钢筋强度设计值见表 4-3。

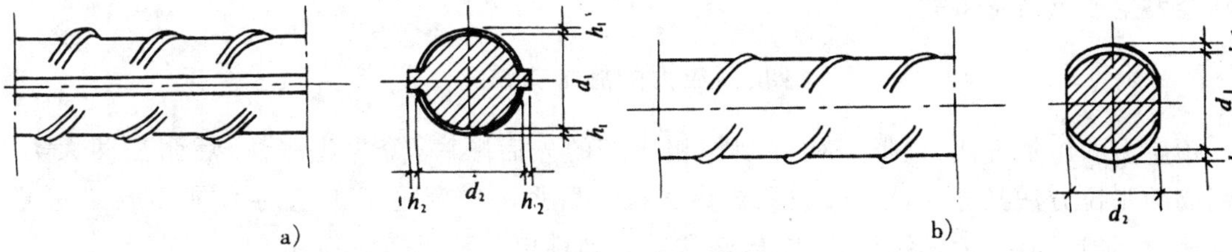

图 4-3　热处理钢筋外形

a）带纵肋；b）无纵肋

表 4-3　　热处理钢筋强度设计值(N/mm^2)

钢筋种类	钢筋直径（mm）	符号	f_{ptk}	f_{py}	f_{py}'
40Si2Mn	6	ΦHT	1470	1040	400
48Si2Mn	8.2				
45Si2Cr	10				

4. 精轧螺纹钢筋

精轧螺纹钢筋是用热轧方法在钢筋表面上轧出不带纵肋的螺纹外形，如图 4-4 所示。钢筋的接长用连接螺纹套筒，端头锚固用螺母。这种高强度钢筋具有锚固简单、施工方便、无需焊接等优点。目前国内生产的精轧螺纹钢筋品种有Φ 25 和Φ 32，其屈服点为 750MPa 和 900MPa 两种。

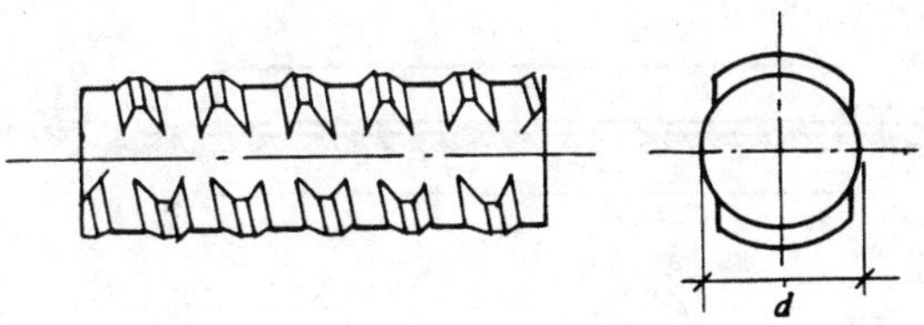

图 4-4　精轧螺纹钢筋的外形

5. 冷拉钢筋

冷拉钢筋是将Ⅱ～Ⅳ级热扎钢筋在常温下通过张拉到超过屈服点后某一应力，使其产生一定的塑性变形后卸荷，再经时效处理而成。这样钢筋的塑性和弹性模量有所降低而屈服强度和硬度有所提高，可直接用作预应力筋。

此外非金属预应力筋也开始运用。非金属预应力筋主要是指用纤维增强塑料（简称 FRP)制成的预应力筋，主要有玻璃纤维增强塑料(GFRP)、芳纶纤维增强塑料(AFRP)及碳纤维增强塑料(CFRP)预应力筋等几种形式。

三、对混凝土的要求

在预应力混凝土结构中，一般要求混凝土的强度等级不低于C30。当采用钢绞线、钢丝、热处理钢筋作预应力筋时，混凝土的强度等级不宜低于C40。目前，在一些重要的预应力混凝土结构中，多采用C50～C60的高强混凝土，并逐步向C80等更高强度等级的混凝土发展。

在预应力混凝土构件生产中，不能掺用对钢筋有侵蚀作用的氯盐，如氯化钙、氯化钠等，否则会发生严重质量事故。

四、预应力的施加方法

预应力的施加方法，根据与构件制作相比较的先后顺序，分为先张法、后张法两大类。按钢筋的张拉方法又分为机械张拉和电热张拉。后张法中因施工工艺的不同，又分为一般后张法、后张自锚法、无粘结后张法、电热法等。目前电热法已较少应用。

第二节　先张法

先张法是在浇筑混凝土构件之前张拉预应力筋，将其临时锚固在台座或钢模上，然后浇筑混凝土构件，待混凝土达到一定强度(一般不低于混凝土强度标准值的75%)，并使预应力筋与混凝土间有足够粘结力时，放松预应力，预应力筋弹性回缩，借助于混凝土与预应力筋间的粘结，对混凝土产生预压应力。

先张法多用于预制构件厂生产定型的中小型构件。图4-5为采用先张法施工工艺生产预制构件的示意图。先张法生产有台座法、台模法两种。用台座法生产时，预应力筋的张拉、锚固、构件浇筑、养护和预应力筋放松等工序都在台座上进行，预应力筋的张拉力由台座承受。台模法为机组流水、传送带生产方法，此时预应力筋的张拉力由钢台模承受。

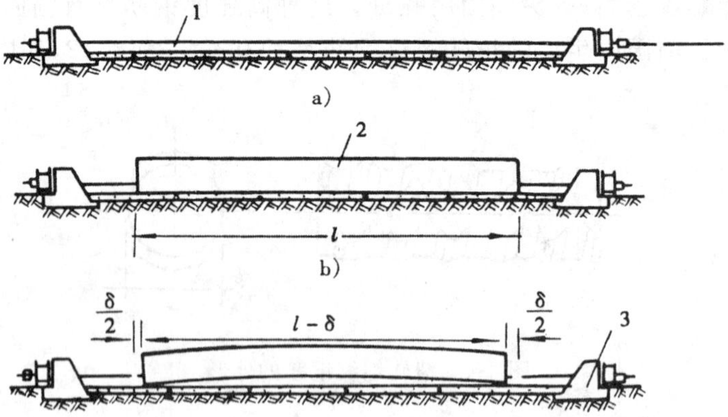

图4-5　先张法生产示意图

a) 预应力筋的张拉；b) 混凝土构件制作；c) 构件获得预应力

1—预应力筋；2—混凝土构件；3—台座

本节主要介绍台座法生产预应力混凝土构件的预应力施工方法。

一、先张法施工设备

（一）台座

1. 墩式台座

以混凝土墩作承力结构的台座称墩式台座，一般用以生产中小型构件。台座长度较长，张拉一次可生产多根构件，从而减少因钢筋滑动引起的预应力损失。

当生产空心板、平板等平面布筋的小型构件时，由于张拉力不大，可利用简易墩式台座。它将卧梁和台座浇筑成整体，充分利用台面受力。锚固钢丝的角钢用螺栓锚固在卧梁上。

生产中型构件或多层叠浇构件可用图 4-6 所示墩式台座。台面局部加厚，以承受部分张拉力。

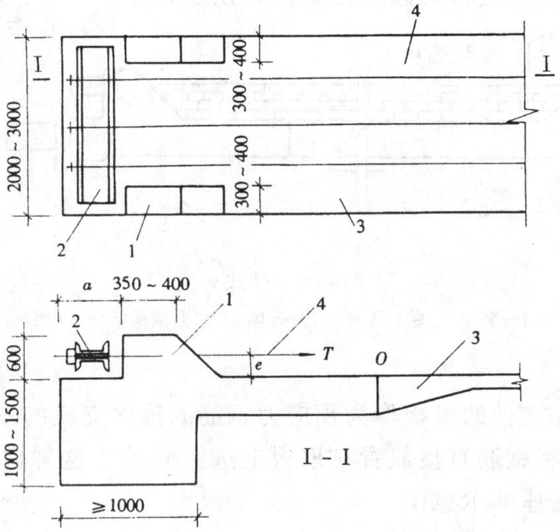

图 4-6　墩式台座

1—混凝土墩；2—钢横梁；3—局部加厚的台面；4—预应力筋

设计墩式台座时，应进行台座的稳定性和强度验算。稳定性是指台座的抗倾覆能力。抗倾覆验算的计算简图如图 4-7 所示，台座的抗倾覆稳定性按下式验算：

$$K_0=\frac{M'}{M}$$

式中　K_0——台座的抗倾覆安全系数；

M——由张拉力产生的倾覆力矩，$M=Te$；

e——张拉力合力 T 的作用点到倾覆转动点 O 的力臂；

M'——抗倾覆力矩，如忽略土压力，则

$$M'=G_1l_1+G_2l_2 \tag{4-1}$$

进行强度验算时，支承横梁的牛腿，按柱子牛腿计算方法计算其配筋；墩式台座与台面

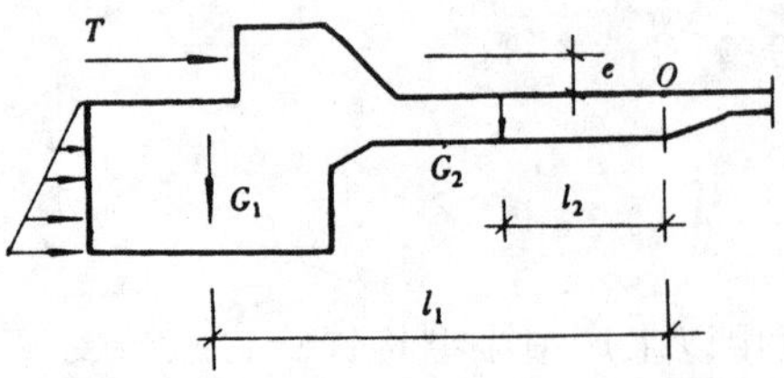

图 4-7 墩式台座的抗倾覆计算简图

接触的外伸部分,按偏心受压构件计算;台面按轴心受压杆件计算;横梁按承受均布荷载的简支梁计算,其挠度应控制在 2mm 以内,并不得产生翘曲。

2. 槽式台座

生产吊车梁、屋架等预应力混凝土构件时,由于张拉力和倾覆力矩都较大,大多采用槽式台座。由于它具有通长的钢筋混凝土压杆,可承受较大的张拉力和倾覆力矩,其上加砌砖墙,加盖后还可进行蒸汽养护(图 4-8)。为方便混凝土运输和蒸汽养护,槽式台座多低于地面。为便于拆迁,台座的压杆亦可分段浇制。

设计槽式台座时,也应进行抗倾覆稳定性和强度验算。

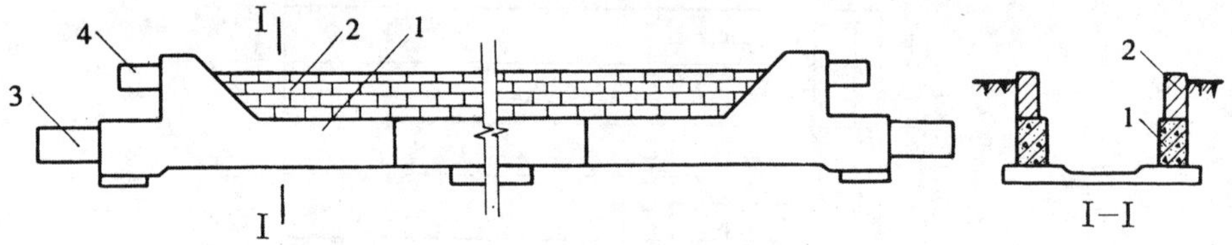

图 4-8 槽式台座

1—钢筋混凝土压杆;2—砖墙;3—上横梁;4—下横梁

3. 钢模台座

钢模台座是将制作构件的模板作为预应力钢筋的锚固支座的一种台座。将钢模板做成具有相当刚度的结构,将钢筋直接放置在模板上进行张拉。这种模板主要的流水线生产中应用。图 4-9 是钢模台座的示意图。

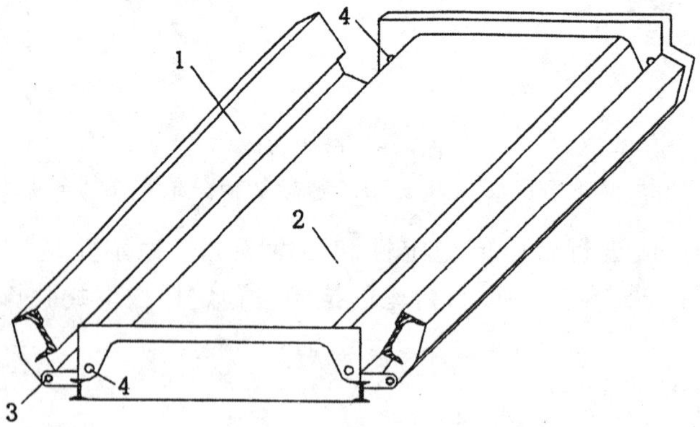

图 4-9 钢模台座

1—侧模;2—底模;3—活动铰;4—预应力筋锚固孔

(二)张拉机具和夹具

钢丝张拉与钢筋张拉所用夹具和机具不同。

1. 钢丝的夹具和张拉机具

(1) 钢丝的夹具

先张法中钢丝的夹具分为两类:一类是将预应力筋锚固在台座或钢模上的锚固夹具;另一类是张拉时夹持预应力筋用的张拉夹具。锚固夹具与张拉夹具都是重复使用的工具。夹具的种类繁多,此处仅介绍常用的一些钢丝夹具。图 4-10 是钢丝的锚固夹具,图 4-11 是钢丝的张拉夹具。

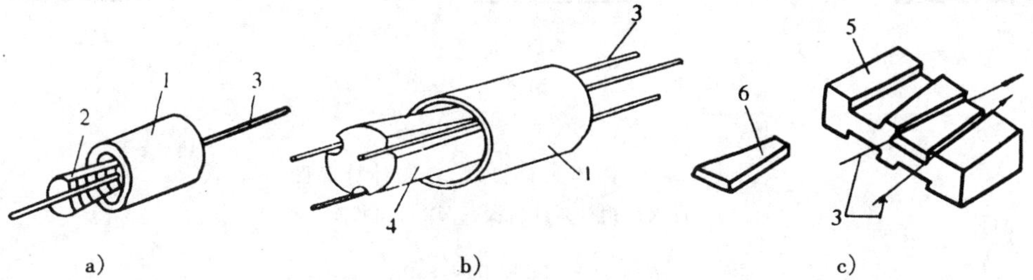

图 4-10　钢丝锚固夹具

a) 圆锥齿板式;b) 圆锥槽式;c) 楔形

1—套筒;2—齿板;3—钢丝;4—锥塞;5—锚板;6—楔块

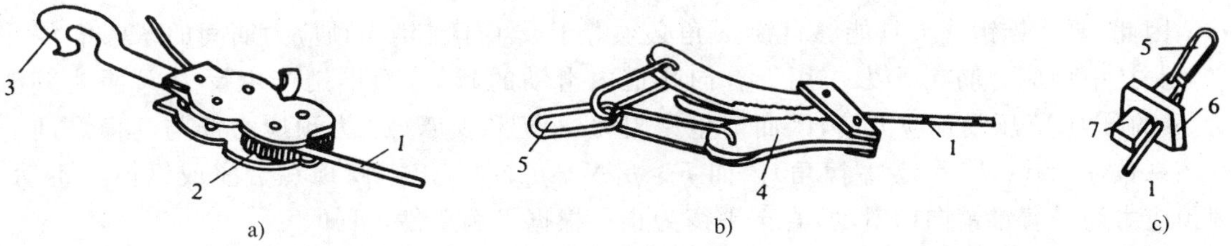

图 4-11　钢丝的张拉夹具

a) 钳式;b) 偏心式;c) 楔形

1—钢丝;2—钳齿;3—拉钩;4—偏心齿条;5—拉环;6—锚板;7—楔块

夹具本身须具备自锁和自锚能力。自锁即锥销、齿板或楔块打入后不会反弹而脱出的能力;自锚即预应力筋张拉中能可靠地锚固而不被从夹具中拉出的能力。

以锥销式夹具图 4-12 为例,锥销在顶压力 Q 作用下打入套筒,由于 Q 力作用,在锥销侧面产生正压力 N 及摩擦力 $N\mu_1$,根据平衡条件得

$$Q-nN\mu_1\cos\alpha-nN\sin\alpha=0 \tag{4-2}$$

式中　n——锚固的预应力筋根数;

μ_1——预应力筋与锥销间的摩擦系数。

因为 $\mu_1=\tan\phi_1$(ϕ_1 为预应力筋与锥销间的摩擦角),代入上式得

$$Q=n\tan\phi_1 N\cos\alpha+nN\sin\alpha$$

所以

$$Q=\frac{nN\sin(\alpha+\phi_1)}{\cos\phi_1}$$

锚固后,由于预应力筋内缩,正应力变为 N',由于锥销有回弹趋势,故摩阻力 $N'\mu_1$ 反向以阻止回弹。为使锥销自锁,则需满足下式:

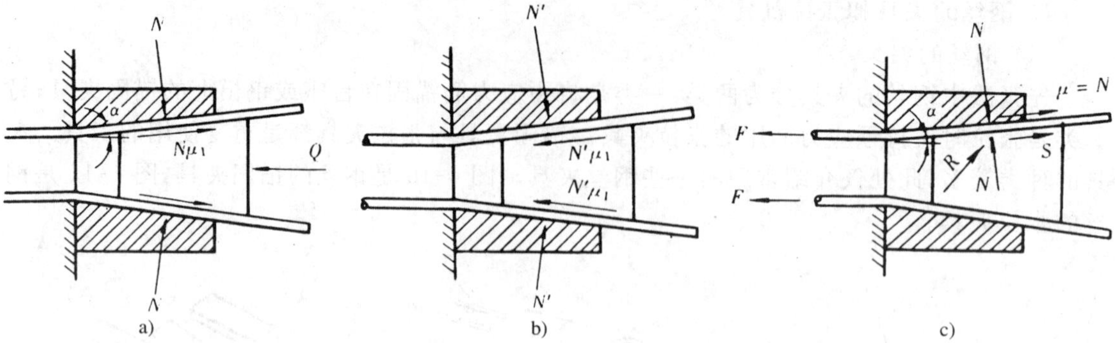

图 4-12　锥销式夹具自锁、自锚计算简图

a）打入锥销；b）自锁状态；c）自锚状态

$$nN'\mu_1\cos\alpha \geqslant nN'\sin\alpha$$

以 $\mu_1=\tan\phi_1$ 代入上式得：　$n\tan\phi_1 N'\cos\alpha \geqslant nN'\sin\alpha$

即

$$\tan\phi_1 \geqslant \tan\alpha$$

故

$$\alpha \leqslant \phi_1 \tag{4-3}$$

因此，要使锥销式夹具能够自锁，α 角必须等于或小于锥销与预应力筋间的摩擦角 ϕ_1。

张拉中预应力筋在 F 力作用下有向孔道内滑动的趋势，而锥销产生反力 R 阻止其滑动，R 的分力 N 压紧预应力筋，因而产生摩阻力 $\mu_1 N$ 和 $\mu_2 N$（μ_2 为预应力筋与套筒之间的摩擦系数，$\mu_2=\tan\phi_2$，ϕ_2 为摩擦角）。如 $F>\mu_1 N+\mu_2 N$，由于套筒顶在台座或钢模上不动，则预应力筋带着锥销向内滑动，直至平衡为止。根据平衡条件，可知

$$F=\mu_2 N+S=\mu_2 N+N\tan\alpha$$

夹具能自锚，即阻止预应力筋滑动的摩阻力大于预应力筋的拉力，如图 4-12c）所示。即

$$\frac{\mu_1 N+\mu_2 N}{F}=\frac{\mu_1 N+\mu_2 N}{\mu_2 N+N\tan\alpha}=\frac{\mu_1+\mu_2}{\mu_2+\tan\alpha}\geqslant 1 \tag{4-4}$$

由此，可知 α，μ_2 愈小、μ_1 愈大，则夹具的自锚性能愈好，μ_2 小而 μ_1 大则对预应力筋的挤压好，锥销向内滑动少。这就要求锥销的硬度（HRC40～45）大于预应力筋的硬度，而预应力筋的硬度要大于套筒的硬度。α 角一般为 4°～6°，α 过大，自锁和自锚性能差，α 过小则套筒承受的环向张力大。

（2）钢丝的张拉机具

钢丝张拉分单根张拉和多根张拉。

用钢台模以机组流水法或传送带法生产构件一般进行多根张拉，图 4-13 表示用油压千斤顶进行张拉，要求钢丝的长度相等，事先调整初应力。

在台座上生产构件多进行单根张拉，由于张拉力较小，一般用小型卷扬机张拉，以弹簧、杠杆等简易设备测力。用弹簧测力时宜设置行程开关，以便张拉到规定的拉力时能自行停车。图 4-14 所示为电动卷扬机张拉长线台座上张拉钢丝。钢丝由夹钳夹固，开动电动机后

螺杆向后运动，钢丝即被张拉，张拉力由弹簧测力计控制。弹簧测力计上装微动开关，达到规定的张拉力时，它自行切断电路，电机停止运转，达到自动张拉的目的。

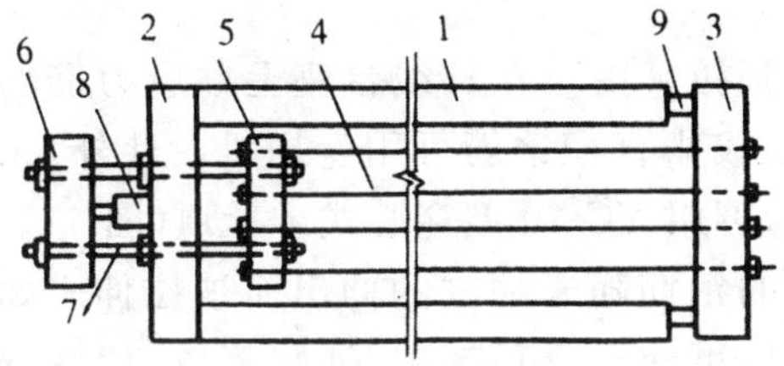

图 4-13　油压千斤顶成组张拉

1—台模；2,3—前后横梁；4—钢筋；5,6—拉力架横梁；7—大螺丝杆；8—油压千斤顶；9—放松装置

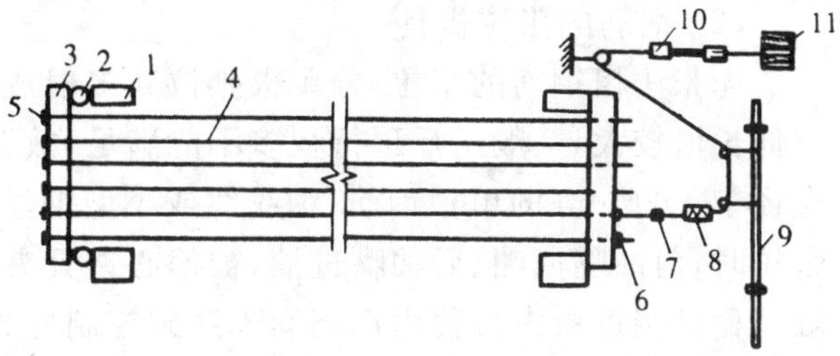

图 4-14　卷扬机张拉布置

1—台座；2—放松装置；3—横梁；4—钢筋；5—镦头锚具；6—穿心夹具；7—张拉夹具；8—弹簧测力计；9—固定梁；10—滑轮组；11—卷扬机

选择张拉机具时，为了保证设备、人身安全和张拉力准确，张拉机具的张拉力应不小于预应力筋张拉力的 1.5 倍；张拉机具的张拉行程应不小于预应力筋张拉伸长值的 1.1～1.3 倍。

2. 钢筋的夹具和张拉机具

(1) 钢筋夹具

钢筋锚固多用螺丝端杆锚具、墩头锚和销片夹具等。张拉时可用联结器与螺丝端杆锚具连接，或用销片夹具等。

钢筋墩头，直径 22mm 以下的钢筋用对焊机热墩或冷墩，大直径钢筋可用压模加热锻打成型。镦过的钢筋需经过冷拉，以检验镦头处的强度。

销片式夹具由圆套筒和圆锥形销片组成(图4-15)，套筒内壁呈圆锥形，与销片锥度吻合，销片有两片式和三片式，钢筋就夹紧在销片的凹槽内。

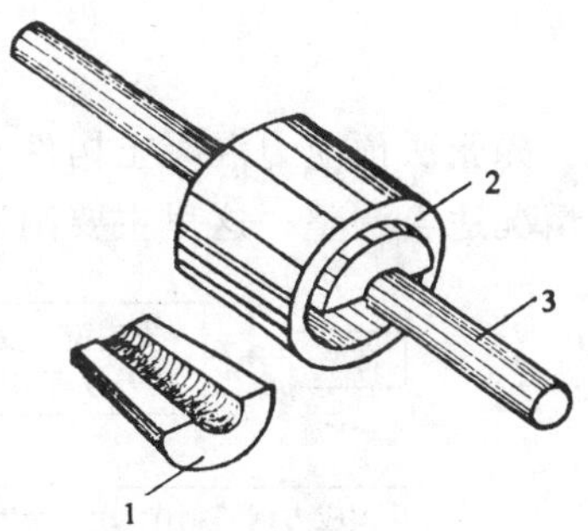

图 4-15　两片式销片夹具

1—销片；2—套筒；3—预应力筋

先张法用夹具的静载锚固性能，由预应力夹具组装件(由夹具和预应力筋组装成)静载锚固试验测定的夹具效率系数 η_g 确定。夹具的静载锚固效率系数应符合下列要求：

$$\eta_g = \frac{F_{gpu}}{F_{pm}} \tag{4-5}$$

式中，F_{gpu} 为预应力筋与夹具组装件的实测极限拉力，F_{pm} 为预应力筋的实际平均极限抗拉力。

试验结果应满足夹具效率系数(η_g)等于或大于 0.92 的要求。

当预应力筋与夹具组装件达到实测极限拉力时，应由预应力筋的断裂，而不应由夹具的破坏导致试验终结。

夹具应具有良好的自锚性能、松锚性能和安全的重复使用性能。主要锚固零件宜采取镀膜防锈。

永久留在混凝土结构或构件中的预应力筋连接器,应符合锚具的性能要求;用于先张法施工且在张拉后还将放张和拆卸的连接器,应符合夹具的性能要求。

(2) 钢筋的张拉机具

先张法粗钢筋的张拉,分单根张拉和多根成组张拉。由于在长线台座上预应力筋的张拉伸长值较大,一般千斤顶行程多不能满足,故张拉较小直径钢筋可用卷扬机。此外,张拉直径 12～20mm 的单根钢筋、钢绞线或小型钢丝束,可用 YC-20 型穿心式千斤顶(图 4-16)。张拉时,前油嘴回油、后油嘴进油,被偏心夹具夹紧的钢筋随着油缸的伸出而被拉伸。如油缸行程已接近最大行程而钢筋尚未达到控制应力时,可使千斤顶卸载、油缸复位,然后继续张拉。此外,YC-18 型穿心式千斤顶(张拉力 18t,张拉行程 250mm)亦可用于张拉单根钢筋和钢丝束。

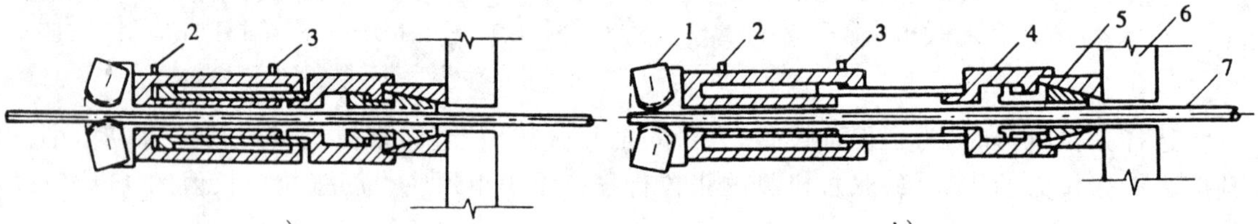

a)　　　　b)

图 4-16　用 YC-20 型穿心式千斤顶张拉预应力筋

a) 暂时锚固、回油使油缸复位;b) 张拉

1—偏心夹具;2—后油嘴;3—前油嘴;4—弹性顶压头;5—销片夹具;6—台座横梁;7—预应力筋

二、先张法施工工艺

先张法预应力混凝土构件在台座上生产时,其工艺流程如图 4-17 所示,施工中可按具体情况适当调整。这里主要阐述几个预应力混凝土的施工问题。

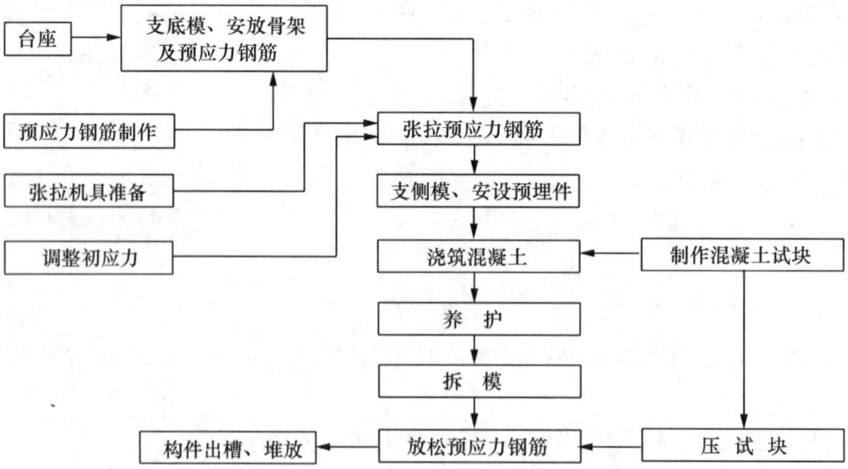

图 4-17　先张法工艺流程

1. 预应力筋的张拉

预应力筋张拉应根据设计要求进行。当进行多根成组张拉时，应先调整各预应力筋的初应力，使其长度和松紧一致，以保证张拉后各预应力筋的应力一致。

张拉时的控制应力按设计规定。控制应力的数值影响预应力的效果，控制应力高，建立的预应力值则大。但控制应力过高，预应力筋处于高应力状态，使构件出现裂缝的荷载与破坏荷载接近，破坏前无明显的预兆，这是不允许的。此外，施工中为减少由于松弛等原因造成的预应力损失，一般要进行超张拉，如果原定的控制应力过高，再加上超张拉就可能使钢筋的应力超过流限。为此，预应力筋的最大超张拉应力，冷拉Ⅱ～Ⅳ级钢筋不得大于屈服强度 f_y 的 95%；钢丝、钢绞线和热处理钢筋不得大于标准强度的 80%。张拉后实际预应力值的偏差不得大于或小于规定值的 5%。

张拉程序可按下列程序之一进行：

$$0 \longrightarrow 105\%\sigma_{con} \xrightarrow{\text{持荷 2min}} \sigma_{con} \tag{4-6}$$

或

$$0 \longrightarrow 103\%\sigma_{con} \tag{4-7}$$

式中，σ_{con} 为预应力筋的张拉控制应力。

建立上述张拉程序的目的是为了减少预应力的松弛损失。所谓“松弛”，即钢材在常温、高应力状态下具有不断产生塑性变形的特性。松弛的数值与控制应力和延续时间有关，控制应力高松弛亦大，所以钢丝、钢绞线的松弛损失比冷拉热轧钢筋大；松弛损失还随着时间的延续而增加，但在第 1min 内可完成损失总值的 50%左右，24h 内则可完成 80%。上述张拉程序，如先超张拉 5%σ_{con} 再持荷 2min，则可减少 50%以上的松弛损失。超张拉 3%σ_{con} 亦是为了弥补设计中预见不到的预应力损失。

用应力控制张拉时，为了校核预应力值，在张拉过程中应测出预应力筋的实际伸长值。如实际伸长值大于计算伸长值 10%或小于计算伸长值 5%，应暂停张拉，查明原因并采取措施予以调整后，方可继续张拉。

台座法张拉中，为避免台座承受过大的偏心压力，应先张拉靠近台座截面重心处的预应力筋。

多根预应力筋同时张拉时，必须事先调整初应力，使相互间的应力一致。张拉过程中，应抽查预应力值，其偏差不得大于或小于按一构件全部钢丝预应力总值的 5%，其断丝或滑丝的量不得大于钢丝总数的 3%。

张拉完毕锚固时，张拉端的预应力筋回缩量不得大于设计规定值；锚固后，预应力筋对设计位置的偏差不得大于 5mm，或不大于构件截面短边长度的 4%。

另外，施工中必须注意安全，严禁正对钢筋张拉的两端站立人员，防止断筋回弹伤人。冬季张拉预应力筋，环境温度不宜低于－15℃。

2. 混凝土的浇筑与养护

确定预应力混凝土的配合比时，应尽量减少混凝土的收缩和徐变，以减少预应力损失。收缩和徐变都与水泥品种和用量、水灰比、骨料孔隙率、振动成型等有关。

预应力筋张拉完成后，钢筋绑扎、模板拼装和混凝土浇筑等工作应尽快跟上。混凝土应振捣密实。混凝土浇筑时，振动器不得碰撞预应力筋。混凝土未达到强度前，也不允许碰撞或踩动预应力筋。

采用重叠法生产构件时，应待下层构件的混凝土强度达到 5.0MPa 后，方可浇筑上层构件的混凝土。

混凝土可采用自然养护或湿热养护。但必须注意，当预应力混凝土构件进行湿热养护时，应采取正确的养护制度以减少由于温差引起的预应力损失。预应力筋张拉后锚固在台座上，温度升高预应力筋膨胀伸长，使预应力筋的应力减小。在这种情况下混凝土逐渐硬结，而预应力筋由于温度升高而引起的应力减小则永远不能恢复。因此，先张法在台座上生产预应力混凝土构件，其最高允许的养护温度应根据设计规定的允许温差（张拉钢筋时的温度与台座养护温度之差）计算确定。当混凝土强度达到 7.5N/mm^2（粗钢筋配筋）或10N/mm^2（钢丝、钢绞线配筋）以上时，则可不受设计规定的温差限制。以机组流水法或传送带法用钢模制作预应力构件，湿热养护时钢模与预应力筋同步伸缩，故不引起温差预应力损失。

3. 预应力筋放松

混凝土强度达到设计规定的数值（一般不小于混凝土标准强度的 75%）后，才可放松预应力筋。放松过早会由于预应力筋回缩而引起较大的预应力损失。预应力筋放松应根据配筋情况和数量，选用正确的方法和顺序，否则会引起构件翘曲、开裂和断筋等现象。

配筋不多的中小型钢筋混凝土构件，钢丝可用砂轮锯或切断机切断等方法放松。配筋多的钢筋混凝土构件，钢丝应同时放松，如逐根放松，则最后几根钢丝将由于承受过大的拉力而突然断裂，易使构件端部开裂。放松后预应力筋的切断顺序，一般由放松端开始，逐次切向另一端。

预应力筋为钢筋时，对热处理钢筋及冷拉Ⅳ级钢筋，不得用电弧切割，宜用砂轮锯或切断机切断。数量较多时，应同时放松。多根钢丝或钢筋的同时放松，可用油压千斤顶、砂箱、楔块等。

采用湿热养护的预应力混凝土构件，宜热态放松预应力筋，而不宜降温后再放松。

第三节　后张法

构件或块体制作时，在放置预应力筋的部位预先留有孔道，待混凝土达到规定强度后孔道内穿入预应力筋，并用张拉机具夹持预应力筋将其张拉至设计规定的控制应力，然后借助锚具将预应力筋锚固在构件端部，最后进行孔道灌浆（亦有不灌浆者），这种施工方法称为后张法。图 4-18 为预应力后张法构件生产的示意图。

后张法的特点是直接在构件上张拉预应力筋，构件在张拉过程中完成混凝土的弹性压缩，因此不直接影响预应力筋有效预应力值的建立。锚具是预应力构件的一个组成部分，永远留在构件上，不能重复使用。

后张法宜用于现场生产大型预应力构件、特种结构和构筑物，亦可作为一种预制构件的拼装手段。

后张法施工分为有粘结后张法施工与无粘结预应力施工。

一、锚具和预应力筋制作

在后张法中，预应力筋、锚具和张拉机具是配套的。

在预应力筋强度等级已确定的条件下，预应力筋-锚具组装件的静载锚固性能试验结

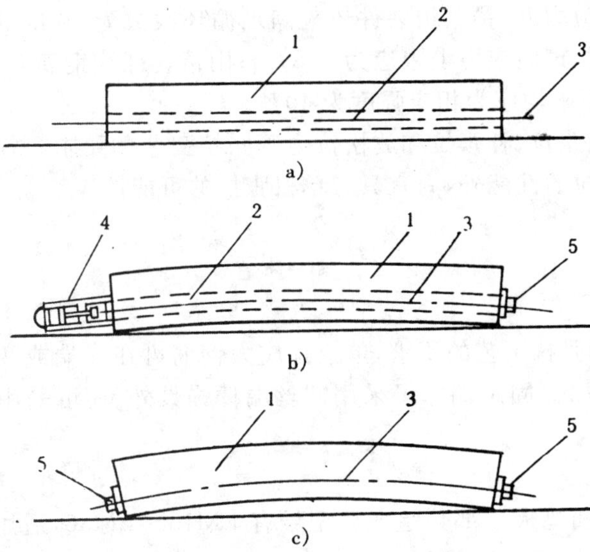

图 4-18　预应力混凝土后张法生产示意图

a) 制作混凝土构件；b) 张拉钢筋；c) 锚固和孔道灌浆

1—混凝土构件；2—预留孔道；3—预应力筋；4—千斤顶；5—锚具

果，应同时满足锚具效率系数（η_a）等于或大于 0.95 和预应力筋总应变（ε_{apu}）等于或大于 2.0%两项要求。

锚具的静载锚固性能，应由预应力筋-锚具组装件静载试验测定的锚具效率系数（η_a）和达到实测极限拉力时组装件受力长度的总应变（ε_{apu}）确定。锚具效率系数（η_a）应按下式计算：

$$\eta_a = \frac{F_{apu}}{\eta_p F_{pm}} \tag{4-8}$$

式中　F_{apu}——预应力筋-锚具组装件的实测极限拉力；

F_{pm}——预应力筋的实际平均极限抗拉力。由预应力钢材试件实测确数荷载平均值计算得出；

η_p——预应力筋的效率系数。η_p 应按下列规定取用：预应力筋-锚具组装件中预应力钢材为 1 至 5 根时，$\eta_p=1$；6 至 12 根时，$\eta_p=0.99$；13 至 19 根时，$\eta_p=0.98$；20 根以上时，$\eta_p=0.97$。

当预应力筋-锚具（或连接器）组装件达到实测极限拉力（F_{apu}）时，应由预应力筋的断裂，而不应由锚具（或连接器）的破坏导致试验的终结。预应力筋拉应力未超过 $0.8f_{ptk}$ 时，锚具主要受力零件应在弹性阶段工作，脆性零件不得断裂。

用于受静、动荷载的预应力混凝土结构，其预应力筋-锚具组装件，除应满足静载锚固性能要求外，尚应满足循环次数为 200 万次的疲劳性能试验要求。疲劳应力上限应为预应力钢丝或钢绞线抗拉强度标准值（f_{ptk}）的 65%（当为精轧螺纹钢筋时，疲劳应力上限为屈服强度的 80%），应力幅度不应小于 80MPa。对于主要承受较大动荷载的预应力混凝土结构，要求所选锚具能承受的应力幅度可适当增加，具体数值可由工程设计单位根据需要确定。

在抗震结构中，预应力筋-锚具组装件还应满足循环次数为50次的周期荷载试验。组装件用钢丝或钢绞线时，试验应力上限应为$0.8f_{ptk}$；用精轧螺纹钢筋时，应力上限应为其屈服强度为90%。应力下限均应为相应强度为40%。

锚具尚应满足分级张拉、补张拉和放松拉力等张拉工艺的要求。锚固多根预应力筋的锚具，除应具有整束张拉的性能外，尚宜具有单根张拉的可能性。

（一）单根粗钢筋

1. 锚具

根据构件的长度和张拉工艺的要求，单根预应力钢筋可在一端或两端张拉。一般张拉端均采用螺丝端杆锚具；而固定端除了采用螺丝端杆锚具外，还可采用帮条锚具或镦头锚具。

(1) 螺丝端杆锚具

由螺丝端杆、螺母和垫板三部分组成。型号有LM18～LM36，适用于直径18～36mm的Ⅱ，Ⅲ级预应力钢筋，如图4-19所示。

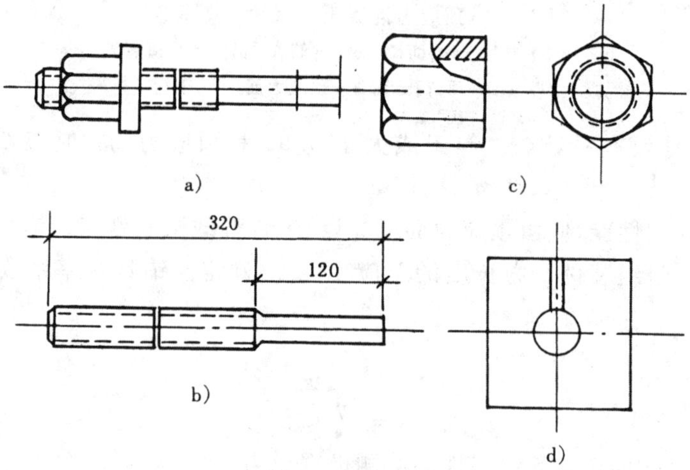

图4-19　螺丝端杆锚具

a) 螺丝端杆锚具；b) 螺丝端杆；c) 螺母；d) 垫板

锚具的长度一般为320mm，当为一端张拉或预应力筋的长度较长时，螺杆的长度应增加30～50mm。

螺丝端杆与预应力筋用对焊连接。

(2) 帮条锚具

帮条锚具由帮条和衬板组成。帮条采用与预应力筋同级别的钢筋，衬板采用普通低碳钢的钢板。帮条锚具的三根帮条应成120°均匀布置，并垂直于衬板与预应力筋焊接牢固，如图4-20所示。

(3) 镦头锚具

用于单根粗钢筋的镦头锚具一般直接在预应力筋端部热镦、冷镦或锻打成型。镦头锚具也适用于锚固多根钢丝束。钢丝束镦关锚具分A型与B型。A型由锚环与螺母组成，可用于张拉端；B型为锚板，用于固定端，其构造见图4-21。

镦头锚具的工作原理是将预应力筋穿过锚杯的蜂窝眼后，用专门的镦头机将钢筋或钢丝的端头镦粗，将镦粗头的预应力束直接锚固在锚杯上，待千斤顶拉杆旋入锚杯内螺纹后即可进行张拉，当锚杯带动钢筋或钢丝伸长到设计值时，将锚圈沿锚杯外的螺纹旋紧顶在构件表面，于是锚圈通过支承垫板将预压力传到混凝土上。

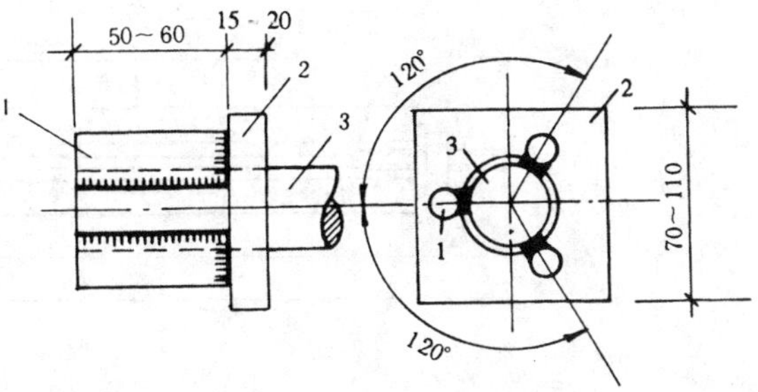

图 4-20　帮条锚具

1—帮条；2—衬板；3—预应力筋

`镦头锚具的优点暗操作简便迅速，不会出现锥形锚易发生的“滑丝”现象，故不发生相应的预应力损失。这种锚具的缺点是下料长度要求很精确，否则，在张拉时会因各钢丝受力不均匀而发生断丝现象。

镦头锚具用 YC-60 千斤顶(穿心式千斤顶)或拉杆式千斤顶张拉。

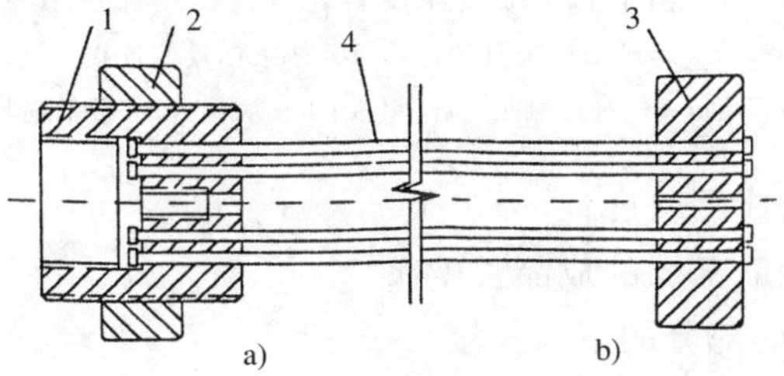

图 4-21　钢丝束镦头锚具

1—锚环；2—螺母；3—锚板；4—钢丝束

2. 预应力筋制作

单根粗预应力钢筋的制作，包括配料、对焊等工序。预应力筋的下料长度应计算确定，计算时要考虑锚具种类、对焊接头或镦粗头的压缩量、张拉伸长值、构件长度等因素。

螺丝端杆外露在构件孔道外的长度，根据垫板厚度、螺母高度和拉伸机与螺丝端杆连接所需长度确定，一般为 120～150mm。固定端用帮条锚具和镦头锚具时，其长度视锚具尺寸而定。

预应力钢筋下料长度的计算有以下两种情况：

(1) 两端采用螺丝端杆锚具的预应力筋，预应力筋的成品长度如图4-22a)所示：

$$L_1 = l + 2l_2$$

预应力筋钢筋部分的成品长度

$$L_0 = L_1 - 2l_1$$

预应力筋钢筋部分的下料长度

$$L = L_0 + nl_0 \tag{4-9}$$

(2) 一端用螺丝端杆另一端用帮条锚具时，预应力筋的成品长度如图 4-22b)所示：

$$L_1 = l + l_2 + l_3$$

$$L_0 = L_1 - l_1$$

$$L = L_0 + nl_0 \tag{4-10}$$

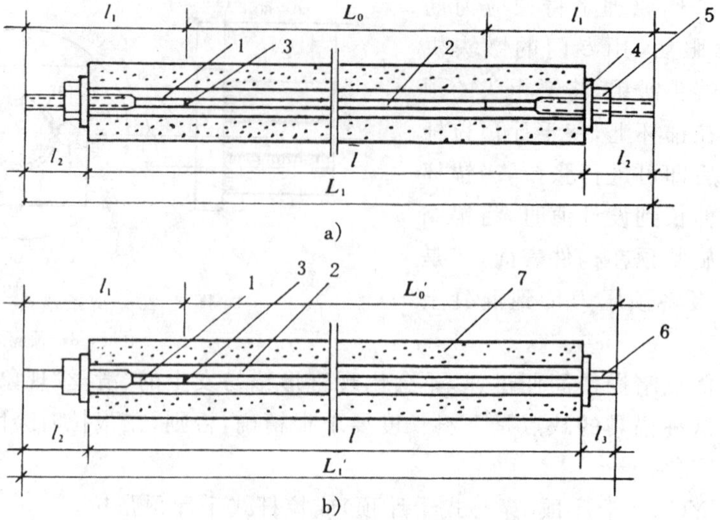

图 4-22 粗钢筋与锚具连接图及下料长度计算示意图

a) 螺丝端杆锚具的连接；b) 帮条锚具的连接

1—螺丝端杆；2—粗钢筋；3—对焊接头；4—垫板；5—螺母；6—帮条锚具；7—混凝土构件

式中 L_1——预应力筋的成品长度；

L_0——预应力筋钢筋部分的成品长度；

L——预应力筋钢筋部分的下料长度；

l——构件的孔道长度或台座长度(包括横梁在内)；

l_1——螺丝端杆长度；

l_2——螺丝端杆伸出构件外的长度；

l_3——帮条或镦头锚具长度(包括垫板厚度 h)；

l_0——每个对焊接头的压缩长度(约等于钢筋直径 d)；

n——对焊接头的数量；

在不同场合下,用拉伸机张拉时,l_2 的计算取值有：

张拉端 $l_2=2H+h+5\text{mm}$

锚固端 $l_2=H+h+10\text{mm}$

用电热法张拉时：

$$l_2=H+b+5\text{mm}$$

式中 H——螺母高度；

h——垫板厚度；

b——电热夹具宽度。

3. 张拉设备

(1) 普通液压千斤顶

先张法施工中常常会进行多根钢筋的同步张拉,当用钢台模以机组流水法或传送带法生产构件时多进行多根张拉,可用普通液压千斤顶进行张拉。张拉时要求钢丝的长度基本相等,以保证张拉后各钢筋的预应力相同,为此,事先应调整钢筋的初应力。图 4-23 是用液压千斤顶进行成组张拉的示意图。后张法中较少应用普通液压千斤顶。

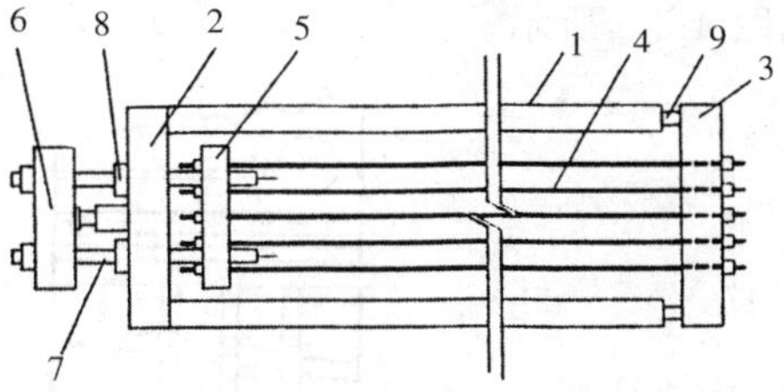

图 4-23　液压千斤顶成组张拉

1—台模；2,3—前后横梁；3—钢筋；5,6—拉力架横梁；7—大螺丝杆；8—油压千斤顶；9—放松装置

(2) 拉杆式千斤顶

拉杆式千斤顶用于螺母锚具、锥形螺杆锚具、钢丝镦头锚具等。它由主油缸、主缸活塞、回油缸、回油活塞、连接器、传力架、活塞拉杆等组成。图 4-24 是用拉杆式千斤顶张拉时的工作示意图。张拉前，先将连接器旋在预应力的螺丝端杆上，相互连接牢固。千斤顶由传力架支承在构件端部的钢板上。张拉时，高压油进入主油缸、推动主缸活塞及拉杆，通过连接器和螺丝端杆，预应力筋被拉伸。千斤顶拉力的大小可由油泵压力表的读数直接显示。当张拉力达到规定值时，拧紧螺丝端杆上的螺母，此时张拉完成的预应力筋被锚固在构件的端部。锚固后回油缸进油，推动回油活塞工作，千斤顶脱离构件，主缸活塞、拉杆和连接器回到原始位置。最后将连接器从螺丝端杆上卸掉，卸下千斤顶，张拉结束。

目前，常用的一种千斤顶是 YL60 型拉杆式千斤顶。另外，还生产 YL400 型和 YL500 型千斤顶，其张拉力分别为 4000kN 和 5000kN，主要用于张拉力较大的钢筋张拉。

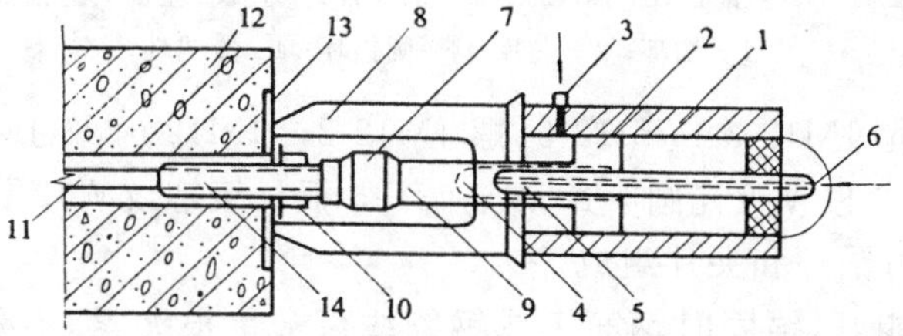

图 4-24　拉杆式千斤顶张拉原理

1—主油缸；2—主缸活塞；3—进油孔；4—回油缸；5—回油活塞；6—回油孔；7—连接器；8—传力架；9—拉杆；10—螺母；11—预应力筋；12—混凝土构件；13—预埋铁板；14—螺丝端杆

(3) 穿心式千斤顶

穿心式千斤顶是利用双液压缸张拉预应力筋和顶压锚具的双作用千斤顶。穿心式千斤顶适用于张拉带 JM 型锚具、XM 型锚具的钢筋，配上撑脚与拉杆后，也可作为拉杆式千斤顶。

(二) 预应力钢筋束和钢绞线束

1. 锚具和张拉机具

钢筋束和钢绞线束具有强度高、柔性好的优点，目前常用的锚具有 JM12 型、精铸 JM12 型、KT-Z 型(可锻铸铁锥形)以及 XM 型锚具。

(1) JM12 型锚具

JM12 型锚具的构造如图 4-25 所示。

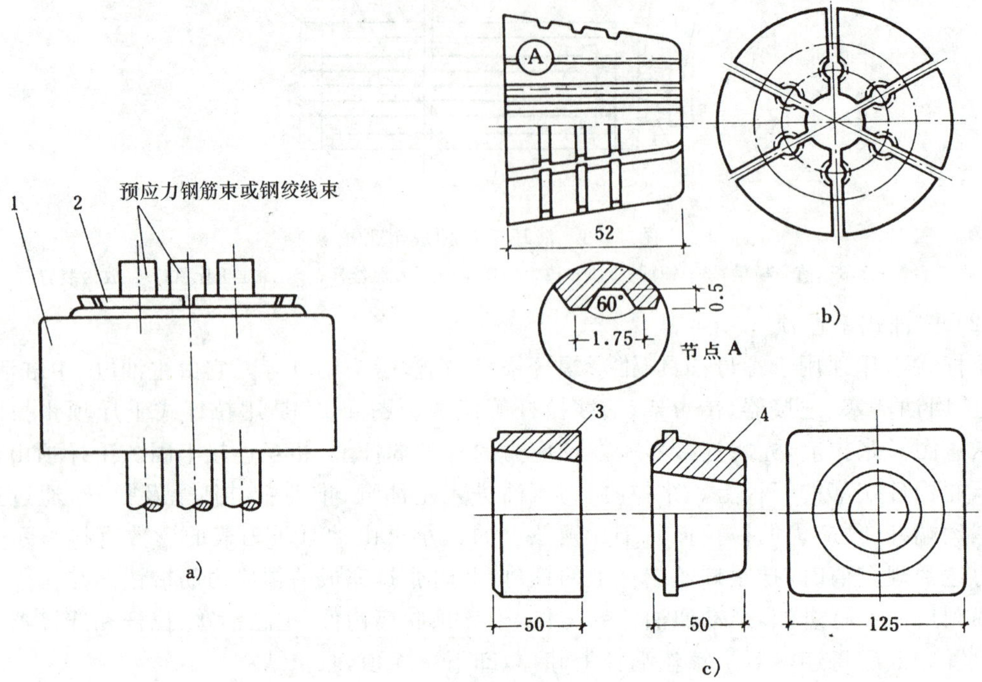

图 4-25　JM12 型锚具

a) JM12 型锚具；b) JM12 型锚具的夹片；c) JM12 型锚具的锚环

1—锚环；2—夹片；3—圆锚环；4—方锚环

JM12 型锚具有光 JM12-3～JM12-6、螺 JM12-3～JM12-6、绞 JM12-5 和 JM12-6 等十种，分别用来锚固 3～6 根Ⅳ级光圆 $\phi^{l}12$ 钢筋、3～6 根Ⅳ级螺纹 $\phi^{l}12$ 钢筋和 5～6 束 $\phi^{j}12$ 钢绞线。JM12 型锚具由锚环和夹片组成。

JM12 型锚具性能好，锚固时钢筋束或钢绞线束被单根夹紧，不受直径误差的影响，且预应力筋是在呈直线状态下被张拉和锚固，受力性能好。为此，近来为适应小吨位高强钢丝束的锚固，还发展了锚固 6～7 根 $\phi5$ 碳素钢丝的 JM5-6 和 JM5-7 型锚具，其原理完全相同。为降低锚具成本，还有精铸 JM12 型锚具，已定型的型号有 ZJM12-4，ZJM12-5 和 ZJM12-6。JM12 型锚具用于锚固钢筋束时的滑移值，不应大于 3mm；用于锚固钢绞线时，滑移值不应大于 5mm。

JM12 型锚具是一种利用楔块原理锚固多根预应力筋的锚具，它既可作为张拉端的锚具，亦可作为固定端的锚具，或作为重复使用的工具锚。

JM12 型锚具宜选用相应的 YC-60 型穿心式千斤顶来张拉预应力筋(图 4-26)。

JM12 型锚具性能好，锚固时钢筋束或钢铰线被单根夹紧，不受直径误差的影响，且预应力筋是在呈直线状态下被张拉和锚固的，因此受力性能好。

(2) KT-Z 型锚具

这是一种可锻铸铁锥形锚具，其构造如图 4-27 所示。它可用于锚固钢筋束和钢绞线束，并可用于锚固 3～6 根Ⅲ级 $\Phi^{l}12$ 和Ⅳ级 $\Phi^{l}12$ 钢筋束的螺 KT-Z-3～KT-Z-6 以及锚固 3～6根 $\phi^{j}12(7\phi4)$钢绞线束的绞 KT-Z-3～KT-Z-6。KT-Z型锚具由锚塞和锚环组成。均用

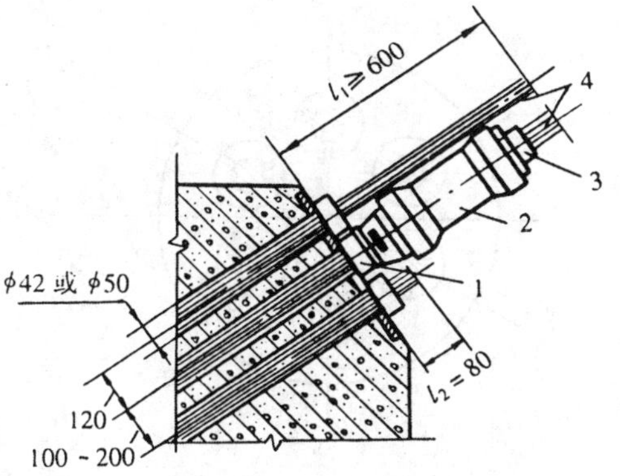

图 4-26 JM12 型锚具和 YC-60 型千斤顶的安装示意图

1—工作锚；2—YC-60 型千斤顶；3—工具锚；4—预应力筋束

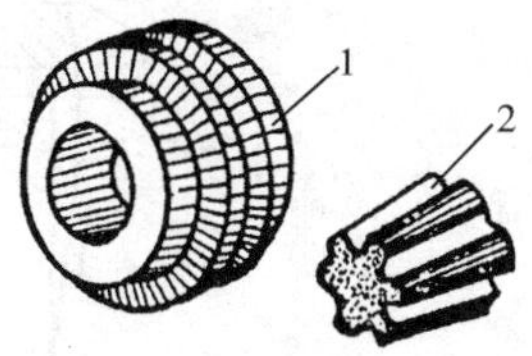

图 4-27 KT-Z 型锚具

1—锚环；2—锚塞

“KT37-12”或“KT35-10”可锻铸铁成型。该锚具为半埋式，使用时先将锚环小头嵌入承压钢板中，并用断续焊缝焊牢，然后共同预埋在构件端部。

使用该锚具时，预应力筋在锚环小口处形成弯折，因而产生摩擦损失，该损失值，对钢筋束约为控制应力 σ_{con} 的 4%；对钢绞线束则约为控制应力 σ_{con} 的 2%。

KT-Z 型锚具用于螺纹钢筋束时，宜用锥锚式双作用千斤顶张拉（图 4-28）；用于钢绞线束，则宜用 YC-60 型双作用千斤顶张拉。

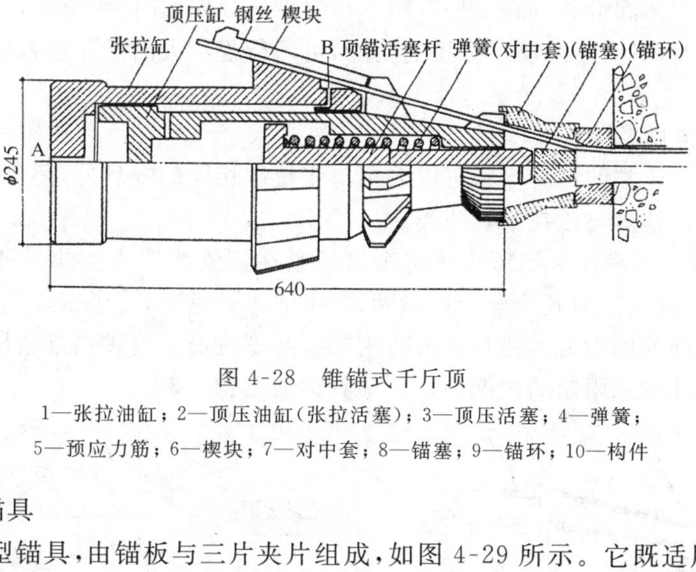

图 4-28 锥锚式千斤顶

1—张拉油缸；2—顶压油缸（张拉活塞）；3—顶压活塞；4—弹簧；5—预应力筋；6—楔块；7—对中套；8—锚塞；9—锚环；10—构件

（3）XM 型锚具

这是一种新型锚具，由锚板与三片夹片组成，如图 4-29 所示。它既适用于锚固钢绞线束，又适用于锚固钢丝束；既可锚固单根预应力筋，又可锚固多根预应力筋。当用于锚固多根预应力筋时，既可单根张拉、逐根锚固，又可成组张拉，成组锚固。另外它还既可用作工作锚具，又可用作工具锚具。近年来随着预应力混凝土结构和无粘结预应力结构的发展，XM 型锚具已得到广泛应用。实践证明，XM 型锚具具有通用性强、性能可靠、施工方便、便于高空作业的特点。

XM 型锚具的锚板采用 45 号钢，经调质热处理硬度达 HB＝285±15。锚孔沿圆周排列，间距不小于 36mm，锚孔中心线的倾角 1∶20。锚板顶面应垂直于锚孔中心线，以利夹片

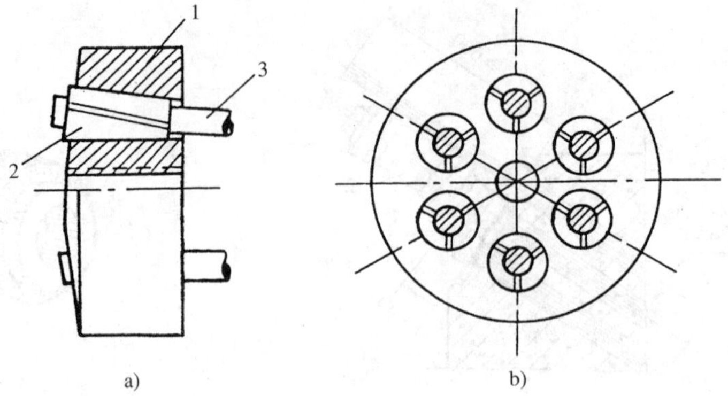

图 4-29　XM 型锚具

a) 装配图；b) 锚板

1—锚板；2—夹片(三片)；3—钢绞线

均匀塞入。夹片采用三片式,按 120°均分开缝、沿轴向有倾斜偏转角,倾斜偏转角的方向与钢绞线的扭角相反,以确保夹片能夹紧钢绞线或钢丝束的每一根外围钢丝,形成可靠的锚固。

XM 型锚具在充分满足自锚条件下,夹片的锥面选用了较大的锥角,使 XM 型锚具,可当工作锚与工具锚使用。当用作工具锚时,可在夹片和锚板之间涂抹一层能在极大压强下保持润滑性能的固体润滑剂(如石墨、石蜡等),当千斤顶回程时,用锤轻轻一击,即可松开脱落。用作工作锚时,具有连续反复张拉的功能,可用行程不大的千斤顶张拉任意长度的钢绞线。

(4) 握裹式锚具

钢绞线束的固定端的锚具除了可以采用与张拉端相同的锚具外,还可选用握裹式锚具。握裹式锚具有挤压锚具与压花锚具两类。

① 挤压锚具　是利用液压压头机将套筒挤紧在钢绞线端头上的一种锚具。套筒内衬有硬钢丝螺旋圈,在挤压后硬钢丝全部脆断,一半嵌入外钢套,一半压入钢绞线,从而增加钢套筒与钢绞线之间的摩阻力。锚具下设有钢垫板与螺旋筋。这种锚具适用于构件端部的设计力大或端部尺寸受到限制的情况。挤压锚具构造见图 4-30。

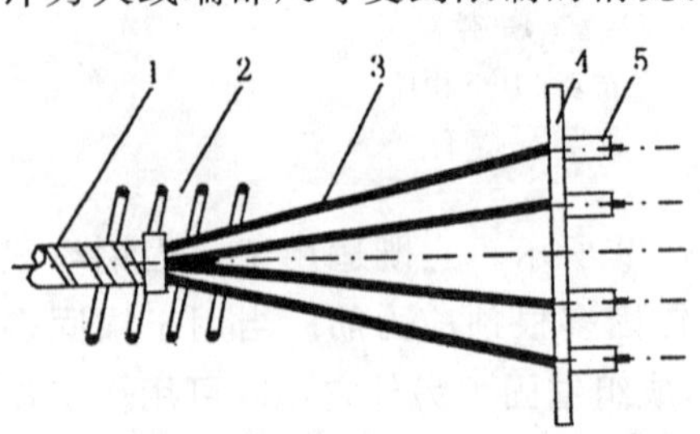

图 4-30　挤压锚具的构造

1—波纹管；2—螺旋筋；

3—钢绞线；4—钢垫板；5—挤压锚具

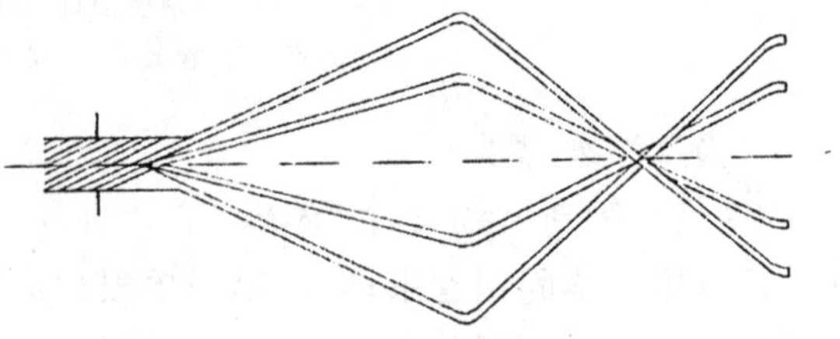

图 4-31　压花锚具

② 压花锚具　是利用法液压压花机将钢绞线端头压成梨形散花状的一种锚具(图 4-31)。梨形头的尺寸对于 $\phi 15$ 钢绞线不小于 $\phi 95 mm \times 150 mm$。多根钢绞线梨形头应分排

埋置在混凝土内。为提高压花锚四周混凝土及散花头根部混凝土抗裂强度，在散花头的头部配置构造筋，在散花头的根部配置螺旋筋，压花锚跨构件截面边缘不小于30cm。第一排压花锚的锚固长度，对 $\phi15$ 钢绞线不小于95cm，每排相隔至少30cm。多根钢绞线压花锚具构造见图4-32。

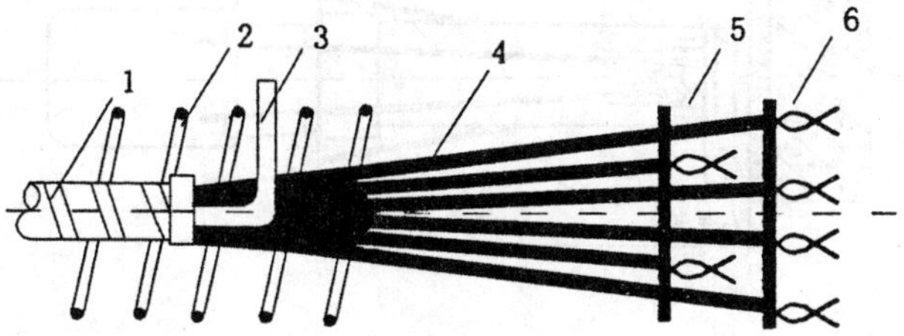

图4-32　多根钢绞线压花锚具

1—波纹管；2—螺旋筋；3—灌浆管；4—钢绞线；5—构造筋；6—压花锚具

2. 预应力筋的制作

钢筋束、热处理钢筋和钢绞线是呈盘状供应，长度较长，不需要对焊接长。其制作工序是：开盘→下料→编束。

下料时，宜采用切断机或砂轮锯切机，不得采用电弧切割。钢绞线在切断前，在切口两侧各50mm处，应用铅丝绑扎，以免钢绞线松散。编束是将钢绞线理顺后，用铅丝每隔1.0m左右绑扎成束，在穿筋时应注意防止扭结。

预应力筋的下料长度，主要与张拉设备和选用的锚具有关。

(1) 当采用夹片式锚具(JM型、XM型)、穿心式千斤顶张拉时，钢绞线或钢筋束的下料长度按图4-33所示用下列公式计算：

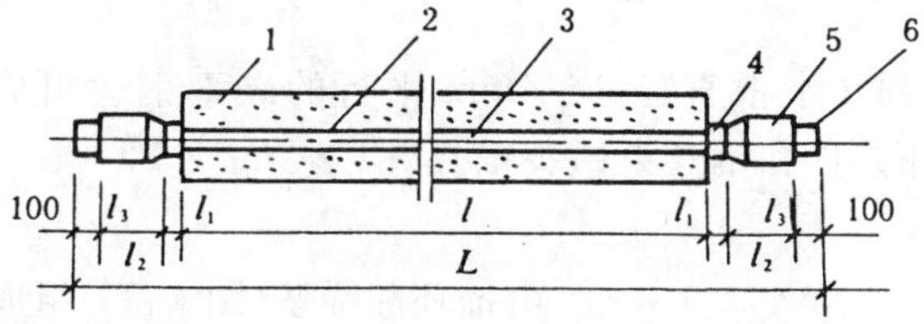

图4-33　钢绞线或钢筋束下料长度计算简图

1—混凝土构件；2—孔道；3—钢绞线或钢筋束；4—夹片式工作锚；5—穿心式千斤顶；6—夹片式工具锚

① 两端张拉时

$$L=l_0+2(l_1+l_2+l_3+100) \tag{4-11}$$

② 一端张拉时

$$L=l_0+2(l_1+100)+l_2+l_3 \tag{4-12}$$

式中　l_0——孔道长度；

l_1——夹片式工作锚厚度；

l_2——穿心式千斤顶长度；

l_3——夹片式工具锚厚度。

(2) 当采用 KT-Z 型锚具、锥锚式双作用千斤顶张拉时，预应力筋或钢绞线的下料长度按图 4-34 所示用下式计算：

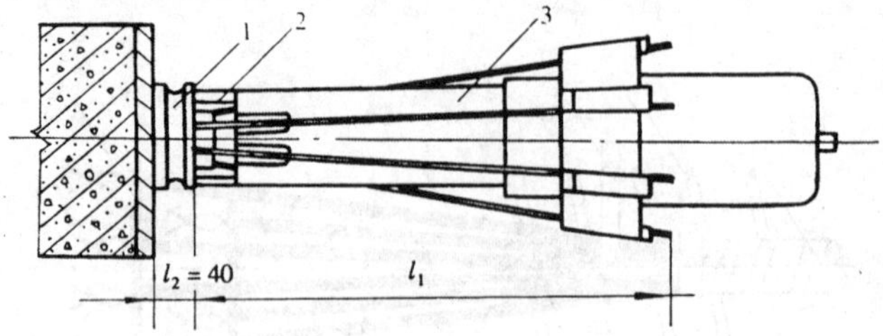

图 4-34　KT-Z 型锚具和锥锚式双作用千斤顶的安装示意图

1—KT-Z 锚具；2—钢垫块；3—锥锚式双作用千斤顶；4—预应力筋

① 当两端张拉时

$$L=l_0+2(l_1+l_2) \tag{4-13}$$

② 当一端张拉时

$$L=l_0+l_1+l_2+l_3 \tag{4-14}$$

式中　l_0——孔道长度；

l_1——张拉端预应力筋束预留长度，视张拉设备类型而定；

l_2——锚具外露长度，$l_2=40$mm；

l_3——非张拉端预应力筋束预留长度，$l_3=80$mm。

（三）钢 丝 束

1. 锚具

钢丝束一般由几根到几十根直径 3～5mm 平行的碳素钢丝组成。目前常用的锚具有钢质锥形锚具、锥形螺杆锚具和钢丝束镦头锚具。

(1) 钢质锥形锚具

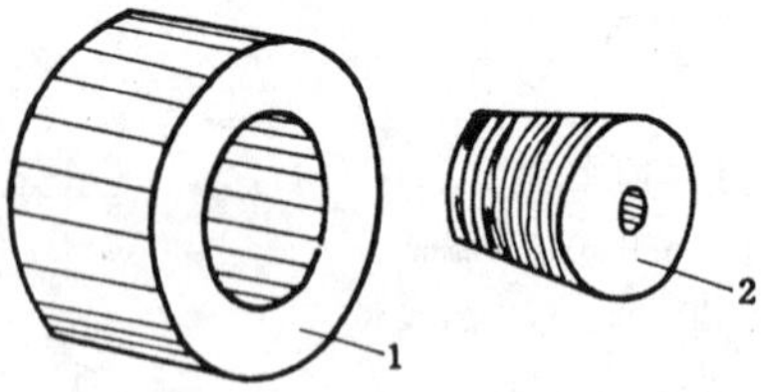

图 4-35　钢质锥形锚具

1—锚环；2—锚塞

由锚环和锚塞(图 4-35)组成，用于锚固以锥锚式双作用千斤顶张拉的钢丝束。锚环内孔的锥度应与锚塞的锥度一致。锚塞上刻有细齿槽，夹紧钢丝防止滑动。

锥形锚具的主要缺点是当钢丝直径误差较大时，易产生单根滑丝现象，且滑丝后很难补救，如用加大顶锚力的办法来防止滑丝，过大的顶锚力易使钢丝咬伤。此外，钢丝锚固时呈辐射状态，弯折处受力较大。

(2) 钢丝束镦头锚具

用于锚固 12～54 根 $\phi5$ 碳素钢丝的钢丝束。分 DM5A 型和 DM5B 型，DM5A 型用于张拉端，DM5B 型用于固定端(图 4-36)。镦头锚具的滑移值不应大于 1mm。镦头锚具的镦头强度，不得低于钢丝规定抗拉强度的 98%。

锚环与锚板用 45 号钢制作，先经调质热处理后再进行机械加工。螺母用 30 号钢制作。锚环的内外壁均有丝扣，内丝扣用于连接张拉螺丝杆，外丝扣用于拧紧螺母锚固钢丝束。锚环和锚板四周钻孔，以固定镦头的钢丝，孔数和间距由钢丝根数而定。钢丝用 LD-10 型液压冷镦器进行镦头。钢丝束一端可在制束时将头镦好，另一端则待穿束后镦头，故构件孔道端部要设置扩孔。

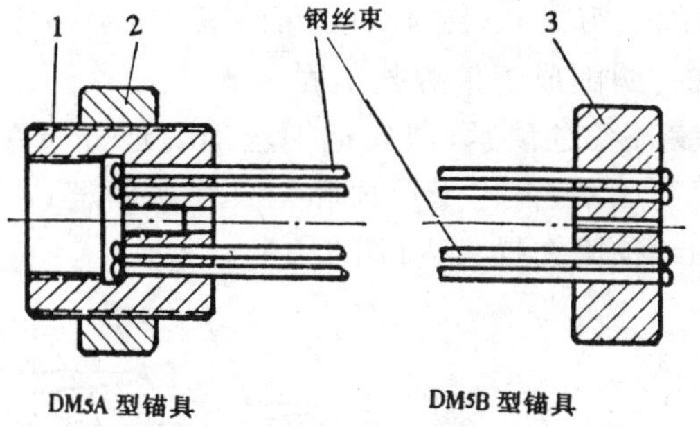

图 4-36　钢丝束镦头锚具

1—锚环；2—螺母；3—锚板

张拉时，张拉螺丝杆一端与锚环内丝扣连接，另一端与拉杆式千斤顶的拉头连接，当张拉到控制应力时，锚环被拉出，则拧紧锚环外丝扣上的螺母加以锚固。

(3) 锥形螺杆锚具

用于锚固 14,16,20,24 和 28 根直径 5mm 的钢丝束。它由锥形螺杆、套筒、螺母等组成(图 4-37)。锥形螺杆和套筒皆由 45 号钢制成。锥形螺杆锚具与 YL-60,YL-90 拉杆式千斤顶配套使用，YC-60,YC-90 穿心式千斤顶亦可应用。与拉杆式千斤顶共同使用时的安装方法如图 4-38 所示。

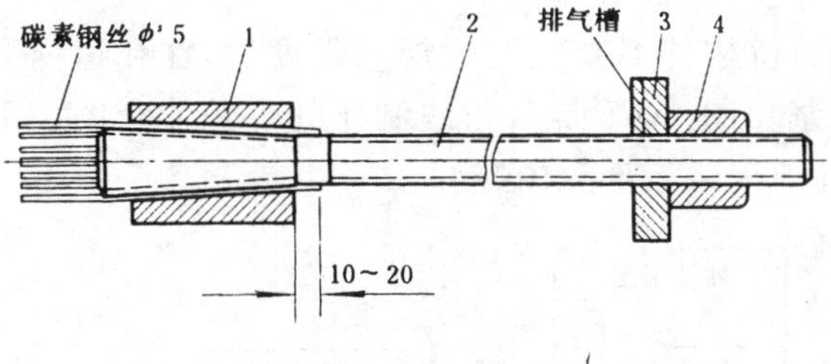

图 4-37　锥形螺杆锚具

1—套筒；2—锥形螺杆；3—垫板；4—螺母

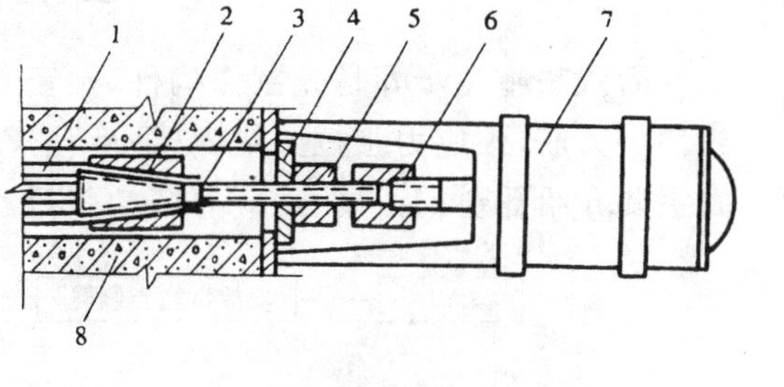

图 4-38　锥形螺杆锚具与拉杆式千斤顶的安装示意图

1—钢丝束；2—套筒；3—锥形螺杆；4—垫板；5—螺母；6—千斤顶连接螺母；7—拉杆式千斤顶；8—预应力混凝土构件

2. 钢丝束的制作

钢丝束的制作，随锚具形式的不同制作方式也有差异，一般包括调直、下料、编束和安装锚具等工序。

用钢质锥形锚具锚固的钢丝束，其制作和下料长度计算基本上同钢筋束。

用镦头锚具锚固的钢丝束，其下料长度应力求精确，对直的或一般曲率的钢丝束，下料长度的相对误差要控制在 $L/5000$ 以内，并且不大于 5mm。为此，要求钢丝在应力状态下切断下料，下料的控制应力为 $300N/mm^2$。钢丝下料长度，取决于是 A 型或 B 型锚具以及一端张拉或两端张拉。

用锥形螺杆锚固的钢丝束，经过矫直的钢丝可以在非应力状态下料。

为防止钢丝扭结，必须进行编束。在平整场地上先把钢丝理顺平放，然后在其全长中每隔 1m 左右用 22 号铅丝编成帘子状（图 4-39），再每隔 1m 放一个按端杆直径制成的螺丝衬圈，并将编好的钢丝帘绕衬圈围成圆束绑扎牢固。

锥形螺杆锚具的安装需经过预紧，即先把钢丝均匀地分布在锥形螺杆的周围，套上套筒，通过工具式套筒将套筒压紧，再用千斤顶和工具式预紧器以 110%～130% 的张拉控制应力预紧，将钢丝束牢固地锚固在锚具内（图 4-40）。

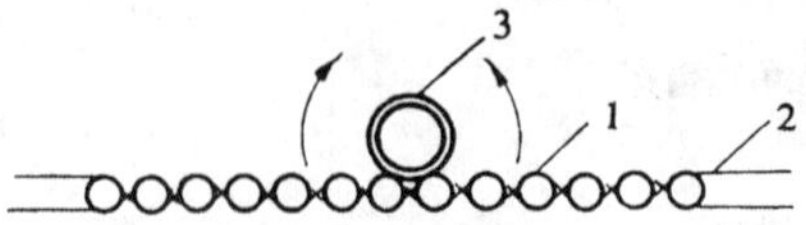

图 4-39　钢丝束的编束

1—钢丝；2—铅丝；3—衬圈

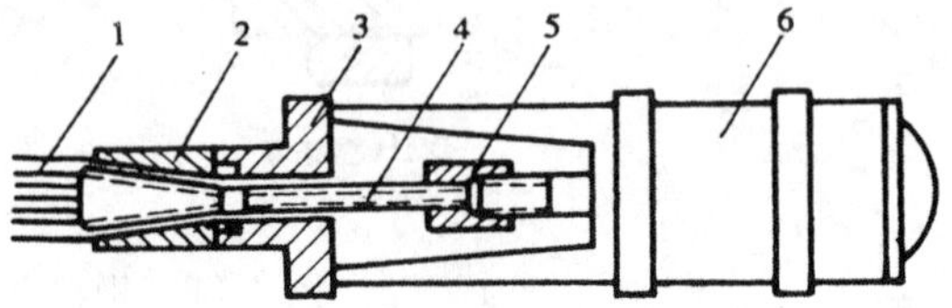

图 4-40　锥形螺杆锚具的预紧

1—钢丝束；2—套筒；3—预紧器；4—锥形螺杆；5—千斤顶连接螺母；6—千斤顶

3. 钢丝束的张拉设备

钢质锥形锚具用锥锚式双作用千斤顶进行张拉。镦头锚具用 YC-60 千斤顶（穿心式千斤顶）或拉杆式千斤顶张拉。大跨度结构、长钢丝束等引伸量大者，用穿心式千斤顶为宜。锥形螺杆锚具宜用拉杆式千斤顶或穿心式千斤顶张拉。

二、后张法施工工艺

后张法施工步骤是先制作构件，预留孔道；待构件混凝土达到规定强度后，在孔道内穿放预应力筋，预应力张拉并锚固；最后孔道灌浆。图 4-41 是后张法制作的工艺流程图。下面主要介绍孔道的留设、预应力筋的张拉和孔道灌浆三部分内容。

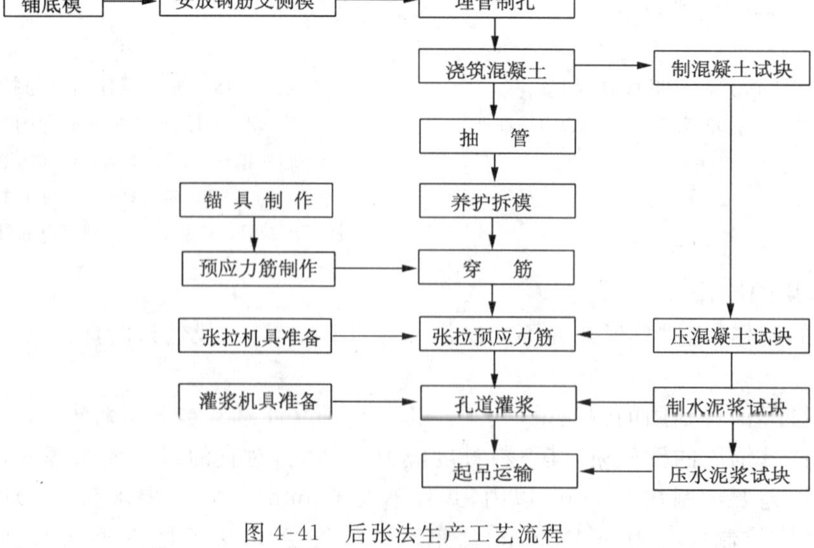

图 4-41　后张法生产工艺流程

1. 孔道留设

孔道留设是后张法构件制作中的关键工作。孔道直径取决于预应力筋和锚具，如用螺丝端杆的粗钢筋，孔道直径应比螺丝端杆的螺纹直径大 10～15mm；用 JM12 型锚具的钢筋束或钢绞线束，对 JM12-3，JM12-4 孔道直径为 42mm，对 JM12-5，JM12-6 则为 50mm。孔道留设方法有钢管抽芯法、胶管抽芯法和预埋波纹管法。预埋波纹管法只用于曲线形孔道。

（1）钢管抽芯法

预先将钢管埋设在模板内孔道位置处，在混凝土浇筑过程中和浇筑之后，每间隔一定时间慢慢转动钢管，使之不与混凝土粘结，待混凝土初凝后、终凝前抽出钢管，即形成孔道。该法只可留设直线孔道。

钢管要平直，表面要光滑，安放位置要准确。一般用间距不大于 1m 的钢筋井字架固定钢管位置。每根钢管的长度最好不超过 15m，以便于旋转和抽管，较长构件则用两根钢管，中间用套管连接。钢管的旋转方向两端要相反。

恰当掌握抽管时间很重要，过早会坍孔，太晚则抽管困难。一般在初凝后、终凝前，以手指按压混凝土不粘浆又无明显印痕时则可抽管。为保证顺利抽管，混凝土的浇筑顺序要密切配合。

抽管顺序宜先上后下，抽管可用人工或卷扬机，抽管要边抽边转，速度均匀，与孔道成一直线。

在留设孔道的同时还要在设计规定位置留设灌浆孔。一般在构件两端和中间每隔 12m 留一个直径 20mm 的灌浆孔，并在构件两端各设一个排气孔。

（2）胶管抽芯法

胶管有五层或七层夹布胶管和钢丝网胶管两种。前者质软，用间距不大于 0.5m 的钢筋井字架固定位置，浇筑混凝土前，胶管内充入压力为 0.6～0.8N/mm^2 的压缩空气或压力水，此时胶管直径增大 3mm 左右，待浇筑的混凝土初凝后，放出压缩空气或压力水，管径缩小而与混凝土脱离，便于抽出。后者质硬，具有一定弹性，留孔方法与钢管一样，只是浇筑混凝土后不需转动，由于其有一定弹性，抽管时在拉力作用下断面缩小易于拔出。

胶管抽芯留孔，不仅可留直线孔道，而且可留曲线孔道。

（3）预埋波纹管法

波纹管为特制的带波纹的金属管，与混凝土有良好的粘结力。波纹管不再抽出，用间距不大于 0.8m 的钢筋井字架固定。

2. 预应力筋张拉

张拉预应力筋时，构件混凝土的强度应按设计规定，如设计无规定则不宜低于混凝土标准强度的 75%。用块体拼装的预应力构件，其拼装立缝处混凝土或砂浆的强度，如设计无规定时，不应低于块体混凝土标准强度的 40%，且不得低于 15N/mm^2。

后张法预应力筋的张拉应注意下列问题：

（1）对配有多根预应力筋的构件，不可能同时张拉，只能分批、对称地进行张拉。对称张拉是为避免张拉时构件截面呈过大的偏心受压状态。分批张拉，要考虑后批预应力筋张拉时产生的混凝土弹性压缩，会对先批张拉的预应力筋的张拉应力产生影响。为此，先批张拉的预应力筋的张拉应力应增加 $\alpha_E\sigma_{pc}$：

$$\alpha_E = \frac{E_s}{E_c}$$

$$\sigma_{pc} = \frac{(\sigma_{con} - \sigma_{l1})A_p}{A_n} \tag{4-15}$$

式中 E_s——预应力筋的弹性模量；

E_c——混凝土的弹性模量；

σ_{pc}——张拉后批预应力筋时，对已张拉的预应力筋重心处混凝土产生的法向应力；

σ_{con}——张拉控制应力；

σ_{l1}——预应力筋的第一批应力损失(包括锚具变形和摩擦损失)；

A_p——第二批张拉的预应力筋的截面积；

A_n——构件混凝土的净截面面积(包括构件钢筋的折算面积)。

(2) 对平卧叠浇的预应力混凝土构件，上层构件的重量产生的水平摩阻力，会阻止下层构件在预应力筋张拉时混凝土弹性压缩的自由变形，待上层构件起吊后，由于摩阻力影响消失会增加混凝土弹性压缩的变形，从而引起预应力损失。该损失值随构件形式、隔离层和张拉方式而不同。为便于施工，可采取逐层加大超张拉的办法来弥补该预应力损失，但底层超张拉值不宜比顶层张拉力大5%(钢丝、钢绞线、热处理钢筋)，并且要保证底层构件的控制应力，钢丝、钢绞线和热处理钢筋不大于标准强度的80%。如隔离层的隔离效果好，也可采用同一张拉应力值。

(3) 为减少预应力筋与预留孔孔壁摩擦而引起的应力损失，对抽芯成形孔道的曲线形预应力筋和长度大于24m的直线预应力筋，应采用两端张拉；长度等于或小于24m的直线预应力筋，可一端张拉，但张拉端宜分别设置在构件两端。对预埋波纹管孔道，曲线形预应力筋和长度大于30m的直线预应力筋宜在两端张拉；长度等于或小于30m直线预应力筋，可在一端张拉。用双作用千斤顶两端同时张拉钢筋束、钢绞线束或钢丝束时，为减少顶压时的应力损失，可先顶压一端的锚塞，而另一端在补足张拉力后再行顶压。

(4) 后张法预应力筋的张拉程序，与所采用的锚具种类有关。为减少松弛损失，张拉程序一般与先张法相同。

3. 孔道灌浆

预应力筋张拉后，应随即进行孔道灌浆，尤其是钢丝束，张拉后应尽快进行灌浆，以防锈蚀与增加结构的抗裂性和耐久性。

灌浆宜用标号不低于425号普通硅酸盐水泥调制的水泥浆，对空隙大的孔道，水泥浆中可掺适量的细砂，但水泥浆和水泥砂浆的强度不宜低于$20N/mm^2$，且应有较大的流动性和较小的干缩性、泌水性(搅拌后3小时的泌水率宜控制在2%)。水灰比一般为0.40～0.45。

为使孔道灌浆饱满，可在灰浆中掺入0.5‰～1.0‰的铝粉或0.25%的木质素磺酸钙。

灌浆前，用压力水冲洗和润湿孔道。灌浆过程中，可用电动或手动灰浆泵进行灌浆，水泥浆应均匀缓慢地注入，不得中断。灌满孔道并封闭气孔后，宜再继续加注至0.5～0.6MPa，并稳定一段时间，以确保孔道灌浆的密实性。对不掺外加剂的水泥浆，可采用二次灌浆法来提高灌浆的密实性。

灌浆顺序应先下后上。曲线孔道灌浆宜由最低点注入水泥浆，至最高点排气孔排尽空气并溢出浓浆为止。

第四节　电热法

电热法是利用钢筋热胀冷缩原理来张拉预应力筋。施工时，将低电压、强电流通过钢筋，由于钢筋有一定电阻，致使钢筋温度升高而产生纵向伸长，待伸长至规定长度时，切断电流立即加以锚固，钢筋冷却时回缩便建立预应力。电热法一般用于后张法，在后张法中可在预留孔道中张拉预应力筋，亦可在预应力筋表面涂以热塑涂料（硫磺砂浆、沥青等）后直接浇筑于混凝土中，然后通电张拉。用波纹管或其他金属管道作预留孔道的结构，不得用电热法张拉。

用电热法张拉预应力筋，设备简单，张拉速度快，可避免摩擦损失，张拉曲线形钢筋或高空进行张拉更有其优越性。电热法是以钢筋的伸长值来控制预应力值的，此值的控制不如千斤顶张拉时应力控制法精确，当材质掌握不准时会直接影响预应力值的准确性。故成批生产时应用千斤顶进行抽样校核，对理论电热伸长值加以修正后再进行施工。因此电热法不宜用于抗裂要求较高的构件。

电热法施工，钢筋伸长值是控制预应力的依据。钢筋伸长率是控制应力和电热后钢筋弹性模量的比值，计算中还须考虑钢筋的长度，电热后产生的塑性变形及锚具、台座或钢模等的附加伸长值等多种因素。

由于电热法施加预应力时，预应力值较难准确控制，且施工中电能消耗量较大，目前已很少采用。

第五节　无粘结预应力混凝土

无粘结预应力施工方法是后张法预应力混凝土的发展。在普通后张法预应力混凝土中，预应力筋与混凝土通过灌浆或其他措施相互间存在粘结力，在使用荷载作用下，构件的预应力筋与混凝土不会产生纵向的相对滑动。

无粘结预应力在国外发展较早，近年来在我国无粘结预应力技术也得到了较大的推广。无粘结预应力施工方法是：在预应力筋表面刷涂料并包塑料布（管）后，如同普通钢筋一样先铺设在安装好的模板内，然后浇筑混凝土，待混凝土达到设计要求强度后，进行预应力筋张拉锚固。这种预应力工艺的优点是不需要预留孔道和灌浆，施工简单，张拉时摩阻力较小，预应力筋易弯成曲线形状，适用于曲线配筋的结构。在双向连续平板和密肋板中应用无粘结预应力束比较经济合理，在多跨连续梁中也很有发展前途。

一、无粘结预应力束的制作

无粘结预应力束由预应力钢丝、防腐涂料和外包层以及锚具组成。

1. 原材料的准备

(1) 预应力筋

无粘结预应力筋是一种在施加预应力后沿全长与周围混凝土不粘结的预应力筋，它由预应力钢材、涂料层和包裹层组成（图 4-42）。无粘结预应力筋的高强钢材和有粘结的要求完全一样，常用的钢材为 7 根直径 5mm 的碳素钢丝束及由 7 根 5mm 或 4mm 的钢丝铰合而成的钢绞线。无粘结预应力筋的制作，通常采用挤压涂塑工艺，外包聚乙烯或聚丙烯套管，套管内涂防腐建筑油脂，经挤压成型，塑料包裹层裹覆在钢绞线或钢丝束上。

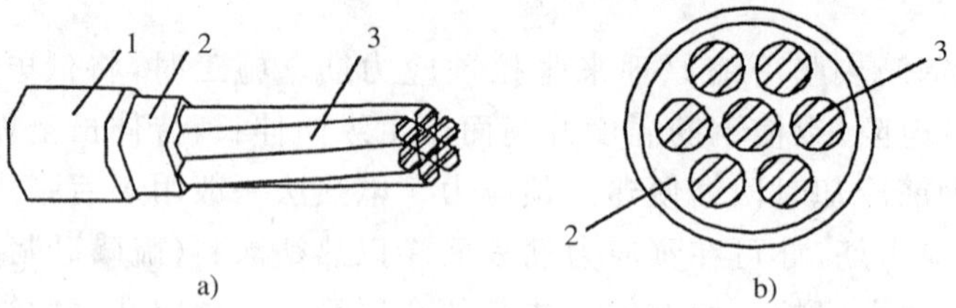

图 4-42　无粘结预应力筋

a）无粘结预应力筋；b）截面示意

1—聚乙烯塑料套管；2—保护油脂；3—钢绞线或钢丝束

（2）无粘结预应力束表面涂料

需长期保护预应力束不受腐蚀，还应符合下列要求：① 在－20°C～＋70°C 温度范围内不流淌、不裂缝变脆，并有一定韧性；② 使用期内化学稳定性高；③ 对周围材料无侵蚀作用；④ 不透水、不吸湿；⑤ 防腐性能好；⑥ 润滑性能好，摩擦阻力小。

根据上述要求，目前一般选用 1 号或 2 号建筑油脂作为无粘结预应力束的表面涂料。

（3）无粘结预应力束外包层

外包层的包裹物必须具有一定的抗拉强度、防渗漏性能，同时还须符合：① 在使用温度范围内（－20℃～＋70℃）低温不脆化，高温化学性能稳定；② 具有足够的韧性、抗磨性；③ 对周围材料无侵蚀作用；④ 防水性好。

无粘结预应力筋外包层材料，应采用聚乙烯或聚丙烯，严禁使用聚氯乙烯。

（4）无粘结预应力束的制作

一般有缠纸工艺、挤压涂层工艺两种制作方法。

无粘结预应力束制作的缠纸工艺是在缠纸机上连续作业，完成编束、涂油、镦头、缠塑料布和切断等工序。挤压涂层工艺主要是钢丝通过涂油装置涂油，涂油钢丝束通过塑料挤压机涂刷塑料薄膜，再经冷却筒槽成型塑料套管。这种无粘结束挤压涂层工艺与电线、电缆包裹塑料套管的工艺相似，并具有效率高、质量好、设备性能稳定的特点。

2. 锚具

无粘结预应力构件中，锚具是把预应力束的张拉力传递给混凝土的工具，外荷载引起的预应力束内力的变化全部由锚具承担。因此，无粘结预应力束的锚具不仅受力比有粘结预应力筋的锚具大，而且承受的是重复荷载。因而无粘结预应力束的锚具应有更高的要求。一般要求无粘结预应力束的锚具至少应能承受预应力束最小规定极限强度的 95%，而不超过预期的滑动值。

我国主要采用高强钢丝和钢绞线作为无粘结预应力束。高强钢丝预应力束主要用镦头锚具。钢绞线预应力束则可采用 XM 型锚具。图 4-43 所示是无粘结预应力束的一种锚固方式，埋入端和张拉端均用镦头锚具。

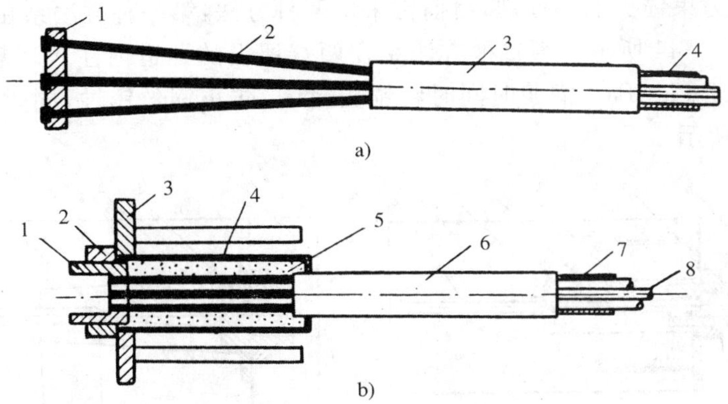

图 4-43　无粘结预应力钢丝束的锚固

a）锚固端；b）张拉端

a）1—锚板；2—钢丝；3—塑料外包层；4—涂料层

b）1—锚环；2—螺母；3—预埋件；4—塑料套筒；5—防腐油脂；6—塑料外包层；7—涂料层；8—钢丝

二、无粘结预应力施工工艺

下面主要叙述无粘结预应力构件制作工艺中的几个主要问题，即无粘结预应力束的铺设、张拉和锚头端部处理。

1. 无粘结预应力束的铺设

无粘结预应力束在平板结构中一般为双向曲线配置，因此其铺设顺序很重要。一般是根据双向钢丝束交点的标高差，绘制钢丝束的铺设顺序图，钢丝束波峰低的底层钢丝束先行铺设，然后依次铺设波峰高的上层钢丝束，这样可以避免钢丝束之间的相互穿插。钢丝束铺设波峰的形成是用钢筋制成的“马凳”来架设。一般施工顺序是依次放置钢筋马凳，然后按顺序铺设钢丝束，钢丝束就位后，进行调整波峰高度及其水平位置，经检查无误后，用铅丝将无粘结预应力束与非预应力钢筋绑扎牢固，防止钢丝束在浇筑混凝土施工过程中位移。

2. 无粘结预应力束的张拉

无粘结预应力束的张拉与普通后张法带有螺丝端杆锚具的有粘结预应力钢丝束张拉方法相似。张拉程序一般采用 $0 \rightarrow 103\% \sigma_{con}$ 进行锚固。由于无粘结预应力束一般为曲线配筋，故应采用两端同时张拉。无粘结预应力束的张拉顺序，应根据其铺设顺序，先铺设的先张拉，后铺设的后张拉。

无粘结预应力束一般长度大，有时又呈曲线形布置，如何减少其摩阻损失值是一个重要的问题。影响摩阻损失值的主要因素是润滑介质、包裹物和预应力束截面型式。摩阻损失值，可用标准测力计或传感器等测力装置进行测定。施工时，为降低摩阻损失值，宜采用多次重复张拉工艺。

3. 锚头端部处理

无粘结预应力束由于一般采用镦头锚具，锚头部位的外径比较大，因此，钢丝束两端应在构件上预留有一定长度的孔道，其直径略大于锚具的外径。钢丝束张拉锚固以后，其端部便留下孔道，并且该部分钢丝没有涂层，为此应加以处理保护预应力钢丝。

无粘结预应力束锚头端部处理，目前常采用两种方法：第一种方法系在孔道中注入油脂并加以封闭，如图 4-44 所示。第二种方法系在两端留设的孔道内注入环氧树脂水泥砂浆，其抗压强度不低于 35MPa。灌浆时同时将锚头封闭，防止钢丝锈蚀，同时也起一定的锚固作用，如图 4-45 所示。

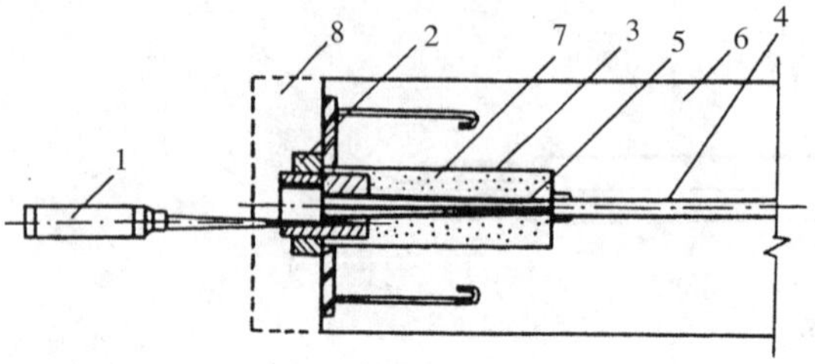

图 4-44　锚头端部处理方法之一

1—油枪；2—锚具；3—端部孔道；4—有涂层的无粘结预应力束；5—无涂层的端部钢丝；6—构件；7—注入孔道的油脂；8—混凝土封闭

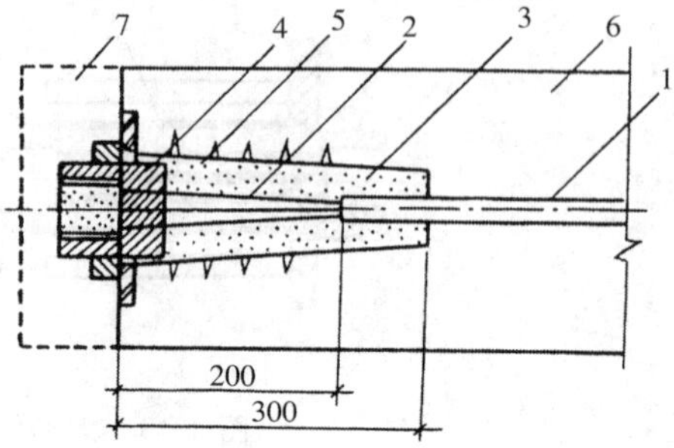

图 4-45　锚头端部处理方法之二

1—无粘结预应力束；2—无涂层的端部钢丝；3—环氧树脂水泥砂浆；4—锚具；5—端部加固螺旋钢筋；6—构件；7—混凝土封闭

预留孔道中注入油脂或环氧树脂水泥砂浆后，用 C30 级的细石混凝土封闭锚头部位。

第六节　预应力工程的质量要求和验收

为保证预应力工程的施工质量，应对施工全过程加强控制，并及时进行检查和验收。应特别注意下列各点：

(1) 对原材料(预应力筋、锚夹具、灌浆用水泥等)应根据国家标准、规范等进行检验和验收。

(2) 后张法预应力工程的施工应由具有相应资质等级的预应力专业施工单位承担。

(3) 预应力筋张拉机具设备及仪表，应定期维护和校验。张拉设备应配套标定，并配套使用。张拉设备的标定的标定期限不应超过半年。当在使用过程中出现反常现象时或在千斤顶检验后，应重新标定。

(4) 在浇筑混凝土之前，应进行预应力隐蔽工程验收，其内容包括：

① 预应力筋的品种、规格、数量、位置等；

② 预应力筋锚具和连接器的品种、规格、数量、位置等；

③ 预留孔道的规格、数量、位置、形状及灌浆孔、排气兼泌水管等；

④ 锚固区局部加强构造等。

各施工过程具体的检查和验收的内容方法，请参阅国家标准《混凝土结构工程施工质量验收规范》GB50204—2002。

第五章　砌筑工程

砌体结构是由块体和砂浆砌筑而成的作为建筑物主要受力构件的结构，是砖砌体、砌块砌体和石砌体结构的统称，砌筑工程则是指砌体结构的施工。

砖石建筑在我国有悠久的历史，很早就有“秦砖汉瓦”之说，目前在土木工程中仍占有相当的比重。这种结构虽然取材方便、施工简单、成本低廉，但它的施工仍以手工操作为主，劳动强度大、生产率低，而且烧制粘土砖占用大量农田，因而采用新型墙体材料，改进砌体施工工艺是砖筑工程改革的重点。

第一节　砌筑材料

砌筑工程所用材料主要是砖、砌块、石以及砌筑砂浆。砌体工程所用的材料在施工中应有产品的合格证书、产品性能检测报告，块材、水泥、钢筋、外加剂等尚应有材料主要性能的进场复验报告。严禁使用国家明令淘汰的材料。

一、块　材

砌筑工程所用砖有烧结普通砖、烧结多孔砖、蒸压灰砂砖、蒸压粉煤灰砖等；砌块则有混凝土中小型砌块、加气混凝土砌块及其他材料制成的各种砌块；石材有毛石与料石。

砖、砌块以及石材的强度等级必须符合设计要求。

常温下砌砖，对普通粘土砖、空心砖的含水率宜在10%～15%，一般应提前0.5～1d浇水润湿，避免砖吸收砂浆中过多的水分而影响粘结力，并可除去砖面上的粉末。但浇水过多会产生砌体走样或滑动。气候干燥时，小砌块、石料亦应先稍加喷水润湿。但轻骨料混凝土砌块、灰砂砖、粉煤灰砖不宜浇水过多，其含水率控制在5%～8%为宜。砌块表面有浮水时，不得施工。

施工所用的小砌块的产品龄期不应小于28d。工地上应保持砌块表面干净，避免粘结粘土、脏物。密实砌块的切割可采用切割机。

石砌体采用的石材应质地坚实，无风化剥落和裂纹。用于清水墙、柱表面的石材，尚应色泽均匀。石材表面的泥垢、水锈等杂质，砌筑前应清除干净。

二、砂　浆

砌筑砂浆有水泥砂浆、石灰砂浆和混合砂浆。砂浆种类选择及其等级的确定，应根据设计要求。砂浆的组成材料为水泥、砂、石灰膏、搅拌用水及外加剂等，施工时对它们的质量应予以控制。

水泥砂浆和混合砂浆可用于砌筑潮湿环境和强度要求较高的砌体，但对于基础一般只用水泥砂浆。石灰砂浆仅可用于砌筑干燥环境中以及强度要求不高的砌体，不宜用于潮湿环境的砌体及基础，因为石灰属气硬性胶凝材料，在潮湿环境中，石灰膏不但难以结硬，而且会出现溶解流散现象。

水泥进场使用前，应分批对其强度、安定性进行复验。检验批应以同一生产厂家、同一编号为一批。当在使用中对水泥质量有怀疑或水泥出厂超过三个月(快硬硅酸盐水泥超过一个月)时，应复查试验，并按其结果使用。不同品种的水泥，不得混合使用。水泥砂浆的最少水泥用量不宜小于 200kg/m^3。

砂浆用砂不得含有有害杂物。砂浆用砂的含泥量，对水泥砂浆和强度等级不小于 M5 的水泥混合砂浆，不应超过 5%；对强度等级小于 M5 的水泥混合砂浆，不应超过 10%；人工砂、山砂及特细砂，应经试配能满足砌筑砂浆技术条件要求。

块状生石灰熟化成石灰膏时，应进行过滤，生石灰熟化时间不得少于 7d；对于磨细生石灰粉，其熟化时间不得小于 2d。不得采用脱水硬化的石灰膏。消石灰粉不得直接使用于砌筑砂浆中，

拌制砂浆用水，水质应符合混凝土拌合用水标准。

凡在砂浆中掺有外加剂等，对外加剂应经检验和试配，符合要求后，方可使用。有机塑化剂应有砌体强度的形式检验报告。

砂浆的拌制一般用砂浆搅拌机，要求拌和均匀。自投料完算起，搅拌时间对水泥砂浆和水泥混合砂浆不得少于 2min；对水泥粉煤灰砂浆和掺用外加剂的砂浆不得少于 3min；如掺用有机塑化剂的砂浆，应为 3～5min，

为改善砂浆的保水性可掺入粘土、电石膏、粉煤灰等塑化剂。砂浆应随拌随用，水泥砂浆和水泥混合砂浆应分别在 3h 和 4h 内使用完毕；当施工期间最高气温超过 30℃，应分别在拌成后 2h 和 3h 内使用完毕。对掺用缓凝剂的砂浆，其使用时间可根据具体情况延长。

砂浆强度应以标准养护，龄期为 28d 的试块抗压试验结果为准。砂浆的强度等级必须符合设计要求。

砂浆稠度的选择主要根据墙体材料、砌筑部位及气候条件而定。一般实心砖墙和柱，砂浆的流动性宜为 70～100mm；砌筑平拱过梁、毛石及砌块宜为 50～70mm，空心砖墙、柱宜为 60～80mm。

第二节　砌筑施工与质量要求

一、砖墙的砌筑

(一) 施工工艺

砌砖施工通常包括抄平、放线、摆砖样、立皮数杆、挂准线、铺灰、砌砖等工序。如是清水墙，则还要进行勾缝。下面以房屋建筑砖墙砌筑为例，说明各工序的具体做法。

1. 抄平

砌砖墙前，先在基础面或楼面上按标准的水准点定出各层标高，并用水泥砂浆或细石混凝土找平。

2. 放线

建筑物底层墙身可按龙门板上轴线定位钉为准拉麻线，沿麻线挂下线锤，将墙身中心轴线放到基础面上，并据此墙身中心轴线为准弹出纵横墙身边线，并定出门窗洞口位置。为保

证各楼层墙身轴线的重合，并与基础定位轴线一致，可利用预先引测在外墙面上的墙身中心轴线，借助于经纬仪把墙身中心轴线引测到楼层上去；或用线锤挂，对准外墙面上的墙身中心轴线，从而向上引测。轴线的引测是放线的关键，必须按图纸要求尺寸用钢皮尺进行校核。最后，按楼层墙身中心线，弹出各墙边线，划出门窗洞口位置。

砌筑基础前，应校核放线尺寸，允许偏差应符合表 5-1 的规定。

表 5-1　　放线尺寸的允许偏差

长度 L、宽度 B(m)	允许偏差(mm)
L(或 B)$\leqslant$30	±5
30<L(或 B)$\leqslant$60	±10
60<L(或 B)$\leqslant$90	±15
L(或 B)>90	±20

3. 摆砖样

按选定的组砌方法，在墙基顶面放线位置试摆砖样(生摆，即不铺灰)，尽量使门窗垛的尺寸符合砖的模数，偏差较小时，可通过竖缝调整，以减小斩砖数量，并保证砖及砖缝排列整齐、均匀，以提高砌砖效率。摆砖样在清水墙砌筑中尤为重要。

4. 立皮数杆

立皮数杆(图 5-1)可以控制每皮砖砌筑的竖向尺寸，并使铺灰、砌砖的厚度均匀，保证砖皮水平。皮数杆上划有每皮砖和灰缝的厚度，以及门窗洞、过梁、楼板等的标高。它立于墙的转角处，其基准标高用水准仪校正。如墙的长度很大，可每隔 10～20m 再立一根。

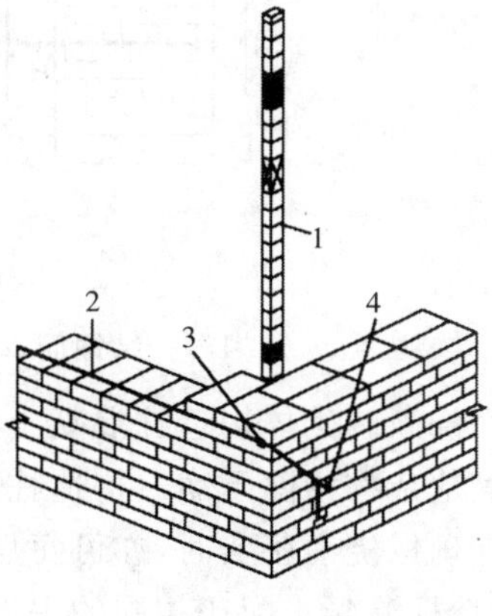

图 5-1　皮数杆

1—皮数杆；2—准线；3—竹片；4—圆铁钉

5. 铺灰砌砖

铺灰砌砖的操作方法很多，与各地区的操作习惯、使用工具有关。常用的有满刀灰砌筑法(也称提刀灰)，夹灰器、大铲铺灰及单手挤浆法，铺灰器、灰瓢铺灰及双手挤浆法。砌砖宜采用“三一砌筑法”，即一铲灰、一块砖、一揉浆的砌筑方法。当采用铺浆法砌筑时，铺浆长度不得超过 750mm；施工期间气温超过 30℃时，铺浆长度不得超过 500mm。实心砖砌体大都采用一顺一顶或三顺一顶或梅花顶的组砌方法(图 5-2)。

砖砌体组砌方法应正确，上、下错缝，内外搭砌，砖柱不得采用包心砌法。240mm 厚承重墙的每层墙最上一皮砖或梁、梁垫下面，或砖砌体的台阶水平面上及挑出层，应整砖丁砌。多孔砖的孔洞应垂直于受压面砌筑。

砖砌通常先在墙角以皮数杆进行盘角，然后将准线挂在墙侧，作为墙身砌筑的依据，每砌一皮或两皮，准线向上移动一次。

设置钢筋混凝土构造柱的砌体，应按先砌墙后浇柱的施工程序进行。构造柱与墙体的连接处应砌成马牙槎，从每层柱脚开始，先退后进，每一马牙槎沿高度方向的尺寸不宜超过

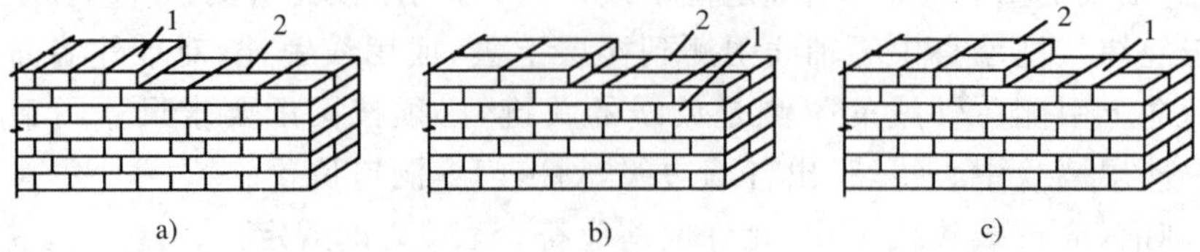

图 5-2　砖的组砌方法

a）一顺一顶；b）三顺一顶；c）梅花顶

1—顶砌砖块；2—顺砌砖块

300mm。沿墙高每 500mm 设 2ϕ6 拉结钢筋，每边伸入墙内不宜小于 1m。预留伸出的拉结钢筋，不得在施工中任意反复弯折，如有歪斜、弯曲，在浇灌混凝土之前，应校正到准确位置并绑扎牢固（图 5-3）。

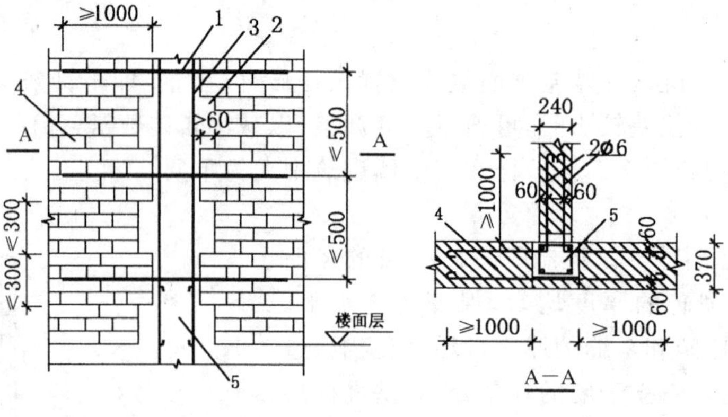

图 5-3　构造柱与墙体的连接

1—拉结钢筋；2—马牙槎；3—构造柱钢筋；4—墙；5—构造柱

在浇灌砖砌体构造柱混凝土前，必须将砌体和模板浇水润湿，并将模板内的落地灰、砖碴和其他杂物清除干净。构造柱混凝土可分段浇灌，每段高度不宜大于 2m。在施工条件较好并能确保浇灌密实时，亦可每层浇灌一次。浇灌混凝土前，在结合面处先注入适量水泥砂浆（构造柱混凝土配比相同的去石子水泥砂浆），再浇灌混凝土。振捣时，振捣器应避免触碰砖墙，严禁通过砖墙传递振动。

填充墙、隔墙应分别采取措施与周边构件可靠连接。必须把预埋在柱中的拉结钢筋砌入墙内。拉结钢筋的规格、数量、间距、长度应符合设计要求。填充墙砌体留置的拉结钢筋或网片的位置应与块体皮数相符合。拉结钢筋或网片应置于灰缝中，竖向位置偏差不应超过一皮高度。

填充墙砌至接近梁、板底时，应留一定空隙，待填充墙砌筑完并应至少间隔 7d 后，再采用侧砖、或立砖、或砌块斜砌挤紧，其倾斜度宜为 60°左右。

（二）砌筑质量要求

砌筑工程质量的基本要求是：横平竖直、砂浆饱满、灰缝均匀、上下错缝、内外搭砌、接槎牢固。

对砌砖工程，要求每一皮砖的灰缝横平竖直、厚薄均匀。由于砌体的重量主要通过砌体之间的水平灰缝传递到下面，水平灰缝不饱满往往会使砖块折断。为此，规定实心砖砌体水平灰缝的砂浆饱满度不得低于80%。竖向灰缝的饱满程度，影响砌体抗透风和抗渗水的性能。竖向灰缝不得出现透明缝、瞎缝和假缝。水平缝厚度和竖缝宽度规定为10mm±2mm，过厚的水平灰缝容易使砖块浮滑，墙身侧倾；过薄的水平灰缝会影响砌体之间的粘结能力。砖砌体的位置及垂直度允许偏差应符合表5-2的要求。

表5-2　砖砌体的位置及垂直度允许偏差

项次	项　目			允许偏差(mm)	检　验　方　法
1	轴线位置偏移			10	用经纬仪和尺检查或用其他测量仪器检查
2	垂直度	每　层		5	用2m托线板检查
		全高	≤10m	10	用经纬仪、吊线和尺检查，或用其他测量仪器检查
			≥10m	20	

上下错缝是指砖砌体上下两皮砖的竖缝应当错开，以避免上下通缝。所谓通缝，是指砌体中，上下皮块材搭接长度小于规定数值的竖向灰缝。在垂直荷载作用下，砌体会由于"通缝"丧失整体性而影响砌体强度。同时，内外搭砌使同皮的里外砌体通过相邻上下皮的砖块搭砌而组砌得牢固。

"接槎"是相邻砌体不能同时砌筑而设置的临时间断，它可便于后砌砌体与先砌砌体间的接合。砖砌体的转角处和交接处应同时砌筑，严禁无可靠措施的内外墙分砌施工。对不能同时砌筑而又必须留置的临时间断处应砌成斜槎，斜槎水平投影长度不应小于高度的2/3。

非抗震设防及抗震设防烈度为6度、7度地区的临时间断处，当不能留斜槎时，除转角处外，可留直槎，但直槎必须做成凸槎。留直槎处应加设拉结钢筋，拉结钢筋的数量为每120mm墙厚放置1ϕ6拉结钢筋(120mm厚墙放置2ϕ6拉结钢筋)，间距沿墙高不应超过500mm；埋入长度从留槎处算起每边均不应小于500mm，对抗震设防烈度为6度、7度的地区，不应小于1000mm；末端应有90°弯钩(图5-4)。

为使接槎牢固，后面墙体施工前，必须将留设的接槎处表面清理干净，浇水湿润，并填实砂浆，保持灰缝平直。

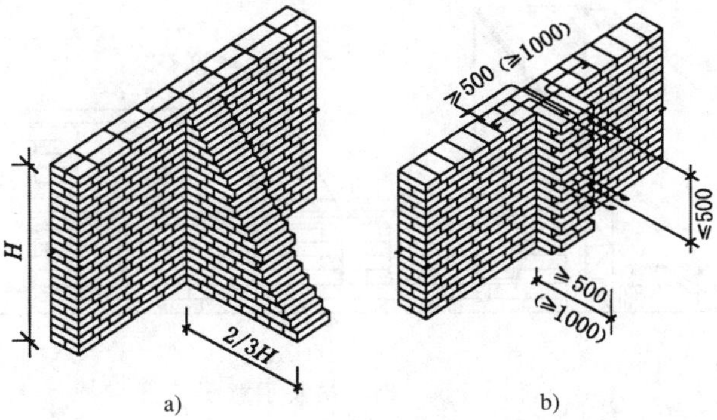

a)　　　　b)

图5-4　墙的接槎

a) 斜槎砌筑；b) 直槎砌筑

砖墙或砖柱顶面尚未安装楼板或屋面板时，如有可能遇到大风，其允许自由高度不得超过表 5-3 的规定，否则应采取可靠的临时加固措施。

表 5-3　　墙和柱的允许自由高度

墙(柱)厚(mm)	墙和柱的允许自由高度(m)					
	砌体重度＞1600kg/m^3			砌体重度＞1300～1600kg/m^3		
	风载(kN/m^2)			风载(kN/m^2)		
	0.30(约 7 级风)	0.40(约 8 级风)	0.60(约 9 级风)	0.30(约 7 级风)	0.40(约 8 级风)	0.60(约 9 级风)
190	—	—	—	1.4	1.1	0.7
240	2.8	2.1	1.4	2.2	1.7	1.1
370	5.2	3.9	2.6	4.2	3.2	2.1
490	8.6	6.5	4.3	7.0	5.2	3.5
620	14.0	10.5	7.0	11.4	8.6	5.7

注：1. 本表适用于施工处标高(H)在 10m 范围内的情况，如 10m＜H≤15 m，15m＜H≤20m 时，表内的允许自由高度值应分别乘以 0.9，0.8 和 0.75 的系数；如 H＞20m 时，应通过抗倾覆验算确定其允许自由高度。

2. 当所砌筑的墙有横墙或其他结构与其连接，而且间距小于表列限值的 2 倍时，砌筑高度可不受本表规定的限制。

二、砌块施工

(一) 砌块机械与排列图

中小型砌块在我国房屋工程中已得到广泛应用，砌块按材料分，有粉煤灰硅酸盐砌块、普通混凝土空心砌块、煤矸石硅酸盐空心砌砖等。砌块的规格不一，一般高度为 380～940mm，长度为高度的 1.5～2.5 倍，厚度为 180～300mm，每块砌体重量 50～200kg。

砌块墙的施工特点是砌块数量多，吊次也相应的多，但砌块的重量不很大，通常采用的吊装方案有两种：一是塔式起重机进行砌块、砂浆的运输，以及楼板等构件的吊装，由台灵架吊装砌块。台灵架在楼层上的转移由塔吊来完成。二是以井架进行材料的垂直运输、杠杆车进行楼板吊装，所有预制构件及材料的水平运输则用砌块车和手推车，台灵架负责砌块的吊装(图 5-5)。

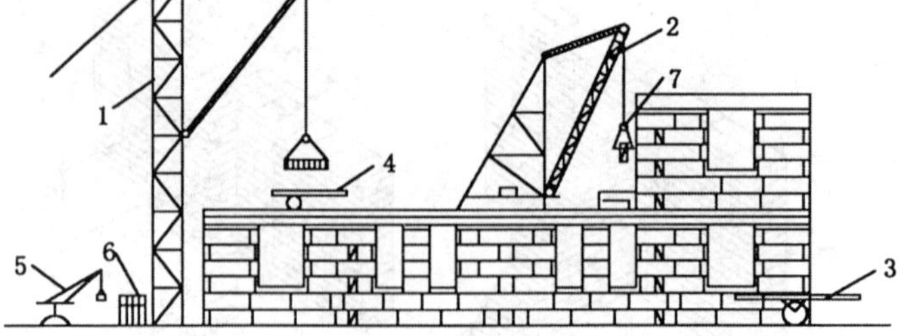

图 5-5　砌块吊装示意图

1—井架；2—台灵架；3—杠杆车；4—砌块车；5—少先吊；6—砌块；7—砌块夹

由于中小型砌块体积较大、较重，不如砖块可以随意搬动，因此在吊装前应绘制砌块排列图，以指导吊装砌筑施工。砌块排列图按每片纵、横墙分别绘制（图 5-6），砌块排列布置时要求做到：

① 尽量采用主规格砌块；

② 砌块应错缝搭砌，搭砌长度不得小于块高的 1/3，也不应小于 15cm；

③ 纵横墙交接处，应交错搭砌；

④ 必须镶砖时，砖应分散布置。

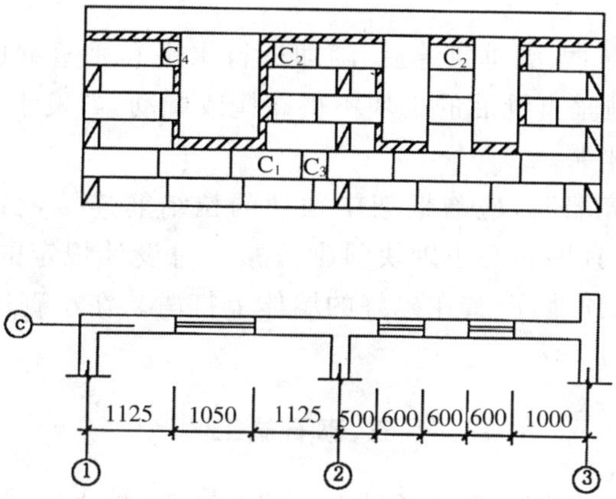

图 5-6　砌块排列图

（二）砌块施工工艺与质量要求

砌筑前应清除砌块表面的污物及粘土，并对砌块作外观检查。砌筑砌块从转角处或定位砌块处开始，内外墙应同时砌筑，纵横墙交接处应交错搭砌，每个楼层砌筑完成后应复核标高，如有误差须找平校正。

砌块应底面朝上反砌于墙上。小砌块砌体应分皮错缝搭砌，上下皮搭砌长度不得小于 90mm。当搭砌长度不满足上述要求时，应在水平灰缝内设置钢筋网片。但竖向通缝仍不得超过 2 皮砌块。中型砌块搭砌长度不得小于块高的 1/3，也不可小于 150mm。

砌块墙与后砌隔墙交接处，应沿墙高每 400mm 在水平灰缝内设置不少于 2ϕ4、横筋间距不大于 200mm 的焊接钢筋网片（图 5-7）。

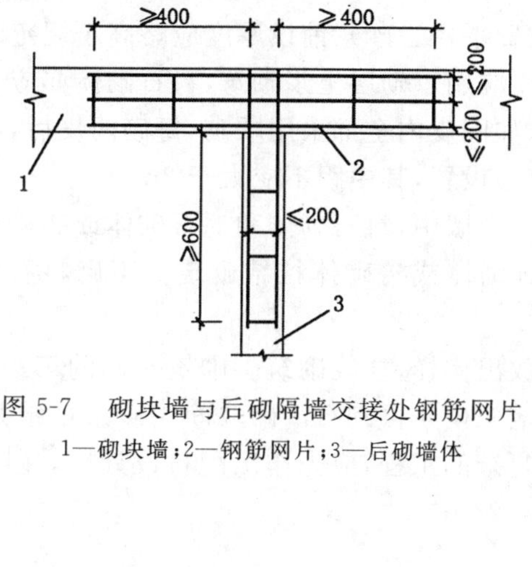

图 5-7　砌块墙与后砌隔墙交接处钢筋网片

1—砌块墙；2—钢筋网片；3—后砌墙体

砌块建筑在相邻施工段之间或临时间断处的高度差不应超过一个楼层，斜槎水平投影长度不应小于高度的 2/3。附墙垛应与墙体同时交错搭砌。

砌块砌筑应做到横平竖直，砌体表面平整清洁，砂浆饱满。砌块水平灰缝的砂浆饱满度不得低于 90%；竖缝的砂浆饱满度不得低于 80%；砌筑中不得出现瞎缝、透明缝。小型砌块水平灰缝厚度和竖向灰缝的宽度控制在 8～12mm；中型砌块水平与垂直灰缝一般为 15～20mm（包括灌浆缝），偏差为＋10mm，－5mm，对于超过 30mm 的垂直缝应用细石混凝土灌实，其标号不低于 C20。

砌块就位并经校正平直、灌垂直缝后，随即进行水平和垂直缝的勒缝（原浆勾缝），勒缝深度一般为 3～5mm。灌垂直缝后的砌块不得碰掩或撬动，如发生移动，应重新铺砌。预制板、梁、圈梁安装时必须坐浆。

小砌块用于框架填充墙时，应与框架中预埋的拉结筋连接，当填充墙砌至顶面最后一皮，与上部结构的接触处宜用实心小砌块斜砌楔紧。对设计规定的洞口、管道、沟槽和预埋件等，应在砌筑时预留或预埋，严禁在砌好的墙体上打凿。在小砌块墙体中不得预留水平沟槽。

三、砌石施工

石砌体包括毛石砌体和料石砌体两种。在建筑基础、挡土墙、桥梁墩台中应用较多。

（一）毛石砌体

毛石砌体宜分皮卧砌，并应上下错缝、内外搭砌，不能采用外面侧立石块中间填心的砌筑方法。砌筑毛石基础的第一皮石块应坐浆，并将大面向下，毛石砌体的第一皮及转角处、交接处、洞口处，应选用较大的平毛石砌筑。

每层砌体（包括基础砌体）的最上一皮，宜选用较大的毛石砌筑。

毛石墙必须设置拉结石，拉结石应均匀分布，相互错开，一般每 0.7m^2 墙面至少应设置一块，且同皮内的中距不应大于 2m。

毛石砌体每日的砌筑高度不应超过 1.2m，毛石墙和砖墙相接的转角处和交接处应同时砌筑。

（二）料石砌体

料石砌体砌筑时，应放置平稳。砂浆铺设厚度应略高于规定的灰缝厚度。

料石基础砌体的第一皮应用丁砌层坐浆砌筑，料石砌体亦应上下错缝搭砌，砌体厚度大于或等于两块料石宽度时，如同皮内全部采用顺砌，每砌两皮后，应砌一皮丁砌层；如同皮内采用丁顺组砌，丁砌石应交错设置，其中距不应大于 2m。

在料石和毛石或砖的组合墙中，料石砌体和毛石砌体或砖砌体应同时砌筑，并每隔 2～3 皮料石层用丁砌层与毛石砌体或砖砌体拉结砌筑。丁砌料石的长度宜与组合墙厚度相同。

在砌筑前应按设计图放出实样，挂线砌筑。砌筑基础的第一层砌块时，如基底为土质，不需坐浆；如基底为石质，应先坐浆再砌石。砌块间用砂浆粘结并保持一定缝厚，所有砌缝要求砂浆饱满。形状比较复杂的工程，应先作出配料设计图，注明石材尺寸；形状比较简单的，也要根据砌体高度、尺寸、错缝等，先放样配好料石再砌。

砌筑方法：同一层石料及水平灰缝的厚度要均匀一致，每层按水平砌筑，丁顺相间，砌石灰缝相互垂直，石砌体的灰缝厚度对毛料石和粗料石砌体不宜大于 20mm；细料石砌体不宜大于 5mm。砌石顺序为先角石，后镶面，再填腹。填腹石的分层高度应与镶面相同；圆端、尖端及转角形砌体的砌石顺序，应自顶点开始，按丁顺排列接砌镶面石。

砌石施工的质量检查主要包括：

① 砌体所用各项材料类别、规格及质量；

② 砌缝砂浆或小石子混凝土铺填饱满、强度；

③ 砌缝宽度、错缝距离符合规定，勾缝坚固、整齐、深度和形式；

④ 砌筑方法；

⑤ 砌体位置、尺寸。

第三节 砌体的冬期施工

根据当地气象资料确定，当室外日平均气温连续 5d 稳定低于 5℃时，砌体工程应采取冬期施工措施。在冬期施工期限以外，如果当日最低气温低于 0℃时，也应按冬期施工执行。

冬期施工所用的材料应符合如下规定：

① 砖和石材在砌筑前，应清除冰霜；

② 砂浆宜采用普通硅酸盐水泥拌制；

③ 石灰膏、粘土膏和电石膏等应防止受冻，如遭冻应融化后使用；

④ 拌制砂浆所用的砂，不得含有冰块和直径大于 10cm 的冰结块；

⑤ 拌合砂浆时，水的温度不得超过 80℃，砂的温度不得超过 40℃。

基土无冻胀性时，基础可在冻结的地基上砌筑；基土有冻胀性时，应在未冻的地基上砌筑。在施工期间和回填土前，均应防止地基遭受冻结。

普通砖、多孔砖和空心砖在气温高于 0℃条件下砌筑时，应浇水湿润。在气温低于、等于 0℃条件下砌筑时，可不浇水，但必须增大砂浆稠度。抗震设防烈度为 9 度的建筑物，普通砖、多孔砖和空心砖无法浇水湿润时，如无特殊措施，不得砌筑。

冬期进行砌体施工时，拌合砂浆宜采用两步投料法。水的温度不得超过 80℃、砂的温度不得超过 40℃。砂浆使用温度当采用掺外加剂法，或采用氯盐砂浆法时，或采用暖棚法时，不应低于＋5℃；采用冻结法时，当室外空气温度分别为 0℃～ －10℃，－11℃～－25℃，－25℃以下时，砂浆使用最低温度分别为 10℃，15℃和 20℃。

当采用掺盐砂浆法施工时，宜将砂浆强度等级按常温施工的强度等级提高一级。配筋砌体不得采用掺盐砂浆法施工。

冬期施工砂浆试块的留置，除应按常温规定要求外，尚应增留不少于 1 组与砌体同条件养护的试块，测试检验 28d 强度。

在冻结法施工的解冻期间，应经常对砌体进行观测和检查，如发现裂缝、不均匀下沉等情况，应立即采取加固措施。

第六章　结构吊装工程

在施工现场对工厂预制的结构构件或构件组合，用起重机械把它们吊起并安装在设计位置上，这样形成的结构称为装配式结构。结构吊装工程就是有效地完成装配式结构构件的吊装任务。

结构吊装工程是装配式结构工程施工的分项工程，其施工特点如下：

① 受预制构件的类型和质量影响大。预制构件的外形尺寸、强度、构件类型、预埋件的位置正确性等都直接影响吊装进度和工程质量。

② 正确选用起重机机具是顺利完成吊装任务的保障。构件的吊装方法，取决于构件类型和所采用的起重机械。

③ 构件的应力状态变化多。构件的运输和吊装时，因吊点或支承点与使用时不同，其应力状态会发生变化，甚至相反，必要时应对构件进行吊装验算，并采用相应措施。

④ 高空作业多，容易发生事故，应加强安全教育，并采取有效措施。

第一节　起重机具

结构吊装工程中常采用的起重机具包括索具设备与起重机械，索具设备包括钢丝绳、吊索、卡环、横吊梁、卷扬机、锚碇等，起重机械包括自行式起重机、塔式起重机和桅杆式起重机等。

一、索具设备

索具设备主要应用于吊装工程中的构件绑扎、吊运。索具设备包括纲丝绳、吊索、卡环、横吊梁、卷扬机、锚碇等。

（一）钢丝绳

钢丝绳是起重机械中用于悬吊、牵引或捆缚重物的物件。它是由许多根直径为0.4～2mm、抗拉强度为1200～2200MPa的钢丝按一定规则捻制而成。按照捻制方法不同，分为单绕、双绕和三绕，建筑施工中常用的是双绕钢丝绳，它是由钢丝捻成股，再由多股围绕绳芯绕成绳。双绕钢丝绳按照捻制方向分为同向绕、交叉绕和混合绕三种，如图6-1所示。同向绕是钢丝捻成股的方向与股捻成绳的方向相同，这种绳的挠性好、表面光滑磨损小，但易松散和扭转，不宜用来悬吊重物。交叉绕是指钢丝捻成股的方向与股捻成绳的方向相反，这种绳不易松散和扭转，宜作起吊绳，但挠性差。混合绕指相邻两股的钢丝绕向相反，性能介于两者之间，制造复杂，用得较少。

（二）吊索

吊索是一种用钢丝绳（6×37或6×61等）制成的吊装索具。吊索主要用于绑扎构件以便起吊。

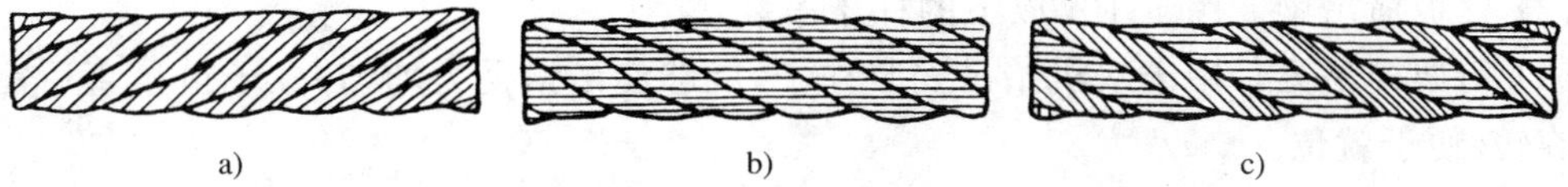

图 6-1　双绕钢丝绳的绕向

a) 同向绕;b) 交叉绕;c) 混合绕

吊索主要有两种类型:环状吊索(万能吊索/闭式吊索)和轻便吊索(8 股头吊索/开式吊索)。两种吊索如图 6-2 所示。

吊索是用钢丝绳制作而成的,钢丝绳吊索的接头方式包括编接和卡接两种。吊索的接头方式最好采用编接,即将钢丝绳分股拆股,并按一定的方法编插在钢丝绳股内形成一个牢固的接头。当吊索采用钢丝绳夹头(钢丝绳卡)制作时常采用钢丝绳夹头来固定钢丝绳端,钢丝绳夹头主要有骑马式夹头、压板式夹头和拳握式夹头三种(图 6-3),其中,骑马式是最常采用的。

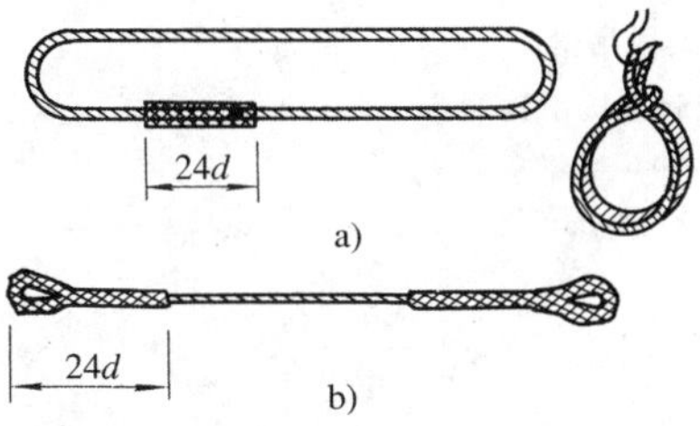

图 6-2　吊索

a) 环状吊索;b) 轻便吊索

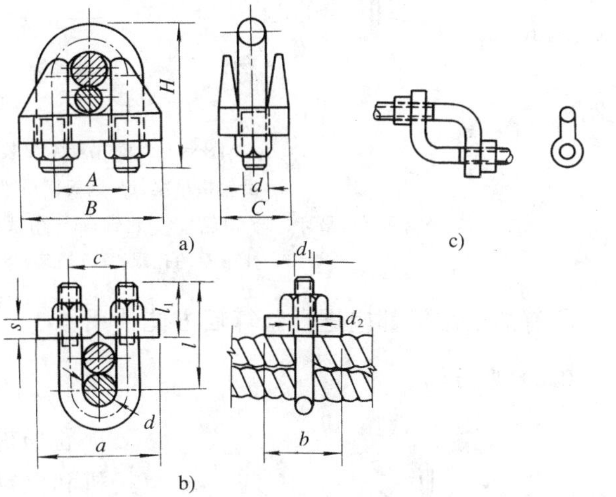

图 6-3　钢丝绳夹头

a) 骑马式;b) 压板式;c) 拳握式

(三) 卡环

卡环(卸甲)用于吊索之间或吊索构杆件之间的连接,固定和扣紧吊索。卡环由弯环和销子两部分组成。卡环可以分为直形卡环(螺栓式和活络式)和马蹄形卡环(螺栓式和活络式)两种类型,如图 6-4 所示。

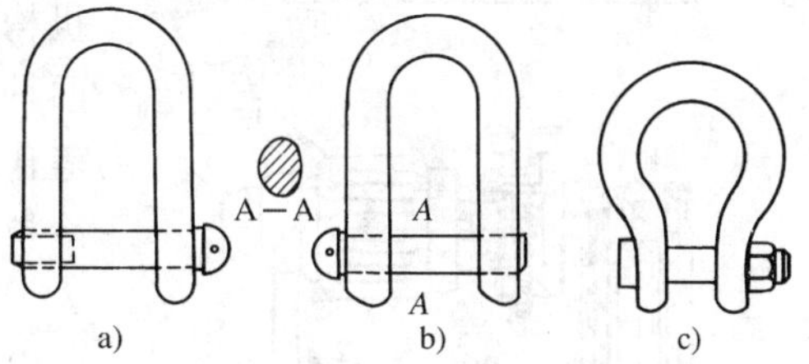

图 6-4　卡环(卸甲)

a) 螺栓式卡环(直形);b) 椭圆销活络卡环;c) 马蹄形卡环

(四) 横吊梁

横吊梁又称铁扁担,主要用于柱和屋架等的吊装。常用的横吊梁包括以下几种:

(1) 滑轮横吊梁　用于 8t 以下的柱子吊装,能够保证在起吊和直立柱子时,使吊索受力均匀,柱子易于垂直,便于就位。

(2) 钢板横吊梁　用于 10t 以下的柱子吊装。

(3) 桁架横吊梁　用于双机抬吊安装柱子，能够使吊索受力均匀，柱子员吊直后能够绕转轴旋转，便于就位。

(4) 钢管横吊梁　用于屋架吊装，能够降低起吊高度，减小吊索的水平分力对屋架的压力。

横吊梁的构造如图 6-5 所示。

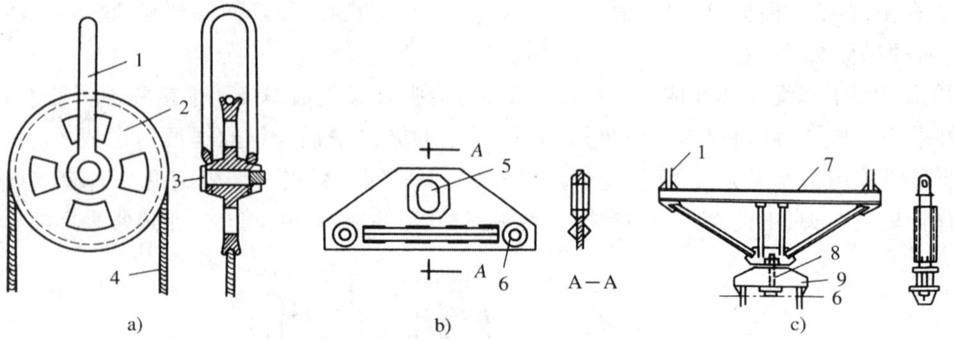

图 6-5　横吊梁(安装柱子用)

a) 滑轮横吊梁；b) 钢板横吊梁；c) 桁架横吊梁

1—吊环；2—滑轮；3—轮轴；4—吊索；5—挂起重机吊钩的孔；

6—挂吊索的孔眼；7—桁架；8—转轴；9—横梁

所有的横吊梁都应进行验算后方能使用。

（五）卷扬机

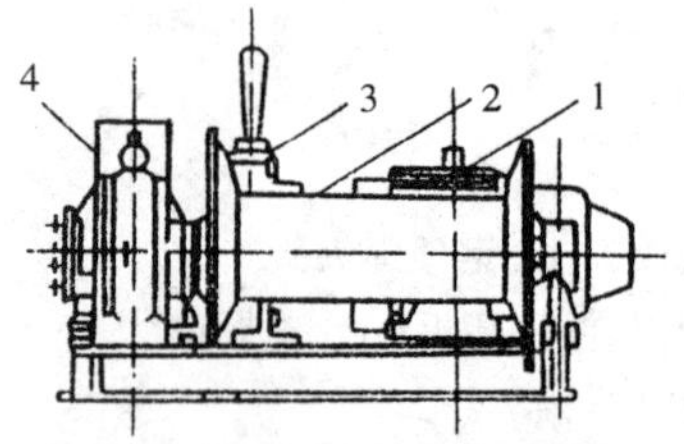

图 6-6　电动卷扬机

1—电动机；2—卷筒；

3—电磁制动器；4—减速机构

卷扬机又称绞车。按驱动方式可分为手动卷扬机和电动卷扬机。卷扬机在结构吊装中是最常用的工具。

用于结构吊装的卷扬机多为电动卷扬机。电动卷扬机主要由电动机、卷筒、电磁制动器和减速机构等组成，如图 6-6 所示。卷扬机分快速和慢速两种。快速电动卷扬机主要用于垂直运输和打桩等作业；慢速电动卷扬机主要用于结构吊装、钢筋冷拉、预应力筋张拉等作业。

选用卷扬机的主要技术参数是卷筒牵引力、钢丝绳的速度和卷筒容绳量。

使用卷扬机应当注意：

(1) 为使钢丝绳能自动在卷筒上往复缠绕，卷扬机的安装位置应使距第 1 个导向滑轮的距离 l 为卷筒长度 a 的 15 倍，即当钢丝绳在卷筒边时，与卷筒中垂线的夹角不大于 2℃，如图 6-7 所示。

(2) 钢丝绳 引入卷筒时应接近水平，并应从卷筒的下面引入，以减少卷扬机的倾覆力矩；

(3) 卷扬机在使用时必须作可靠的固定，如做基础固定、压重物固定、设锚碇固定或利用树木、构筑物等作固定。

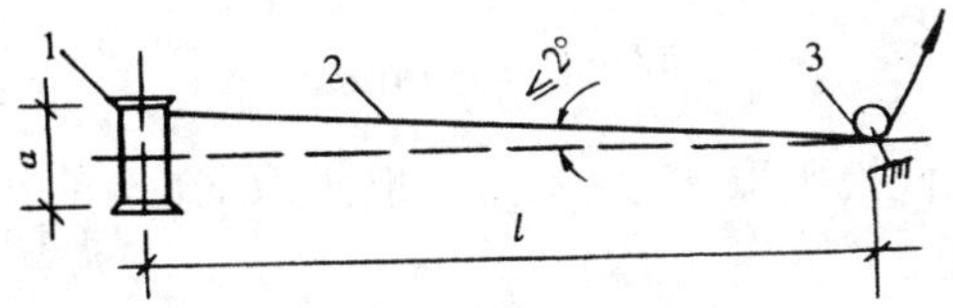

图 6-7　卷扬机与第一个导向滑轮的布置

1—卷筒；2—钢丝绳；3—第 1 个导向滑轮

(六) 锚碇

锚碇又叫地锚，是用来固定缆风绳和卷扬机的，它是保证把杆稳定的重要组成部分，一般有桩式锚碇和水平锚碇两种。

桩式锚碇系用木桩或型钢打入土中而成。

水平锚碇可承受较大荷载，分无板栅水平锚碇和有板栅水平锚碇两种，见图 6-8。

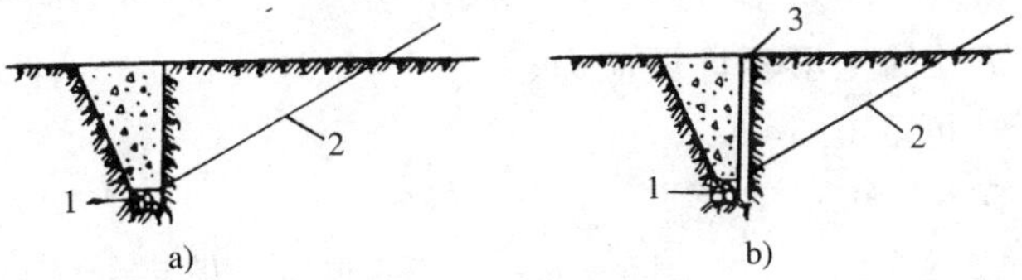

图 6-8　水平锚碇

a) 无板栅锚锭；b) 有板栅锚锭

1—横梁；2—钢丝绳(或拉杆)；3—板栅

水平锚碇的计算内容：在垂直分力作用下锚碇的稳定性；在水平分力作用下侧向土壤的强度；锚碇横梁计算。

(1) 锚碇的稳定性计算

锚碇的稳定性(图 6-9)，按下列公式计算：

$$\frac{G+T}{N}\geqslant K \qquad (6\text{-}1)$$

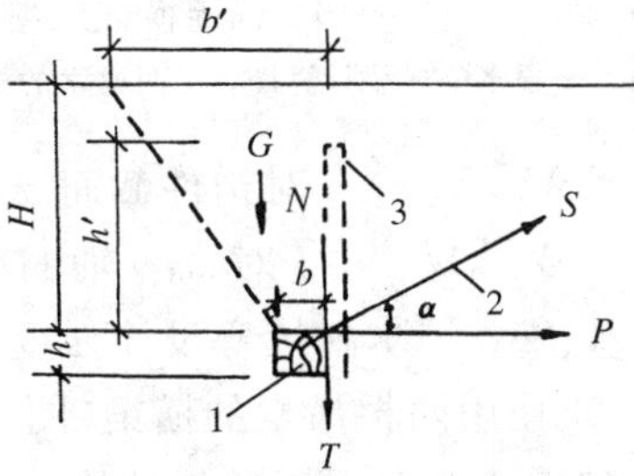

图 6-9　锚碇稳定性的计算

1—横木；2—钢丝绳；3—桩

式中　K——安全系数，一般取 2；

N——锚碇所受荷载的垂直分力：

$$N=S\sin\alpha$$

其中　S——锚碇荷重；

G——土壤重量：

$$G=\frac{b+b'}{2}Hl\gamma \qquad (6\text{-}2)$$

其中　l——横梁长度；

γ——土壤容重；

b——横梁宽度；

b'——有效压力区宽度，与土壤内摩擦角有关，即

$$b'=b+H\tan\varphi_0 \tag{6-3}$$

其中 φ_0——土壤内摩擦角，松土取15°～20°，一般土取20°～30°，坚硬土取30°～40°；

H——锚碇埋置深度；

T——摩擦力：$T=fP$。

其中 f——摩擦系数，对无板栅锚碇取0.5，对有板栅锚碇取0.4；

P——S的水平分力：$P=S\cos\alpha$。

(2) 侧向土壤强度

对于无板栅锚碇

$$[\sigma]n\geqslant\frac{P}{hl} \tag{6-4}$$

对于有板栅锚碇

$$[\sigma]n\geqslant\frac{P}{(h+h')l} \tag{6-5}$$

式中 $[\sigma]$——深度H处的土壤容许压应力；

n——降低系数，可取0.5～0.7。

(3) 锚碇横梁计算

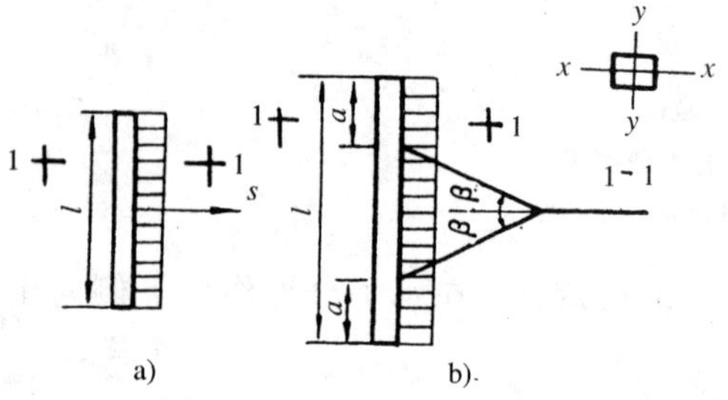

图6-10 锚碇横梁计算

a) 一根索的横梁计算图；b) 两根索的横梁计算图

① 使用一根吊索的横梁计算(图6-10a))

横梁为圆形截面时，按单向弯曲的构件计算：

$$\sigma=\frac{N}{W_n}\leqslant f_m \tag{6-6}$$

横梁为矩形截面时，按双向弯曲构件计算：

$$\sigma=\frac{M_x}{W_{nx}}+\frac{M_y}{W_{ny}}\leqslant f_m \tag{6-7}$$

式中 M_x，M_y——对构件截面x，y轴的弯矩；

W_{nx}，W_{ny}——对x，y轴的净截面抵抗矩；

f_m——木材抗弯设计强度。

② 使用两根吊索的横梁(图6-10b))

按偏心双向受压构件计算

$$\sigma=\frac{N_0}{A}+\frac{M_x}{W_{nx}}+\frac{M_y}{W_{ny}}\leqslant f_m \tag{6-8}$$

式中 N_0——横梁轴向力；

A——横梁截面积。

二、起重机械

结构吊装工程中常用的起重机械有自行杆式起重机(履带式起重机、汽车式起重机、轮胎式起重机)、塔式起重机和桅杆式起重机等。

(一) 履带式起重机

1. 履带式起重机的构造与性能

履带式起重机由行走装置、回转机构、机身及起重杆等组成(图 6-11)。采用链式履带的行走装置,对地面压力大为减小,装在底盘上的回转机构使机身可回转 360°。机身内部有动力装置、卷扬机及操纵系统。它操作灵活,使用方便,起重杆可分节接长,在装配式钢筋混凝土单层工业厂房结构吊装中得到广泛的使用。其缺点是稳定性较差,未经验算不宜超负荷吊装。

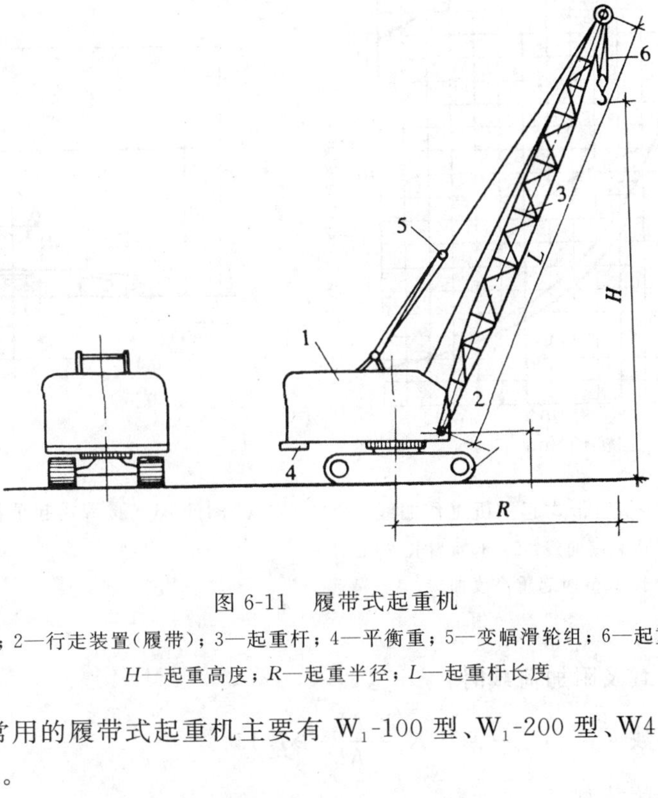

图 6-11 履带式起重机

1—机身;2—行走装置(履带);3—起重杆;4—平衡重;5—变幅滑轮组;6—起重滑轮组;

H—起重高度;R—起重半径;L—起重杆长度

建筑工程中常用的履带式起重机主要有 W_1-100 型、W_1-200 型、W4 型、QU25 型等,其技术性能见表 6-1。

表 6-1 国产履带式起重机的技术性能

项 目	W_1-100 型	QU25 型	W_1-200 型	W4 型
最大起重量(t)	15	25	50	63.4
整机工作质量(t)	39.79	41.8	75.79	200
接地平均压力(MPa)	0.087	0.1	0.122	0.182
吊臂长度(m)	13,23	13,16,20,23,27,30	15,30,40	21,27,33,45
最大起升高度(m)	11,19	12,14,16,21,25,28	12,26.5,36	20.5,26.5,32.5,45
最小幅度(m)	4.5,6.5	4,4.5,6,6.5,7,8	4.5,8,10	6.45,7.79,9.03,11.51
起升速度(m/s)	0.265～0.397	0.85	0.202～0.5	6.633～13.25
爬坡能力(%)	—	20%	—	—

履带式起重机的主要参数有三个：起重量 Q、起重高度 H 和起重半径 R。图 6-12 所示为 W_1-100 型起重机的工作性能曲线，可见起重量、起重高度和回转半径的大小，取决于起重壁长度和倾角。当起重臂长度一定时，随着仰角的增大，起重量和起重高度增加，而回转半径减小；当起重壁长度增加时，起重半径和起重高度增加而起重量减小。

2. 履带式起重机的稳定性验算

履带式起重机在进行超负荷吊装或接长吊杆时，需进行稳定性验算，以保证起重机在吊装中不会发生倾覆事故。

履带式起重机在如图 6-13 所示的情况下（即车身与行驶方向垂直）稳定性最差，此时，履带的轨链中心 A 为倾覆中心，起重机的安全条件如下：

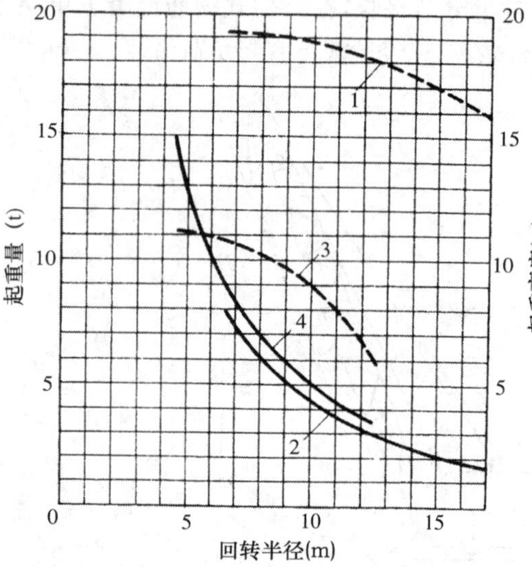

图 6-12　W_1-100 型履带式起重机工作曲线

1—起重臂长 23m 时起重高度曲线；2—起重臂长 23m 时起重量曲线；3—起重壁长 13m 时起重高度曲线；4—起重臂长 13m 时起重量曲线

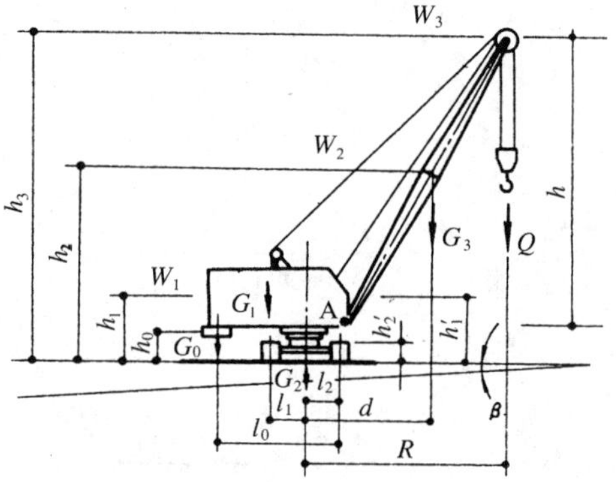

图 6-13　履带式起重机稳定性验算

当考虑吊装荷载及附加荷载时：

稳定性安全系数　　$K_1=\dfrac{M_{稳}}{M_{倾}}\geqslant 1.15$

当仅考虑吊装荷载时：

稳定性安全系数　　$K_2=\dfrac{M_{稳}}{M_{倾}}\geqslant 1.4$

即

$$K_1=\frac{M_{稳}}{M_{倾}}=\frac{G_1l_1+G_2l_2+G_0l_0-(G_1h_2'+G_2h_1'+G_0h_0+G_3h_2)\sin\beta}{Q(R-l_2)}-\frac{G_3d+M_F+M_G+M_L}{Q(R-l_2)}\geqslant 1.15 \tag{6-9}$$

$$K_2=\frac{M_{稳}}{M_{倾}}=\frac{G_1l_1+G_2l_2+G_0l_0-G_3d}{Q(R-l_2)}\geqslant 1.4 \tag{6-10}$$

按 K_1 验算十分复杂，现场施工中常用 K_2 验算。

式中 G_0——平衡重；

G_1——起重机机身可转动部分的重量；

G_2——起重机机身不转动部分的重量；

G_3——吊杆重量；

Q——吊装荷载(包括构件和索具重量)；

l_1——G_1 重心至 A 点的距离；

l_2——G_2 重心至 A 点的距离；

d——G_3 重心至 A 点的距离；

l_0——G_0 重心至 A 点的距离；

h_1'——G_1 重心至地面的距离；

h_2'——G_2 重心至地面的距离；

h_2——G_3 重心至地面的距离；

h_0——G_0 重心至地面的距离；

β——地面倾斜角度，应限制在 3°以内；

R——起重机最小回转半径；

M_F——风载引起的倾覆力矩：

$$M_F = W_1 h_1 + W_2 h_2 + W_3 h_3 \tag{6-11}$$

其中 W_1——作用在起重机机身上的风载；

W_2——作用在吊件上的风载，按荷载规范计算；

W_3——作用在所吊构件上的风载，按构件的实际受风面积计算；

h_1——机棚后面中心至地面的距离；

h_3——吊杆顶端至地面的距离；

M_G——重物下降时突然刹车的惯性力所引起的倾覆力矩：

$$M_G = \frac{Qv}{gt}(R - l_2)$$

其中 v——吊钩下降速度(m/s)，取为吊钩速度的 1.5 倍；

g——重力加速度(9.8m/s^2)；

t——从吊钩下降速度 v 变到 0 所需的制动时间，取 1s；

M_L——起重机回转时的离心力所引起的倾覆力矩：

$$M_L = \frac{QRn^2}{900 - n^2 h} h_3 \tag{6-12}$$

其中 n——起重机回转速度，取 1r/min；

h——所吊构件于最低位置时，其重心至吊杆顶的距离；

h_3——同前。

(二) 汽车起重机

汽车起重机是一种将起重作业部分安装在汽车通用或专用底盘上、具有载重汽车行驶性能的轮式起重机。根据吊臂结构可分为定长臂、接长臂和伸缩臂三种，前两种多采用桁架结构臂，后一种采用箱形结构臂。根据动力传动方式，又可分为机械传动、液压传动和电力传动三种。因其机动灵活性好，能够迅速移场地，广泛用于土木工程。

现在普通使用的汽车起重机多为液压伸缩臂汽车起重机，液压伸缩臂一般有 2～4 节，最下（最外）一节为基本臂，吊臂内装有液压伸缩机构控制其伸缩。

图 6-14 所示为 QY-8 型汽车起重机的外形，由起升、变幅、回转、吊臂伸缩和支腿机构等组成，全为液压传动。

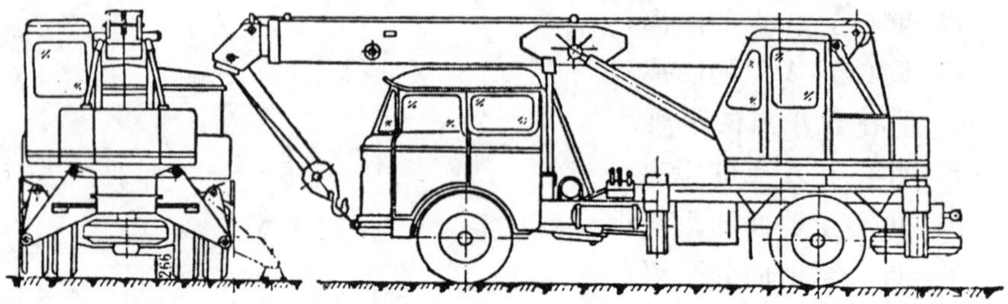

图 6-14　QY-8 型汽车起重机

汽车起重机作业时，必须先打开支腿，以增大机械的支承面积，保证必要的稳定性。因此，汽车起重机不能负荷行驶。

汽车起重机的主要技术性能有最大起重量、整机质量、吊臂全伸长度、吊臂全缩长度、最大起重高度、最小工作半径、起升速度、最大行驶速度等。

（三）轮胎起重机

轮胎起重机不采用汽车底盘，而另行设计轴距较小的专门底盘。其构造与履带式起重机基本相同，只是底盘上装有可伸缩的支腿，起重时可使用支腿以增加机身的稳定性，并保护轮胎。

轮胎起重机的优点是行驶速度较高，能迅速地转移工作地点或工地，对路面破坏小。但这种起重机不适合在松软或泥泞的地面上工作。

国产轮胎起重机分机械传动和液压传动两种。图 6-15 为 QL_3-16 型机械式轮胎起重机。轮胎起重机的主要技术性能有额定起重量、整机质量、最大起重高度、最小回转半径、起升速度等。

（四）塔式起重机

塔式起重机具有高的塔身，起重臂安装在塔身顶部，形成“Γ”形的工作空间，并有较高的有效高度和较大的工作半径。起重臂可以回转 360°，因此，塔式起重机（图 6-16）在多层及高层结构吊装和垂直运输中得到广泛应用。

塔式起重机的类型，可按有无行走机构、变幅方法、回转部位和爬升方式等划分。目前生产的塔式起重机多为多功能的，它通过改装可以成为另一种类型。如 QT_4-10 型即为四用（附着式、爬升式、固定性和轨行式）塔式起重机。

下面就常用的轨道式、爬升式、附着式塔式起重机作一介绍。

1. 轨道式塔式起重机

轨道式塔式起重机是土木工程中使用最广泛的一种起重机，它可带重行走，作业范围

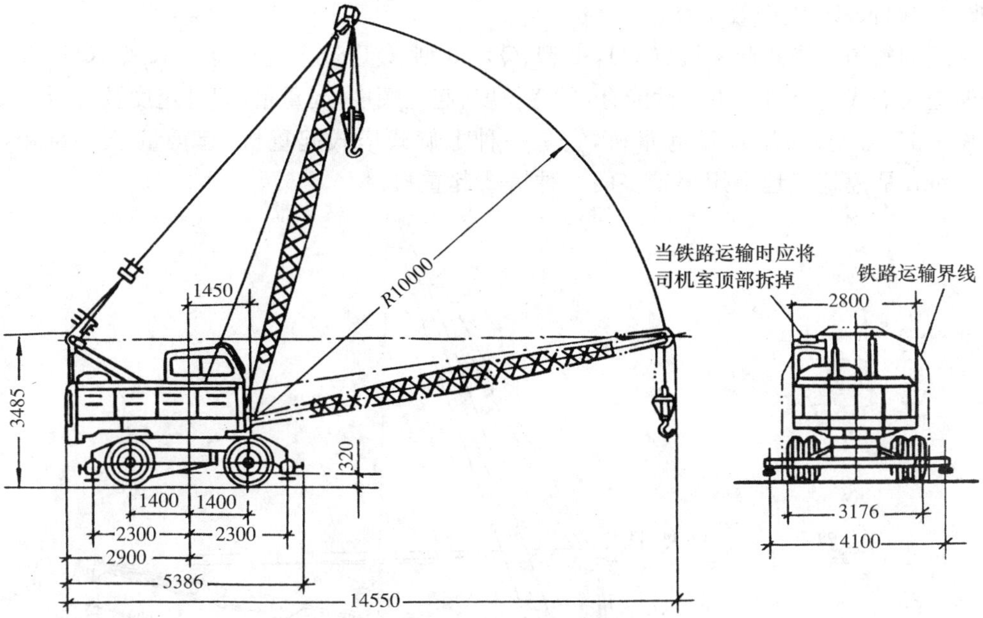

图 6-15　QL_3-16 型轮胎起重机

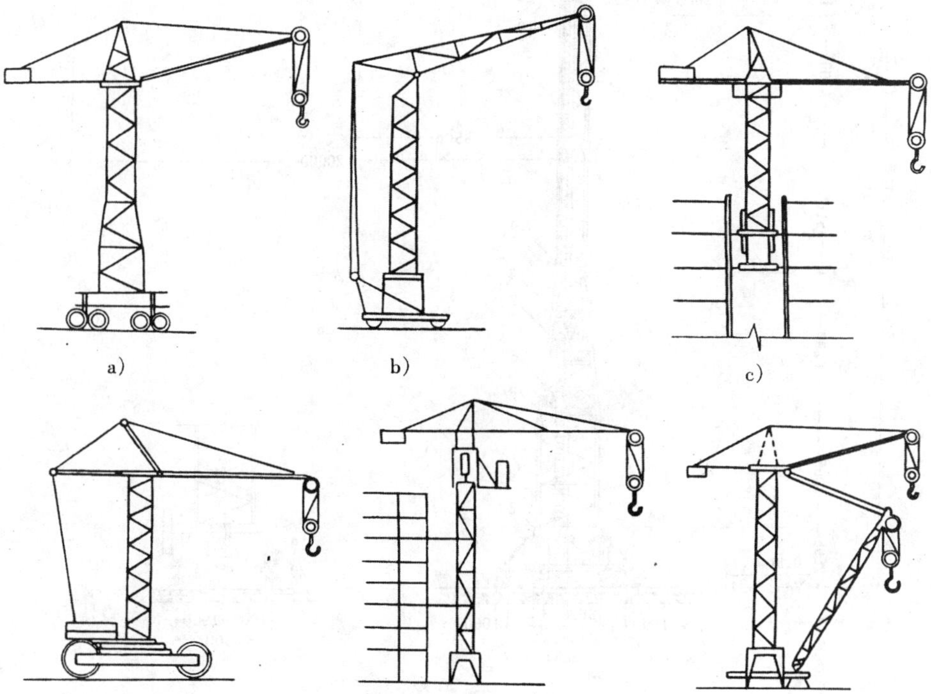

图 6-16　塔式起重机

a）上旋转式；b）下旋转式；c）上旋转爬升式；d）下旋转轮胎式；e）上旋转附着式；f）塔桅式；

大，非生产时间少，生产效率高。

常用的轨道式塔式起重机有 QT_1-2 型、QT_1-6 型、QT-60/80 型、QT_1-15 型、QT-25 型等多种。轨道式塔式起重机的主要性能有：吊臂长度、起重幅度、起重量、起升速度及行走速度等。

图 6-17 为 QT-60/80 型起重机，它是一种上旋式塔式起重机，起得量 30～80kN、幅度 7.5～20m，是建筑工地上用得较多的一种塔式起重机。

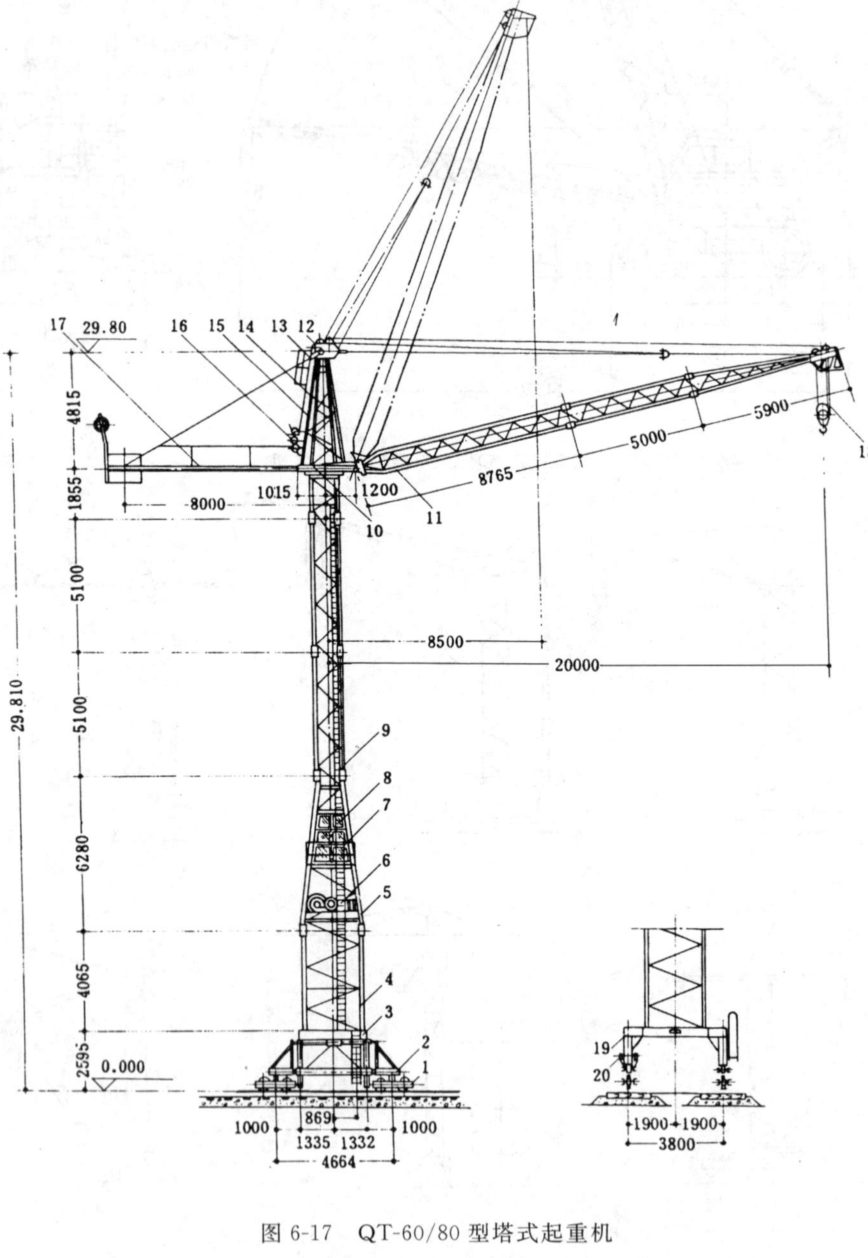

图 6-17 QT-60/80 型塔式起重机

1—台车；2—底架；3—连接部件；4—下节塔身；5—斜塔身；6—卷扬机；

7、8—操纵室；9—上节塔身；10—旋转机构；11—吊臂；

12—塔顶；13、14、15、16—塔帽部件；17—顶标高；18—吊钩

QT-60/80 型塔式起重机由塔身、底架、塔顶、塔帽、吊臂、平衡臂和起升、变幅、回射、行走机构及电气系统等组成。其特点是塔身可以按需要增减互换节而改变长度，并且可以转弯行驶。

2. 爬升式塔式起重机

爬升式塔式起重机又称内爬式塔式起重机，通常安装在建筑物的电梯井或特设的开间内，也可安装在筒形结构内，依靠爬升机构随着结构的升高而升高，一般是每建造 3～8m，起重机就爬升一次，塔身自身高度只有 20m 左右，起重高度随施工高度而定。

爬升机构有液压式和机械式两种，图 6-18 所示是液压爬升机构，由爬升梯架、液压缸、爬升横梁和支腿等组成。爬升梯架由上、下承重梁构成，两者相隔两层楼，工作时，用螺栓固定在筒形结构的墙或边梁上，梯架两侧有踏步。其承重梁对应于起重机塔身的四根主肢，装有 8 个导向滚子，在爬升时起导向作用。塔身套装在爬升梯架内，顶升液压缸的缸体铰接于塔身横梁上，而下端(活塞杆端)铰接于活动的下横梁中部。塔身两侧装支腿，活动横梁两侧也装支腿，依靠这两对支腿轮流支撑在爬梯踏步上，使塔身上升。

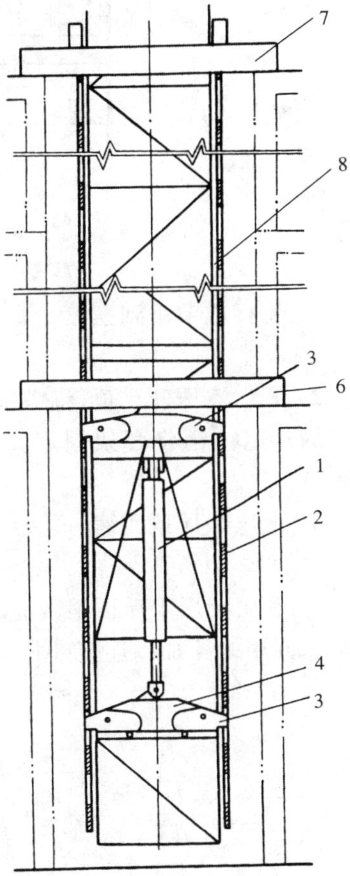

图 6-18 爬升式塔式起重机的液压爬升机构

1—液压缸；2—爬升梯架；3—塔身支腿；4—爬升横梁；5—横梁支腿；6—下承重梁；7—上承重梁；8—塔身

图 6-19 表示爬升过程。爬升横梁 4 的支腿 3 支承在爬梯 2 下面的踏步上(图 6-19a))，顶升液压缸 1 进油，将塔身 5 向上顶升(图 6-19b))，顶到一定高度以后，塔身两侧的支腿 3 支承在爬梯在上面踏步上(图 6-19c))，液压缸回缩，将爬升横梁提升到上一级踏步，并张开支腿 3 支承于上一级踏步上(图 6-19d))。如此重复，使起重机上升。

爬升式起重机的优点是：起重机以建筑物作支承，塔身短，起重高度大，而且不占建筑物外围空间。缺点是：司机作业往往不能看到起吊全过程，需靠信号指挥，施工结束后拆卸复杂，一般需设辅助起重机拆卸。

3. 附着式塔式起重机

附着式塔式起重机又称自升式塔式起重机，直接固定在建筑物或构筑物近旁的混凝土基础上，随着结构的升高，不断自行接高塔身，使起重高度不断增大。为了塔身稳定，塔身每隔 20m 高度左右用系杆与结构锚固。

附着式塔式起重机多为小车变幅，因起重机械在结构近旁，司机能看到吊装的全过程，自身的安装与拆卸不妨碍施工过程。

附着式塔式起重机的自接升高目前主要是液压缸顶升，采用较多的是外套架液压缸侧顶式。如图 6-20 所示为 QT_4-10 型起重机的顶升过程，可分为以下五个步骤：

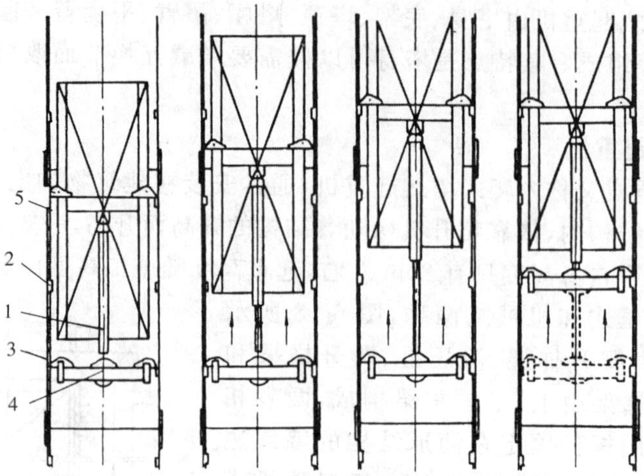

图 6-19 液压爬升机构的爬升过程

1—液压缸；2—爬梯；3—支腿；4—爬升横梁；5—塔身

(1) 将标准节吊到摆渡小车上，并将过渡节与塔身标准节相联的螺栓松开，准备顶升(图 6-20a))。

(2) 开动液压升斤顶，将塔吊上部结构包括顶升套架向上顶升到超过一个标准节的高度，然后用定位销将套架固定。于是塔吊上部结构的重量就通过定位销传递到塔身(图 6-20b))。

(3) 液压千斤顶回缩，形成引进空间，此时将装有标准节的摆渡小车开到引进空间内(图 6-20c))。

(4) 利用液压千斤顶稍微提起标准节，退出摆渡小车，然后将标准节平稳地落在下面的塔身上，并用螺栓加以连接(图 6-20d))。

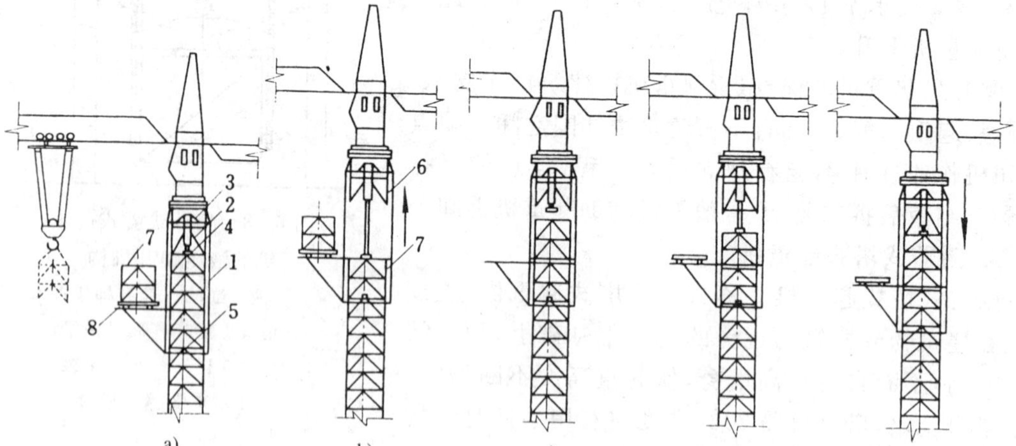

图 6-20 QT_4-10 型起重机的顶升过程

a) 准备状态；b) 顶升塔顶；c) 推入塔身标准节；d) 安装塔身标准节；e) 塔顶与塔身连成整体

1—顶升套架；2—液压千斤顶；3—承座；4—顶升横梁；5—定位销；6—过渡节；7—标准节；8—摆渡小车

(5) 拔出定位销，下降过渡节，使之与已接高的塔身联成整体(图 6-20e))。如一次要接高若干节塔身标准节，则可重复以上工序。

（五）桅杆式起重机

桅杆式起重机具有制作简单、装拆方便、起重量大(可达 1 000kN 以上)、受地形限制小等特点。但它的灵活性较差，工作半径小，移动较困难，并需要拉设较多的缆风绳，故一般只适用于安装工程量比较集中的工程。

桅杆式起重机可分为：独脚把杆、人字把杆、悬臂把杆和牵缆式桅杆起重机。

1. 独脚把杆

独脚把杆由把杆、起重滑轮组、卷扬机、缆风绳和锚碇等组成，如图 6-21a)所示。使用时，把杆应保持不大于 10°的倾角，以便吊装构件时不致撞击把杆。把杆底部要设置拖子以便移动。把杆的稳定主要依靠缆风绳，绳的一端固定在桅杆顶端，另一端固定在锚碇上，缆风绳一般设 4～8 根。根据制作材料的不同，把杆类型有：

(1) 木独脚把杆　常用独根圆木做成，圆木梢径 20～32cm，起重高度一般为 8～15m，起重量为 30～100kN。

(2) 钢管独脚把杆　常用钢管直径 200～400mm，壁厚 8～12mm，起重高度可达 30m，起重量可达 450kN。

(3) 金属格构式独脚把杆　起重高度可达 75m，起重量可达 1 000kN 以上。格构式独脚把杆一般用四个角钢作主肢，并由横向和斜向缀条联系而成，截面多呈正方形，常用截面为 450mm×450mm～1 200mm×1 200mm 不等，整个把杆由多段拼成。

2. 人字把杆

人字把杆是由两根圆木或两根钢管以钢丝绳绑扎或铁件铰接而成，如图 6-21b)所示。两杆在顶部相交成 20°～30°角，底部设有拉杆或拉绳，以平衡把杆本身的水平推力。其中一根把相干的底部装有一导向滑轮组，起重索通过它连到卷扬机，另用一钢丝绳连接到锚碇，以保证在起重时底部稳固。人字把杆是前倾的，但倾斜度不宜超过 1/10，并在前、后各用两根缆风绳拉结。

人字把杆的优点是侧向稳定性较好，缆风绳较少；缺点是起吊构件的活动范围小，故一般仅用于安装重型柱或其他重型构件。

3. 悬臂把杆

在独脚把杆的中部或 2/3 高度处装上一根起重臂，即成悬臂把杆。起重杆可以回转和起伏变幅，如图 6-21c)所示。

悬臂把杆的特点是能够获得较大的起重高度，起重杆能左右摆动 120°～270°，宜于吊装高度较大的构件。

4. 牵缆式桅杆起重机

在独脚把杆的下端装上一根可以 360°回转和起伏的起重杆，如图 6-21d)所示。它具有较大的起重半径，能把构件吊送到有效起重半径内的任何位置。格构式截面的桅杆起重机的起重量可达 60kN，起重高度可达 80m，其缺点是缆风绳较多。

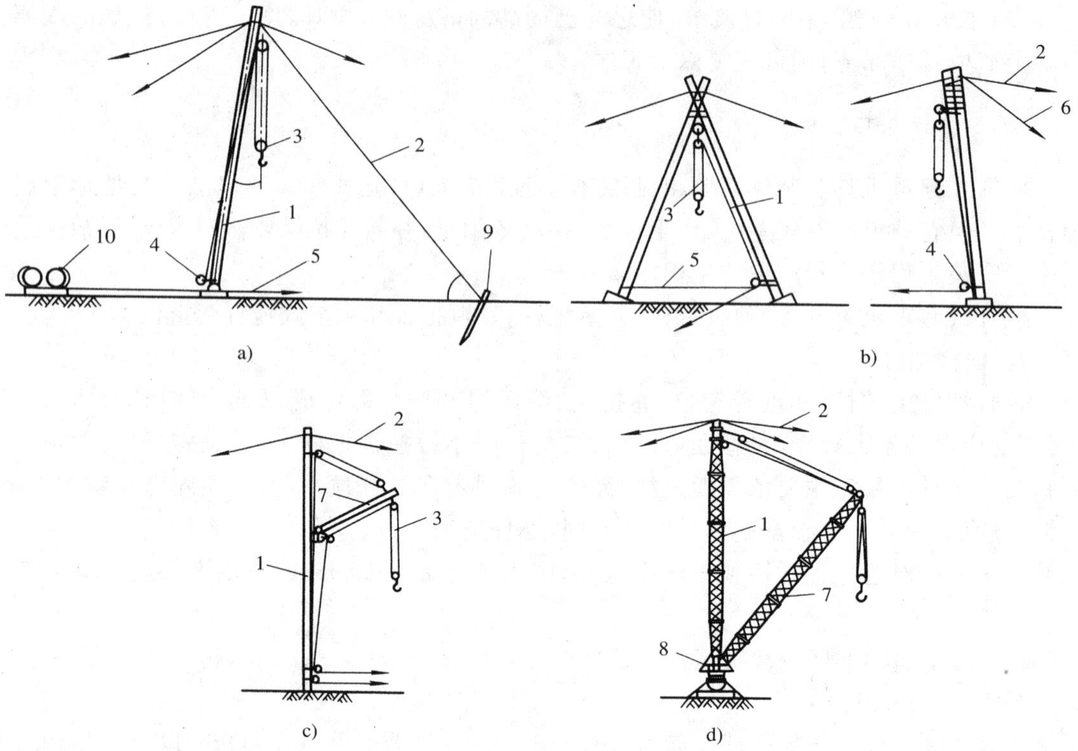

图 6-21 桅杆式起重机

a）独脚把杆；b）人字把杆；c）悬臂把杆；d）桅杆起重机

1—把杆；2—缆风绳；3—起重滑轮组；4—导向装置；5—拉索；

6—主缆风绳；7—起重臂；8—回转盘；9—锚碇；10—卷扬机

第二节 混凝土结构吊装

混凝土结构吊装分为构件的吊装工艺和结构吊装两大类。其中，构件的吊装包括构件的制作、运输、堆放、吊装；结构吊装分为单层工业厂房结构吊装和多层装配式框架结构吊装，吊装顺序由于吊装方案的不同而不同。

一、预制构件吊装工艺

预制构件吊装工艺应考虑构件的制作、运输、堆放、平面布置和构件的吊装过程。

（一）预制构件的制作、运输和堆放

预制构件如柱、屋架、梁、桥面板等一般在现场预制或工厂预制。在许可的条件下，预制时尽可能采用叠浇法，重叠层数由地基承载能力和施工条件确定，一般不超过 4 层，上、下层间应做好隔离层，上层构件的浇筑应等到下层构件混凝土达到设计强度的 30%以后才可进行，整个预制场地应平整夯实，不可因受荷、浸水而产生不均匀沉陷。

工厂预制的构件需在吊装前运至工地，构件运输宜选用载重量较大的载重汽车和半拖式或全拖式的平板拖车，将构件直接运到工地构件堆放处。

对构件运输时的混凝土强度要求是：如设计无规定时，不应低于设计的混凝土强度标准值的75%。在运输过程中构件的支承位置和方法，应根据设计的吊（垫）点设置，不应引起超应力和使构件损伤。叠放运输构件之间必须用隔板或垫木隔开。上、下垫木应保持在同一垂直线上，支垫数量要符合设计要求以免构件受折。运输道路要有足够的宽度和转变半径，图6-22为构件运输示意图。

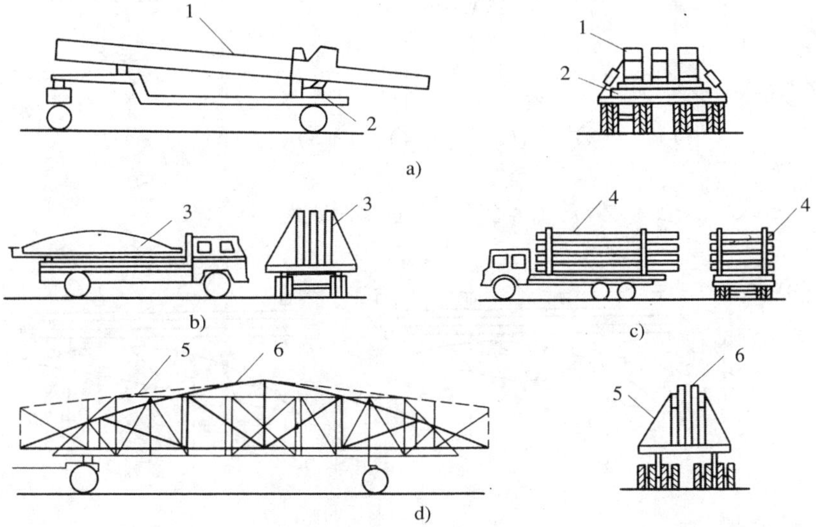

图6-22　构件运输示意图

a）拖车运输柱子；b）运输梁；c）运送大型预制板；d）用钢拖架运输桁架

1—柱子；2—垫木；3—大型梁；4—预制板；5—钢拖架；6—大型桁架

（二）构件的平面布置

预制构件的堆放应考虑便于吊升及吊升后的就位，特别是大型构件，如房屋建筑中的柱、屋架、桥梁工程中的箱梁、桥面板等，应做好构件堆放的布置图，以便一次吊升就位，减少起重设备负荷开行。对于小型构件，则可考虑布置在大型构件之间，也应以便于吊装，减少二次搬运为原则。但小型构件常采用随吊随运的方法，以便减少对施工场地的占用。下面以单层厂房屋架为例说明预制构件的临时堆放原则。

预制屋架布置在跨之内，以3～4榀为一叠，为了适应在吊装阶段吊装屋架的工艺要求，首先需要用起重机将屋架由平卧转为直立，这一工作称为屋架的扶直（或称翻身、起板）。

屋架扶直后，随即用起重机将屋架吊起并转移到吊装前的堆放位置。屋架的堆放方式一般有两种，即屋架的斜向堆放（图6-23）和纵向堆放（图6-24）。各榀屋架之间保持不小于20cm的间距，各榀屋架都必须支撑牢靠，防止倾倒。对于纵向堆放的屋架，要避免在已吊装好的屋架下面进行绑扎和吊装。

这两种堆放方式以斜向堆放为宜，由于扶直后堆放的屋架放在PQ线之间，屋架扶直后的位置可保证其吊升后直接放置在对应的轴线上，如②轴屋架的吊升，起重机位于O_2点处，吊钩位于PQ线之间的②轴屋架中点，起升后转向②轴，即可将屋架安装至②轴的柱顶（图6-23）。如采用纵向堆放，则屋架在起吊后不能直接转向安装轴线就位，需起重机负荷

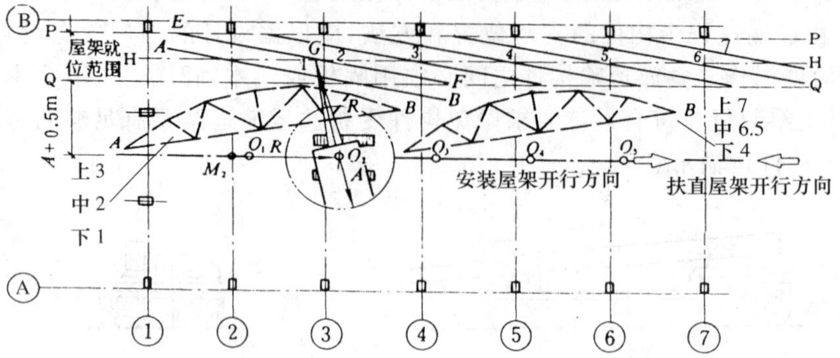

图 6-23　屋架的斜向堆放

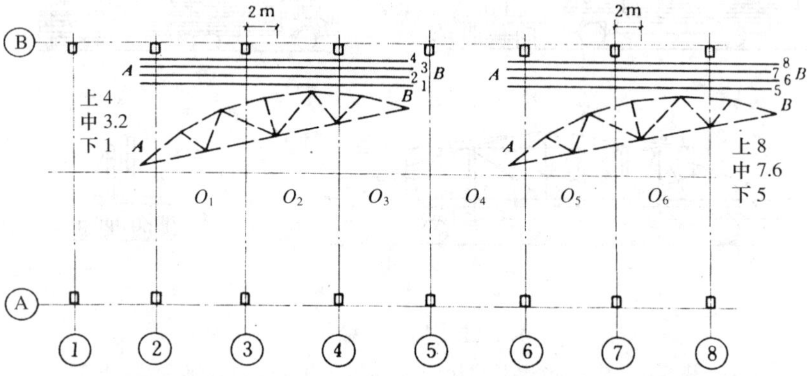

图 6-24　屋架的纵向堆放

开行一段后再安装就位。但是斜向堆放法占地较大，而纵向堆放法则占地较小。

小型构件运到现场后，按平面布置图安排的部位，依编号、吊装顺序进行就位和集中堆放。小型构件就位位置，一般在其安装位置附近，有时也可从运输车上直接起吊。采用叠放的构件，如屋面板、箱梁等，可以多块为一叠，以减少堆场用地。

（三）构件的吊装

预制构件吊装过程一般包括绑扎、吊升、就位、临时固定、校正和最后固定等工序。

1. 柱的吊装

（1）柱的绑扎

柱身绑扎点数和绑扎位置，要保证柱在吊装过程中受力合理，不发生变形或裂缝而折断。一般中、小型柱绑扎一点；重型柱或配筋少而细长的柱常绑扎两点甚至两点以上以减少柱的吊装弯矩。必要时，需经吊装应力和裂缝控制计算后确定。一点绑扎时，绑扎位置在牛腿下面。

按柱吊起后柱身是否能保持垂直状态，分为斜吊法和直吊法，相应的绑扎方法有：斜吊绑扎法，它用于柱的宽面抗弯能力满足吊装要求时，此法无须将预制柱翻身，但因起吊后柱身与杯底不垂直，对线就位较难（图 6-25）；直吊绑扎法，它适用于柱宽面抗弯能力不足，必需将预制柱翻身后狭面向上，刚度增大，再绑扎起吊（图 6-26）。它需要较长的起重杆。

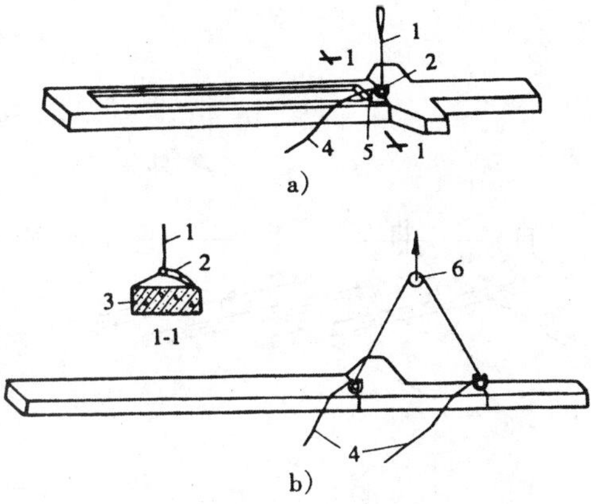

图 6-25　斜吊绑扎法

a) 一点绑扎；b) 两点绑扎

1—吊索；2—椭圆销卡环；3—柱子；

4—棕绳；5—铅丝；6—滑车

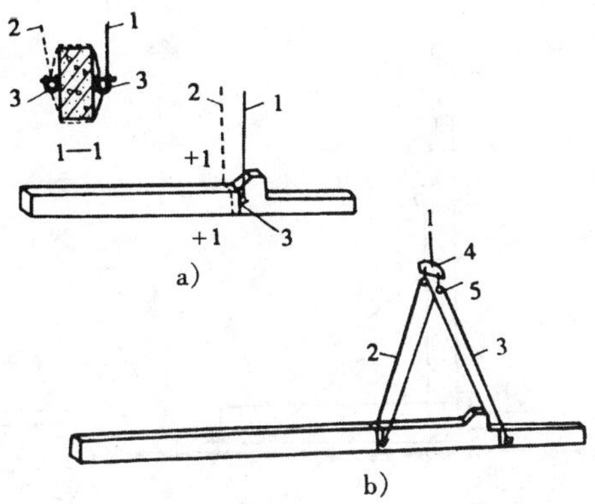

图 6-26　直吊绑扎法

a) 一点绑扎；b) 两点绑扎

1—第一支吊索；2—第二支吊索；3—活络卡环；4—铁扁担；5—滑车；6—长吊

(2) 柱的起吊

柱的起吊方法，按柱在吊升过程中柱身运动的特点分为旋转法和滑行法；按使用起重机的数量，有单机起吊和双机抬吊。单机起吊的工艺如下：

① 旋转法　起重机边起钩、边旋转，使柱身绕柱脚旋转而逐渐吊起的方法称为旋转法。其要点是保持柱脚位置不动，并使柱的吊点、柱脚中心和杯口中心三点共圆。其特点是柱吊升中所受需动较小，但对起重机的机动性要求高。一般采用自行式起重机(6-27)。

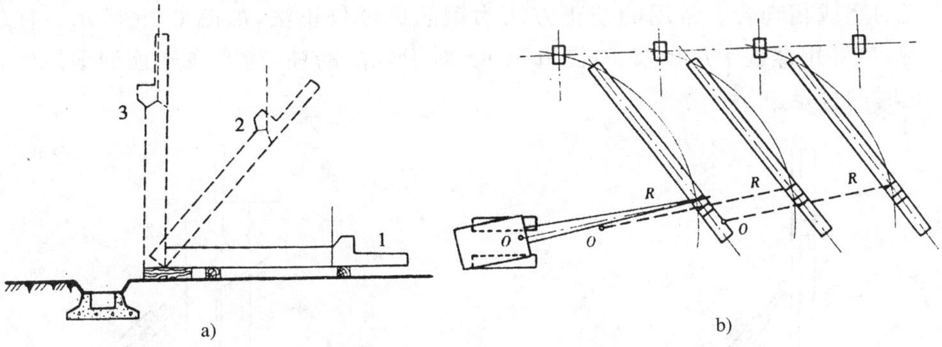

图 6-27　旋转法吊柱

a) 旋转过程；b) 平面布置

1—柱子平卧时；2—起吊中途；3—直立

② 滑行法　起吊时起得机不旋转，只起升吊钩，使柱脚在吊钩上升过程中沿着地面逐渐向前滑行，直至柱身直立的方法称为滑行法。其要点是柱的吊点要布置在杯口旁；并与杯口中心两点共圆弧。其特点是起重机只须转动吊杆，即可将柱子吊装就位，较安全，但滑行过程中柱子受震动。故只有起重机、场地受限时才采用此法(图 6-28)。

(3) 柱的就位和临时固定

柱脚插入杯口后，使柱的安装中心线对准杯口的安装中心线(吊装准线)，然后将柱四周

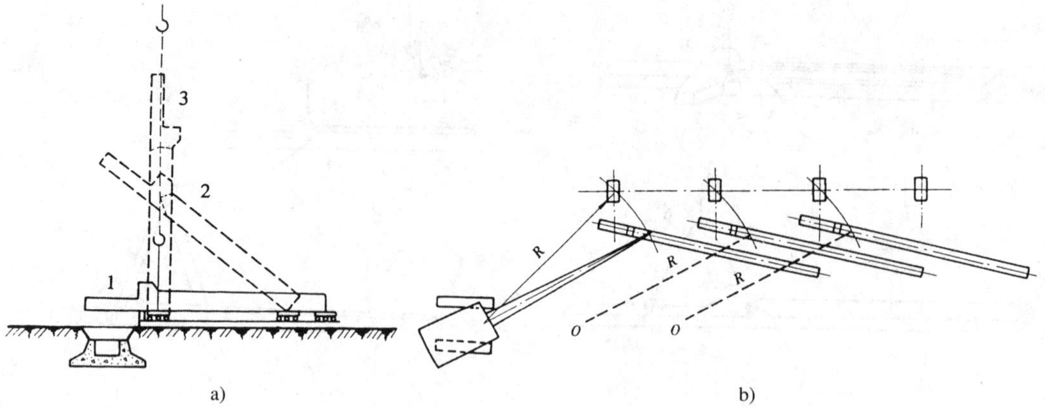

a)　　　　b)

图 6-28　滑行法吊柱

a）滑行过程；b）平面布置

1—柱子平卧时；2—起吊中途；3—直立

八只楔子打紧加以临时固定。吊装重型、细长柱时，除采用以上措施进行临时固定外，必要时增设缆风绳拉锚。

（4）柱的校正

柱的校正包括平面定位轴线、标高和垂直度的校正。柱平面定位轴线在临时固定前进行对位时已校正好。标高在柱吊装前由调整基础杯底的标高予以控制在施工验收规范允许的范围以内。所以柱吊装后主要是校正垂直度。垂直度观测、校正的方法是用两架经纬仪从柱相邻两个互相垂直的方向同时观测柱正面和侧面的中心。校正时，使柱子的上、下中线与经纬仪的竖线相吻合。常用的校正方法为钢筋撑杆校正法，如图 6-29 所示。柱较重（大于 10t）时，最好用螺旋千斤顶校正（图 6-30）。对于较高的柱，尚要在柱顶加缆风绳，以保持柱在校正时的稳定。

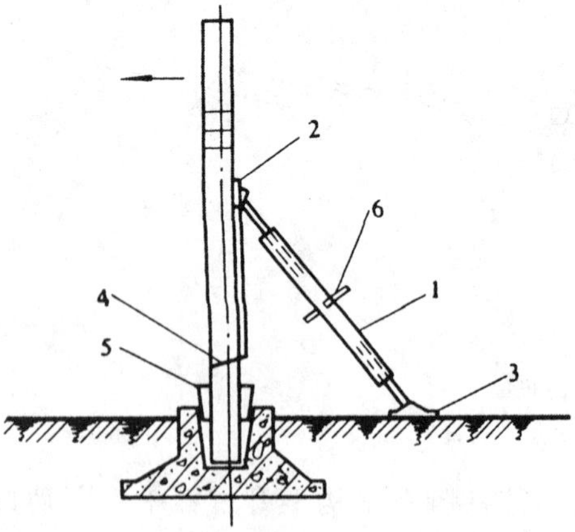

图 6-29　钢管撑杆校正法

1—钢管校正器；2—头部摩擦板；3—底板；4—钢丝绳；5—楔块；6—转动手柄

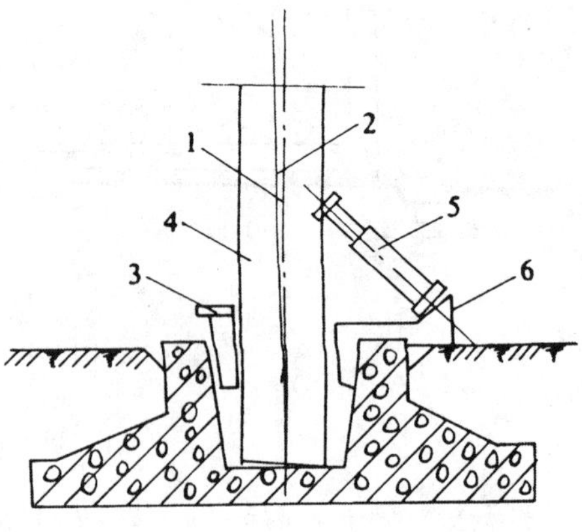

图 6-30　千斤顶斜顶法

1—柱中线；2—铅垂线；3—楔块；4—柱；5—千斤顶；6—铁簸箕

(5) 柱的最后固定

柱底部四周与基础杯口的空隙之间，浇筑细石混凝土，捣固密实，使柱的底脚完全嵌固在基础内作为最后固定。灌筑工作分两次进行，第一次先浇至楔块底面，待混凝土强度达到25％设计强度后，拔去楔块再第二次灌筑混凝土至杯口顶面。

2. 吊车梁的吊装

吊车梁的吊装须在柱子最后固定好，接头混凝土达到70％设计强度后进行。吊车梁的绑扎应使吊钩对准吊车梁的重心，起吊后使构件保持水平。吊车梁就位时应缓慢落下，争取使吊车梁中心线与支承面的中心线能一次对准，并使两端搁置长度相等。吊车梁的校正，应在屋盖结构构件校正和最后固定后进行。校正的内容有：中心线对定位轴线的位移、标高、垂直度。

3. 屋盖吊装

屋盖构件包括屋架(或屋面梁)、屋架上下弦水平支撑和垂直支撑、天沟板和屋面板、天窗架和天窗侧板等。屋盖的吊装一般都按节间逐一依次采用综合吊装法。其吊装顺序如图6-31所示。

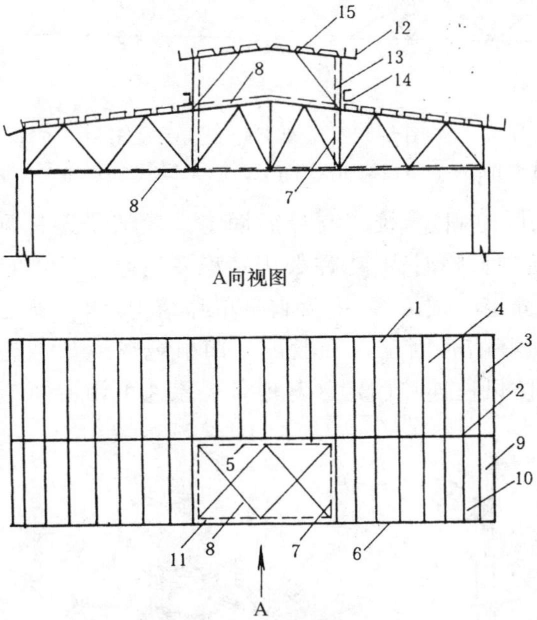

图 6-31 一般单层工业厂房屋盖构件的吊装顺序

1—第一榀屋架；2—第二榀屋架；3—天沟板；4—第一节间屋板(全部)；5—第一榀天窗架；6—第三榀屋架；7—屋面垂直支撑；8—屋架水平支撑；9—第二节间天沟板；10—第二节间屋面板(全部)；11—第二榀天窗架；12—天窗上档；13—天窗垂直支撑；14—天窗侧板；15—天窗架上屋面板

(1) 屋架吊装

钢筋混凝土屋架一般在现场平卧叠浇。吊装的施工顺序是：绑扎、扶直堆放、吊升、就位、临时固定、校正和最后固定。

① 屋架的绑扎与扶直堆放　对平卧叠浇预制的屋架，吊装前先要翻身扶直，然后起吊移至预定地点堆放。扶直时的绑扎点最好是起吊、就位时的吊点。屋架的绑扎点与绑扎方式与屋架的形式和跨度有关，其绑扎的位置与吊点的数目一般由设计确定。如吊点与设计

不符，应进行吊装验算。屋架绑扎时吊索与水平面的夹角 α 不宜小于 45°，以免屋架上弦杆承受过大的压力使构件受损，如加大 α 角，则吊索过长，起重机的起重高度不够时，可采用横吊梁。图 6-32 为屋架绑扎方式示意图。对屋架扶直堆放，堆放位置与起重机的性能和吊装方法有关，应少占场地，便于吊装，并考虑屋架的吊装顺序、两端朝向等问题。

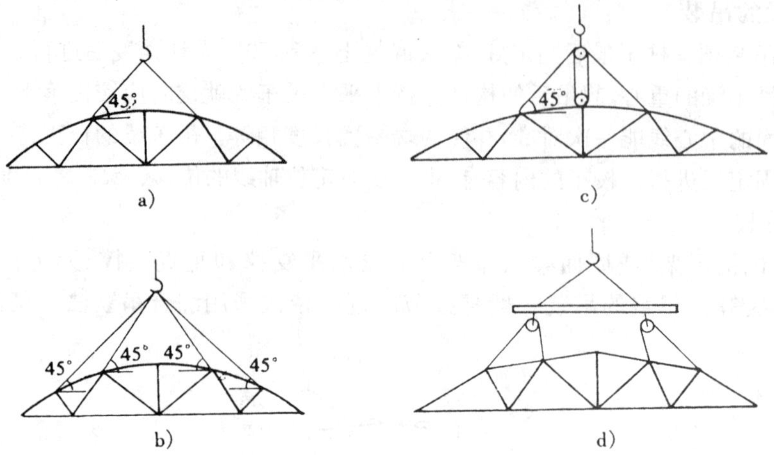

图 6-32　屋架绑扎方式示意图

a) 18mG215(一)层架两点绑扎；b) 18m 层架四点绑扎；c) 30mG215(五)层架三点绑扎；d) 用横吊梁四点绑扎

② 屋架吊升、就位、临时固定、校正与最后固定　屋架吊至柱顶以上，使屋架的端头轴线与柱顶轴线重合，然后进行临时固定，屋架固定稳妥后起重机才能脱钩。

第一榀屋架的临时固定必须可靠，因为它是单片结构，侧向稳定性差；同时，它是第二榀屋架的支撑，所以必须做好临时固定。一般采用四根缆风绳从两边把屋架拉牢，如图 6-33 所示。有防风柱的可与防风柱连接固定。其他各榀屋架可用屋架校正架（工具式支撑）临时固定在前面一榀屋架上。

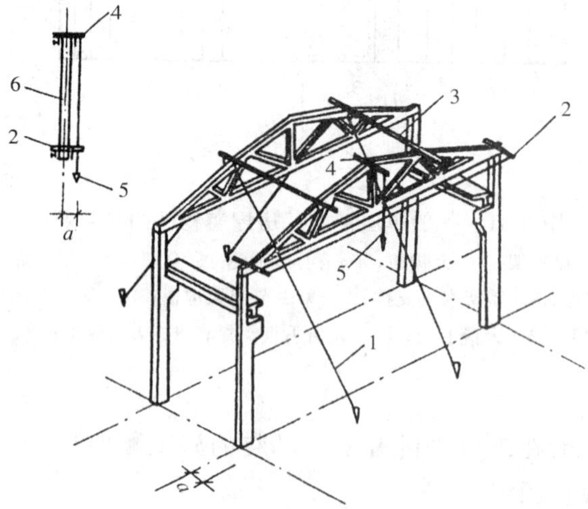

图 6-33　屋架的临时固定

1—缆风绳；2，4—挂线木尺；3—屋架校正器；5—线锤；6—屋架

屋架主要校正垂直偏差。规范规定:屋架上弦(在跨中),对通过两个支座中心的垂直面偏差不得大于 $h/250$(h 为屋架高度)。检查时可用线锤或经纬仪。用经纬仪检查,是将仪器安置在被检查屋架的跨外,距柱横轴线为 a(a 为 1m 左右),然后,观测屋架上弦所挑出的三个挂线木卡尺上的标志(一个安装在屋架上弦中央,两个安装在屋架上弦两端,标志距屋架上弦轴线均为 a)是否在同一垂直面上,如偏差超出规定数值(如屋架吊装的允许偏差,下弦中心线对定位轴线的位移为 5mm,拱形屋架垂直度为 1/250 屋架高),转动屋架校正器上的螺栓进行校正,并在屋架端部支承面垫入薄钢片。校正无误后,立即用电焊焊牢作为最后固定,应在屋架两端的不同侧同时旋焊,以防因焊缝收缩导致屋架倾斜。

(2) 天窗架、屋面板的吊装

天窗架可与屋架拼装组合成的整体一起吊装,或进行单独吊装,采用两点或四点绑扎(图 6-34)。单独吊装时,应待天窗架两侧的屋面板吊装后进行。吊装方法与屋架基本相同。

屋面板的吊装,如充分发挥起重机的起重能力,一般可采用叠吊的方法(图 6-35)。屋面板的吊装,应由屋架两边檐口左右对称地逐块吊向屋脊,避免屋架承受半边荷载,以利于屋架稳定。屋面板就位、校正后,应立即与屋架电焊固定。

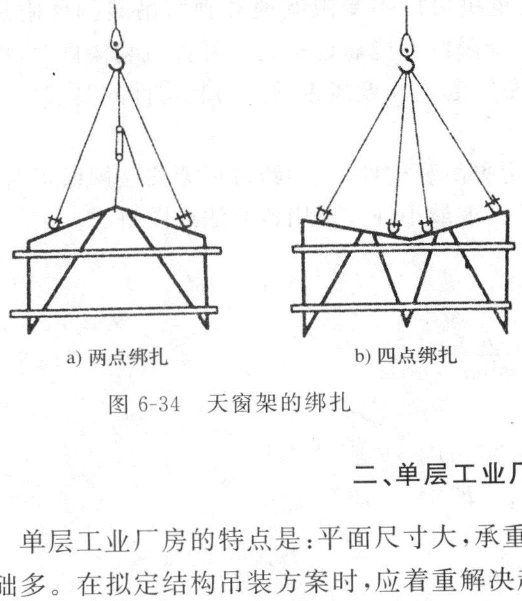

a) 两点绑扎　　b) 四点绑扎

图 6-34　天窗架的绑扎

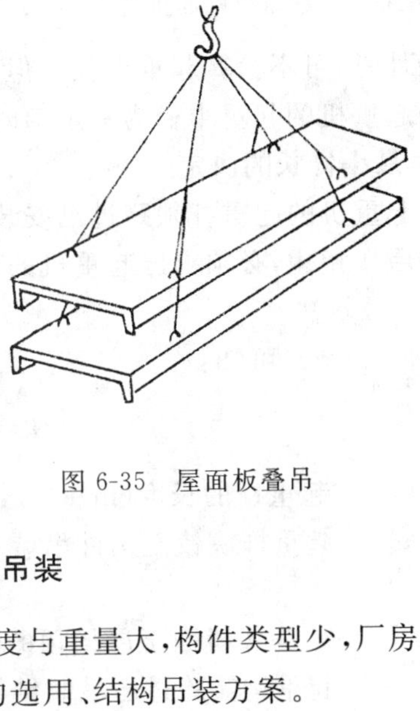

图 6-35　屋面板叠吊

二、单层工业厂房结构吊装

单层工业厂房的特点是:平面尺寸大,承重结构跨度与重量大,构件类型少,厂房内设备基础多。在拟定结构吊装方案时,应着重解决起重机的选用、结构吊装方案。

(一) 起重机的选用

中小型厂房结构采用自行杆式起重机吊装较合理。现以目前我国应用最多的履带式起重机进行吊装为例予以介绍。

履带式起重机的型号应根据所吊装构件的尺寸、重量和吊装位置来选择。所选起重机的三个工作参数:起重量 Q、起重高度 H 和起重半径 R 均应满足结构吊装的要求。

1. 起重量

起重机的起重量必须大于所安装构件的质量与索具重量之和:

$$Q \geqslant Q_1 + Q_2 \quad (6\text{-}13)$$

式中 Q——起重机的起重量(t);

Q_1——构件的重量(t);

Q_2——索具的重量(t)。

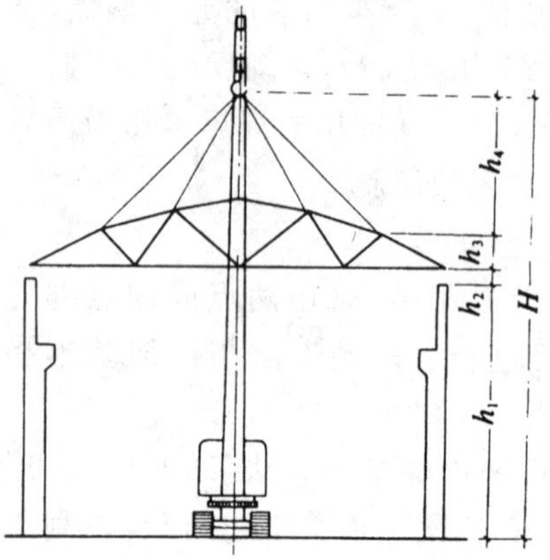

图 6-36 起重机的起重高度

2. 起重高度

起重机的起重高度必须满足所吊构件的吊装高度要求(图 6-36),对于吊装单层厂房应满足:

$$H \geqslant h_1 + h_2 + h_3 + h_4 \tag{6-14}$$

式中 H——起重机的起重高度(m),从停机面算起至吊钩中心;

h_1——安装支座表面高度(m),从停机面算起;

h_2——安装空隙,一般不小于 0.3m;

h_3——绑扎点至所吊构件底面的距离(m);

h_4——索具高度(m),自绑扎点至吊钩中心,视具体情况而定。

3. 起重半径

当起重机可以不受限制地开到所吊装构件附近去吊装构件时,可不验算起重半径。但当起重机受限制不能靠近吊装位置去吊装构件时,则应验算当起重机的起重半径为一定值时的起重量与起重高度能否满足吊装构件的要求。

4. 最小杆长的决定

当起重机的起重杆须跨过已安装好的结构去吊装构件,例如跨过屋架安装屋面板时,为了不与屋架相碰,必须求出起重机的最小杆长。求最小杆长可用数解法或图解法。

(1) 数解法

从图 6-37a)可知:

$$L = l_1 + l_2 = \frac{h}{\sin\alpha} + \frac{a+g}{\cos\alpha} \tag{6-15}$$

式中 L——起重杆的长度(m);

h——起重杆底铰至构件吊装支座的高度(m):

$$h = h_1 - E$$

h_1 为停机面至屋架顶的距离;

a——起重钩需跨过已吊装结构的距离(m);

g——起重杆轴线与已吊装屋架间的水平距离,至少取 1m;

E——起重杆底铰至停机面的距离(m);

α——起重杆的仰角。

为了求得最小杆长,可对上式进行微分,并令 $\frac{dL}{d\alpha}=0$;

$$\frac{dL}{d\alpha} = \frac{-h\cos\alpha}{\sin^2\alpha} + \frac{(a+g)\sin\alpha}{\cos^2\alpha} = 0$$

得

$$\alpha = \arctan\sqrt[3]{\frac{h}{a+g}} \tag{6-16}$$

将 α 值代入式(6-15)，即可得出所需起重杆的最小长度。据此，选用适当的起重杆长，然后根据实际采用 L 及 α 值，计算出起重半径 R：

$$R=F+L\cos\alpha \tag{6-17}$$

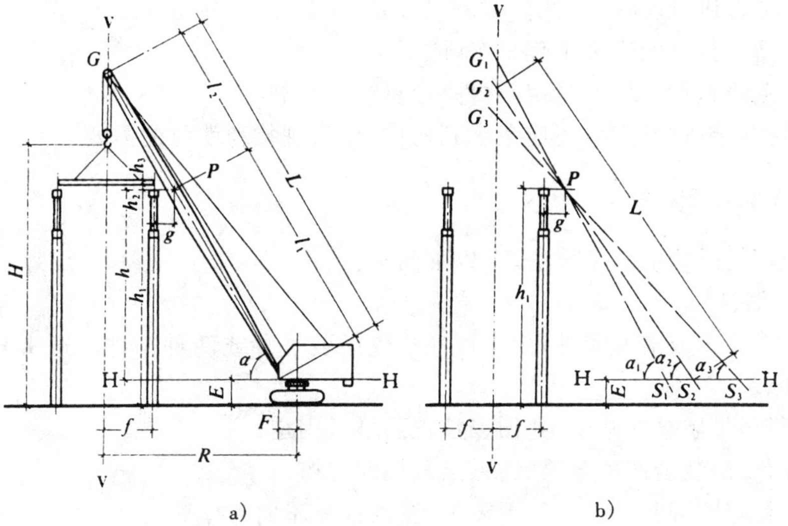

图 6-37 最小杆长计算简图

a) 数解法计算简图；b) 图解法

根据起重半径 R 和起重杆长 L，查起重机性能表或曲线，复核起重量 Q 及起重高度 H，即可根据 R 值确定起重机吊装屋面板时的停机位置。

(2) 图解法

根据图 6-37b)，按一定比例绘出施工厂房一个节间的纵剖面图，并画出起重机吊装屋面板时起重钩应到位置的垂线 V—V；

根据初步选用的起重机型号，从起重机外形尺寸表可查得起重杆底铰至停机面的距离 E，于是可画出水平 H—H；

自屋架顶水平方向量出一距离 g(g 至少取 1m)，可得 P 点。过 P 点可画出若干条斜直线，斜直线被 V—V 垂线及 H—H 水平线所截，得线段 S_1G_1，S_2G_2，S_3G_3 等，取其中最短的一根即为所求之最小杆长。用量角器量出 α 角，即为吊装时起重杆的仰角。量出起重杆的水平投影，再加上起重杆下铰点至起重机回转中心的距离 F，即得起重半径 R。

由于图解法较为实用，被普遍采用。

在确定最小起重杆长时，除对屋架上面中间一块屋面板进行验算外，尚应同时满足吊装屋架两端边缘一边屋面板的要求。但必须指出，在吊装屋架边缘的一块屋面板时，起重机的停放点是可以向前移动的，在移动后，起重机的最小杆长不与屋架相碰而能满足吊装，即为满足要求。

(二) 起重机台数的确定

起重机台数，根据厂房的工程量、工期和起重机的台班产量，按下式计算确定：

$$N=\frac{1}{TCK}\sum\frac{Q_i}{P_i} \tag{6-18}$$

式中 N——起重机台数；

T——工期(d)；

C——每天工作班数；

K——时间利用系数，一般取 0.8～0.9；

Q_i——每种构件的安装工程量(件或 t)；

P_i——起重机相应的产量定额(件/台班或 t/台班)；

此外，决定起重机台数时，还应考虑到构件装卸、拼装和就位的需要。

（三）吊装方案的确定

单层工业厂房结构的吊装方法，有以下两种：

1. 分件吊装法

起重机在车间内或沿着间外每开行一次，仅吊装一种或两种构件。通常分三次开行吊装完全部构件。

第一次开行，吊装全部柱子，并加以校正及最后固定；

第二次开行，吊装全部吊车梁、连系梁及柱间支撑；

第三次开行，分节间吊装屋架、天窗架、屋面板及屋面支撑等。

吊装的顺序见图 6-38。

在第三次开行之前，即在屋盖结构吊装之前还要进行屋架的扶直(翻身)堆放、屋面板的运输堆放，以及起重杆接长等工作。

分件吊装法由于每次基本是吊装同类型构件，索具不需经常更换，操作方法也基本相同，所以吊装速度快，能充分发挥起重机的工作能力，构件供应与现场平面布置比较简单，也能给构件校正、接头焊接、灌筑混凝土和养护提供充分的时间。缺点是：不能为后继工序及早提供工作面，起重机的开行路线较长。但本法仍为目前单层工业厂房结构吊装中采用较多的一种方法。

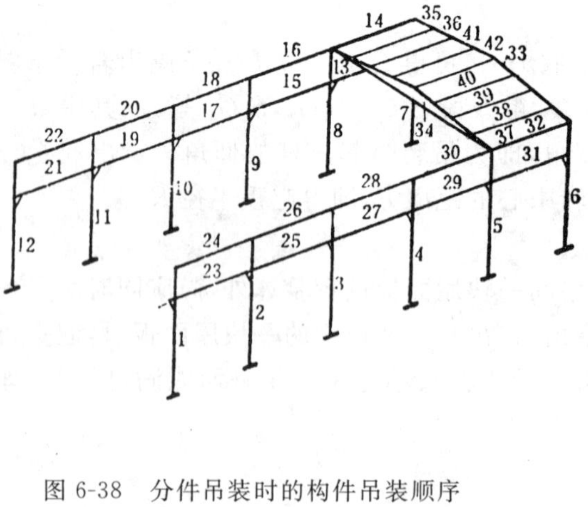

图 6-38　分件吊装时的构件吊装顺序

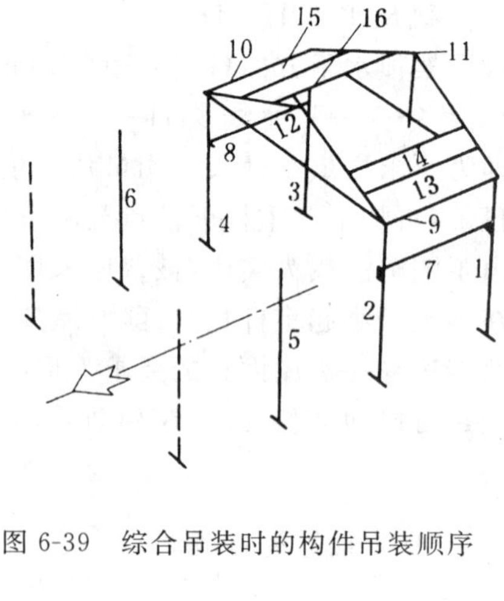

图 6-39　综合吊装时的构件吊装顺序

2. 综合吊装法

起重机在车间内每开行一次(移动一次)就分节间吊装完节间内所有各种类型的构件。吊装的顺序如图 6-39 所示。即先吊装 4～6 根柱子，并加以校正和最后固定；随后吊装这个节间内的吊车梁、连系梁、屋架和屋面板等构件。一个节间的全部构件吊装完后，起重机移至下一个节间进行吊装。直至整个厂房结构吊装完毕。这种方法的优点是：开行路线短，停机点少；吊完一个节间，其后续工种就可进入节间内工作，使各个工种进行交叉平行流水作业，有利于缩短工期。缺点是：由于同时吊装不同类型的构件，吊装速度较慢；使构件供应紧张和平面布置复杂；构件的校正困难，最后固定时间紧迫。因此目前较少采用。由于某些结构（如门式框架结构）有特殊要求，或采用桅杆式起重机，移动比较困难，也常采用综合吊装法。

三、多层装配式框架结构吊装

多层装配式框架结构或装配整体式钢筋混凝土框架结构，在多层工业建筑中仍有采用。装配式框架是指柱、梁、板均由装配式构件组成，而装配整体式框架指现浇柱、预制梁、板体系。装配式框架柱的长度可为一层一节，亦可为二层、三层或四层一节，主要取决于起重机械的起重能力，在可能条件下，加大柱的长度，可减少柱的接头，提高效率。

（一）吊装机械的选择与布置

目前多层房屋结构吊装常用的起重机械有三类：自行式起重机、轨道式塔式起重机和自升式塔式起重机（包括爬升式和附着式）。

五层以下的框架结构多采用自行式起重机。通常是跨内开行，用综合吊装法进行吊装。如高度在 25m 以下，宽度 15m 以内，构件重量在 2～3t 以内，可采用 QT_1-6 型塔式起重机，或具有相同性能的其他轻型塔式起重机。塔式起重机如作单侧布置，要求 $R \geqslant a+b$；作双侧或环状布置，要求 $R \geqslant a+\frac{b}{2}$（图 6-40）。

高层装配式结构，由于其高度很大，需要采用爬升式或附着式塔式起重机（图 6-41）。

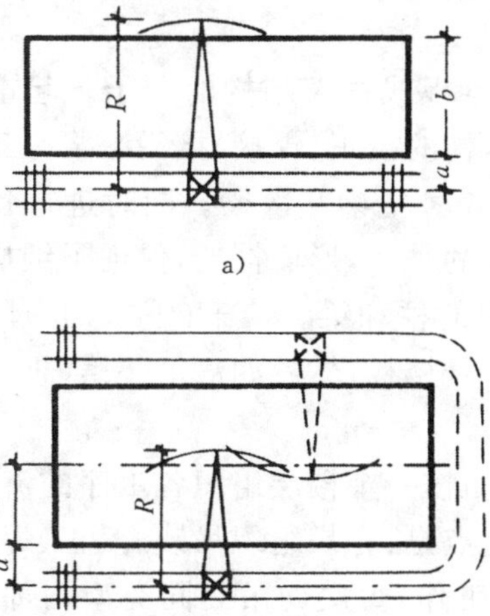

图 6-39　塔式起重机布置方案

a）单侧布置；b）双侧布置

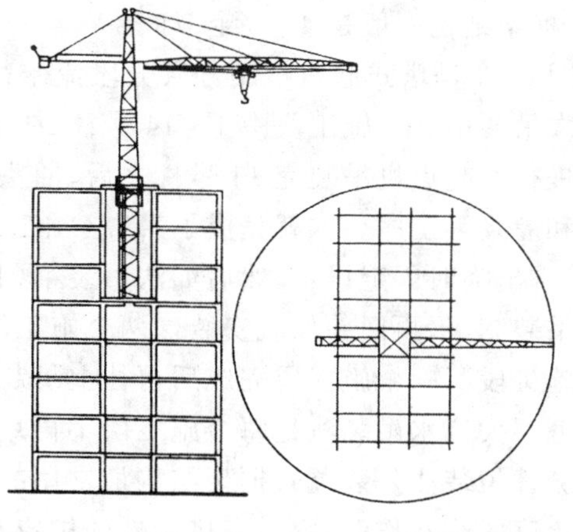

图 6-41　内爬式自升塔式起重机吊装高层建筑

a）剖面；b）平面

(二) 结构吊装方法与吊装顺序

多层装配式框架结构的吊装方法，有分件吊装法和综合吊装法两种(图 6-42)。

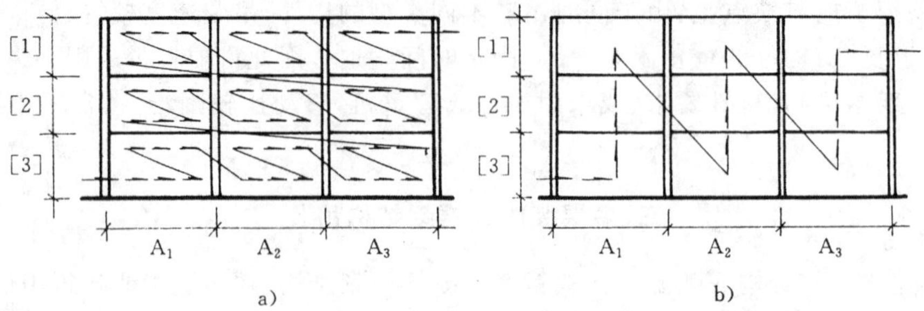

图 6-42 多层房屋结构吊装法

a) 分层分段流水吊装法；b) 综合吊装法

A_1，A_2，A_3—施工段；[1]，[2]，[3]—施工层(与楼层高度相同)

1. 分件吊装法

按其流水方式的不同，又分为分层分段流水吊装法(图 6-42a))和分层大流水吊装法。

分层分段流水吊装法就是以一个楼层为一个施工层(如果柱子是两层一节，则以两个楼层为一个施工层)，而每一个施工层又再划分成若干个施工段，以便于构件吊装、校正、焊接以及接头灌浆等工序的流水作业。起重机在施工段 A_1 中作数次往返开行，每次开行，吊装该段内某一种构件，施工段中 A_1 中构件吊完，依次转入施工段 A_2，A_3，待施工层[3]构件全部吊装完毕并最后固定后，再吊装上一层[2]中各段构件，直至整个结构吊完。施工段的划分，主要取决于建筑物平面形状和尺寸、起重机的性能及其开行路线、完成各个工序所需要的时间和临时固定设备的数量等。因此，吊装段的大小，大型墙板房屋一般是 1～2 个居住单元，框架结构一般是 4～8 个节间。

图 6-43 是塔式起重机用分层分段流水吊装法吊装梁板式框架结构的例子。起重机首先依次吊装第(Ⅰ)施工段中 1—14 号柱，在这段时间内，柱的校正、焊接、接头灌浆等工序亦依次进行。起重机吊装完 14 号柱之后，回头吊装 15—33 号主梁和次梁。同时进行各梁的焊接和灌浆等工序。这就完成了第(Ⅰ)施工段中柱和梁的吊装，形成框架，保证了结构的稳定性，腾出临时固定设备，然后如法吊装第(Ⅱ)施工段中的柱和梁。待第(Ⅰ)，(Ⅱ)段的柱和梁吊装完毕，再回头依次安装这两个施工段中 64～75 号楼板，然后如法吊装第(Ⅲ)，(Ⅳ)两个施工段。一个施工层完成后再往上吊装另一施工层。

分层大流水吊装法是每个施工层不再划分施工段，而按一个楼层组织各工序的流水。

分件吊装法是装配式框架结构最常用的方法。其优点是：容易组织吊装、校正、焊接、灌浆等工序的流水作业；容易安排构件的供应和现场布置工作；每次均吊装同类型构件，可减少起重机变幅和吊具更换的次数，从而提高吊装效率，各工序的操作也比较方便和安全。

2. 综合吊装法

综合吊装法是以一个柱网(节间)或若干个柱网(节间)为一个施工段，以房屋的全高为一个施工层来组织各工序的流水。起重机把一个施工段的构件吊装至房屋的全高，然后转移到下一个施工段。图 6-44 所示是采用履带式起重机在跨内开行以综合吊装法安装两层

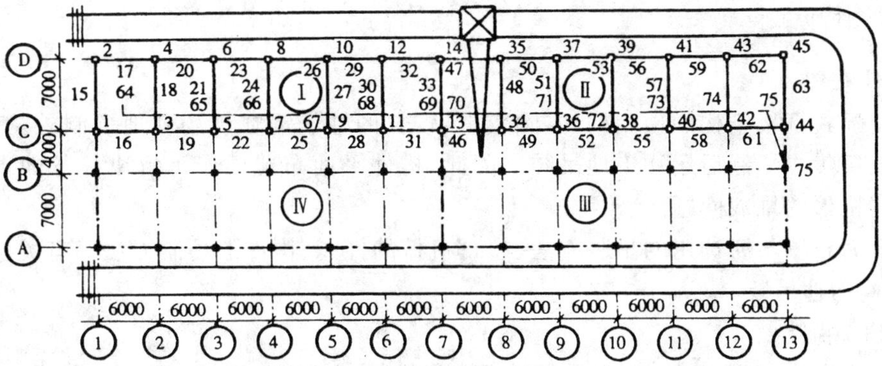

图 6-43　用分层分段吊装法吊装一个楼层构件的顺序

Ⅰ,Ⅱ,Ⅲ,Ⅳ—施工段编号；1,2,3,…—构件吊装顺序

装配式框架结构的例子。该工程采用两台履带式起重机。其中,[1]号起重机吊装 CD 跨的构件,首先吊装第一节间的柱 1—4(柱是一节到顶),随即吊装该节间的第一层(二楼)梁 5—8,形成框架后,接着吊该层楼板 9;然后吊装第二层(屋面)梁 10—13 和该层楼板(屋面板)14。这样,起重机后退一个停机位置,再用相同顺序吊装第二节间,余类推,直至吊装完 CD 跨全部构件后退场。[2]号起重机则在 AB 跨开行,负责吊装 AB 跨的柱、梁和楼板,再加 BC 跨的梁和楼板,吊装方法与[1]号起重机相同。

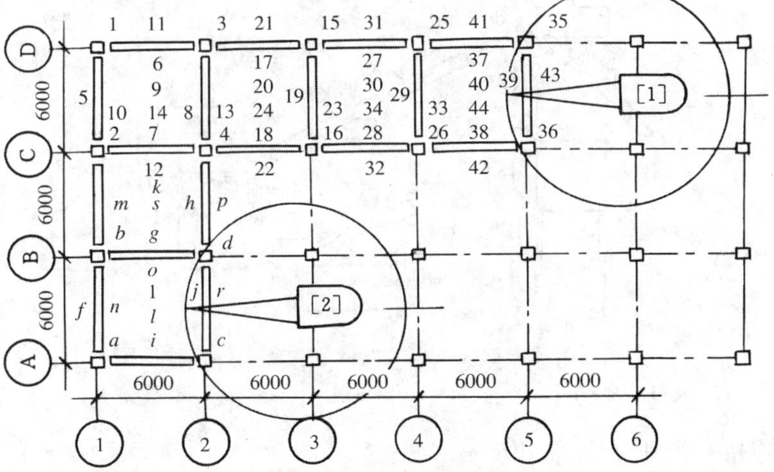

图 6-44　用综合吊装法吊装框架结构件的顺序

1,2,3,4…—[1]号起重机吊装顺序；a,b,c,d…—[2]号起重机吊装顺序

采用综合吊装法,工人在操作过程中,上下频繁,劳动强度大;杯基与柱子连接的接头混凝土尚未达设计强度的 70%,如随即吊装梁等构件,结构的稳定性难以得到保证;现场构件的供应与布置复杂要求高,对提高吊装效率与施工管理均有影响。为此,综合吊装法,在工程吊装施工中较少应用。

（三）构件布置和吊装

1. 构件布置

多层装配式框架结构的预制构件，除较重、较长的柱子需在现场就地预制外，其他构件大多数由工厂集中预制后运往工地吊装。因此，构件平面布置要着重解决柱子的现场预制布置和预制构件的堆放问题。

构件平面布置与所选用的吊装方法、超重机械的性能、构件的预制方法等有关。

2. 结构构件吊装

（1）柱的吊装

柱的长度在 12m 以内时，通常采用单点直吊绑扎。柱较长时，应用两点绑扎，必要时应对吊装位置进行吊装验算。框架底层柱多插入基础杯口，吊装方法与单层工业厂房柱相同。在楼层上，上下两节柱间连接是框架结构吊装的关键。上节柱多采用榫接头，吊装须在下节柱永久固定后进行，当吊装就位后需临时固定，可采用环形固定器和管式支撑。对重型柱或较长柱的临时固定，可采用如图 6-45 所示，在上柱底部及下柱顶部各预埋 6mm 钢板一块，当上柱吊装并校正为水平位置后，在两钢板间四边点焊临时固定。然后用管式支撑作垂直度校正。垂直度一般用经纬仪、线锤进行校正。对于用电焊焊接的柱或柱与梁接头，钢筋收缩不均还会影响柱的垂直度。对数层一节的细长柱，在强烈日光照射下，阳面和阴面之间产生温差亦会使柱产生弯曲变形，所以，对柱长应反复进行校正。

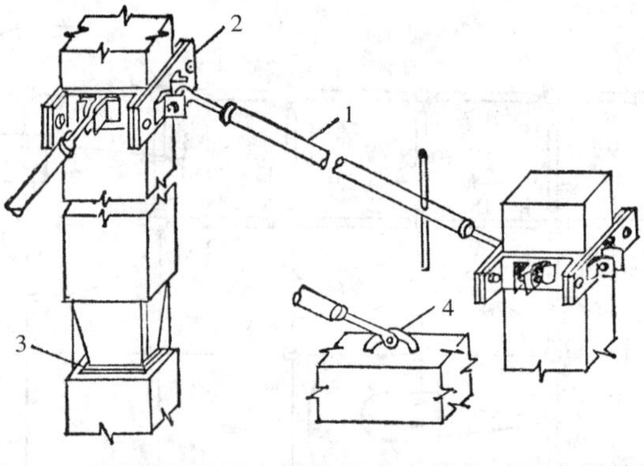

图 6-45　用预埋钢板点焊及管式支撑临时固定柱简图

1—管式支撑；2—夹箍；3—预埋钢板及点焊；4—预埋件

两节柱的连接有多种方法，常用的有：

（1）榫接头（图 6-46）　上、下柱预制时各伸出一定长度的钢筋，吊装时使上、下柱钢筋对准，用剖口焊加以焊接。为承受施工荷重，上柱底部突出个混凝土榫头。钢筋焊接后，支模用高于柱设计强度 25％的细石混凝土（最好用高标号水泥或膨胀水泥拌制）进行接头灌筑。待接头混凝土达到 70％设计强度后，再吊装上层构件。

上、下柱预制时伸出的钢筋位置必须准确，最后采用连续通长的钢筋预制上、下柱。钢筋电焊时对柱垂直度影响较大，对施焊工艺、施焊顺序要周密考虑。

（2）浆锚接头　这种接头如图 6-47 所示。其做法是在上柱底部伸四根长约 300～700mm 的锚固钢筋；下柱顶部则预留四个深约350～750mm、孔径约为 2.5～4d（d 是锚固钢筋直径）的浆锚孔。在插入上柱之前，应先把浆锚孔清洗干净，并灌入高于 M40 快速凝结砂浆；下柱顶面亦满铺约厚 10mm 的砂浆，然后把上柱锚固钢筋插入孔内，使上、下柱连成整体。

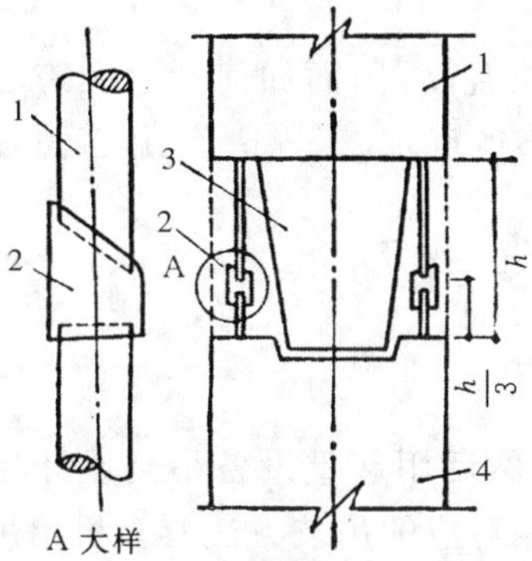

图 6-46　榫接头

1—上柱；2—剖口焊；3—榫头；4—下柱

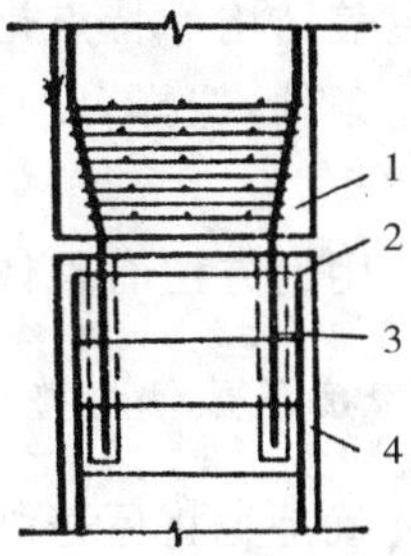

图 6-47　浆锚接头

1—柱；2—锚固钢筋；3—浆锚孔；4—下柱

(2) 梁板吊装接头施工

梁和柱子的接头是关系框架结构的强度和刚度的重要环节。梁和柱子接头有通过预埋件焊接的简支接头；由剖口焊连接的普遍刚性接头以及不需焊接，梁和柱子的钢筋全部伸入节点内，灌浆后形成整体接头的无焊接梁柱接头(图 6-48)。

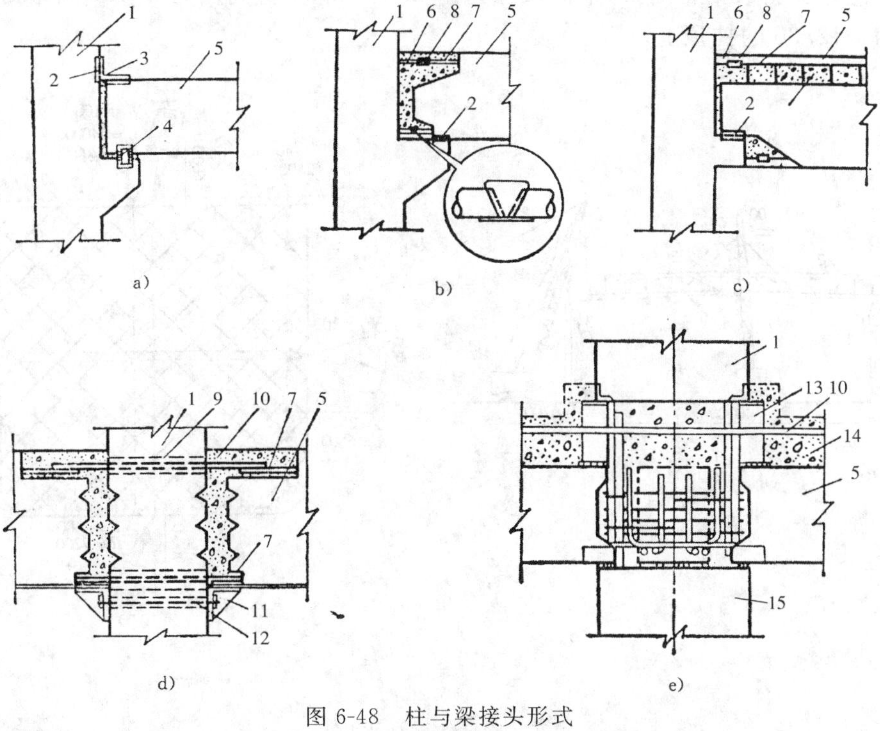

图 6-48　柱与梁接头形式

a) 柱与梁简支接头；b)、c) 柱与梁刚性接头；d) 柱与梁齿榫式接头；e) 柱与梁无焊接接头

1—柱；2—预埋铁板；3—贴焊角钢；4—贴焊钢板；5—梁；6—柱的预埋钢筋；7—梁的外伸钢筋；8—剖口焊；9—预留孔；10—负筋；11—临时牛腿；12—固定螺栓；13—钢支座；14—叠合层；15—下柱

在梁板或框架结构中，楼板一般都是直接搁置在梁或叠合梁上，接缝浇以细石混凝土。

第三节　大跨度屋盖结构吊装

大跨度屋盖结构的特点是跨度大、构件重、安装位置高，因而如何针对大跨度结构的工程特点与具体条件，选择合理的吊装方案，对设计方案的确定、工程造价、施工进度等都有一定的影响。

工程中常用的方法有整体吊装法、平移法和提升法三种。

（一）大跨度屋盖结构整体吊装

整体吊装就是先将屋盖结构在地面拼装成整体，然后用起重设备吊到设计标高进行固定。起重设备可用自行式起重机或桅杆式起重机。相对应的吊装方法有多机抬吊法和桅杆吊升法两种。

1. 多机抬吊法

多机抬吊法是先将屋盖结构在地面与设计位置错开一个距离进行拼装，然后用两台以上的起重机将屋盖结构吊过柱顶，空中移位，落位固定。因受起重机的起重量和起吊高度限制，一般适用于重量不大和高度较低的屋盖结构，特别是中小型网架结构。

图 6-49 所示为某网球馆网架屋盖结构采用多机抬吊法吊装的情况。该网球馆的屋盖结构为双向正交斜放钢管网架，平面尺寸为 40m×40m，本身高度为 2.5m，重量为 55t，安装在标高为＋12.30 的柱顶上。

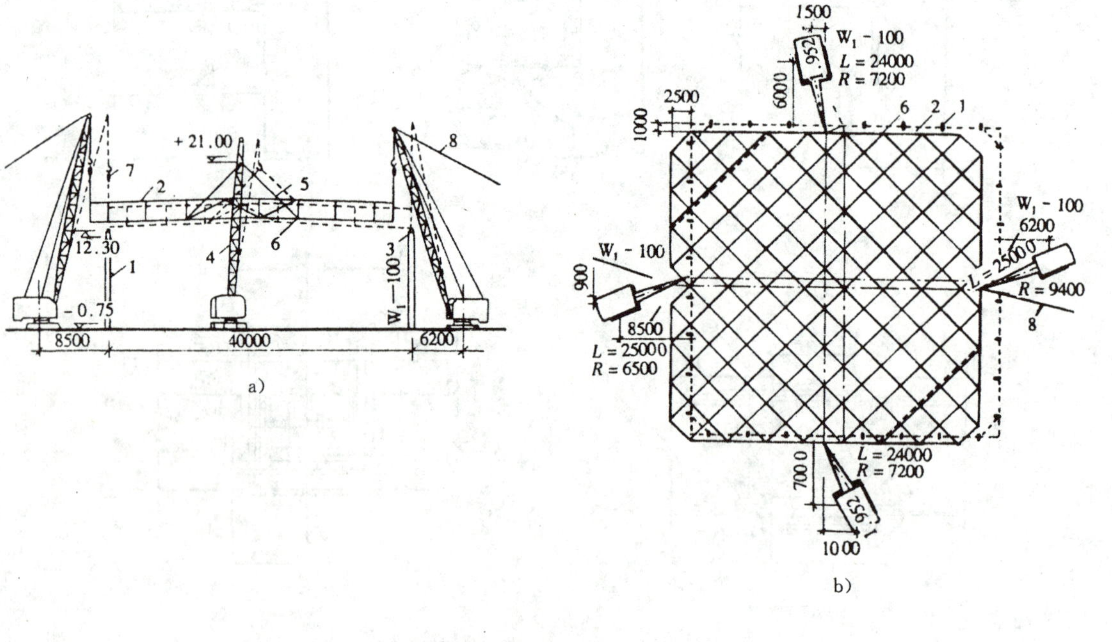

图 6-49　某网球馆网架多机抬吊示意

a）多机抬吊；b）平面布置

1—柱；2—网架；3—弧形铰支座；4—履带式起重机；5—吊索；6—吊点；7—滑轮；8—缆风绳

2. 桅杆吊升法

桅杆吊升法是将屋盖结构在地面上错位拼装后，用多根独脚桅杆将屋盖整体提升到柱顶以上，进行空中移位或旋转，然后落位安装。一般分现场拼装、试吊、整体起吊及横移就位等步骤。

（二）大跨度屋盖结构平移法施工

平移法是利用一般起重设备将屋盖结构组合单元以建筑物的一端吊升到设计标高，然后利用卷扬机等设备将组合单元沿柱顶滑道平移到设计位置。采用这种方法可以使屋盖结构吊装与室内施工同时进行，从而加快施工速度，特别是场地狭窄，起重机械无法出入时更为有效。

根据平移方式的不同，平移法可分为滚动平移和滑动平移两种。滚动平移时，网架支座搁置在滚轮上，摩擦力小，但装置和操作较复杂；滑动平移时，网架支座直接搁置在轨道上，摩擦力大，但装置简单。

图 6-50 为某剧院舞台网架平移法施工示意图。该工程的舞台屋盖采用正放四角锥网架。网架的平面尺寸为 31.5m×23.16m，由于舞台前面紧靠观众厅，履带式起重机无法在该侧开行，因此，舞台网架的安装方案，选用平移法。施工时采用两台履带式起重机将网架单元逐一抬吊至屋盖一端上方，然后利用小车单个滑移到设计位置，并用千斤顶将网架单元抬高，抽去小车与轨道，然后将千斤顶下降，使网架单元就位。小车与轨道构造如图 6-51 所示。

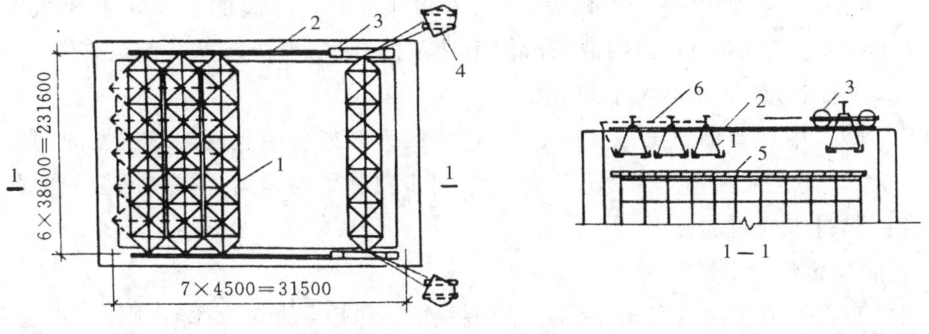

图 6-50　网架平移法施工示意图

1—网架；2—轨道；3—小车；4—履带式起重机；5—脚手架；6—后装的杆件

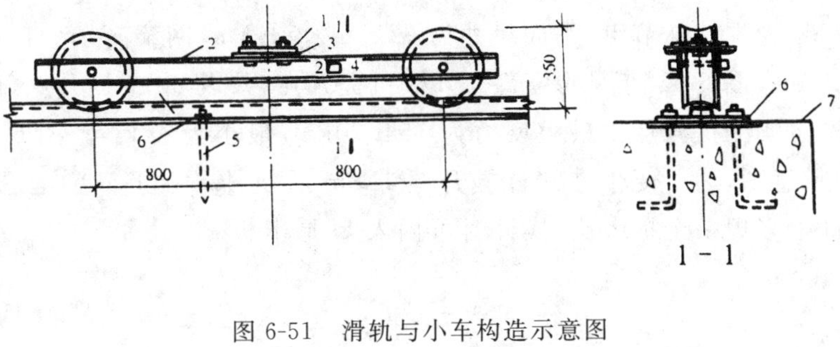

图 6-51　滑轨与小车构造示意图

1—滑轨；2—小车；3—连接板；4—网架支座板；5—预埋螺栓；6—滑轨支承板；7—柱顶联系梁

（三）整体提升法及整体顶升法

1. 工艺特点

提升的概念是起重设备位于网架的上面，通过吊杆将网架提升至设计标高。提升点位置宜与网架支点接近。顶升的概念是千斤顶位于网架之下，一般是利用柱作为网架施工中的临时支承结构。

提升和顶升法的共同特点是网架在地面进行总拼，然后用起重设备垂直地安装到设计标高。提升或顶升的设备较小，用小设备安装大型结构。故这是一种有效的施工方法。

提升法适用于周边支承的网架，顶升法适宜于点支承网架。

2. 提升设备布置及负荷能力

由于网架的整体提升是用升板机或液压滑模千斤顶等小机群吊装，提升点较多，应该合理布置吊点，其原则是：

① 网架提升时的受力情况力求与设计的受力情况类似；

② 每个提升设备所承受荷载尽可能接近。

3. 网架提升与顶升的同步控制

网架在提(顶)升过程中各吊点的提(顶)升差异，将对网架结构的内力，提(顶)升设备的负荷及网架偏移产生影响。因此，施工时应尽量做到同步，提(顶)升时两相邻提(顶)升点间的允许提(顶)升差异为：当用升板机提升时，为相邻提升点距离的 1/400，且不大于 15mm，最高与最低点不大于 30mm；当用液压滑模千斤顶提升时，为相邻提升点距离的 1/250，且不大于 25mm，最高与最低点不大于 50mm。

顶升法施工中升差控制比提升法更严，这是因为升差会引起网架随机性的偏移，一旦网架偏移较大，纠偏就很困难。因此顶升施工中同步控制主要是为了减少网架的偏移，其次是为了避免引起过大的附加杆力。

4. 柱的稳定性

提升或顶升法施工中大部分都利用结构柱作为施工时的支承体系，因此，施工中应尽量利用原设计的框架体系来增加施工期间柱的刚度。如果在施工期间结构不能形成框架或结构设计为独立柱体系时，则需对柱进行稳定性验算。

图 6-52、图 6-53 所示为某体育馆网架升板机整体提升的工程实例，该体育馆为两向正交斜放式网架，钢管焊接球节点，平面尺寸为 62.7m×74.1m，网架高 4m，自重 206t，支座设计标高为 20.20m。图 6-52 有圈的位置为升板机提升点，共设 28 个提升点(由 28 台升板机同时提升)。施工实测提升点中最大反力为 154.70kN，最小为 47kN。图 6-53 所示为升板机的提升过程示意图，为了便于在螺杆提升至 1.8m 后换杆。在上横梁上悬挂特制的下横梁，并在提升杆上多焊一个扩大头，换杆时可插入 U 形卡板。

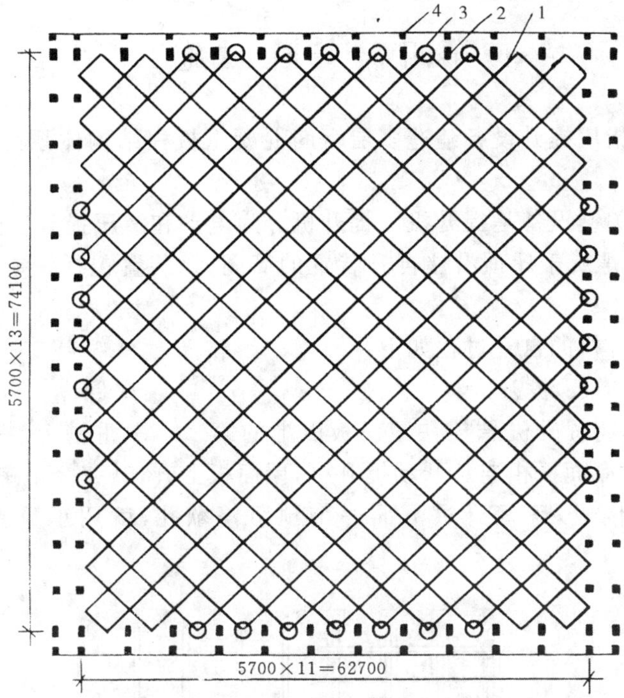

图 6-52 某体育馆网架结构平面及吊点布置示意

1—网架；2—柱；3—吊点(即提升机位置)；4—平台柱

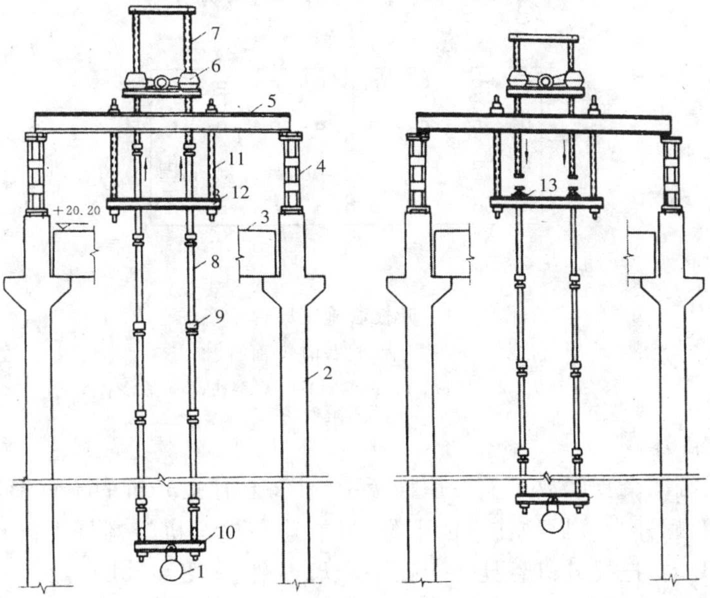

a) 提升过程；b) 换杆过程

图 6-53 升板机整体提升法示意

1—网架支点；2—柱；3—托梁；4—短钢柱；5—上横梁；6—提升机；7—提升螺杆；8—吊杆；9—套筒接头；10—横吊梁；11—吊挂螺杆；12—下横梁；13—U 形卡板

第四节　升板法施工

升板法施工是指用提升设备建造多层钢筋混凝土板柱结构体系工程的一种施工方法，如图 6-54 所示。

升板法施工的关键设备是提升机。提升机分为电动和液压提升机两大类。

图 6-55 是电动螺旋千斤顶沿柱自升装置的简图，该装置包括螺旋千斤顶、螺杆固定架及提升架等。

自升式电动提升机的自升过程如下：

(1) 屋面板(或楼板)提升

提升屋面板时，将提升机悬挂在屋面板以上的第二个承重销上，螺杆下端与提升架连接，提升架用吊杆与屋面板相连。开动提升机，屋面板上升，升完一个螺杆的有效高度后，被提升的屋面板(或楼板)正好升过下面一个预留停歇孔，就用承重销加以临时固定(图 6-55a))。

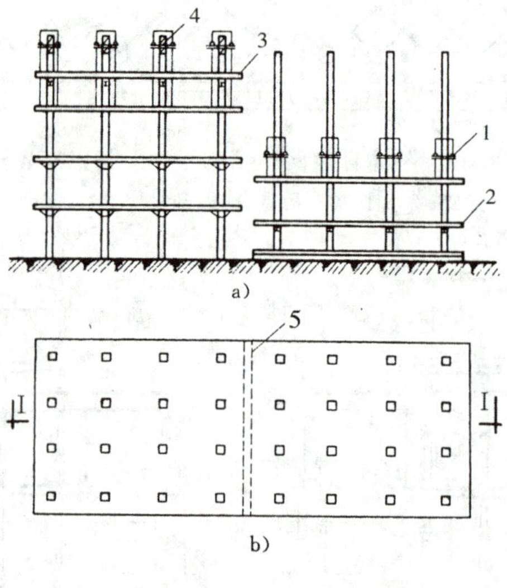

图 6-54　升板法施工原理示意图

a) 提升示意图；b) 平面图

1—提升机；2—楼板；3—屋面板；4—短钢柱；5—后浇板带

(2) 提升机自升

将提升架下端四个支腿放下支在屋面板上，并将悬挂提升机的承重销取下；开动提升机使螺母反转，此时螺杆为楼板顶住不能下降，只能迫使提升机沿螺杆上升，待提升机升到螺杆顶端时，停止开动，把提升机悬挂在上面一个承重销上(图 6-55b))。

如此反复进行，屋面板与提升机即不断交替上升，当屋面板升到一定高度后，即可提升楼板。各层楼板升到不能再向上升时，则提升机与屋面板交替上升，一直使提升机升到柱顶。最后在柱顶上安装一个短钢柱，将提升机悬挂在短钢柱上，这样即可使屋面板提升到设计标高。

自升式电动提升机是由一个操纵台集中用电气控制。它可以使全部电动提升机同时起

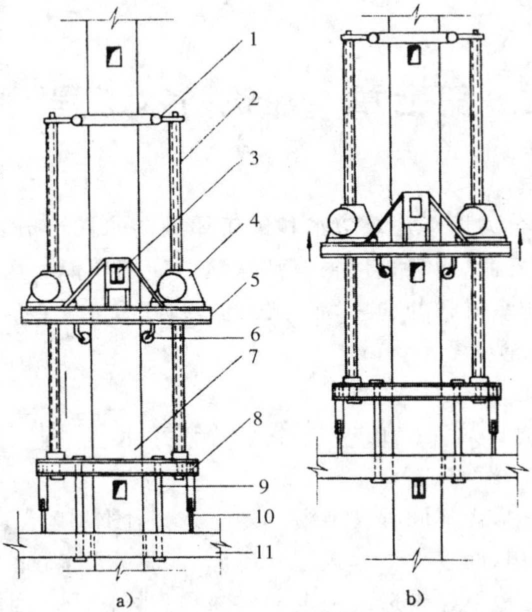

图 6-55　电动螺旋千斤顶沿柱自升简图

a）屋面板提升；b）提升机自升

1—螺杆固定架；2—螺杆；3—承重销；4—电动螺旋千斤顶；5—提升机底盘；6—导向轮；7—柱；8—提升架；9—吊杆；10—提升架支腿；11—屋面板

步、同时停止，也可以单只千斤顶升降，用以控制升差。基本上能做到同步提升。

选择提升设备时，需考虑板的自重、施工荷载、板与板之间开始提升时的粘结力、提升过程中的振动力和提升差异所引起的附加力等。

第七章　建筑防水工程

在建筑工程中防水分为地下建筑防水和建筑屋面防水两部分。防水工程质量的优劣，不仅关系到建筑的使用寿命，而且直接关系到建筑的使用功能。影响建筑防水工程质量的因素有设计的合理性、防水材料的选择、施工工艺及施工质量、保养与维修管理等。其中，防水工程的施工质量是关键因素。

第一节　地下建筑防水工程

地下建筑埋置在土中，皆不同程度地受到地下水或土体中水分的作用。一方面地下水对地下建筑有着渗透作用，而且地下建筑埋置越深，渗透水压就越大；另一方面地下水中的化学成分复杂，有时会对地下建筑造成一定的腐蚀和破坏作用。因此，地下建筑应选择合理有效的防水措施，以确保地下建筑的安全耐久和正常使用。

地下建筑防水工程中采用的防水方案有防水混凝土结构和表面防水层。

一、防水混凝土防水

防水混凝土防水是以调整混凝土的配合比或掺外加剂的方法来提高混凝土的密实度、抗渗性、抗蚀性，满足设计对地下建筑的抗渗要求，达到防水的目的。防水混凝土防水具有施工简便、工期短、造价低、耐久性好等优点，是目前地下建筑防水工程的一种主要方法。

（一）普通防水混凝土

防水混凝土是通过控制材料选择、混凝土拌制、浇筑、振捣的施工质量，以减少混凝土内部的空隙和消除空隙间的连通，最后达到防水要求。

1. 原材料

（1）水泥　水泥的强度等级不应低于32.5MPa，要求抗水性好、泌水小、水化热低，并具有一定的抗腐蚀性。

（2）细骨料　要求颗粒均匀、圆滑、质地坚实，含泥量不大于3%的中粗砂。砂的粗细颗粒级配适宜，平均粒径0.4mm左右。

（3）粗骨料　要求组织密实、形状整齐，含泥量不大于1%。颗粒的自然级配适宜，粒径5～30mm，最大不超过40mm，且吸水率不大于1.5%

2. 制备

防水混凝土的配合比，应符合下列规定：

① 水泥用量不得少于320kg/m^3；掺有活性掺合料时，水泥用量不得少于280kg/m^3；

② 砂率宜为30%～40%，泵送时可增至45%；

③ 灰砂比宜为1∶1.5～1∶2.5；

④ 水灰比不得大于0.55；

⑤ 普通防水混凝土坍落宜不宜大于 50mm。防水混凝土采用预拌混凝土时，入泵坍落度宜控制在 120±20mm，入泵前坍落度每小时损失值不应大于 30mm，坍落度总损失值不应大于 60mm；

⑥ 掺加引气剂或引气型减水剂时，混凝土含气量应控制在 3%～5%；

⑦ 防水混凝土采用预拌混凝土土时，缓凝时间宜为 6～8h。

⑧ 防水混凝土拌合物在运输后如出现离析，必须进行二次搅拌。当坍落度损失后不能满足施工要求时，应加入原水灰比的水泥浆或二次掺加减水剂进行搅拌，严禁直接加水。

(二) 外加剂防水混凝土

外加剂防水混凝土是在混凝土中掺入一定的有机或无机的外加剂，改善混凝土的性能和结构组成，提高混凝土的密实性和抗渗性，从而达到防水目的。由于外加剂种类较多，各自的性能、效果及适用条件不尽相同，故应根据地下建筑防水结构的要求和施工条件，选择合理、有效的防水外加剂。常用的外加剂防水混凝土有：

① 三乙醇胺防水混凝土；

② 加气剂防水混凝土；

③ 减水剂防水混凝土；

④ 氯化铁防水混凝土。

(三) 防水混凝土的施工

1. 施工

防水混凝土在施工中应注意：

① 保持施工环境干燥，避免带水施工；

② 模板支撑牢固、接缝严密；

③ 防水混凝土浇筑前无泌水、离析现象；

④ 防水混凝土浇筑时的自落高度不得大于 1.5m；

⑤ 防水混凝土应采用机械振捣，并保证振捣密实；

⑥ 防水混凝土应自然养护，养护时间不少于 14d。

2. 防水构造处理

(1) 施工缝处理

防水混凝土应连续浇筑，宜少留施工缝。当留设施工缝时，应遵守下列规定：

① 墙体水平施工缝不应留在剪力与弯矩最大处或底板与侧墙的交接处，应留在高出底板表面不小于 300mm 的墙体上。拱(板)墙结合的水平施工缝，宜留在拱(板)墙接缝线以下 150～300mm 处。墙体有预留孔洞时，施工缝距孔洞边缘不应小于 300mm；

② 垂直施工缝应避开地下水和裂隙水较多的地段，并宜与变形缝相结合。

施工缝防水的构造形式见图 7-1。

(2) 贯穿铁件处理

地下建筑施工中墙体模板的穿墙螺栓，穿过底板的基坑围护结构等，均是贯穿防水混凝土的铁件。由于材质差异，地下水分较易沿铁件与混凝土的界面向地下建筑内渗透。为保证地下建筑的防水要求，可在铁件上加焊一道或数道止水铁片，延长渗水路径、减小渗水压

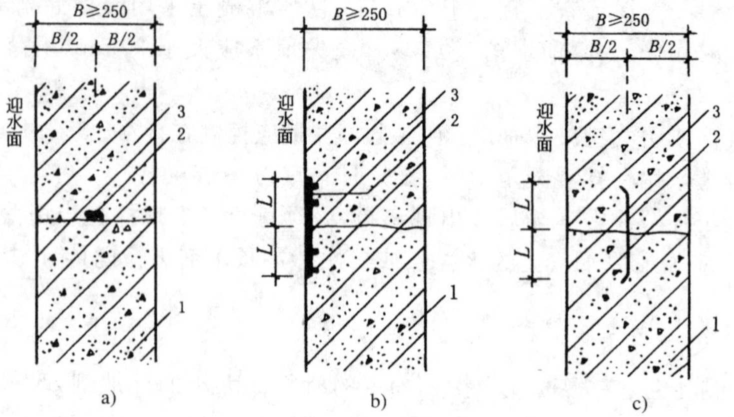

图 7-1　施工缝防水构造

a）构造(一)；b）构造(二)；c）构造(三)

1—先浇混凝土；　外贴止水带 $L \geqslant 150$　钢板止水带 $L \geqslant 100$

2—遇水膨胀止水条；　外涂防水涂料 $L=200$　橡胶止水带 $L \geqslant 125$

3—后浇混凝土　外抹防水砂浆 $L=200$　钢边橡胶止水带 $L \geqslant 120$

1—先浇混凝土；　1—先浇混凝土；

2—外贴防水层；　2—中埋止水带；

3—后浇混凝土　3—后浇混凝土

力，达到防水目的，如图 7-2、图 7-3 所示。

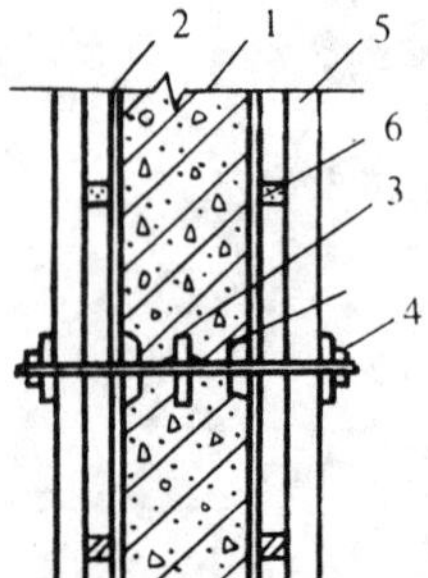

图 7-2　螺栓加堵头

1—防水混凝土墙；2—模板；3—钢质止水片；

4—螺栓；5—竖楞；6—横楞

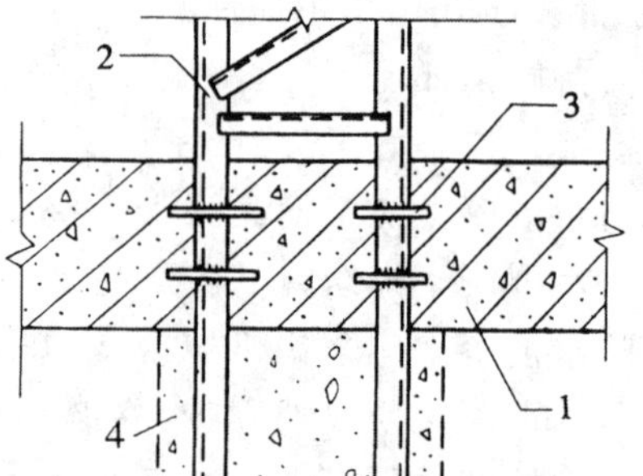

图 7-3　竖向钢支撑加止水片

1—防水钢筋混凝土底板；2—竖向支撑的角钢；

3—止水片；4—竖向支撑灌注桩

二、表面防水层防水

表面防水层防水有刚性、柔性两种。

1. 水泥砂浆防水层

水泥砂浆防水层是一种刚性防水层，它是依靠提高砂浆层的密实性来达到防水要求。这种防水层取材容易，施工方便，防水效果较好，成本较低，适用于地下砖石结构的防水层或防水混凝土结构的加强层。但水泥砂浆防水层抵抗变形的能力较差，当结构产生不均匀下沉或受较强烈振动荷载时，易产生裂缝或剥落。对于受腐蚀、高温及反复冻融的砖砌体工程不宜采用。水泥砂浆防水层又可分为：

(1) 刚性多层法防水层

利用素灰(即较稠的纯水泥浆)和水泥砂浆分层交叉抹面而构成的防水层，具有较高的抗渗能力，如图 7-4 所示。

(2) 刚性外加剂法防水层

在普通水泥砂浆中掺入防水剂，使水泥砂浆内的毛细孔填充、胀实、堵塞，获得较高的密实度，提高抗渗能力，如图 7-5 所示。常用的外加剂有氯化铁防水剂、铝粉膨胀剂、减水剂等。

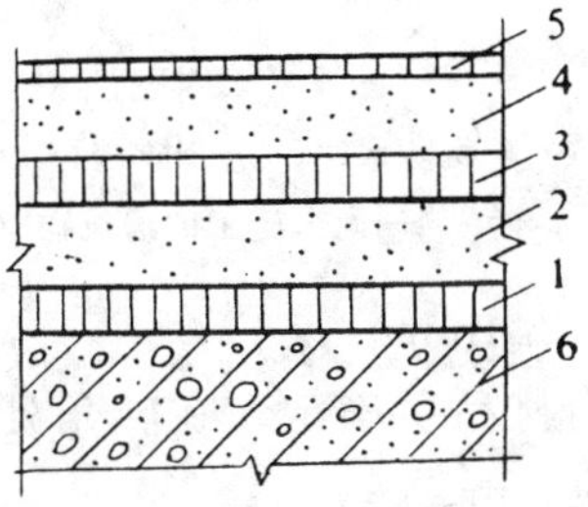

图 7-4　刚性多层法防水层

1,3—素灰层 2mm；2,4—砂浆层 4～5mm；
5—水泥浆 1mm；6—结构基层

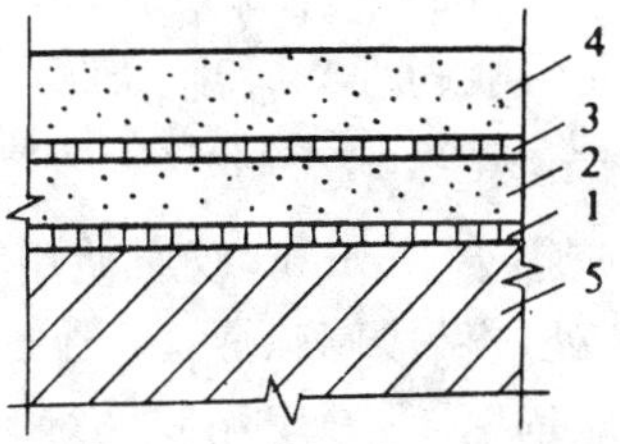

图 7-5　刚性外加剂法

1,3—水泥浆一道；2—外加剂防水砂浆垫层；
4—防水砂浆面层；5—结构基层

水泥砂浆品种和配合比设计应根据防水工程要求确定。

聚合物水泥砂浆防水层厚度单层施工宜为 6～8mm，双层施工宜为 10～12mm，掺外加剂、掺合料等的水泥砂浆防水层厚度宜为 18～20mm。

水泥砂浆防水层基层，其混凝土强度等级不应小于 C15；砌体结构砌筑用的砂浆强度等级不应低于 M7.5。

2. 卷材防水层

卷材防水层是用沥青胶结材料粘贴油毡而成的一种防水层，属于柔性防水层。这种防水层具有良好的韧性和延伸性，可以适应一定的结构振动和微小变形，防水效果较好，目前仍作为地下工程的一种防水方案而被较广泛采用。其缺点是：沥青油毡吸水率大，耐久性差，机械强度低，直接影响防水层质量，而且材料成本高，施工工序多，操作条件差，工期较长，发生渗漏后修补困难。

卷材防水层施工的铺贴方法，按其与地下防水结构施工的先后顺序分为外贴法和内贴法两种。

(1) 外贴法

在地下建筑墙体做好后，直接将卷材防水层铺贴墙上，然后砌筑保护墙，如图 7-6。

(2) 内贴法

在地下建筑墙体施工前先砌筑保护墙，然后将卷材防水层铺贴在保护墙上，最后施工并浇筑地下建筑墙体(图 7-7)。

卷材防水层为一层或二层。高聚物改性沥青防水卷材厚度不应小于 3mm，单层使用时，厚度不应小于 4mm，双层使用时，总厚度不应小于 6mm；合成高分子防水卷材单层使用

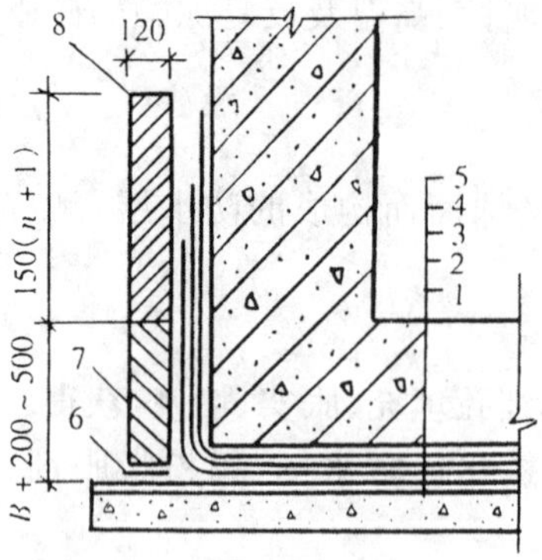

图 7-6　外贴法

1—垫层；2—找平层；3—卷材防水层；4—保护层；5—构筑物；6—油毡；7—永久保护墙；8—临时性保护墙

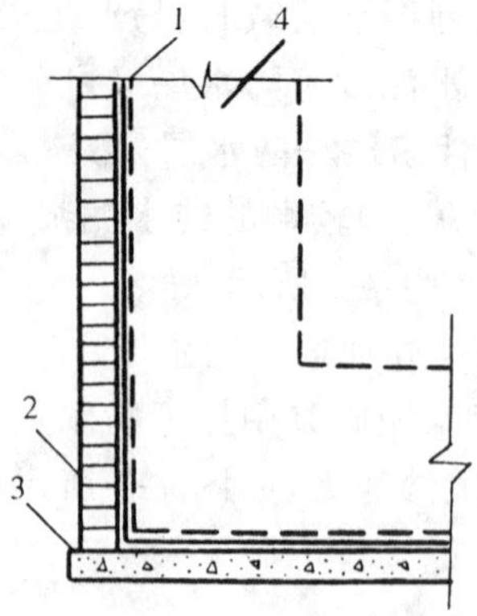

图 7-7　内贴法

1—卷材防水层；2—保护墙；3—垫层；4—尚未施工的构筑物

时，厚度不应小于 1.5mm，双层使用时，总厚度不应小于 2.4mm。

阴阳角处应做成圆弧或 45°(135°) 折角，其尺寸视卷材品质确定。在转角处、阴阳角等特殊部位，应增贴 1～2 层相同的卷材，宽度不宜小于 500mm。

三、止水带防水

为适应建筑结构沉降、温度伸缩等因素产生的变形，在地下建筑的变形缝（沉降缝或伸缩缝）、地下通道的连接口等处，两侧的基础结构之间留有 20～30mm 的空隙，两侧的基础是分别浇筑的，这是防水结构的薄弱环节，如果这些部位产生渗漏时，抗渗堵漏较难实施。为防止变形缝处的渗漏水现象，除在构造设计中考虑防水的能力外，通常还采用止水带防水。

目前，常见的止水带材料有橡胶止水带、塑料止水带、氯丁橡胶板止水带和金属止水带等。其中，橡胶及塑料止水带均为柔性材料，抗渗、适应变形能力强，是常用的止水带材料；氯丁橡胶止水板是一种新的止水材料，具有施工简便、防水效果好、造价低且易修补的特点；金属止水带一般仅用于高温环境条件下，而无法采用橡胶止水带或塑料止水带时。

止水带构造形式有：粘贴式、可卸式和埋入式等。目前较多采用的是埋入式。根据防水设计的要求，有时在同一变形缝处，可采用数层、数种止水带的构造形式。图7-8是埋入式

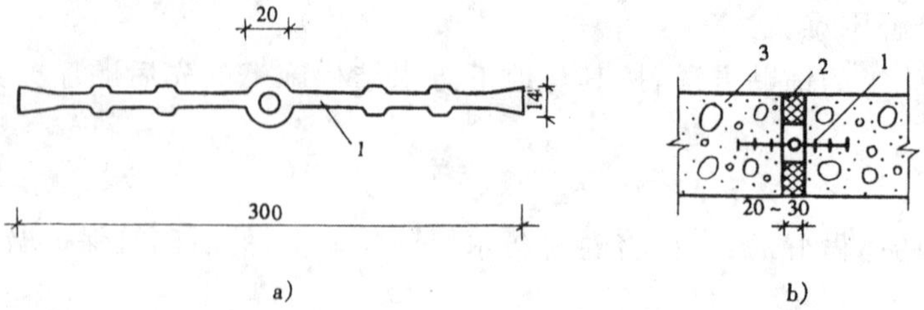

图 7 8　埋入式橡胶（或塑料）止水带的构造

a) 橡胶止水带；b) 变形缝构造

1—止水带；2—沥青麻丝；3—构筑物

橡胶(或塑料)止水带的构造图,图 7-9、图 7-10 分别是可卸式止水带和粘贴式止水带构造图。

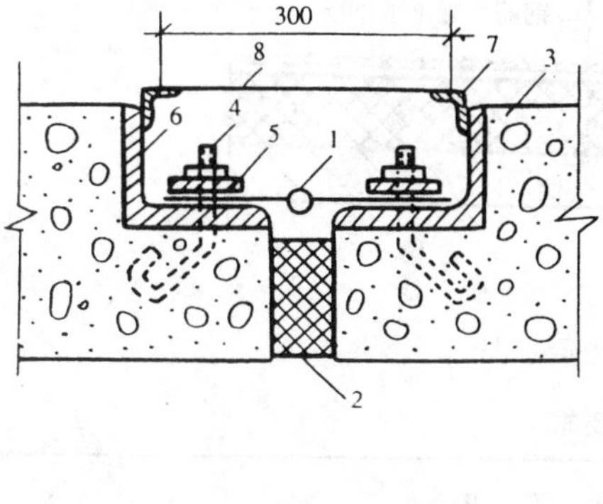

图 7-9　可卸式橡胶止水带变形构造

1—橡胶止水带；2—沥青麻丝；3—构筑物；4—螺栓；5—钢压条；6—角钢；7—支撑角钢；8—钢盖板

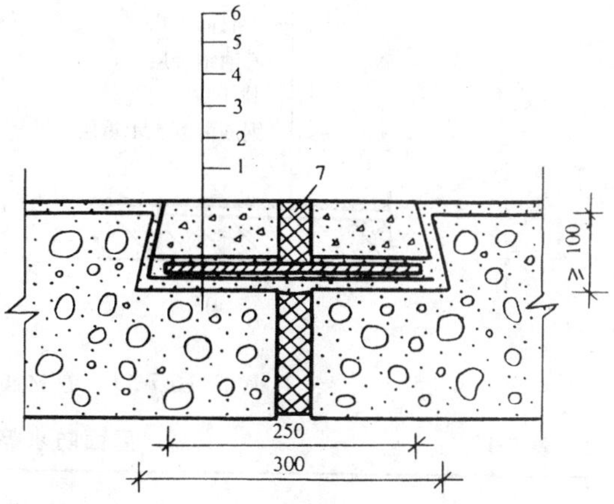

图 7-10　粘贴式氯丁橡胶板变形缝构造

1—构筑物；2—刚性防水层；3—胶粘剂；4—氯丁胶板；5—素灰层；6—细石混凝土覆盖层；7—沥青麻丝

第二节　屋面防水工程

屋面防水工程是房屋建筑的一项重要工程,屋面根据排水坡度分为平屋面和坡屋面两类。根据屋面防水材料的不同又可分为卷材防水层屋面(柔性防水层屋面)、瓦屋面、构件自防水屋面、现浇钢筋混凝土防水屋面(刚性防水屋面)等。目前应用最普遍的是卷材防水屋面。本节主要介绍卷材防水屋面的构造和施工。

一、卷材屋面的防水要求

卷材屋面是采用沥青油毡、再生橡胶、合成橡胶或合成树脂类等柔性材料粘贴而成的一整片能防水的屋面覆盖层。卷材有一定韧性,可以适应一定程度的涨缩和变形。粘贴层的材料取决于卷材种类:沥青卷材用沥青做粘贴层,它需要热粘贴,粘附在油毡上下,形成一个满浇薄层,既是粘贴层,又是防水层,两者结合形成一层整体的、不透水的屋面防水覆盖层;合成橡胶树脂类卷材属合成高分子系列的卷材,需用特制的粘结剂冷粘贴于预涂底胶的屋面基层上,形成一层整体、不透水的屋面防水覆盖层。图 7-11 是卷材防水屋面构造图。

对于卷材屋面的防水功能要求,主要是:

(1) 耐久性,又叫大气稳定性,在日光、温度、臭氧影响下,卷材有较好的抗老化性能。

(2) 耐热性,又叫温度稳定性,卷材应具有防止高温时软化,低温时硬化的稳定性。

(3) 耐重复伸缩,在温差作用下,屋面基层会反复伸缩与龟裂,卷材应有足够的抗拉强度和极限延伸率。

屋面工程应根据建筑物的性质、重要程度、使用功能要求以及防水层合理使用年限,按不同等级进行设防,并应符合表 7-1 的要求。

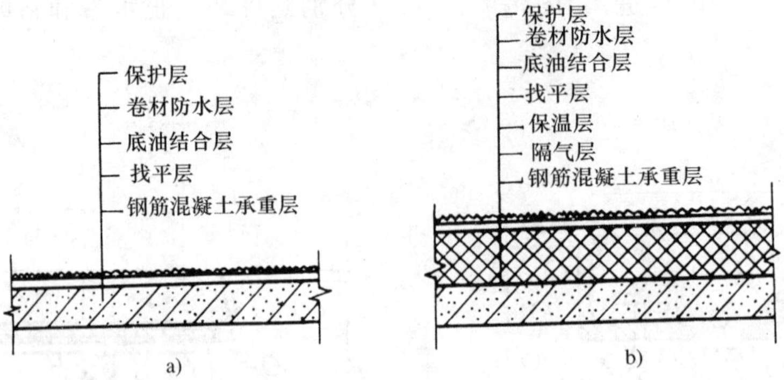

图 7-11　卷材防水屋面构造示意图

表 7-1　　**屋面防水等级和设防要求**

项　目	屋　面　防　水　等　级			
	Ⅰ	Ⅱ	Ⅲ	Ⅳ
建筑物类别	特别重要或对防水有特殊要求的建筑	重要的建筑和高层建筑	一般的建筑	非永久性的建筑
防水层合理使用年限	25 年	15 年	10 年	5 年
防水层选用材料	宜选用合成高分子防水卷材、高聚物改性沥青防水卷材、金属板材、合成高分子防水涂料、细石混凝土等材料	宜选用高聚物改性沥青防水卷材、合成高分子防水卷材、金属板材、合成高分子防水涂料、高聚物改性沥青防水涂料、高聚物改性沥青防水涂料、细石混凝土、平瓦、油毡瓦等材料	宜选用三毡四油沥青防水卷材、高聚物改性沥青防水卷材、合成高分子防水卷材、金属板材、高聚物改性沥青防水涂料、合成高分子防水涂料、细石混凝土、平瓦、油毡瓦等材料	可选用二毡三油沥青防水卷材、高聚物改性沥青防水涂料等材料
设防要求	三道或三道以上防水设防	二道防水设防	一道防水设防	一道防水设防

二、沥青油毡屋面防水层施工

一般屋面铺三层沥青两层油毡，通称“二毡三油”，表面还粘有小石子，通称绿豆砂，作为保护层。重要部位及严寒地区须做三毡四油。屋面的油毡防水层，要求铺设在一个平整的表面上，一般是在结构层或保温层上，水泥砂浆找平层，干燥后再分层铺设油毡，为了使第一层热沥青能和找平层牢固地结合，在找平层上须涂刷一层冷底子油。

卷材防水层应采用高聚物改性沥青防水卷材、合成高分子防水卷材或沥青防水卷材。所选用的基层处理剂、接缝胶粘剂、密封材料等配套材料应与铺贴的卷材材性相容。

在坡度大于25%的屋面上采用卷材作防水层时，应采取固定措施。固定点应密封严密。

沥青油毡防水层的施工包括下列施工过程：屋面找平层施工，涂刷冷底子油，铺贴油毡和油毡保护层施工。

1. 屋面找平层施工

屋面构件上一般做1∶3的水泥砂浆找平层，层厚15～20mm(在散料上做时层厚20～30mm)。为防止由于温度变化及混凝土构件的收缩而造成的屋面防水层开裂，找平层中应留分格缝，缝宽20mm左右，缝应留在屋架或承重墙上。缝口上宜空铺一条油毡，以防拉裂整铺的油毡层。

找平层要求平整，没有松动、起壳和翻砂现象。墙、檐口、天沟等转角处均应做成小圆角，以便铺贴油毡。

2. 涂刷冷底子油

冷底子油是由10号或30号石油沥青溶于有机熔剂(轻柴油、煤油、汽油等)所调制成的溶液，石油沥青与轻柴油或煤油的配合比为4∶6(慢挥发性冷底子油)，或石油沥青∶汽油为3∶7(快挥发性冷底子油)。

涂冷底子油可使沥青溶液渗透到找平层内部，使粘贴卷材沥青胶结材料可藉沥青内聚力的作用与找平层粘结良好。

冷底子油可以涂刷或喷涂，涂刷应薄而均匀，不得有空白、麻点或气泡。

3. 铺贴油毡

铺贴油毡时，找平层和冷底子油必须干燥，然后浇涂沥青胶结材料，以粘贴卷材。

沥青胶结材料是由石油沥青按一定配合量熬制脱水，并掺入适当数量的填充材料(石棉、滑石粉等)配置而成。

沥青胶结材料的质量主要取决于耐热度与柔韧性，要求在夏天高温时不流淌，冬天低温时不硬脆。浇涂沥青胶结材料时，厚度应控制在1～2mm。

铺贴油毡时，应先铺贴排水比较集中的部位(如雨水口、檐口、斜沟、天沟等处)，由下向上铺贴，使油毡按水流方向搭接。如房屋有高低跨时，应先铺高跨，后铺低跨，并按先远后近的顺序进行。

铺贴油毡的方向一般视屋面坡度而定：

屋面坡度小于3%时，卷材宜平行屋脊铺贴。屋面坡度在3%～15%时，卷材可平行或垂直屋脊铺贴。屋面坡度大于15%或屋面受震动时，沥青防水卷材应垂直屋脊铺贴，高聚物改性沥青防水卷材和合成高分子防水卷材可平行或垂直屋脊铺贴。

上下层卷材不得相互垂直铺贴。铺贴卷材采用搭接法时，上下层及相邻两幅卷材的搭接缝应错开。各种卷材搭接宽度应符合表7-2的要求。

上下两层油毡应错开1/3或1/2幅油毡宽(图7-12)。

油毡垂直于屋脊铺贴时，每幅油毡都应铺过屋脊不小于200mm；屋脊上下不得留短边搭缝；一幅油毡也不得从檐口的一边一直铺到檐口的另一边，以防屋脊处油毡被拉断(图7-13)。

表 7-2　　　　　　　　　　卷材搭接宽度(mm)

卷材种类 \ 铺贴方法		短边搭接		长边搭接	
		满粘法	空铺、点粘、条粘法	满粘法	空铺、点粘、条粘法
沥青防水卷材		100	150	70	100
高聚物改性沥青防水卷材		80	100	80	100
合成高分子防水卷材	胶粘剂	80	100	80	100
	胶粘带	50	60	50	60
	单缝焊	60,有效焊接宽度不小于 25			
	双缝焊	80,有效焊接宽度 10×2+空腔宽			

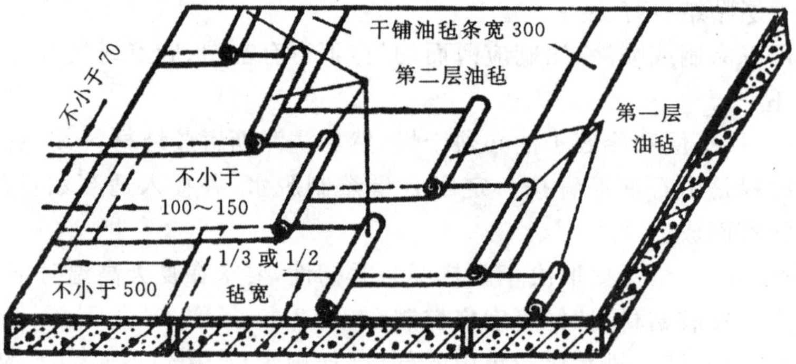

图 7-12　油毡水平铺贴搭接示意图

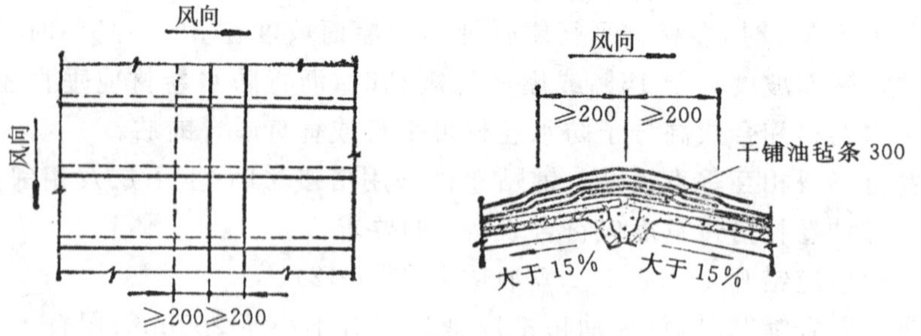

a)　　　　　　　　b)

图 7-13　油毡立铺示意图

a) 平面　b) 屋脊处剖面

4. 保护层

油毡防水层的面层上应铺撒 3～5mm 圆形小石子(绿豆砂)。绿豆砂保护层对延长油毡屋面使用年限有很大影响,必须认真做好。绿豆砂在铺撒前应加热到 80～100℃(夏天可不加热)。在油毡表面浇热沥青胶结材料 2～4mm 厚,然后撒砂,再经扫砂使一半粒径嵌入沥青中,最好再用小铁滚滚压一遍。

设计要求:

(1) 绿豆砂应清洁、预热、铺撒均匀,并使其与沥青玛琋脂粘结牢固,不得残留未粘结的绿豆砂。

(2) 云母或蛭石保护层不得有粉料,撒铺应均匀,不得露底,多余的云母或蛭石应清除。

(3) 水泥砂浆保护层的表面应抹平压光,并设表面分格缝,分格面积宜为 $1m^2$。

(4) 块体材料保护层应留设分格缝,分格面积不宜大于 $100m^2$,分格缝宽度不宜小于 20mm。

(5) 细石混凝土保护层,混凝土应密实,表面抹平压光,并留设分格缝,分格面积不大于 $36m^2$。

(6) 浅色涂料保护层应与卷材粘结牢固,厚薄均匀,不得漏涂。

(7) 水泥砂浆、块材或细石混凝土保护层与防水层之间应设置隔离层。

(8) 刚性保护层与女儿墙、山墙之间应预留宽度为 30mm 的缝隙,并用密封材料嵌填严密。

沥青油毡屋面施工是高空、高温作业,同时沥青中含有一定的毒素,必须采取必要的措施,防止发生火灾、中毒、烫伤和坠落等工伤事故。

三、涂膜防水屋面施工

涂膜防水层用于Ⅲ、Ⅳ级防水屋面时均可单独采用一道设防,也可用于Ⅰ、Ⅱ级屋面多道防水设防中的一道防水层。二道以上设防时,防水涂料与防水卷材应采用相容类材料;涂膜防水层与刚性防水层之间(如刚性防水层在其上)应设隔离层;防水涂料与防水卷材复合使用形成一道防水层,涂料与卷材应选择相容类材料。

将适用于涂膜防水层的涂料分成两类:

(1) 高聚物改性沥青防水涂料:水乳型阳离子氯丁胶乳改性沥青防水涂料、溶剂型氯丁胶改性沥青防水涂料、再生胶改性沥青防水涂料、SBS(APP)改性沥青防水涂料等;

(2) 合成高分子防水涂料:聚合物水泥防水涂料、丙烯酸酯防水涂料、单组分(双组分)聚氨酯防水涂料等。

除此之外,无机盐类防水涂料不适用于屋面防水工程;聚氯乙烯改性煤焦油防水涂料有毒和污染,施工时动用明火,目前已限制使用。

1. 防水涂膜施工应符合下列规定:

(1) 涂膜应根据防水涂料的品种分层分遍涂布,不得一次涂成。

(2) 应待先涂的涂层干燥成膜后,方可涂后一遍涂料。

(3) 需铺设胎体增强材料时,屋面坡度小于 15%时可平行屋脊铺设,屋面坡度大于 15%时应垂直于屋脊铺设。

(4) 胎体长边搭接宽度不应小于 50mm,短边搭接宽度不应小于 70mm。

(5) 采用二层胎体增强材料时，上下层不得相互垂直铺设，搭接缝应错开，其间距不应小于幅宽的1/3。

2. 涂膜厚度选用应符合表7-3的规定。

表7-3 涂膜厚度选用表

屋面防水等级	设防道数	高聚物改性沥青防水涂料	合成高分子防水涂料
Ⅰ级	三道或三道以上设防	—	不应小于1.5mm
Ⅱ级	二道设防	不应小于3mm	不应小于1.5mm
Ⅲ级	一道设防	不应小于3mm	不应小于2mm
Ⅳ级	一道设防	不应小于2mm	—

3. 屋面基层的干燥程度应视所用涂料特性确定。当采用溶剂型涂料时，屋面基层应干燥。

4. 多组分涂料应按配合比准确计量，搅拌均匀，并应根据有效时间确定使用量。

5. 天沟、檐沟、檐口、泛水和立面涂膜防水层的收头，应用防水涂料多遍涂刷或用密封材料封严。

6. 涂膜防水层完工并经验收合格后，应做好成品保护。

第八章　装饰装修工程

建筑装饰装修是为保护建筑物的主体结构、完善建筑物的使用功能和美化建筑物，采用装饰装修材料或饰物，对建筑物的内外表面及空间进行的各种处理过程。

根据国家标准《建筑装饰装修工程质量验收规范》GB50210-2001，建筑装饰装修工程包括抹灰工程、门窗工程、吊顶工程、轻质隔墙工程、饰面板(砖)工程、幕墙工程、涂饰工程、裱糊与软包工程和细部工程。

装饰装修工程内容广泛、工程重大、工期长、用工量多，是十分重要的施工过程，它直接影响工程的感观。

根据规定，建筑装饰装修工程必须进行设计，需出具完整的施工图设计文件。而且该设计应符合城市规划、消防、环保和节能等有关规定。该设计还必须保证建筑物的结构安全和主要使用功能，当涉及主体和承重结构改动和增加荷载时，必须由原结构设计单位或具备相应资质的设计单位核查有关原始资料，对原有建筑结构的安全性进行检验和确认。

装饰装修工程的施工，严禁违反设计文件擅自改动建筑主体、承重结构或主要使用功能；严禁未经设计确认和有关部门批准擅自拆改水、暖、电、燃气、通讯等配套设施。

本章只就装饰装修工程的主要内容介绍如下。

第一节　抹灰工程

一、抹灰的分类和要求

抹灰工程按材料和装饰效果分为一般抹灰和装饰抹灰两类。

一般抹灰用石灰砂浆、水泥砂浆、水泥混合砂浆、聚合物水泥砂浆和麻刀石灰、纸筋石灰、石膏灰等材料。一般抹灰按质量要求分为普通抹灰和高级抹灰两种。

普通抹灰一层底层、一层中层和一层面层(或一层底层、一层面层)，分格缝应清晰。

高级抹灰一层底层、数层中层和一层面层，表面应光滑、洁净、颜色均匀，无抹纹，分格缝和灰缝应清晰美观。

对普通抹灰，立面垂直度、表面平整度、阴阳角方正、分格条(缝)直线度、墙裙和勒脚上口直线度的允许偏差为4mm；而对高级抹灰，相应的允许偏差则为3mm。

抹灰所以分层涂抹，是为了粘结牢固、控制抹平和保证质量。如一次涂抹太厚，由于内外收水快慢不同会产生裂缝、起鼓或脱落，亦易造成材料浪费。抹灰层一般分为底层、中层(或几遍中层)和面层(图8-1)。底层的作用是与基体粘结牢固并初步找平；中层的作用是找平；面层是使表面光滑细致，起装饰作用。

各抹灰层的厚度根据基体的材料、抹灰砂浆种类、墙体表面的平整度和抹灰质量要求以及各地气候情况而定。抹水泥砂浆每遍厚度宜为7～10mm；抹石灰砂浆和水泥混合砂浆每遍厚度宜为5～7mm；抹灰面层用麻刀灰、纸筋灰、石膏灰等罩面时，经赶平压实后，其厚度一般不大于3mm。因为罩面灰厚度太大，容易收缩产生裂缝，影响质量与美观。抹灰层的总厚度，应视具体部位及基体材料而定。顶棚为板条、空心砖、现浇混凝土时，总厚度不大于15mm；顶棚为预制混凝土板时，总厚度不大于18mm。内墙为普通抹灰时总厚度不大于18mm；中级抹灰和高级抹灰总厚度分别不大于20mm和25mm。外墙抹灰总厚度不大于20mm；勒脚和突出部位的抹灰总厚度不大于25mm。

混凝土大板和大模板建筑的内墙面和大楼板底面，如平整度较好，垂直偏差少，其表面可以不抹灰，用腻子分遍刮平，待各遍腻子粘结牢固后，进行表面刷浆即可，总厚度为2～3mm。

装饰抹灰种类很多，其底层多为1∶3水泥砂浆打底，面层可为水刷石、斩假石、干粘石、假面砖等。

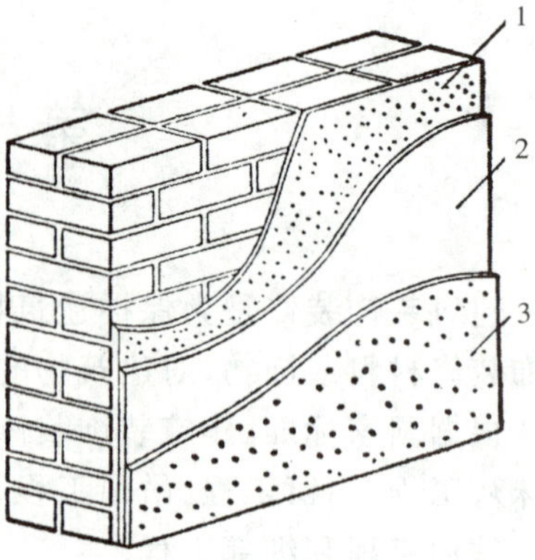

图8-1　抹灰层组成

1—底层；2—中层；3—面层；4—基体

二、一般抹灰分项工程施工

1. 施工顺序

在施工之前应安排好抹灰的施工顺序，目的是为了保护好成品。一般应遵循的施工顺序是先室外后室内、先上面后下面、先地面后顶墙。先室外后室内，是指先完成室外抹灰，拆除外脚手，堵上脚手眼再进行室内抹灰。先上面后下面，是指在屋面工程完成后室内外抹灰最好从上层往下层进行。高层建筑施工，当采取立体交叉流水作业时，也可以采取从下往上施工的方法，但必须采取相应的成品保护措施。先地面后顶墙，是指室内抹灰一般可采取先完成地面抹灰，再开始顶棚和墙面抹灰，但对于装饰要求较高的地面，为了保护成品亦应后做。一般应在屋面防水工程完工后进行室内抹灰，以防止漏水造成抹灰层损坏及污染。

2. 基层处理

为了使抹灰砂浆与基体表面粘结牢固，防止抹灰层产生空鼓现象，抹灰前应对基层进行必要的处理。对凹凸不平的基层表面应剔平，或用1∶3水泥砂浆补平。对楼板洞、穿墙管道及墙面脚手架洞、门窗框与立墙交接缝隙处均应用1∶3水泥砂浆或水泥混合砂浆（加少量麻刀）分层嵌塞密实。对表面上的灰尘、污垢和油渍等事先均应清除干净，并洒水润湿。墙面太光的要凿毛，或括108胶水泥浆一道。不同材料相接处，如砖墙与混凝土墙等，应铺设金属网（图8-2），搭接宽度从缝边起两侧均不小于100mm，以防抹灰层因基体温度变化胀缩不一而产生裂缝。在内墙面的阳角和门洞口侧壁的阳角、柱角等易于碰撞之处，宜用强度较高的1∶2水泥砂浆制作护角，其高度应不低于2m，每侧宽度不小于50mm，对砖砌体基体，应待砌体充分沉实后方抹底层灰，以防砌体沉陷拉裂灰层。

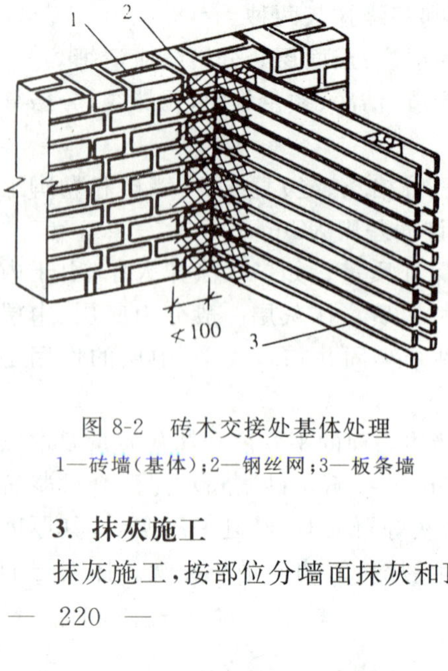

图8-2　砖木交接处基体处理

1—砖墙（基体）；2—钢丝网；3—板条墙

3. 抹灰施工

抹灰施工，按部位分墙面抹灰和顶棚抹灰。为控制抹灰层厚度和墙面平直度，用与抹灰层相同的砂浆先做出灰饼和标筋(图 8-3),标筋稍干后以标筋为平整度的基准进行底层抹灰。如用水泥砂浆或混合砂浆,应待前一抹灰层凝结后再抹后一层。如用石灰砂浆,则应待前一层达到七八成干后,方可抹后一层。中层砂浆凝固前,亦可在层面上交叉划出斜痕,以增强与面层的粘结。

顶棚抹灰应先在墙顶四周弹出水平线,以控制抹灰层厚度,然后沿顶棚四周抹灰并找平。顶棚面要求表面平顺,无抹纹和接槎,与墙面交角应成一直线。如有线脚,宜先用准线拉出线脚,再抹顶棚大面,罩面应两遍压光。

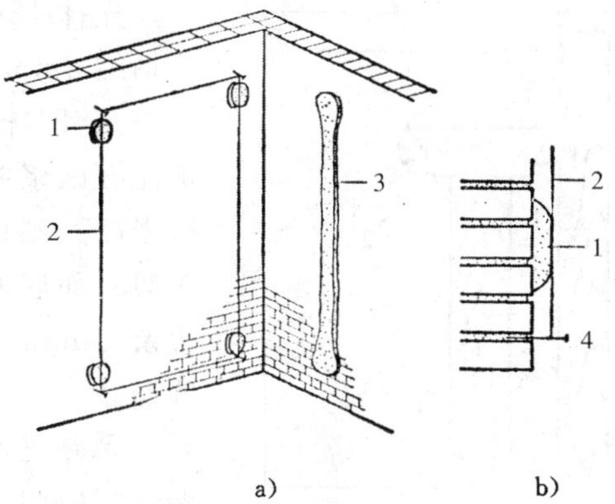

a) 灰饼和标筋的制作;b) 灰饼剖面

图 8-3 灰饼和标筋

1—灰饼;2—引线;3—标筋;4—灰缝

三、装饰抹灰分项工程施工

装饰抹灰是采用装饰性强的材料,或用不同的处理方法以及加入各种颜料,使建筑具备某种特定的色调和光泽。随着建筑工业生产的发展和人民生活水平的提高,这方面有很大发展,也出现不少新的工艺。

装饰抹灰的底层与一般抹灰要求相同,只是面层根据材料及施工方法的不同而具有不同的形式。下面介绍几种常用的饰面施工。

1. 水刷石

水刷石多用于外墙面。它的制作过程是:在 12mm 厚的 1∶3 水泥砂浆打底的底层砂浆终凝后,在其上按设计的分格弹线,根据弹线安装 8mm×10mm 的梯形分格木条,用水泥浆在两侧粘结固定,以防大片面层收缩开裂。然后将底层浇水润湿后刮水泥浆(水灰比 0.37～0.40)一道,以增加与底层的粘结。随即抹上稠度为 5～7cm、厚 8～12mm 的水泥石子浆(水泥∶石子＝1∶1.25～1∶1.50)面层,拍平压实,使石子密实且分布均匀。待面层凝结前,即用棕刷蘸水自上而下刷掉面层水泥浆,使石子表面完全外露为止。为使表面洁净,可用喷雾器自上而下喷水冲洗。水刷石的质量要求是石粒清晰、分布均匀、色泽一致、平整密实,不得有掉粒和接槎的痕迹。

2. 干粘石

在水泥砂浆上面直接干粘石子的做法,称谓干粘石法。其法同样先在已经硬化的 12mm 厚的 1∶3 底层水泥砂浆层上按设计要求弹线分格,根据弹线镶嵌分格木条。将底层浇水润湿后,抹上一层 6mm 厚 1∶2～1∶2.5 的水泥砂浆层,随即紧跟着再抹一层 2mm 厚的 1∶0.5 水泥石灰膏浆粘结层,同时将配有不同颜色或同色的粒径为 4～6mm 的石子甩粘拍平压实。拍时不得把砂浆拍出来,以免影响美观,要使石子嵌入深度不小于石子粒径的 1/2,待有一定强度后洒水养护。上述为手工甩石子,亦可用喷枪将石子均匀有力地喷射于粘结层上,用铁抹子轻轻压一遍,使表面搓平。干粘石的质量要求是石粒粘结牢固、分布均匀、不掉石粒、不露浆、不漏粘、颜色一致。

3. 斩假石与仿斩假石

斩假石又称剁斧石,属中高档外墙装修,装饰效果近于花岗石,但费工较多。

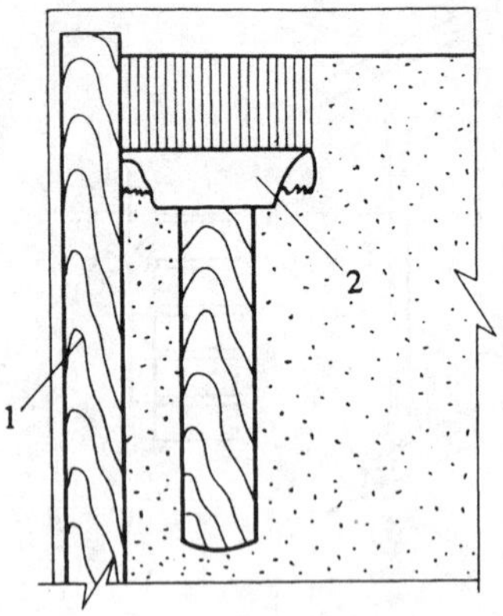

图 8-4 仿斩假石做法

1—木引条；2—钢篦子

先抹 12mm 厚 1∶3 水泥砂浆底层，养护硬化后弹线分格并粘结 8mm×10mm 的梯形木条。洒水润湿后，刮素水泥浆一道，随即抹厚 11mm1∶1.25(水泥∶石碴)内掺 30%石屑的水泥石碴浆罩面层。罩面层应采取防晒措施，并养护 2～3d，待强度达到设计强度的 60%～70%时，用剁斧将面层斩毛。斩假石面层的剁纹应均匀，方向和深度一致，棱角和分格缝周边留 15mm 不剁。一般剁两遍，即可做出近似用石料砌成的墙面。

剁斧工作量很大，后来出现仿斩假石的新施工方法。其做法与斩假石基本相同，只面层厚度减为 8mm，不同处是表面纹路不是剁出，而是用钢篦子拉出。钢篦子用一段锯条夹以木柄制成。待面层收水后，钢篦子沿导向的长木引条轻轻划纹，随划随移动引条。待面层终凝后，仍按原纹路自上而下拉刮几次，即形成与斩假石相似效果的外表。仿斩假石做法如图 8-4 所示。

装饰抹灰的允许偏差和检验方法如表 8-1 所示。

表 8-1　　装饰抹灰的允许偏差和检验方法

项次	项目	允许偏差(mm)				检验方法
		水刷石	斩假石	干粘石	假面砖	
1	立面垂直度	5	4	5	5	用 2m 垂直检测尺检查
2	表面平整度	3	3	5	4	用 2m 靠尺和塞尺检查
3	阳角方正	3	3	4	4	用直角检测尺检查
4	分格条(缝)直线度	3	3	3	3	拉 5m 线，不足 5m 拉通线，用钢直尺检查
5	墙裙、勒脚上口直线度	3	3	—	—	拉 5m 线，不足 5m 拉通线，用钢直尺检查

第二节　饰面板(砖)工程

饰面板(砖)工程包括用饰面砖、天然或人造石饰面板等进行室内外墙面饰面。

饰面砖有釉面瓷砖、外墙面砖、陶瓷锦砖等。饰面板有大理石、花岗岩等天然石板；预制水磨石、人造大理石等人造饰面板以及金属饰面板(彩色涂层钢板、彩色不锈钢板、镜面不锈钢饰面板、铝合金板等)。

一、饰面砖粘贴分项工程施工

饰面砖粘贴的一般工艺程序如下：清理基层表面→润湿→基层刮糙→底层找平划毛→出皮数杆→弹线→贴灰饼→粘贴饰面砖→清洁面层→勾缝→清洁面层。

粘贴饰面砖的基层应清洁、湿润，基层刮糙后涂抹 1∶3 水泥砂浆找平层。饰面砖粘贴必须按弹线和标志进行，墙面上弹好水平线并作好粘贴厚度标志，墙面的阴阳角、转角处均须拉垂直线，并进行兜方，阳角要双面挂垂直线，划出纵横皮数杆，沿墙面进行预排。粘贴第一层饰面砖时，应以房间内最低的地漏处或水平线为准，并在砖的下口用直尺托底。饰面砖铺贴顺序为自下而上，从阳角开始，使不成整块的留在阴角或次要部位。对多层、高层建筑应以每一楼层层次为界，完成一个层次再做下一层次。待整个墙面粘贴完毕，接缝处应用与饰面砖颜色相同的石膏浆或水泥浆填抹。其中室外和室内潮湿的房间应用与饰面砖颜色相同的水泥浆或水泥砂浆勾缝。勾缝材料硬化后，用盐酸溶液刷洗后，再用清水冲洗干净。

1. 釉面瓷砖

釉面瓷砖是用于室内墙面装饰的陶瓷面砖，有白色、彩色及带花纹图案等多种。形状有正方形和长方形两种，另有阳角、阴角、压顶条等。主要用于厨房、厕所、浴室等处内墙装修。

底层约为7mm厚、1∶3水泥砂浆，抹后找平划毛。镶贴前墙面找方，弹出底层水平线，定出纵横皮数。粘结层为厚约7～10mm混合砂浆(水泥∶石灰膏∶砂＝1∶0.3∶3)，也可用聚合物砂浆。施工时将砂浆涂于瓷砖背面粘贴于底层上，用小铲轻轻敲击，使之贴实粘牢。接缝宽约1.5mm，贴后用同色水泥擦缝。最后用稀盐酸刷洗，并用清水冲洗。

2. 外墙面砖

用于外墙饰面的面砖，分毛面、釉面两种，有多种颜色，规格亦有多种。面砖主要用于外墙饰面。

底层亦为厚7mm、1∶3水泥砂浆，抹后找平划毛，养护1～2天后才镶贴。镶贴前按设计要求弹线分格，按分格排砖，尽量避免切砖。粘结层用厚6～10mm的1∶1.5～2.0的水泥砂浆，将砂浆涂布于面砖背面，将面砖贴于底层上并用小铲轻敲，使其位置正确并粘贴牢固。贴后用1∶1原色水泥砂浆填缝，用稀盐酸洗去表面粘结的水泥浆，最后用清水清洗。

3. 陶瓷锦砖和玻璃锦砖

陶瓷锦砖为边长15.2，18.5，23.6，39.0mm及厚5.0mm的正方形陶瓷小块，颜色多种，可组成各种花纹图案。成品是将一定图案的马赛克块反贴在纸板上，每张300mm×300mm。多用于室内卫生间地面，亦用于外墙面等装饰。

底层为1∶3水泥砂浆，抹后划毛浇水养护。在底层上抹厚5～6mm的粘结层(1∶1水泥砂浆，另加水泥量2%～4%的107胶)，从上而下弹分格线。镶贴时先将马赛克纸板的贴有马赛克的一面朝上放于托板上，用1∶1水泥细砂干灰填缝，再刮一层1～2mm厚的素水泥浆，随即将托板上的马赛克纸板对准分格线贴于底层上，并拍平拍实。在纸板上刷水润湿，0.5h后揭纸并使缝隙整齐，待粘结层凝固后用同色水泥浆擦缝，最后酸洗之。

玻璃锦砖是一种新型装饰材料，色彩绚丽，更富于装饰性，且价廉、生产工艺简单。其成品亦是将玻璃马赛克小块贴于纸板上。其施工工艺与上述基本相同。

二、饰面板安装分项工程施工

饰面板(大理石、花岗岩等)多用于重要建筑物的墙面、柱面等高级装饰。饰面板安装可采取以下几种方法。

1. 水泥砂浆固定法(湿法)

基层(多为混凝土)挂钢筋网应预先剁毛以增加粘结力，再用冲击电钻在基层上打ϕ6.5～8.5mm、深度不小于60mm的孔，打入ϕ6～8mm短钢筋，外露5mm以上并带弯钩，在同一标高的短钢筋上置水平钢筋，弯转或点焊固定。

板材上用 $\phi4\sim6$mm 的合金钢冲击电钻钻孔，钻孔位置视铺贴方式而定，孔的数量取决于板材大小。在钻孔上穿双股 #16 铜丝并绑扎在钢筋网上。板材安装的垂直度、平整度满足要求后，用 1∶1.5～2.0 的水泥砂浆灌浆，每层灌浆厚度 150～200mm，初凝后再灌上一层。板材如为多层，每层离上边缘 80～100mm 即停止灌浆，留待上一层再灌，以连成整体。最后擦洗表面，并用与板材颜色相近的水泥浆勾缝，再清洗之。

如底层板材支承在坚固的支承面上，且板材边长小于 500mm，铺贴高度小于 1.2m 时，可直接用 1∶1～1.5 水泥砂浆粘贴，而不必挂钢筋网。

水泥砂浆固定法易产生回潮、返碱、返花等现象，影响美观。

2. 聚酯砂浆固定法

先用聚酯砂浆（聚胺酯胶∶砂＝1∶4.5～5.0）固定板材四角和填满板材之间的缝隙，固化后再进行灌浆，灌浆方法与上述相同。如柱子、门口等皆可用此法。

3. 树脂胶连接法

对基层平整度符合规定者可用此法。施工时先弹线，再将树脂粘结剂抹在板材背面，对悬空板材用胶量须饱满。然后使板材就位、挤紧、找平、找正，并进行顶、卡固定。挤出缝外的粘结剂随时清除，如板材不平、不直，可用小木楔调整。粘结剂固化后，拆除顶、卡固定支架。

4. 螺栓或金属卡具固定法（干法）

在需铺设板材部位预留金属卡具等，板材安装后用螺栓或金属卡具固定，最后进行勾缝处理。亦可在基层内打入膨胀螺栓，用以固定饰面板，由于这一方法可有效地防止板面回潮、返碱、返花现象，因此是目前应用较多的方法。

第三节　幕墙工程

现代高层建筑的外墙面装饰有时采用幕墙，常用的有玻璃幕墙和金属幕墙，此外还有石材幕墙（干挂工艺）。

玻璃幕墙是由玻璃板做墙面材料、与金属构件组成的悬挂在建筑物主体结构上的非承重连续外围护墙体。分为全隐框玻璃幕墙、半隐框玻璃幕墙、明框玻璃幕墙、挂架式（点式）玻璃幕墙和无金属骨架玻璃幕墙等数种，其安装方法和允许误差亦不同。

玻璃幕墙多采用中空玻璃，它由两片（或两片以上）玻璃和间隔框构成，并带有密闭的干燥空气夹层。结构轻盈美观，并具有良好的隔热、隔音和防结露性能。目前我国已能按不同用途生产不同性能的中空玻璃、透明浮法玻璃、彩色玻璃、防阳光玻璃、钢化玻璃、镜面反射玻璃等。玻璃厚度为 3～10mm，有无色、茶色，蓝色、灰色、灰绿色等数种。玻璃幕墙的厚度有 6mm，9mm 和 12mm 等几种规格。

玻璃幕墙一般用于高层建筑的整个立面或裙房的四周围护墙体。施工时，按设计尺寸预先排列幕墙的金属间隔框及组合固定件位置，提出中空玻璃的性能要求、外型尺寸和配件等数量。库房存放应按编号分堆堆放，存放时要垂直放平以防翘曲变形导致玻璃破裂。

安装玻璃幕墙的部位应先进行水平测量和严格地找平，安装第一块玻璃幕墙金属隔框时，要严格控制垂直度，以防前后倾斜。安装后先临时固定，经校正后方可正式固定。安装时，用吸盘把中空玻璃两面吸住，稳妥地镶入金属隔框内，随即用嵌条嵌入槽内固定玻璃，然后将胶粘剂挤入槽内，随即将密封带嵌入槽内压平，如胶粘剂外泄，应及时清理干净。安装完毕，当其他工种的工作已不影响玻璃幕墙的保护时，方可清理金属隔框的保护纸。安装时，因其尺寸大并且数人配合安装，故必须有适宜的内外脚手架。

隐框、半隐框幕墙所采用的结构胶结材料必须是中性硅酮结构密封胶，其性能必须符合《建筑用硅酮结构密封胶》GB16776 的规定，必须在有效期内使用。

铝合金幕墙是金属幕墙中常用的一种，铝合金板覆盖在金属框上，而金属框利用在结构楼面上的预埋件用钢扣件连接固定，铝合金窗框则用螺栓安装在铝板金属框上。铝合金幕墙的施工顺序如下：预埋件安装→安装弹线→钢扣件安装→铝板安装→铝窗安装→玻璃安装→镶嵌封条→室内石膏板安装→幕墙表面清洗。外墙面幕墙的安装可采用吊篮及吊脚手。外墙面铝板安装，要求控制好安装高度、铝板距墙面位置和铝板表面垂直度。安装玻璃采用弹性封缝施工法，把玻璃安装在铝合金窗框内，但不与窗框接触，而是放上定位垫块、边缘隔片、衬条之后，重新将窗压条安好。嵌入玻璃压紧条。固定玻璃，在玻璃外侧与窗框的间隙内，用注入枪把硅酮封缝材料嵌入封住。

金属幕墙与主体结构连接的预埋件，应在主体结构施工时按设计要求埋设，一般预埋件的标高偏差不应大于 10mm，预埋件的位置偏差不应大于 20mm。

第四节　吊顶工程

吊顶又称顶棚、天花板、平顶，是室内装饰工程的一个重要组成部分，具有保温、隔热、隔声和吸音作用，也是安装照明、暖卫、通风空调、通讯和防火、报警等设备的隐蔽层。其形式有直接式和悬吊式两种。

悬吊式吊顶分为活动式装配吊顶（多为铝合金吊顶）、隐蔽式装配吊顶、金属装饰板式吊顶、开敞式吊顶和整体式吊顶（灰板条吊顶）。

铝合金吊顶由龙骨、T 形骨、铝角条、吊杆和饰面板等组成。施工时，先在结构基层上，按设计要求弹线，确定龙骨及吊点位置。一般上人大龙骨的中距不应大于 1200mm，吊点距离为 900～1200mm；不上人大龙骨中距为 1200mm，吊点距离为 1000～1500mm。再于墙面和柱面上，按吊顶高度要求弹出标高线，然后在吊点位置将龙骨与结构连接固定，可采用：在吊点位置用射枪射入一枚带孔的 50mm 钢钉，用 18 号铅丝将钢钉与龙骨固定；在吊点位置预埋膨胀螺栓，用吊杆连接固定；而吊点位置预留吊钩或埋件，再将吊杆一端直接与预留吊钩固定或与预埋件焊接连接，另一端连接固定龙骨。采用吊杆时，吊杆端头螺纹部分长度不应小于 30mm，以便于有较大的调节量。将大龙骨与吊杆（或 18 号铅丝）连接固定后，按标高线调整大龙骨的标高，使其在同一水平面上，再用 50mm 钢钉，以 500～600mm 间距把铝角条钉在四周墙面上。然后于房间四周用尼龙线拉出十字中心线，按天花板规格纵横布设，组成吊顶的托层。饰面板的铺设方式有两种：一种是搁置式（图 8-5），用于跨度较小的平顶，在龙骨架上逐块铺设即可；另一种是锚固式（图 8-6），即将铝合金条板或纸面石膏板等板块按设计要求用射钉或自攻螺丝固定于龙骨架上。铝合金吊顶龙骨必须固定牢固，并应互相交错拉牵，加强吊顶的稳定性。吊顶的水平面拱度要均匀、平整，不能有起伏现象。T 形骨纵横都要平直，四周铝角应水平。

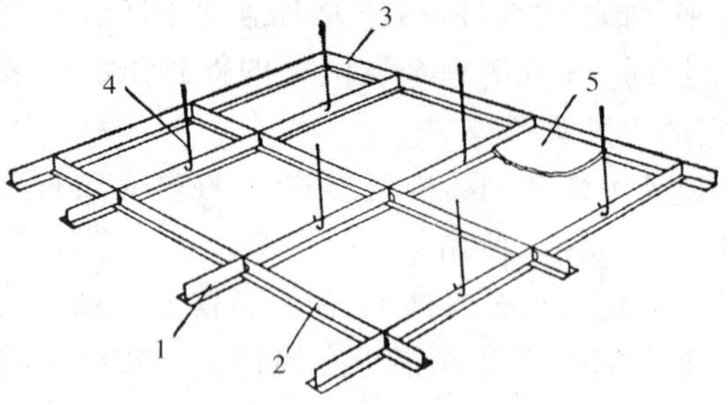

图 8-5　铝合金吊顶(搁置式)

1—大 T 形骨；2—小 T 形骨；3—角条；

4—吊杆；5—饰面板

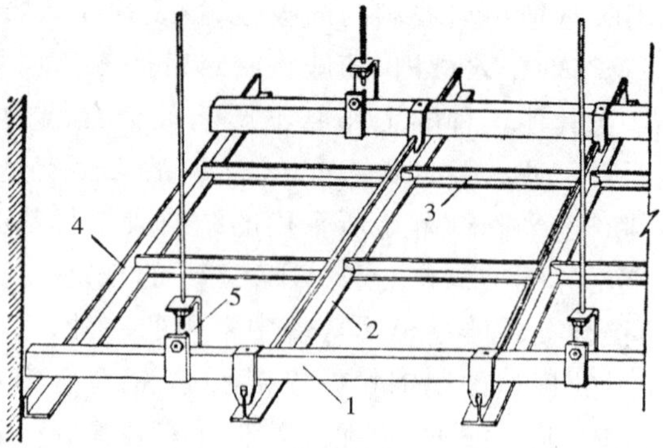

图 8-6　铝合金吊顶(锚固式)

1—大龙骨；2—大 T 形骨；3—小 T 形骨；

4—角条；5—吊挂件

第五节　涂饰工程

建筑涂料指涂敷于建筑物表面，能与建筑物表面材料很好粘结、形成完整涂膜的材料。早期使用的涂料主要是油漆，随着石油化工和有机合成工业的发展，许多涂料不再使用油脂，而主要使用合成树脂及其乳液、无机硅酸盐和硅溶液，故油漆已成为涂料的一个分支。常讲的"建筑装饰涂料"已不含"油漆"内容。

建筑装饰涂料可起保护墙体、美化建筑物和多功能(隔声、吸音、防火、防腐、防霉、防静电等)的作用。

建筑装饰涂料按用途分为外墙涂料、内墙涂料、地面(或地板)涂料和顶棚涂料；按材质分为有机涂料、无机涂料和有机无机复合型涂料，其中有机涂料又分为水溶性涂料、乳液涂料、溶剂型涂料等；按质感分为薄质涂料、厚质涂料、复层涂料、多彩涂料等。

建筑装饰涂料的种类繁多，还在不断发展，使用时根据基层状况、环境、环保要求、设计要求、价格等因素合理选用。

涂饰施工包括基层处理、刮腻子和涂饰等工序。

基层处理　木材表面应清除钉子、油污等，除去松动节疤及脂囊，裂缝和凹陷处均应用腻子填补用砂纸磨光。金属表面应清除一切鳞皮、锈斑和油渍等。基体如为混凝土和抹灰层，含水率均不得大于 8%，混凝土表面如不平整，应用聚合物水泥砂浆进行抹平。

刮腻子　腻子是由涂料、填料(石膏粉、大白粉)、水、纤维素等拌制成的膏状物。刮腻子的目的是使表面平整。对于高级涂饰需在基层上全面刮一层腻子，待其干后用砂纸打磨，然后再满刮腻子，再打磨，磨至表面平整光滑为止。有时还要和涂刷涂料交替进行。所用腻子，应按基层、涂料的性质配套选用。

常用的腻子有水粉腻子、羧甲基纤维素腻子、聚醋酸乙烯乳液腻子、大白浆腻子和内墙涂料腻子等。

涂饰　涂料涂刷方法有刷涂、喷涂、擦涂、揩涂及滚涂等。方法的选用与涂料有关，应根据涂料能适应的涂漆方式和现有设备来选定。

刷涂法是用鬃刷蘸涂刷在表面上。其设备简单、操作方便,但工效低,不适于快干和扩散性不良的涂料施工。

喷涂法是用喷涂将涂料喷射在物体表面上。一次不能喷得过厚,要分几次喷涂,要求喷嘴移动均匀。喷涂法的优点是工效高,漆膜分散均匀,平整光滑,干燥快。缺点是涂料消耗大,需要喷枪和空气压缩机等设备,施工时还要通风、防火、防爆等安全措施。

擦涂法是用棉花团外包纱布蘸涂料在物面上擦涂,待涂膜稍干后再连续转圈揩擦多遍,直到均匀擦亮为止。此法涂膜光亮、质量好,但效率低。

揩涂法是用布或丝团浸涂料在物体表面上来回左右滚动,反复搓揩达到涂膜均匀一致。

滚涂法是用羊皮、橡皮或其他吸附材料制成的滚筒滚上涂料后,再滚涂于物面上。适用于墙面滚花涂刷,可用较稠的涂料,涂膜均匀。

在涂刷时,后一遍涂料必须在前一遍涂料干燥后进行。每遍涂料都应涂刷均匀,各层必须结合牢固,干燥得当,以达到均匀而密实。如果干燥不当,会造成涂层起皱、发粘、麻点、针孔、失光、泛白等弊病。

一般涂料工程施工时的环境温度不宜低于10℃,相对湿度不宜大于60%。当遇有大风、雨、雾情况时不可施工。

第六节　裱糊和软包工程

裱糊工程分墙纸裱糊和墙布裱糊,是广泛用于室内墙面、柱面及顶棚的一种装饰,具有色彩丰富、质感性强、耐用、易清洗的特点。

软包工程是用人造革、锦缎等软包墙面,可起柔软、消声、温暖、美化的作用,适用于防止碰撞和声学要求较高的房间。

软包墙面分预制组装和现场组装两种,前者用硬质材料做衬底,后者用软质材料做衬底。

室内裱糊工程常用的普通墙纸(印花涂塑墙纸、压花涂塑墙纸、复塑墙纸)、发泡墙纸、纺织纤维墙纸和玻璃纤维墙布、纯棉装饰墙布、化纤装饰墙布、无纺墙布等。

此处只介绍室内墙纸裱糊。

墙纸的裱糊工艺过程如下:基层处理→安排墙面分幅和划垂直线→裁纸→润湿→墙纸上墙→对缝→赶大面→整理纸缝→擦净纸面。

(1) 基层处理

要求基层基本干燥,混凝土和抹灰层的含水率不得大于8%,基体或基层表面应坚实、平滑、无飞刺、无砂粒。对于局部麻点须先披腻子找平,并满批腻子,砂纸磨平。腻子涂抹于基层上应坚实牢固,故常用聚醋酸乙烯乳胶腻子。然后,在表面上满刷一遍用水稀释的胶粘剂作为底胶,使基层吸水不致太快,以免引起胶粘剂脱水而影响墙纸与基层的粘结。待底胶干后,在墙面上弹垂直线,作为裱糊第一幅墙纸时的准线。

(2) 裁纸

裱糊墙纸时纸幅必须垂直,才能使墙纸之间花纹、图案、纵横连贯一致。分幅拼花裁切时,要照顾主要墙面花纹的对称完整,对缝和搭缝按实际尺寸统筹规划裁纸,纸幅应编号,按顺序粘贴。

(3) 墙纸润湿和刷浆

纸基塑料墙纸裱糊吸水后，在宽度方面能胀出约1%。准备上墙裱糊的塑料墙纸，应先浸水3min，再抖掉余水、静置20min待用。这样，刷浆后裱糊，可避免出现皱褶。在纸背和基层表面上刷胶要求薄而均匀。裱糊用的胶粘剂应按墙纸的品种选用。

(4) 裱糊

墙纸纸面对褶上墙面，纸幅要垂直，先对花、对纹拼缝，由上而下赶平、压实。多余的胶粘剂挤出纸边，及时揩净以保持整洁。

以上先裁边后粘贴拼缝的施工工艺，其缺点是裁时不易平直，粘贴时拼缝费工且不易使缝合拢，易产生的通病是翘边和拼缝明显可见。经实践，可采取先粘贴后裁边的"搭接裁缝"法，即相邻两张墙纸粘贴时，纸边搭接重叠20mm，然后用裁切刀沿搭接的重叠部位中心裁切。再撕去重叠的多余纸边，经滚压平服而成的施工方法。其优点是接缝严密，可达到或超过验收规范的要求。

墙纸裱糊的质量要求是：各幅拼接应横平竖直，拼接处花纹、图案应吻合，不离缝，不搭接，不显拼缝。

墙纸应粘贴牢固，不得有漏贴、补贴、脱层、空鼓和翘边。

第九章　施工组织概述

第一节　基本建设程序

基本建设是指国民经济各部门用投资方式来实现以扩大生产能力和工程效益为目的的新建、扩建、改建工程的固定资产投资及其相关管理活动。该过程建设周期长、涉及范围广、协作环节多，是一项需要投入大量人力、物力的综合性经济生产活动，必须通过系统的组织、协调和实施才能实现。

基本建设程序，是指基本建设项目从规划、设想、选择、评估、决策、设计、施工到竣工投产交付使用的整个建设过程中各项工作必须遵循的先后顺序，是基本建设全过程及其客观规律的反映。在项目建设过程中，基本建设程序的各个环节必须得到严格执行，只有上一环节工作完成后方可转入下一环节，不能随意简化。严格执行基本建设程序能够有效地保证工程质量和提高投资效益，防止盲目重复建设造成资金的浪费和不良的社会影响。

一般大中型建设项目的工程建设程序包括投资决策前期、建设时期和生产时期等三个时期的六项工作，主要内容有：

(一) 编制和报批项目建议书

项目建议书又称立项申请，是由企事业单位部门等根据国民经济和社会发展长远规划，国家的产业政策和行业地区发展规划以及国家有关投资建设方针政策，委托经过资质审定有资格的设计单位和咨询公司在进行初步可行性研究的基础上编报的，是建设单位向政府提出要求建设某一具体项目的建议文件。项目建议书包括项目建设程序的第一步，主要包括项目概况、初步选址及建设条件、规模和建设内容、投资估算及资金来源、经济效益和社会效益初步估算等内容。大中型新建项目和限额以上的大型扩建项目，在上报项目建议书时必须附上初步可行性研究报告。项目建议书获得批准后即可立项。

(二) 编制和报批可行性研究报告

项目立项后即可由建设单位委托原编报项目建议书的设计院和咨询公司进行可行性研究。可行性研究是从市场、技术、生产、法律(政策)、经济等方面对项目进行全面策划和论证的过程。它必须在对客观情况进行大量调查研究的基础上，通过全面细致的分析，做出不同方案的比较选择，是保证项目决策加强科学性和减少盲目性的关键环节。可行性研究报告经有关部门的项目评估和审批决策，获得批准后即为项目决策。

(三) 编制和报批设计文件

可行性报告获得批准后，项目的主管部门可指定、委托或以招投标方式确定有资格的设计单位，根据项目建议书和可行性研究报告，按照国家有关政策、设计规范、建设标准、定额编制设计文件。根据不同的行业特点和项目要求，一般的工程项目可进行两阶段设计，即初步设计和施工图设计。初步设计在满足经济和技术要求的前提下提出选定方案的建设标准、设备选型、工艺流程、总图布置、结构方案、基础形式、水暖电等的实施方案和全部费用，是项目建设进一步准备和实施的依据。施工图设计则是用以指导建筑安装工程的施工、非标准设备的加工制造的详细和具体的设计，包括全项目性文件和建筑物、构筑物的设计文件等。相应编制初步设计总概算，修正总概算和施工图预算。而对于技术上复杂且缺乏设计经验的建设项目，经主管部门指定可增加技术设计阶段，即进行初步设计、技术设计和施工图设计的三阶段设计。技术设计主要用以进一步解决初步设计阶段一时无法解决的重大问题，并对施工图设计起到指导作用。

（四）建设准备工作

项目施工前的准备工作首先需要组建筹建机构，完成征地和拆迁工作，落实施工现场的“三通一平”（路通、水通、电通和场地平整）工作，并根据工程实际情况落实设备和材料的供应，准备必要的施工图纸。招投标工作是提高工程质量、降低工程造价、改善投资效益、保证建设项目顺利实施的重要环节。根据《工程建设项目施工招标投标办法》组织施工招投标，由建设单位或有资格接受委托的工程咨询单位编制招标文件，召开开标会议，组织评标、定标，通过公平合理的竞争，选择高质量、低价格的施工单位，签订承包合同，确定合同价，开工报告获得批准后，建设项目可开工建设。

（五）建设实施工作：组织施工和生产准备

工程项目进入全面施工阶段，质量控制、进度控制、投资控制成为重要的工作目标。要抓好施工阶段的全面管理，施工前要认真做好施工图的会审工作，明确质量要求。施工中要严格按照施工图纸施工，如需变动，应取得设计单位的同意。严格遵守施工及验收规范、质量标准和安全操作规程，保证施工质量和施工安全。要按照施工顺序合理组织施工，地下工程和隐蔽工程，特别是基础和结构的关键部位，一定要经过验收合格，才能进行下一道工序的施工。

建设单位要根据建设项目或主要单项工程生产技术的特点，及时组成专门班子或机构，有计划地抓好试生产的准备工作，以保证工程建成后及时投产。生产准备工作主要包括：招收和培训必要的生产人员，组织生产人员参加设备的安装、调试和工程验收，特别要掌握好生产技术和工艺流程；落实原材料、协作产品、燃料、水、电、气等的来源和其他协作配合项目；组织工装、器具、备品、备件等的制造和订货；组建强有力的生产指挥管理机构，制订必要的管理制度，收集生产技术资料、产品样品等。

（六）项目施工验收投产经营和后评价

建设项目按照批准的设计文件所规定的内容全部完成后，符合设计要求，能够正常使用的，都要及时组织验收，工业建设项目形成生产能力，经试运转能生产出合格产品，非工业建设项目符合设计要求并能正常使用，即达到验收标准，可办理固定资产移交手续。

项目建成投产使用后，进入正常生产运营和使用过程一段时间（一般为 2～3 年）后，可对项目的生产能力或使用效益状况，产品的技术水平、质量和市场销售情况，投资回收、贷款偿还情况，经济效益、社会效益和环境效益等情况进行总结评价，并编制项目后评价报告，完成工程建设全过程的最后阶段。

第二节　施工组织设计

一、建设项目的划分

1. 建设项目

建设项目是指在一个总体设计范围内，由一个或若干个单项工程所组成，经济上实行统一核算，行政上具有独立组织形式的基本建设单位。在工业建筑中如一个工厂、一座矿山，在民用建筑中如一所学校、一家医院等皆作为一个建设项目。

2. 单项工程

单项工程是指具有独立的设计文件、竣工后能独立发挥生产能力或体现投资效益的工程。如矿山建设中的井巷工程、办公楼等，民用建筑中的医院的门诊楼、病房楼等。

3. 单位工程

单位工程是指具有单独设计条件、可以单独组织施工、但完工后不能体现投资效益发挥生产能力的工程，是单项工程的组成部分。

单位工程按其构成可分为建筑工程、设备安装工程、设备与器具购置等。

4. 分部工程

分部工程是单位工程的组成部分，是按结构部位及材料不同而划分的。

5. 分项工程

分项工程是分部工程的组成部分，是按不同的施工内容或方法而划分的，它是施工组织的基本单位。

二、施工组织设计的类型

为了及时地做好施工准备工作，施工组织设计必须分阶段地根据工程设计文件来编制，也就是说，施工组织设计的各阶段是与主要设计的阶段相对应的。

在绝大多数情况下，建筑工程按照两个阶段进行设计，即：扩大初步设计和施工图设计。只有在设计复杂，或新的工艺过程尚未熟练掌握，或者设计特别复杂并对建筑物或构筑物有特殊要求时，才按三阶段进行设计，即初步设计、技术设计和施工图设计。

当按三阶段设计时，施工组织设计的三个相应的阶段就是：①施工条件设计（或称施工组织基本概况），这是包括在初步设计中的；②施工组织总设计，这是包括在技术设计中的；③各个房屋和建筑物等单位工程的施工设计，是施工组织设计的具体化，用以具体指导工程的施工活动，并作为建筑安装企业编制月旬作业计划的基础，是由施工承包单位根据施工图进行编制的。

1. 施工组织条件设计

施工组织条件设计的作用在于对拟建工程，从施工角度分析工程设计的技术可行性与经济合理性，同时作出轮廓性的施工规划，并提出在施工准备阶段首先应进行的工作，以便尽早着手准备。这一组织设计主要应由设计单位负责编制，并作为初步设计的一个组成部分。

2. 施工组织总设计

它是以整个建设项目或民用建筑群为对象编制的，目的是要对整个工程的施工进行通盘考虑、全面规划，用以指导全场性的施工准备和有计划地运用施工力量，开展施工活动。其作用是确定拟建工程的施工期限、施工顺序、主要施工方法、各种临时设施的需要量及现场总的布置方案等，并提出各种技术物资资源的需要量，为施工准备创造条件。施工组织总设计应在扩大初步设计批准后，依据扩大初步设计文件和现场施工条件，由建设总承包单位组织编制。

3. 单位工程施工设计

它是以单项工程或单位工程为对象编制的(通常也称单位工程施工组织设计)，是用以直接指导单位工程或单项工程施工的。它在施工组织总设计和施工单位总的施工部署的指导下，具体地安排人力、物力和建筑安装工作，是施工单位编制作业计划和制定季度施工计划的重要依据，单位工程施工设计是在施工图设计完成后，以施工图为依据，由施工承包单位负责编制。

4. 分部(分项)工程施工设计

它是以某些特别重要的和复杂的或者缺乏施工经验的分部(分项)工程(如复杂的基础工程、特大构件的吊装工程、大量土石方工程等)或冬、雨季施工等为对象编制的专门的、更为详尽的施工设计文件。

施工组织总设计是对整个建设项目施工的通盘规划，是带有全局性的技术经济文件。因此，应首先考虑和制订施工组织总设计，作为整个建设项目施工的全局性的指导文件。然后，在总的指导文件规划下，再深入研究各个单位工程，对其中的主要建筑物分别编制单位工程的施工设计。就单位工程而言，对其中技术复杂或结构特别重要的分部(分项)工程，还需要根据实际情况编制若干个分部(分项)工程的施工设计。

在编制施工组织总设计时，可能对某些因素和条件尚未预见到，而这些因素或条件的改变可能影响整个部署。所以，在编制了各个局部的施工设计之后，有时还需要对全局性的施工组织总设计作必要的修正和调整。当然，在贯彻执行施工组织设计的过程中，也应随着工程施工的发展变化，及时给予修正和调整。

施工组织设计是一种施工规划，而非施工项目管理规划。如要编制施工项目管理规划，可参照国标《建设工程项目管理规范》(TB/T50326-2001)，在工程投标时编制"项目管理规划大纲"，签订施工合同、开工前编制"项目管理实施规划"。

三、施工组织设计的内容

施工组织设计的内容，就是根据不同工程的特点和要求，根据现有的和可能创造的施工条件，从实际出发，决定各种生产要素(材料、机械、资金、劳动力和施工方法等)的结合方式。

在不同设计阶段编制的施工组织设计文件，在内容和深度方面不尽相同，其作用也不一样。一般说施工组织条件设计是概略的施工条件分析，提出创造施工条件和建筑生产能力配备的规划；施工组织总设计是对施工进行总体部署的战略性施工纲领；单位工程施工设计则是详尽的实施性的施工计划，用以具体指导现场施工活动。

施工组织设计的一般内容如下：

① 施工准备工作计划；

② 施工方法与相应的技术组织措施，即施工方案；

③ 施工进度计划；

④ 施工现场平面布置图；

⑤ 劳动力、机械设备、材料和构件等供应计划；

⑥ 建筑工地施工业务的组织规划；

⑦ 主要技术经济指标的确定。

在上述几项基本内容中，第①，④，⑤，⑥项主要用于指导准备工作的进行，为施工创造物质技术条件。第②，③项则主要是指导施工过程的进行，规定整个的施工活动。施工组织设计的几项内容是有机地联系在一起的，既相互依存又彼此制约。因此，在编制施工组织设计时，要抓住核心问题，同时处理好各方面的相互关系。

全部工程任务能否按期完工，或部分工程能否提前交付使用，主要取决于施工进度计划的安排；而施工进度计划的制定又必须以施工准备、场地条件，以及劳动力、机械设备、材料的供应能力和施工技术水平等因素为基础。反过来，各项施工准备工作的规模和进度、施工平面的分期布置、各项业务组织的规模和各种资源的供应计划等又必须以施工进度计划为根据。所以，施工进度计划是施工组织设计中的关键环节。

随着建筑行业的飞速发展，现代施工中的施工组织设计内容也在不断扩展，尤其是技术含量的比重在日益提高，从而具备建造超大规模新型建筑的技术力量，并更好地适应建筑市场竞争的需要。

四、施工组织设计的资料

1. 自然条件资料

关于建设地区自然条件的资料，主要内容如下：

(1) 地形资料　包括建设区域的地形图和建设工地及相邻地区的地形图等，使用的目的在于了解建设地区的地形特征。

建设区域的地形图，其比例尺一般不小于 1：2000，等高线高差为0.5～1m。图上应当标明：邻近居民区、工业企业、自来水厂等的位置；邻近车站、码头、铁路、公路、上下水道、电力电讯网、河流湖泊位置；邻近的采石场、采砂场及其他建筑材料基地等。本图的主要用途在于确定施工现场，建筑工人居住区、建筑生产基地的位置，场外线路管网的布置，以及各种临时设施的相对位置和大量建筑材料的堆置场等。

建设工地及相邻地区的地形图，其比例尺一般为 1：2000 或 1：1000，等高线高差为0.5～1m。图上应标明主要水准点和坐标距 100m 或 200m 的方格网，以便测定各个房屋和构筑物的轴线、标高和计算土方工程量。此外，还应当标出现有的一切房屋、地上地下的管道、线路和构筑物、绿化地带、河流周界线及水面标高、最高洪水位警戒线等。本图为设计施工总平面图、布置各项建筑业务和设施等的依据。

(2) 工程地质资料　使用的目的在于确定建设地区的地质构造、人为的地表破坏现象(如土坑、古墓等)和土壤特征、承载能力等。主要内容有：①建设地区钻孔布置图；②工程地质剖面图，表明土层特性及其厚度；③土壤的物理力学性质，如天然含水率、天然孔隙比等；④土壤压缩试验和关于承载能力的结论等报告文件；⑤有古墓地区还应包括古墓钻探报告等。根据这些资料，可以拟定特殊地基(如湿陷性黄土、古墓、流砂等)的施工方法和技术措施，复核设计中规定的地基基础与当地地质情况是否相符，并决定土方开挖的坡度。

(3) 水文地质资料　包括地下水和地表水两部分。地下水资料，使用的目的在于确定建设地区的地下水在全年不同时期内的水位变化、流动方向、流动速度和水的化学成分等。主要内容有：①地下水位及变化范围；②地下水的流向、流速和流量；③地下水的水质分析资料等。根据这些资料，可以决定基础工程、排水工程、打桩工程、降低地下水位等工程的施工方法。地表水资料，使用的目的在于确定建设地区附近的河流、湖泊的水系、水质、流量和水位等。主要内容有：①年平均流量、逐月的最大和最小流量或湖泊、水池的贮水量；②流速和水位变化情况（特别是最低水位，它是决定给水方法的主要依据）；③冻结的始终日期及最大、最小和平均的冻结深度；④航运及浮运情况等等。当建设工程的临时给水是依靠地表水作为水源时，上述条件可作为考虑设置升水、蓄水、净水和送水设备时的资料。此外，还可以作为考虑利用水路运输可能性的依据。

（4）气象资料　使用的目的在于确定建设地区的气候条件。主要内容有：①气温资料，包括最低温度及其持续天数、绝对最高温度和最高月平均温度。前者用以计算冬季施工技术措施的各项参数；后者供确定防暑措施的参考。②降雨资料，包括每月平均降雨量和最大降雨量、降雪量。根据这些资料可以制定冬雨季施工措施，预先拟定临时排水设施，以免在暴雨后淹没施工地区。③风的资料，包括常年风向、风速、风力和每个方向刮风次数等。风的资料通常被制成风象玫瑰图（图 9-1），图上每一方位上的线段的长度与风速、或者刮风次数、或者是风速和刮风次数一起的数值成比例（通常用百分数表示）。风的资料用以确定临时性建筑物和仓库的布置、生活区与生产性房屋相互间的位置。

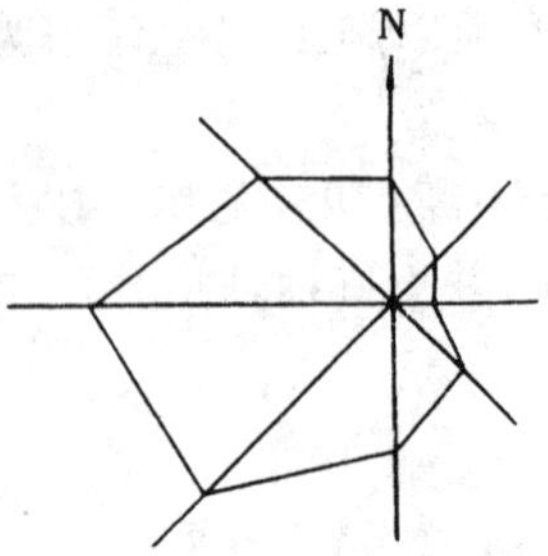

图 9-1　年度风象玫瑰图

2. 技术经济条件资料

收集建设地区技术经济条件的资料，目的在于查明建设地区地方工业、交通运输、动力资源和生活福利设施等地区经济因素的可能利用程度。主要内容如下：

（1）从地方市政机关了解的资料

①地方建筑工业企业情况　应当查明：当地有无采料场、建筑材料、配件和构件的生产企业，并应了解其分布情况、所在地及所属关系，主要产品的名称、规格、数量、质量和能否符合建筑工程使用的要求，生产能力、有无剩余和扩充的可能性；同时还应当了解企业产品运往建筑工地的方法、交货价格和运输费用。

②建筑基地情况　附近有无建筑机械化基地及机械化装备，有无中心修配站及仓库，其所在地及容量，可供建筑工程利用的程度。

③劳动力的生活设施情况　当地可以招收的工人、服务人员的数量。建筑单位在建设地区已有的、在施工期间可作为工人宿舍、厨房食堂、俱乐部、浴室等建筑物的数量，应该详细查明地点、结构特征、面积、交通和设备条件。

④供水、供电条件　应当了解有无地方发电站和变压站，查明能否从地区电力网上取得电力、可供建筑工程利用的程度、接线地点及使用的条件。了解水源、与当地水源连接的可能性、连接的地点、现有上下水道的管径、埋置深度、管底标高、水头压力等。

（2）从建筑企业主管部门了解的资料

①建设地区建筑安装施工企业的数量、等级、技术和管理水平，施工能力、社会信誉等。

②主管部门对建设地区工程招标投标、建筑市场管理的有关规定和政策。

③建设工程开工、竣工、质量监督等所应申报和办理的各种手续及其程序。

(3) 现场实地勘测的资料

①上述各项资料,必要时应当进行实地勘测研究核实。

②施工现场实际情况,需要砍伐树木、拆除旧有房屋的情况,场地平整的工程量。

③当地生活条件,当地居民生活水平、生活习惯、生活用品供应情况。

④建筑垃圾处置的地点等。

技术经济勘测内容的多少,应当根据建筑地区具体情况作必要的删减和补充,包括的内容必须切合实际需要,过繁过简都有碍于编制施工组织设计工作的顺利进行。

五、施化组织设计原则

在施工组织设计编制中应遵循以下几项基本原则:

(1) 保证重点、统筹安排、信守合同工期。

(2) 科学、合理地安排施工程序,尽量多地采用新工艺、新技术。

(3) 组织流水施工,合理地使用人力、物力、财力。

(4) 恰当安排施工项目,增加有效的施工作业日数,以保证施工的连续和均衡。

(5) 提高施工技术方案的工业化、标准化水平。

(6) 扩大机械化施工范围,提高机械化程度。

(7) 采用先进的施工技术和施工管理方法。

(8) 减少施工临时设施的投入,合理布置施工总平面图,节约施工用地和费用。

第十章　施工准备

建筑施工是一个复杂的组织和实施过程，开工之前，必须认真做好各项施工准备工作，给建筑工程施工的实施创造有利条件，从而在施工过程中能保证工程质量、加快施工进度、降低工程成本，并能保证施工顺利进行。

一、开工前应进行的主要准备工作

遵循基本建设程序，建设单位经过向管辖单位进行工程报建，通过招标投标，以经济合同方式把施工任务发包给施工单位，并经过向主管部门报请开工审批，向建设行政管理部门申领建设工程施工许可证，并做好各项准备工作后才能进行开工。

项目的开工时间，是指建设项目设计文件中规定的任何一项永久性工程第一次破土、或正式打桩。

工程开工前应进行的主要准备工作，包括下列几项：

(1) 施工现场准备；

(2) 技术准备；

(3) 作业队伍和管理人员准备；

(4) 物资准备；

(5) 资金准备。

1. 施工现场准备

施工现场准备一般包括下列内容：

(1) 场地

施工场地应按设计标高进行平整，清除地上障碍物，如旧建筑、树木、秧苗、腐植土和大石块等；地下障碍物，如旧基础、文物、古墓、管线等进行拆除或改道，使场地具备放线、开槽的基本条件。如有动迁任务，需根据国家的规定，妥善解决动迁问题，以便及时开工。如施工场地地下存在古墓等历史文物，需通知有关单位，在其协助下妥善进行处理，不得擅自挖掘。有的大城市要求硬地施工，则需在施工场地灌筑一薄层混凝土。

(2) 道路

施工运输应尽量利用永久性道路，或与建设项目的永久性道路结合起来修建，以节约费用。对必须修建的临时道路，应将仓库、加工厂和施工点贯串起来，按货流量的大小设计双行环行或单行支道，道路末端应设置回车场地；对施工机械进入现场所经过的道路、桥梁和卸车设施，应事先加宽和加固。修好施工场地内机械运行的道路，并开辟适当的工作面，以利施工。同时，施工现场的道路应满足防火要求。

(3) 给排水

施工用水应尽量与建设项目的永久性给水系统结合起来，以减少临时给水管线。对必须铺设的临时管线，在方便施工和生活的前提下尽量缩短管线的长度，以节省施工费用。给水亦需满足消防需要。主要干道的排水设施，应尽量利用永久性设施，支道应在两侧挖明沟排水，沟底坡底一般为2%～8%；对施工中产生的施工废水，应经过沉淀处理后再排入城市排水系统。

(4) 供电、通讯

应按工程施工高峰时的用电量，向有关部门申报，建立临时变压站，以供施工照明用电和动力用电。如因条件限制而只能部分供电或不能供电时，则需自行配置发电设备。另外，施工现场应有方便的通讯条件，城市电话网范围内的工地应安设电话，远离城镇的工地应安设无线电话、电传等通讯设备，以便与有关单位及时联系材料供应和灾害报警等。

(5) 自然环境

应熟悉施工现场所在地区的地形变化、河流、交通、拟建项目附近的建筑物情况等资料；熟悉施工现场所在地区的地层构造、土质特征与类别及承载能力等地质资料和地震资料；熟悉施工现场所在地区的含水层的位置和厚度、地下水质量、流向、流速、有无压力以及地下水最高及最低水位等水文地质资料；熟悉施工现场所在地区的气温、季节风风向、风速、雨量、冻结深度、雨季及冬季的期限等气象资料。

(6) 临时建筑

工程施工需要的办公、生活等建筑，宜尽量利用已有的建筑，否则即需及时租用或搭建。

2. 技术准备

技术准备一般包括下列主要内容：

(1) 技术力量

根据工程规模、结构特点和复杂程度，建立既有施工经验、又有领导才能的项目经理部，并配备一支能够承担各项技术和管理工作的专业技术人员。

(2) 测量控制点

将坐标点、水准点引到施工现场，作为放线的主要依据。按建筑总平面图及测量控制网，按设计标高测定自然地坪高程，设置场区永久性测量控制标桩。

(3) 图纸

开工之前，建设项目的工程设计图纸应已出齐，施工单位应组织施工技术人员及时熟悉图纸，并组织设计人员进行了设计交底，使施工人员掌握了设计意图。还要注意检查建筑、结构、设备等图纸本身及相互之间是否有错误与矛盾，图纸与说明书、门窗表、构件表之间有无矛盾和遗漏。一般应进行图纸自审、会审和现场签证三个阶段。

(4) 技术文件编制

施工前应做好以下技术文件的编制工作：

编制施工图预算和施工预算，编制施工组织设计或项目实施规划并得到有关人员批准；拟定出推广新技术的项目及特殊工程施工、复杂设备安装的技术措施；制定技术岗位责任制和技术、质量、安全管理网络。

3. 作业队伍和管理人员准备

作业队伍和管理人员的准备工作主要包括：

(1) 作业队伍

开工前项目经理部应了解当地劳动力的情况及其技术水平。根据作业特点及施工进度计划制定劳动力需求计划，并通过企业劳动管理部门与劳务分包公司签订劳务分包合同，需要时亦可单独与劳务分包公司签订劳务分包合同或单独招募成建制的劳动力队伍。

(2) 管理人员

工程中标并签订施工合同时,企业法人应选定项目经理,项目经理与企业法人签订项目管理目标责任书后应尽快组建项目经理部,根据管理工作的需要,设立职能部门与工作岗位,进一步确定各级管理人员的数量、职责和权限。管理人员要及时到位,以便组织施工工作的实施。

4. 物资准备

(1) 材料

对钢材、木材、水泥等主要材料,应根据工程进度编制材料需要量计划交材料供应部门,及时组织材料的采购供应,以确保施工需要。砖、瓦、灰、砂、石等地方材料,是建筑施工的大宗材料,其质量、价格、供应情况对施工影响极大,施工单位应作为准备工作的重点,落实货源,办理订购,择优购买,必要时可直接组织地方材料的生产,以降低成本,满足施工要求。对工程建设需求量较大的工程构配件,如混凝土构件、木构件、水暖设备和配件、建筑五金、特种材料等都需及早按施工图预算、施工计划组织进场,避免贻误工期或造成浪费。对钢筋及埋件,土建开工前应先安排钢筋下料、制作,安排钢结构的加工,安排铁件加工。尤其是工业建筑,为结构安装和设备安装预埋的铁件很多,加工工作量很大,施工准备应十分重视。对设备的供应,工业建筑中的生产设备往往由建设单位负责,如实行建筑安装总承包,有些也需施工单位及时订货,还应注意非标准设备和短线产品的加工订货,因这些器材如供应不及时,极易延误工期。

(2) 机具

施工用的塔吊、挖土机、卷扬机、混凝土搅拌机等施工机械,以及模板、脚手架、支撑、安全网等施工工具,都由施工现场统一调配,并按施工计划分批进场,做到既满足施工需要,又要节省机械台班等费用。

根据施工现场的需要,有条不紊地组织好建筑材料、施工机械和工具进场,是保证施工顺利进行的重要条件,因此必须做好。对进场的材料、机具和设备进行核对、检查、验收,并建立完备的质检制度和必要的手续。进场的材料、构件必须有出厂合格证,否则要经质量鉴定后方可使用;对进场的材料机具应注意配套,要能形成使用能力,机械设备按总图要求布置和架设,并根据使用情况和施工进度变化作适当调整;同时要做好场外和场内的运输组织工作。材料堆放与仓库设置,既要减少场内搬运,方便使用,又要相对集中,便于管理。

5. 资金准备

工程开工前,建设单位应按施工合同将工程备料预付款拨给施工单位,以便施工单位安排备料准备开工。如该款项未及时到位,项目经理部应及时催办,不得延误。关于资金如有其他约定,则需及时筹集,不得影响工程及时开工。

工程开工前除进行上述施工准备工作外,尚需对施工现场周围的情况进行调查和了解;调查工程所在地的交通运输条件,需要时,要提前修建为施工服务的临时道路、桥涵等;调查了解当地生活供应与服务设施的情况,如日用品供应、医疗卫生、教育设施、消防和治安机构等以及当地各主管部门对工地文明、安全施工等有关的规定。

二、建筑工地的临时设施

施工现场搭设的临时性建筑,是为施工队伍生产和生活服务的,要本着有利施工、方便生活、勤俭节约和安全使用的原则，统筹规划、合理布局，为顺利完成施工任务提供基础条件。

建筑工地的临时设施包括工地临时房屋、临时道路、临时供水和供电设施等。

（一）工地临时房屋

1. 搭设原则

临时房屋的布点既要考虑施工的需要，尽量靠近交通线路、方便运输，又要方便职工的生活，将生产区和生活区分开。要考虑安全，注意防洪水、泥石流、滑坡等自然灾害。认真执行国家严格控制非农业用地的政策，尽量少占、不占农田，充分利用山地、荒地、空地或劣地；尽量利用施工现场或附近已有的建筑物；对必须搭设的临时建筑应因地制宜，利用当地材料和旧料，尽量降低费用。另外，尽量使用装拆方便、可以重复利用的新型建筑构配件材料来搭设临时设施，如活动房屋、彩钢板、铝合金板、集装箱等。近几年的实践证明，这些材料尽管一次性投资较大，但因其重复利用率高，周转次数多，搭拆方便，保温防潮，维修费用低，施工现场文明程度高等特点，其总的使用价值及社会效益高于传统的临时建筑搭设材料；同时还要注意临时设施的搭设必须符合安全防火要求。

2. 分类及参考指标

(1) 生产性临时设施

指直接为生产服务的临时设施，如临时加工厂、现场作业棚、检修间等，参考指标分别见表10-1、表10-2及表10-3。

表10-1　临时加工厂所需面积参考指标

序号	加工厂名称	年产量 单位	年产量 数量	单位产量所需建筑面积	占地总面积（m^2）	备注
1	混凝土搅拌站	m^3	3200	$0.022(m^2/m^3)$	按砂石堆场考虑	400L搅拌机2台
		m^3	4800	$0.021(m^2/m^3)$		400L搅拌机3台
		m^3	6400	$0.020(m^2/m^3)$		400L搅拌机4台
2	综合木工加工厂	m^3	200	$0.30(m^2/m^3)$	100	加工门窗、模板、地板、屋架等
		m^3	500	$0.25(m^2/m^3)$	200	
		m^3	1000	$0.20(m^2/m^3)$	300	
		m^3	2000	$0.15(m^2/m^3)$	420	
3	钢筋加工厂	t	200	$0.35(m^2/t)$	280～560	加工、成型、焊接
		t	500	$0.25(m^2/t)$	380～750	
		t	1000	$0.20(m^2/t)$	400～800	
		t	2000	$0.15(m^2/t)$	450～900	
	现场钢筋调直或冷拉拉直场卷扬机棚			所需场地（长×宽）70～80m×3～4m	$15～20(m^2)$	包括材料及成品堆放3～5t电动卷扬机1台

续表

序号	加工厂名称	年产量		单位产量所需建筑面积	占地总面积 (m^2)	备注
		单位	数量			
3	钢筋对焊 对焊场地 对焊棚			所需场地（长×宽） 30～40m×3～4m 15～24(m^2)		包括材料及成品堆放 寒冷地区应适当增加
	钢筋冷加工 冷拔、冷轧机 剪断机 弯曲机 ϕ12 以下 弯曲机 ϕ40 以下			所需场地(m^2/台) 40～50 30～50 50～30 60～70		
4	金属结构加工（包括一般铁件）			所需场地(m^2/台) 年产 500t 为 10 年产 1000t 为 8 年产 2000t 为 6 年产 3000t 为 5		按一批加工数量计算
5	石灰消化：贮灰池 淋灰池 淋灰槽			5×3=15(m^2) 4×3=12(m^2) 3×2= 6(m^2)		每 2 个贮灰池配 1 套淋灰池和淋灰槽，每 600kg 石灰可消化 1m^3 石灰膏

表 10-2　　现场作业棚所需面积参考指标

序号	名称	单位	面积(m^2)
1	木工作业棚	m^2/人	2
2	钢筋作业棚	m^2/人	3
3	搅拌棚	m^2/台	10～18
4	卷扬机棚	m^2/台	6～12
5	电工房	m^2	15
6	白铁工房	m^2	20
7	油漆工房	m^2	20
8	机、钳工修理房	m^2	20

表 10-3　　现场停放场、检修间所需面积参考指标

序号	施工机械名称	所需场地（m^2/台）	存放方式	检修间所需建筑面积	
				内　容	数量（m^2）
	一、起重、土方机械类				
1	塔式起重机	200～300	露天		
2	履带式起重机	100～125	露天		
3	履带式正铲或反铲，拖式铲运机，轮胎式起重机	75～100	露天	10～20 台设 1 个检修台位（每增加 20 台增设 1 个检修台位）	200（增 150）
4	推土机，拖拉机，压路机	25～35	露天		
5	汽车式起重机	20～30	露天或室内		
	二、运输机械类				
6	汽车（室内） （室外）	20～30 40～60	一般情况下室内不小于 10%	每 20 台设 1 个检修台位（每增加 20 台增设 1 个检修台位）	170（增 160）
7	平板拖车	100～150			
	三、其他机械类				
8	搅拌机，卷扬机，电焊机，电动机，水泵，空压机	4～6	一般情况下 室内占 30% 露天占 70%	每 50 台设 1 个检修台位（每增加 50 台增设 1 个检修台位）	50（增 50）

注：① 露天或室内视气候条件而定，寒冷地区应适当增加室内存放；

② 所需场地包括道路、通道和回转场地。

（2）物资储存临时设施

施工现场的物资储存设施专为在建工程服务，一方面，要做到能保证施工的正常需要，另一方面，又不宜贮存过多，以免加大仓库面积，积压资金。其参考指标见表 10-4。

表 10-4　　仓库面积计算数据参考指标

序号	材　料　名　称	储备天数	每平方米储存量	堆置限制高度（m）	仓　库　类　型
1	钢材	40～50	1.5t	1.0	露天
	工字钢、槽钢	40～50	0.8～0.9t	0.5	露天
	角钢	40～50	1.2～1.8t	1.2	露天
	钢筋（直筋）	40～50	1.8～2.4t	1.2	露天
	钢筋（盘筋）	40～50	0.8～1.2t	1.0	棚或库约占 20%
	钢板	40～50	2.4～2.7t	1.0	露天
2	五金	20～30	1.0	2.2	库
3	木材	40～50	0.8m^3	2.0	露天
4	水泥	30～40	1.4t	1.5	库

续表

序号	材料名称	储备天数	每平方米储存量	堆置限制高度(m)	仓库类型
5	生石灰(块)	20～30	1～1.5t	1.5	棚
	生石灰(袋装)	10～20	1～1.3t	1.5	棚
	石膏	10～20	1.2～1.7t	2.0	棚
6	砂、石子(机械堆置)	10～30	$2.4m^3$	3.0	露天
7	红砖	10～30	0.5千块	1.5	露天
8	玻璃	20～30	6～10箱	0.8	棚或库
9	卷材	20～30	15～24卷	2.0	库
10	沥青	20～30	0.8t	1.2	露天
11	钢筋骨架	3～7	0.12～0.18t	—	露天
12	金属结构	3～7	0.16～0.24t	—	露天
13	铁件	10～20	0.9～1.5t	1.5	露天或棚
14	钢门窗	10～20	0.65t	2	棚
15	模板	3～7	$0.7m^3$	—	露天
16	轻质混凝土制品	3～7	$1.1m^3$	2	露天
17	水、电及卫生设备	20～30	0.35t	1	棚、库各占1/4

(3) 行政生活福利临时设施

这些设施如办公室、宿舍、食堂、医务室、俱乐部等,其参考指标见表10-5。

表10-5　行政生活福利临时设施建筑面积参考指标

临时房屋名称	指标使用方法	参考指标(m^2/人)	备注
一、办公室	按管理人员人数	3～4	1. 本表根据收集到的全国有代表性的企业、地区的资料综合
二、宿舍	按高峰年(季)平均职工人数(扣除不在工地住宿人数)	2.5～3.5	2. 工区以上设置的会议室已包括在办公室指标内
双层床		2.0～2.5	3. 家属宿舍应以施工期长短和离基地情况而定,一般按高峰年职工平均人数的10%～30%考虑
单层床		3.5～4	4. 食堂包括厨房、库房,应考虑在工地就餐人数和几次进餐
三、家属宿舍		16～25m^2/户	
四、食　堂	按高峰年平均职工人数	0.5～0.8	
五、医务室	按高峰年平均职工人数	0.05～0.07	
六、浴室	按高峰年平均职工人数	0.07～0.1	
七、俱乐部	按高峰年平均职工人数	0.1	
八、小卖部	按高峰年平均职工人数	0.03	
九、现场小型设施			
开水房		10～40m^2	
厕所	按高峰年平均职工人数	0.02～0.07	

(二) 工地临时道路

临时道路的参考指标见表10-6,表10-7。

表 10-6　　　　　　　　　　　　　　简易公路技术要求表

指标名称	单位	技术标准
设计车速	km/h	≤20
路基宽度	m	双车道 6～6.5；单车道 4.4～5；困难地段 3.5
路面宽度	m	双车道 5～5.5；单车道 3～3.5
平面曲线最小半径	m	平原、丘陵地区 20；山区 15；回头弯道 12
最大纵坡	%	平原地区 6；丘陵地区 8；山区 9
纵坡最短长度	m	平原地区 100；山区 50
桥面宽度	m	木桥 4～4.5
桥涵载重等级	t	木桥涵 7.8～10.4(汽-6～汽-8)

表 10-7　　　　　　　　　　　　　临时道路路面种类和厚度

路面种类	特点及其使用条件	路基土	路面厚度(cm)	材料配合比
级配砾石路面	雨天照常通车，可通行较多车辆，但材料级配要求严格	砂质土	10～15	体积比： 粘土：砂：石子＝1：0.7：3.5 重量比： 1. 面层：粘土 13%～15%，砂石料 85%～87% 2. 底层：粘土 10%，砂石混合料 90%
		粘质土或黄土	14～18	
碎(砾)石路面	雨天照常通车，碎(砾)石本身含土较多，不加砂	砂质土	10～18	碎(砾)石＞65%，当地土壤含量≤35%
		砂质土或黄土	15～20	
炉渣或矿渣路面	可维持雨天通车，通行车辆较少，当附近有此项材料可利用时	一般土	10～15	炉渣或矿渣 75%，当地土 25%
		较松软时	15～30	
砂土路面	雨天停车，通行车辆较少，附近不产石料而只有砂时	砂质土	15～20	粗砂 50%，细砂、粉砂和粘质土 50%
		粘质土	15～30	

（三）工地临时供水

建筑工地临时供水的设计，一般包括以下几个内容：(1) 决定需水量；(2) 选择水源；(3) 设计配水管网(必要时设计取水、净水和储水构筑物)。

1. 建筑工地临时需水量计算

建筑工地的用水包括生产、生活和消防用水三方面。

(1) 生产用水

生产用水(Q_1)是指现场施工用水、建筑机械、运输机械和动力设备用水，以及附属生产企业用水等。需水量可用每昼夜、每班、每小时或每秒需要的立方米或升计量。

生产用水的需要量可按下式确定：

$$Q_1=\frac{1.1}{3600}\left(\frac{K_1\sum Q_{施}}{8}+\frac{K_2\sum Q_{附}}{8}+K_3\sum Q_{机}+K_4\sum Q_{动}\right)\quad (L/s) \tag{10-1}$$

式中 1.1——未考虑到的生产用水系数；

$Q_{施}$——现场施工的需水量(L/班)，它是根据施工进度计划中最大需水时期的有关工程的工程量，乘以相应工程的施工用水定额获得；

$Q_{附}$——附属生产企业的需水量(L/班)；

$Q_{机}$——建筑机械和运输机械需水量(L/h)；

$Q_{动}$——动力设备需水量(L/h)。

建筑机械与运输机械和动力设备的需水量，是根据建筑工地上所采用的机械和动力设备的数量，乘以每台机械或动力设备的每班或每小时的耗水量求得；K_1，K_2，K_3，K_4 为用水不均匀系数。分别取 1.6，1.25，2.0 和 1.1。

(2) 生活用水

生活用水(Q_2)是指施工现场和生活福利区的生活用水，其需水量应分别计算。

施工现场的生活用水(Q_2')按下式计算：

$$Q_2'=\frac{K}{3600}\times\frac{N'q'}{8}\quad (L/s) \tag{10-2}$$

式中 K——施工现场生活用水不均匀系数，取 2.7；

N'——施工现场最高峰的职工人数；

q'——每个职工每班的耗水量，通常采用为 10(L/(人·班))。

生活区的需水量(Q_2'')按下式计算：

$$Q_2''=\frac{K}{3600}\times\frac{N''q''}{24}\quad (L/s) \tag{10-3}$$

式中 K——生活区用水不均匀系数，取 2.0；

N''——生活区居民人数；

q''——每个居民昼夜的耗水量，通常采用为 40(L/(人·昼夜))。

生活用水总量为

$$Q_2=Q_2'+Q_2'' \tag{10-4}$$

(3) 消防用水

建筑工地消防需水量(Q_3)取决于建筑工地的大小和各种房屋、构筑物的结构性质、层数和防火等级等。

建筑工地面积在 250000m^2 以下者，一般采用 10～15(L/s)计算。当面积在 250000m^2 以上时，按每增加 200000m^2 需水量增加 5L/s 计算。

生活区消防用水量则根据居民人数确定。当人数在 5000 人以下时，消防用水量取 10L/s；当人数在 10000 人以下时，取 10～15(L/s)。

(4) 工地总需水量计算

工地总需水量 Q 的计算：

当 $Q_1+Q_2 \leqslant Q_3$ 时

$$Q=\frac{1}{2}(Q_1+Q_2)+Q_3 \tag{10-5}$$

当 $Q_1+Q_2>Q_3$ 时

$$Q=Q_1+Q_2 \tag{10-6}$$

但 Q 应大于 $\frac{1}{2}(Q_1+Q_2)+Q_3$

当工地面积小于 50000m^2，而且 $Q_1+Q_2<Q_3$ 时，取

$$Q=Q_3 \tag{10-7}$$

最后计算出的总需水量，还应增加 10%，以补偿管网漏水损失。

2. 临时供水水源的选择、管网布置及管径的计算

临时供水的水源，有现成的给水管、地下水（如井水）及地面水（如河水、湖水等）三种。在选择水源时，应该注意：① 水量能满足最大需水量的需要；② 生活用水的水质应符合卫生要求。搅拌混凝土及灰浆用水的水质，对侵蚀性物质的含量应有一定的限制。水的硬度对锅炉不得超过 25 度，对汽车不得大于 15 度。对超过硬度和不符合卫生要求的水，应经软化及其他处理后，才允许使用。

临时供水方式有三种情况：

(1) 利用现有的城市给水或工业给水系统。此时应注意其供水能力能否满足最大用水量，如果不能满足时，可以利用一部分作为生活用水，而生产用水可以利用地面水或地下水，这样可以不修建或少修建临时给水系统。

(2) 在新开辟地区没有现成的给水系统时，在可能条件下，应先修建永久性给水系统。但应注意某些类型的工业企业，部分车间投产后，可能耗水量很大，必须事先作出充分的估计，采取措施，以免影响施工用水。

(3) 当没有现成的给水系统，而永久性给水系统又不能提前完成时，必须设立临时性给水系统。临时给水系统的设计也应注意与永久性给水系统相适应，例如，管网的布置可以利用永久性的。

配水管网布置的原则是在保证不断供水的情况下，管道铺设得越短越好，同时还应考虑到，在工程进展期中各段管网应具有移置的可能性。分期分区施工时，应按施工区域布置。

临时给水管网的布置有下列三种方案：① 环式管网（图 10-1a）；② 枝式管网（图 10-1b）；③ 混合式管网（图 10-1c）。

临时给水管网的布置常采用枝式管网，因为这种布置的总长度最小，但此种管网若在其中某一点发生局部故障时，有断水之威胁。从保证供水不断的要求上看，环式管网最为可靠，但这种方案所铺设的管网总长度较大。混合式可以兼有以下两种方案的优点，总管采用环式，支管采用枝式，这样对主要用水地点保证有可靠的供水条件。这一点对消防要求高的地区（例如木材加工区、易燃材料仓库、生活区等地区）尤为重要。

临时水管的铺设，可用明管或暗管。以暗管最为合适，它既不妨碍施工，又不影响运输工作。

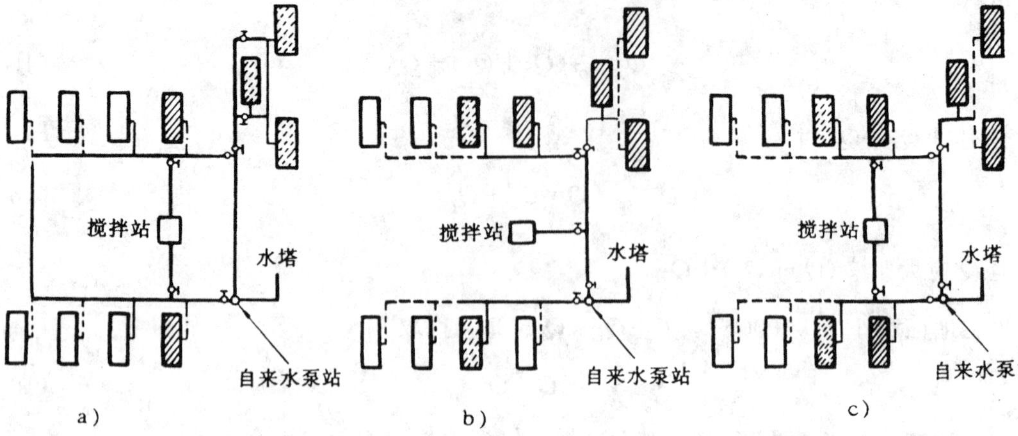

图10-1　各种布置形式的临时配水管网

a) 环式管网; b) 枝式管网; c) 混合式管网

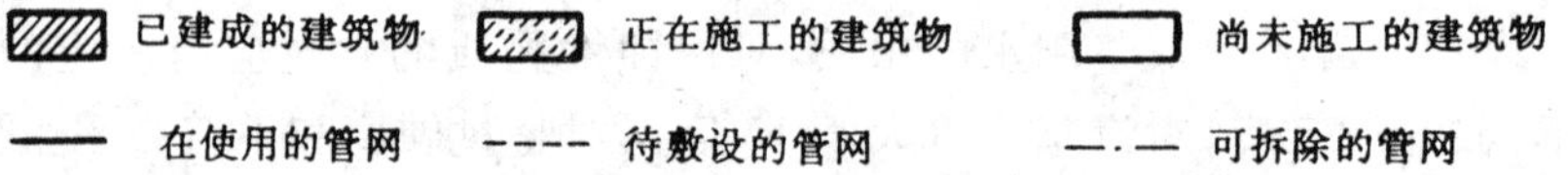

水管管径，根据计算用水量（流量），可按下式确定：

$$D=\sqrt{\frac{4Q\cdot 1000}{\pi V}} \tag{10-8}$$

式中　D——给水管网的内径（mm）；

Q——计算用水量（L/s），环式管网各段管线采用同一计算流量，枝式管网各段管线按各段的最大流量计算；

V——管网中的水流速度（一般采用 1.2～1.5m/s，个别情况可采用 2m/s）。

（四）临时供电

由于施工机械化程度的提高，建筑工地上用电量越来越多。临时供电业务的组成包括以下内容：(1) 计算用电量；(2) 选择电源；(3) 确定变压器；(4) 布置配电线路和确定电线断面。

1. 用电需要量的确定

建筑工地上临时供电包括施工用电和照明用电。

(1) 施工用电

民用建筑的施工用电通常是指土建用电，工业建筑还应包括设备安装工程和部分设备试运转用电（当永久性供电系统还未建成，需利用临时供电系统时）。

施工用电量可按下式计算：

$$P_{施}=K_1\sum P_{机}+\sum P_{直}(\text{kW}) \tag{10-9}$$

式中　$P_{机}$——各种机械设备的用电量（kW），它以整个施工阶段内的最大负荷为准，根据施工进度计算出同时用电的机械设备最高数量，乘以相应机械设备电动机的功率而得，对于工业建筑，一般以土建和设备安装施工搭接阶段内的电力负荷为最大；

$P_{直}$——直接用于施工的用电量(kW，如电热混凝土等)，它等于该工程的工程量乘以相应的用电功率；

K_1——综合用电系数(包括设备效率、工作同时率、设备负荷)、通常电动机在10台以下，取0.75，10～30台，取0.70，30台以上，取0.60。

(2) 照明用电

照明用电是指施工现场和生活福利区的室内外照明用电。

照明用电量可按下式计算：

$$Q_{照}=0.001(K_2\sum P_{内}+K_3\sum P_{外}) \quad (kW) \tag{10-10}$$

式中 $P_{内}$ 与 $P_{外}$——室内与室外照明用电量(kW)，它是根据室内与室外照明面积，乘以相应的用电定额(表10-8)而得；

K_2 与 K_3——综合用电系数分别采用0.8和1.0。

表10-8 **照明用电定额**

序号	使用地点	用电定额(W/m²)	序号	使用地点	用电定额(W/m²)
(一)	室内照明		(二)	室外照明	
1	加工车间	8～10	1	操作现场	5
2	仓库	2～3	2	堆场	2
3	办公室	7	3	道路	3kW/km
4	宿舍	3			
5	操作现场	5			

最大电力负荷量，是按施工用电量与照明用电量之和计算的。当单班制工作时，则不考虑照明用电，此时最大电力负荷量即等于施工用电量。

2. 选择电源及确定变压器

建筑施工的电力来源，可以利用施工现场附近已有的电网。如附近无电网，或供电不足时则需自备发电设备。

临时变压器的设置地点，取决于负荷中心的位置和工地的大小与形状。当分区设置时，应按区计算用电量。

变压器的功率可按下式计算：

$$P=\frac{1.10}{\cos\varphi}(\sum P_{max}) \quad (kVA) \tag{10-11}$$

式中 $\cos\varphi$——用电设备的平均功率因数，一般用0.75；

1.10——线路上的电力损失系数；

P_{max}——各施工区的最大计算负荷(kW)。

根据计算所得容量，可从变压器产品目录中选用相近的变压器。

3. 布置配电线路和确定导线截面

配电线路的布置与给水管网相似，亦可分为枝式、环式及混合式。其优缺点与给水管网相似。工地电力网，一般 3～10kV 的高压线路采用环式；380/220V 的低压线采用枝式。

配电线路的计算及导线断面的选择，应满足下列要求：

(1) 机械强度

不同材料和不同用途的导线，其最小截面积，不仅应满足输送电流的要求，还必须满足机械强度的要求。

(2) 安全电流

导线在正常温度下，应能维持通过规定的最大负荷电流，而导线本身温度不超过规定值，这种最大的负荷电流称为安全电流，可按下式确定：

$$I=\frac{P_{机}}{\sqrt{3}V\eta\cos\varphi}\ (\mathrm{A}) \qquad (10\text{-}12)$$

式中 $P_{机}$——为电动机铭牌上的额定功率(kW)；

V——额定电压(V)；

η——效率(电动机输出功率与输入功率的比值)：

$$\eta=\frac{P_{输出}}{P_{输入}}$$

$\cos\varphi$——功率因数(现场施工电网可取 0.7～0.75)。

在施工现场配电线路较短时，导线截面积可由安全电流决定。小负荷的架空线路只考虑机械强度就够了。一般通过查《电工手册》进行选择。

(五) 临时设施的安全要求

临时设施的搭设除满足上述各项指标及要求外，还要注意确保安全，加强“六防”：

(1) 防火防爆

炸药仓库、油料仓库、木加工车间及木料堆场等易燃易爆的临时设施，必须远离锅炉房、食堂等有火源的临时设施，应尽量不设置在其下风口，并应设置足够的消防设备及防火通道。

(2) 防　雨

水泥棚(库)、木结构仓库、五金仓库等临时设施，防水层不宜过简，避免造成材料、构件、配件的浸泡损坏。同时这类设施还应注意防潮，尤其在低洼地区和地下水位较高地区，散装水泥库的底层、仓库地面等应加设隔潮层。

(3) 防　风

搭设在山坡、高地、堤坝上的轻质临建、帐篷等应做好与地面的锚固，防止被大风卷走。

(4) 防　震

地震区搭设的临建应考虑抗震措施，尤其是工期较长，使用人员集中的临时建筑更不能忽视，如泥土砌筑的砖砌体不得过高，不宜用混凝土大型预制板作临时屋盖等。

(5) 防　冻

寒冷地区搭设的构件预制厂、搅拌站等临时设施应考虑防寒措施，防止预制构件受冻损坏。防止水管及容器冻裂影响施工。

(6) 防触电

临时建筑中的动力用电、照明用电线路，都必须做好与建筑物的绝缘，室内不得采用裸线。加工厂中电焊机等拖在地上的橡皮软线应防止被轧破漏电，尤其是拖过钢筋堆作业时，更应注意防止漏电造成大面积带电而发生触电事故。落雷区搭设的临时建筑还应安装避雷设施以防止雷击。

三、冬期、雨季施工的准备

建筑施工为露天作业，季节对施工的影响很大。我国黄河以北每年冰冻期大约有 4～5 个月，长江以南每年雨天大约在 3 个月以上，给施工增加了很多困难。因此，作好周密的施工计划和充分的施工准备，是克服季节影响、保持均衡施工的有效措施。

1. 作好进度安排

(1) 施工进度安排应考虑综合效益，除工期有特殊要求必须在冬期、雨季施工的项目外，应尽量权衡进度与效益、质量的关系，将不宜在冬期、雨季施工的分部分项工程避开这个季节。如土方工程、室外粉刷、防水工程、道路工程等不宜冬期施工；土方工程、基础工程、地下工程等不宜雨季施工。

(2) 冬期施工费用增加不大的分部分项工程，如一般的砌砖工程，可用蓄热法养护的混凝土工程、吊装工程、打桩工程等，这些工程在冬季施工时，对技术的要求并不复杂，但他们在整个工程中占的比重较大，对进度起着决定性作用，可以列在冬期施工范围内。

(3) 冬期施工成本增加稍大的分部分项工程，如室内装修等，在技术上采取一定的措施，安排在冬季施工也是可行的。

2. 冬期施工准备要点

(1) 做好临时给水、排水管的防冻准备

给水管线应埋于冰冻线以下，外露的水管应做好保温，防止受冻。排水管道应有足够的坡度，管道中不能积水，防止沉淀物堵塞管道造成溢水，场地结冰。

(2) 材料准备

考虑到冬季运输比较困难，冬期施工前需适当加大材料储备量。准备好冬季施工需用的一些特殊材料，如促凝剂、防寒用品等。

(3) 消防工作准备

冬期施工中，由于保温、取暖等火源增多，需加强消防安全工作，特别要注意消防水源的防冻。

(4) 提前作好冬期施工培训的有关规定，建立冬期施工制度，作好冬期施工的组织准备、思想准备和防火、防冻教育等。

3. 雨季施工准备要点

(1) 雨季到来之前，创造出适宜雨季施工的室外或室内的工作面。如做完地下工程，做完屋面防水等。

(2) 做好排水设施，准备好排水机具。作好低洼工作面的挡水堤，防止雨水灌入。

(3) 临时道路做好横断面上向两侧的排水坡铺炉渣等防止路面泥泞，保障雨季进料运输。为防止雨季供料不及时，现场应适当增加材料储备，以保证雨季正常施工。

(4) 采取有效技术措施保证雨季施工质量。如防止砂、石含水量过多、防止水泥受潮等。

(5) 做好安全防护，防止雨季坍方、防止漏电触电，做好脚手架防滑加固等。

第十一章　流水施工原理

第一节　基本概念

一个工程的施工过程组织是指对工程系统内所有生产要素进行合理的安排，以最佳的方式将各种生产要素结合起来，使其形成一个协调的系统，从而达到作业时间省、物资资源耗费低、产品和服务质量优的目标。

合理组织施工过程，应考虑以下基本要求：

(1) 施工过程的连续性

在施工过程中各阶段、各施工区的人流、物流始终处于不停的运动状态之中，避免不必要的停顿和等待现象，且使流程尽可能短。

(2) 施工过程的协调性

要求在施工过程中基本施工过程和辅助施工过程之间、各道工序之间以及各种机械设备之间在生产能力上要保持适当数量和质量要求的协调(比例)关系。

(3) 施工过程的均衡性

在工程施工的各个阶段，力求保持相同的工作节奏，避免忙闲不均、前松后紧、突击加班等不正常现象。

(4) 施工过程的平行性

这是指各项施工活动在时间上实行平行交叉作业，尽可能加快速度，缩短工期。

(5) 施工过程的适应性

在工程施工过程中对由于各项内部和外部因素影响引起的变动情况具有较强的应变能力。这种适应性要求建立信息迅速反馈机制，注意施工全过程的控制和监督，及时进行调整。

工业生产的实践证明，流水施工作业法是组织生产的有效方法。流水作业法的原理同样也适用于建筑工程的施工。

一、流水施工概念

建筑工程的流水施工与一般工业生产流水线作业十分相似。不同的是，在工业生产中的流水作业中，专业生产者是固定的，而各产品或中间产品在流水线上流动，由前个工序流向后一个工序；而在建筑施工中的产品或中间产品是固定不动的，而专业施工队则是流动的，它们由前一施工段流向后一施工段。

为了说明建筑工程中采用流水施工的特点，可比较建造 m 幢相同的房屋时，施工采用的依次施工、平行施工和流水施工三种不同的施工组织方法。

采用依次施工时，是当第一幢房屋竣工后才开始第二幢房屋的施工，即按着次序一幢接一幢地进行施工。这种方法同时投入的劳动力和物资资源较少，但各专业工作队在该工程中的工作是有间隙的，工期也拖得较长。图 11-1a)中有 m 幢房屋，每幢房屋施工工期为 t，

则总工期为 $T=mt$。

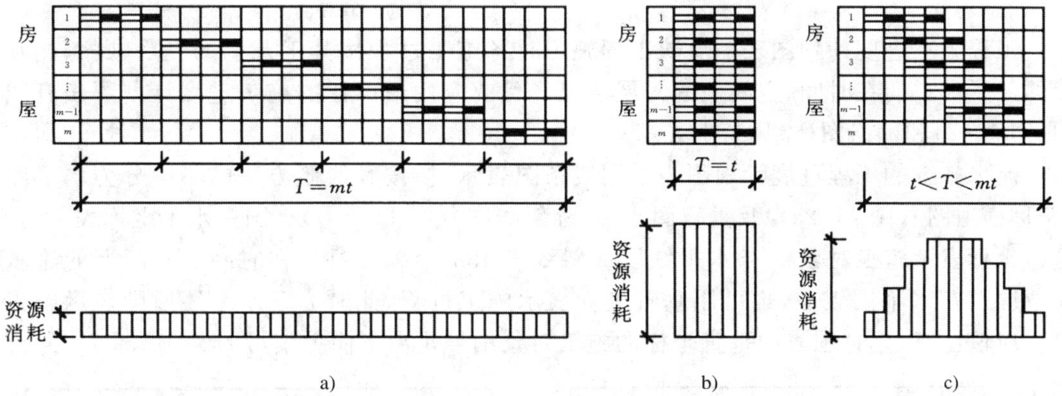

图 11-1　不同施工方法的比较

a）依次施工；b）平行施工；c）流水施工

采用平行施工时。m 幢房屋同时开工、同时竣工。这样施工显然可以大大缩短工期，由图 11-1b)可见总工期 $T=t$。但是，组织平行施工，各专业工作队同时投入工程的施工队数却大大增加，相应的劳动力以及物资资源的消耗量集中，现场临时设施增加，这都会给施工带来不良的经济效果。

在各施工过程连续施工的条件下，把各幢房屋作为劳动量大致相同的施工段，组织施工专业队伍在建造过程中最大限度地相互搭接起来，陆续开工，陆续完工，就是流水施工。流水施工是以接近恒定的生产率进行生产的，保证了各工作队(组)的工作和物资资源的消耗具有连续性和均衡性。从图 11-1c)中可以看出，流水施工方法能克服依次和平行施工方法的缺点，同时保留了它们的优点，其总工期 $T<mt$。

流水施工最主要特点是施工过程(工序或工种)作业的连续性和均衡性。施工过程连续性又分为时间上的连续性和空间上的连续性。时间上的连续性是指专业施工队在施工过程的各个环节的运动，自始至终处于连续状态，不产生明显的停顿与等待现象；空间上的连续性要求施工过程各个环节在空间上布置合理紧凑，充分利用工作面，消除不必要的空闲时间。组织均衡施工是建立正常施工秩序和管理秩序、保证工程质量、降低消耗的前提条件，有利于最充分地利用现有资源及其各个环节的生产能力。

流水施工是一种合理的、科学的施工组织方法，它可以在建筑工程施工中带来良好的经济效益。

(1) 流水施工按专业工种建立劳动组织，实行生产专业化，有利于提高生产率和保证工程质量。

(2) 科学地安排施工进度，从而减少停工窝工损失，合理地利用了施工的时间和空间，有效地缩短施工工期。

(3) 施工的连续性、均衡性，使劳动力消耗、资源供应等都处于相对平稳状态，便于工程管理，降低施工成本。

二、流水施工参数

工程施工进度计划图表是反映工程施工时各施工过程按其工艺上的先后顺序、相互配合的关系和它们在时间、空间上的开展情况。目前应用最广泛的施工进度计划图表有线条图(图 11-2)和网络图(参见第十二章)。

流水施工的工程进度计划图表采用线条图表示时,按其绘制方法的不同分为水平图表(又称横道图)(图 11-2a))及垂直图表(又称斜线图)(图 11-2b))。图中水平坐标表示时间;垂直坐标表示施工对象;n 条水平线段或斜线表示 n 个施工过程在时间和空间上的流水开展情况。在水平图表中,也可用垂直坐标表示施工过程,此时 n 条水平线段则表示施工对象。应该注意,垂直图表中垂直坐标的施工对象编号是由下而上编写的。

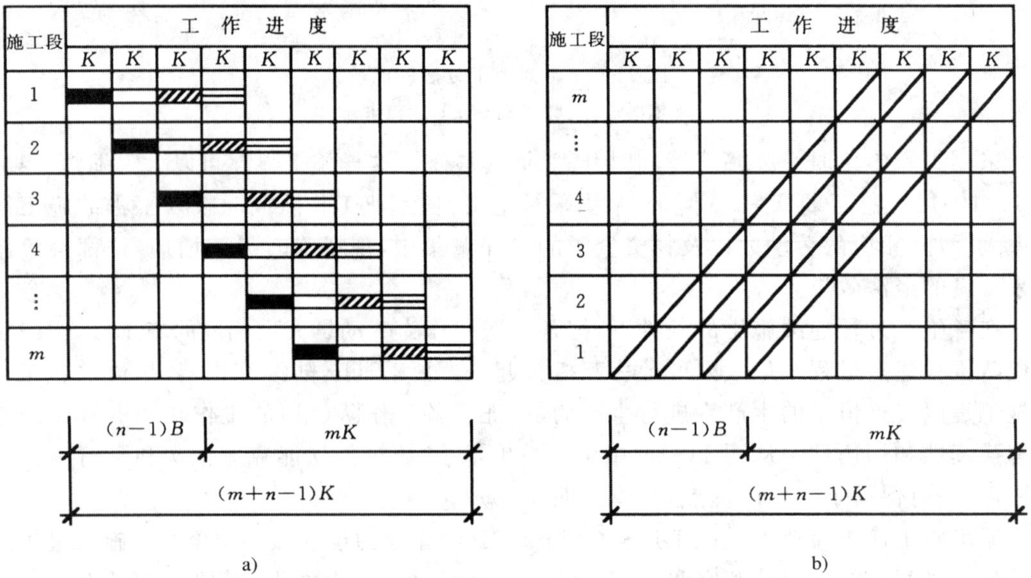

图 11-2　流水施工图表

a) 水平图表;b) 垂直图表

水平图表具有绘制简单,流水施工形象直观的优点。垂直图表能直观地反映出在一个施工段中各施工过程的先后顺序和相互配合关系,而且可由其斜线的斜率形象地反映出各施工过程的流水强度。在垂直图表中还可方便地进行各施工过程工作进度的允许偏差计算。

为了说明组织流水施工时,各施工过程在时间上和空间上的开展情况及相互依存关系,必须引入一些描述流水施工进度计划图表特征和各种数量关系的参数,这些参数成为流水参数,它包括工艺参数、时间参数和空间参数。

(一) 工艺参数

1. 施工过程数 n

一个工程的施工,通常由许多施工过程(如挖土、支模、扎筋、浇筑混凝土等)组成。施工过程的划分应按照工程对象、施工方法及计划性质等来确定。

当编制控制性施工进度计划时，组织流水施工的施工过程划分可粗一些，一般只列出分部工程名称，如基础工程、主体结构吊装工程、装修工程、屋面工程等。当编制实施性施工进度计划时，施工过程可以划分得细一些，将分部工程再分解为若干分项工程。如将基础工程分解为挖土、浇注混凝土基础、砌筑基础墙、回填土等。但是其中某些分项工程仍由多工种来实现，特别是对其中起主导作用和主要的分项工程，往往考虑到按专业工种的不同，组织专业工作队进行施工，为便于掌握施工进度，指导施工，可将这些分项工程再进一步分解成若干个由专业工种施工的工序作为施工过程的项目内容。因此，施工过程的性质，有的是简单的，有的是复杂的。如一幢建筑的施工过程数 n，一般可分为 20～30 个，工业建筑往往划分得更多一些。而一个道路工程的施工过程数 n，则分为 4～5 个。

施工过程分三类：即制备类、运输类和建造类。制备类就是为制造建筑制品和半制品而进行的施工过程，如制作砂浆、混凝土、钢筋成型等。运输类就是把材料、制品运送到工地仓库或在工地进行转运的施工过程。建造类是施工中起主导地位的施工过程，它包括安装、砌筑等施工。在组织流水施工计划时，建造类必须列入流水施工组织中，制备类和运输类施工过程，一般在流水施工计划中不必列入，只有直接与建造类有关的（如需占用工期，或占用工作面而影响工期等）运输过程或制备过程，才列入流水施工的组织中。

2. 流水强度 V

每一施工过程在单位时间内所完成的工程量（如浇捣混凝土施工过程，每工作班能浇筑多少立方米混凝土）叫流水强度，又称流水能力或生产能力。

（1）机械施工过程的流水强度按下式计算：

$$V=\sum_{i=1}^{x}R_iS_i \tag{11-1}$$

式中 R_i——某种施工机械台数；

S_i——该种施工机械台班生产率；

x——用于同一施工过程的主导施工机械种数。

（2）手工操作过程的流水强度按下式计算：

$$V=RS \tag{11-2}$$

式中 R——每一施工过程投入的工人人数（R 应小于工作面上允许容纳的最多人数）；

S——每一工人每班产量。

（二）时间参数

1. 流水节拍 K

流水节拍是一个施工过程在一个施工段上的持续时间。它的大小关系着投入的劳动力、机械和材料量的多少，决定着施工的速度和施工的节奏性。因此，流水节拍的确定具有很重要的意义。通常有两种确定方法，一种是根据工期的要求来确定，另一种是根据现有能够投入的资源（劳动力、机械台数和材料量）来确定。

流水节拍的算式如下：

$$K=\frac{Q_m}{SR}=\frac{P_m}{R} \tag{11-3}$$

式中 Q_m——某施工段的工程量；

S——每一工日(或台班)的计划产量；

R——施工人数(或机械台数)；

P_m——某施工段所需要的劳动量(或机械台班量)。

如果根据工期要求确定流水节拍，则可用式(11-3)反算出所需要的人数(或机械台班数)。在这种情况下，必须检查劳动力、材料和机械供应的可能性，工作面是否足够等。

2. 流水步距 *B*

两个相邻的施工过程先后进入流水施工的时间间隔，叫流水步距。如木工工作队第一天进入第一施工段工作，工作 2d 做完(流水节拍 $K=2$d)，第 3 天开始钢筋工作队进入第一施工段工作。木工工作队与钢筋工作队先后进入第一施工段的时间间隔为 2d，那么，流水步距 $B=2$d。

流水步距的数目取决于参加流水的施工过程数，如施工过程数为 n 个，则流水步距的总数为 $n-1$ 个。

确定流水步距的基本要求如下：

① 始终保持合理的先后两个施工过程工艺顺序；

② 尽可能保持各施工过程的连续作业，不发生停工、窝工现象；

③ 做到前后两个施工过程施工时间的最大搭接(即前一施工过程完成后，后一施工过程尽可能早地进入施工)；

④ 应满足工艺、技术间歇与组织间歇等间歇时间。

3. 间歇时间 *Z*

流水施工往往由于工艺要求或组织因素要求，两个相邻的施工过程增加一定的流水间隙时间，这种间隙时间是必要的，它们分别称为工艺间隙时间和组织间隙时间。

(1) 工艺、技术间隙时间 Z_1

根据施工过程的工艺性质，在流水施工中除了考虑两个相邻施工过程之间的流水步距外，还需考虑增加一定的工艺或技术间隙时间。如楼板混凝土浇筑后，需要一定的养护时间才能进行后道工序的施工；又如屋面找平层完成后，需等待一定时间，使其彻底干燥，才能进行屋面防水层施工等。这些由于工艺、技术等原因引起的等待时间，称为工艺、技术间隙时间。

(2) 组织间隙时间 Z_2

由于组织因素要求两个相邻的施工过程在规定的流水步距以外增加必要的间隙时间，如质量验收、安全检查等。这种间歇时间称为组织间歇时间。

上述两种间歇时间在组织流水施工时，可根据间歇时间的发生阶段或一并考虑、或分别考虑，以灵活应用工艺间歇和组织间歇的时间参数特点，简化流水施工组织。

(二) 空间参数

1. 工作面 *A*

工作面是表明施工对象上可能安置一定工人操作或布置施工机械的空间大小，所以工作面是用来反映施工过程(工人操作、机械布置)在空间上布置的可能性。

工作面的大小可以采用不同的单位来计量,如对于道路工程,可以采用沿着道路的长度以 m 为单位;对于浇筑混凝土楼板则可以采用楼板的面积以“m^2”为单位等。

在工作面上,前一施工过程的结束就为后一个(或几个)施工过程提供了工作面。在确定一个施工过程必要的工作面时,不仅要考虑施工过程必须的工作面,还要考虑生产效率,同时应遵守安全技术和施工技术规范的规定。

2. 施工段数 *m*

在组织流水施工时,通常把施工对象划分为劳动量相等或大致相等的若干个段,这些段称为施工段。每一个施工段在某一段时间内只供给一个施工过程使用。

施工段可以是固定的,也可以是不固定的。在固定施工段的情况下,所有施工过程都采用同样的施工段,施工段的分界对所有施工过程来说都是固定不变的。在不固定施工段的情况下,对不同的施工过程分别地规定出一种施工段划分方法,施工段的分界对于不同的施工过程是不同的。固定的施工段便于组织流水施工,采用较广,而不固定的施工段则较少采用。

在划分施工段时,应考虑以下几点:

① 施工段的分界同施工对象的结构界限(温度缝、沉降缝和建筑单元等)尽可能一致;

② 各施工段上所消耗的劳动量尽可能相近;

③ 划分的段数不宜过多,以免使工期延长;

④ 对各施工过程均应有足够的工作面;

⑤ 当施工有层间关系,分段又分层时,为使各队能够连续施工,即各施工过程的工作队做完第一段,能立即转入第二段;做完一层的最后一段,能立即转入上面一层的第一段。因而每层最少施工段数目 m_0 应满足

$$m_0 \geqslant n \tag{11-4}$$

当 $m_0=n$ 时,工作队连续施工,而且施工段上始终有工作队在工作,即施工段上无停歇,是比较理想的组织方式;

当 $m_0>n$ 时,工作队仍是连续施工,但施工段有空闲停歇;

当 $m_0<n$ 时,工作队在一个工程中不能连续施工而窝工。

施工段有空闲停歇,一般会影响工期,但在空闲的工作面上如能安排一些准备或辅助工作(如运输类施工过程),则会使后继工作顺利,也不一定有害。而工作队工作不连续则是不可取的,除非能将窝工的工作队转移到其他工地进行工地间大流水。

流水施工中施工段的划分一般有两种形式:一种是在一个单位工程中自身分段;另一种是在建设项目中各单位工程之间进行流水段划分。后一种流水施工最好是各单位工程为同类型的工程,如同类建筑组成的住宅群,以一幢建筑作为一个施工段来组织流水施工。

第二节　节奏流水施工

根据流水节拍的特征,流水过程可以分为节奏流水施工和非节奏流水施工。

节奏流水施工各施工过程在各施工段上持续时间相等,用垂直图表表示时,施工进度线

是一条斜率不变的直线(如图 11-3a));与此相反,非节奏流水施工其施工过程在各施工段上的持续时间不等,它的施工进度线,在垂直图表中是一条由斜率不同的几个线段所组成的折线(图 11-3b))。

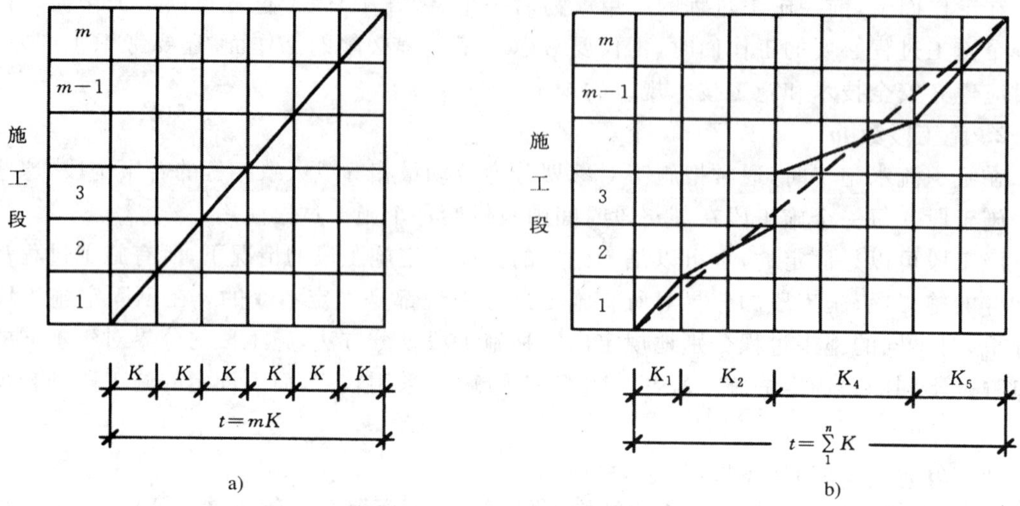

图 11-3　施工过程流水图表

a) 节奏流水;b) 非节奏流水

任一施工过程节奏流水的总持续时间为

$$t=mK \tag{11-5}$$

式中　t——持续时间;

K——流水节拍;

m——施工段数。

在节奏流水施工中,根据各施工过程之间流水节拍是否相等或是否成倍数,又可以分为固定节拍流水和成倍节拍流水。

一、固定节拍流水

图 11-2、图 11-4 都是固定节拍流水的进度图表。从图中可以看出,各施工过程之间的流水节拍是相同的。为了缩短工期,两个相邻的施工过程应当做到施工时间上的最大搭接。但是这种最大搭接还要受到必要的工艺和组织间隙的限制。其施工持续时间分别按以下方法计算:

1. 无间隙时间的专业流水

如图 11-2 所示,由于固定节拍专业流水中各流水步距 B 等于流水节拍 K,故其持续时间为

$$T=(n-1)B+mK=(m+n-1)K \tag{11-6}$$

式中　T——持续时间;

n——施工过程数;

m——施工段数；

B——流水步距；

K——流水节拍。

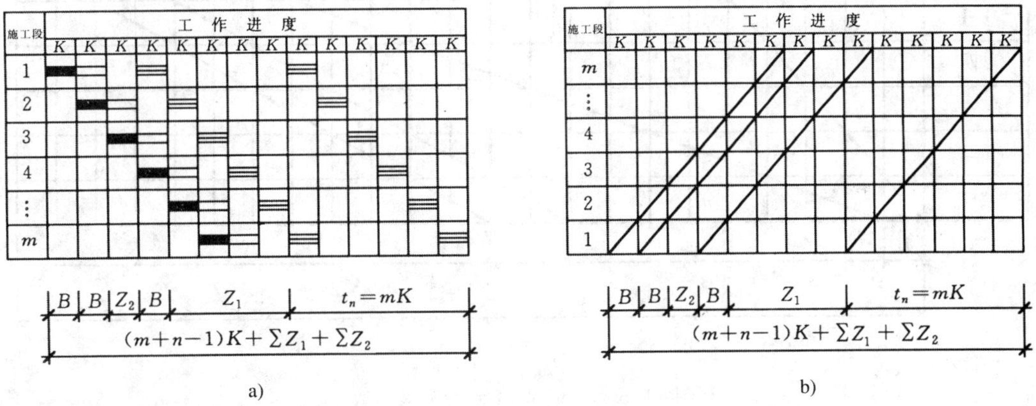

图 11-4 固定节拍流水图表(有工艺间隙)

a) 水平图表；b) 垂直图表

2. 有间隙时间的专业流水

在这种专业流水中(图 11-4)，在某些施工过程之间，往往还存在着施工技术规范规定的或其他要求所必须的工艺、技术间隙及组织间隙，所以其持续时间为

$$T=(m+n-1)K+\sum Z_1+\sum Z_2 \tag{11-7}$$

式中 $\sum Z_1$——工艺、技术间隙时间总和；

$\sum Z_2$——组织间隙时间总和。

二、成倍节拍流水

在组织流水施工时，通常会遇到不同施工过程之间，由于劳动量的不等以及技术或组织上的原因，它们之间的流水节拍互成倍数，以此组织流水施工，即为成倍节拍专业流水。例如，某工地建造六幢住宅，每幢房屋的主要施工过程划分为：基础工程一个月；主体结构三个月；粉刷装修两个月；室外与清洁工程两个月。其施工进度如图 11-5 所示。这是一个成倍节拍的专业流水施工。这种流水施工方式，根据工期的不同要求，可以按一般成倍节拍流水或加快成倍节拍流水组织流水施工。

图 11-5 所示的即为一般成倍拍流水，按此方法组织流水施工，在实际工程中显然不尽合理。从图中可见基础工程在第二至第六施工段上完成后，主体结构未能及时插上搭接，是工作面空闲。事实上，第二施工段主体结构可在第 3 个月开始施工，又如第一施工段的粉刷装修可在第 5 个月插入，而为了使工作队工作保持连续性，让该工作面处于等待状态(从第 5 个月至第 9 个月)，这样安排流水使工作队连续是比较勉强的，而且这样安排的结果使工期大大延长。

因此，成倍节拍专业流水在工程中多用加快成倍节拍流水来组织施工。

我们研究图 11-5 的施工组织方案可知，如果要合理安排施工组织缩短工程的工期，可

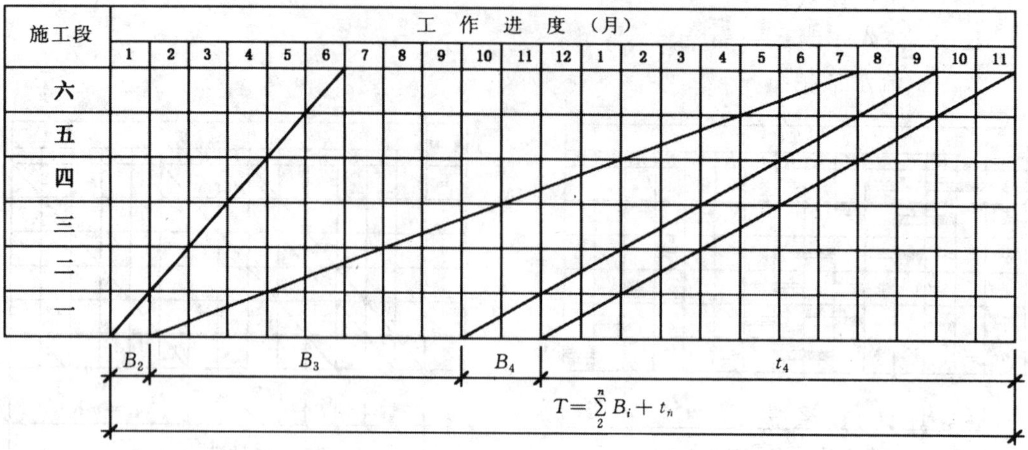

图 11-5　成倍节拍专业流水图表

以通过增加主体结构、粉刷装修和室外工程施工工作队的方法来达到。比如说，主体结构由原来的一个队增加到三个队，装修室外工程施工的工作队也分别由原来的一个队增加到两个队。如在同一幢房屋上施工，会受到工作面的限制而降低生产效率。因此，在组织施工时，可安排主体结构工作队甲完成第一、四幢的结构施工；主体结构工作队乙完成第二、五幢的结构施工；主体结构工作队丙完成第三、六幢的结构施工。其他工作队也按此法作相应安排，由此可得图 11-6 所示的进度计划图表，它的工期为 13 个月。

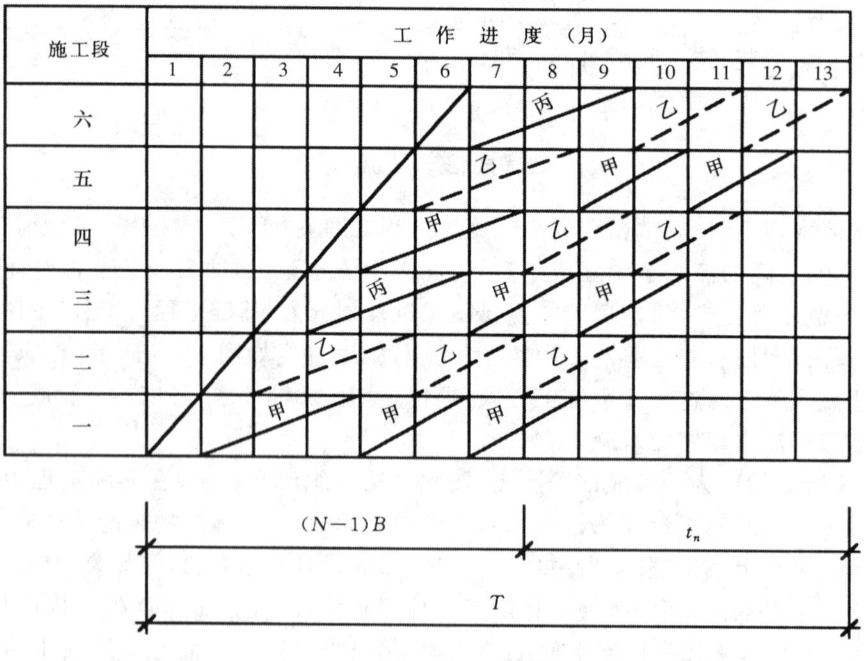

图 11-6　加快成倍节拍专业流水图表

图 11-6 实质上可以看成是由 N 个工作队组成的，类似于流水节拍为 K_0 的固定节拍专

业流水，各工作队之间的流水步距 B 等于 K_0。

K_0 为各流水节拍的最大公约数。$t_n = mK_0$。

因此，加快成倍节拍专业流水的工期可按下式计算：

$$T = (N-1)B + mK_0 + \sum Z_1 + \sum Z_2$$
$$= (m+N-1)K_0 + \sum Z_1 + \sum Z_2 \qquad (11\text{-}8)$$

式中，N 为工作队总数。

工作队的总数，由各施工过程的工作队数之和求得。各施工过程的工作队数 N_i 按下述方法计算：

先确定各施工过程流水节拍的最大公约数 K_0，于是得出

$$N_i = \frac{k_i}{k_0} \qquad (11\text{-}9)$$

式中，k_i 为 i 施工过程的流水节拍。

工作队总数 N 为

$$N = \sum_{i=1}^{n} N_i \qquad (11\text{-}10)$$

应注意，如计算得到的 $N_i > m$，则实际投入流水施工的施工队数取 $N_i = m$，但计算工期时，仍用式(11-10)的计算结果。

第三节　非节奏流水

若干非节奏流水施工过程所组成的专业流水，称为非节奏专业流水，它的特点是各施工过程的流水节拍随施工段的不同而改变，不同施工过程之间流水节拍也有差异。

如表 11-1 所示，该工程有三个施工过程，划分六个施工段，各施工过程在各施工段上的流水节拍均不同，要求对此非节奏流水施工过程组成专业流水。并计算非节奏专业流水的工期。

表 11-1　　**各施工过程在各施工段的流水节拍 (d)**

施工过程编号	施工段编号					
	一	二	三	四	五	六
1	3	3	2	2	2	2
2	4	2	3	2	2	3
3	2	2	2	3	3	2

组织非节奏专业流水施工的基本要求，是必须保证每一个施工段上的工艺顺序是合理的，且每一个施工过程的施工是连续的，即工作队一旦投入施工是不间断的，同时各个施工过程施工时间的最大搭接，也能满足流水施工的要求。但必须指出，这一施工组织在各施工段上允许出现暂时的空闲，即暂时没有工作队投入施工的现象。

非节奏专业流水的工期 T，在没有工艺间歇的情况下，仍然是由流水步距总和 $\sum B_i$ 和

最后一个施工过程的持续时间 t_n 之和组成：

$$T=\sum B_i+t_n \quad (11\text{-}11)$$

非节奏专业流水施工的步距，最简便的计算方法可按以下步骤进行，称为“累加斜减计算表”，以表 11-1 为例：

第一步　将各施工过程在每个施工段上的持续时间填入表格(表 11-2 第 1 行至第 3 行)。为便于计算，增加一列零施工段。

表11-2　　非节奏专业流水步距计算表

步骤		行序	施工过程	施工段编号 零	一	二	三	四	五	六	第四步 最大时间间隔
第一步	施工过程在各施工段上的持续时间(d)	1	一	0	3	3	2	2	2	2	
		2	二	0	4	2	3	2	2	3	
		3	三	0	2	2	3	3	3	2	
第二步	施工过程由加入流水起到完成该段工作为止的总的持续时间(d)	4	一	0	3	6	8	10	12	14	
		5	二	0	4	6	9	11	13	16	
		6	三	0	2	4	7	10	13	15	
第三步	两相邻施工过程的流水步距(d)	7	一和二		3	2	2	1	1	1	3
		8	二和三		4	4	5	4	3	3	5

第二步　计算各个施工过程由加入流水起到完成某段工作止的施工时间总和(即累加)，填入表格，例如第一施工过程(第 1 行)各流水节拍累加后得第 4 行的结果。

第三步　从前一个施工过程由加入流水起，到完成该段工作止的持续时间和，减去后一个施工过程由加入流水起，到完成前一施工段工作止的持续时间和(即相邻斜减)，得到一组差数，例如：由第一施工过程到各施工段的累加持续时间(第 4 行)减去第二施工过程到相应前一施工段的累加持续时间(第 5 行)得到第 7 行的一组差数。

第四步　找出上一步斜减差数中的最大值，这个值就是这两个相邻施工过程之间的流水步距 B。

第四步中选出最大值作为两相邻施工过程之间的流水步距，是为了确保各施工过程的施工连续性。

于是，得到 $B_2=3$，$B_3=5$，$t_n=2+2+3+3+3+2=15$

则
$$T=\sum b_i+T_n=3+5+15=23(\text{d})。$$

图 11-7 为以上计算结果绘制的非节奏专业流水施工进度计划的水平图表，图 11-8 为垂直图表。

如某施工过程具有工艺间隙或组织间隙，则应在式(11-11)中增加 $\sum Z_1$ 或 $\sum Z_2$。

利用非节奏流水施工进度计划的垂直图表，可以求得各施工过程的允许偏差，即各施工过程允许延迟完成时间或允许提前开始时间，某施工过程在这允许偏差范围内的延迟完成，不会影响总工期，某施工过程在这允许偏差范围内的提前开始，也不会造成工序搭接上的混乱。

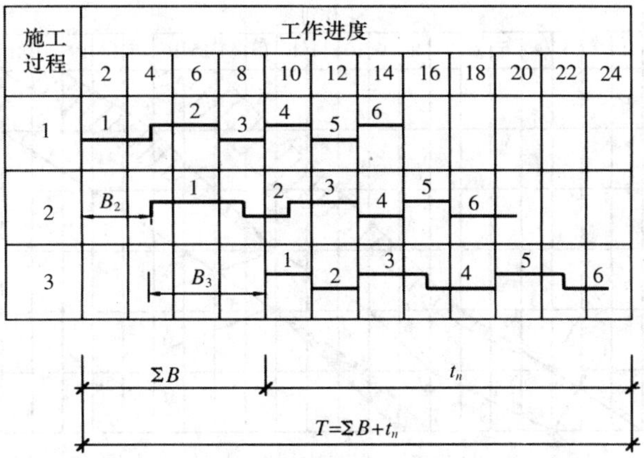

图 11-7　非节奏专业流水进度计划(水平图表)

允许偏差的确定,首先应找出各施工过程的临界位置。临界位置分为上临界位置与下临界位置,一个施工过程的上临界位置处于该施工过程在某施工段的结束时间等于下一个施工过程在该施工段的开始时间的位置。如上例,第一施工过程的上临界位置处于第一施工段的结束时间(第 3 天末)的位置上,第二施工过程的上临界位置处于第三施工段结束时间(第 12 天末 3 时)。一个施工过程的下临界位置处于该施工过程在某一施工段的开始时间等于前一个施工过程在该施工段的结束时间的位置。如第二施工过程的下临界位置处于第一施工段的开始时间(第天开始时)的位置上,又如第三施工过程的下临界位置处于第三施工段开始时间(第 13 天开始时)。在上临界位置以上该施工过程具有可能延迟完成的允许偏差;在下临界位置以下,该施工过程具有可能提前开始的允许偏差。

上临界位置确定以后,计算该施工过程在临界位置以上各施工段上的结束时间与后继施工过程在相应施工段上的开始时间之差,即为该施工过程在相应施工段上具有的可延迟完成的允许偏差。在图上一般可从该施工过程在某施工段的结束时间为起点,以后继施工过程在该施工段上的开始时间为终点,绘一水平线段,该短线的长度即表示施工过程在相应施工段上的允许偏差,将所有这些线段的终点连接起来,就是该施工过程可以延迟完成的允许偏差范围,如图 11-8 中划斜线的阴影部分。

类似这种情况,由下临界位置向下,计算后继施工过程在各施工段上的开始时间与紧前施工过程在该施工段上的结束时间之差,即为后继施工过程可以提前开始的允许偏差,由后继工作在各施工段的允许偏差,便可得到其可以提前开始的允许偏差范围(图 11-8 中带小点的阴影部分)。

如某一施工过程出现两个或两个以上的上临界位置,则在最后一个上临界位置才可能有延迟完成的允许偏差。在该临界位置以下,不可能具有延迟完成的允许偏差。因为在任何临界位置以下如出现该施工过程延迟完成的允许偏差,则必然造成其后的某施工段上流水强度变大,而一个进度计划中的流水强度应是确定的,计划的调整一般不可使流水强度变大。如果流水强度可以任意变大,那计划也没有意义了,因为一旦超过了计划规定时间,只要将该施工过程在后面的施工段上的流水强度加大或将后继施工过程的流水强度加大就可能弥补,这样便无计划可言了。类似地,如果某施工过程出现两个或两个以上的下临界位

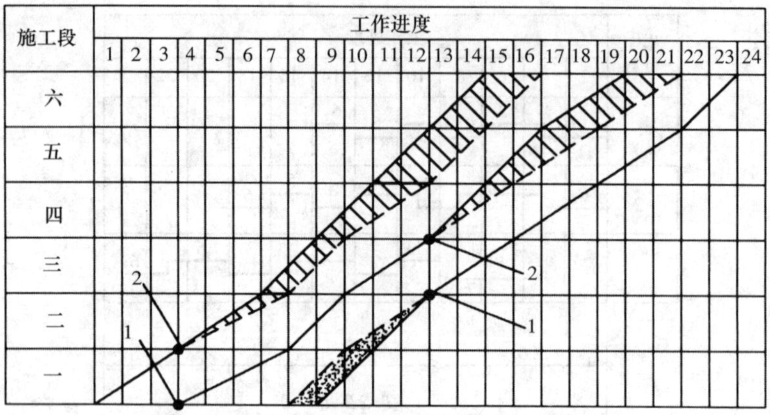

图 11-8　非节奏专业流水进度计划（垂直图表）

1—下临界位置；2—上临界位置

置，则在最前一个下临界位置以下才可能有延迟完成的开始允许偏差。

各施工过程的允许偏差是非节奏流水中特有的，在节奏流水施工中，各施工过程的允许偏差均为零。

第十二章　网络计划技术

网络计划技术是一种有效的系统分析和优化技术。它来源于工程技术和管理实践，又广泛地应用于军事、航天、工程管理、科学研究、技术发展、市场分析和投资决策等各个领域，并在缩短时间、降低成本、提高效率、节约资源等方面取得了显著的成效。

在建筑工程施工中，应用网络计划技术编制施工进度计划具有以下特点：

(1) 能正确表达一项计划中各项工作开展的先后顺序及相互之间的关系；

(2) 通过网络图的计算，能确定各项工作的开始时间和结束时间，并能找出关键工作和关键线路；

(3) 通过网络计划的优化寻求最优方案；

(4) 在计划的实施过程中进行有效的控制和调整，保证以最小的资源消耗取得最大的经济效果和最理想的工期。

为使网络计划的应用规范化和法制化，建设部于 1992 年颁布了《工程网络计划技术规范》，国家技术监督局颁布了《网络计划技术常用术语》和《网络计划技术在项目计划管理中应用的一般程序》等规范及标准。

随着计算机应用的普及，此方法在建筑工程施工中的应用将会提高到一个更高的水平。

第一节　双代号网络图

一、基本概念

1. 网络图

双代号网络图是应用较为普遍的一种网络计划形式。它是用圆圈和有向箭杆表达计划所要完成的各项工作及其先后顺序和相互关系而构成的网状图形，如图 12-1 所示。

在双代号网络图中，用有向箭杆表示工作，工作的名称写在箭杆的上方，工作所持续的时间写在箭杆的下方，箭尾表示工作的开始，箭头表示工作的结束。箭头和箭尾衔接的地方画上圆圈（或方框、三角形框）并编上号码，用箭头与箭尾的号码 i—j 作为这个工作的代号。

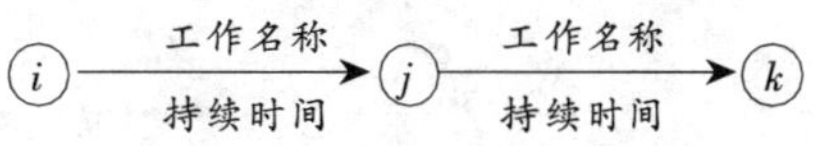

图 12-1　双代号网络图表示方法

2. 工作

工作也称活动，是指完成一项任务的过程。根据计划编制的粗细不同，工作既可以是一个建设项目、一个单项工程，也可以是一个分项工程乃至一个工序。

一般情况下，工作需要消耗时间和资源（如支模板、浇筑混凝土等），有的则仅是消耗时间而不消耗资源（如混凝土养护、抹灰干燥等技术间歇）。在双代号网络图中，有一种既不消耗时间也不消耗资源的工作——虚工作，它用虚箭杆来表示，用以反映一些工作与另外一些工作之间的逻辑制约关系，如图 12-2 所示，其中，2—3 工作即为虚工作。

3. 节　点

节点也称事件，是指表示工作的开始、结束或连接关系的圆圈(或小方框、小三角形框)。

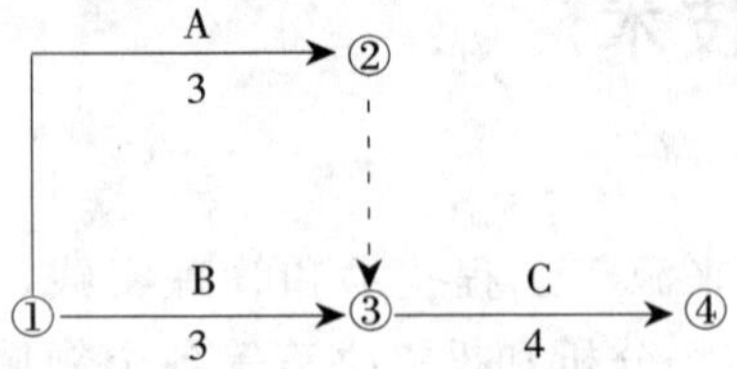

图 12-2　“虚工作”的表示方法

箭杆的出发节点叫做工作的起点节点，箭头指向的节点叫做工作的终点节点。任何工作都可以用其箭杆前后的两个节点的编码来表示，起点节点编码在前，终点节点编码在后，如图 12-2 中的 B 工作即可用 1—3 来表示。

网络图的第一个节点为整个网络图的原始节点，最后一个节点为网络图的结束节点，其余的节点均称为中间节点。

4. 线路

从原始节点出发，沿着箭头方向直至结束节点，中间经由一系列节点和箭杆，所构成的若干条“通道”，即称为线路。一条线路上的各项工作所持续时间的累加之和称为该线路之长，它表示完成该线路上的所有工作需花费的时间。图 12-3 的各条线路及其线路之长如下：

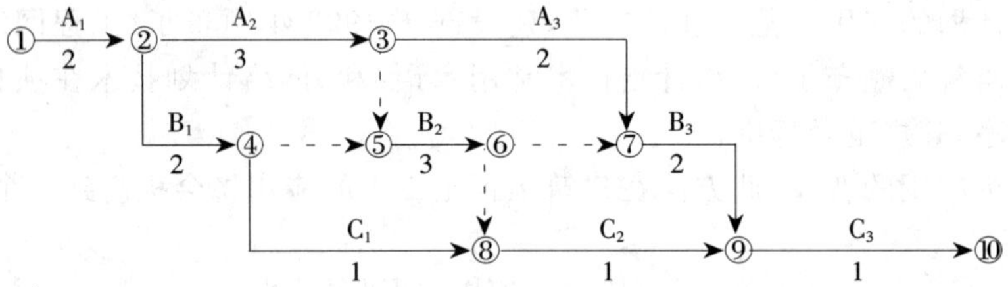

图 12-3　双代号网络图

第一条线路，持续时间 10d。

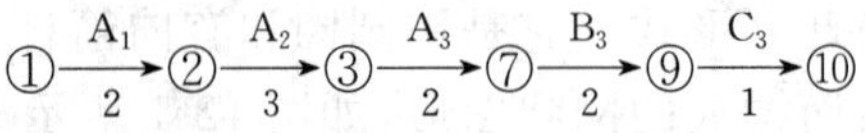

第二条线路，持续时间 11d。

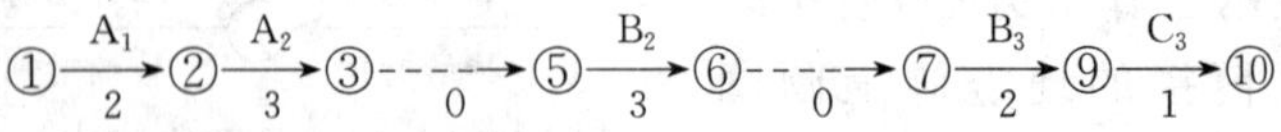

第三条线路，持续时间 10d。

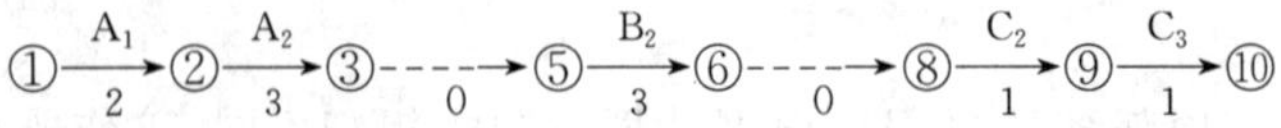

第四条线路，持续时间 10d。

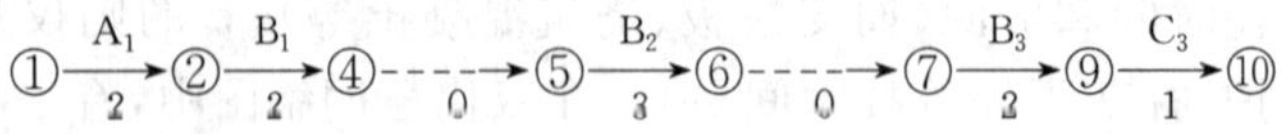

第五条线路，持续时间 9d。

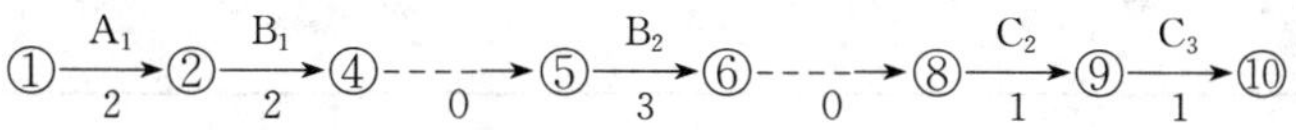

第六条线路，持续时间 7d。

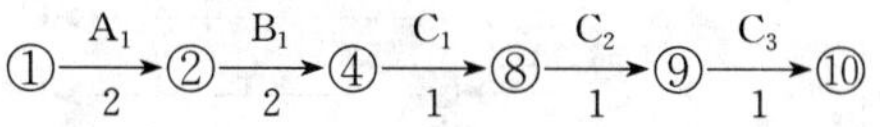

由上述分析可知，第二条线路的持续时间最长，可作为该项工程的计划工期，该线路上的工作拖延或提前，则整个工程的完成时间将发生变化，故称该线路为关键线路。其余五条线路为非关键线路。

关键线路上的工作称为关键工作，用较粗的箭杆或双箭杆来表示，以示与非关键线路上的工作区别。非关键线路上的工作，既有关键工作，也有非关键工作。非关键工作均有一定的机动时间，该工作在一定幅度内的提前或拖延不会影响整个计划工期。

工作、节点和线路被称为双代号网络图的三要素。

二、网络图的绘制

1. 各种逻辑关系的正确表示方法

各工作间的逻辑关系，既包括客观上的由工艺所决定的工作上的先后顺序关系，也包括施工组织所要求的工作之间相互制约、相互依赖的关系。逻辑关系表达得是否正确，是网络图能否反映工程实际情况的关键，而且逻辑关系搞错，图中各项工作参数的计算以及关键线路和工程工期都将随之发生错误。

(1) 工艺顺序

所谓工艺顺序，就是工艺之间内在的先后顺序。如某一现浇钢筋混凝土柱的施工，必须在绑扎完柱子钢筋和支完模板以后，才能浇筑混凝土。

(2) 组织顺序

所谓组织顺序，是网络计划人员在施工方案的基础上，根据工程对象所处的时间、空间以及资源供应等客观条件所确定的工作展开顺序。如同一施工过程，有 A,B,C 三个施工段，是先施工 A，还是先施工 B 或 C，或是同时施工其中的两个或三个施工段；某些不存在工艺制约关系的施工过程，如屋面防水工程与门窗工程，二者之中先施工其中某项，还是同时进行，都要根据施工的具体条件(如工期要求、人力及材料等资源供应条件)来确定。

在绘制网络图时，应特别注意虚箭杆的使用。在某些情况下，必须借助虚箭杆才能正确表达工作之间的逻辑关系，如表 12-1 中的第 10 和第 12 种情况。表 12-1 给出了常见逻辑关系及其表示方法。

表 12-1　　双代号网络图中常见的逻辑关系及其表示方法

序　号	工作间的逻辑关系	表　示　方　法
1	A,B,C 无紧前工作，即工作 A,B,C 均为计划的第一项工作，且平行进行	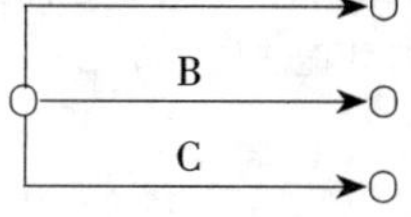

续表

序　号	工作间的逻辑关系	表　示　方　法
2	A 完成后,B,C,D 才能开始	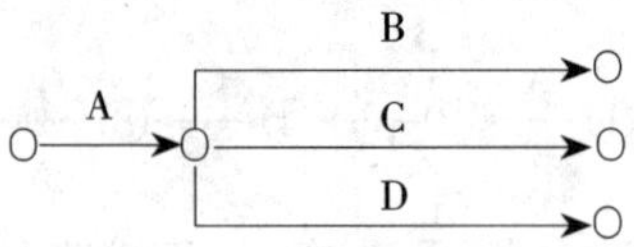
3	A,B,C 均完成后,D 才能开始	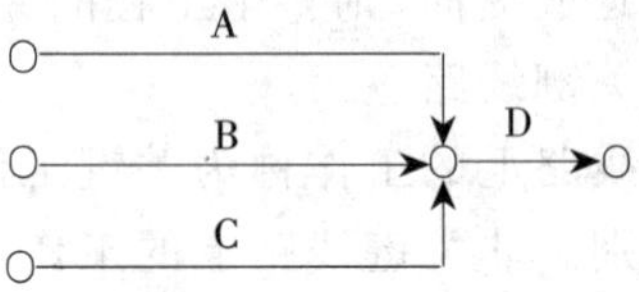
4	A,B 均完成后,C,D 才能开始	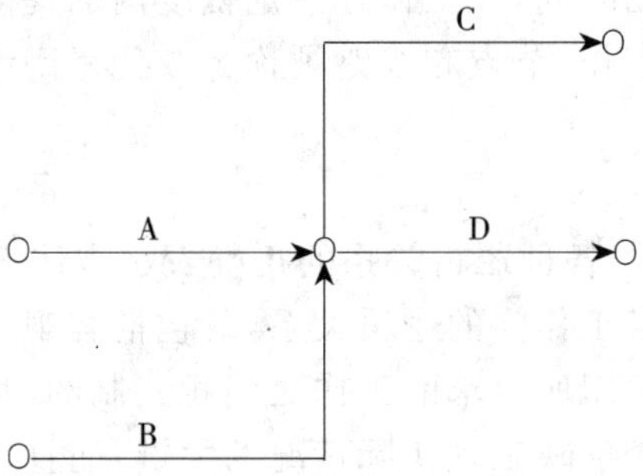
5	A 完成后,D 才能开始;A,B 均完成后,E 才能开始;A,B,C 均完成后,F 才能开始	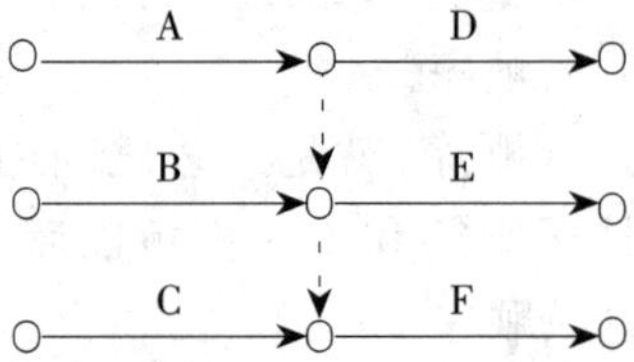
6	A 与 D 同时开始,B 为 A 的紧后工作,C 是 B,D 的紧后工作	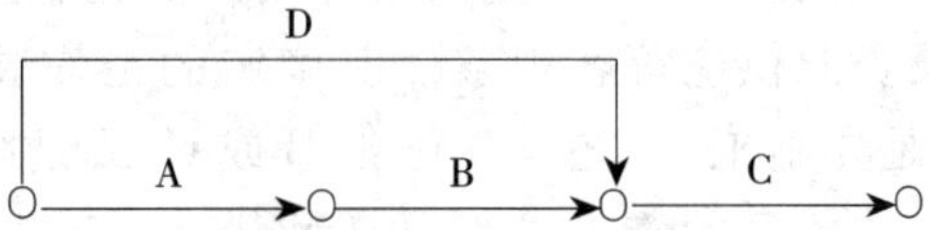
7	A,B 均完成后,D 才开始;A,B,C 均完成后,E 才能开始;D,E 完成后,F 才能开始	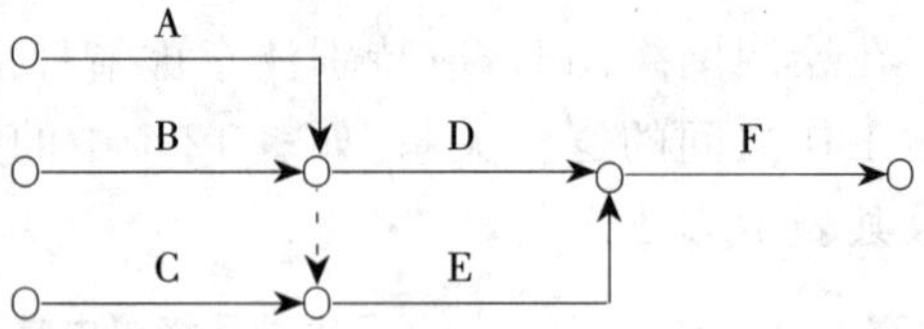
8	A 结束后,B,C,D 才能开始;B,C,D 结束后,E 才能开始	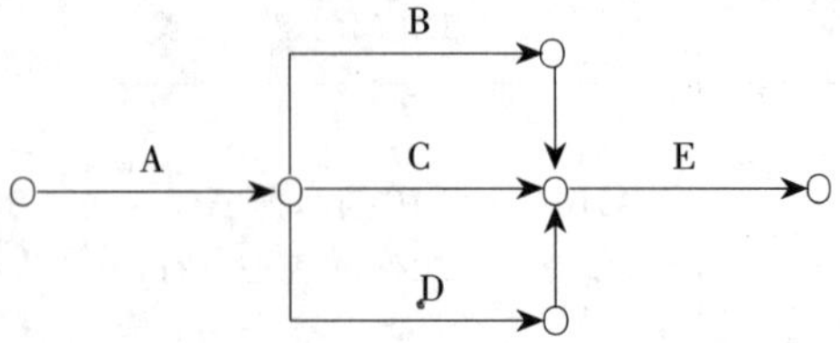

续表

<table>
<tr><th>序　号</th><th>工作间的逻辑关系</th><th>表　示　方　法</th></tr>
<tr><td>9</td><td>A,B 完成后,D 才能开始;B,C 完成后,E 才能开始</td><td>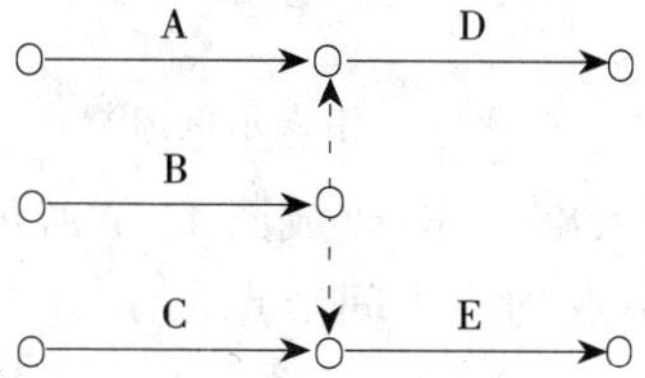
</td></tr>
<tr><td>10</td><td>工作 A,B 分为三个施工段,分段流水作业,a_1 完成后进行 a_2,b_1;a_2 完成后进行 a_3;a_2,b_1 完成后进行 b_2;a_3,b_2 完成后进行 b_3</td><td>第一种表示法
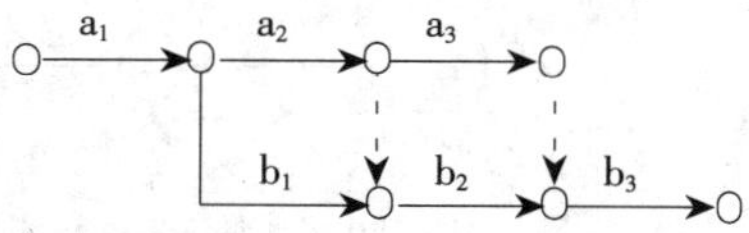

第二种表示法
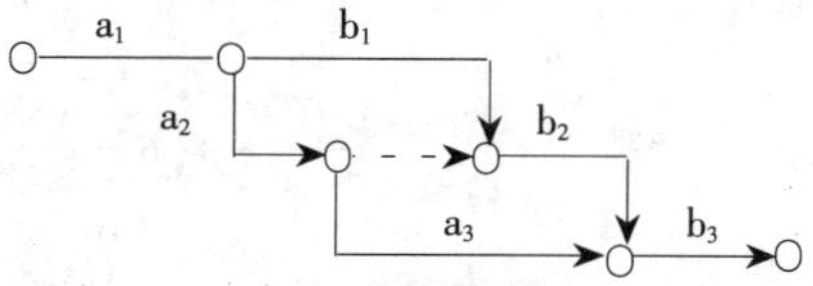
</td></tr>
<tr><td>11</td><td>A,B 均完成后,C 才能开始;A,B 分为 a_1,a_2,a_3 和 b_1,b_2,b_3 三个施工段,c 分为 c_1,c_2,c_3,A,B,C 分三段作业交叉进行</td><td>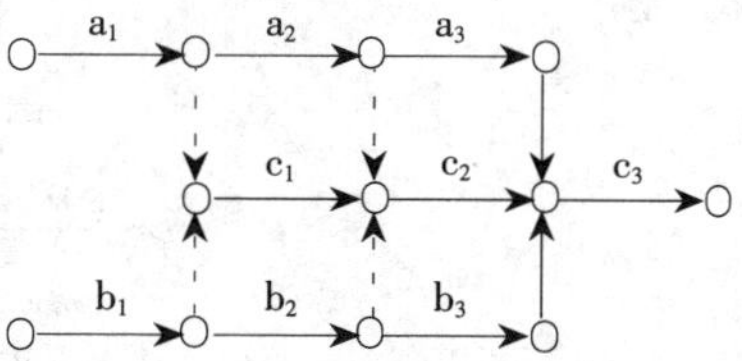
</td></tr>
<tr><td>12</td><td>A,B,C 为最后三项工作,即 A,B,C 无紧后作业</td><td>有三种可能情况
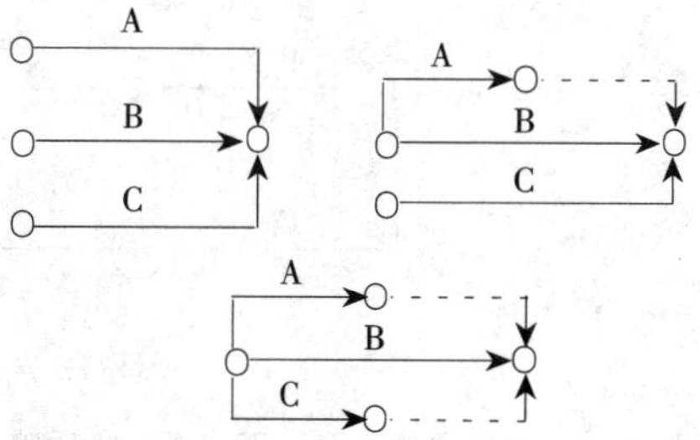
</td></tr>
</table>

2. 双代号网络图的绘制规则

绘制双代号网络图,必须遵守一定的基本规则,才能明确地表达出工作的内容,准确地表达出工作间的逻辑关系,并且使所绘出的图易于识读和操作。

(1) 不得有两个或两个以上的箭杆从同一节点出发且同时指向同一节点。表达工作之间平行的关系时,可以增加虚工作来表达它们之间的关系。如图 12-4 必须改为图 12-5 才是正确的。

(2) 一个网络计划只能有一个原始节点和一个结束节点

如图 12-6,节点①,②,③都表示计划的开始,⑫,⑬,⑭都表示计划的完成,这是错误

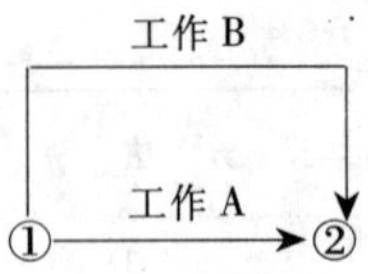

图 12-4　错误示例(1)

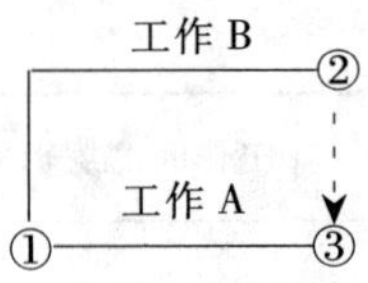

图 12-5　图 12-4 的正确形式

的。应引入虚工作，改成图 12-7 所示的形式，这时①为计划的原始节点，▮为计划的结束节点，其余节点均为中间节点。

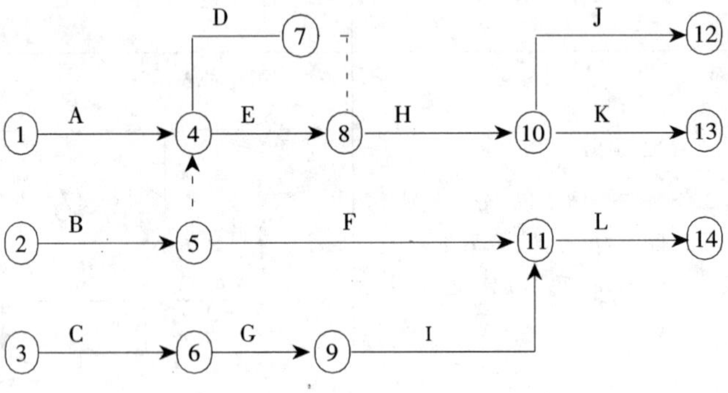

图 12-6　错误示例(2)

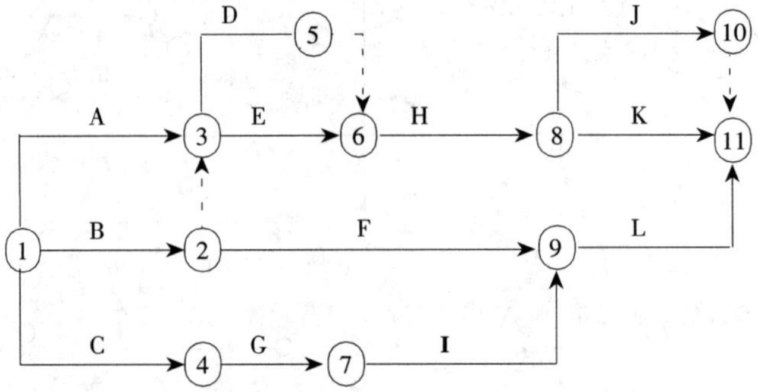

图 12-7　图 12-6 的正确形式

图 12-8 中也出现两个原始节点和两个结束节点，如何改正，请读者自己考虑。

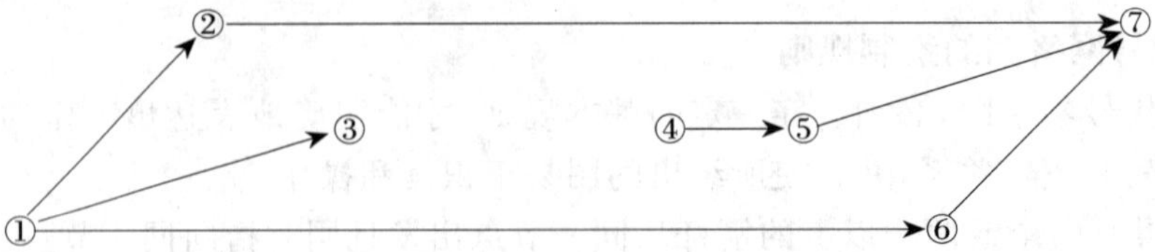

图 12-8　错误示例(3)

(3) 在网络图中不得存在闭合回路

如图 12-9 中，工作 C，D，E 形成了闭合回路，说明这个网络图是错误的。

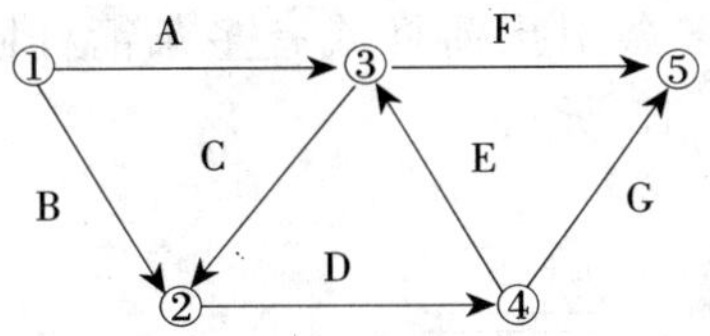

图 12-9　错误示例(4)

(4) 同一项工作在一个网络图中不能重复表达

在图 12-10 中工作 D 出现了两次，所以应引进虚工作，改为图 12-11 所示的形式。

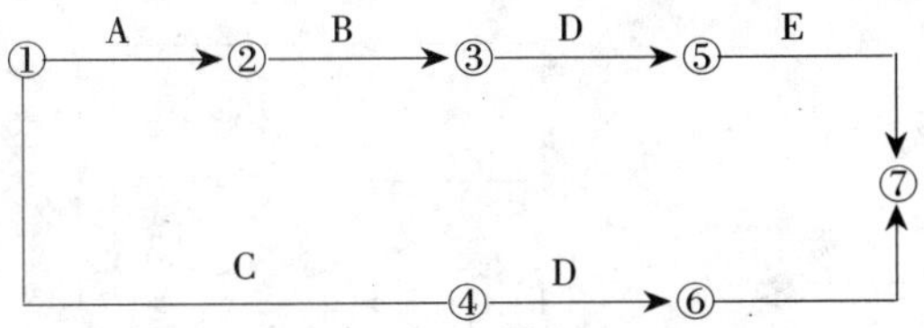

图 12-10　错误示例(5)

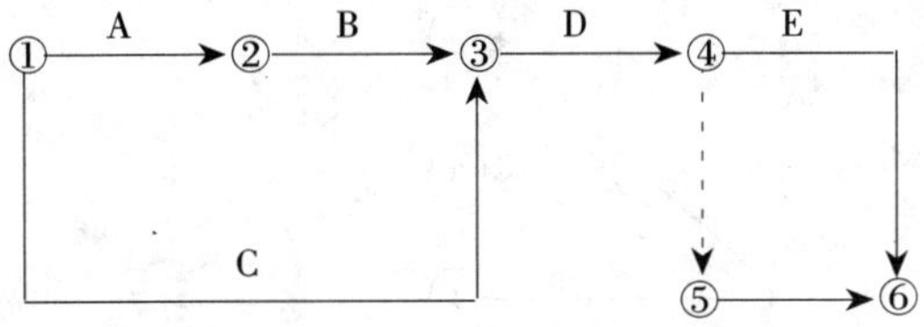

图 12-11　图 12-10 的正确形式

(5) 表达工作之间的搭接关系时不允许从箭杆中间引出另一条箭杆。如图 12-12 中的图 a)原本要表达 A,B 两工作的搭接关系，但表达方式是错误的，应改为如图 b)所示的形式。

(6) 网络图中不允许出现双向箭杆和无箭头箭杆(图 12-13)

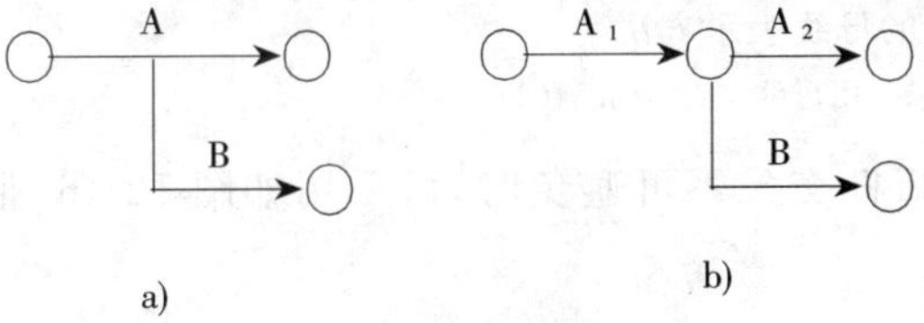

图 12-12　错误示例(6)

a) 错误；b) 正确

图 12-13　错误示例(7)

a) 双向箭杆；b) 无箭头的箭杆

(7) 网络图中节点编号自左向右，由小到大，应确保工作的起点节点的编号小于工作的终点节点的编号，并且所有的节点的编号不得重复。编号可采用水平编号法，每行自左向右，然后自上而下逐行进行编号，如图 12-14a)所示；也可采用垂直编号法，由上而下然后自左向右进行编号，如图 12-14b)所示。编号可以采用非连续的编号，以便于以后的修改。

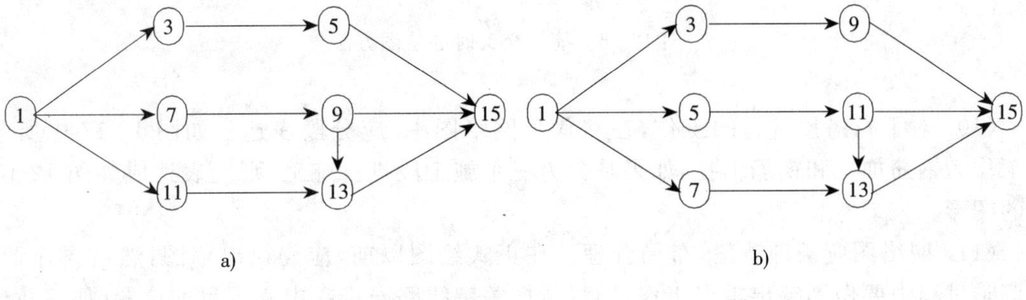

图 12-14　节点编号示例

a) 水平编号法；b) 垂直编号法

(8) 当网络图的某节点有多条引出箭杆或有多条箭杆同时指向某节点时，为使图形简洁，可采用母线法绘图，如图 12-15 所示。

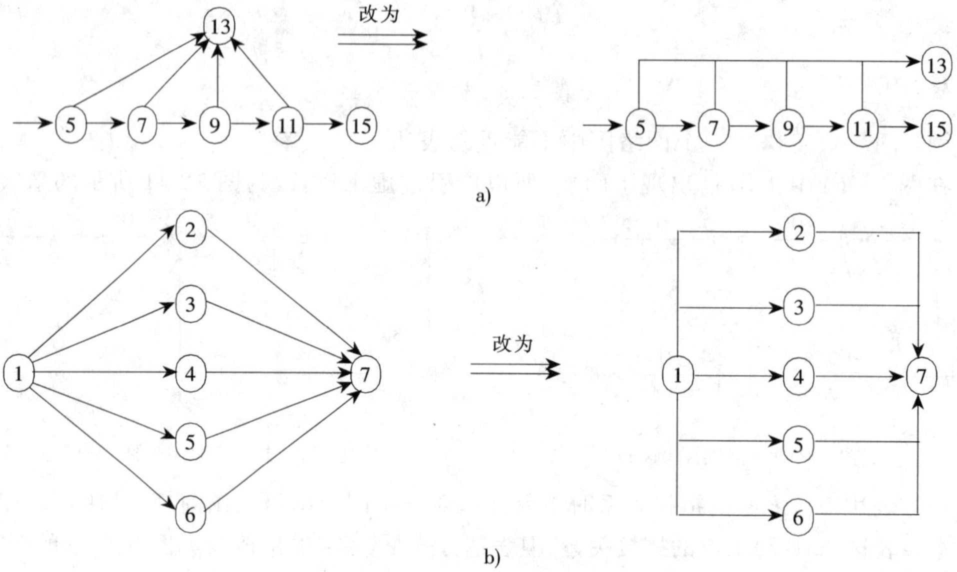

图 12-15　网络图的母线表示方法

a) 用母线法改绘示例(1)；b) 用母线法改绘示例(2)

(9) 绘制网络图时，宜避免箭杆交叉。当箭杆交叉不可避免时，可采用如图 12-16 所示表示方法。

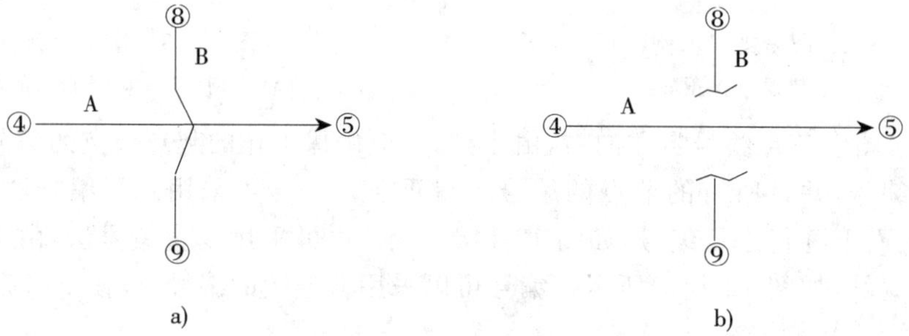

图 12-16　箭杆交叉时的绘图方法

a) 过桥法；b) 断线法

(10) 对平行搭接进行的工作，在双代号网络图中，应分段表达。如图 12-17 中所包含的工作为钢筋加工和钢筋绑扎，如果是分为三个施工段进行施工，则应表达成如图 12-17 所示的图形。

(11) 网络图应条理清楚，布局合理。在正式绘图以前，应先绘出草图，然后再作调整，在调整过程中要做到突出重点工作，即尽量把关键线路安排在中心醒目的位置(如何找出关键线路见后面的有关内容)，把联系紧密的工作尽量安排在一起，使整个网络条理清楚，布局合理。如图 12-18 所示，图 b)由图 a)整理而得，看起来比图 a)整齐而合理。

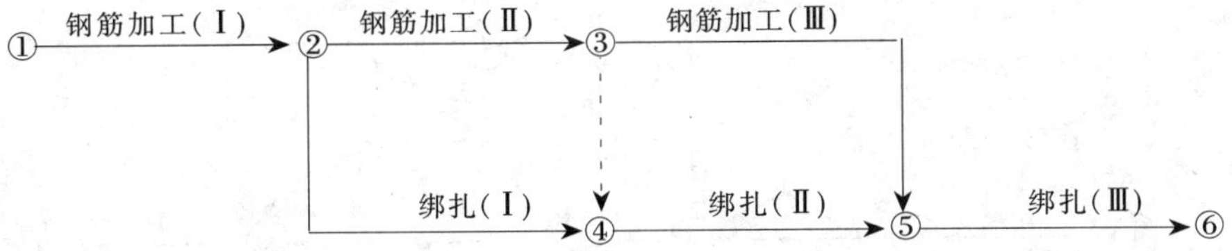

图 12-17　工作平行搭接的表达

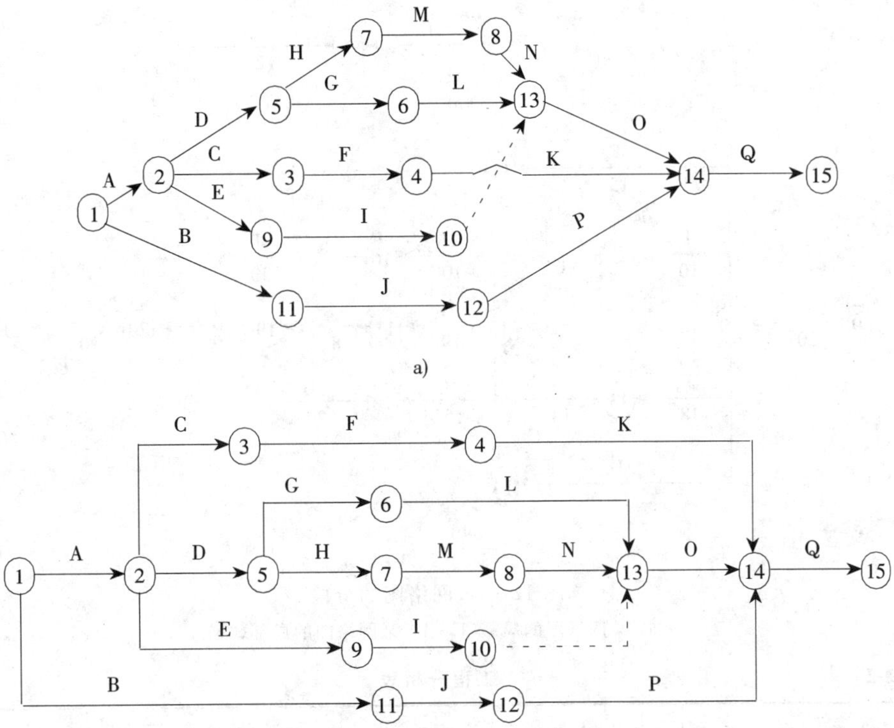

b)

图 12-18　网络图的布局

a）原始网络草图；b）整理后的网络图

（12）对于一些大的建设项目，由于工序多，施工周期长，网络图可能很大，为使绘图方便，可将网络图划分成几个部分分别绘制。图的分段处应选在箭杆和节点较少的位置，并且使分段处节点的编号保持一致，如图 12-19 所示。

3. 双代号网络图的绘制方法

双代号网络图的绘制方法，视各人的经验而不同，但从根本上说，都要在既定施工方案的基础上，根据具体的施工客观条件，以统筹安排为原则。一般的绘图步骤如下：

（1）任务分解，划分施工工作。

（2）确定完成工作计划的全部工作及其逻辑关系。

（3）确定每一工作的持续时间，制定工程分析表，分析表的格式可如表 12-2 所示。

（4）根据工程分析表，绘制并修改网络图。

绘制网络图的方法，一般可以分为三种：

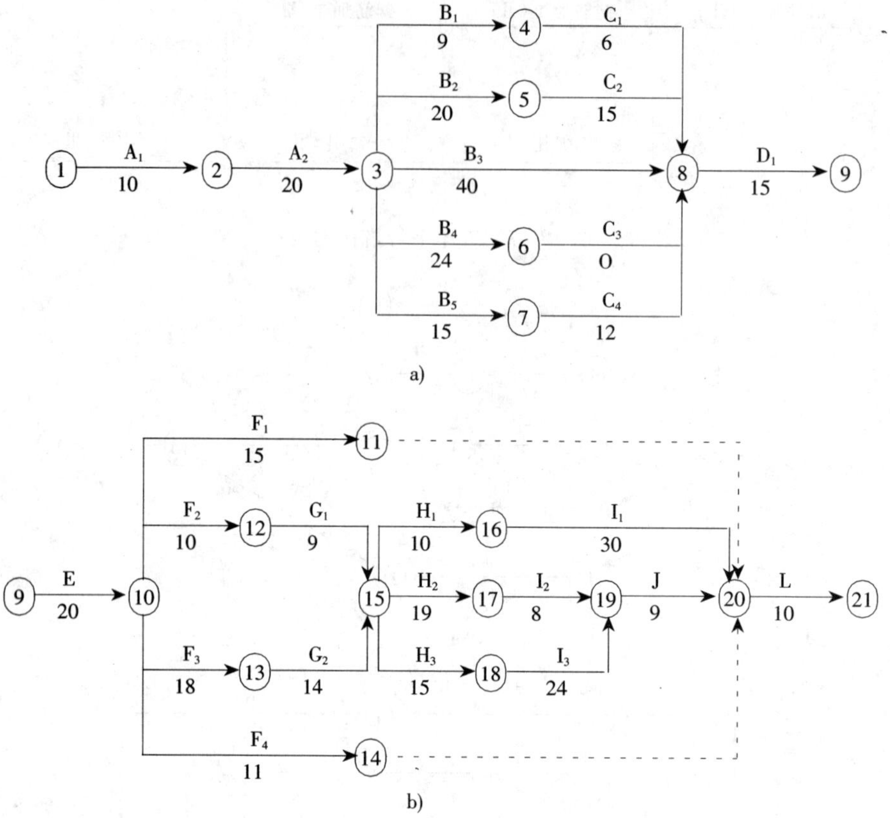

图 12-19　网络图的分段

a）某网络图的局部(1)；b）某网络图的局部(2)

表 12-2　　**工程分析表**

序　号	工作名称	工作代号	紧前工作	紧后工作	持续时间	资源强度
1		A	—	B,C		
2		B	A	F		
⋮	⋮	⋮	⋮	⋮	⋮	⋮

(1) 从工艺网络图到生产网络图的画法

我们以下面具体的例题来说明从工艺网络图到生产网络图的画法。

某建筑物的混凝土地面工程，分为回填土、铺设垫层和浇筑混凝土三个施工工序，分别由三个施工队按顺序施工，整个工程分为 A,B,C 三个施工段进行流水施工，具体情况如图 12-20 所示。

① 绘制工艺网络图

A,B,C 三个施工段的施工工艺顺序，均为回填土→铺设垫层→浇混凝土，据此可以画出如图 12-21 所示的工艺网络图。

施工过程名称	持续时间(天)		
	A段	B段	C段
回填土	4	3	4
铺垫层	3	2	3
浇混凝土	2	1	2

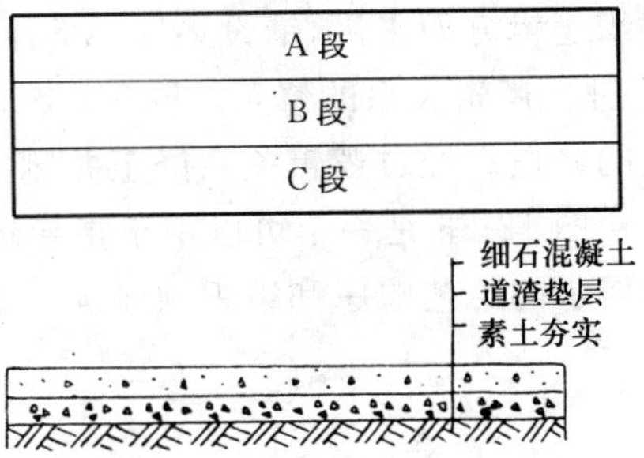

图 12-20　某混凝土地面工程施工段的划分

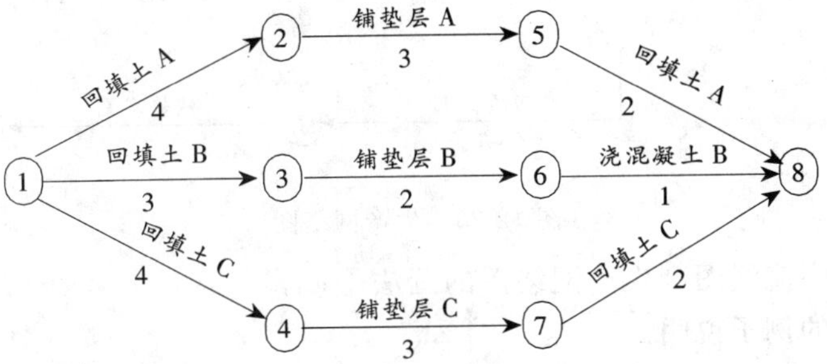

图 12-21　工艺网络图

② 表达工作间的组织逻辑的约束

在图 12-21 中,三个施工过程都是采用平行作业的施工组织方式,而要求是流水作业,在每一施工过程仅有一个施工队的情况下,必须考虑施工队在各施工段的施工顺序。现假定各施工段的施工顺序为 A→B→C,则回填土的施工队必须在 A 段做完以后再转移至 B 段,做完 B 后再转移到 C 段。其他两个施工过程依此类推。为了表达这种组织顺序,必须引进虚工作,则图改为图 12-22 所示的形式。

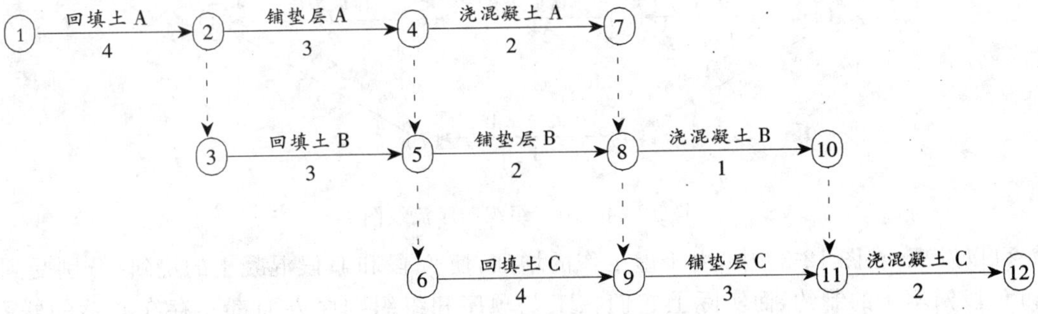

图 12-22　考虑组织逻辑的约束而加以修改后的网络图

③ 逻辑关系的综合分析与修正

图 12-22 中包含了全部的工艺逻辑和组织逻辑,但同时由于增加了虚工作,使原先没有逻辑关系的某些工作,也产生了不应有的制约关系,如虚工作④- - - -→⑤,其本意是要表达铺设垫层工作做完 A 段后转移至 B 段,但通过虚工作⑤- - - -→⑥的引伸,使得回填土 C 必须在 A 段铺设完垫层以后才能开始,这显然是不合理的约束,因为无论从工艺逻辑还是从

组织逻辑方面来讲，铺设垫层 A 和回填土 C 之间都是没有必然联系的。因此，必须对图 12-22 进行逻辑关系的修正。同理，浇筑混凝土 A 和铺设垫层 C 之间的逻辑关系也要进行相应的修正。经过逻辑关系修正并删去不必要的虚工作以后的网络图如图 12-23 所示。

图 12-23 是一个可以用于指导现场施工活动的生产网络图，它正确地表达了施工方案所要求的工艺顺序和组织顺序。

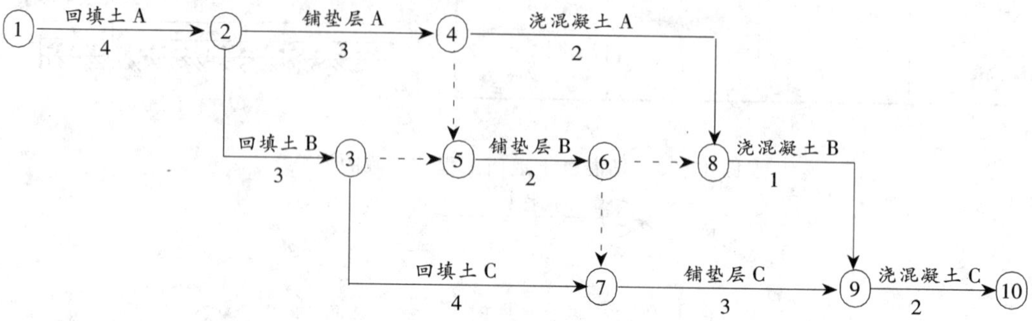

图 12-23　生产网络图

（2）从组织顺序流线图到生产网络图的画法

仍以图 12-20 的例子说明。

三个施工过程在各施工段的施工组织顺序为 A，B，C，据此，可以画出如图 12-24 所示的工序组织顺序流线图。

图 12-24 虽然表达了各施工过程的组织顺序，或者说是施工的开展顺序，但并没有反映出施工过程之间在工艺上的依赖和制约关系，所以必须引进虚工作，来表达这种关系，如图 12-25 所示。

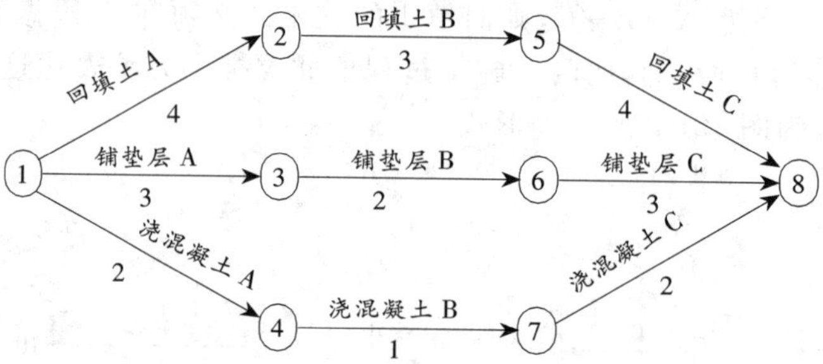

图 12-24　施工组织顺序流线图

可以发现，在图 12-25 中，由于虚工作的增加，使 A 段和 B 段混凝土的浇筑，分别受到 B 段和 C 段回填土的制约，而实际上它们在工艺顺序和组织顺序方面都不存在必然的联系，因此，必须进行逻辑关系修正，才能成为正确的生产网络图。进行逻辑关系修正并删除不必要的虚工作以后网络图即为图 12-26。

（3）直接分析绘图法

直接分析绘图法，是在充分研究和熟悉施工方案的基础上，同时考虑工作之间的工艺关系和组织顺序，从左向右依次把各项工作表达成双代号网络图。在工艺复杂、施工分段不十分明确的情况下，往往需要用这种方法边画、边分析检查、边修改。如图 12-20 中的例子采用直接分析绘图法，可得图 12-27。

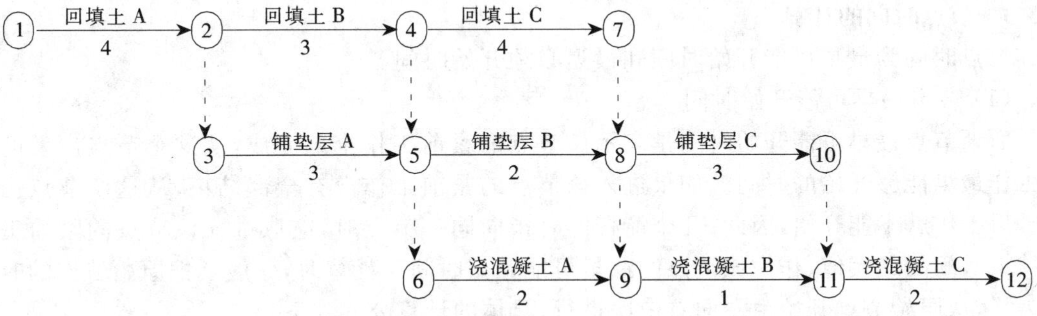

图 12-25　考虑工序间制约关系后的网络图

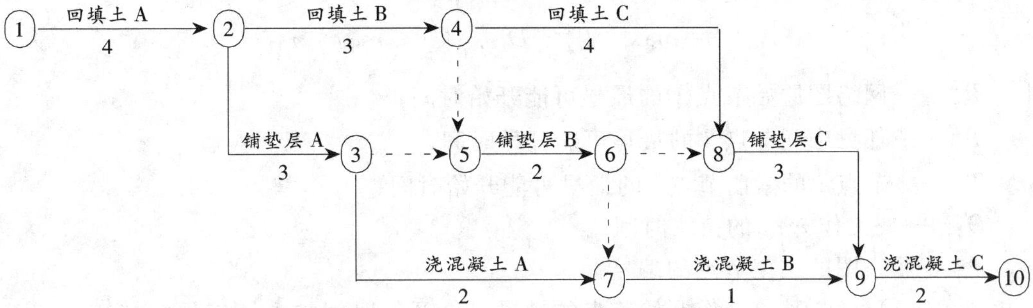

图 12-26　生产网络图

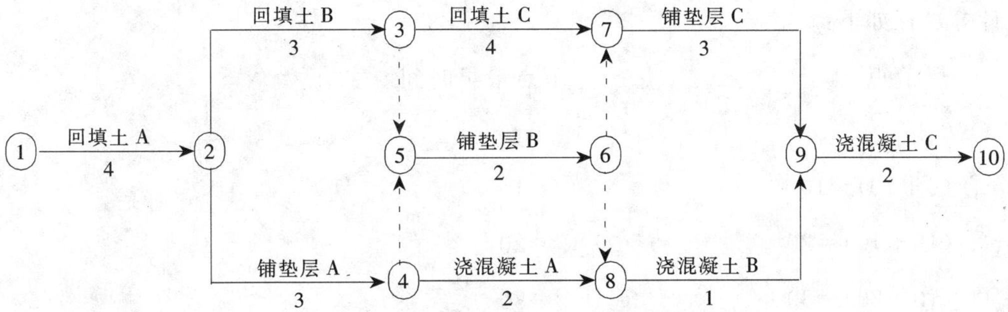

图 12-27　直接分析绘制的网络图

三、网络图的时间参数计算

绘制网络计划图，不但要根据绘图规则，正确表达工作之间的逻辑关系，还要确定图上各个节点和工作的时间参数，为网络计划的执行、调整和优化提供必要的时间参数依据。所要计算的参数主要有：各个节点的最早可能开始时间和最迟必须开始时间；各项工作的最早可能开始、最早可能结束、最迟必须开始、最迟必须结束的时间；各项工作的时差以及关键线路的确定。

网络图的时间参数的计算有多种方法，常用的有图上计算法、表上计算法和电算法等。

（一）图上计算法

当工作数目不太多时，直接在网络图上进行计算，十分方便。

1. 节点时间的计算

节点时间为最早可能开始时间和最迟必须开始时间。

(1) 节点最早可能开始时间

所谓节点最早可能开始时间是表示该节点的紧前工作全部完成，从这个节点出发的紧后工作最早能够开始的时间。如果进入该节点的紧前工作没有全部结束，从这个节点出发的紧后工作就不能开始，因此，几个箭杆同时指向同一节点时，应取进入该节点的紧前工作的结束时间的最大值，作为该节点的最早可能开始时间。计算时，一般是把原始节点的时间作为零，从原始节点开始由左向右依次进行，具体的计算公式如下：

$$\begin{cases} T_1^E = 0 \\ T_j^E = \max[(T_i^E + D_{i-j}) \mid 0 \leqslant i < j \leqslant n] \end{cases} \tag{12-1}$$

式中 T_1^E——网络图原始节点①的最早可能开始时间；

T_j^E——任意中间节点 j 的最早可能开始时间；

T_i^E——节点 j 的紧前节点 i 的最早可能开始时间；

D_{i-j}——工作 i—j 的持续时间；

n——网络图的结束节点的编号。

由式(12-1)可知，某项工作开始节点的最早可能开始时间加上该工作的持续时间就是该工作的终节点的最早可能开始时间。此外，如果有几个紧前工作同时指向某一节点，则取计算结果中的最大值。现举例如下，如图 12-28 所示。

计算过程如下：

节点	节点最早时间
⓪ 0	0
① (0+10)=10	10
② (10+10)=20	20
③ (10+20)=30	30
④ (10+30)=40	40
⑤ (30+20)=50	50
⑥ (20+20)=40 (50+0)=50 } 取大值	50
⑦ (40+30)=70 (50+0)=50 } 取大值	70
⑧ (50+30)=80 (70+50)=120 } 取大值	120
⑨ (120+10)=130	130

(2) 节点最迟必须开始时间

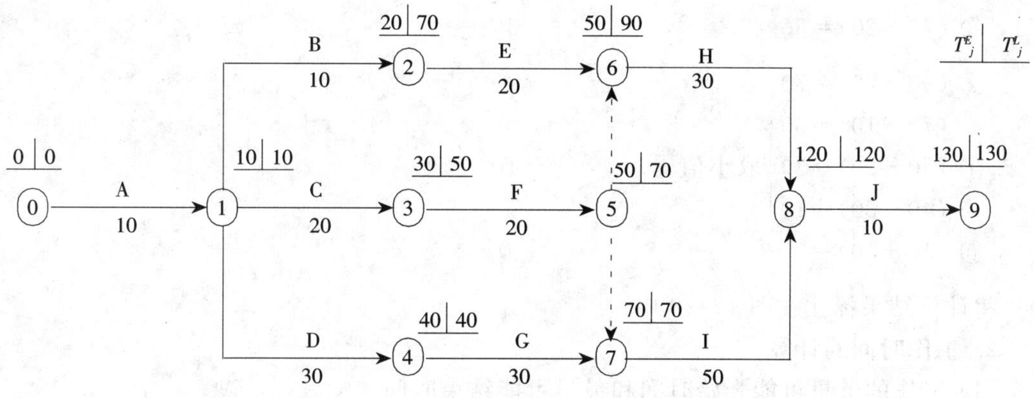

图 12-28　节点时间参数的计算

所谓节点最迟必须开始时间，就是在计划工期确定的情况下，从网络图的结束节点开始，逆向推算出的各节点的最迟必须开始的时刻。换句话讲，就是从各节点出发的工作在保证计划工期的前提下最迟必须开始的时间。具体的计算公式如下：

$$\begin{cases} T_n^L = T_n^E（或规定的工期） \\ T_i^L = \min[(T_j^L - D_{i-j}) \mid 0 \leqslant i < j < n] \end{cases} \tag{12-2}$$

式中　T_n^L——结束节点的最迟必须开始时间；

T_n^E——结束节点的最早可能开始时间；

T_i^L——任意中间节点 i 的最迟必须开始时间；

T_j^L——节点 i 的紧后节点 j 的最迟必须开始时间；

D_{i-j}——工作 $i-j$ 的持续时间。

由式(12-2)可知，网络图结束节点的最迟必须开始时间，当计划有规定期限时，等于计划工期；否则，等于结束节点的最早可能开始时间。计算网络图的中间节点时，从网络图的结束节点由右向左开始算起，用工作终节点的最迟时间减去该工作的持续时间后所得差数就是工作开始节点的最迟时间。此外，当某节点引出两个或两个以上的工作时，应取各差数中的最小值。仍以图 12-28 所示为例。

计算过程如下：

节点	节点最迟时间
⑨ 130	130
⑧ (130－10)＝120	120
⑦ (120－50)＝70	70
⑥ (120－30)＝90	90
⑤ (70－0)＝70 (90－0)＝90 } 取小值	70
④ (70－30)＝40	40

③ (70－20)＝50　　　　　　　　50

② (90－20)＝70　　　　　　　　70

$\left.\begin{array}{l}(70-10)=60\\(50-20)=30\\(40-30)=10\end{array}\right\}$取小值

① 　　　　　　　　　　　　　　10

⓪ (10－10)＝0　　　　　　　　0

将计算结果标注在图 12-28 中。

2. 工作时间的计算

(1) 工作的最早可能开始时间和最早可能结束时间

工作的最早可能开始时间取决于其紧前工作的全部完成，因此，它就等于该工作开始节点的最早可能开始时间；则工作的最早可能结束时间等于最早可能开始时间加上持续时间。用公式表达工作的最早可能开始时间和结束时间如下：

$$\begin{cases}ES_{i-j}=T_i^E\\EF_{i-j}=ES_{i-j}+D_{i-j}=T_i^E+D_{i-j}\end{cases}\tag{12-3}$$

式中　ES_{i-j}(Earliest Starting Time)——i—j 工作的最早可能开始时间；

EF_{i-j}(Earliest Finishing Time)——i—j 工作的最早可能结束时间。

由式 $ES_{i-j}=T_i^E$ 可知，从同一个节点开始的各项工作其最早可能开始时间是相同的，当然，由于各工作持续时间不尽相同，它们的最早结束时间则不尽相同。

仍以图 12-28 为例，各工作的最早时间计算过程如表 12-3 所示，计算结果如图 12-29 所示。

表 12-3　　　　**工作最早开始和最早结束时间的计算**

工作名称	起点节点最早时间	工作最早开始时间	工作持续时间	工作最早结束时间
A	⓪0	→ 0	→ 10	→ 10
B	①10	10	10	20
C	①10	10	20	30
D	①10	10	30	40
E	②20	20	20	40
F	③30	30	20	50
G	④40	40	30	70
H	⑥50	50	30	80
I	⑦70	70	50	120
J	⑧120	120	10	130

(2) 工作的最迟必须开始和结束的时间

工作的最迟必须开始和结束的时间是指在不影响计划总工期的情况下，各工作开始时间和结束时间的最后期限。某工作的最迟必须结束时间等于该工作终节点的最迟必须开始

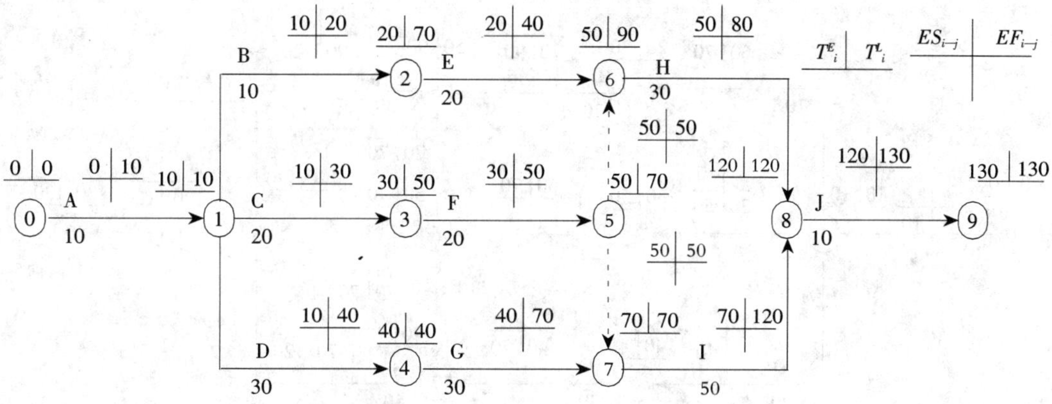

图 12-29　图 12-28 的工作最早时间计算结果

表中未计算的虚工作最早时间,图中亦标出

时间;而某工作的最迟必须开始时间,等于其最迟必须结束时间减去该工作的持续时间。具体计算公式如下:

$$\begin{cases} LF_{i-j} = T_j^L \\ LS_{i-j} = LF_{i-j} - D_{i-j} = T_j^L - D_{i-j} \end{cases} \tag{12-4}$$

式中　LF_{i-j}(Latest Finishing Time)——i—j 工作的最迟必须结束时间;

LS_{i-j}(Latest Starting Time)——i—j 工作的最迟必须开始时间。

由式 $LF_{i-j} = T_j^L$ 可知,以同一节点为终节点的各项工作,其最迟必须结束时间是相同的,当然,由于各工作的持续时间不尽相同,所以它们的最迟必须开始时间也就不尽相同。

仍以图 12-28 为例,各工作的最迟时间计算过程如表 12-4 所示,计算结果如图 12-30。

表 12-4　　工作最迟结束和开始时间的计算

工作名称	终点节点最迟时间	工作最迟结束时间	工作持续时间	工作最迟开始时间
A	⓪10 →	10 →	10 →	0
B	②70	70	10	60
C	③50	50	20	30
D	④40	40	30	10
E	⑥90	90	20	70
F	⑤70	70	20	50
G	⑦70	70	30	40
H	⑧120	120	30	90
I	⑧120	120	50	70
J	⑨130	130	10	120

3. 工作时差的计算

时差反映工作在一定条件下的机动时间范围,通常分为总时差、局部时差和相干时差。

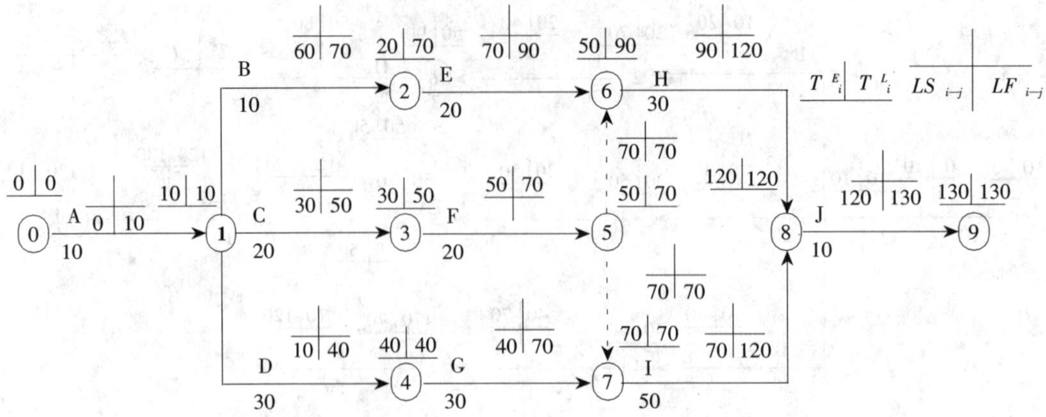

图 12-30　图 12-28 的工作最迟时间计算结果

图中给出了表中未计算的虚工作最迟时间

（1）总时差是指各工作在不影响计划总工期的情况下所具有的机动时间，也就是在不影响其所有后续工作最迟必须开始时间的前提下所具有的机动时间。

工作的总时差 TF_{i-j}(Total Float Time)的计算公式如下：

$$TF_{i-j}=T_j^L-EF_{i-j} \tag{12-5}$$

若将式(12-4)代入式(12-5)，可得到

$$TF_{i-j}=LF_{i-j}-EF_{i-j}=LS_{i-j}-ES_{i-j} \tag{12-6}$$

读者可自行推导将式(12-3)代入式(12-5)后所得公式。

（2）局部时差是各工作在不影响后续工作最早开始时间的前提下，也就是不影响计划子目标工期的前提下，所具有的机动时间。

工作的局部时差，又称自由时差，所以其表示符号为 FF_{i-j}(Free Float Time)。计算公式如下：

$$FF_{i-j}=T_j^E-EF_{i-j} \tag{12-7}$$

若将式(12-3)代入式(12-7)，可得到

$$FF_{i-j}=ES_{j-k}-EF_{i-j} \tag{12-8}$$

式中，ES_{j-k} 为 j 节点紧后工作的最早可能开始时间。

（3）相干时差 IF_{i-j}(Interfering Float Time)，也称干扰时差，是某项工作与其紧后工作共同占有的那段机动时间。

对工作 $i—j$ 的总时差构成作进一步分析，如图 12-31 所示。EF_{i-j} 至 T_j^L 时间段为工作 $i—j$ 的总时差，工作 $i—j$ 结束时间如在该时间段之内，不会影响总工期，但有可能影响后序工作 $j—k$ 的最早开始时间；而 EF_{i-j} 至 T_j^E 时间段为工作 $i—j$ 的自由时差，工作 $i—j$ 的结束时间在该范围内变动时，对后序工作没任何影响；T_j^E 至 T_j^L 则为相干时差，因为当工作 $i—j$ 在该时间段结束时，其紧后工作 $j—k$ 则必须推迟(比 $j—k$ 的最早开始时间 T_j^E)，导致工作 $j—k$ 的机动时间减少，所以这段时差被称为相干时差。

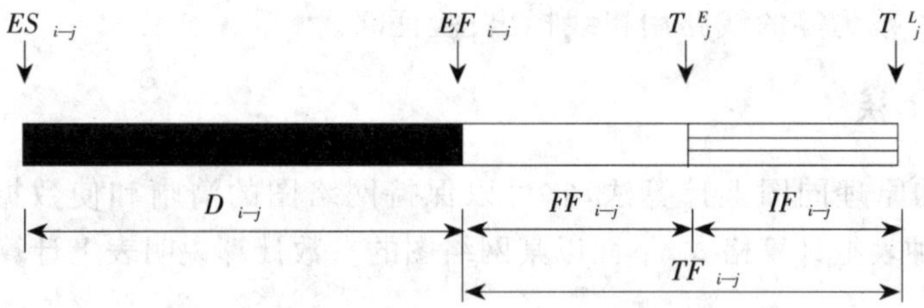

图 12-31　相干时差示意

由图可知

$$IF_{i-j}=T_j^L-T_j^E=TF_{i-j}-FF_{i-j} \tag{12-9}$$

读者若将式(12-3)、式(12-4)代入式(12-9),还可得

$$IF_{i-j}=LF_{i-j}-ES_{j-k} \tag{12-10}$$

综上所述可知,总时差以不影响总工期为限度,这是一种线路时差,它为该线路上的各工作所共同占有;而局部时差以不影响后续工作最早开始为限度,是总时差的一部分,带有局部性;相干时差也是总时差的组成部分,为节点前后工作所共同占有。掌握时差并合理应用时差,对于生产调度和作业管理,保证网络计划的贯彻实施具有十分重要的意义。

4. 判别关键工作

前面已经提到过,持续时间最长的线路为关键线路。在一般情况下,关键线路的总时差为零,当然,也有例外,当规定工期小于网络计划的结束节点最早(迟)时间时,某些工作的总时差会出现负值,在这种情况下,负时差绝对值最大的工作为关键工作。

例题　计算图 12-32 中各节点的最早可能开始时间和最迟必须开始时间,求各工作的总时差和局部时差,并用粗线标出关键线路,验证式(12-9)。

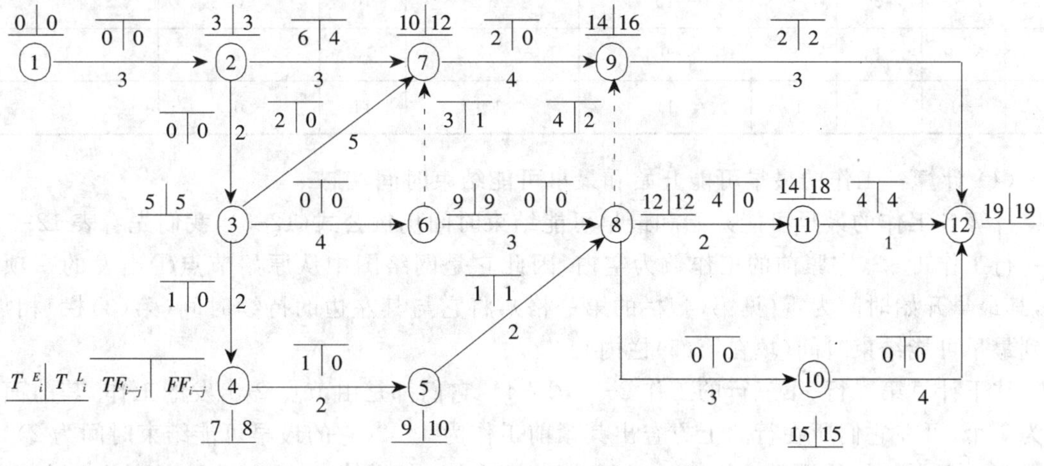

图 12-32　判别网络图的关键线路示例

解　先利用式(12-1)和式(12-2)求节点时间;利用式(12-5)和式(12-3)所推出的公式 $TF_{i-j}=T_j^L-T_i^E-D_{i-j}$ 求各工作总时差;利用公式(12-7)和(12-3)所推出的公式 $FF_{i-j}=T_j^E-T_i^E-D_{i-j}$ 求各工作局部时差;请将例题仔细演算一遍,自己总结一下总时差与局部时

差的规律。将总时差为零的线路用粗线标出;验证略。

（二）表上计算法

表上计算法的原理同图上计算法，它可以保持网络图的清晰和使数据计算条理化。表12-5为常用的一种表上计算格式，下面以某网络图的参数计算说明表上计算法的计算步骤：

表 12-5　　网络图时间参数计算表

紧前工作数 m	工序编号	持续时间 D_{i-j}	最早开始 ES_{i-j}	最早结束 EF_{i-j}	最迟开始 LS_{i-j}	最迟结束 LF_{i-j}	总时差 TF_{i-j}	自由时差 FF_{i-j}
(1)	(2)	(3)	(4)	(5)=(4)+(3)	(6)=(7)-(3)	(7)	(8)=(6)-(4)	(9)=紧后(4)-(5)
—	1—2	2	0	2	0	2	0	0
1	2—3	3	2	5	2	5	0	0
1	2—4	2	2	4	3	5	1	0
1	3—5	0	5	5	5	5	0	0
1	3—7	2	5	7	6	8	1	1
1	4—5	0	4	4	5	5	1	1
1	4—8	1	4	5	8	9	4	3
2	5—6	3	5	8	5	8	0	0
1	6—7	0	8	8	8	8	0	0
1	6—8	0	8	8	9	9	1	0
2	7—9	2	8	10	8	10	0	0
2	8—9	1	8	9	9	10	1	1
2	9—10	1	10	11	10	11	0	0

(1) 计算各工作的最早可能开始和最早可能结束时间

计算各工作的最早可能开始和最早可能结束时间仍按公式(12-3)，我们先看表12-5中第一行工作1—2，它紧前的工作数为空白，因此它是网络图中从原始节点①出发的一项工作，其最早开始时间为零(见第(4)栏的第一格)，将它与其左边的持续时间(第(3)栏)相加，得到最早可能结束时间(填在第(5)栏内)。

往下计算第二行、第三行的工作2—3，2—4。它们都是由节点②出发的工作，其前面工作为1个，可在它们所在行的上方查出其紧前工作为1—2(它的最早可能结束时间为2)，由此得到这两个工作的最早可能开始时间为2(填在第(4)栏第二、三行内)，然后分别与左边的持续时间(第(3)栏第二、三行内)相加，得到工作2—3，2—4的最早可能结束时间(填在第(5)栏第二、三行内)。依次逐行往下计算。当计算到第八行工作5—6时，其前面工作数为2，可以在它所在行上面找到到达节点⑤的两个工作是3—5和4—5，它们的最早可能结束时间分别为5和4，取其中最大值5作为工作5—6的最早可能开始时间，而后再与左边的持续时间(第3栏第八行内)相加,得到工作5—6的最早可能结束时间。用上述方法算完全表。

(2) 计算各工作最迟必须结束和最迟必须开始时间

表12-5中最后一行工作为9—10,它以结束节点⑩为终节点,将节点⑩的最早可能结束时间11,填在第(7)栏的最后一行内,然后与第(3)栏的持续时间相减,得这项工作的最迟必须开始时间,填在第(6)栏相应格内,即11－1＝10。

接着计算倒数第二、倒数第三行,工作8—9,7—9,这两个工作都以节点⑨为结束。可从所在行下方找到它们的后续工作9—10的最迟必须开始时间为10(第(6)栏最后一行),以此作为工作8—9,7—9的最迟必须结束时间,填在第(7)栏的倒数第二、三行内,然后分别与其左边的持续时间相减,将差数填在第(6)栏的倒数第二、倒数第三行内,即为工作8—9,7—9的最迟必须开始时间,分别为10－1＝9,10-2＝8。

依次往上计算、当计算到工作5—6时,它的紧后工作为6—7,6—8,其中工作6—7的最迟开始时间8为最小,以此作为工作5—6的最迟必须结束时间。其余计算以此类推。运算中虚工作与其他工作一样计算,只是它的持续时间为0。

(3) 计算工作的总时差和局部时差

计算总时差,只要将每一行第(6)栏的最迟必须开始时间减去同一行第(4)栏内的最早可能开始时间就可求到,将求得的总时差填入表中第(8)栏。局部时差的计算,可先从该行下方的表格内找到紧后工作的最早可能开始时间,然后减去该行工作的最早可能结束时间就是局部时差,填在第9栏内。例如第五行的工作3—7,在该行下方的表内可查得其紧后工作7—9,它的最早可能开始时间为8,然后减去3—7工作的最早结束时间7(见第(5)栏第五行),得局部时差8－7＝1,填在第(9)栏第五行内。其余类推。

第二节　单代号网络图

单代号网络图也是由节点和箭线组成的,但构成单代号网络图的基本符号含义与双代号网络图不尽相同。与双代号网络图比较,单代号网络图绘图简便,逻辑关系明确,没有虚箭杆,便于检查修改。特别是随着计算机在网络计划中的应用不断扩大,近年来国内外对单代号网终图逐渐重视起来。

一、单代号网络图的绘制

1. 网络图的表示

单代号网络图的表达形式很多,所用的符号也不尽相同,但基本形式是用节点(圆圈或方框)表示工作,用箭线表示工作之间的逻辑关系,所以也被称为工作节点网络图。图12-33即为一个单代号网络图的示例。

(1) 节点

在单代号网络图中,用节点来表示工作。节点可以采用圆圈,也可以采用方框。工作名称或内容、工作编号、工作持续时间以及工作时间参数都可以写在圆圈上或方框上。常用的几种节点表示形式如图12-34所示。

(2) 箭杆

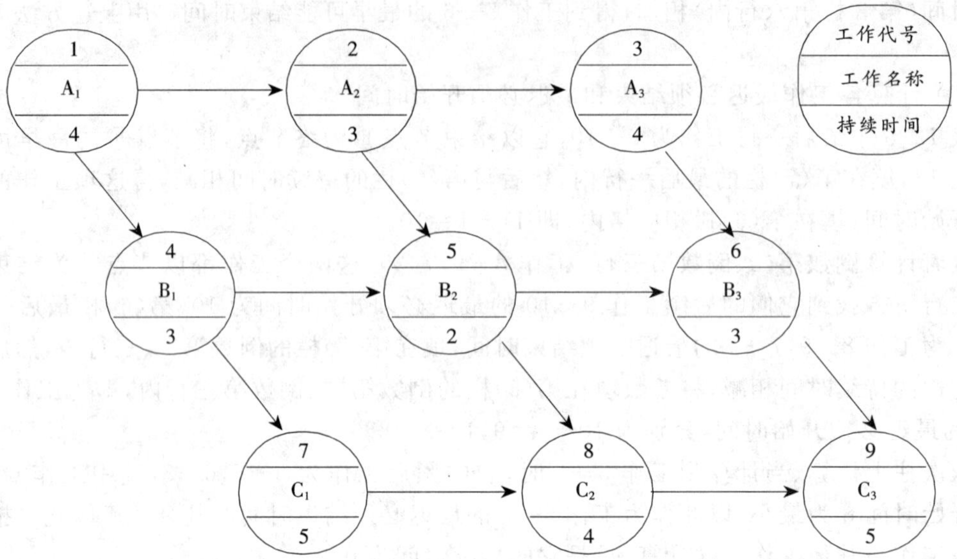

图 12-33　单代号网络图示例

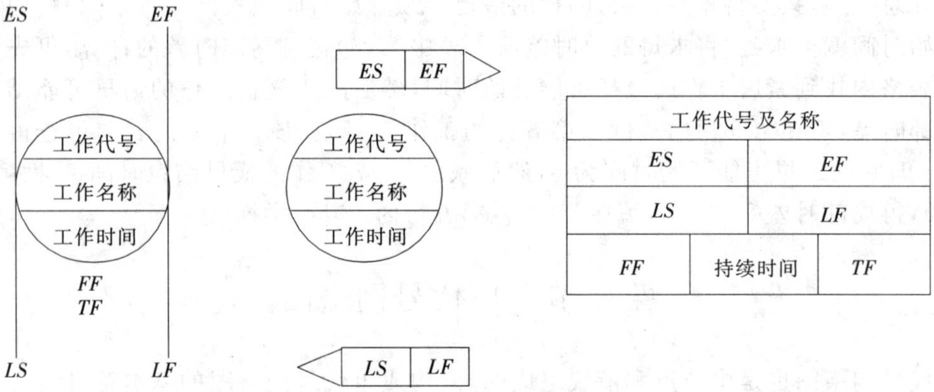

图 12-34　单代号网络图节点的几种表示形式

单代号网络图中的箭杆仅表示工作间的逻辑关系，它既不占用时间也不消耗资源，这一点与双代号网络图中的箭杆完全不同。箭杆的箭头表示工作的前进方向，箭尾节点工作为箭头节点工作的紧前工作。另外，在单代号网络图中表达逻辑关系时并不需使用虚箭杆，但可能会引进虚工作，这是由于单代号网络图也必须只有一个原始节点和一个结束节点，则当几个工作同时开始或同时结束时，就必须引入虚工作（节点），如图 12-35 所示（图中 A，B，C 及 G，H，K 为工作名称）。

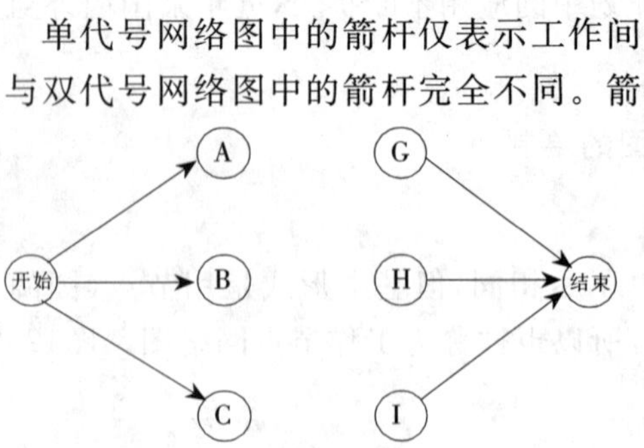

图 12-35

（3）单、双代号网络图表达关系的对比

在表 12-6 中，列出了常用的单代号网络图和双代号网络图的逻辑关系模型。通过对比，我们可以发现：当多个工序在多个施工段分段作业时（如表中第 11 种逻辑关系），用单代号网络图表达比较简单明了，这时若用双代号表示就需增加许多虚箭杆；而当多个工序相互交叉衔接时（如表中第 10 种逻辑关系），用双代号网络图来表达则比较简单，因为若用单代号表示，会有许多箭杆交叉。另外，当采用计算机辅助编制网络计划时，使用单代号网络图比较方便。故采用单代号还是双代号，要根据具体情况选择。

2. 单代号网络图的特点

通过前面对单代号网络图的介绍可以看出，单代号网络图具有以下特点：

(1) 单代号网络图用节点及其编号表示工作，而箭杆仅表示工作间的逻辑关系。

(2) 单代号网络图作图简便，图面简洁，由于没有虚箭线，产生逻辑错误的可能较小。

(3) 单代号网络图用节点表示工作，没有长度概念，不够形象，不便于绘制时标网络图。

(4) 单代号网络图更适合用计算机进行绘制、计算、优化和调整。最新发展起来的几种网络计划形式，如决策网络（DCPM）、图式评审技术（GERT）、前导网络（PN）等，都是采用单代号表示的。

表 12-6　　单代号与双代号网络图逻辑关系表达方法的比较

序号	工序逻辑 紧前	工序逻辑 紧后	双代号网络图	单代号网络图
1	A B	B C	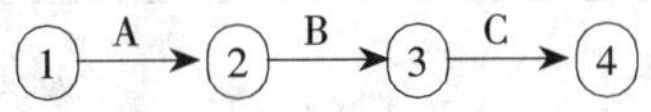	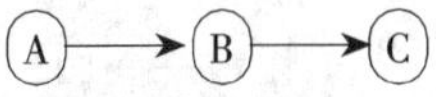
2	A	C B	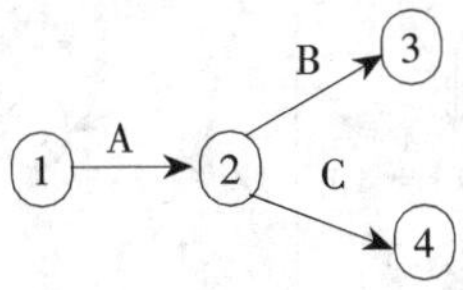	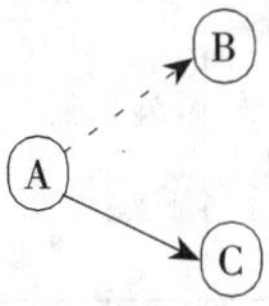
3	B A	C	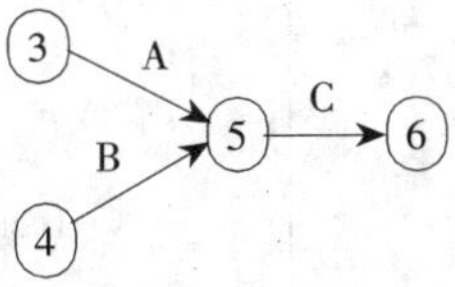	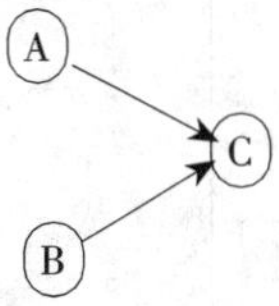
4	— A B	A,B C D	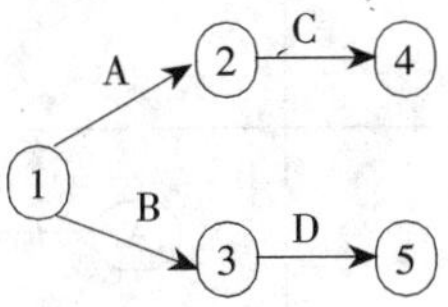	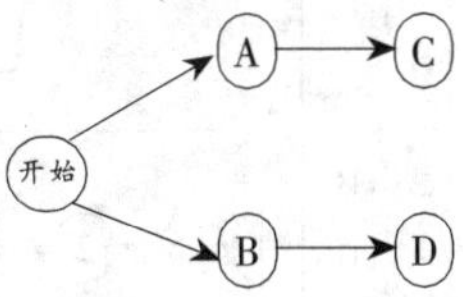
5	A B	C,D D	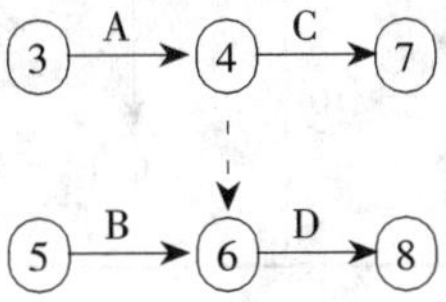	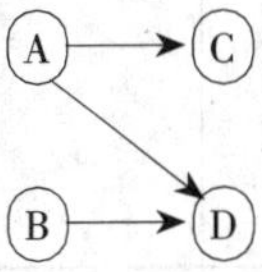

续表

序号	工序逻辑		双代号网络图	单代号网络图
	紧前	紧后		
6	A B,C	B,C D	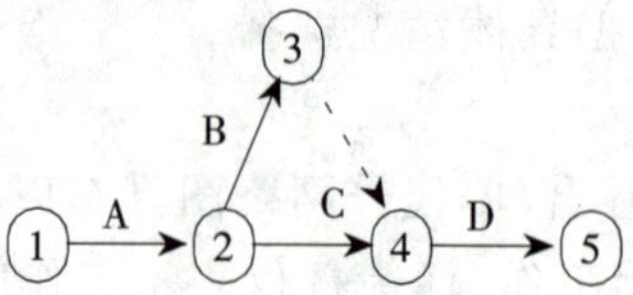	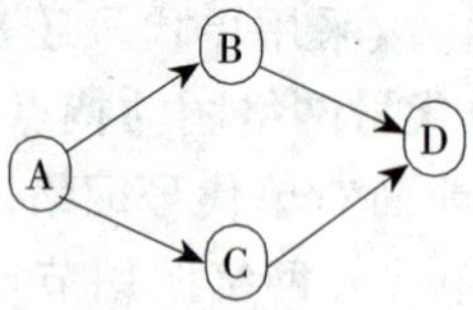
7	A,B	C,D	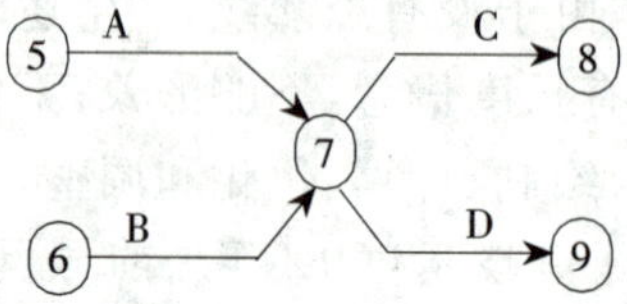	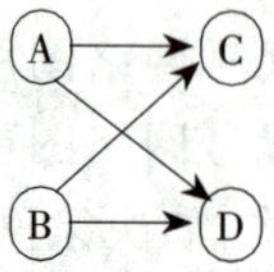
8	A B C D,E	B,C D,E E F	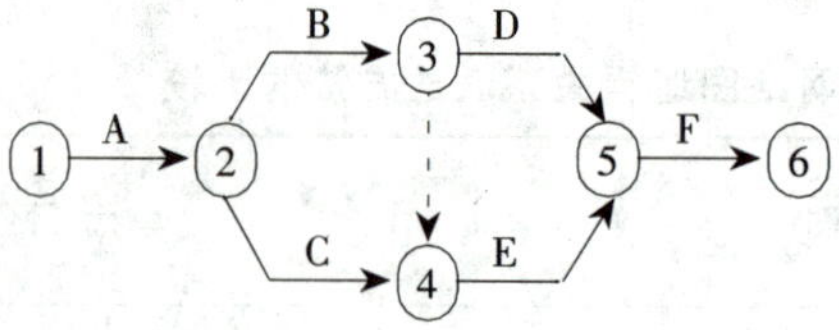	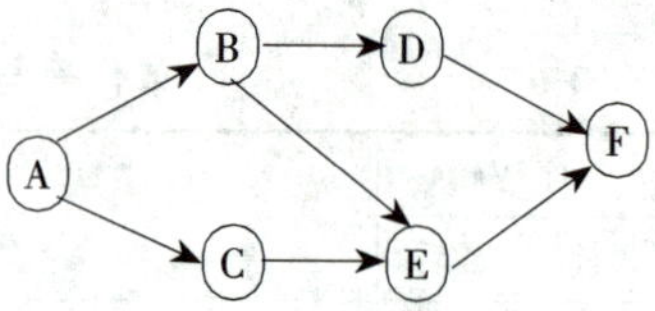
9	A B C D E F G,H	B,C E,F D,E G G,H H I	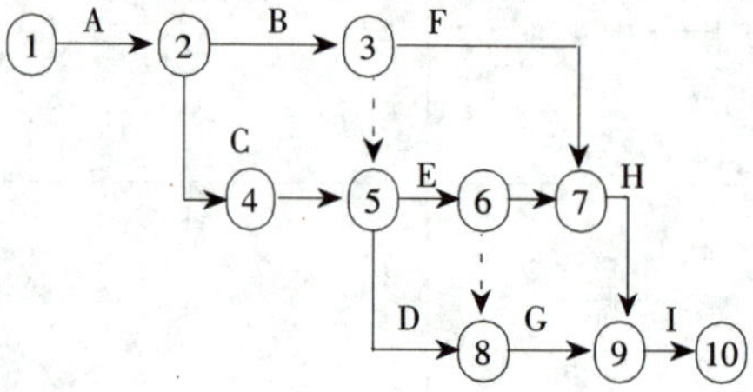	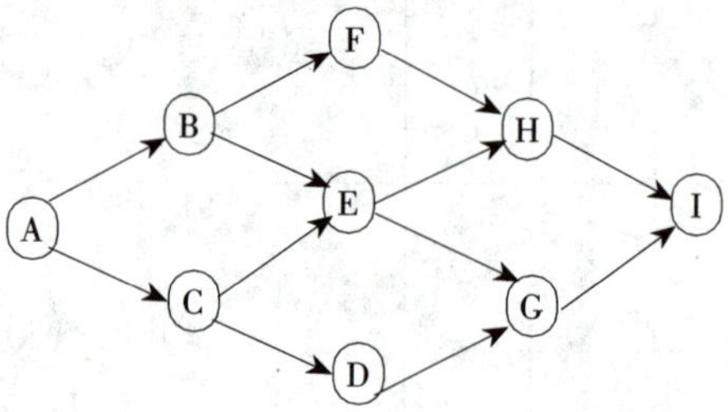
10	A,B,C	D,E,F	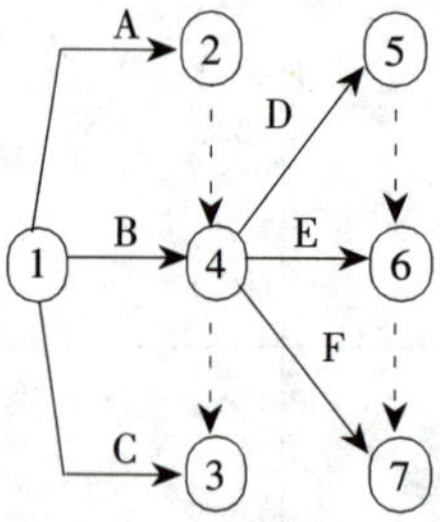	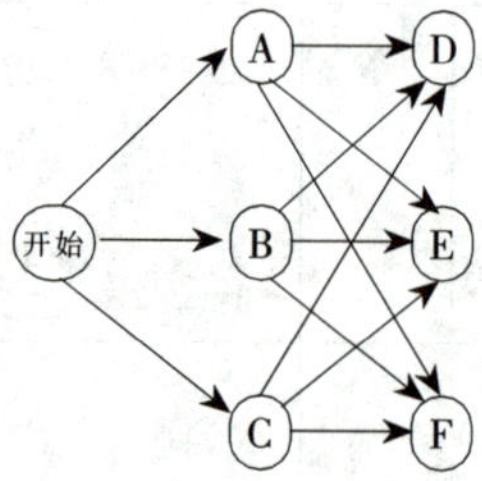
11	A_1 A_2 A_3 B_1 B_2 B_3 C_1 C_2	A_2,B_1 A_3,B_2 B_3 B_2,C_1 B_3,C_2 C_3 C_2 C_3	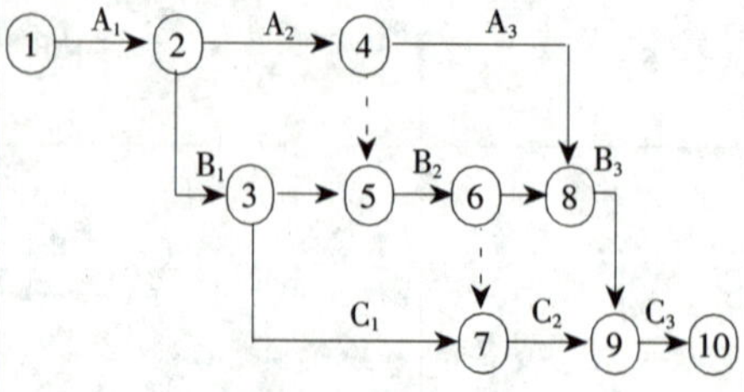	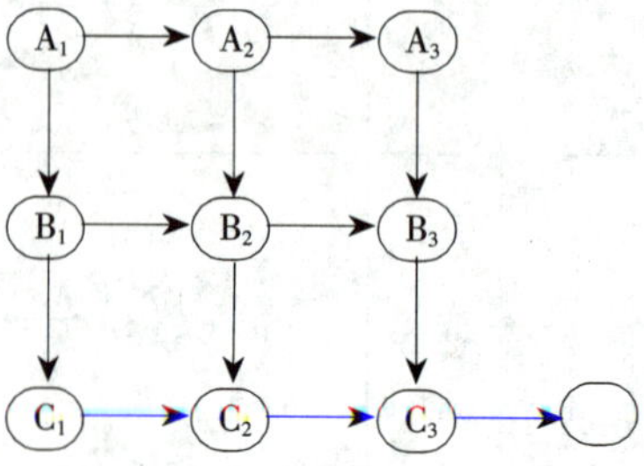

3. 单代号网络图绘图基本规则

(1) 因为每个节点只能表示一项工作,所以各节点的代号不能重复。

(2) 用数字代表工作的名称时,宜由小到大按活动先后顺序编号。

(3) 不允许出现循环的线路。

(4) 不允许出现双向的箭杆。

(5) 除原始节点和结束节点外,其他所有节点都应有指向箭杆和背向箭杆。

(6) 在一幅网络图中,单代号和双代号的画法不能混用。

4. 绘图实例

已知 网络图的资料如表 12-7 所示,试绘出单代号网络图。

解 根据上述资料,首先设置一个开始的虚节点,然后按工作的紧前关系或紧后关系,从左向右进行绘制,最后设置一个终点的虚节点。本例经整理后的单代号网络图如图 12-36 所示。

表 12-7 **网络资料表**

工作名称	紧前工作	紧后工作
A	—	G
B	—	D,E
C	—	E,F
D	B	G
E	B,C	H
F	C	I
G	A,D	—
H	E	—
I	F	—

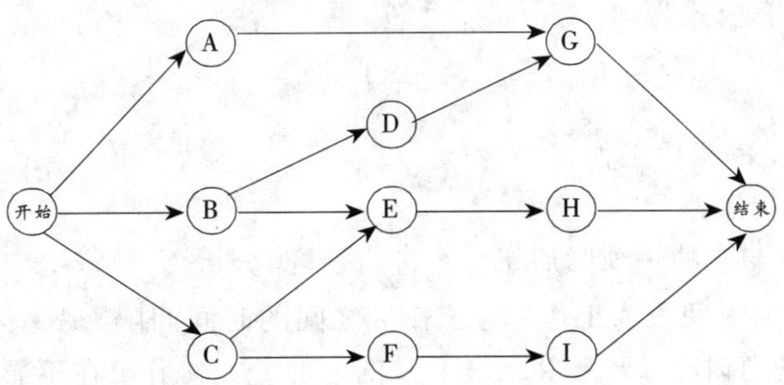

图 12-36 根据表 12-7 所绘制的单代号网络图

读者可将其改成双代号网络图,以作对比。

二、单代号网络图的计算

用节点表示工作是单代号网络图的特点，节点编号就是工作的代号，箭杆只表示工作的顺序关系，因此并不像双代号网络图那样，要区分节点时间和工作时间。下面以图上计算法为例来叙述单代号网络图的时间参数计算。在计算中常用下列符号来表示工作的各种时间参数：

D_i——工作 i 的持续时间；

ES_i——工作 i 的最早开始时间；

EF_i——工作 i 的最早结束时间；

LS_i——工作 i 的最迟开始时间；

LF_i——工作 i 的最迟结束时间；

TF_i——工作 i 的总时差；

FF_i——工作 i 的局部时差。

如果设有虚拟的开始节点，该节点的开始时间和工作时间均为零。

1. 计算工作最早开始和最早结束时间

工作 j 的最早可能开始时间 ES_j，取决于该工作所有紧前工作 i 的完成；而 ES_j 加上工作 j 的持续时间就可以求得最早可能结束时间 EF_j。公式如下：

$$ES_0=0,\quad EF_0=0;\quad (0\ \text{节点为虚拟开始节点})$$

$$\left.\begin{aligned}ES_j&=\max[EF_i]\\EF_j&=ES_j+D_j\end{aligned}\right\}(i<j) \tag{12-11}$$

2. 计算前后工作时间间隔

为便于计算工作时差，引进时间间隔参数 LAG_{i-j}，它表示某项工作 i 的最早可能结束时间 EF_i 至其某一项紧后工作 j 的最早可能开始时间 ES_j 的时间间隔，即

$$LAG_{i-j}=ES_j-EF_i \tag{12-12}$$

3. 计算局部时差

工作的局部时差，是工作在不影响其所有紧后工作的最早开始时间的前提下所具有的机动时间，所以其计算公式为：

$$FF_i=\min[LAG_{i-j}] \tag{12-13}$$

式中，工作 j 为工作 i 的紧后工作。

4. 计算总时差

任取一项工作 i 与它的一项紧后工作 j 进行研究，分析 EF_i 至 LS_j 这一时间段(图 12-37)。EF_i 至 ES_j 这一时间段为工作 i 与工作 j 之间的时间间隔 LAG_{i-j}，而 ES_j 至 LS_j 这一时间段为工作 j 的总时差 TF_j。由于工作 i 的总时差是工作 i 在不影响其所有紧后工作 j 的最迟必须开始时间的前提下所具有的机动时间，所以当工作的完成时间处于 EF_i 至 LS_j 这一时间段时，不会影响总工期，即

$$TF_i=\min[LAG_{i-j}+TF_j] \tag{12-14}$$

计算各工作的总时差时，结束节点工作的最迟必须结束时间等于规定工期或最早可能结

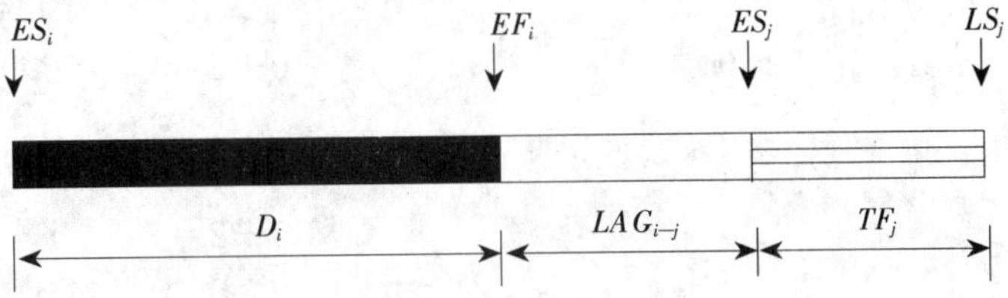

图 12-37 时差分析示图

束时间，从而可以确定最后一个节点工作的总时差，然后从后向前逆向求出各节点的总时差。

5. 计算工作最迟必须开始时间和最迟必须结束时间

由总时差与工作最早时间和最迟时间的关系式：

$$TF_i = LS_i - ES_i = LF_i - EF_i$$

可得

$$\begin{cases} LS_i = ES_i + TF_i \\ LF_i = EF_i + TF_i \end{cases} \tag{12-15}$$

当然也有 $LF_i = LS_i + D_i$。

例题 已知某单代号网络图如图 12-38 所示，试进行时间参数计算。

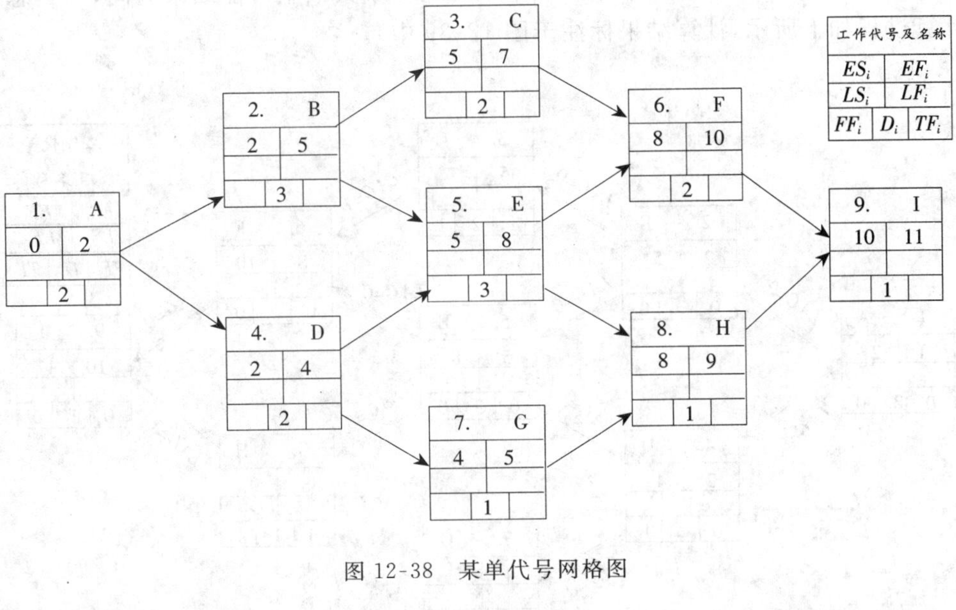

图 12-38 某单代号网格图

解

首先计算工作的最早时间，计算由网络图的原始节点向结束节点方向进行，套用公式(12-11)。

计算过程如下：

节点	工作	工作最早开始时间 ES_i	工作最早结束时间 EF_i
①	A	0	0+2=2
②	B	2	2+3=5
③	C	5	5+2=7
④	D	2	2+2=4
⑤	E	max[4,5]=5	5+3=8
⑥	F	max(7,8)=8	8+2=10
⑦	G	4	4+1=5
⑧	H	max[5,8]=8	8+1=9
⑨	I	max[10,9]=10	10+1=11

计算结果标注于图 12-38 中。

再计算前后工作时间间隔 LAG_{i-j}，套用公式(12-12)，该计算比较简单，过程从略，计算结果标注于图 12-39 中(时间间隔为零的线路标为双线)。

再计算各工作局部时差 FF_i，套用公式(12-13)，过程从略，结果标注于图 12-39 中。

下面计算各工作的总时差 TF_i，计算套用公式(12-14)，自网络图的结束节点向原始节点逆向进行(取结束节点工作的最迟必须结束时间等于其最早可能结束时间，则其总时差为零。计算过程如下所示，计算结果标注于图 12-39 中)。

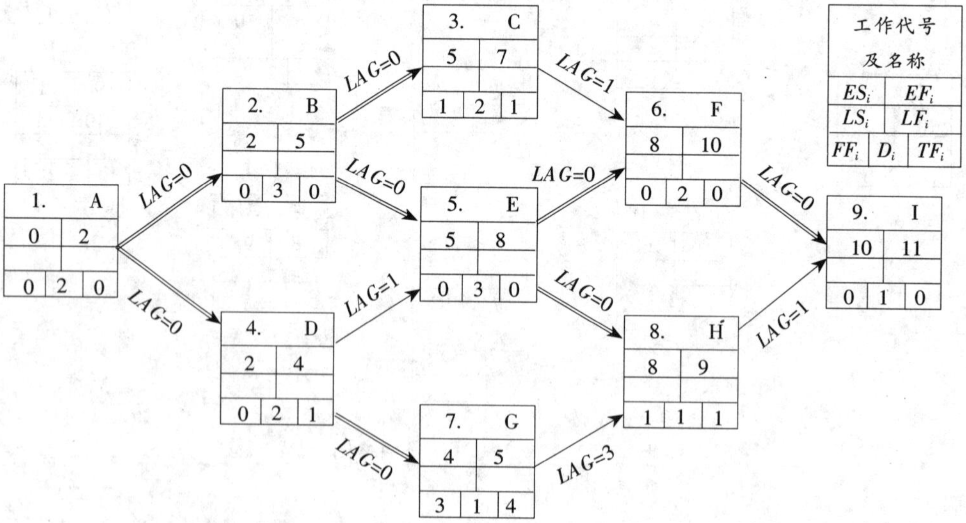

图 12-39　标注某些时间参数的单代号网络图

节点	工作	总时差 TF_i
⑨	I	0
⑧	H	1+0=1
⑦	G	3+1=4
⑥	F	0+0=0
⑤	E	min[0+0,0+1]=0
④	D	min(1+0,0+4)=1
③	C	1+0=1
②	B	min(0+1,0+0)=0
①	A	min(0+0,0+1)=0

最后,计算各工作的最迟开始和最迟结束时间,套用公式(12-15),计算过程如下:

节点	工作	最迟开始时间 LS_i	最迟结束时间 LF_i
①	A	0+0=0	2+0=2
②	B	2+0=2	5+0=5
③	C	5+1=6	7+1=8
④	D	2+1=3	4+1=5
⑤	E	5+0=5	8+0=8
⑥	F	8+0=8	10+0=10
⑦	G	4+4=8	5+4=9
⑧	H	8+1=9	9+1=10
⑨	I	10+0=10	11+0=11

计算结果标注于图 12-40 中,其中的关键线路以粗黑线标出。

由本例题可以看出,单代号网络图时间参数的计算顺序不同于双代号网络图。

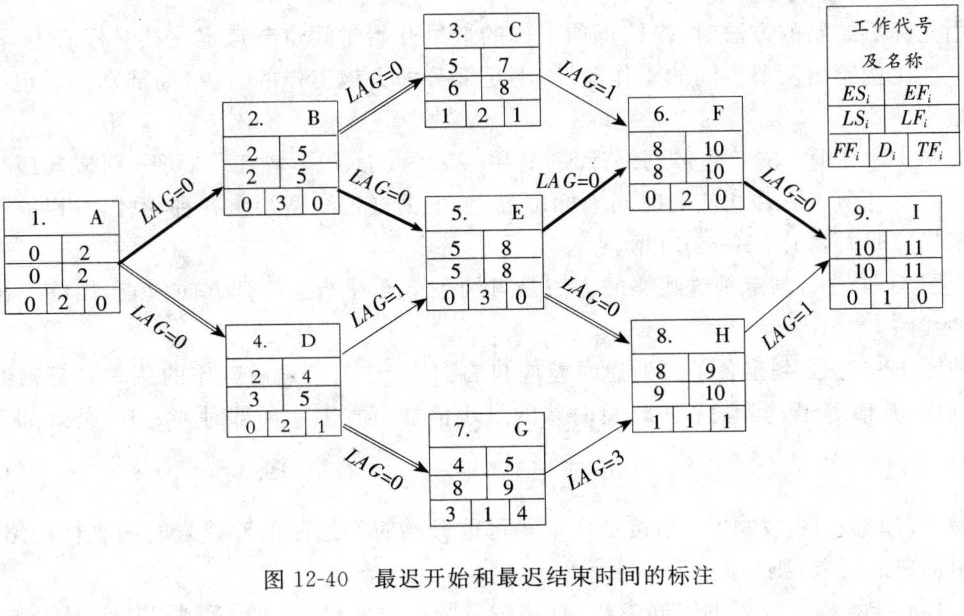

图 12-40 最迟开始和最迟结束时间的标注

第三节　时间坐标网络计划

时间坐标网络计划简称时标网络，是网络计划的另一种表现形式。在前述网络计划中，箭杆长短并不表明时间的长短，而在时间坐标网络计划中，节点位置及箭杆的长短即表示工作的时间进程，这是与一般网络计划的主要区别。

时间坐标网络计划是网络图与横道图的结合，在编制过程中既能看出前后工作的逻辑关系，表达形式又比较直观，能一目了然地看出各项工作的开工和结束的时间，便于在图上计算劳动力、材料用量等资源用量，并能在图上调整时差，进行网络计划的时间和资源的优化，是一种得到广泛应用的计划形式。但调整时间坐标网络计划的工作较烦，这是由于它是用箭杆或线段的长短来表示每一活动的持续时间，若改变时间，就需改变箭杆的长度和节点的位置，这样往往会引起整个网络图的变动，因此，时间坐标适用于编制工艺过程较简单的施工计划。对于工作项目较多的计划，仍以常用的网络计划为宜。

下面介绍如何绘制双代号时间坐标网络图。

双代号时间坐标网络图中，箭杆一般是沿水平方向画，以细实线箭杆表示工作，粗箭杆表示关键工作，虚箭杆表示虚工作，以波形线表示时差。

双代号时标网络图中所有符号在时间坐标上的位置及其水平投影，都必须与其所代表的时间值相对应。节点的中心必须对准时标的刻度线。虚工作必须以垂直的虚箭杆来表示。

双代号时间坐标网络计划可按工作最早可能开始时间来绘制，也可以按最迟必须开始时间来绘制。

按工作最早可能开始时间绘制时间坐标网络计划的方法一般有两种：

(1) 先计算网络计划的时间参数，再根据时间参数在有横向时间坐标的草图上进行绘制

用先算后绘制的方法时，先按每项工作的最早开始时间将节点定位在时标表上，再用规定线型按比例绘出两节点间的工作箭杆，不足部分即为该工作的自由（局部）时差，也按规定线型绘出。

如图 12-41 所示的双代号网络计划，有甲、乙、丙、丁、戊五项工作，可分别按其最早可能开始时间将各节点画在相应的时间坐标位置上，根据规定线型绘出各种箭杆，并以波形线表示出了局部时差，如图 12-42 所示。

在图 12-42 中，判定关键线路的方法是自结束节点开始逆箭杆方向检查，始终不出现波形线的线路。

在图 12-42 中，判定各工作的总时差应自右向左，在其诸紧后工作的总时差都被判定后才能判定，其值等于其诸紧后工作总时差的最小值加上本工作局部时差之和，公式如下：

$$TF_{i-j}=\min\{TF_{j-k}\}+FF_{i-j}\quad(i<j<k)\tag{12-16}$$

另外，如果将图 12-42 改为按工作最早可能开始时间绘制的双代号时间坐标网络图，并在图中标出总时差，则如图 12-43 所示。

(2) 不计算网络计划的时间参数，直接按草图在时间坐标表上绘制。其步骤如下：

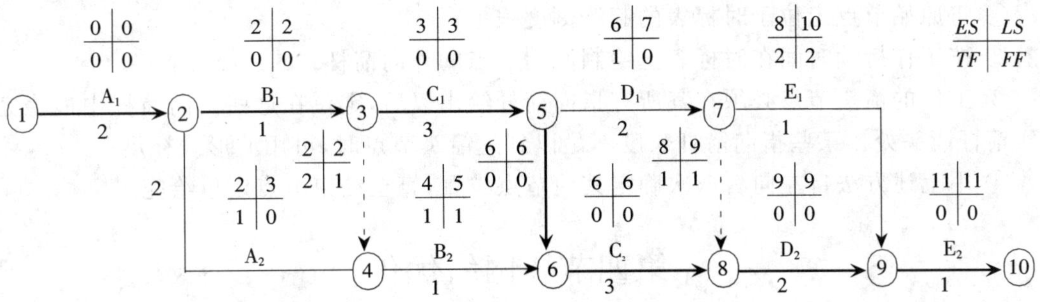

图 12-41　以双代号网络计算时间参数

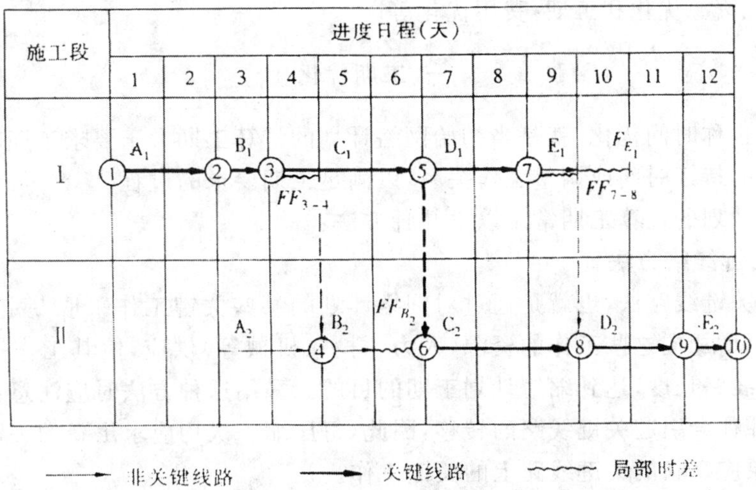

图 12-42　时间坐标网络图(标出局部时差)

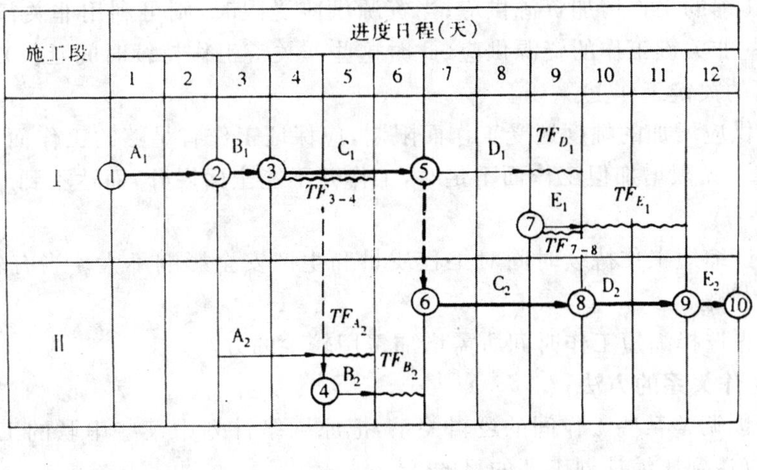

图 12-43　时间坐标网络图(标出总时差)

① 将原始节点定位于时标表的起始刻度线上；

② 按工作持续时间在时标表上绘制原始节点的外向箭杆；

③ 工作的箭头节点必须在其所有指向箭杆绘出以后，定位在这些内向箭杆中最晚完成的实箭杆箭头处。某些指向箭杆长度不足以到达箭头节点时，可用波形线补足；

④ 用上述方法自左向右依次确定其他节点位置，直至结束节点定位绘完。

第四节　网络优化

网络优化，就是在既定条件下，按照某一衡量指标（工期、资源、成本），利用时差调整来不断改善网络计划的最初方案，寻求最优方案的过程。根据衡量指标的不同，网络优化可以分为工期优化、资源优化和工期-费用优化等。

一、工期优化

工期优化也称时间优化，就是当初始网络计划的计算工期大于要求工期时，通过压缩关键线路上工作的持续时间或调整工作关系，以满足工期要求的过程。

缩短网络计划的计算工期常用以下几种方法：

1. 压缩关键线路方法

所谓压缩关键线路法，也就是通过对网络计划的某些关键工作采取一定的施工技术和施工组织措施，增加向这些工作的资源（人力、材料、机械等）供应，使其工作持续时间缩短，从而压缩关键线路长度，达到缩短计划工期的目的。采用这种方法时应注意：关键工作持续时间的缩短，往往会引起关键线路的转移，因此，每压缩一次均应求出新的关键线路，再次压缩时，压缩对象应是新的关键线路上的关键工作。

压缩关键工作时应考虑下列因素：

(1) 工作持续时间缩短以后，相应使得工作对资源的需求强度加大。当资源供应充足时，只需向要压缩的工作增加资源供应；当资源供应受限时，则可利用非关键工作的机动时间，减少向某些非关键工作的资源供应（此时这些非关键工作持续时间延长），而把这些资源抽调至要压缩的关键工作上。

(2) 资源供应增加的幅度还受工作面限制，应保证工作有足够的工作面来展开。否则，即使资源供应可无限增加但工作面不足时，工作并不能全面展开，而达不到压缩工作时间的目的。

(3) 应保证缩短工作持续时间对工程质量和生产安全影响不大。当有较大影响时，应有充分的补救措施。

(4) 应优先选择缩短工作时间所需增加费用较少的方案。

2. 调整工作关系的方法

如果有可能调整某些工作间的逻辑关系，把原网络计划中某些串联的工作调整为平行进行，则也可以达到压缩计划工期的目的。

例题　已知某网络计划如图 12-44，图中箭杆上括号外数据为工作正常持续时间，括号内数据为该工作最短可能持续时间，时间单位为月，规定工期为 12 个月。试应用压缩关键线路法来进行工期优化。

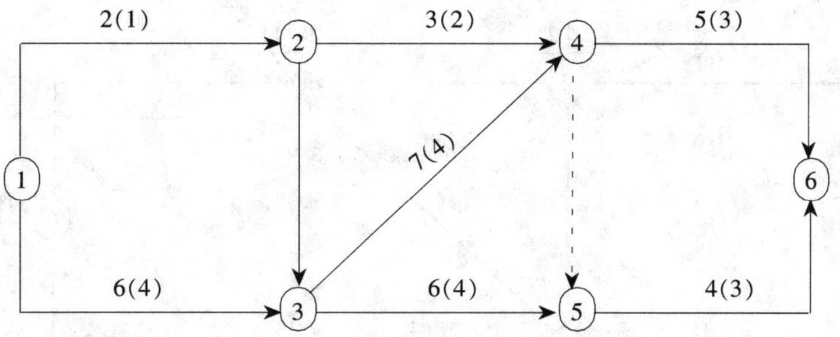

图 12-44　某项工程的网络计划图

解

第一步　计算并找出网络计划的关键线路及关键工作。用正常工作持续时间计算各节点的最早可能开始时间和最迟必须开始时间,可以判定关键线路为①—③—④—⑥,图中用粗线标出,如图 12-45 所示。

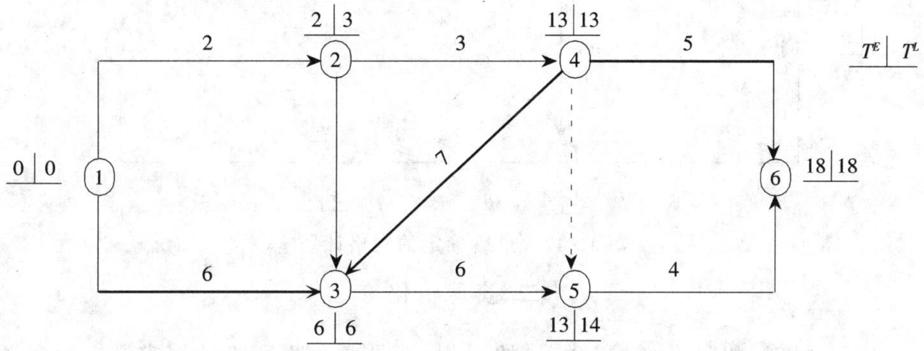

图 12-45　图 12-44 的关键线路

第二步　确定计算工期的压缩目标。规定工期为 12 个月,计算工期为 18 个月,所以应压缩 6 个月。

第三步　确定各关键工作应压缩的时间。由图 12-44 中所标注的各工作的正常持续时间和最短可能持续时间可知,工作①—③可压缩 2 个月,③—④可压缩 3 个月,④—⑥可压缩 2 个月,这样,原关键线路总计可压缩的工期为 7 个月。

由于只需压缩 6 个月,且考虑到④—⑥工作的正常持续时间只有 5 个月,压缩 2 个月会造成施工难度偏大,所以仅将其压缩 1 个月。另外两项工作则分别压缩 2 个月和 3 个月。

调整原关键线路以后的网络计划将重新计算,如图 12-46 所示。图中标出了新的关键线路。

第四步　一次压缩后不能满足工期要求,再作第二次压缩。

现在的关键线路是①—②—③—⑤—⑥,计算工期为 15 个月,应比规定工期 12 个月压缩 3 个月。考虑到压缩工作 5—6 会造成施工费用增幅过大,现只将关键工作中的工作②—③和工作③—⑤分别压缩 1 个月和 2 个月。压缩以后的网络计划如图 12-47 所示,对其进行计算,可知已满足工期要求。

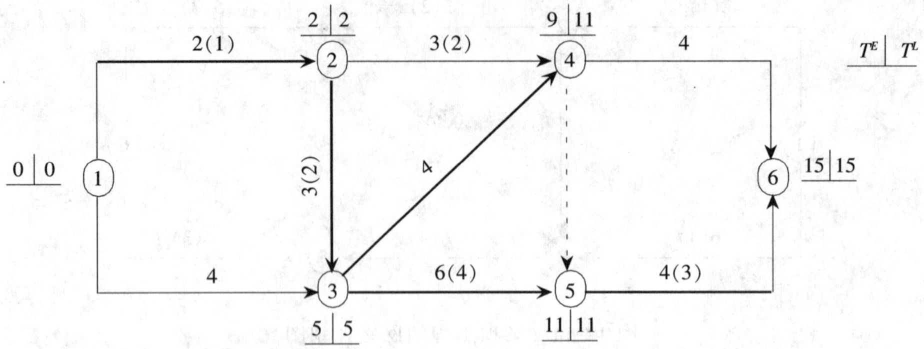

图 12-46　第一次压缩后的网络计划

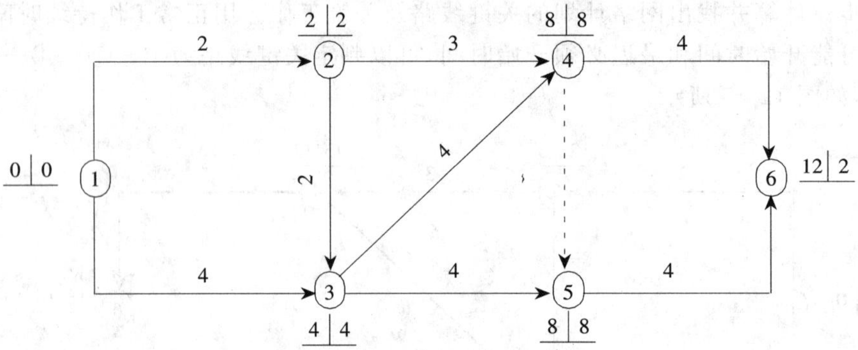

图 12-47　最后确定的网格计划

二、资源优化

资源(人力、材料、机具设备、资金等)的优化,就是要解决网络计划实施中的资源供求矛盾或实现资源的均衡利用,以保证工程的顺利完成,并取得良好的技术经济效果。通常,资源优化有两种不同的目标:资源有限,工期最短;工期一定,实现资源的需求均衡。

(一) 在资源有限条件下,寻求工期最短的优化方法

资源有限使工期最短的优化是指在资源供应有限的前提下,保持各个工作的每日资源需求量(强度)是常数,合理的安排资源分配,寻找最短计划工期的过程。

1. 资源有限、工期最短优化的前提条件

(1) 优化过程中不改变网络计划的逻辑关系。

(2) 在优化过程中,网络计划的各工作持续时间不予变更。

(3) 各工作的每天资源需要量是常数,且是合理的。

(4) 除规定可中断的工作外,一般不允许中断工作,应保持其连续性。

2. 资源优化分配的原则

资源优化分配,是指根据各工作对网络计划工期的影响程度,将有限的资源进行科学的分配,从而实现工期最短。其原则如下:

(1) 关键工作优先满足,按每日资源需求量大小,从大到小顺序供应资源。

(2) 非关键工作在满足关键工作的资源需求以后再供应资源。在优化过程中,于前面时段已开始被供应而又不允许中断的工作,按其开始的先后顺序优先供应资源;其他非关键

工作，按总时差由小到大的顺序供应资源，总时差相等时，以叠加量不超过资源供应限额的工作优先供应资源。

(3) 最后考虑给计划中总时差较大，允许中断的工作供应资源。

3. 优化的步骤

为把问题简化，假定所有的工作需要同样的一种资源，在各工作每日资源需求量为常数的前提下，网络计划的每日资源需要量曲线为一阶梯形的曲线，如图 12-49 所示。曲线的每一突变，说明有工作在该时间点开始或结束。每日资源需要量不变且连续的一段时间(即每一阶梯所对应的时间)，称为一个时段。有限资源优化是按分配原则逐时段进行，也就是合理调整各工作的开始和结束时间，"削平"超过资源限制条件的"台阶"的过程。具体步骤如下：

(1) 将网络计划绘成时间坐标网络图，该图按早可能开始时间绘制，图中标出局部时差。

(2) 计算并画出网络计划的每日资源需要量曲线，标明各时段的每日资源需要量数值，用虚线标明资源供应量限额 R。

(3) 在每日资源需要量图中，找出最先超过日资源供应限额的时段，然后根据资源优化分配的原则，将该时段内的各工作按顺序编号，从第 1 号至第 n 号。

(4) 按编号由小到大的顺序，依次给本时段的工作分配资源，以不超过日资源供应限额 R 为限。当第 x 号工作首次出现 $\sum_{n=1}^{x}\gamma_{i-j}>R$ 时(γ_{i-j} 为工作 i—j 的日资源需要量)，将第 x 号至第 n 号工作移出本时段。

(5) 绘出工作推移后的时间坐标网络图(如有关键工作或剩余总时差为零的工作需要推移时，网络图仍需符合其逻辑，必要时作适当的修正)，并绘出新的每日资源需要量曲线。

(6) 在新的每日资源需要量曲线图中，从已优化的时段后面找出首先超过日资源供应限额的时段进行优化，即重复第(3)，(4)，(5)步骤。如此反复，直至所有的时段均不超过每日资源供应限额为止。

以上方法，同样适应于解决多种资源的问题。

4. 优化示例

如某网络图(图 12-48)，图中箭杆上所标数字，括号外为工作持续时间，括号内为工作每日资源需要量 γ_{i-j}。每日资源供应量 $R=9$ 单位，各工作不允许中断。图中求出了各节点的最早可能和最迟必须时间。

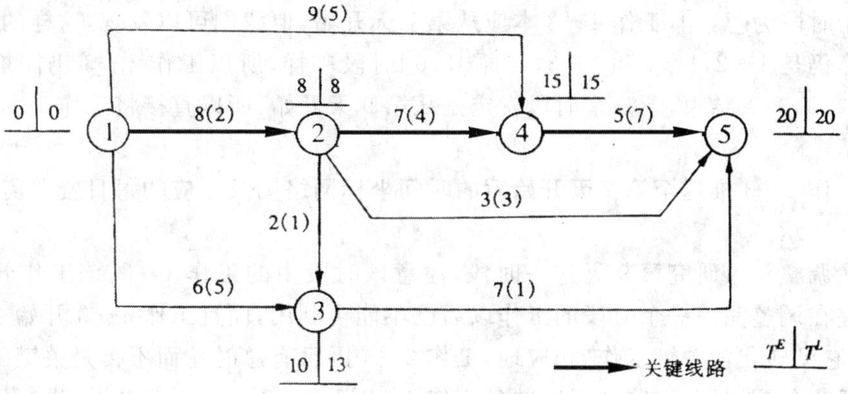

图 12-48　某网络图

绘出该网络计划的时间坐标网络图和每日资源需要量曲线，如图 12-49 所示。

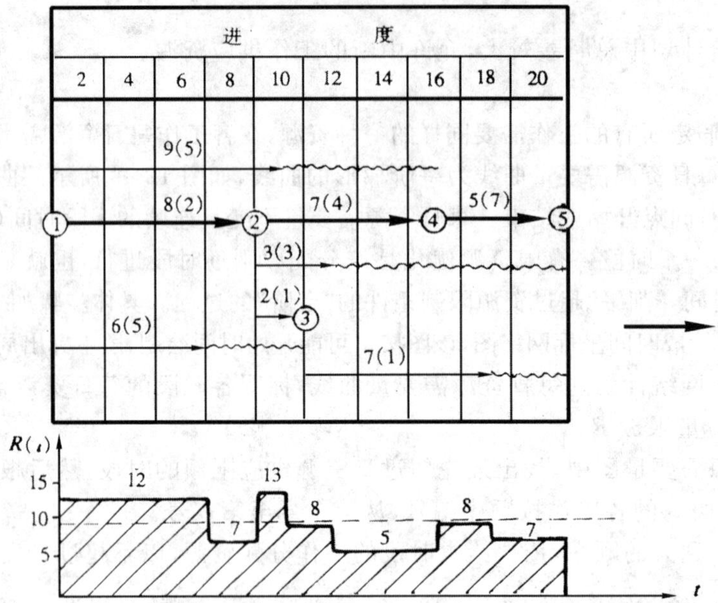

图 12-49 图 12-48 的时间坐标网络和资源需要量曲线

第一次调整 时段[1,6]，每日资源需求量为 13>9，所以，首先调整该时段。

对该时段内的工作按优化分配原则进行编号：

编号顺序	工作名称 $i—j$	每日资源需要量 γ_{i-j}	编号依据
1	1—2	2	关键工作
2	1—4	5	非关键工作 $TF=6$
3	1—3	5	非关键工作 $TF=7$

按编号顺序，依次对各项工作分配资源，由于供应条件 $R=9$，所以只能分配给第 1 和第 2 项工作（$2+5=7(<9)$），而第 3 项工作 1—3（$\gamma_{1-3}=5$）则分配不到，应推迟到 $t=6$ 以后开始。

下一个时段为[7,8]，工作 1—3 本应从第 7 天开始，但我们可以发现，这样的话在[7,8]时段内工作仍是 1—2，1—4 和 1—3，与原[1,6]时段一样，所以工作 1—3 仍需推迟。由于工作 1—2 在第 8 天结束，下一个时段肯定是从第 9 天开始，所以直接将工作 1—3 推迟至第 9 天开始。

绘出工作 1—3 推迟至第 9 天开始后的时间坐标网络图及相应的每日资源需要量曲线，如图 12-50 所示。

第二次调整 再研究第 9 天这一时段，注意该时段中的工作 1—3，该工作开始时间以前的总时差在调整完前一个时段的工作以后已不能再利用，而且工作 1—3 开始之后已没有时差，所以它已转化为关键工作，相应地，工作 2—4 因已有总时差而不再是关键工作。

根据优化分配原则，对第 9 天内的各工作 1—3，1—4，2—3，2—5，2—4 进行编号：

编号顺序	工作名称 $i—j$	每日资源需要量 γ_{i-j}	编号依据
1	1—4	5	在前面时段已经开始
2	1—3	5	关键工作
3	2—4	4	非关键工作 $TF=1$
4	2—3	3	非关键工作 $TF=4$
5	2—5	1	非关键工作 $TF=10$

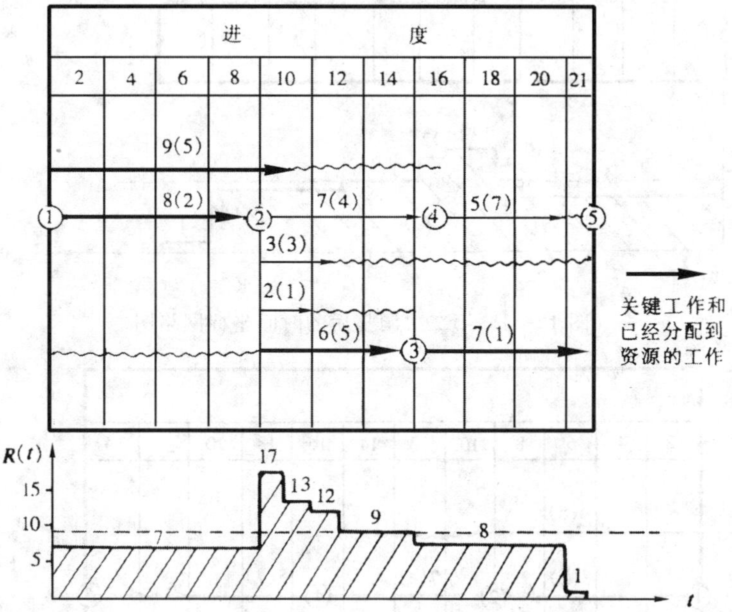

图 12-50　第一次调整后的时间坐标网络图

按编号顺序，给该时段各工作分配资源。其中，第 1 项工作 1—4 分配给 $\gamma_{1-4}=5$，第 2 项工作 1—3 的 $\gamma_{1-3}=5$，这时出现 $\gamma_{1-4}+\gamma_{1-3}=5+5>R=9$，所以第 2 项工作 1—3 分配不到资源，而只能推迟。第 3 项工作 2—4 的 $\gamma_{2-4}=4$，刚好 $\gamma_{1-4}+\gamma_{2-4}=5+4=9=R$，所以剩下的工作 2—5 和 2—3 也只能推迟到以后的时段。

绘出第二次调整以后的时间坐标网络图和相应的每日资源需要量曲线，如图 12-51 所示。

第三次调整　经过研究可以发现，下面三个时段[10,11]，[12]和[13,15]调整均是将工作 2—3 和 2—5 推迟，需推迟至第 16 天开始。

然后绘出新的时间坐标网络图及相应的资源需要量曲线，检查各时段，将不满足限制条件的时段内的工作再做调整，依次类推，直至各时段的每日资源需要量均满足供应限额，最后可得如图 12-52 所示最短工期的近似解。

当工程需要使用多种资源时，也可使用上述方法进行优化，当然计算和调整工作更为繁重。

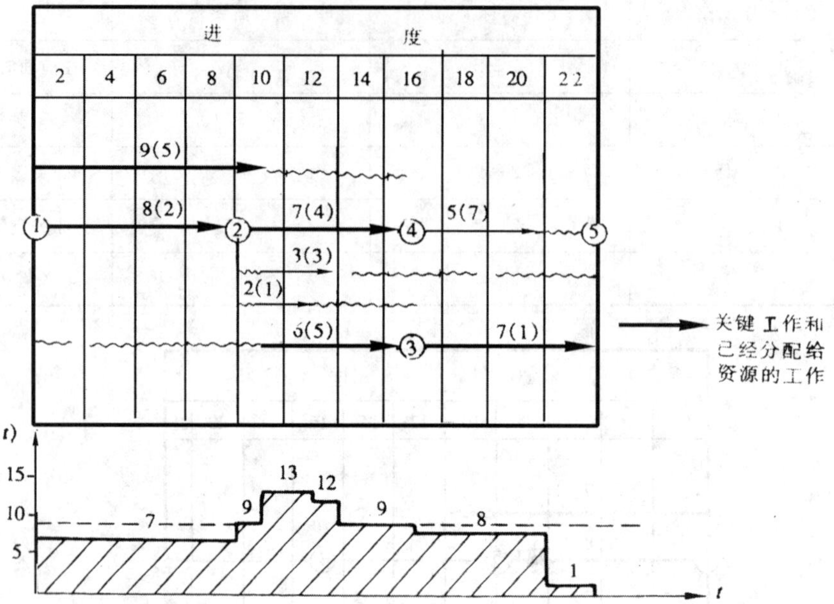

图 12-51　第二次调整后的时间坐标网络图

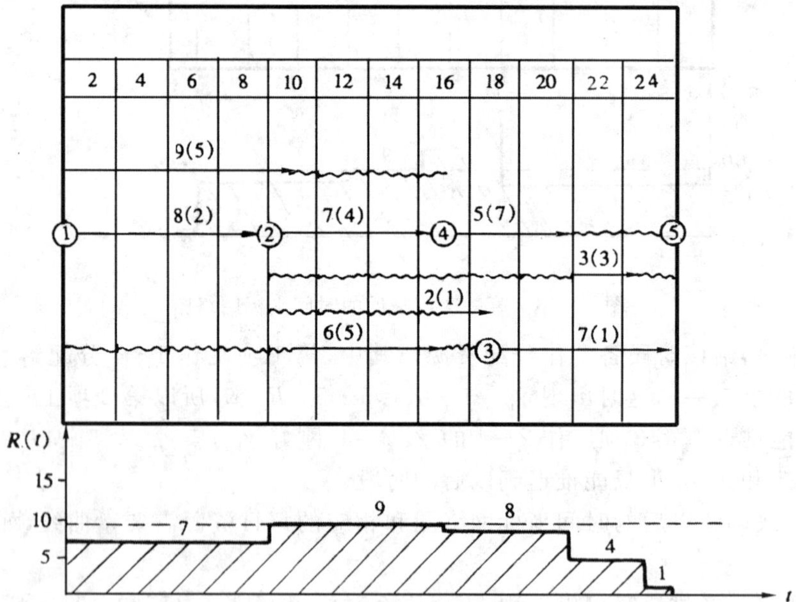

图 12-52　第三次调整后的时间坐标网络图

（二）工期固定，寻求资源消耗最均衡方案的优化方法

制定一项工程计划，总是希望对资源的使用安排尽可能地保持均衡，使每日资源需要量不出现过多的高峰和低谷，从而有利于生产施工的组织与管理，有利于施工费用的节约。在各个工作 $i—j$ 的每日资源需要量 γ_{i-j} 为常数的前提下，一般相应于网络计划的每日资源需

要量曲线为一阶梯形曲线，而我们希望最理想的曲线是一矩形图。但由于各项工作的固定顺序及施工班组的安排等因素的制约，编制这种理想的计划是不可能的。优化的任务，就是利用时差对网络计划做一些调整，使阶梯形的资源需要量曲线尽可能地趋近为一水平直线。

工期固定资源均衡的优化方法有多种，有方差值最小法、极差值最小法、削高峰法等。限于篇幅，仅介绍方差值最小的近似解法。

为使问题简化起见，假定各工作 i—j 其 γ_{i-j} 为常数，且假定所有工作都需要同样的一种资源，此时，资源需要量动态曲线为阶梯形，则其方差值 R 为

$$R=\frac{1}{T}\sum_{t=1}^{T}(R_t-R_m)^2=\frac{1}{T}\left(\sum_{t=1}^{T}R_t^2-\sum_{t=1}^{T}2R_tR_m+TR_m^2\right)$$

$$=\frac{1}{T}\sum_{t=1}^{T}R_t^2-R_m^2$$

式中 R_t——t 时的日资源需要量；

R_m——计划的日资源需要量的平均值，$R_m=\frac{1}{T}\sum_{t=1}^{T}R_t$；

T——计划的规定工期。

因为 T，R_m 为常数，要使 R 值最小（即资源需要最为均衡），即

$$\sum_{t=1}^{T}R_t^2=R_1^2+R_2^2+\cdots+R_T^2$$

最小，其优化过程如下：

1. 绘制时间坐标网络图及日资源需要量动态曲线

根据节点的最早可能开始时间，绘制（双代号）时间坐标网络图及相应的日资源需要量动态曲线，从中找出关键线路的长度，标出关键工作和非关键工作的自由时差。为使计划的总持续时间永远满足工期的规定条件，计划优化调整过程中不考虑关键工作的调整，且非关键工作的调整，也必须在总时差允许的范围之内。

2. 工作的右移调整

按照节点最早开始时间的逆向顺序，自右向左对各节点进行调整。

如果节点 j 为最右（后）的一个节点，那么首先对以节点 j 为终节点的非关键工作进行调整；又如果以 j 为终节点的非关键工作中，以工作 i—j 的开始时间为最晚，那么，首先对工作 i—j 进行右移调整。

(1) 假定工作 i—j 在第 k 天开始，在第 l 天结束，则一旦工作 i—j 向右移一天，那么第 k 天和第 $l+1$ 天的日资源需要量将变为 R_k' 和 R_{l+1}'，即

$$R_k'=R_k-\gamma_{i-j}$$

$$R_{l+1}'=R_{l+1}+\gamma_{i-j}$$

工作 i—j 向右移一天后，$R_1^2+R_2^2+\cdots+R_T^2$ 变化后的值与原值的差值为

$$[(R_k')^2+(R_{l+1}')^2]-[R_k^2+R_{l+1}^2]=[(R_k-\gamma_{i-j})^2-R_k^2]+[(R_{l+1}+\gamma_{i-j})^2-R_{l+1}^2]$$

$$=2\gamma_{i-j}[(R_{l+1}+\gamma_{i-j})-R_k]$$

当该差值为非正值即 $(R_{l+1}+\gamma_{i-j})-R_k\leqslant 0$，则意味着工作 i—j 向右移一天能使 R_1^2+

$R_2^2+\cdots+R_T^2$ 的值减小(或不变),所以可将工作 $i—j$ 右移一天。

在工作 $i—j$ 右移一天以后的新的动态曲线上,按上述同样的方法考虑工作 $i—j$ 是否还能再右移一天,如果可以,则右移。如此类推,直至移不动为止。

(2) 如果出现 $(R_{l+1}+\gamma_{i-j})-R_k>0$,则意味着工作不能右移一天,那么就考虑工作 $i—j$ 能否一次右移二天,如果满足下式:

$$(R_{l+2}+\gamma_{i-j})-R_{k+1}<0$$

且又
$$[(R_{l+1}+\gamma_{i-j})-R_k]+[(R_{l+2}+\gamma_{i-j})-R_{k+1}]\leqslant 0$$

则工作 $i—j$ 可以右移二天;反之,则考虑能否一次右移三天,以此类推,检验调整至工作 $i—j$ 移不动为止。

当工作 $i—j$ 的右移定了以后,再依上述方法考虑 j 节点紧前的其他非关键工作的右移。

(3) 当所有的节点按最早开始时间的逆向顺序完成一次调整以后,再重复第一次调整的步骤,进行第二、三…次右移调整,直至所有的工作不能再向右移动为止。

3. 工作的左移调整

根据工作右移调整完成以后的新的日资源需要量动态曲线,对工作进行左移调整。

工作的左移调整,是按照节点的最早开始时间的先后顺序,自左向右来进行。

如果节点 i 为最左(早)的一个节点,那么首先对以节点 i 为开始节点的工作进行调整。又如果以节点 i 为开始节点的非关键工作中,以工作 $i—j$ 的结束时间为最早,那么首先对工作 $i—j$ 进行左移调整。

(1) 仍假设工作 $i—j$ 在第 k 天开始,于第 l 天结束,则当其满足式子 $(R_{k-1}+\gamma_{i-j})-R_l\leqslant 0$ 时,工作 $i—j$ 可左移一天。用同样方法,检查其能否再左移一天,若可以,则工作 $i—j$ 再左移一天,依次类推,左移至移不动为止。

假设工作 $i—j$ 不能左移一天,但满足下式:

$$(R_{k-2}+\gamma_{i-j})-R_{l-1}<0$$

且又
$$[(R_{k-1}+\gamma_{i-j})-R_l]+[(R_{k-2}+\gamma_{i-j})-R_{l-1}]\leqslant 0$$

则工作 $i—j$ 可以一次左移二天;反之,则检验其能否一次左移三天。以次类推。

(2) 依照上述方法,对各节点自左向右进行一次左移调整,并进行第二、第三、……次调整,直至所有的工作左移不动为止。

4. 工作左移调整也完成之后,则整个优化过程结束

优化示例:

某双代号时间坐标网络计划如图 12-53 所示,图中箭杆的上方括号外数字为该工作的持续时间,括号内数字为该工作的资源消耗量 γ_{i-j}。图的下部为相应于该计划的日资源需要量动态曲线,阶梯上的数字为计划的日资源需要量数值。图中,粗箭杆表示关键工作,波形线表示自由时差。

解

(1) 第一次右移调整

① 右移调整时,是按节点开始的后先顺序自右向左进行,故先调整 5 节点。以 5 节点

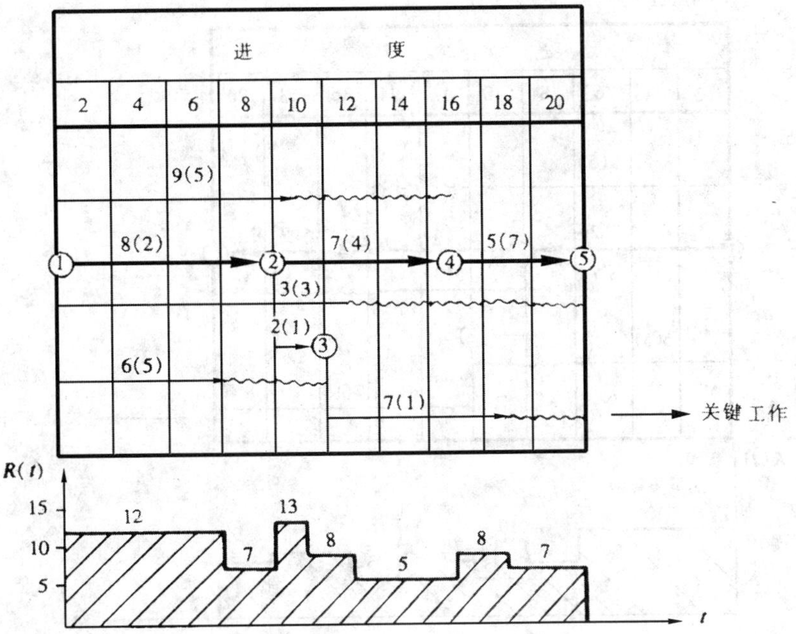

图 12-53 某双代号时间坐标网络计划

为终节点的两项非关键工作 3—5 和 2—5 中，以工作 3—5 的开始时间为迟，故先考虑工作 3—5 的右移调整。

因 $(R_{l+1}+\gamma_{i-j})-R_k=(R_{18}+\gamma_{3-5})-R_{11}=(7+1)-8=0$　可右移一天，$ES_{3-5}=12$

又因 $(R_{l+2}+\gamma_{i-j})-R_{k+1}=(R_{19}+\gamma_{3-5})-R_{12}=(7+1)-5=3>0$　不能右移二天

$(R_{l+3}+\gamma_{i-j})-R_{k+2}=(R_{20}+\gamma_{3-5})-R_{13}=(7+1)-5=3>0$　不能右移三天

由此可见，工作 3—5 右移一天至[12,18]时段，可使动态曲线的方差不变。以工作 3—5 右移一天以后的动态曲线为依据（此图略，该图中 $R_{11}=7$，$R_{18}=8$，其余同图 12-53)，对工作 2—5 进行调整。

因为 $(R_{12}+\gamma_{2-5})-R_9=(5+3)-13=-5<0$　可右移一天，$ES_{2-5}=10$

又因 $(R_{13}+\gamma_{2-5})-R_{10}=(5+3)-13=-5<0$　可右移二天，$ES_{2-5}=11$

$(R_{14}+\gamma_{2-5})-R_{11}=(5+3)-7=1>0$　不能右移三天

注意：检验工作 2—5 是否可右移四、五或六天时，是以工作 2—5 移出[9,11]时段而移至[12,14]时段以后的动态曲线为依据，此时，$R_{12}=5+3=8$，$R_{13}=5+3=8$，$R_{14}=5+3=8$。

因为 $(R_{15}+\gamma_{2-5})-R_{12}=(5+3)-8=0$　不能右移四天

又因 $(R_{15}+\gamma_{2-5})-R_{13}=(8+3)-8=3>0$　不能右移五天

同理，可检验发现工作 2—5 不可右移六、七、八或九天。

节点 5 右移调整完成后可得图 12-54。

② 根据图 12-54 对以节点 4 为终节点的工作 1—4 进行右移调整。

因为 $(R_{10}+\gamma_{1-4})-R_1=(5+5)-12=-2<0$　可右移一天，$ES_{1-4}=2$

$(R_{11}+\gamma_{1-4})-R_2=(7+5)-12=0$　可右移二天，$ES_{1-4}=3$

$(R_{12}+\gamma_{1-4})-R_3=(8+5)-12=1>0$　不能右移三天

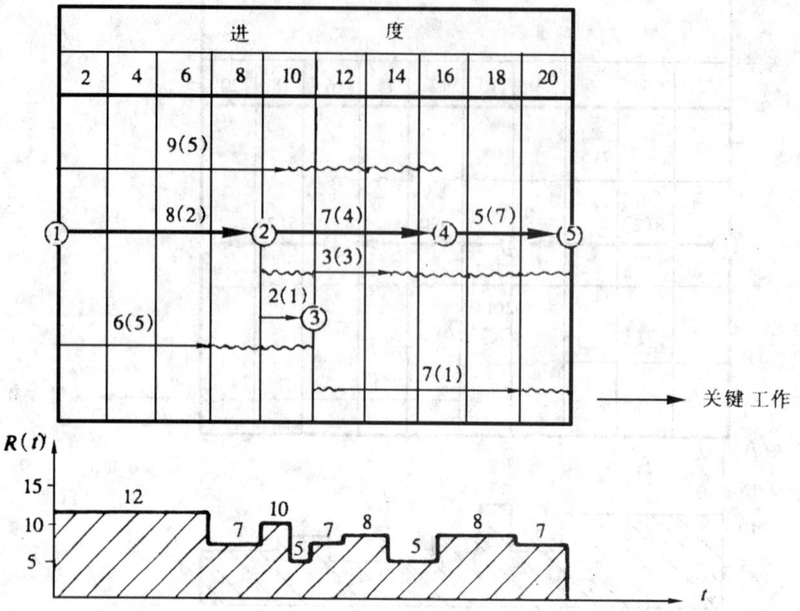

图 12-54　5 节点调整完成后的网络图

$(R_{13}+\gamma_{1-4})-R_4=(8+5)-12=1>0$　　　　不能右移四天

$(R_{14}+\gamma_{1-4})-R_5=(5+5)-12=-2<0$

且又　$[(R_{12}+\gamma_{1-4})-R_3]+[(R_{13}+\gamma_{1-4})-R_4]+[(R_{14}+\gamma_{1-4})-R_5]$

$=1+1-2=0$　　　　可右移五天，$ES_{1-4}=6$

$(R_{15}+\gamma_{1-4})-R_6=(5+5)-12=-2<0$　　　　可右移六天，$ES_{1-4}=7$

节点 4 右移调整完成后可得图 12-55。

③ 对以节点 3 为终节点的非关键工作进行检验，发现均不能右移。至此，第一次右移调整完毕。

(2) 第二次右移调整

① 对节点 5 进行右移调整，先调整工作 3—5。

因为$(R_{19}+\gamma_{3-5})-R_{12}=(7+1)-13=-5<0$　　　　可右移一天，$ES_{3-5}=12$

又因$(R_{20}+\gamma_{3-5})-R_{13}=(7+1)-13=-5<0$　　　　可右移两天，$ES_{3-5}=13$

再调整工作 2—5(以工作 3—5 右移两天以后的动态曲线为依据，该图中 $R_{12}=R_{13}=12$，$R_{19}=R_{20}=8$，其余同图 12-55)。

因为$(R_{14}+\gamma_{2-5})-R_{11}=(10+3)-12=1>0$　　　　不能右移一天

又因$(R_{15}+\gamma_{2-5})-R_{12}=(10+3)-12=1>0$　　　　不能右移两天

虽然$(R_{16}+\gamma_{2-5})-R_{13}=(8+3)-12=-1<0$

但因$[(R_{14}+\gamma_{2-5}-R_{11}]+[(R_{15}+\gamma_{2-5})-R_{12}]+[(R_{16}+\gamma_{2-5})-R_{13}]$

$=1+1-1=1>0$　　　　不能右移三天

工作 2—5 移出[11,13]时段而移至[14,16]时段后，以新的日资源需要量动态曲线(该曲线中，$R_{14}=R_{15}=13$，$R_{16}=9$，其余同工作 3—5 右移两天后的曲线)为依据，检验工作 2—5 能否再向右移。

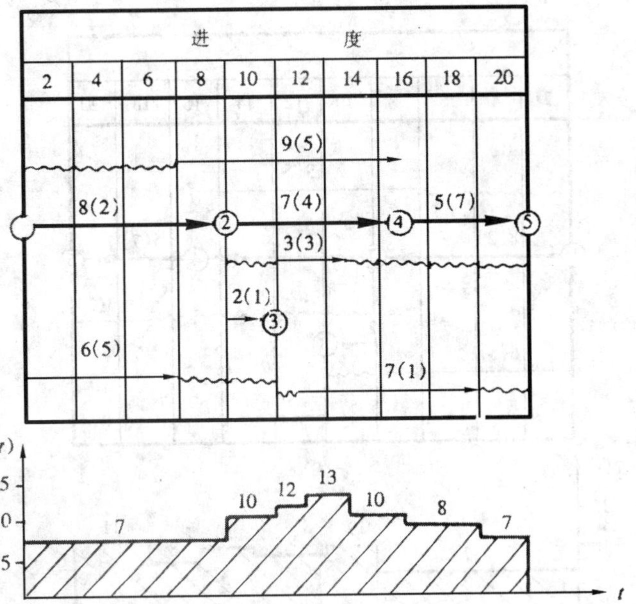

图 12-55 第一次右移调整完成后的网络图

因为 $(R_{17}+\gamma_{2-5})-R_{14}=(8+3)-13=-2<0$

且又 $[(R_{14}+\gamma_{2-5}-R_{11}]+[(R_{15}+\gamma_{2-5})-R_{12}]+[(R_{16}+\gamma_{2-5})-R_{13}]$

$+[(R_{17}+\gamma_{2-5})-R_{14}]=1+1-1-2=-1<0$ 则可右移四天，$ES_{2-5}=15$

又因 $(R_{18}+\gamma_{2-5})-R_{15}=(8+3)-13=-2<0$ 可右移五天，$ES_{2-5}=16$

$(R_{19}+\gamma_{2-5})-R_{16}=(8+3)-11=0$ 可右移六天，$ES_{2-5}=17$

工作 2—5 又移出了[14,16]时段，而移至了[17,19]时段，经检验可知工作 2—5 可右移七天，则 $ES_{2-5}=18$。

节点 5 调整完成后，可得图 12-56。

② 经检验可知其他非关键工作均不能再作右移调整。

(3) 左移调整

根据右移调整完成以后的计划及相应的日资源需要量曲线，按各节点最早开始时间的先后顺序，由左向右对各节点进行调整。

经检验可知，除工作 3—5 以外，其他所有工作左移调整均不能使方差减小。下面是工作 3—5 左移调整的过程。

因为 $(R_{13}+\gamma_{3-5})-R_{20}=(9+1)-11=-1<0$ 可左移一天，$ES_{3-5}=13$

$(R_{12}+\gamma_{3-5})-R_{19}=(9+1)-11=-1<0$ 可左移两天，$ES_{3-5}=12$

$(R_{11}+\gamma_{3-5})-R_{18}=(9+1)-11=-1<0$ 可左移三天，$ES_{3-5}=11$

再向左已移不动。

至此，优化完毕，最后结果如图 12-57。

计划的日资源平均需要量 $R_m=8.6$，原计划未作优化时，日资源最大需要量 $R_{max}=13$，所以，计划的资源需要量不均衡系数为

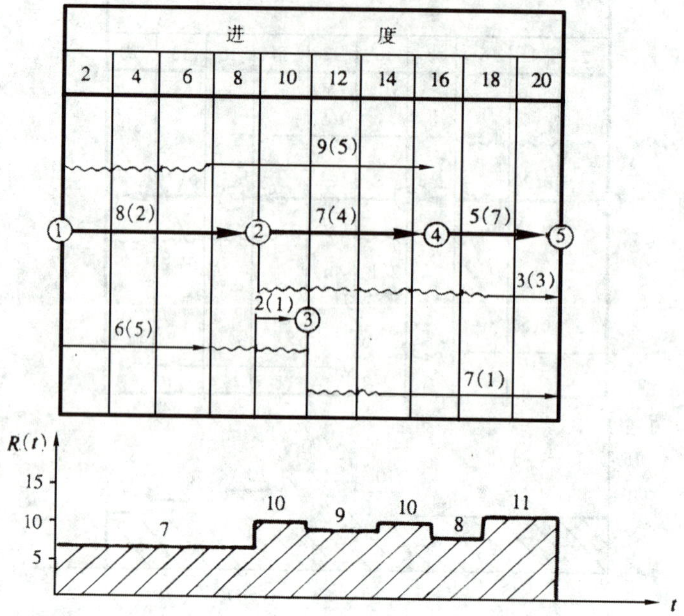

图 12-56　右移调整完成后的网络图

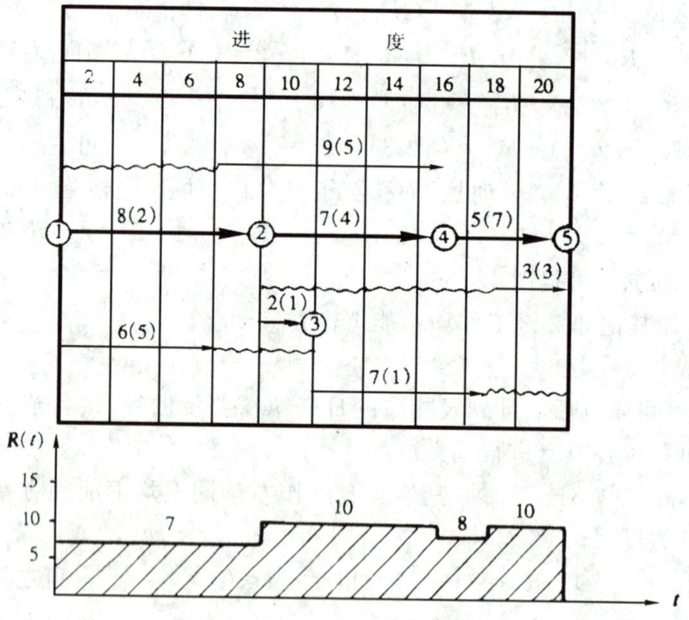

图 12-57　优化完毕后的网络图

$$K=\frac{R_{\max}}{R_m}=\frac{13}{8.6}=1.51$$

计划进行优化调整以后，其日资源最大需要量 $R_{\max}=10$，则资源需要量不均衡系数变为

$$K=\frac{R_{\max}}{R_m}=\frac{10}{8.6}=1.16<1.51$$

笔者认为，之所以在工作右移调整完成以后，需要对工作进行左移调整，是由于一些工作的右移不能使方差值减小而只是使方差值保持不变，但我们仍将其右移而所致。但是，工作之间的相互制约关系，决定了这些右移调整是必需的，而左移调整是对这些右移调整的补充完善。

三、以工程成本最低为前提寻求最优工期的优化方法

建筑工程的成本和工期是相互联系和制约的。在生产效率一定的条件下，要缩短工期（与正常工期相比），提高施工速度，工程就必须投入更多的人力、物力和财力，使工程某些方面的费用增加，却又能使诸如管理费等一些费用开支减少，所以应用网络计划进行工期-成本优化的任务，是同时考虑两方面的因素，寻求最佳组合。

1. 工期-成本曲线和工作持续时间-直接费用曲线

(1) 工程的工期-成本曲线

工程成本由直接费用和间接费用组成。在正常工期 T_0 和加快工期 T_S 之间，缩短工期将引起直接费用的增加和间接费用的减少；反之，延长工期会使直接费用减少，间接费用增加。所以，直接费用曲线和间接费用曲线叠加以后所得到的工期-成本曲线，并不是一条单调曲线，如图 12-58 所示。

工期-成本优化的目的在于：

① 寻求直接费与间接费总和即成本最低的最优工期 T_B，以及与此相对应的网络计划中各工作的进度安排。

② 在工期规定(T_i)的条件下，寻求与此相对应的最低成本，以及网络中各工作的进度安排。

(2) 工作的持续时间-费用曲线

这一曲线反映每一施工过程即网络计划中的各项工作占用不同的持续时间时，相应的直接费用也不一样。在正常持续时间 D 的条件下，所需要的直接费用为 M；当持续时间缩短为 d(加快持续时间)时，相应的直接费用为 m(图 12-59)。

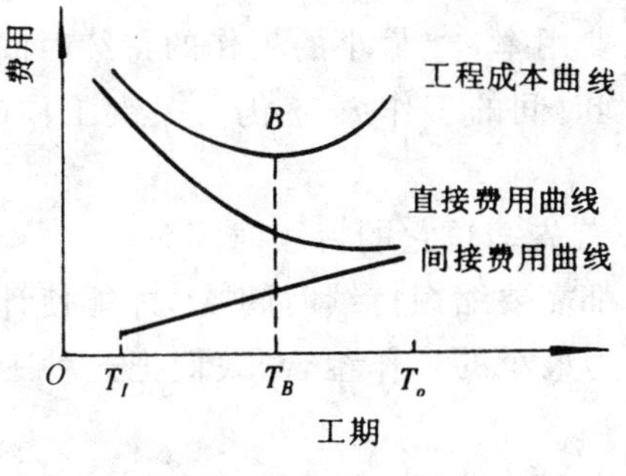

图 12-58 工期-成本曲线

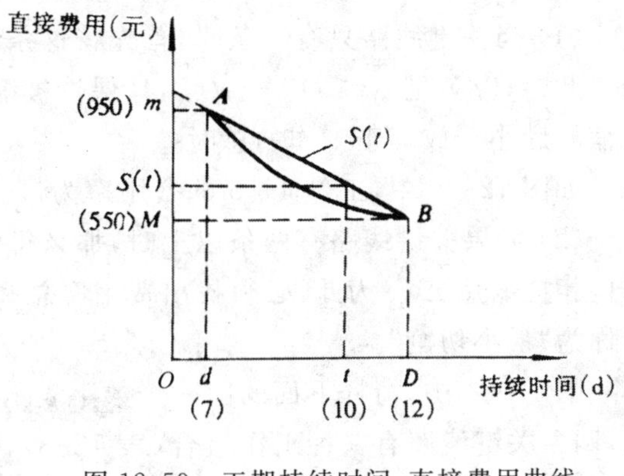

图 12-59 工期持续时间-直接费用曲线

为了简化起见，通常可用直线 AB 表示工作持续时间与费用的关系。工作持续时间 t

介于 D 和 d 之间时，可以由直线方程计算出相应的直接费用 $S(t)$。

① 任意一项工作的费用率 e_{i-j}，反映该项工作缩短（或延长）单位持续时间所需增加（或减少）的费用数额，即

$$e_{i-j}=\frac{m_{i-j}-M_{i-j}}{D_{i-j}-d_{i-j}}$$

图 12-59 中

$$e_{i-j}=\frac{950-550}{12-7}=80(\text{元/d})$$

② 直接费用直线方程可写成

$$S(t)=K-et$$

式中

$$K=M+De=M+D\frac{m-M}{D-d}$$

$$=\frac{DM-dM+Dm-DM}{D-d}=\frac{Dm-dM}{D-d}$$

在图 12-59 中

$$K=\frac{12\times950-7\times550}{12-7}=1510(\text{元})$$

当 $t=10\text{d}$ 时，直接费用为

$$S(10)=1510-80\times10=710(\text{元})$$

2. 优化的思路

工期-成本优化，就是要求出不同工期下的最小直接费用总和。由于关键线路的持续时间是决定工期长短的依据，因此，缩短工期首先要缩短关键工作的持续时间。

由于各工作的费用率不同，即缩短单位持续时间所增加的费用不一样，所以在关键工作中，首先又应缩短费用率最小的关键工作的持续时间。此法称为“最低费用加快方法”。其步骤如下：

(1) 当关键线路只有一条时，首先将这条线路上费用率 e_{i-j} 最小的工作的持续时间缩短 Δt。此时，应满足 $\Delta t\leqslant D_{i-j}-d_{i-j}$，且保持被缩短持续时间的工作 i—j 仍为关键工作（即其压缩幅度小于或等于工作的总时差）。

如图 12-60 中，工作 4—5 的费用率为最小，故应首先缩短它的持续时间。

(2) 如果关键线路有两条以上时，那么每条线路都需要缩短持续时间 Δt，才能使计划工期也相应缩短 Δt。为此，必须找出费用率总和 $\sum e_{i-j}$ 为最小的工作组合，我们把这种工作组合称为“最小切割”。

图 12-61 中，箭杆下面的前一个数字表示 D_{i-j}，后一个带括弧的数字表示 d_{i-j}，在该图中，两条关键线路有 9 种工作组合（表 12-8），缩短任一工作组合的持续时间都可以达到缩短工期的目的，但其中第 7 工作组合的费用率总和为最小。因此，首先应将工作 1—3 和 4—6 的持续时间同时缩短 Δt，此时 Δt 应取工作 1—3 和 4—5 持续时间可能缩短值中的最

小值，且保证缩短后这两项工作仍为关键工作（即其压缩幅度小于或等于工作总时差），所以

$$\Delta t \leqslant \min[D_{i-j} - d_{i-j}]$$

代入数据得 $\Delta t \leqslant \min[(3-1),(4-2)]$，即 $\Delta t \leqslant 2$。

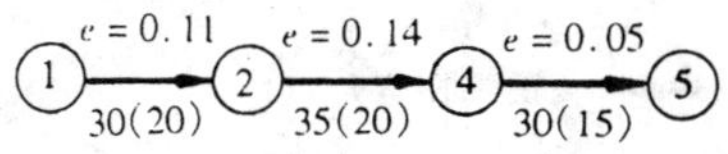

图 12-60 选择费用率最小的关键工作示例

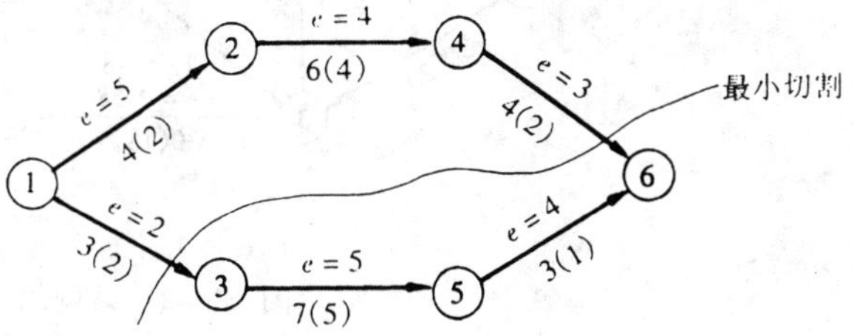

图 12-61 “最小切割”示例

表 12-8 **关键线路的工作组合**

序　号	工　作　组　合　i-j	费用率总和
1	1—2 1—3	5+2=7
2	1—2 3—5	5+5=10
3	1—2 5—6	5+4=9
4	2—4 1—3	4+2=6
5	2—4 3—5	4+5=9
6	2—4 5—6	4+4=8
7	4—6 1—3	3+2=5
8	4—6 3—5	3+5=8
9	4—6 5—6	3+4=7

(3) 步骤 1 或步骤 2 的工作应进行多次，以逐步缩短工期，使计划工期满足规定的要求，并计算出相应的直接费总和及各工作的时间参数。

3. 优化示例

例　某网络计划（图 12-62）中各工作的工期-成本数据列于表 12-9，表中给出了各工作的正常持续时间 D，加快的持续时间 d，及与其相应的直接费用 M 和 m，计算后所得的费用率 e 也列在表 12-9 中。假定每周的间接费用为 1.5 万元，试进行工期-成本优化。

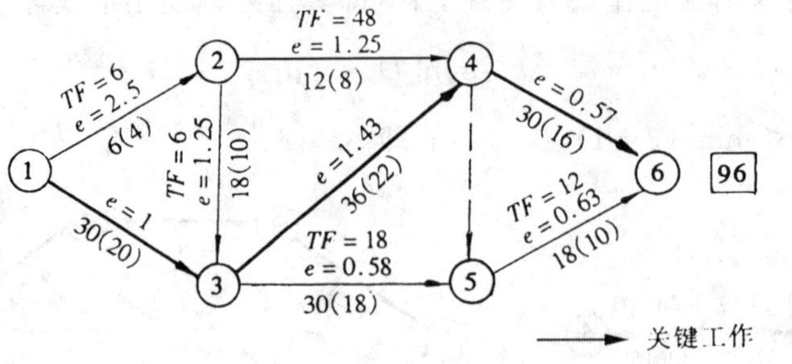

图 12-62　某网络计划图

表 12-9　　**各工作的工期-成本数据**

工作 *i-j*	D（周）	d（周）	M（万元）	m（万元）	e（万元/周）
1—2	6	4	15	20	2.5
1—3	30	20	90	100	1.0
2—3	18	10	50	60	1.25
2—4	12	8	40	45	1.25
3—4	36	22	120	140	1.43
3—5	30	18	85	92	0.58
4—6	30	16	95	103	0.57
5—6	18	10	45	50	0.63
			$\sum M=540$	$\sum m=610$	

解

计算各工作以正常持续时间施工时的计划工期 T_0，与此相应的直接费用总和 S_0。

关键线路各工作总时差及工期标注在图 12-62 上。

$$S_0=\sum M=540（万元）$$

(1) 第一次压缩

在图 12-62 中，费用率最小的关键工作为 4—6，可知：

$$e_{4-6}=0.57（万元/周）$$

工作 4-6 的持续时间可压缩 30－16＝14 周，但由于工作 5—6 的总时差只有 12 周，所以

$$\Delta t_1=\min\{14,12\}=12（周）$$

则

$$\Delta S_1=e_{4-6}\times\Delta t_1=0.57\times12=6.84（万元）$$

$$S_1=S_0+\Delta S_1=540+6.84=546.84（万元）$$

(2) 第二次压缩

第一次压缩后，图 12-62 变为图 12-63，在图 12-63 中，有两条关键线路，分别为 1—3—

4—6 和 1—3—4—5—6。第一条线路上 e 最小值为 $e_{4-6}=0.57$ 万元/周，第二条线路上 e 最小值为 $e_{5-6}=0.63$ 万元/周，则 $\sum e=(0.57+0.63)=1.20$ 万元/周，而两条线路的公共工作 1-3 的 e 值为 1 万元/周，小于 $\sum e=1.20$ 万元/周，所以宜压缩工作 1—3。工作 1—3 的持续时间可压缩 30－20＝10 周，但工作 2—3 的总时差为六周。因此，工作 1—3 只能压缩六周，所以

$$\Delta t_2=\min\{10,6\}=6(\text{周})$$

则

$$\Delta S_1=\Delta t_2\times e_{1-3}=6\times 1=6(\text{万元})$$

$$S_2=S_1+\Delta S_2=546.84+6=552.84(\text{万元})$$

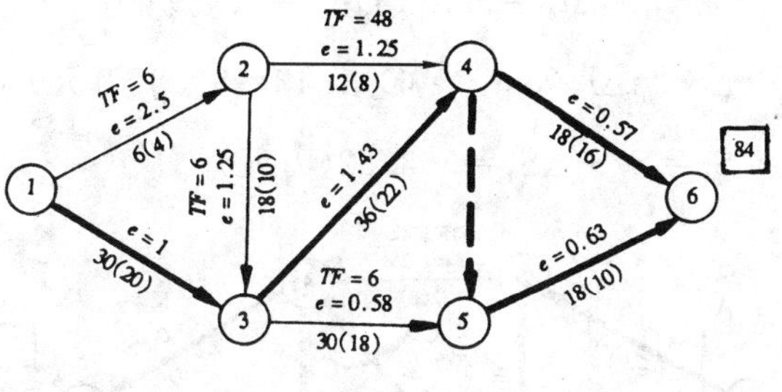

图 12-63　第一次压缩

(3) 第三次调整

第二次压缩以后，网络图更新为图 12-64，在该图中关键线路有四条，能缩短工期的切割方案有四种，即

AA 切割　工作 1—2 和 1—3，　　$\sum e=2.5+1=3.5$(万元/周)

BB 切割　工作 2—3 和 1—3，　　$\sum e=1.25+1=2.25$(万元/周)

CC 切割　工作 3—4，　　$e_{3\text{-}4}=1.43$(万元/周)

DD 切割　工作 4—6 和 5—6，　　$\sum e=0.57+0.63=1.2$(万元/周)

因此，应选择 e 值最小的方案，即 DD 方案。工作 4—6 可缩短 2 周，工作 5—6 可缩短八周，所以

$$\Delta t_3=\min\{2,8\}=2(\text{周})$$

则

$$\Delta S_3=\Delta t_3\sum e=2\times 1.2=2.4(\text{万元})$$

$$S_3=S_2+\Delta S_3=552.84+2.4=555.24(\text{万元})$$

(4) 第四次压缩

第三次压缩以后，网络图更新为图 12-65。在该图中，关键线路有四条，能缩短工期的切割方案有三种，即

AA 切割　工作 1—2 和 1—3，　　$\sum e=2.5+1=3.5$(万元/周)

BB 切割　工作 2—3 和 1—3，　　$\sum e=1.25+1=2.25$(万元/周)

CC 切割　工作 3—4，　　$e_{3-4}=1.43$(万元/周)

应选择 e 值最小的方案即 CC 方案。工作 3—4 可压缩 36－22＝14(周)，但工作 3—5 的总时差只有 6 周，所以取

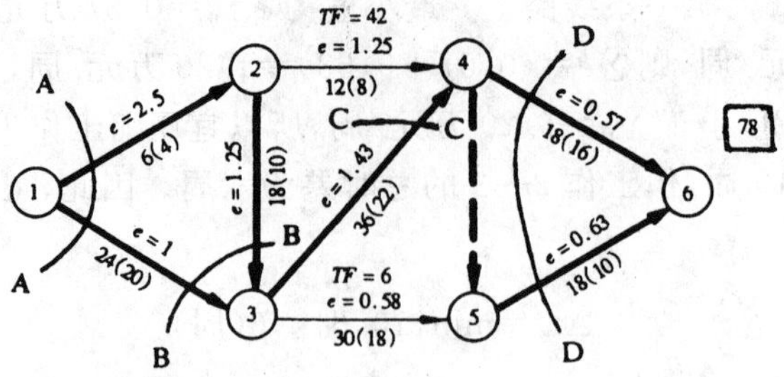

图 12-64　第二次压缩

$$\Delta t_4 = \min\{14, 6\} = 6(\text{周})$$

则
$$\Delta S_4 = \Delta t_3 \times e_{3-4} = 6 \times 1.43 = 8.58(\text{万元})$$

$$S_4 = S_3 + \Delta S_4 = 563.82(\text{万元})$$

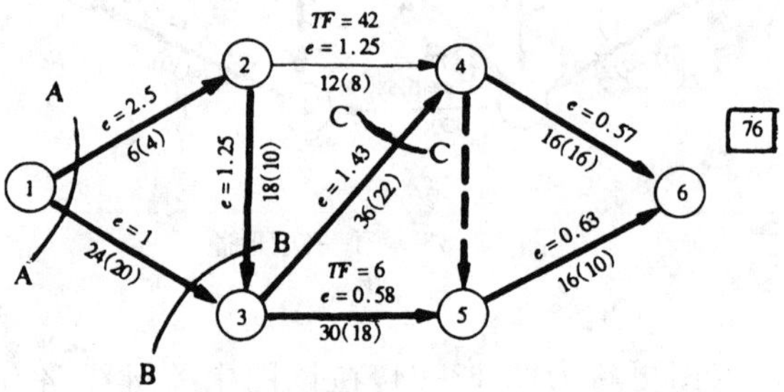

图 12-65　第三次压缩

(5) 第五次压缩

网络图更新为图 12-66，在该图中，关键线路有六条，能缩短工期的切割方案有三种，即

AA 切割　工作 1—2 和 1—3，　$\sum e = 2.5 + 1 = 3.5$(万元/周)

BB 切割　工作 1—3 和 2—3，　$\sum e = 1 + 1.25 = 2.25$(万元/周)

CC 切割　工作 3—4 和 3—5，　$\sum e = 1.43 + 0.58 = 2.01$(万元/周)

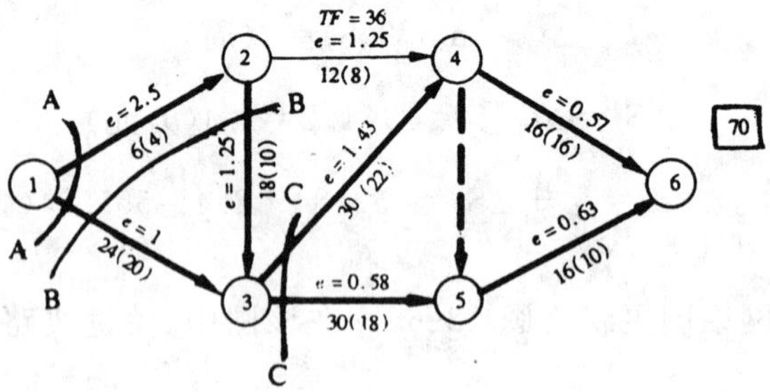

图 12-66　第四次压缩

应选择 e 值最小的方案即 CC 方案。工作 3—4 可压缩 30－22＝8 周，工作 3—5 可压缩 30－18＝12 周，所以取

$$\Delta t_5 = \min\{8, 12\} = 8(\text{周})$$

则 $$\Delta S_5=\Delta t_5\sum e=8\times2.01=16.08(\text{万元})$$

$$S_5=S_4+\Delta S_5=563.82+16.08=579.9(\text{万元})$$

(6) 第六次压缩

网络图更新后如图 12-67，该图共有六条关键线路，能缩短工期的切割方案有两种，即

AA 切割　工作 1—2 和 1—3，　　　$\sum e=2.5+1=3.5$(万元/周)

BB 切割　工作 2—3 和 1—3，　　　$\sum e=1.25+1=2.25$(万元/周)

应选取 e 值较小的方案即 BB 切割。工作 2—3 可压缩 18－10＝8 周，工作 1—3 可缩短 24－20＝4 周，所以

$$\Delta t_6=\min\{8,4\}=4(\text{周})$$

则 $$\Delta S_6=\Delta t_6\sum e=4\times2.25=9(\text{万元})$$

$$S_6=S_5+\Delta S_6=579.9+9=588.9(\text{万元})$$

经过六次压缩，原网络图最终变为如图 12-68 所示的形势，工期为 58 周。该图上所有的工作均不宜压缩，因为即使压缩其中一些工作的持续时间，却只能使工程直接费用增长，而不能缩短计划工期。

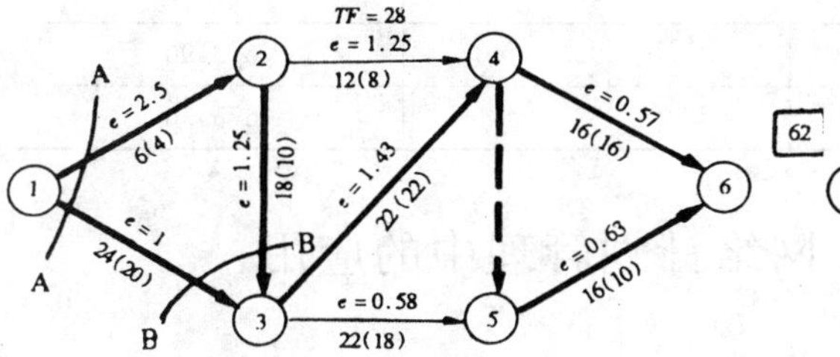

图 12-67　第五次压缩

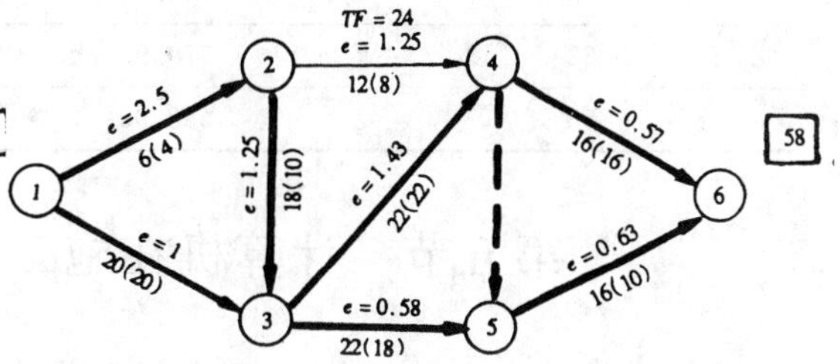

图 12-68　第六次压缩

下面作一下比较：

不经过工期-成本优化，各工作均采用加快的持续时间 d_{i-j} 时，网络计划及相应的计划总工期，见图 12-69。

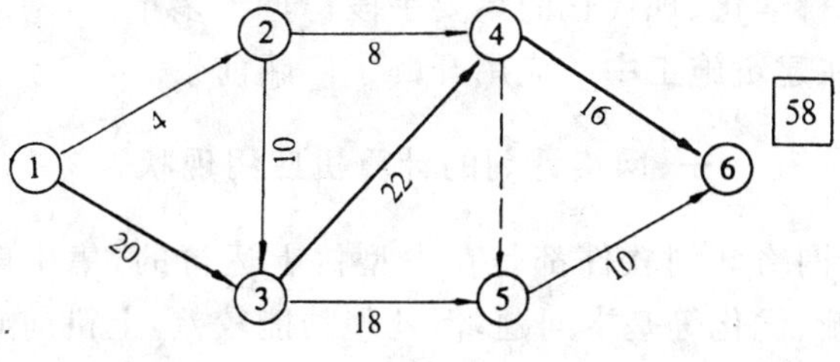

图 12-69　不作优化的最短工期网络图

图 12-69 中只有一条关键线路，总工期也是 58 周，但直接费总和为

$$S=\sum m_{i-j}=610(\text{万元})$$

所以，费用比不加快以前增加

$$\Delta S = S - \sum M_{i-j} = 610 - 540 = 70(\text{万元})$$

而优化以后，在工期与盲目加快相同的前提下，费用仅增加

$$S_6 - \sum M_{i-j} = 588.9 - 540 = 48.9(\text{万元})$$

将上述优化过程中的各结果及相应的间接费汇总于表 12-10 中。

由表 12-10 可知，最优工期为 70 周，工程成本为 668.82 万元。根据表 12-10，也可以拟绘出该工程的工期-成本曲线。

表 12-10　　工期-费用表

工　期 (周)	直接费 (万元)	间接费 (万元)	成　本 (万元)
96	540	144	684
84	546.84	126	672.84
78	552.84	117	669.84
76	555.24	114	669.24
70	563.82	105	668.82
62	579.90	93	672.90
58	588.90	87	675.90

第五节　计算机在施工网络计划管理中的应用

在建筑施工生产过程中，占用大量的劳动力，使用大量的材料和构配件，投资巨大，周期长，可变因素多。为了保证生产过程有序合理地进行，准确协同动作，必须重视建筑施工的计划管理。由于传统的横道图的缺陷，网络计划技术越来越显出它的优点。现代化施工需要及时准确地收集、整理、贮存和检索各类信息，反映实际生产状况，这不仅要求我们迅速编制施工生产计划，而且在实施过程中对生产计划不断进行动态控制、调整和优化、合理安排各种资源，从而缩短工期，降低成本，这些都离不开网络计划技术的发展和计算机的应用，两者结合是实现计划管理科学化、现代化的重要手段。近十多年来，网络计划计算机软件不断涌现，为网络计划技术在建筑施工中的应用开辟了广阔前景。

一、网络计划的计算机应用现状

国内外早期开发的网络计划软件都是在大型机上运行的，集中解决 CPM/PERT 的计算和分析，以及资源均衡、优化等基本问题，但处理功能较差，上机前必须给出初始网络图才能进行数据输入；输出的图形不够美观、实用，输出的报表内容也不够丰富。

20 世纪 80 年代以后，随着微机的普及，市场上推出了不少通用和专用的网络计划商品软件。

目前，较为流行的软件产品有：

(1) HTPM1.0——HTP 软件(Harvard Total Project Manager)，是 1989 年在捷克召

开的国际网络技术年会推荐的软件。

(2) HPM3.0——HPM软件是在HTPM基础上进行改进，补充了部分新的功能。

(3) TL4.0——TL4.0软件(TIMELINE：Project Management and graphic software ver.4.0)是由美国SYMANTEC CORPORATION软件公司1990年推出的。

(4) P3——P3是Primavera Project Planner的简称，由美国Primavera公司1987年推出。

(5) MP4.0——Microsoft Project软件是美国Microsoft公司针对其推出的WINDOWS3.1操作环境的特点，用于WINDOWS环境的最近项目管理软件，即Microsoft PROJECT4.0 for WINDOWS。

此外，还有英国的ARTMIS，我国的M-PERT，WLHT，NP-3.1和GSWL等。

这些软件功能各异，但总体性能上有如下特点：

① 都包括了进度计划时间参数计算和关键线路分析，以及资源均衡和优化等基本内容；

② 图像屏幕显示、编辑、修改和输出功能。图形的显示和输出大致有五类：(a) 横线图；(b) 网络图(可带时标)；(c) 资源直方图；(d) S曲线；(e) 其他图形。

③ 网络结构的自动生成功能。它可使上机的数据输入大大简化，实现数据共享。例如，自动识别工程设计的CAD工程图，从中提取网络计划所需的数据，自动生成网络计划等。

④ 网络的更新和记录功能，帮助网络计划的查询、比较、调整和更新。

⑤ 普遍采用屏幕菜单和窗口技术，给用户带来很大方便。

此外，有些软件还具备费用和进度综合管理功能，开发了决策网络、随机网络、搭接网络等新型网络技术。

二、网络计划软件的系统模块设计

1. 网络计划软件的主要功能

网络计划技术在我国各行各业有着广泛应用，为了适应不同领域、不同层次、不同目标、不同对象的用户需要，网络计划软件应覆盖面广、功能完善、使用方便，同时结合我国的现行管理体制，推动施工管理水平向更高阶段的发展。

为此，网络计划软件系统应具备下列功能：

① 原始数据的输入和校验；

② 检查工作的逻辑关系，确定工作节点位置号；

③ 编制网络计划，包括多阶网络，协调总网络与子网络之间的关系；

④ 网络计划时间参数的计算，关键线路的判别；

⑤ 日历时间的转换；

⑥ 网络计划的优化，主要有工期优化、时间优化和资源优化；

⑦ 工程实际进度的统计分析；

⑧ 实际进度与计划的动态比较；

⑨ 工程进度变化趋势预测；

⑩ 资源调配和平衡，提供资源动态曲线；

▌ 提供具有时间坐标的网络图和相应的横道图计划；

▌ 各种图形和表格编辑、检索、统计、修改、输出等功能。

上述功能随着网络计划技术的发展和我国施工管理水平的提高，还有待进一步拓展。

2. 网络计划软件的系统模块结构设计

由于施工管理过程中应用的网络计划软件的系统规模不断扩大，结构关系日益复杂，因此，有必要把一个网络计划软件系统设计成具有层次式的模块化结构，按照先全局后局部、先总体后细节、先抽象后具体的过程，建立系统模块结构及相互关系，使系统具有清晰、可读、易改、便于维护等特点。

根据上述思路，可将网络计划软件主控模块分成七个子系统模块，如图 12-70 所示。

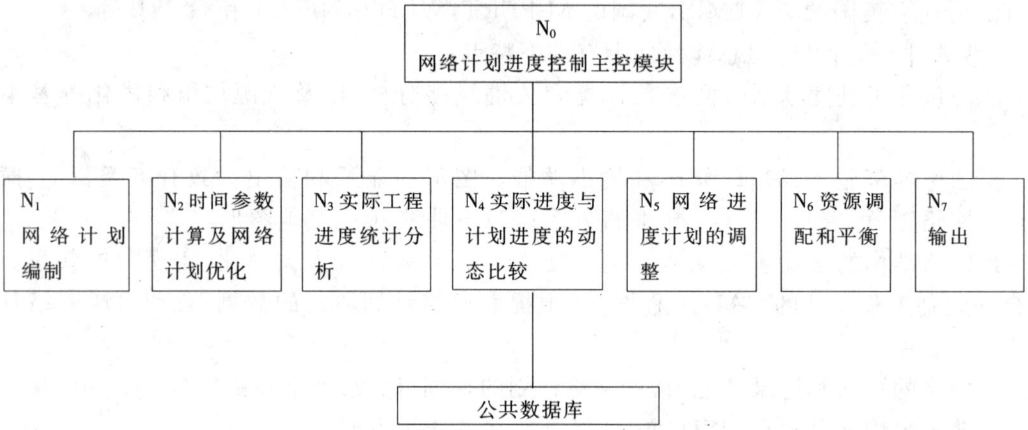

图 12-70　主控模块图

下面分述各子系统模块的内容：

(1) N_1 子系统共有四个模块，即 N_{11}：输入原始数据；N_{12}：检查工作的逻辑关系；N_{13}：确定工作位置号；N_{14}：绘制网络图，如图 12-71 所示。

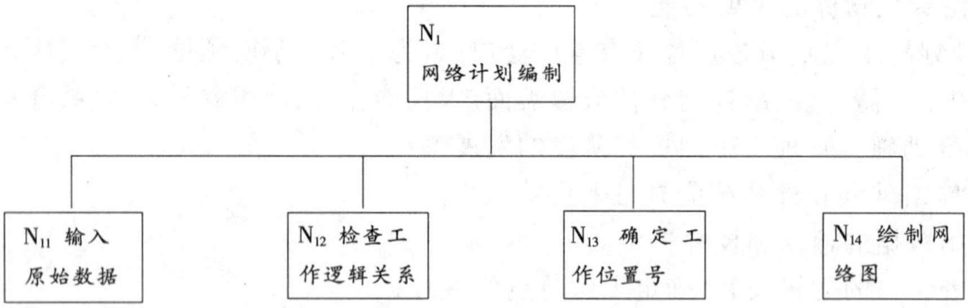

图 12-71　绘制网络图的模块图

(2) N_2 子系统共有四个模块，即 N_{21}：时间参数计算；N_{22}：日历时间转换；N_{23}：关键工作及关键线路判别；N_{24} 网络计划优化，如图 12-72 所示。

其中，N_{21}，N_{22}，N_{23} 和 N_{24} 都各再包括了几个子模块，例如，N_{21} 中可分为，N_{211}：网络计划最早时间的计算；N_{212}：网络计算最迟时间的计算；N_{213}：网络计划时差计算，如图 12-73 所示。再例如，N_{24} 中可分为，N_{241}：网络计划时间优化；N_{242}：网络计划资源优化；N_{243}：网络计划费用优化等，如图 12-74 所示。

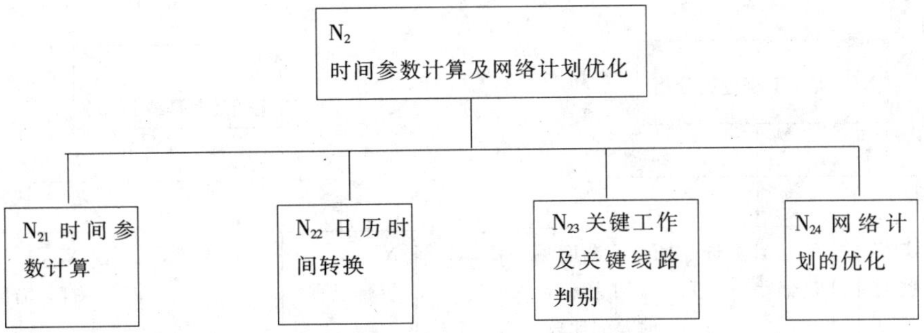

图 12-72　网络计划计算及优化模块图

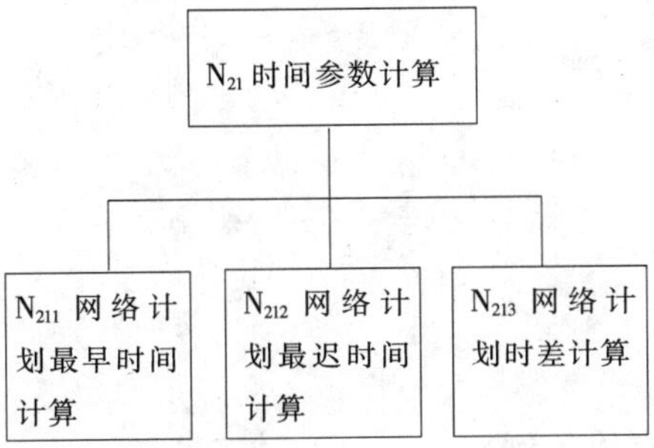

图 12-73　时间参数计算模块图

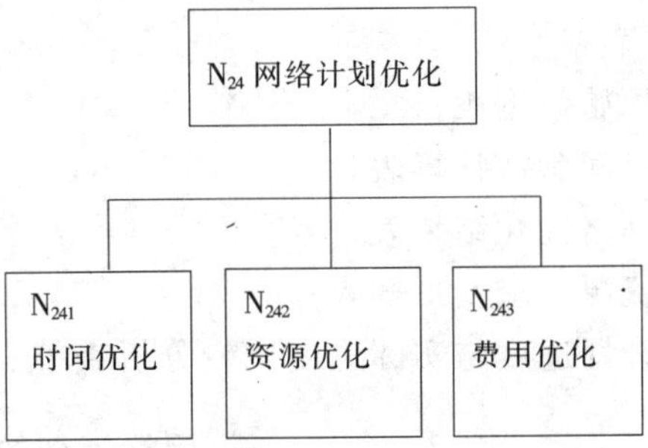

图 12-74　网络计划优化模块图

(3) N_3 子系统共有三个模块，即 N_{31}：实际进度数据的采集加工；N_{32}：计算进度偏差；N_{33}：进度偏差与总时差和自由时差的比较，分析对工期影响，如图 12-75 所示。

(4) N_4 子系统共有三个模块，即 N_{41}：横道图比较；N_{42}：S 形曲线比较；N_{43}：香蕉曲线比较，用于实际工程进度与计划进度的比较。

(5) N_5 子系统包括对计划总工期的调整、对工作时间参数的调整和对工作逻辑关系的调整，也可分成若干个模块。

(6) N_6 子系统主要是对网络计划中所有的各类资源包括劳动力、机械设备、材料、资金等进行综合平衡，绘制资源曲线，并根据实际工程进展利用时差进行资源调整。

(7) N_7 子系统共有两个模块，即 N_{71} 屏幕显示；N_{72} 打印输出。每一个模块又分成图形和表格两部分，如图 12-76 所示。

不论是屏幕显示还是打印，均可输出下列内容：

(1) 图形

① 横道图；

② 网络图(包括时标网络图)；

③ 资源动态图。

(2) 曲线

① S 形曲线；

② 香蕉曲线；

③ 其他曲线。

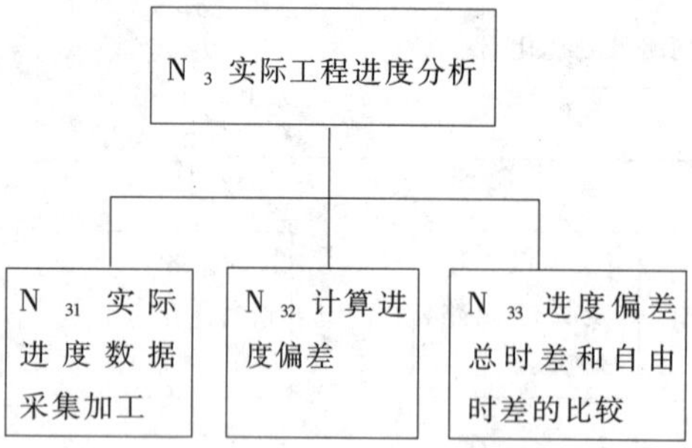

图 12-75　工程进度统计分析模块图

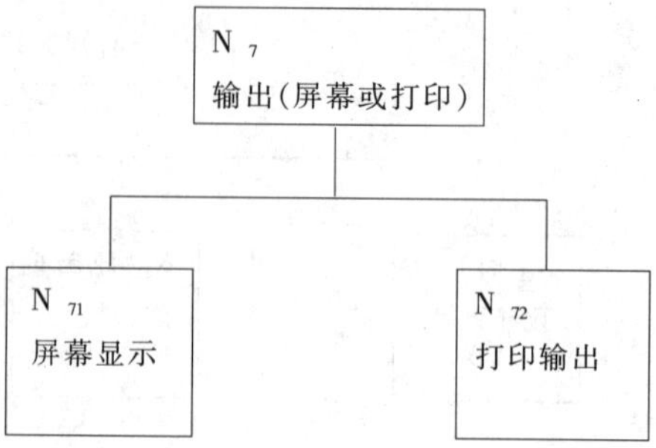

图 12-76　打印模块图

(3) 表格

① 原始数据表;

② 时间参数计算表;

③ 网络优化结果表;

④ 资源需求及平衡表;

⑤ 计划进度与实际进度比较分析表等。

三、网络计划的计算机应用示例

网络计划的计算机应用涉及到我国国民经济的各部门、各行业,所采用的软件名目繁多、功能各异。借助于计算机,应用网络计划技术在合理安排施工计划、缩短工期、资源优化和降低成本方面发挥了积极作用,取得了很好的经济效益和社会效益。本节仅举两个例子分别说明运用计算机安排施工进度计划和进行网络计划优化的一般方法。

例 1　高层建筑控制性总进度网络图的设计。

(1) 工程概况

本建筑物系 16 层住宅楼,建筑物高度 52.70m,建筑面积 16837m^2。该工程采用钢筋混凝土摩擦桩及全人防地下室基础,上部为全现浇钢筋混凝土剪力墙结构,预应力多孔楼板和屋面板,细石混凝土地坪,内墙刷涂料,外墙采用面砖贴面。

(2) 组织方案

该工程施工采用大模板施工工艺。为了保证外装饰的整体质量,在主体结构施工结束后,紧接着进行外墙面的装修;当结构施工完成第八层时,内装修开始从第六层垂直向下,插入安装钢门窗、细石混凝土地面、内隔墙及内墙、平顶粉刷等的施工,然后再从第七层垂直向上。

经过工程量计算和合理的劳动组织安排,可确定各项工作的开展顺序、相互关系及持续时间,如表 12-11 所示。

(3) 网络图的编制

选用 PROJECT4.0 软件将上述资料输入计算机后,可绘出该项目的单代号网络图(图 12-77)和带有逻辑关系的横道图(图 12-78)。

表 12-11 工程组织方案表

序　　号	工作名称	持续时间(d)	紧前工作	搭接关系	搭接时距
1	施工准备	10	—	—	—
2	地下工程	80	1	FS	0
3	1～8 层结构	60	2	FS	0
4	外墙脚手	60	3	FS	10
5	9～16 层结构	50	3	FS	0
6	1～6 层钢窗	12	3	DA	10
7	17,18 层结构	10	5	FS	0
8	7～16 钢窗	48	5 6	FF FS	10 0
9	1～6 层隔墙	12	6	SS	2
10	外墙刮糙	16	4 7	FS FS	0 0
11	7～16 层隔墙	48	8 9	SS FS	2 0
12	1～6 层地面	18	9	SS	2
13	外墙贴面	32	10	SS	2
14	7～16 层地面	43	11 12	SS FS	2 0
15	1～6 层内粉	18	12	SS	3
16	门窗油玻	32	13	SS	2
17	安装工程	42	14	SS	3
18	7～16 层内粉	44	14 15	SS SS	2 3
19	内墙涂料	43	17 18	SS SS	2 3
20	地面地砖	32	16 19	FS SS	0 1
21	室外扫尾	20	20	FS	0

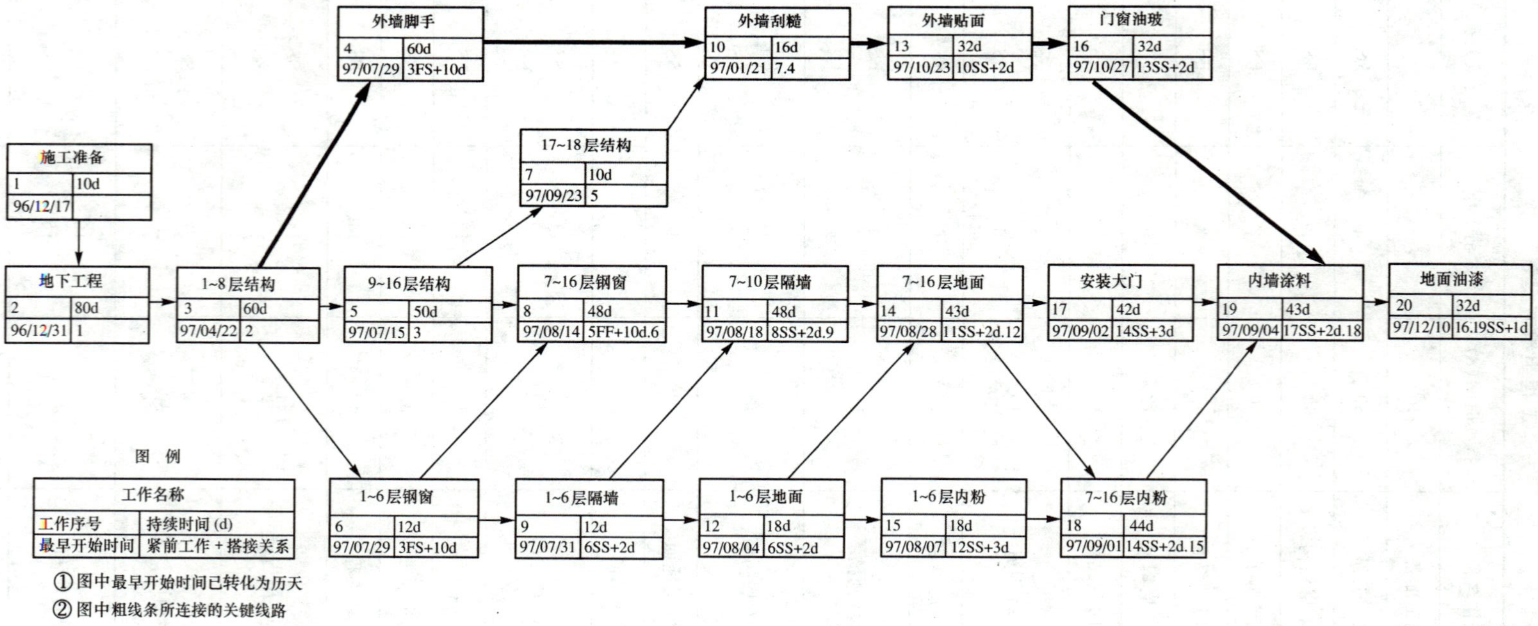

图12-77 某高层建筑控制性总进度网络图

工作序号	工作名称	持续时间	紧前工作及搭接关系
1	施工准备	10d	
2	地下工程	80d	1
3	1~8层结构	60d	2
4	外墙脚手	60d	3FS+10d
5	9~16层结构	50d	3
6	1~6层钢窗	12d	3FS+10d
7	17~18层结构	10d	5
8	7~16层钢窗	48d	5FF+10d,6
9	1~6层隔墙	12d	6SS+2d
10	外墙刮糙	16d	7,4
11	7~16层隔墙	48d	8SS+2d,9
12	1~6层地面	18d	9SS+2d
13	外墙贴面	32d	10SS+2d
14	7~16层地面	43d	11SS+2d,12
15	1~6层内粉	18d	12SS+3d
16	门窗油玻	32d	13SS+2d
17	安装大门	42d	14SS+3d
18	7~16层内粉	44d	14SS+2d,15SS+3d
19	内墙涂料	43d	17SS+2d,18SS+3d
20	地面油漆	32d	16,19SS+1d
21	室外扫尾	20d	20

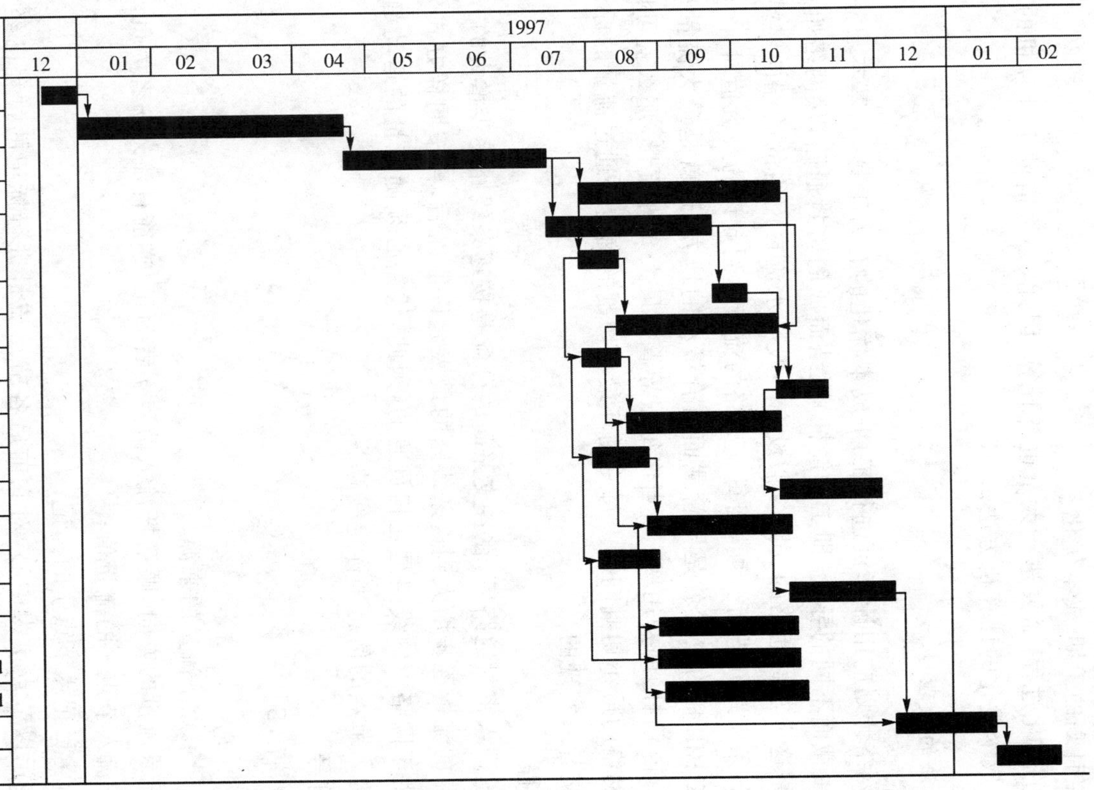

图12-78　某高层建筑控制性总进度横道图

例 2 网络计划的工期-成本优化

网络计划的优化过程,需要进行大量重复计算,因此,必须借助于计算机的应用。本例着重介绍工期-成本优化的计算机方法。

(一) 标记法的原理

标记法是网络计划应用计算机进行工期-成本优化的有力工具,其基本思想是:把整个网络图看成是由截面不同的导管(即工作箭杆)联结而成的密封通路,从网络始点到终点的每一条线路就是这个密封通路的支路。假设有一股∞水流自网络的始端向终端流动,那么这股水流将在各条支路间进行分配,当每一支路的流量达到允许的最大值时,∞流量就将受到限制,显然这个限制的位置就是导管截面组合最小的地方,这就是最大流量最小切割定理,如果把各工作(箭杆)的费用率 e_{i-j} 当作每根导管的最大允许流量,那么就可以利用这个定理求解计划网络的最小切割问题。每一循环最小切割的确定是通过流量的标记过程和增广过程的反复交替来实现的。

1. 标记过程

设想∞流量进入密封通路后,在各支路间的分配是按逐条线路逐步增大的方式进行的,即当某一条线路的流量逐步增大到这条线路的最大允许值以后,再按同样方式分配另一条线路的流量。由于网络中的线路是互相贯通的,因此,线路必须随流量的运动趋势来标定,我们采用流量进入节点的信息来标定线路。

(1) 标记符号

$[i,\pm,\varepsilon(j),|L,S]$

其中

i 部——记录节点 j 流量的来源;

$\pm$ 部——记录流量的方向,顺箭杆流入节点 j 者为正,逆箭杆流入 j 者为负;

$\varepsilon(j)$部——流入节点 j 的流量值;

L 部——流量已记入节点 j 的标记;

S 部——表示以节点 j 为中心,对它前后各节点流量进行标记的过程已经结束,称为"扫描"或"细查"。

在图上标记时,L,S 部可以省略;应用计算机计算时,L,S 部可作为机器的判别信息。

(2) 标记依据

(a) 流量

f_{i-j}——箭杆(i,j)中已有的实际流量,在标记开始前,全部 f_{i-j} 取零为初值。然后根据增广过程的流量逐步增大,一一在 f_{i-j} 中累计;

e_{i-j}——工作(i,j)的费用率,假设为该箭杆的最大允许流量(或容量)。

(b)时差

$E(i,j,1)$——相对于各工作正常持续时间 D_{i-j} 的时差。在正常工期条件下相当于工作的自由时差。

$$E(i,j,1)=T_j^E-T_i^E-D_{i-j}$$

式中,T_j^E,T_i^E 分别为工作(i,j)的终点节点和起点节点的最早时间。

$E(i,j,2)$——相对于各工作最短持续时间 d_{i-j} 的时差。

$$E(i,j,2)=T_j^E-T_i^E-d_{i-j}$$

引进这两个时差的作用，主要是反映工作持续时间的变动情况，从而判别该工作是否允许缩短持续时间或延长持续时间。这两种时差可以反映以下四种情况：

① $E(i,j,1)>0$ 并且 $E(i,j,2)>0$ 时，(i,j) 为非关键工作；

② $E(i,j,1)=0$ 并且 $E(i,j,2)>0$ 时，工作 (i,j) 为允许缩短持续时间的关键工作；

③ $E(i,j,1)<0$ 并且 $E(i,j,2)>0$ 时，说明工作 (i,j) 已经缩短了持续时间，但尚未缩至极限，此时既允许继续缩短时间，也允许延长持续时间（在正常持续时间范围内）；

④ $E(i,j,1)<0$ 并且 $E(i,j,2)=0$ 时，表示工作 (i,j) 已经缩短到最短持续时间 d_{i-j} 此时只能考虑在正常持续时间范围内延长持续时间的情况。

(3) 标记规则

从网络的始点节点向着终点节点，依次以各节点为中心，对其所有后续工作的结束节点和前面工作的开始节点进行流量标记。

① 网络的始点节点①无条件地标记

$$L(1)=[\Delta,\Delta,\infty|L,\Delta]$$

表示该处有无穷流量，也不问其来源与方向。符号 Δ 为空白。

② 其余节点标记的条件分两种情况处理：

第一种情况　节点 i 有流量，节点 j 没有流量

a. 当 $E(i,j,1)=0$ 并且 $e_{i-j}-f_{i-j}>0$ 时，在节点 j 上标记

$$L(j)=[i,+,\varepsilon(j)|L,\Delta]$$

其中，$\varepsilon(j)=\min[E(i),e_{i-j}-f_{i-j}]$

b. 当 $E(i,j,2)=0$ 时，说明箭杆 (i,j) 已不能缩短持续时间，它的容量（即费用率）$e_{i-j}=\infty$，因此节点 i 的流量可全部到达节点 j。应在 j 上标记

$$L(j)=[i,+,\varepsilon(j)|L,\Delta]$$

第二种情况　节点 i 没有流量，节点 j 有流量

a. 当 $E(i,j,1)=0$ 并且 $f_{i-j}>0$ 时，允许节点 j 的流量逆箭杆 (i,j) 流向节点 i，因此，在 i 节点上可标记

$$L(i)=[j,-,\varepsilon(i)|L,\Delta]$$

其中　$\varepsilon(i)=\min[\varepsilon(j),f_{i-j}]$。

b. 当 $E(i,j,2)=0$ 并且 $e_{i-j}<f_{i-j}$，同样允许节点的流量逆箭杆 (i,j) 流向节点 i，标记：

$$L(i)=[j,-,\varepsilon(i)|L,\Delta]$$

其中　$\varepsilon(i)=\min[\varepsilon(j),f_{i-j}-e_{i-j}]$。

当一个节点作为标记中心向其后续和前面各工作扫描之后，则在该节点标记符号的 S 部上记录信息 S，表示以该节点为中心的标记已经结束。

2. 增广过程

如果标记过程能进行到网络的终点节点 n，说明这一标记过程已经找出一条从网络起点到终点的线路，在这条线路上允许有一股最大流量为 $\varepsilon(n)$ 的水流通过。因此，这里可根据标记过程 i 部的信息，从网络的终点 n 逆着标记的方向，变更这条线路上各工作的实际流量 f_{i-j} 这就是流量的增广过程。增广的条件如下：

(1) 如果 $L(j)=[i,+,\varepsilon(j)|L,S]$，则

$$f_{i-j} \leftarrow f_{i-j}+\varepsilon(n)$$

(2) 如果 $L(i)=[j,-,\varepsilon(i)|L,S]$，则

$$f_{i-j} \leftarrow f_{i-j}-\varepsilon(n)$$

经过增广以后，再回到网络的起点进行新的标记过程。应用计算机计算，各节点的符号必须恢复到初期空白状态$[\Delta,\Delta,\Delta|\Delta,\Delta]$。如果增广后新的标记过程进行到以节点 i 为中心的扫描结束，标记过程已经不能再进行下去，这是因为流量已在各条线路上增广到了允许的最大值，所以最小切割可以确定。这时，网络上的全部节点被划分成有标记符号的节点集合 I_0 和无标记符号的节点集合 J_0。

3. 工期可能缩短时间 Δt 的计算

每一循环可能缩短工期的时间 Δt，应综合考虑以下的三个因素并通过计算确定。

(1) 处于最小切割位置上非关键工作组合的时差 $E(i,j,1)$ 的最小值 Δt_1

我们用符号 A_1 表示处于最小切割位置上的关键工作组合，那么

$$A_1=\{(i,j)|E(i,j,1)>0,\ i\in I_0,j\in J_0\}$$

$$\Delta t_1=\min_{A_1}\{E(i,j,1)\}$$

当 $A_1=\varphi$(空集合)时，$\Delta t_1=\infty$。

Δt_1 反映最小切割缩短持续时间的客观可能性，反映了非关键工作对最小切割缩短持续时间的制约关系。显然最小切割所允许缩短的持续时间不能超过 Δt_1 的限制，否则将使非关键工作转化为关键工作。

(2) 最小切割中缩短持续时间的各工作时差 $E(i,j,2)$ 的最小值 Δt_2

每一循环中各工作的时差 $E(i,j,2)$ 是反映这些工作可能缩短持续时间的参数。在最小切割中这一参数的最小值 Δt_2，是决定这一最小切割本身允许缩短持续时间的最大可能性。若用符号 A_2 表示最小切割中考虑缩短持续时间的工作组合，则

$$A_2=\{(i,j)|E(i,j,1)\leqslant 0,\ E(i,j,2)>0,\ i\in I_0,\ j\in J_0\}$$

$$\Delta t_2=\min_{A_2}\{E(i,j,2)\}$$

(3) 最小切割中可延伸持续时间的工作时差 $E(i,j,1)$ 的最小绝对值 Δt_s

某一循环中，最小切割所包含可延伸持续时间的工作，一定是这一循环之前曾经缩短过程持续时间，即 $D^*_{i-j}<D_{i-j}$(D^*_{i-j} 为工作 i—j 缩短后的持续时间)，因此，反映这些工作的时差 $E(i,j,1)<0$。我们用符号 A_3 表示这些工作组合，则

$$A_3=\{(i,j)\mid E(i,j,1)<0,\ i\in J_0,j\in I_0\}$$

$$\Delta t_3=\min\{-E(i,j,1)\}$$

若 $A_3=\varphi$(空集合),那么 $\Delta t_3=\infty$。

由于最小切割中延伸持续时间的工作组合,是为了抵消某些关键线路上重复缩短持续时间的情况,因此 Δt_3 反映了最小切割内部缩短持续时间和延伸持续时间的平衡问题。

综合上述情况,某一循环工期可能缩短的时间应为

$$\Delta t=\min\{\Delta t_1,\Delta t_2,\Delta t_3\}$$

4. 计算费用增额

每一循环工期缩短 Δt 所引起的工程直接费用增额 ΔS 由下式确定:

$$\Delta S=\Delta t\times(\sum_{(i,j)\in A_2}c_{i-j}-\sum_{(i,j)\in A_3}e_{i-j})$$

5. 网络计划时间参数的调整

(1) 工作持续时间的调整

设调整后的工作持续时间为 D_{i-j}^*,则

$$D_{i-j}^*=D_{i-j}-\Delta t;\ (i,j)\in A_2$$

$$D_{i-j}^*=D_{i-j}+\Delta t;\ (i,j)\in A_3$$

其余工作持续时间不变。

(2) 节点时间的调整

设调整后节点新的开始时刻为 T_i^{E*},则

① 凡是属于 I_0 集合的节点,由于处在最小切割的前面,因此,最小切割持续时间的缩短,对这些节点的开始时刻没有影响。即

$$T_i^{E*}=T_i^E;\ i\in I_0$$

② 凡是属于 J_0 集合的节点,由于处在最小切割的后面,因此,最小切割持续时间的缩短,将使这些节点的开始时刻提前 Δt,即

$$T_i^{E*}=T_i^E-\Delta t;\ i\in J_0$$

(3) 工作时差的调整

设某一循环工期缩短后,各工作新的时差为 $E^*(i,j,k)$,其中 $k=1,2$,则

$$E(i,j,k)=\begin{cases}E^*(i,j,k)-\Delta t;\ (i,j)\in A_1 \text{ 或 } A_2\\ E(i,j,k)+\Delta t;\ (i,j)\in A_3\end{cases}$$

式中,$E(i,j,k)$为工作(i,j)调整前的时差。

(二) 标记法计算程序

标记法计算程序如图 12-79 所示。

(三) 应用示例

某网络计划(图 12-80)各工作时间与费用的初始数据如表 12-12 所示。从中可以看出

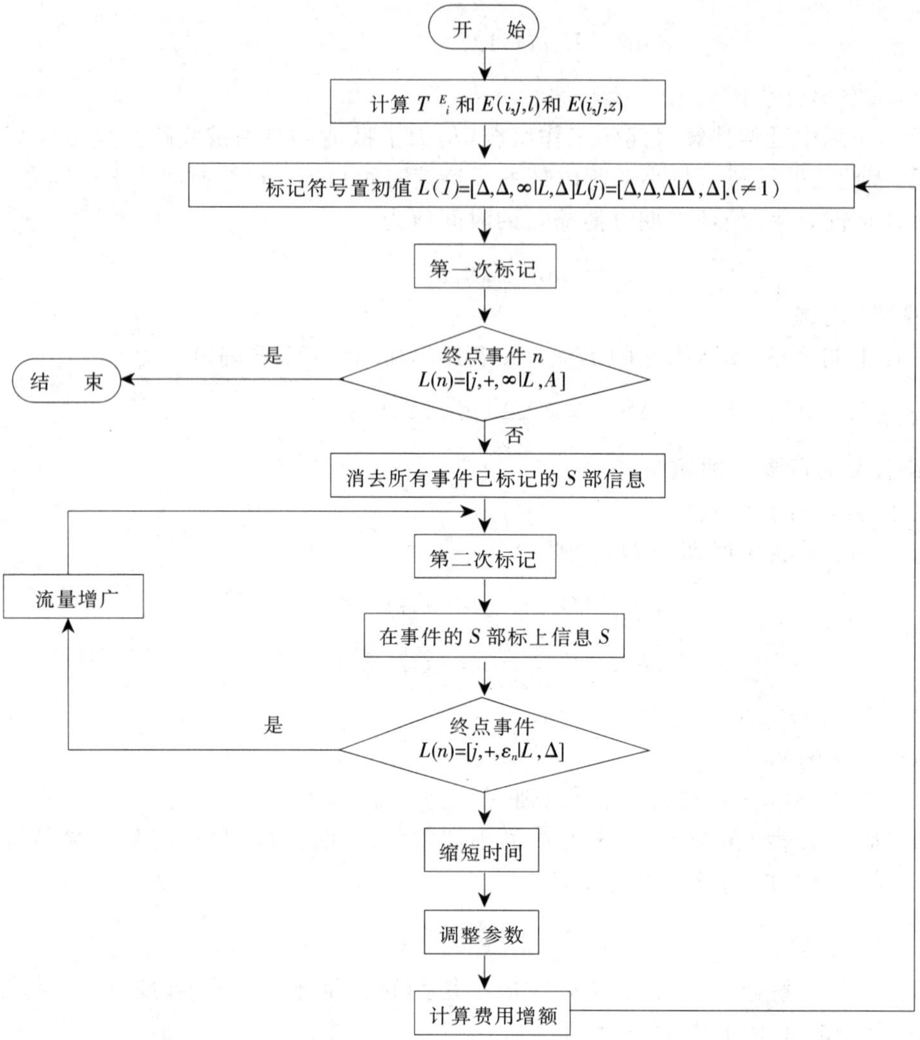

图 12-79　标计法计算程序框图

各工作的正常持续时间 D，加快的持续时间 d，以及它们相应的直接费用 M 和 m，经计算得到费率 e 也列于表中。

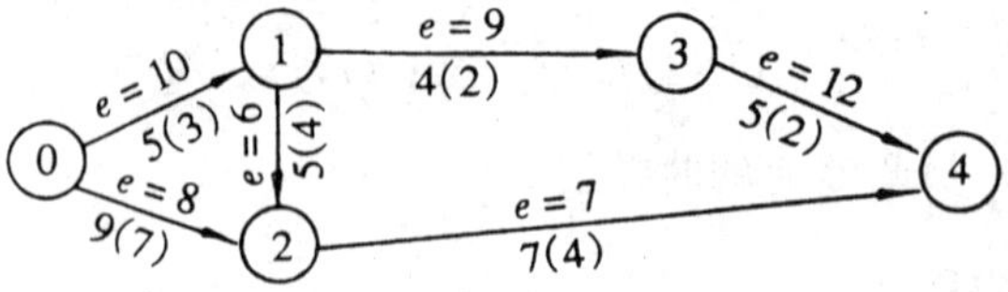

图 12-80　某网络计划图

如果假定每周的平均间接费为 10 千元，则将上述数据输入计算机后，经计算可输出结果如表 12-13 所示，也可绘制出该网络计划的工期成本曲线，如图 12-81 所示。

表 12-12　　工作时间与费用的初始数据表

工作代号	D(周)	d(周)	M(千元)	m(千元)	e
0—1	5	3	80	100	10
0—2	9	7	160	176	8
1—2	5	4	90	96	6
1—3	4	2	50	68	9
2—4	7	4	100	121	7
3—4	5	2	120	156	12

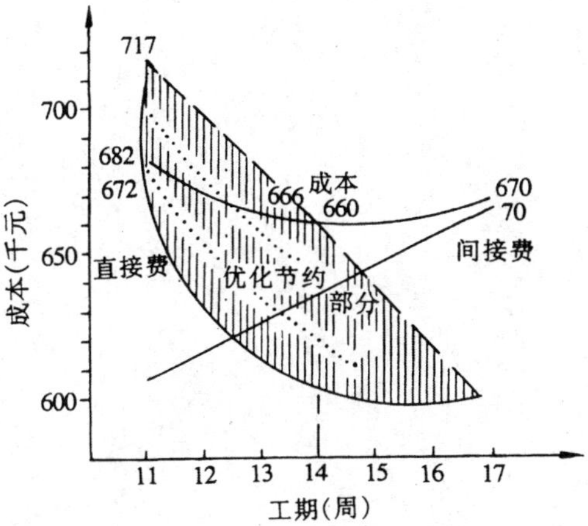

图 12-81　工期-成本曲线

表 12-13　　工期-费用表(千元)

工　　期	直接费	间接费	成　　本
17	600	70	670
16	606	60	666
14	620	40	660 *
13	636	30	666
11	672	10	682

(单位:同前)

由此可见,最优工期为 14 周,总工程成本为 660 千元。

四、网络计划进度管理计算机应用的发展趋势

目前网络计划计算机应用正方兴未艾,国内外正在逐步形成一个热门领域,新一代的网络计划进度管理软件正朝着以下几方面努力:

(1) 依托专家系统、人工智能、仿真和计算机辅助设计等现代技术,实现由 CAD 系统设计结果的自动生成施工网络计划,并实施项目进度管理的智能化。

(2) 综合运用项目投资、进度、质量、合同等管理手段,将它们相互沟通,进行综合管理,

整体协调,从单项管理职能逐步向项目管理综合信息系统方向发展。

(3) 推广应用新一代网络和群体网络的计算机软件,适应不同领域、不同层次的管理要求,延展深度,拓宽广度,无论对宏观控制还是微观协调,都能运用自如。

(4) 由于实际施工生产过程中的变化和不可预见性等因素,网络计划工具要适应及时调整、修改的需要,与实际情况达到最大限度结合。

(5) 重视更高更强的用户化要求。一是简便性,要求操作简单,易学易懂;二是连接性,即网络计划软件与其他软件之间有适当的接口,可进行数据传输。

(6) 完善软件功能与实际管理手段的统一性。对同一问题,现有软件的处理方式与管理者要求不尽相同,实用性较差。新一代软件要考虑现有的运行体制,适应当代技术和管理水平的发展,其功能应是各级管理者所期望的,并能确实付诸实施的。

第十三章　单位工程施工组织设计

第一节　编制程序与依据

单位工程施工组织设计是以单项工程或单位工程为对象编制的，直接指导工程施工的的纲领性技术文件。它是在施工组织总设计和施工单位总的施工部署的指导下，具体地确定工程施工方案，安排人力、物力、财力，它是施工单位编制作业计划和进行现场布置的重要依据。单位工程施工设计一般在施工图设计完成后，由施工承包单位负责编制。

一、编制程序

单位工程施工组织设计的编制程序是指其编制过程中应遵循的先后顺序和相互制约关系。根据工程的特点和施工条件，编制内容繁简不一，编制方法和程序亦不尽一致。根据工程实践，较合理的编制程序如图 13-1 所示。但在实际编制中，相关内容的设计往往需要协同考虑、前后呼应，例如，在施工方案设计中，需要考虑施工过程的划分，在施工进度计划中也需考虑这一问题，因此，图中给出的编制程序仅是一个基本的编制顺序。

二、单位工程施工组织设计编制的依据

单位工程施工组织设计的编制依据如下：

① 工程的施工图　包括本工程的全部施工图以及所需的标准图；

② 工程预算　应有详细的分部、分项工程量，必要时应有分层、分段的工程量；

③ 工期要求　包括本工程开竣工时间的规定和工期要求，以及与其他项目穿插施工的要求等；

④ 施工组织总设计　施工组织总设计对本单位工程规定的有关内容；

⑤ 工程地质勘测报告以及地形图、测量控制网；

⑥ 国家及建设地区现行的有关规范、规程、规定及定额；

⑦ 有关技术新成果和类似工程的经验资料等。

对工程概况及其施工特点进行分析是选择施工方案、编制施工进度计划、设计施工平面图的前提。为此，应进行调查研究并对工程特点进行详细分析，从中找出与施工有关的关键问题，以利正确、合理地编制施工组织设计。特别应注意以下几方面：

① 建筑、结构特点　包括平面组成、层数、建筑面积、抗震设防要求、工作量、主要实物工程量、交付建设单位使用或投产的期限等。

② 建设地点特征　包括建设地点的位置、地形、工程与水文地质条件、不同深度的土壤分析、冰冻期时间与冻结层深度、地下水位、水质、气温、冬雨季起止时间、主导风向、风力等等。

③ 施工条件　包括三通一平（水、电、道路畅通，场地平整）情况；建筑场地周围环境；材料、构件、加工品的补给来源和加工能力；劳动力配备及机械、运输能力及配备；施工技术和

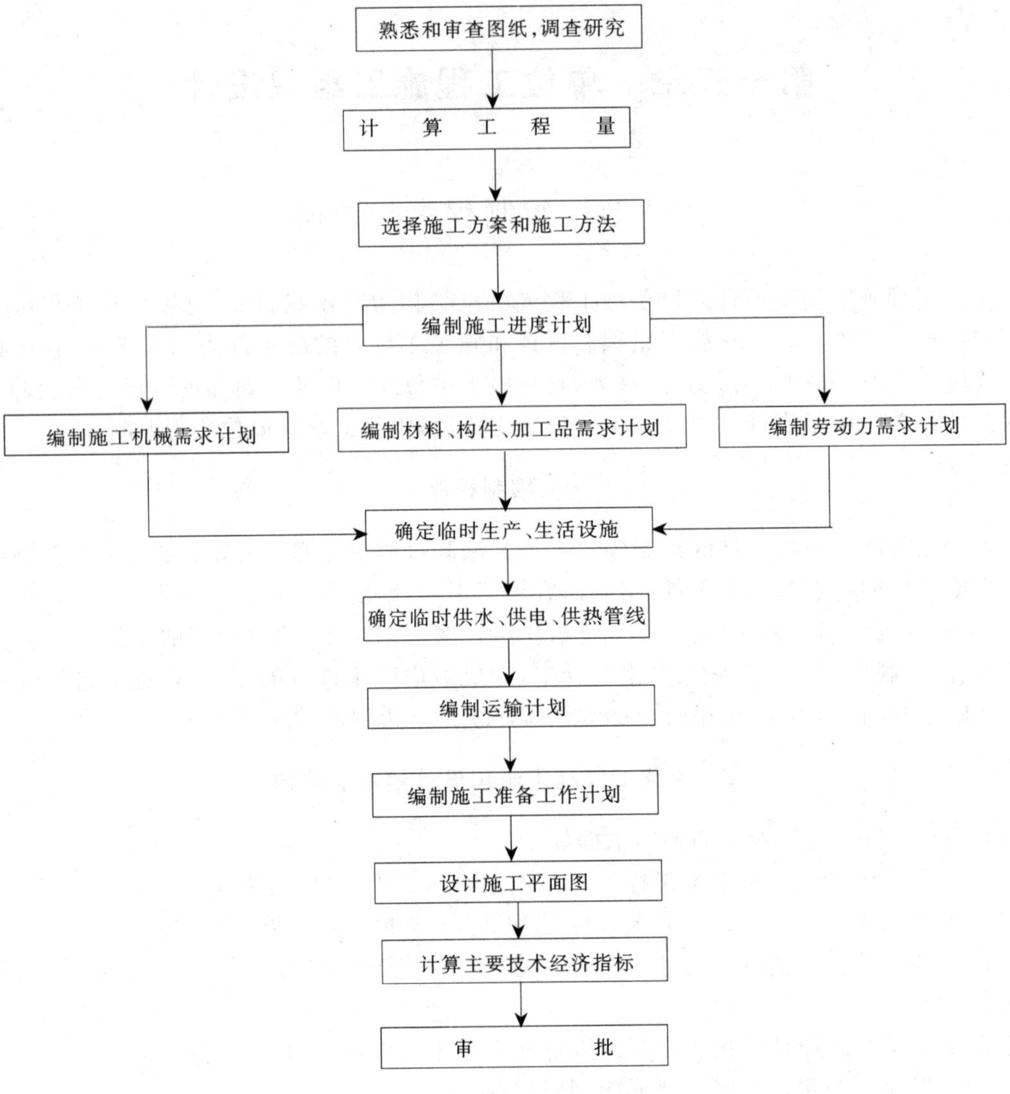

图 13-1　施工组织设计编制程序

管理水平。

第二节　施工方案设计

选择合理的施工方案是单位工程施工组织设计的核心。它包括施工方法和施工机械的选择、施工段的划分、工程开展顺序和施工安排等。施工方案的合理与否直接关系到工程的进度、质量和成本，所以必须予以充分重视。

一、施工方案设计

施工方案可以按下述顺序进行设计。

1. 划分施工过程

划分施工过程是进行施工方案编制的基础工作，施工过程划分应根据工程特点及工程量大小、投入的机械设备、劳动力及工期等条件，并按照施工过程的连续性、协调性、均衡性、适应性进行组织划分，以便于进行施工方案和进度计划的实施。施工过程的划分可与项目结构、工作分解结构相结合。施工过程，它包括直接在建筑物(构筑物)上施工的所有分部分项工程，一般不包括加工厂的构配件制作和运输工作。

施工过程的划分应与编制进度计划一并考虑。施工过程名称尽可能与现行定额手册上的项目名称一致，其排列宜按施工顺序列出。

施工过程划分的详细程度主要取决于客观需要。编制控制性施工进度计划，施工过程可划分得粗一些，可只列出分部工程。如单层厂房的施工进度计划，可只列土方工程、基础工程、预制工程、吊装工程……。编制实施性施工进度计划时，应划分得细一些，特别是其中的主导工程和主要分部工程，应尽量详细而且不漏项，这样便于指导施工。如上述的单层厂房的实施性施工进度计划中，对每一分部工程还要列出若干细项，如预制工程可分为柱子预制、屋架预制，而各种构件预制又分为支撑模板、绑扎钢筋、浇筑混凝土等。但对劳动量很少，不重要的小项目不必一一列出，通常将其归入相关的施工过程或合并为“其他”一项。

划分施工过程时，又要密切结合确定的施工方案。由于施工方案不同，施工过程名称、数量和内容亦会有所不同。如某深基坑施工，当采用放坡开挖时，其施工过程有井点降水和挖土两项；当采用板桩支护时，其施工过程就包括井点降水、打板桩和挖土三项。

2. 施工流向的确定

单位工程的施工流向是指施工活动在空间的展开与进程。对单层建筑要定出分段施工在平面上的流向；对多层建筑除了定出平面上的流向外，还要定出分层施工的流向。确定时应考虑以下几方面：

① 满足建设使用上的需要，对生产性建筑要考虑生产工艺流程及投产的先后顺序；

② 适应施工组织的分区分段；

③ 适应主导工程的合理施工顺序。

装饰工程分为室外和室内。通常室外装饰工程施工流向是自上而下，而室内装饰工程则可以自下而上也可以自上而下。组织好立体交叉施工，可以大大缩短工期。

3. 施工顺序

单位工程的施工顺序是指分部工程(或专业工程)以及分项工程(或工序)在时间上展开的先后顺序。

分部工程一般应遵循“先地下、后地上，先主体、后围护，先结构、后装饰”的原则，对特殊情况，可视具体条件确定。

设备安装与土建施工的顺序，在民用建筑中多为“先土建、后设备”。在工业厂房中，为使工厂早日投产，应考虑土建与设备安装的搭接，并根据设备性质、安装方法来安排两者施工顺序，一般可采用：

① “封闭式”，即在土建完成后进行设备安装。一般的机械工业厂房，当主体结构完成后即可进行设备安装，对精密工业厂房，则应在装饰工程完成后进行。

② “敞开式”，即先安装工艺设备再建造厂房。重型工业厂房(冶金、电力等)有时采用这种方法，它便于大型设备的安装及提前投产。

③ 土建与设备安装同时进行。

分项工程(或工序)之间施工顺序的确定,是为了按照施工的客观规律组织施工,在保证质量与安全施工的前提下充分利用空间,争取时间,实现缩短工期的目的。

按照房屋各分部工程的施工特点一般分为地下工程、主体结构工程、装饰与屋面工程三个阶段。一些分项工程通常采用的施工顺序如下:

地下工程是指室内地坪(±0.000)以下所有的工程。

浅基础的施工顺序为:清除地下障碍物→软弱地基处理(需要时)→挖土→垫层→砌筑(或浇筑)基础→回填土。其中基础常用砖基础和钢筋混凝土基础(条基或片筏基础)。砖基础的砌筑中有时要穿插进行地梁的浇筑,砖基础的顶面还要浇筑防潮层。钢筋混凝土基础则包括支撑模板→绑扎钢筋→浇筑混凝土→养护→拆模。如果基础开挖深度较大、地下水位较高,则在挖土前尚应进行土壁支护及降水工作。

桩基础的施工顺序为:打桩(或灌注桩)→挖土→垫层→承台→回土。承台的施工顺序与钢筋混凝土浅基础类似。

主体结构常用的结构形式有混合结构、装配式钢筋混凝土结构(单层厂房居多)、现浇钢筋混凝土结构(框架、剪力墙、筒体)等。

混合结构的主导工程是砌墙和安装楼板。混合结构标准层的施工顺序为:弹线→砌筑墙体→浇过梁及圈梁→板底找平→安装楼板(浇筑楼板)。

装配式结构的主导工程是结构安装。单层厂房的柱和屋架一般在现场预制,预制构件达到设计要求的强度后可进行吊装。单层厂房结构安装可以采用分件吊装法或综合吊装法,但基本安装顺序都是相同的,即:吊装柱→吊装基础梁、连系梁、吊车梁等,扶直屋架→吊装屋架、天窗架、屋面板。支撑系统穿插在其中进行。

现浇框架、剪力墙、筒体等结构的主导工程均是现浇钢筋混凝土。标准层的施工顺序为:弹线→绑扎墙体钢筋→支墙体模板→浇筑墙体混凝土→拆除墙模→搭设楼面模板→绑扎楼面钢筋→浇筑楼面混凝土。其中柱、墙的钢筋绑扎在支模之前完成,而楼面的钢筋绑扎则在支模之后进行。此外,施工中应考虑技术间歇。

一般的装饰及屋面工程包括抹灰、勾缝、饰面、喷浆、门窗扇安装、玻璃安装、油漆、屋面找平、屋面防水层等。其中抹灰和屋面防水层是主导工程。

装饰工程没有严格一定的顺序。同一楼层内的施工顺序一般为:地面→天棚→墙面,有时也可采用天棚→墙面→地面的顺序。又如内外装饰施工,两者相互干扰很小,可以先外后内,也可先内后外,或者二者同时进行。

卷材屋面防水层的施工顺序是:铺保温层(如需要)→铺找平层→刷冷底子油→铺卷材→撒绿豆砂。屋面工程在主体结构完成后开始,并应尽快完成,为顺利进行室内装饰工程创造条件。

各分项工程之间有着客观联系,但也不是一成不变的,在确定它们的施工顺序时,应满足施工工艺、施工方法和施工机械、施工组织、施工质量与安全等要求,并应考虑当地的地理、气候条件等。

4. 确定关键技术路线

关键技术路线的确定是对工程环境和条件及各种技术选择的综合分析的结果。大型工程关键技术往往不止一个,这些关键技术是工程中的主要矛盾,关键技术路线应用正确与否，直接影响到工程的质量、安全、工期和成本。施工方案的制订应紧紧抓住施工过程中的各个关键技术路线的制订，例如，深基坑的开挖及支护方案，高层建筑混凝土的输送及浇捣，高耸结构垂直运输，结构平面复杂的模板体系，大型钢结构吊装、机电设备的安装和装修的交叉施工安排等。

5. 选择施工方法和施工机械

施工方法和施工机械的选择是紧密相关的，它们是在技术上解决分部分项工程的施工手段。施工方法和施工机械的选择在很大程度上受结构形式和建筑特征的制约。结构选型和施工方案是不可分隔的，一些大型工程，往往在结构设计阶段就要考虑施工方法，并根据施工方法确定结构计算模式。

拟定施工方法时，应着重考虑影响整个单位工程施工的分部分项工程的施工方法，并应对关键技术路线上的分部分项工程应予以重点考虑，而对于常规做法的分项工程则不必详细拟定。

例如，深基坑工程通常要拟定土方开挖方式、土壁支撑、降低地下水位和土方运输等。

又如，高层建筑的混凝土工程应着重于模板的工具化、工业化和钢筋、混凝土的泵送施工。此外，对于模板支撑、预应力钢筋张拉、施工缝留设、大体积混凝土等关键问题或特殊问题亦应给予详细考虑。

在选择施工机械时，应首先选择主导工程的机械，然后根据建筑特点及材料、构件种类配备辅助机械。最后确定与施工机械相配套的专用工具设备。

垂直运输机械的选择是一项重要内容，它直接影响工程的施工进度，一般根据标准层垂直运输量（如砖、砂浆、模板、钢筋、混凝土、预制件、门窗、水电材料、装饰材料、脚手架等）来编制垂直运输量表，然后据此选择垂直运输方式和机械数量，再确定水平运输方式和机械数量。

二、施工方案的评价

每一施工过程都可以采用多种不同的施工方法和施工机械来完成。确定施工方案时，应当根据现有的或可能获得的机械的实际情况，首先拟定几个技术上可能的方案，然后从技术及经济上互相比较，从中选出最合理的方案，使技术上的可行性同经济上的合理性统一起来。

评价施工方案优劣的指标有：施工持续时间（工期）、成本、劳动消耗量，投资额等。应当指出，在计算这些指标时，不应采用施工图预算中的有关数据，而应按施工预算或方案可能达到的数据计算。事实上，正是各种方案与施工图预算之间的差异，才反映出不同方案的优劣。在进行评价时，同一方案的各项指标一般不可能都达到最优，不同方案之间不仅有差异，且可能有矛盾，这时应根据当时、当地的具体情况和预期的主要目标来确定方案的取舍。

1. 施工持续时间（工期）

施工过程的施工持续时间 t 按下式计算：

$$t=\frac{Q}{v} \tag{13-1}$$

式中 Q——工程量；

v——单位时间内计划完成的工程量（如采用流水施工，v 即流水强度）。

2. 成本

降低成本指标可以综合反映采用不同施工方案时的经济效果，一般可用降低成本率 r_c 来表示：

$$r_c=\frac{C_0-C}{C_0} \tag{13-2}$$

式中 C_0——预算成本；

C——所采用施工方案的计划成本。

3. 劳动消耗量

劳动消耗量反映施工机械化程度与劳动生产率水平，劳动消耗量 N 包括主要工种用工 n_1；辅助用工 n_2；以及准备工作用工 n_3，即

$$N=n_1+n_2+n_3 \tag{13-3}$$

劳动消耗量的单位为工日，有时也可用单位产品劳动消耗量（工日/m^3；工日/ t 等）来计算。

4. 投资额

选择的施工方案如需增加新的投资，则应考虑增加的投资额并进行投资效益比较（如相对投资回收期、年度费用、投资增额收益率等）。

第三节　编制施工计划

单位工程施工进度计划以施工方案为基础，根据规定工期和技术物资的供应条件，遵循各施工过程合理的工艺顺序，统筹安排各项施工活动。它的任务是为各施工过程指明一个确定的施工日期（即进出场的时间计划），并以此为依据确定施工作业所必须的劳动力和各种技术物资的供应计划。

施工进度计划通常采用水平图表（横道图）或网络图表达。施工进度计划图表应该完整地反映单位工程施工设计的主要内容。水平图表分为左右两部分，其左边为基本数据，如施工过程名称、工程量、定额、劳动力和机械需要量等；其右边为计划进度，上方为施工过程作业进度线，下方为劳动力及主要材料每天需求量动态曲线（图 13-2）。

一、进度计划编制方法

施工进度计划编制的一般步骤如下：

1. 确定施工过程

这部分内容应与施工方案设计一并考虑。

2. 计算工程量

工程量计算应根据施工图和工程量计算规则进行。为了便于计算和复核，工程量计算应按一定的顺序和格式进行。工程量计算的方法与工程预算类似。

在实际工作中一般先编制工程预算书，如果施工进度计划所用定额和施工过程的划分与工程预算书一致时，则可直接利用预算的工程量，不必重新进行计算。若某些项目有出入，或分段分层有所不同时，可结合施工进度计划的要求进行变更、调整和补充。

3. 确定劳动量和机械台班数

根据施工过程的工程量、施工方法和地方颁发的施工定额，并参照施工单位的实际情况，确定计划采用的定额（时间定额和产量定额），以此计算劳动量和机械台班数：

$$p=\frac{Q}{S} \tag{13-4}$$

$$p=QS \tag{13-5}$$

式中 p——某施工过程所需劳动量（或机械台班数）；

Q——该施工过程的工程量；

S——计划采用的产量定额（或机械产量定额）；

H——计划采用的时间定额（或机械时间定额）。

使用定额，有时会遇到施工进度计划中所列施工过程的工作内容与定额中所列项目不一致的情况，这时应予以补充。通常有下列两种情况：

施工进度计划中的施工过程所含内容为若干分项工程的综合，此时，可将定额作适当扩大，求出平均产量定额，使其适应施工进度计划中所列的施工过程。平均产量定额可按下式计算：

$$\overline{S}=\frac{\sum_{1}^{n} Q_i}{\frac{Q_1}{S_1}+\frac{Q_2}{S_2}+\cdots+\frac{Q_n}{S_n}} \tag{13-6}$$

式中 $Q_1, Q_2, \cdots, Q_n$——同一施工过程中各分项工程的工程量；

$S_1, S_2, \cdots, S_n$——同一施工过程中各分项工程的产量定额（或机械产量定额）；

$\overline{S}$——施工过程的平均产量定额（或平均机械产量定额）。

有些新技术或特殊的施工方法，其定额尚未列入定额手册中，此时，可将类似项目的定额进行换算，或根据试验资料确定，或采用三时估计法。三时估计法求平均产量定额可按下计算：

$$\overline{S}=\frac{1}{6}(a+4m+b) \tag{13-7}$$

式中 a——最乐观估计的产量定额；

b——最保守估计的产量定额；

m——最可能估计的产量定额。

4. 确定各施工过程的作业天数

计算各施工过程的持续时间的方法一般有以下两种：

(1) 根据配备在某施工过程上的施工工人数量及机械数量来确定作业时间

根据施工过程计划投入的工人数量及机械台数，可按下式计算该施工过程的持续时间：

$$T=\frac{p}{nb} \tag{13-8}$$

式中 T——完成某施工过程的持续时间（工日）；

p——该施工过程所需的劳动量(工日),或机械台班数(台班);

n——每工作班安排在该施工过程上的机械台数或劳动的人数;

b——每天工作班数。

(2) 根据工期要求倒排进度,即由 T,p,b 求 n

此时将式(13-8)变换为

$$n=\frac{p}{Tb} \tag{13-9}$$

即可求得 n 值。

确定施工持续时间,应考虑施工人员和机械所需的工作面。人员和机械的增加可以缩短工期,但它有一个限度,超过了这个限度,工作面不充分,生产效率必然会下降。

5. 编制施工进度计划

编制施工进度计划的一般方法,是首先找出并安排控制工期的主导施工过程,并使其他施工过程尽可能地与其平行施工或作最大限度的搭接施工。

在主导施工过程中,先安排其中主导的分项工程,而其余的分项工程则与它配合、穿插、搭接或平行施工。

在编排时,主导施工过程中的各分项工程,各主导施工过程之间的组织,可以应用流水施工方法和网络计划技术进行设计,最后形成初步的施工进度计划。

无论采用流水作业法还是采用网络计划技术,对初步安排的施工进度计划均应进行检查、调整和优化。检查的主要内容有:是否满足工期要求;资源(劳动力、材料及机械)的均衡性;工作队的连续性;以及施工顺序、平行搭接和技术或组织间歇时间等是否合理。根据检查结果,如有不足之处应予调整,必要时应采取技术措施和组织措施,使有矛盾或不合理、不完善处的工序持续时间延长或缩短,以满足施工工期和施工的连续性(一般主要施工过程应是连续的)和均衡性。

此外,在施工进度计划执行过程中,往往会因人力、物力及客观条件的变化而打破原订计划,或超前、或推迟。因此,在施工过程中,也应经常检查和调整施工进度计划。近年来,计算机已广泛用于施工进度计划的编制、优化和调整,它具有很多优越性,尤其是在优化和快速调整方面更能发挥其计算迅速的优点。

6. 资源计划

单位工程施工进度计划确定之后,可据此编制各主要工种劳动力需要量计划及施工机械、模具、主要建筑材料、构件、加工品等的需要计划,以利于及时组织劳动力和技术物资的供应,保证施工进度计划的顺利执行。

(1) 主要劳动力需要量计划

将各施工过程所需要的主要工种劳动力,根据施工进度的安排进行叠加,就可编制出主要工种劳动力需要量计划,如表 13-1 所示。它的作用是为施工现场的劳动力调配提供依据。

(2) 施工机械需要量计划

根据施工方案和施工进度确定施工机械的类型、数量、进场时间。一般是把单位工程施工进度表中每一个施工过程、每天所需的机械类型、数量和施工日期进行汇总,以得出施工机械模具需要量计划，如表 13-2 所示。

表 13-1　　劳动力需要量计划表

序号	工程名称	总劳动量	每月需要量(工日)			
			1	2	……	12

表 13-2　　施工机械、模具需要量计划表

序号	机械名称	机械类型（规格）	需要量		来源	使用起始时间	备注
			单位	数量			

(3) 主要材料及构、配件需要量计划

材料需要量计划主要为组织备料，确定仓库、堆场面积，组织运输之用。其编制方法是将施工预算中或进度表中各施工过程的工程量，按材料名称、规格、使用时间并考虑到各种材料消耗进行计算汇总即为每天(或旬、月)所需材料数量。材料需要量计划格式如表 13-3 所示。

表 13-3　　主要材料需要量计划表

序号	材料名称	规格	需要量		供应时间	备注
			单位	数量		

若某分部分项工程是由多种材料组成。例如混凝土工程，在计算其材料需要量时，应按混凝土配合比，将混凝土工程量换算成水泥、砂、石、外加剂等材料的数量。

建筑结构构件、配件和其他加工品的需要量计划，同样可按编制主要材料需要量计划的方法进行编制。它是同加工单位签订供应协议或合同，确定堆场面积，组织运输工作的依据，如表 13-4 所示。

表 13-4　　构件需要量计划表

序号	品名	规格	图号	需要量		使用部位	加工单位	供应日期	备注
				单位	数量				

二、进度计划技术经济评价

评价单位工程施工进度计划的质量，通常采用下列指标：

1. 工期

进度计划工期应具有先进性和可能性。单位工程施工进度计划应满足工程施工组织总设计中有关该单位工程的进度控制节点。

2. 资源消耗的均衡性

对于单位工程或各个施工过程来说，每日资源（劳动力、材料、机具等）消耗力求不发生过大的变化，即资源消耗力求均衡。

为了反映资源消耗的均衡情况，应画出资源消耗动态图。

在资源消耗动态图上，一般应避免出现短时期的高峰或长时期的低谷情况。

图 13-2a)，b)是劳动资源消耗的动态图，分别出现了短时期的高峰人数及长时间的低谷人数。在第一种情况下，短时期工人人数增加，这就相应地增加了为工人服务的各种临时设施，在第二种情况下，如果工人不调出，则将发生窝工现象，如果工人调出，则临时设施不能充分利用。至于在劳动量消耗动态图上出现短时期的、甚至是很大的低谷（图 13-2c)），则是可以允许的，因为这种情况不会发生什么显著的影响，而且只要把少数工人的工作重新安排，窝工情况就可以消除。

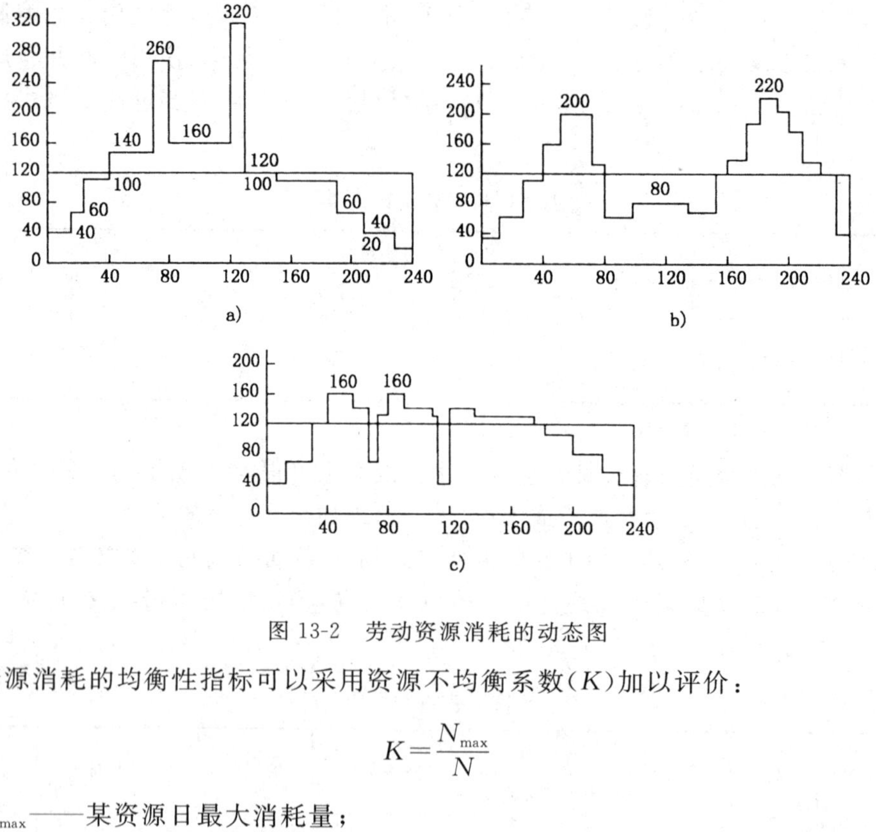

图 13-2 劳动资源消耗的动态图

某资源消耗的均衡性指标可以采用资源不均衡系数（K）加以评价：

$$K=\frac{N_{\max}}{N} \tag{13-10}$$

式中 $N_{\max}$——某资源日最大消耗量；

N——某资源日平均消耗量。

最理想的情况是资源不均衡系数 K 接近于 1。在组织流水施工（特别是许多建筑物的流水施工）的情况下，不均衡系数可以大大降低并趋近于 1。

3. 主要施工机械的利用程度

所谓主要施工机械通常是指混凝土搅拌机、砂浆机、起重机、挖土机等。机械设备的利用程度用机械利用率以 γ_m 表示，它由下式确定：

$$\gamma_m = \frac{m_1}{m_2} \times 100\% \tag{13-11}$$

式中 m_1——机械设备的作业台日（或台时）；

m_2——机械设备的制度台日（或台时），由 $m_2 = nd$ 求得。其中，n 为机械设备台数，d 为制度时间，即日历天数减去节假天数。

第四节　设计施工平面图

有的建筑工地秩序井然，有的则杂乱无章，这与施工平面图设计的合理与否有直接的关系。单位工程施工平面图是施工组织设计的主要组成部分。

一、施工平面图设计的内容

单位工程施工平面图通常用 1∶200～1∶500 的比例绘制，一般应在图上标明下列内容：

① 建筑总平面上已建和拟建的地上和地下的一切房屋、构筑物及其他设施的位置和尺寸；

② 移动式起重机（包括有轨起重机）开行路线及垂直运输设施的位置；

③ 各种材料、半成品、构件以及工业设备等的仓库和堆场；

④ 为施工服务的一切临时设施的布置（包括搅拌站、加工棚、仓库、办公室、供水供电线路、施工道路等）；

⑤ 测量放线标桩，地形等高线，土方取弃场地；

⑥ 安全、防火设施。

二、设计步骤

单位工程施工平面图设计的一般步骤如下：

1. 决定起重机械的位置

起重机的位置直接影响仓库、料堆、砂浆和混凝土搅拌站的位置及道路和水、电线路的布置等。因此要首先予以考虑。

布置固定式垂直运输设备（塔架、龙门架、井架、门架、桅杆等），主要根据机械性能、建筑物的平面形状和大小、施工段划分的情况、材料来向和已有运输道路情况而定。其目的是充分发挥起重机械的能力并使地面与楼面上的水平运距最小。井架、门架的位置，以布置在有门、窗口处为宜，以避免砌墙留槎和减少井架拆除后的修补工作。

轨道式起重机的布置方式，主要取决于建筑物的平面形状、尺寸和四周的施工场地的条件。要使起重机的起重幅度能够将材料和构件直接运至任何施工地点，尽量避免出现“死角”。轨道布置方式通常是沿建筑物的一侧或内外两侧布置，必要时还需增加转弯设备，尽量使轨道长度最短。同时做好轨道路基四周的排水工作。无轨自行起重机的开行路线，主要取决于建筑物的平面布置、构件的重量、安装高度和吊装方法等。

2. 确定搅拌站、仓库和材料、构件堆场的位置

搅拌站、仓库和材料、构件堆场的位置应尽量靠近使用地点或在起重半径范围内，并考虑到运输和装卸料的方便。

首先应根据起重机的类型进行布置，对不同的起重机，搅拌站、仓库、材料构件堆场的布置也有区别，一般有以下几种情况：

① 当采用井架、龙门架等固定式垂直运输设备时，尽可能靠近布置，以减少运距或两次搬运；

② 当采用塔式起重机进行垂直运输时，应布置在塔式起重机有效起重幅度范围内；

③ 当采用自行式起重机进行水平或垂直运输时，应沿起重机运行路线布置，位置应在起重臂的最大外伸长度范围以内。

其次要考虑不同的施工阶段、施工部位和使用时间，材料、构件堆场的位置要分区域设置或分阶段设置。

建筑物基础和第一层施工所用的材料，应该布置在建筑物的四周。材料堆放位置应根据基槽(坑)的深度、宽度及其坡度或支护形式确定，并与基槽边缘保持一定距离，以免造成基槽(坑)土壁的坍方事故。第二层以上施工材料，布置在起重机附近，砂、石等大宗材料，尽量布置在搅拌站附近。多种材料同时布置时，对大宗的、重量大的和先期使用的材料，尽可能靠近使用地点或起重机附近布置；而少量的、轻的和后期使用的材料，则可布置得稍远一些。按不同施工阶段、不同材料的特点，在同一位置上可先后布置几种不同的材料，例如砖混结构民用房屋中的基础施工阶段，可在其四周布置毛石，而在主体结构第一层施工阶段可沿四周布置砖等。

此外，当混凝土基础的体积较大时，如不采用商品混凝土，则混凝土搅拌站可以直接布置在基坑边缘附近，待混凝土浇筑完后再转移，以减少混凝土的运输距离。

木工和钢筋加工车间的位置可考虑布置在建筑物四周较远的地方。但应有一定的场地堆放木材、钢筋和成品。

石灰仓库和淋灰池的位置要接近砂浆搅拌站并在下风处。沥青堆场及熬制锅的位置要离开易燃仓库或堆场，也应布置在下风处。

3. 布置运输道路

现场主要道路应尽可能利用永久性道路，或先建好永久性道路的路基，在土建工程结束之前再铺路面。现场道路布置时要注意保证行驶畅通，使运输工具有回转的可能性。因此，运输路线最好围绕建筑物布置成一条环行道路。道路宽度一般不小于 3.5m。

4. 布置行政管理及文化生活福利用的临时设施

为单位工程服务的临时设施一般有工地办公室、工人休息室、加工车间、工具库等临时建筑物。确定它们的位置时，应考虑使用方便，不妨碍施工，并符合防火、保安要求。

5. 布置水电管网

① 施工用的临时给水管　一般由建设单位的干管或自行布置的干管接到用水地点。布置时应力求管网总长度最短。管径的大小和龙头数目的设置需视工程规模大小通过计算确定。管道可埋于地下，也可铺设在地面上，以当时当地的气候条件和使用期限的长短而定。工地内要设置消火栓，消火栓距离建筑物不应小于 5m，也不应大于 25m，距离路边不大于 2m。条件允许时，可利用城市或建筑单位的永久消防设施。

② 排水设施　为便于排除地面水和地下水，要及时修通永久性下水道，并结合现场地形在建筑物四周设置排泄地面水和地下水的沟渠，如排入城市下水系统，还应设置沉淀池。

③ 临时供电　单位工程施工用电应在全工地施工总平面图中一并考虑。一般计算出在施工期间的用电总数，如由建筑单位解决，可不另设变压器。必要时根据现场用电量选用变压器。变压器(站)的位置应布置在现场边缘高压线接入处，四周用铁丝网围住。不宜布置在交通要道口。临时变压器设置，应距地面不小于 30cm，并应在 2m 以外处设置高度大于 1.7m 的保护栏杆。

建筑施工是一个复杂多变的生产过程，各种施工机械、材料、构件等是随着工程的进展而逐渐进场的，而且又随着工程的进展而逐渐变动、消耗。因此，在整个施工过程中，它们在工地上的实际布置情况是随时在改变着的。为此，对于大型建筑工程、施工期限较长或施工场地较为狭小的工程，就需要按不同施工阶段分别设计几张施工平面图。以便能把不同施工阶段工地上的合理布置具体地反映出来。在布置各阶段的施工平面图时，对整个施工时期使用的主要道路、水电管线和临时房屋等，不要轻易变动，以节省费用。对较小的建筑物，一般按主要施工阶段的要求来布置施工平面图，同时考虑其他施工阶段如何周转使用施工场地。布置重型工业厂房的施工平面图，还应该考虑到一般土建工程同其他设备安装等专业工程的配合问题，一般以土建施工单位为主会同各专业施工单位，共同编制综合施工平面图。在综合施工平面图中，根据各专业工程在各施工阶段中的要求将现场平面合理划分，使专业工程各得其所，更好地组织施工。

三、施工平面图的评价

评价施工平面图设计的优劣，可参考以下技术经济指标：

① 施工用地面积　在满足施工的条件下，要紧凑布置，不占和少占场地；

② 场内运输距离　应最大限度地缩短工地内的运输距离，特别要尽可能避免场内两次搬动；

③ 临时设施数量　包括临时生活、生产用房的面积，临时道路及各种管线的长度等。为了降低临时工程费用，应尽量利用已有或拟建的房屋、设施和管线为施工服务；

④ 安全、防火的可靠性；

⑤ 施工工地施工的文明程度。

第十四章　施工组织总设计

第一节　施工组织总设计概述

施工组织总设计是以整个建设项目或群体工程(一个住宅建筑小区、配套的公共设施工程、一个配套的工业生产系统等)为对象编制的,是整个建设项目或群体工程的全局性、指导性的文件。

一、施工组织总设计的作用

施工组织总设计的主要作用如下:

① 确定设计方案的施工可能性和经济合理性;

② 为建设单位主管部门编制基本建设计划提供依据;

③ 为施工单位主管部门编制建筑安装工程计划提供依据;

④ 为组织物资技术供应提供依据;

⑤ 为及时进行施工准备工作提供条件;

⑥ 解决有关生产和生活基地的组织问题。

二、施工组织总设计的编制程序

施工组织总设计的编制程序如图 14-1 所示。由编制程序可知,在编制施工组织总设计时,首先要从全局出发,对建设地区的自然条件、技术经济情况以及工程特点、工期要求等进行全面系统地研究,找出主要矛盾和薄弱环节,以便重点加以解决,避免造成损失。在此基础上,根据施工任务情况和施工队伍的现状,合理进行组织分工,并对重要单位工程和主要工种工程的施工方案在经过技术经济比较之后合理地加以确定。然后根据生产工艺流程和工程特点,合理编制施工总进度计划,以确保工程能按照工期要求均衡连续地进行施工,能分期分批地投入生产或交付使用,充分发挥投资效益。根据编制的施工总进度计划就可编制材料、成品、半成品、劳动量、建筑机械、运输工具等的需要量计划。由此就可进行运输及仓库业务、附属企业业务和临时建筑业务的组织。为计算临时供水、供电、供热、供气的需要量及其业务的组织提供了可能。在完成上述工作后,即可编制施工准备工作计划和设计施工总平面图。

三、施工组织总设计的编制依据

施工组织总设计的编制依据一般依据下列资料:

1. 自然条件资料

① 地形资料;

② 工程地质资料;

③ 水文地质资料;

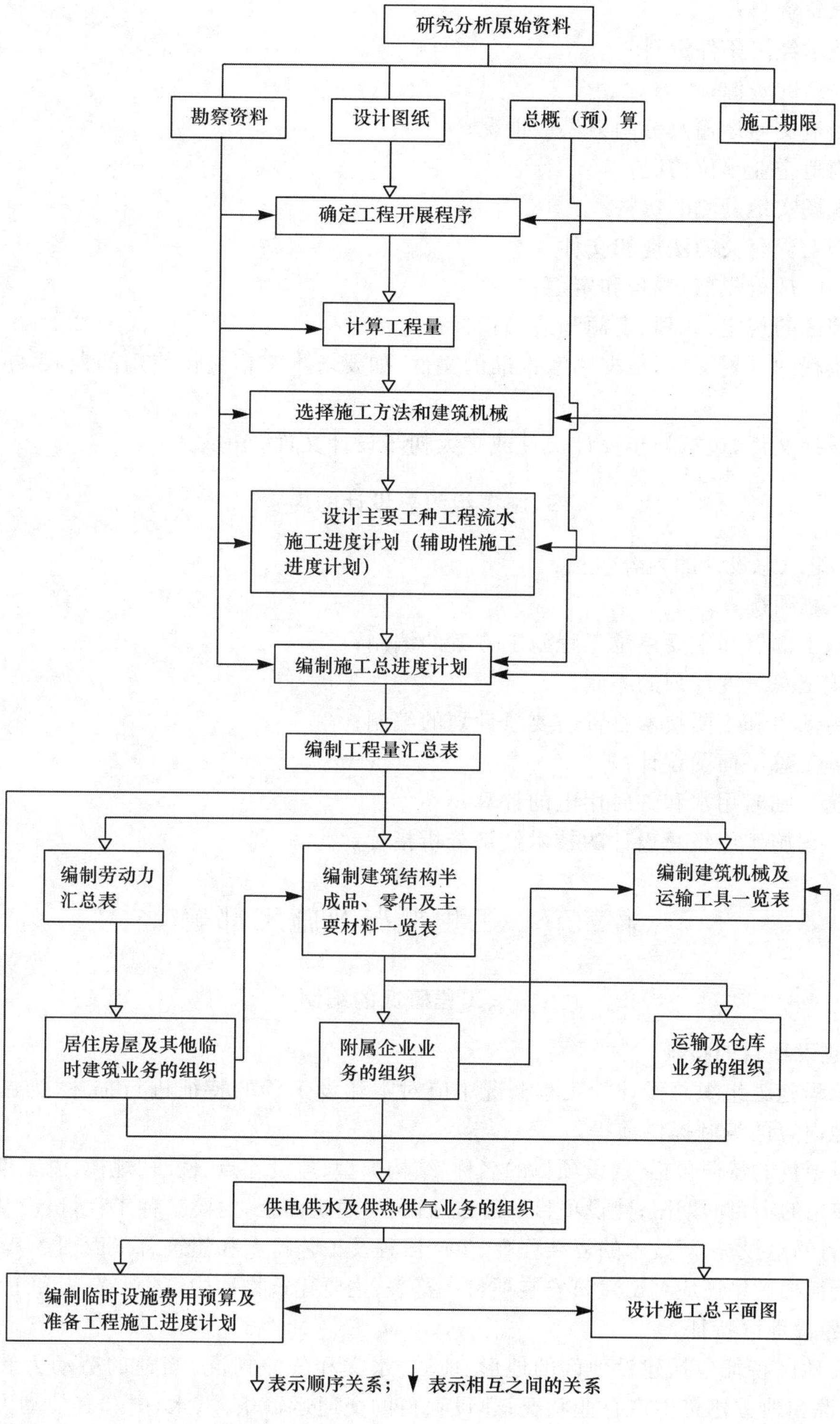

图 14-1　施工组织总设计程序

④ 气象资料；

2. 技术经济条件资料

① 当地的资源；

② 当地交通运输及劳动力供应情况；

③ 当地企业单位情况；

3. 现场实地勘测的资料

4. 与工程有关的法规和文件

① 国家现行规范、规程和定额；

② 地区的规定、章程、定额和造价指标；

③ 工程的计划文件，根据国家批准的文件，如要求本工程交付使用的期限，单位工程一览表等；

④ 设计文件，包括初步设计文件或扩大初步设计文件。

四、施工组织总设计的内容

施工组织总设计的内容包括：

① 工程概况；

② 施工部署和主要单位工程施工方案的编制；

③ 施工总进度计划的编制；

④ 劳动力和主要技术物资需要量计划的编制；

⑤ 施工总平面图设计；

⑥ 施工临时用水和临时用电的计算；

⑦ 工程施工组织总设计的技术经济分析指标。

第二节　工程概况及施工部署

一、工程概况的编制

1. 建设项目的特征

在工程施工组织总设计的工程概况中应对本建设工程的特征进行描述，为施工组织总设计其他内容的编制提供前提。

建设项目的特征包括：建设项目的名称、结构类型、建设地点、性质、规模、总工期及分期分批投入使用的项目的期限；建设项目的总占地面积、建筑面积、主要工种工程量、设备安装及其吨数；项目的总投资、新技术的复杂程度、生产流程及工艺特点和建筑总平面图。其次，在建设项目的特征描述中还应列出建筑安装项目一览表、主要建筑物和构筑物一览表和工程量总表。

2. 建设地区特征

建设地区特征包括建设地区的地形、地质、水文和气象情况；当地的劳动力和生活设施情况、资源和地方建筑生产企业状况；建设项目的交通运输条件、水、电和其他动力条件。

3. 其他内容

建设项目的施工条件；与项目有关的决议、合同及协议；土地征用范围、数量和时间；需拆迁和平整场地的要求等。

二、施工部署和主要单位工程的施工方案

1. 施工部署

施工部署是在充分了解工程情况、施工条件和建设要求的基础上，对整个建设工程进行全面安排和解决工程施工中的重大问题的方案，是编制施工总进度计划的前提。

施工部署重点要解决下述问题：

(1) 确定各主要单位工程的施工展开程序和开、竣工日期。它一方面要满足上级规定的投产或投入使用的要求，另外也要遵循一般的施工程序。

(2) 建立工程的指挥系统，划分各施工单位的工程任务和施工区段，明确主攻项目和辅助项目的相互关系，明确土建施工、结构安装、设备安装等各项工作的相互配合等。

(3) 明确施工准备工作的规划。如土地征用、居民迁移、障碍物清除、"三通一平"的分期施工任务及期限、测量控制网的建立、新材料和新技术的试制和试验、重要建筑机械和机具的申请和订货生产等。

2. 主要单位工程施工方案的拟订

主要的单位工程或主要的、特殊的分部分项工程，应在施工组织总设计中拟订其施工方案。其内容包括计算主要单位工程或分部分项工程的工程量，确定其工艺流程，选择大型施工机械和主要施工方法。

施工方案的拟定要重点解决下述问题：

(1) 重点单位工程的施工方案

要通过技术经济比较确定单位工程的施工方案，如深基础施工用哪种支护结构、地下水如何处理、挖土方式如何，结构工程用预制或现浇施工、用什么类型的模板（滑升模板、大模板、爬升模板等），工程构筑物是用构件散装或在地面组装后整体起吊等。

(2) 主要分部分项工程的施工方案

确定主要工种工程（如土方、桩基础、混凝土、砌体、结构安装、预应力混凝土工程等）的施工方案，如何提高生产效率，提高工程质量，降低造价和保证施工安全。

3. 施工程序的确定

工程施工程序的确定不仅是施工部署的问题，也是施工方案的问题。施工程序的确定应根据下述原则进行：

(1) 在满足合同工期要求的前提下，分期分批施工。

(2) 一般应按照先地下、后地上；先深后浅；先干线后支线的原则进行安排，路下管线先施工、后筑路。

(3) 安排施工程序时要注意工程交工的配套，在不影响施工的情况下，使在建的工程尽早发挥该部分的投资效益。

(4) 施工程序应与各类物资、技术条件和资源供应保持协调均衡。

(5) 施工程序的安排应注意季节及气候的影响。

第三节　施工总进度计划

施工总进度计划是根据施工部署的要求，合理确定工程项目施工的先后顺序、开工和竣

工日期、施工期限和它们之间的搭接关系。据此，可确定劳动力、材料、成品、半成品、机具等的需要量及其供应计划；确定各附属企业的生产能力；临时房屋和仓库的面积；临时供水、供电、供热、供气的要求等。

根据工程规模和编制条件的成熟程度，施工总进度计划的粗细有较大的不同。规模庞大、技术复杂、施工条件尚不十分明确的工程，施工总进度计划一般编制得较粗略。对采用定型设计的民用建筑群体工程或工程项目少而施工条件比较明确的工程，则可编制得详细一些，可组织主要工种工程和主要施工机械进行流水施工。

施工总进度计划可用横线图表达，亦可用网络图表达。当用横线图表达时，施工总进度计划中施工项目的排列可按施工部署确定的工程展开顺序排列。

用网络图表达施工总进度计划，是用以控制总工期，因此一般以整个建设项目为总目标，各个单位工程为子目标，每个子目标再划分为几个施工阶段目标，这些目标反映在网络计划的各个节点上。用有时间坐标的网络图表达，则更加直观和明了。

施工总进度计划的编制方法如下：

1. 计算工程项目的工程量

根据工程项目一览表分别计算其工程量，以便选择施工方案和施工机械；组织主要工种工程流水施工；计算劳动量和技术物资需要量等。

对于工业建设项目，由于在扩大初步设计或技术设计阶段编制施工组织总设计，图纸和有关技术资料尚不齐全，可参考下列定额、资料粗略地进行计算：

(1) 每万元、每10万元工作量的劳动力及材料消耗指标。它规定了某一种结构类型的建筑，每万元或每10万元投资中劳动力和主要材料消耗量。

(2) 概算指标或扩大结构定额。它们分别按建筑物的结构类型、高度、跨度等给出每 $100m^3$ 建筑体积和每 $100m^2$ 建筑面积的劳动力和材料消耗指标。

(3) 标准设计或类似工程的资料。如类似工程与拟建工程有些出入时，可进行必要的调整。

计算工程量除房屋外，还需确定主要的全工地性工程的工程量，如铁路、道路、地下管线的长度等。这些工程量可从建筑总平面图上量得。

2. 确定各单位工程的施工工期

结构类型、施工技术、管理水平和现场条件等都影响单位工程的工期，要综合分析后加以确定。也可参考有关的工期定额或类似建筑的施工经验数据。

3. 确定各单位工程的开、竣工时间和相互搭接关系

要确保在规定的时间内能配套投入使用。要集中使用人力、物力避免分散，尽早使之投产或使用，产生效益。条件具备而且经济时，应尽量做到全年均衡地施工。对重要工种工程尽量做到流水施工。要使土建施工、设备安装和试车运转相互配合。要充分利用大型的建筑机械等。

4. 编制施工总进度计划

编制施工总进度计划一定要配套建设，对工业建设项目，要处理好生产车间与辅助车间、加工部门与动力设施、生产性建筑与非生产性建筑之间的关系，要协调配套形成生产系统，尽早形成生产能力。对群体民用建筑，亦要重视配套建设，并解决好供水、供电、市政、交通等工程建设。

要区别轻重缓急，把工程难度大，工艺调试时间长的工程安排早施工。要考虑土建与安装的交叉，以加快建设速度。要组织均衡施工，避免劳动力、材料、设备等供应过分集中。

要确定一些调剂项目(如辅助车间、宿舍等),作为既能保证重点又能实现均衡施工的措施。

应考虑当地气候条件,尽可能减少冬期、雨季施工的附加费用。

此外,编制施工总进度计划还要遵守防火技术安全和生产卫生、环境保护等规定。

图 14-2 所示为一工业企业建设项目的施工总进度计划。该建设项目包括以下四个单位工程:

(1) 单层工业厂房:现浇钢筋混凝土柱基、装配式钢筋混凝土柱子和吊车梁、钢筋混凝土屋盖梁和屋面板、沥青地面、砖墙。

(2) 三层装配式钢筋混凝土框架结构工业厂房,围护结构为砖墙。

(3) 有地下室的二层工厂管理处办公室(地下室的基础和墙是毛石结构,地下部分的墙是砖结构,楼盖是装配式钢筋混凝土结构)。

(4) 两个砖石结构仓库,在图 14-2 中合并为一个工程项目(砖墙承重,支承在木柱上的木屋盖、卷材屋面)。

该进度计划的特点是,以组织主要施工过程在各工程项目上的流水为主线,统筹安排其他各施工过程的施工进度。

本工程的主要施工过程,有挖土、结构安装、砌墙、地面施工等,工程的展开顺序是:先工厂管理办公楼,其次单层工业厂房,再次砖结构仓库,最后,是三层工业厂房。#1 厂房的建筑安装工程要赶在#2 厂房的前面,因为#1 厂房里需要安装的工艺设备比#2 厂房多得多,因此#1 厂房应先安装工艺设备。作为主导施工过程的砖工工作队在建设项目上是流水的。

其次一个主导施工过程是安装混凝土结构,其流水组织方法是:先用起重量为 15t 的履带式起重机安装单层工业厂房的结构。当单层工业厂房的结构安装工作完成以后,起重机转移到三层工业厂房。

其余的施工过程如果有可能,也同样组织流水。例如,铺设沥青地坪的工作。

在工业企业的施工中,由于准备工程具有特殊的重要性,因此有时必须编制单独的准备阶段施工进度计划。所以,工业企业的施工组织设计中通常包括:① 工业企业施工总进度计划;② 准备阶段施工进度计划(表 14-1)。

表 14-1　　准备阶段施工进度计划

<table>
<tr><td rowspan="4"></td><td rowspan="4">工程项目及主要工程一览表</td><td colspan="2">建筑安装工程量</td><td colspan="6">施工进度</td></tr>
<tr><td rowspan="3">超
量</td><td rowspan="3">其中设备安装工程量
(工艺升降运输动力设备等)</td><td colspan="5">第 1 年</td><td rowspan="3">第 2 年</td></tr>
<tr><td rowspan="2">总
量</td><td colspan="4">月　度</td></tr>
<tr><td>1</td><td>2</td><td>3</td><td>4</td></tr>
<tr><td>1</td><td>2</td><td>3</td><td>4</td><td>5</td><td>6</td><td>7</td><td>8</td><td>9</td><td>10</td></tr>
<tr><td></td><td>生产性工程项目:
(1) 永久性地上及地下管网和道路工程(首期工期)
(2) 全场性工程(房屋拆除、砍伐树木平整场地等)
(3) 在施工期间可供建筑机构利用的拟建企业的建筑物名称
(4) 临时建筑物和构筑物名称</td><td></td><td></td><td></td><td></td><td></td><td></td><td></td><td></td></tr>
</table>

注:1～10 栏中,建筑安装工程与设备安装工程应分开表示。

施工过程和机械名称	工程量		劳动力需要量（工·日）	第一年各季度			
	单位	数量		Ⅰ	Ⅱ	Ⅲ	Ⅳ
Ⅰ. 单层工业厂房（#1厂房）							
土方：斗容量0.35m³挖土机	m³	3800	292				
混凝土基础	m³	480	374				
安装钢筋混凝土结构	m³	2400	3600				
安装桥式吊车							
浇筑设备基础							
吊装和安装工艺设备							
铺设具有保温层的屋面	m²	9000	2700				
砌砖墙和隔墙	m³	1900	3040				
混凝土垫层上铺沥青地坪	m²	8200	9430				
安装窗、天窗扇和玻璃	m²	2800	1540				
卫生技术工程		36.0	2100				
装饰工程	m²	6500	1100				
其他工程	m²	8700	1570				
Ⅱ. 三层工业厂房（#2厂房）							
土方	m³	2800	210				
结构和设备的混凝土及钢筋混凝土基础	m³	1410	1345				
安装装配或钢筋混凝土结构	m³	2800	4700				
工艺设备的吊装							
安装工艺设备							
铺设具有保温层的屋面	m²	2750	850				
砌砖墙	m³	2400	3600				
沥青地坪	m²	5700	6400				
安装窗扇和玻璃	m²	950	840				
卫生技术工程		32.0	1960				
装饰工程	m²	6200	1230				
其他工程	m²	2400	1500				
Ⅲ. 工厂管理处							
土方	m³	280	48				
砖墙和安装楼盖	m³	1350	1450				
铺设屋面	m²	600	160				
隔墙	m²	640	130				
地坪	m²	520	230				
安装窗扇和玻璃	m²	140	85				
卫生技术工程		120	720				
装饰工程	m²	580	130				
其他工程	m²	560	350				
Ⅳ. 砖木结构仓库							
土方	m³	110	56				
砖工	m³	880	520				
木作工程和木屋面	m²	640	280				
混凝土垫层上铺沥青地坪	m²	740	810				
安装窗扇和玻璃	m²	125	110				
卫生技术工程							
其他工程	m²	1600	400				
安装工艺设备							

图14-2 某工业企业施工总进度计划图

在民用群的施工组织计划中，施工总进度计划中通常已经包括准备阶段所要完成的工程项目在内，所以不再另行编制准备阶段施工进度计划。

第四节　施工资源总需要量计划的编制

根据建设项目施工总进度计划，按照表 14-2 将主要实物工程量进行汇总，编制工程量进度计划。然后根据工程量汇总表计算主要劳动力及施工技术物资需要量，见表 14-3 和表 14-4。

表 14-2　　工程量汇总表

顺　次	工程名称	计算单位	全部工程	其中包括					工程量进度计划					
				各工程项目					1				2	3
									季　度					
				No. 1	No. 2	No. 3	No. 4	No. 5	一	二	三	四		
1	2	3	4	5	6	7	8	9	11	12	13	14	15	16
1	土方工程													
	挖土	km^3												
	填土	km^3												
2	基础工程	km^3												
3	砌体工程	km^3												
4	混凝土结构工程	km^3												
5	结构安装	kt												
6	钢结构工程	kt												
6	门窗工程													
	门	km^2												
	窗	km^2												
7	隔墙	km^2												
8	地面工程	km^2												
9	屋面工程													
	油毛毡屋面	km^2												
	瓦屋面	km^2												
	其他	km^2												
10	内部卫生技术工程	千元												
11	敷设管网	千元												
	给水管	km												
	排水管	km												
	供热管道	km												
	供煤气管道	km												
12	装修装饰工程													
	抹灰	km^2												
13	电气安装工程	千元												
	其中高压线安装	km 或千元												
14	动力、工艺和其他设备安装													
15	敷设铁路	km												
16	汽车路面	km^2												
17	其他工程	千元												

表 14-3　　　　　　　　　　　　　　　劳动力汇总表

工程项目名称 / 工种名称	总计(工日)	其中包括							居住建筑		工地内部临时性建筑物及机械化装置	总计					
		铁路支线和运输建筑物	外部卫生工程	电气工程	工业建筑				永久性	临时住宅建筑工人		20××年				20××年	20××年
					主要		辅助					季度					
												一	二	三	四		
1	2	3	4	5	6	7	8	9	10	11	12	13	14	15	16	17	
钢筋工																	
混凝土工																	
木　工																	
瓦　工																	
起重工																	
……																	

注:设备安装及特殊工程所需劳动力另列。

表 14-4　　　整个建筑工程的建筑结构、成品、半成品与主要建筑材料需要量汇总表

工程项目名称 / 施工技术物资名称		量度单位	总计	其中包括							居住建筑		工地内部临时性建筑物及机械化装置	总计				
				铁路支线和运输建筑物	外部卫生工程	电气工程	工业建筑				永久性	临时住宅建筑工人		20××年				20××年
							主要		辅助					季度				季度
														一	二	三	四	
1	2	3	4	5	6	7	8	9	10	11	12	13	14	15	16	17	18	
建筑结构零件及半成品	钢筋	t																
	混凝土	m^3																
	木结构、梁、楼板、屋架	m^3																
	钢结构	t																
	模板	m^2																
	灰浆	m^3																
	细木制品	m^2																
主要建筑材料	石灰	t																
	块石及圆砾石	t																
	圆木	m^3																
	锯木	m^3																
	其他																	

注:① 主要建筑物单独列为一项;次要建筑物可按结构性质,适当加以合并。

② 建筑工业工厂运来的半成品及零件制造上所需的材料,不包括在此表内。

③ 关于设备安装所需材料另列一表。

主要施工机械(挖土机、起重机等)的需要量,如前所述,是根据工程量和机械产量定额求得的。至于辅助机械,可以根据建筑安装工程每十万元的扩大指标确定。运输工具的需量,可以根据运输量计算,填入表 14-5 中。

表 14-5　　主要施工及运输机械需要量汇总表

主要施工及运输机械名称	简要说明（机械型号，生产率等）	数　量	电动机功率	需　要　量				
				20××年				20××年
				季　度				季　度
				一	二	三	四	
1	2	3	4	5	6	7	8	9
塔式起重机 挖土机 推土机 混凝土搅拌机 汽车 ⋮								

施工用动力、蒸汽和压缩空气的消耗量，并考虑到冬季施工条件下所增加的需要量，同样可以根据建筑安装工程每十万元扩大指标或直接根据各种需要，分别计算。

建筑职工所需的居住和文化福利房屋需要量，根据施工最高峰工人人数，按扩大指标结合地方条件确定。

第五节　施工总平面图

施工总平面图是施工组织总设计的一个重要组成部分，是具体指导现场施工部署的平面布置图，对于有组织、有计划地进行文明和安全施工有重大意义。它是在制订了施工部署、施工方案、施工总进度计划和确定了施工准备工作之后设计的。对于大型建设项目，当施工工期较长或受场地所限，施工场地需几次周转使用时，可按照几个阶段分别设计施工总平面图。施工总平面图的比例尺一般为 1∶1000～1∶2000。

一、施工总平面图的内容

施工总平面图应表现下述内容：

(1) 施工用地范围。原有地形等高线，测量基准点。

(2) 一切地上和地下的已有和拟建的建筑物、构筑物以及其他设施的平面位置和尺寸。

(3) 一切为施工服务的临时设施的位置，其中包括：

① 工地上各种运输业务用的建筑物和运输道路；

② 各种加工厂、半成品制备站和机械化装置等；

③ 各种建筑材料、半成品及制品的仓库和堆场；

④ 行政管理及文化、生活、福利用的临时建筑物；

⑤ 临时给、排水管线、供电及动力路线等；

⑥ 一切保安、防火设施。

(4) 取土及弃土位置。

(5) 永久性与半永久性坐标位置，必要时标出等高线。

二、设计施工总平面图的依据

施工总平面图的设计，应力求真实地详细地反映施工现场情况，以期能达到便于对施工现场控制和经济上合理的目的，为此，掌握以下资料是十分必要的：

(1) 建筑总平面图，图中必须表明一切拟建的及已有的房屋和构筑物，标明地形的变化。这是正确决定仓库和加工厂的位置以及铺设工地运输道路和解决排水问题等所必需的资料。

(2) 一切已有的和拟建的地下管道位置。避免把临时建筑物布置在管道上面，便于考虑是否可以利用已有管道或及时拆除这些管道。

(3) 整个建筑工程的施工进度计划和拟定的主要工种的施工方案。由此可以了解各建设阶段的施工情况以及各房屋和构筑物的施工次序，这对规划场地具有很重要的作用。

(4) 各种建筑材料、半成品和零件的供应情况及运输方式。这一资料对规划施工总平面图具有决定性的作用。

(5) 所需建筑材料、半成品和零件一览表及其数量，全部仓库和临时建筑物一览表及其性质、形式、面积和尺寸。

(6) 各加工厂规模、现场施工机械和运输工具数量。

(7) 水源、电源及建筑区域的竖向设计资料。这对布置水电管线和安排土方的挖填非常需要。

(8) 制定单个建筑物施工总平面图所需的各个房屋的设计资料(如平面图、剖面图等)。

三、施工总平面图的设计要求

(1) 在保证施工顺利进行的前提下，尽量少占土地。

在进行大规模建筑工程施工时，要根据各阶段施工平面图的要求，分期分批地征用土地，以便做到少占土地和不占用土地。

(2) 一切临时性建筑业务设施最好不占用拟建永久性建筑物和设施的位置(不论地上的或地下的)。这就可以避免拆迁这些设施所引起的浪费和损失。在特殊的情况下，当被占用地位上的建筑物施工时期较晚，并与其上所布置的设施使用时间不冲突时，才可以使用该场地。

(3) 在满足施工要求的条件下，最大限度地降低工地的运输费。

为了降低运输费用，必须合理地布置各种仓库、起重设备、加工厂和机械化装置，正确地选择运输方式和铺设工地运输道路，以保证各种建筑材料、动能和其他资料的运输距离以及其转运数量最小，加工厂的位置应设在便于原料运进和成品运出的地方，同时保证在生产上有合理的流水线。

在建筑工地上需要设置材料仓库和混凝土搅拌站等设施，其位置设在那里，才能使材料和半成品等运到工地各需要点的吨公里数最小(即费用最省，时间也节约)。这类问题可用运筹学方法去解决。

(4) 在满足施工需要的条件下，临时工程的费用应尽量减少。

为了降低临时工程的费用，首先应该力求减少临时建筑和设施的工程量，主要方法是尽最大可能利用现有的建筑物以及可供施工使用的设施，争取提前修建拟建永久性建筑物、道路以及上下水管网、电力设备等。

对于临时工程的结构，应尽量采用简单的装拆式结构，或采用标准设计。尽可能使用当地的廉价材料。

临时道路的选线应该考虑沿自然标高修筑，以减少土方工程量。当修建运输量不大的临时铁路时，尽量采用旧枕木旧钢轨，减少道碴厚度和曲率半径。当修筑临时汽车路时，可以采用装配式钢筋混凝土道路铺板，根据运输的强度采用不同的构造与宽度。

加工厂的位置，在考虑生产需要的同时，应选择开拓费用最少之处。这种场地应该是地势平坦和地下水位较低的地方。

中心供应装置及仓库等，应尽可能布置在使用者中心或靠近中心。这主要是为了使管线长度最短、断面最小以及运输道路最短、供应方便，同时还可以减低水头损失、电压损失以及降低养护与修理费用等。

(5) 工地上各项设施，应该明确为工人服务，而且使工人在工地上因往返而损失的时间最少。

这就要求最合理地规划行政管理及文化生活福利用房的相对位置，考虑卫生、防火安全等方面的要求。

(6) 遵循劳动保护和技术保安的要求以及防火规则。

必须使各房屋之间保持一定的距离。例如木材加工厂、锻工场等距离施工对象均不得小于 30m。易燃房屋应布置在下风向。储存燃料及易燃物品的仓库，如汽油、火油和石油等，距拟建工程及其他临时性建筑物不得小于 50m，必要时应做成地下仓库。

在铁路与公路及其他道路交叉处应设立明显的标志。在工地内应设立消防站、消防栓、瞭望台、警卫室等。

在布置道路的同时，还要考虑到消防道路的宽度，应使消防车可以通畅地到达所有临时与永久性建筑物处。

施工总平面图的设计，应根据上述原则并结合具体情况编制出若干个可能的方案进行比较，取其最合理最经济者。

四、施工总平面图的设计方法

施工总平面图的设计步骤如下：

引入场外交通道路⟶布置仓库⟶布置加工厂和混凝土搅拌站⟶布置内部运输道路⟶布置临时房屋⟶布置临时水电管网和其他动力设施⟶绘制正式施工总平面图。

1. 引入场外交通道路

主要材料进入场地的方式不外乎铁路、公路和水路。当由铁路运输时，则根据建筑总平面图中永久性铁路专用线布置主要运输干线，而且考虑提前修筑以便为施工服务，引入时应注意铁路的转弯半径和竖向设计。当由水路运输时，应考虑码头的吞吐能力，码头数量一般不少于两个，码头宽度应大于 2.5m。当由公路运输时，则应先布置场内仓库和附属企业，然后再布置场内外交通道路，因为汽车线路布置比较灵活。

2. 仓库的布置

材料若由铁路运入工地，仓库布置较灵活，此时应考虑尽量利用永久性仓库；仓库位置距各使用地点要比较适中，以使运输吨公里尽可能小；仓库应位于平坦、宽敞、交通方便之处，且应遵守安全技术和防火规定。

一般材料仓库应邻近公路和施工地区布置；钢筋、木材仓库应布置在其加工厂附近；水泥库、砂石堆场则布置在搅拌站附近；油库、氧气和电石库、危险品库宜布置在僻静、安全之处；大型工业企业的主要设备的仓库(或堆场)一般应与建筑材料仓库分开设立，一般笨重的设备应尽量放在车间附近。

3. 加工厂和混凝土搅拌站的布置

加工厂布置时主要考虑原料运来工厂和成品、半成品运往需要地点的总运输费用最小，同时考虑到生产企业有最好的工作条件，生产与建筑施工互不干扰，此外，还需考虑今后的扩建和发展。一般情况下，把加工厂集中布置在工地边缘。这样，既便于管理，又能降低铺设道路、动力管线及给排水管道的费用。

混凝土搅拌站可采用集中与分散相结合的方式。集中布置可以提高搅拌站机械化、自动化程度，从而节约劳动力。保证重点工程和大型建筑物、构筑物的施工需要。因此集中搅拌站的位置，应尽量靠近混凝土需要量最大的工程。根据建设工程分布的情况，适当的设计若干个临时搅拌站，使其与集中搅拌站有机的配合以满足各方面的需要。

砂浆搅拌站以分散布置为宜，随拌随用。

4. 布置内部运输道路

根据加工厂、仓库和施工对象的位置以及场外道路情况确定场内运输道路。

研究货流情况，以明确各段道路上的运输负担，区别主要道路与次要道路。规划这些道路时要特别注意满足运输车辆的安全行驶，在任何情况下，不致形成交通断绝或阻塞，以免影响材料机具的及时供应。

在规划临时道路时，还应考虑利用拟建的永久性道路系统，提前修建或先修建路基及简易路面，作为施工所需的临时道路。根据需要，选择不同的道路宽度。主要道路可以采用双车道，其宽度不得小于 6m；次要道路可为单车道，其宽度不得小于 3.5m。临时道路的路面结构，也应根据运输情况，运输工具的不同，采用不同的结构。当结构不同时，最好也能在施工总平面图中用不同的符号表明。对有轨道路来讲，运输量大、车辆往来频繁之处应考虑设置避车线。

此外，在规划道路时，还应尽量考虑避免穿越池塘河浜，以减少土方工程量。

在布置运输用构筑物时，要慎重选择汽车库和修理保养站的地点，如果地点适中，则跑空车的现象会大大减少。

5. 布置临时房屋

临时房屋包括行政管理和辅助生产用房、居住用房和文化福利用房等。

临时房屋的布置应尽量利用已有的和拟建的永久性房屋，生活区与生产区应分开，行政管理用房布置在工地进出口附近，便利对外联系，文化福利用房布置在人员较集中的地方。布置时还应注意尽量缩短工人上下班的路程，并应符合环保条件。

6. 布置临时水电管网及其他动力线路

布置临时水电管网以及其他动力线路包括以下两种情况：

第一种情况是利用已有水源、电源，这时应从外面接入工地，沿主要干道布置干管、主线，然后与各用户接通。必须指出，接进高压线时，应在接入之处设变电站，尽可能不把变电站设在工地中心，因为这样可避免高压线路经过工地内部而遭致的危险。

第二种情况是无法利用现有水电，这时为了获得电源，可以在工地中心或靠近中心之处设置固定的或移动式的临时发电设备，由此把电线接出，沿干道布置主线。为了获得水源可以利用地上水或地下水，如果用深井水，则可在靠近使用中心之处凿井，设置抽水设备及简易水塔，若用地面水，则需在水源旁边设置抽水设备及简易水塔，以便储水和提高水压。然后由此把水管接出，布置管网。

此外，根据防火规定，应设立消防站，其位置应在易燃建筑物（木材仓库等）附近，并须有畅通的出口和消防车道（应在布置运输道路时同时考虑），其宽度不得小于 6m，与拟建房屋的距离不得大于 25m，也不得小于 5m，沿着道路应设置消防栓，其间距不得大于 100m，消防栓与邻近道路边的距离不得大于 2m。

为了保安，可在工地四周设立若干瞭望台，在出入口处设立门岗。

施工场地应有畅通的排水系统，并结合竖向布置设立道路边沟涵洞，排水管（沟）等，场地排水坡度应不小于 0.3%。

依山坡建厂，应先进行永久防洪沟的施工，位于江河边缘建厂，应提前进行永久防洪堤的施工。

必须指出，以上各设计步骤，并不是截然分割各自孤立进行的，而是应该互相结合起来，统一考虑，反复修正。最后画出施工总平面图。

五、施工总平面图设计示例

图 14-3 为××机器厂的施工总平面图。该厂是利用原有老厂改建的，工厂位于公路以南，在工厂之东北、北、西北方向各有道路通向公路，外部运输主要靠公路，由汽车把各种建筑材料以及设备等运至工地。

由于各种材料都由公路运输，因此在布置施工总平面图时，首先应考虑构件预制场、钢筋加工场以及木工场等附属企业的位置。离厂区西北角约 800m 处有一因故停产的耐火材料厂，可利用其原有的建筑设置构件预制场和钢筋加工场，构件预制场生产大型屋面板及其他小型构件；钢筋加工场加工构件预制场和现场施工所需之钢筋，这样，不但减少了建设费用，也可以减少征地面积。所生产的构件和加工的钢筋用汽车运至工地，部分大型屋面板制作后运至工具车间南面空地堆放，该处接近六个需要大型屋面板的主厂房中心，转运也较方便。

由于车间跨度较小（一般为 18m），工字型薄腹梁和部分吊车梁无法在车间内就地预制。因此，在机械加工车间和装配车间西端，亦即汽车库东北面和厂区南部空地上进行集中预制。铸工车间 A—B 跨的先张法预应力吊车梁，采用就近集中预制的方式，即在铸工车间东北侧，亦即清理车间之北侧进行预制。连系梁、天窗端壁、部分基础梁、悬臂吊车梁、檩条、窗过梁等构件的热处理车间南面，亦即通往场外构件预制场道路的两侧空地上进行预制。总的来说，由于当地地形起伏不一，并考虑尽少占用农田，构件预制就采用见缝插针的方式分散布置。

混凝土搅拌站，由于运输工具的限制，而采用大集中与小分散相结合的布置方法。在装配车间的南面设立一个混凝土集中搅拌站，负责供应全厂各个车间施工和构件预制（场外构件预制场自己设置混凝土搅拌站）时需要的混凝土。但有的车间（如铸工车间、清理车间）距离较远，用手推车运输时，要影响混凝土的质量，因此，设置移动式混凝土搅拌站。

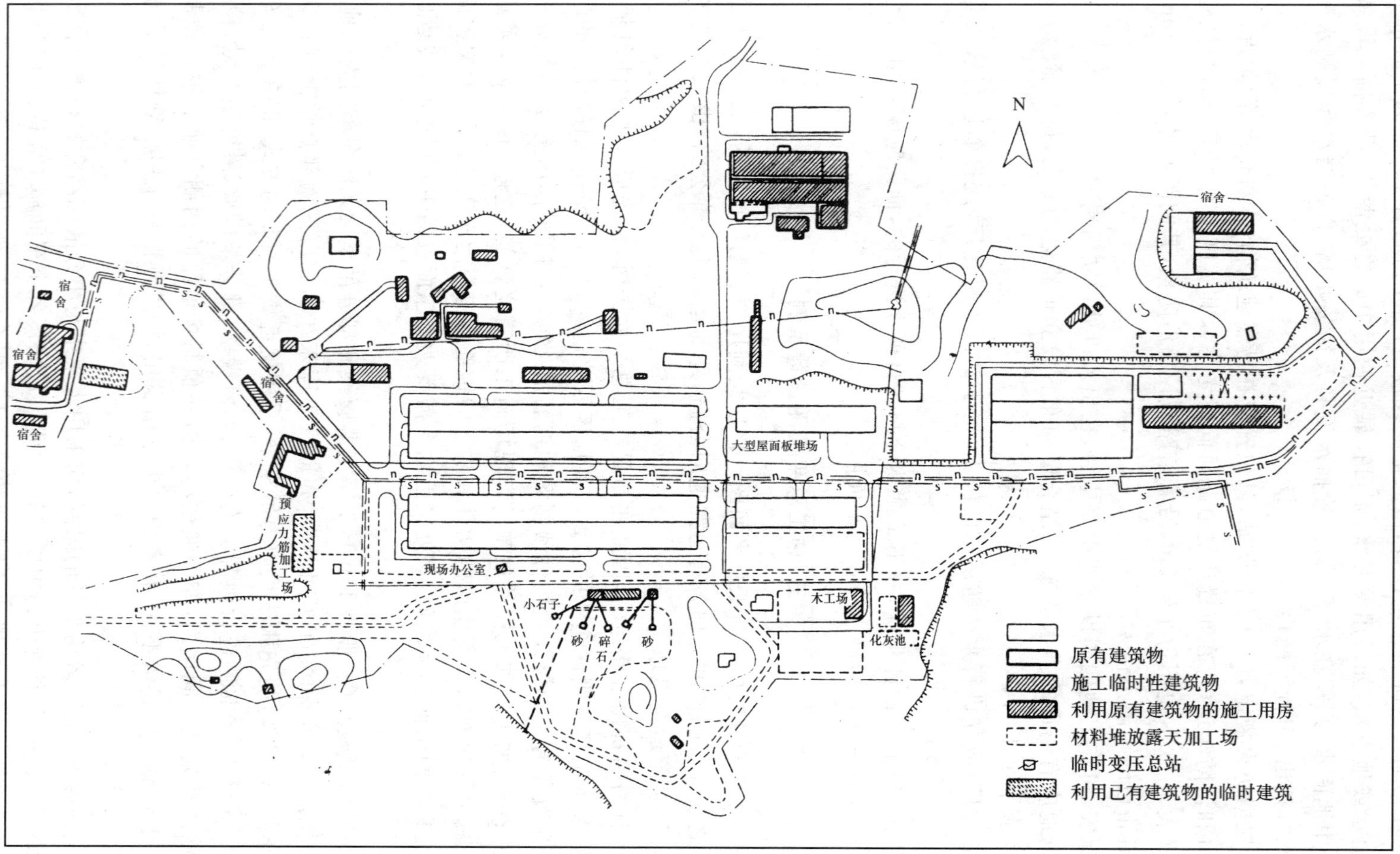

图 14-3　机器厂施工总平面图

预应力钢筋加工场设在提前建造的汽车库内。在混凝土集中搅拌站和锅炉房的东面，设置木工场，进行模板的制作和修理。此外不但靠近各个主要厂房，且在常年风的下风向。

在构件预制场等设施的位置决定后，确定各种有关材料的堆置场。砂、石、水泥等相应地设在搅拌站的附近。为了便于集中管理，减少现场紊乱，在木工场南边设置木料堆场，堆放木料、模板等。

砖尽可能直接堆放于车间附近，余下的集中堆放于厂区北部，即在通向厂外道路（中间一条）的西侧高地上。

石灰库和石灰池布置于下风向，即厂区东南角。

为了安全起见，沥青棚、玛琋脂调制场和雷管加工棚设在厂区最南端，且与雷管库分开；雷管库和炸药库在厂区西南端。上述库房都远离建筑物。

设备堆放尽量考虑堆放在使用车间的附近。

厂区施工用的道路，尽量利用了永久性道路的路基，在其上铺设临时路面，减少了临时道路的铺设费用。在厂内南部（如混凝土搅拌站的砂、石堆场四周，木工场北面等）铺设了一些临时道路，以适应运输的需要。

在设计施工总平面图时，考虑到了尽量利用原有及拟建建筑物供施工使用的可能性以减少临时建筑的费用。由于是老厂改建，原有建筑物很多，因此，整个工地上新建临时建筑物较少，施工用建筑物大部分利用原有房屋。

为便于指挥生产，了解施工情况，指挥部利用旧有办公室，设在机械加工车间和装配车间西端。职工生活区集中在厂区西北和北部两个部分，处在上风向。工具库房设在职工生活区东侧，以便于职工领取和归还。

水电供应管网均采用混合式布置。工地用电是直接由附近发电厂的高压线从北面引入。厂内现场施工用电量为565kVA，使用两台320kVA的变压器。变压器设置在工具车间北面的山坡上，这样不但靠近现场，而且比较安全。场外构件预制场用电量为480kVA。用一台560kVA变压器，变压器设在构件场内。厂区生产、生活和消防用水量为25L/s，总水管的内径为105mm，由厂内东南角引入。

在西北、北、东北出入口处设有警卫岗加强安全管理。

图14-3所示的施工总平面图，工地界线（征地界限）呈弯曲状。但是这个施工总平面图有个特点，那就是对节约用地，少占或不占良田好土给予充分的注意。各种材料堆场，构件预制场等都尽量布置在不能耕种的高地或窄地上。在平整场地选择取土点时，为不占良田好土，舍近取远在远处非耕作地取土，并利用弃土填坡，改良土地。

第六节　施工现场临时用水和用电

1. 工地临时用水

工地临时用水量包括施工现场用水量 q_1，施工机械用水量 q_2，施工现场生活用水量 q_3，施工生活区用水量 q_4 和消防用水量 q_5。

工地临时用水量 Q 可根据下式确定：

当 $q_1+q_2+q_3+q_4 \leqslant q_5$ 时，则 $Q=q_5+1/2(q_1+q_2+q_3+q_4)$　　(14-1)

当 $q_1+q_2+q_3+q_4 > q_5$ 时，则 $Q=q_1+q_2+q_3+q_4$　　(14-2)

2. 工地临时供电

建筑工地临时供电组织一般包括计算用电量，选择电源，确定变压器，布置配电线路和决定导线断面等。

（1）用电量的计算

建筑工地临时供电，包括动力用电和照明用电两种。在计算用电量时，应考虑到全工地所使用的机械动力设备、其他电气工具、照明用电的数量以及施工高峰阶段同时用电的机械设备的最高数量。

一般情况下，由于照明用电量和动力用电相比要小很多，所以在估算总用电量时可简化计算，即在动力用电量之外再增加10%为照明用电量。

（2）电源的选择

当工地附近有可以满足需要的电力系统时，可直接设置变电站。

工地附近的电力系统只能满足一部分需要时，应根据需要扩大原有电源或增设临时供电站。当工地附近有高压电网时，申请临时配电变压器；当工地无法从周边引入电源时，可在工地内设置临时供电站。临时供电站一般有内燃机发电站、火力发电站、水力发电站等。

（3）线路和导线

配电线路应尽量设置在道路一侧，不得妨碍交通和施工机械的装、拆及运转，并要避开堆料、挖槽和修建临时工棚用地。

导线的截面应满足机械强度、允许电流和允许电压降三方面的要求。一般在道路和给排水施工工地中，由于作业线比较长，导线截面可按电压降选定；在建筑工地上由于配电线路较短，可按容许电流选定；在小负荷的架空线路中，往往以机械强度选定导线的截面。

导线的截面选定后，可根据截面选择导线。

第七节　施工组织总设计的技术经济分析

施工组织总设计的技术经济分析的目的是论证所编制的施工组织设计在技术上是否可行、在经济上是否合理，从而选择满意的方案，并寻求节约的途径。

1. 施工组织总设计技术经济分析方法

技术经济分析的方法包括定性分析和定量分析。定性分析是根据经验对施工组织设计的优劣进行分析。定量分析的方法包括多指标比较法、评分法和价值法。通过定性和定量分析，使工程的工期、质量和造价之间的关系满足要求。施工组织总设计的技术经济分析是以定性分析为主，定量分析为辅助。

2. 技术经济分析的内容

施工组织总设计的定性分析的对象有：工期、施工方案、施工机械、施工平面图等。例如：在施工组织总设计中，应按照工期定额或类似工程的资料分析工期是否恰当；根据施工机械的使用要求和机械的性能及现场的需要来分析施工机械的选择是否合适。

施工组织总设计的定量分析指标包括：从建设项目正式开工到全部投产使用为止的持续时间，即施工的工期、劳动生产率、单位工程质量优良率、成本降低额（率）、安全指标等。

附录　建筑工程概预算

第一节　建筑工程定额

一、概述

建筑工程定额是指在正常施工条件下完成一定计量单位的合格产品所消耗资源的数量标准。所谓正常施工条件，是指生产过程按生产工艺和质量验收规范操作，施工条件完善、劳动组织合理、机械运转正常、消耗建筑材料合理；所谓一定计量单位的合格产品，是指生产过程完成的工程量按定额规定的规则计算，完成规定的全部工作内容，质量符合国家和地方制定的《工程施工质量及验收规范》标准，定额规定所消耗的资源包括活劳动和物化劳动，是指建筑产品生产所需要的人工、材料和机械。

建筑工程定额具有科学性、系统性、统一性、实践性、权威性和强制性以及稳定性和时效性的特点，它是基本建设项目决策、计划、设计、施工、竣工各阶段中，进行投资控制的重要依据，也是建筑安装施工企业的生产经营活动中，实行科学管理的重要基础。

建筑工程定额按其编制程序和用途，分为在施工期间计算工料消耗量用的施工定额；在施工图设计阶段编制施工图预算和招投标阶段编制标底用的预算定额或综合预算定额；在初步设计阶段编制概算用的概算定额与概算指标；在可行性研究、项目决策阶段进行投资估算用的估算指标等。建筑工程定额按其生产要素的消耗量内容，又分为劳动定额（人工定额）、材料消耗定额和机械台班使用定额，这三项定额是编制各类定额的基础，称为基础定额。

二、施工定额

施工定额是直接用于建筑施工管理中的一种定额，根据施工定额可以直接计算出完成分项工程所需的人工、材料和机械台班耗用量。

施工定额用于施工企业内部管理，是编制施工作业计划和人工、材料机械台班使用量计划的依据，是进行项目工料消耗量分析、向施工班组签发施工任务单、开展班组成本核算的依据，同时，它还是编制预算定额的基础。

施工定额是以工序定额为基础综合而成的，直接用于施工，而工序定额则是以个别工序（操作）为标定对象，比较细碎，故除用作编制个别工序的施工任务单外很难直接用于施工，工序定额主要是作为编制或审查施工定额时的原始资料。

施工定额由劳动定额、材料消耗定额、机械台班使用定额三部分组成。

1. 劳动定额

劳动定额亦称人工定额。它是在正常的施工技术组织条件下，完成单位合格产品所必须的劳动消耗量标准。它综合了建筑企业生产技术组织条件的共性，是根据先进原则制定的。劳动定额反映产品生产过程中活劳动消耗的数量标准，是建筑工程定额中的重要部分，在生产和分配两个方面都起着很大的作用，是组织生产、编制劳动计划和施工预算、计算工日劳动生产率、考核队组工效、签发施工任务书、评定奖励或计算计件工资和编制预算定额等的主要依据。

劳动定额根据表示形式的不同，分为时间定额和产量定额两种。

(1) 时间定额

时间定额就是某种专业、某种技术等级工人小组或个人，在合理的劳动组织、合理使用材料的条件下完成单位合格产品所必需的工作时间。包括准备与结束时间、基本生产时间、辅助生产时间、不可避免的中断时间及工人必须的休息时间等。时间定额以工日为单位，每一工日按 8h 计算，其计算方法如下：

单位产品时间定额(工日)＝1/每工产量

或　　单位产品时间定额(工日)＝小组成员工日数总和/机械台班产量

(2) 产量定额

产量定额就是在合理的劳动组织、合理使用材料的条件下，某种专业、某种技术等级的工人小组或个人在单位工日中所应完成的合格产品数量。其计算方法如下：

每工日产量＝1/单位产品时间定额(工日)

产量定额的计量单位，以单位时间完成的产品计量单位表示，如：米(m)、平方米(m^2)、立方米(m^3)、吨(t)、块、件、扇等。

时间定额与产量定额互成倒数，知道了时间定额额就可以求得产量定额，反之亦然。即

时间定额×产量定额＝1

或　　时间定额＝1/产量定额

或　　产量定额＝1/时间定额

2. 机械台班定额

机械台班使用定额也称机械台班定额。它反映了施工机构在正常的施工条件下，合理地、均衡地组织劳动和使用机械时该机械在单位时间内的生产效率。按其表现形式不同，可分为机械时间定额和机械产量定额。

(1) 机械时间定额

机械时间定额是指在合理劳动组织与合理使用机械条件下，完成单位合格产品所必须的工作时间，包括有效工作时间(正常负荷下的工作时间和降低负荷下的工作时间)、不可避免的中断时间、不可避免的无负荷工作时间。机械时间定额以“台班”表示，即一台机械工作一个作业班的时间。一个作业班时间一般定为 8h。

单位产品机械时间定额(台班)＝1/台班产量

由于机械必须由工人小组配合，所以，完成单位合格产品的时间定额，应同时列出人工的时间定额。即

单位产品人工时间定额(工日)＝小组成员总人数/台班产量

(2) 机械产量定额

机械产量定额是指在合理劳动组织与合理使用机械条件下，机械在每个台班时间内应完成合格产品的数量。即：

$$机械台班产量定额=1/机械时间定额(台班)$$

机械时间定额和机械产量定额互为倒数关系。

3. 材料消耗定额

材料消耗定额是在合理和节约使用材料的条件下，生产单位质量合格产品所消耗的一定规格的材料、成品、半成品和水、电等资源的数量。材料消耗定额根据材料性质分为消耗性材料消耗定额和周转性材料消耗定额。

（1）消耗性材料消耗定额

消耗性材料指直接构成工程实体的材料，有主要材料和辅助材料，其定额用量包括直接使用在工程上的材料净用量和在施工现场内运输及操作过程中的不可避免的废料和损耗用量。

材料的损耗一般以损耗率表示。材料损耗率可以通过观察法或统计法计算确定。材料消耗量计算公式如下：

$$总消耗量=净用量+损耗量=净用量\times(1+损耗率)$$

（2）周转性材料消耗定额

周转性材料指在施工过程中多次使用、周转、而不进入建筑产品的工具性材料，如：混凝土工程用的模板；搭设脚手架用的杆子、跳板、扣件；土方工程用的挡土板等。

周转性材料消耗一般与下列四个因素有关：① 第一次制造时的材料消耗（一次使用量）；② 每周转使用一次材料的损耗（第二次使用时需要补充量）；③ 周转使用次数；④ 周转材料的最终回收及其回收折价。

定额中周转材料消耗量指标，用一次使用量和摊销量两个指标表示。一次使用量是指周转材料在不重复使用时的一次量，供施工企业组织施工用；摊销量是指周转材料退出使用，应分摊到每一定计量单位的结构构件的周转材料消耗量，供施工企业成本核算或预算用。

三、预算定额及综合预算定额

1. 预算定额

建筑工程预算定额是确定一定计量单位分项工程的人工、材料和施工机械台班消耗量的标准。如砌筑 $10m^3$ 的外墙所需要的各种工日、各种材料和机械台班消耗量等，它是工程建设中一项重要的技术经济文件。

建筑工程预算定额是编制建筑工程施工图预算、确定工程造价、进行工程价款拨付和办理工程结算的依据；是施工企业编制施工计划，进行经济活动分析的依据；是招标工程确定标底的依据；同时也是编制综合预算定额、概算定额和概算指标的基础。

建筑工程预算定额是一种具有广泛用途的计价定额，它以社会必要劳动时间来确定定额水平，即以本地区、现阶段社会正常生产条件及社会平均劳动熟练程度和劳动强度来确定预算定额水平。

建筑工程预算定额一般按建筑物的结构部位和工程性质划分为若干分部工程，如土方工程、打桩工程、砌筑工程、混凝土工程、楼地面工程、屋面工程等。每一分部工程又划分为若干分项工程，如挖土、砌砖墙、混凝土矩形柱、地面回填土、找平层、防潮层等。预算定额的表现形式为定额项目表，如附表-1 和附表-2 所示。

附表-1　　　　标准砖内墙预算定额

工程内容:(1) 调运砂浆、运砌砖、砌窗台虎头砖、腰线、门窗套;(2) 安放木砖、铁件　　　单位:$10m^3$

定额编号			3-2		3-3		3-4		3-5	
			标准砖内墙							
项目	单位	单价(元)	1砖以上		1砖		1/2砖		1/4砖	
			数量	合价	数量	合价	数量	合价	数量	合价
砖瓦工	工日		9.450	56.61	9.730	58.28	13.250	79.37	18.190	108.96
其他工	工日		3.860	23.12	3.850	23.06	4.120	24.68	4.390	26.30
工资等级	级		3.8		3.8		3.8		3.8	
劳防福利费	工日	5.25	13.310	69.88	13.580	71.30	17.370	91.19	22.580	118.55
小计	元			149.61		152.64		195.24		253.81
标准砖	千块	186.06	5.210	969.37	5.280	982.40	5.540	1030.77	6.060	1127.52
自来水	m^3	0.47	1.050	0.49	1.060	0.50	1.120	0.53	1.220	0.57
其他材料费	元		5.060	5.06	7.690	7.69	16.050	16.05		
小计	元			974.92		990.59		1047.35		1128.09
砂浆搅拌机	台班	22.62	0.310	7.01	0.290	6.56	0.250	5.66	0.160	3.62
塔式起重机	台班	133.05	0.430	57.21	0.440	58.54	0.600	79.83	0.830	110.43
小计	元			64.22		65.10		85.49		114.05
混合砂浆 M10	m^3	120.01	2.470	296.42	2.340	280.82	2.020	242.42	1.240	148.81
总价	元			1485.17		1489.15		1570.50		1644.76
混合砂浆 M7.5	m^3	109.87	2.470	271.38	2.340	257.10	2.020	221.94	1.240	136.24
总价	元			1460.13		1465.43		1550.02		1632.19
混合砂浆 M5	m^3	99.11	2.470	244.80	2.340	231.92	2.020	200.20	1.240	122.90
总价	元			1433.55		1440.25		1528.28		1618.85
混合砂浆 M2.5	m^3	87.39	2.470	215.85	2.340	204.49	2.020	176.53	1.240	108.36
总价	元			1404.60		1412.82		1504.61		1604.31

注:圆弧墙按相应项目每 $10m^3$ 砌体增加 3.8 级工,1.43 工日,砌体均同。

附表-2　　　　钢板分户门等预算定额

工程内容:(1) 安装门框、扇、塞缝、装配玻璃及小五金;(2) 打洞及电焊;(3) 安装钢板防火门框、扇、打洞堵缝　　　单位:$100m^2$ 砖口面积

定额编号			7-101		7-102		7-103	
项目	单位	单价(元)	钢板分户门		空腹花饰安全门		钢板防火门	
			数量	合价	数量	合价	数量	合价
钢板分户门	m^2	200.70	97.000	19467.90				
空腹花饰安全门	m^2	107.40			97.000	10417.80		
防火门	m^2	383.98					97.000	37246.06
合计	元			19467.90		10417.80		37246.06

续表

定额编号			7-101		7-102		7-103	
项目	单位	单价（元）	钢板分户门		空腹花饰安全门		钢板防火门	
			数量	合价	数量	合价	数量	合价
木工	工日		25.600	168.45	25.410	167.20	28.640	188.45
玻璃工	工日		1.380	9.08				
抹灰工	工日		6.600	43.43			4.570	30.07
其他工	工日		5.530	36.39	3.370	22.17	5.480	36.06
工资等级	级		4.5		4.5		4.5	
劳防福利费	工日	5.25	39.110	205.33	28.780	151.10	38.690	203.12
小计	元			462.68		340.47		457.70
水泥砂浆 1∶2	m^3	171.83	0.343	58.94	0.002	0.34	0.232	39.86
平板玻璃 3mm	m^2	9.11	13.790	125.63				
油灰	kg	0.46	37.780	17.38				
电焊条	kg	3.19			0.410	1.31		
膨胀螺栓 ϕ10	只	1.63			501.200	816.96		
木螺丝	百个	1.40			0.600	0.84		
膨胀螺栓 ϕ8	只	0.71					449.00	318.79
其他材料费	元		8.780	8.78	3.000	3.00	3.000	3.00
小计	元			210.73		822.45		361.65
卷扬机带塔(1t)	台班	40.72	0.170	6.92	0.140	5.70	0.180	7.33
电焊机	台班	44.47			1.150	51.14		
小计	元			6.92		56.84		7.33
合计	元			680.33		1219.76		826.68
总价	元			20148.23		11637.56		38072.74

注：空腹花饰安全门制品价已包括喷塑面层；弹子门锁另计；防火门不包括闭门器、顺位器，如需安装另行调整

预算定额项目表由表头、项目表、附注三部分组成。

(1) 表头

项目表表头左边是工程内容栏，应填写该定额分项工程的工程内容，它表明，项目表中所列的定额消耗量，是指完成工程内容中所列的所有工序所需的人工、材料、机械消耗量。换句话说，项目表中所列的人工、材料、机械消耗量是根据表头工程内容所列的所有工序计算得到的。项目表表头右边是计量单位栏，初次接触预算定额的人员要注意，预算定额的计量单位，往往是扩大的计量单位，如：每 $10m^3$、每 $100m^2$、每 10 个等，切不可掉以轻心，否则将犯数量级的错误，后果可想而知。

(2) 项目表

项目表是预算定额手册的重要和主要组成部分，它列有通过大量计算所得的宝贵数据——人工、材料、机械消耗量指标。其中，人工消耗量指标按不同工种分别列出各工种工日

数及合计工日数，并标出该项定额用工的平均工资等级。如《上海市建筑工程预算定额(1993)》7-101 钢板分户门中列有木工 25.6 工日、玻璃工 1.38 工日、抹灰工 6.6 工日、其他工 5.53 工日，合计 39.11 工日，平均工资等级 4.5 级，这 4.5 级是指定额用工(包括木工、玻璃工、抹灰工和其他工)的平均工资等级；材料消耗量指标根据材料的不同使用性质和用量大小分别以总消耗量、摊销量和其他材料费列出，对于构成工程实体的材料(主要材料和辅助材料)，定额材料消耗量是指总消耗量，包括净用量和损耗量两部分；对于在施工中多次使用但并不构成工程实体的材料(周转性材料)，定额材料消耗量是指摊销量，摊销量大大小于它的实际使用量；至于工程上用到的量少价低的零星材料，定额则以其他材料费表示。预算定额机械台班使用量指标，定额项目表中列入主要机械使用台班数量，次要机械可用“其他机械费”表示。

(3) 附注

附注，是定额的活口。所谓活口，就是在定额中规定当符合某种条件时允许该定额作适当的调整。定额是法令性的，为了维护其严肃性应尽量少留活口。对实际情况变化较大、影响定额水平幅度较大的项目，该留活口的也要从实际出发留下活口，即使留了活口，也应尽量规定其换算方法，避免采取按实计算，附注就是因此而设置的。如预算定额砖石分部项目表(附表-1)下，留有这样一条注：圆弧墙按相应项目每 $10m^3$ 砌体增加 3.8 级工 1.43 工日。短短一行字使原有定额在内容和形式上具有更广泛的适应性，而且省去了编制圆弧形墙定额的不小的篇幅。作为定额使用者，对定额附注应多加关注，从而使我们的预算能更贴近于实际。

2. 综合预算定额

综合预算定额是确定一定计量单位的扩大分项工程或扩大结构构件的人工、材料、机械台班消耗量的标准。它是在预算定额的基础上，在合理确定定额水平的前提下，进行适当扩大、综合、简化编制而成的。综合预算定额的定额水平应与其基础定额——预算定额保持一致，或略低于预算定额水平。综合预算定额可以代替预算定额，作为编制施工图预算，进行工程拨款和办理工程结算的依据，也可作为编制工程标底的依据，作为编制概算定额和概算指标的基础。

综合预算定额项目表也是由表头、项目表、附注三部分组成，如附表-3 所示。

附表-3　　砖砌外墙综合预算定额

工作内容：砌砖、捣制圈过梁、双面粉刷、刷白。　　单位：m^2

综合定额编号				3001	3002	3003	3004	3005
项目名称				标准砖外墙		多孔砖外墙		
				$\frac{1}{2}$砖	1砖	$\frac{1}{2}$砖	1砖	$1\frac{1}{2}$砖
预算编号	综合项目	单位	单价	数量				
3-9 换	标准砖外墙$\frac{1}{2}$砖	m^3	154.56	0.0993				
5-37 换	现浇钢筋混凝土圈过梁	m^3	543.25	0.0145	0.0303	0.0145	0.0303	0.0461
5-87	现浇钢筋混凝土压顶	m^3	568.83	0.0012	0.0012	0.0012	0.0012	0.0012

续表

综合定额编号				3001	3002	3003	3004	3005
项目名称				标准砖外墙		多孔砖外墙		
				$\frac{1}{2}$砖	1砖	$\frac{1}{2}$砖	1砖	$1\frac{1}{2}$砖
预算编号	综合项目	单位	单价	数量				
3-8换	标准砖外墙1砖	m^3	146.58		0.2085			
3-30换	多孔砖外墙$\frac{1}{2}$砖	m^3	139.55			0.0993		
3-29换	多孔砖外墙1砖	m^3	133.18				0.2085	
3-28换	多孔砖外墙$1\frac{1}{2}$砖	m^3	133.08					0.3177
11-11	墙面中级石灰砂浆粉面砖墙	m^2	3.97	0.9000	0.9000	0.9000	0.9000	0.9000
11-33	墙面1∶1∶6混合砂浆有嵌条	m^2	6.31	1.1200	1.1200	1.1200	1.1200	1.1200
11-40	水泥砂浆内墙裙	m^2	6.59	0.1500	0.1500	0.1500	0.1500	0.1500
11-41	水泥砂浆外墙裙无嵌条	m^2	6.81	0.1500	0.1500	0.1500	0.1500	0.1500
11-45	水泥砂浆普通腰线	m^2	11.03	0.0850	0.0850	0.0850	0.0850	0.0850
11-46	水泥砂浆复杂腰线	m^2	13.87	0.0850	0.0850	0.0850	0.0850	0.0850
11-122	石灰浆	m^2	0.14	0.9000	0.9000	0.9000	0.9000	0.9000
总价			元	38.80	62.60	37.31	59.80	82.90
土建费用	人工费		元	10.20	12.82	10.00	12.51	15.25
	材料费		元	26.70	46.81	25.50	44.46	63.68
	机械费		元	1.90	2.97	1.81	2.83	3.97
代号	项目名称	单位	单价	数量				
36	现场用工	工日		0.8836	1.11	0.8654	1.09	1.33
64	木材	m^3		0.0003	0.0003	0.0003	0.0003	0.0003
19	32.5水泥	kg		26.12	43.28	25.69	42.38	59.23
23	黄砂	kg		127.13	181.90	125.47	178.42	232.03
28	碎石5～15mm	kg		1.42	1.42	1.42	1.42	1.42
30	碎石5～40mm	kg		18.99	39.67	18.99	39.67	60.36
34	石灰	kg		7.08	7.75	7.05	7.70	8.36
79	钢模板卡具拉杆	kg		0.1793	0.3747	0.1793	0.3747	0.5701
164	钢模支撑连杆夹具脚手管	kg		0.0246	0.0516	0.0246	0.0516	0.0785
785	钢筋	kg		1.26	2.55	1.26	2.55	3.85
45	标准砖	块		55.01	110.51			
980	砂浆用量	m^3		0.0775	0.1068	0.0764	0.1046	0.1332
78	木模板	m^3	1082.14	0.0008	0.0015	0.008	0.0015	0.0022
107	#22铁丝	kg	3.12	0.0057	0.0115	0.0057	0.0115	0.0174
110	元钉	kg	3.38	0.0084	0.0102	0.0084	0.0102	0.0121
430	草袋	m^2	1.70	0.0224	0.0415	0.0224	0.0415	0.0606
981	混凝土用量	m^3		0.0159	0.0320	0.0159	0.0320	0.0480
384	模板扣件	只	4.53	0.0049	0.0103	0.0049	0.0103	0.0157
209	纸筋灰浆	m^3	128.00	0.0019	0.0019	0.0019	0.0019	0.0019
992	工业盐	kg	0.27	0.0030	0.0030	0.0030	0.0030	0.0030
46	多孔砖	块				34.95	70.47	106.75

综合预算定额项目表表头由工程内容和计量单位两个栏目组成。综合预算定额的计量单位已单位化了，以每立方米(m^3)、每平方米(m^2)、每米(m)，每个等表示。综合预算定额的项目表分左、右两页，两页的最上部均为综合预算定额的编号和项目名称，综合预算定额编号采用五位数字编码，前两位数字是分部代号，后三位数字是分项代号，第一位为零时可以省去，如 03002 表示第三分部第二分项，也可以写成 3002；项目表左页中间部分为综合预算定额的基础资料，列有本项定额所包含的预算定额项目内容及其综合取定的含量；左页下面部分为总价，其中包括土建费用、打桩费用或吊装费用，这些费用数据是根据中间部分的基础资料计算得到的；项目表右页为工料消耗量表，也是根据左页中部的基础资料计算所得的，反映该综合预算定额项目完成单位合格产品所消耗的人工、材料和机械台班量的数量标准。综合预算定额也有附注，为定额换算提供依据。

四、概算定额和概算指标

1. 概算定额

建筑工程概算定额是确定建筑工程一定计量单位扩大结构分部的人工、材料和机械消耗量的标准。概算定额是编制初步设计概算和技术设计修正概算的依据，是进行设计方案技术经济比较的依据，是编制概算指标的依据，也是编制建筑工程主要材料申请计划的依据。

概算定额水平的确定，应与预算定额、综合预算定额的水平基本一致，它必须是反映在正常条件下，大多数企业的设计、生产、施工、管理水平，概算定额的编制深度，要适应设计深度的要求。由于概算定额是在初步设计阶段使用的，受初步设计的设计深度所限制，因此定额项目划分应坚持简化、准确和适用的原则。由于概算定额是在综合预算定额的基础上，适当地再一次扩大、综合和简化，因而在工程标准、施工方法和工程量取值等方面进行综合、测算时，概算定额与综合预算定额之间必将产生、并允许留有一定的幅度差(一般在 5%以内)，以便根据概算定额编制的概算能够控制住施工图预算。

概算定额编制时，可采用直接利用综合预算定额、在综合预算定额的基础上再合并其他次要项目、改变综合预算定额计量单位、简化工程量计算规则等方法，对采用标准设计图纸的项目，可以将预先编好的标准预算直接作为概算定额。

2. 概算指标

概算指标是在概算定额的基础上，对项目再进行必要的综合扩大而编制的，概算指标通常以每 $100m^2$ 建筑面积或每座构筑物为计量单位，规定其人工、材料及造价的定额指标。它比概算定额进一步扩大、综合，所以依据概算指标来估算造价就更为简便了。概算指标的作用与概算定额相同，在初步设计深度较浅、尚不能计算工程量的情况下，往往用概算指标来编制初步设计概算；或者在方案设计阶段需要经济比较时，估算造价可以利用概算指标。概算指标的表现形式有分项工程概算指标和单位工程概算指标两种。

(1) 分项工程概算指标

分项工程概算指标由分项工程综合工程量指标及其相应的概算价值组成。为了适应设计人员编制概算的要求，分项工程综合工程量指标及概算价值均折算成每延长米长度、每平方米墙身面积(垂直投影面积)及每平方米建筑面积或轴线面积(水平投影面积)为计量单位。

分项工程概算指标项目划分，按工程构造分为通用项目、混合结构工程、框架结构工程、单层工业厂房工程、冷库工程、防腐工程、构筑物工程及厂区外部工程。各分项项目，根据设计上常见的做法加以综合，同一项目列出不同单价，便于根据设计要求灵活选用。它内容广泛，计算工程量简单，使用方便。

(2) 单位工程概算指标

单位工程概算指标系选择一般常见的工业建筑的辅助车间项目和一般民用建筑项目为对象，根据施工图和现行预算定额或综合预算定额编制出预算书，求出每百平方米建筑面积的预算造价和工、料、机费用和材料消耗量指标。用于编制全厂性建筑总概算时，主厂房有初步设计，其他次要的辅助车间及生活福利项目不进行初步设计，仅根据任务书批准的面积估算造价时参考使用。当设计工程的项目和结构特征基本上与指标规定相符时，即可套用。

第二节 建筑工程施工费用

一、建筑工程施工费用组成

建筑工程施工费用是建设项目投资的主要组成部分。为了统一计划、财务和统计的口径，加强管理和经济核算；以及为了适应社会主义市场经济体制的需要，转变政府职能，促进企业转换经营机制，创造公平竞争的市场环境，建设部和中国人民建设银行参照新的财务制度和国际惯例，调整制定了《关于调整建筑安装工程费用项目组成的若干规定》，明确建筑工程费用由直接工程费、间接费、计划利润、税金等四个部分组成。

1. 直接工程费

直接工程费由直接费、其他直接费、现场经费组成。

(1) 直接费

直接费是指施工过程中耗费的构成工程实体的和有助于工程形成的各项费用，包括人工费、材料费、施工机械使用费。

其中，人工费是指直接从事建筑工程施工的生产工人开支的各项费用，内容有：基本工资，工资性补贴，生产工人辅助工资，职工福利费，生产工人劳动保护费等。人工费中不包括材料管理、采购及保管人员、驾驶施工机械和运输工具的工人、材料到达工地仓库(或施工地点存放材料的地方)之前的搬运、装卸工人的人工费用以及其他由施工管理费支付工资的工作人员的工资。上述人员的工资分别列入各相应的费用项目内。

材料费是指完成该项建筑工程所耗用的各种材料费用、构件、零件和半成品的费用及周转材料的摊销(或租赁)费用的总和。内容包括材料原价(或供应价)，供销部门手续费，包装费，材料自来源地运至工地仓库或指定堆放地点的装卸费、运输费及运输损耗以及材料的采购保管费用。

施工机械使用费是指建筑工程施工过程中施工机械作业所发生的机械使用费以及机械安、拆和进出场费用。内容包括：折旧费，大修费，维修费，安拆费及场外运输费，燃料动力费，人工费以及运输机械养路费、车船使用税及保险费。

(2) 其他直接费

其他直接费用是指预算定额直接费和间接费范围以外的现场施工生产需要的其他直接费用。内容包括：冬雨季施工增加费，夜间施工增加费，施工现场场地狭小发生的二次搬运费，仪器仪表使用费，生产工具用具使用费，检验试验费，特殊工种培训费，工程定位复测、工程点交、场地清理等费用，特殊地区施工增加费等。

(3) 现场经费

现场经费是指进行施工准备、组织施工生产和管理所需的费用，内容包括临时设施费和现场管理费。

临时设施费是指施工企业为进行建筑工程施工所必需的生活和生产用的临时建筑物、构筑物和其他临时设施的费用。临时设施包括临时宿舍、临时文化福利及公用事业用房与构筑物、临时仓库、办公室、加工厂以及规定范围内道路、水、电、管线等临时设施和小型临时设施。临时设施费用内容包括临时设施的搭设、维修、拆除费和摊销费。

现场管理费包括：现场管理人员的工资费用，现场办公费用，差旅交通费用，现场固定资产使用费用，现场工具用具使用费，保险费，工程保修费，工程排污费以及其他费用。

2. 间接费

间接费由企业管理费、财务费和其他费用组成。

(1) 企业管理费

企业管理费是指施工企业为组织施工生产经营活动所发生的管理费用。内容包括：管理人员的工资费用，企业职工差旅交通费用，企业办公费用，企业固定资产折旧、修理费用，管理人员工具用具使用费，工会经费，职工教育经费，劳动保险费，职工养老保险费及待业保险费，企业应支付的保险费用和税金以及包括技术转让费、技术开发费、法律顾问费、审计费、咨询费等在内的其他费用。

(2) 财务费用

财务费用是指企业为筹集资金而发生的各项费用，包括企业经营期间发生的短期贷款利息净支出、汇兑净损失、调剂外手续费、金融机构手续费，以及企业筹集资金发生的其他财务费用。

(3) 其他费用

其他费用是指按规定支付工程造价(定额)管理部门的定额编制管理费及劳动定额管理部门的定额测定费，以及按有关部门规定支付的上级管理费。

3. 计划利润

计划利润是指按规定应计入建筑工程造价的利润，它依据不同投资来源或工程类别实施差别利润率。

4. 税金

税金是指国家税法规定的应计入建筑工程造价内的营业税、城市维护建设税及教育费附加。

建筑工程施工费用汇总见附图-1。

二、建筑工程施工费用的计算

1. 费用标准的编制

建筑工程施工费用标准(包括其他直接费标准，间接费标准，利润标准和税金标准)，是国家或其授权机关，根据国家、地方有关政策法规和建筑企业一定时期的劳动生产率和经营管理水平等情况制定的计取上述各项费用的标准。这种标准是一种百分率指标，即按工程

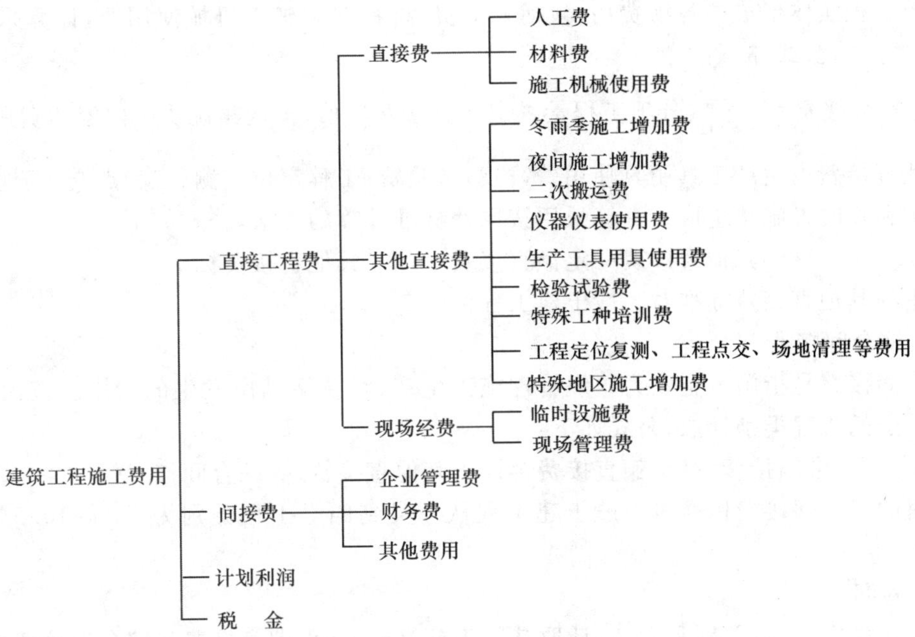

附图-1　建筑工程施工费用汇总

直接费或人工费的一定百分率确定的费用标准。

建筑工程施工费用标准，同预算定额一样，经过国家或其授权机关批准后，即具有法令性质，任何工程建设部门都必须严格按规定和标准计取费用，不得强调工程或单位的具体条件不同而任意调整标准，标准的解释权也属于制定标准的主管部门。

建筑工程施工费用标准由计费基数和费率标准两部分组成。费用标准的计费基数主要有以下三种(附图-1)：

(1) 以工程直接费为计费基数；

(2) 以工程人工费为计费基数；

(3) 以工程人工费加机械费为计费基数。

此外，也有以工程直接费加间接费为计费基数，以工程直接费加间接费加利润为计费基数的。

建筑工程施工费用的费率标准，根据不同的工程性质有不同的标准，同一性质的工程可以按施工企业的所有制及隶属关系、按施工企业的资质等级、按工程的难易程度划分费率级差，也可通过招投标、由市场竞争确定费率标准。

以下结合上海市建筑工程预算定额(1993)对应的工程费用的组成和计算加以说明。

2. 费用标准的应用

上海市建筑工程费用标准，是以建设部和中国人民建设银行制订的上述规定为依据，结合上海的实际情况进行划分的。建筑工程费用由直接费、综合间接费、利润、开办费、其他费用和税金六个部分组成。主要内容和计算方法如下：

(1) 直接费

直接费由定额直接费和其他直接费组成。定额直接费是指施工过程中耗用的构成实体和有助于工程实体形成的各项费用，包括人工费、材料费和施工机械使用费，计算采用按定额计算的方法，公式如下：

$$定额直接费=\sum_{分项工程}(分项工程量\times定额直接费单价)+定额说明中内容的费用$$

其他直接费由生产工具用具使用费，检验试验费，工程定位复测、工程点交、场地清理等三项费用和临时设施费组成。计算采用按取费标准计算的方法，公式如下：

其他直接费＝定额直接费合计×其他直接费标准

这里的其他直接费标准对一般土建工程为3.5％。

(2) 综合间接费

综合间接费是指施工企业为组织管理施工生产、经营活动所发生的费用。按由工程难易程度确定的工程类别计取，公式如下：

综合间接费＝(定额直接费合计＋其他直接费)×综合间接费标准

这里的综合间接费标准对一般土建工程从一类到四类工程分别为12％、10.5％、9％、6％。

(3) 利润

按工程类别，实行差别利润率，计取基数为预算成本，也即直接费与综合间接费之和，计算公式如下：

利润＝(定额直接费合计＋其他直接费＋综合间接费)×利润率标准

这里的利润率标准对一般土建工程从一类到四类工程分别为9％、7.5％、6％、4％。

(4) 开办费

开办费是指完成建筑产品所必须发生的，但没有计入直接费、综合间接费内的费用。这部分费用是根据个别工程的特性所决定的，相同的工程由于施工条件、施工方法、施工工期不同，所发生的费用也不同。因此，开办费一般由承发包双方根据施工组织设计或有关规定，通过合同形式或现场签证加以确认。

开办费的内容一般分下列四种，根据不同的情况，分别计取。

① 按政府有关部门规定计取的费用。包括现场安全、文明施工措施，工程保险费，在有毒害气体和有放射性物质区域内施工的保健费。

② 根据建设方的要求，按有关部门规定计取的费用。包括：赶工措施费，工期提前竣工费，特殊产品保护费，代办费用。

③ 根据施工条件，按批准的施工组织设计计取的费用。包括：技术措施费，二次驳运费，交通干扰而发生的施工降效费用。

④ 工程施工时，突然发生的事件所造成的费用(以现场签证确认)。包括：地下不明障碍物的清除和其他费用。

(5) 其他费用

其他费用由定额编制管理费、工程质量监督费和上级(行业)管理费三项费用组成。

定额编制管理费的计费基数为直接费(包括定额直接费和其他直接费)；工程质量监督费和上级(行业)管理费的计费基数均为直接费、综合间接费和开办费之和。计算公式如下：

定额编制管理费＝直接费合计×0.05％

工程质量监督费＝(直接费合计＋综合间接费＋开办费)×0.15％

上级(行业)管理费=(直接费合计+综合间接费+开办费)×0.15%

(6) 税金

税金指国家税法规定的应计入工程造价内的营业税、城市建设维护税和教育费附加。计税基数为:直接费、综合间接费、利润、开办费与其他费用之和,计税标准按纳税所在地分别为:市区:3.41%、县镇:3.35%、其他:3.22%。

上述内容汇总形成上海市建筑工程施工费用计算顺序表(附表-4)。

附表-4　　上海市建筑工程施工费用计算顺序表

序号	项目名称		计算式	备　注
(一)	定额直接费		按定额计算	包括定额说明内容的费用
(二)	其他直接费		(一)×建筑工程其他直接费率	按建筑工程其他直接费标准
(三)	直接费小计		(一)+(二)	
(四)	综合间接费		(三)×建筑工程综合间接费率	按建筑工程类别确定
(五)	费用合计		(三)+(四)	
(六)	利润		(五)×建筑工程利润率	按建筑工程类别确定
(七)	开办费			按合同或签证为准
(八)	其他费用	定额编制管理费	(三)×0.05%	
		工程质量监督费	[(五)+(六)+(七)]×0.15%	
		上级管理费	[(五)+(六)+(七)]×0.15%	
(九)	人工补差费		定额工日数×2.4元/工日	
(十)	流动施工津贴		定额工日数×2.5元/工日	
(十一)	主要材料差价		主材用量×(市场价-预算价)	
(十二)	次要材料差价		定额中材料费总计×材差系数	
(十三)	税金		[(五)+(六)+(七)+(八)+(九)+(十)+(十一)+(十二)] ×3.41% (市区) ×3.35% (县镇) ×3.22% (其他)	
(十四)	总造价		(五)+(六)+(七)+(八)+(九)+(十)+(十一)+(十二)+(十三)	

第三节　建设工程概算的编制

一、建设工程概算的概念

建设工程概算也称设计概算，它是初步设计或扩大初步设计阶段必须具备的文件，它在投资估算的控制下，根据设计要求对工程造价进行粗略计算。设计概算经批准后，就成为编制固定资产投资计划，签订建设项目总包合同和贷款总合同，实行建设项目投资包干或确定招投标标底的依据，也是控制工程建设拨款和施工图预算以及考核设计经济合理性的依据。

设计概算文件必须完整地反映工程初步设计的内容，严格执行国家有关的方针、政策和制度，实事求是地根据工程所在地的建设条件(包括自然条件、施工条件等可能影响造价的各种因素)，正确地按有关的依据和资料进行编制。

设计概算文件应包括概算编制总说明和投资效益分析、建设项目总概算、单项工程综合概算、单位工程概算、工程建设其他费用概算以及钢材、木材、水泥等主要材料用量表及设备表等。

概算的编制工作应由设计单位负责。一个建设项目如由几个设计单位共同设计时，主要设计单位应负责统一概算编制原则等有关事项并汇编总概算，其他设计单位应负责编好其所承担设计的工程概算。

概算应按阶段设计编制：两阶段设计时，初步设计编制概算；三阶段设计时，初步设计编制概算，技术设计(即扩大初步设计)编制修正概算。

二、设计概算的组成

建设项目概算分为三级概算，即单位工程概算、单项工程综合概算和建设项目总概算。其相互关系如附图-2 所示。

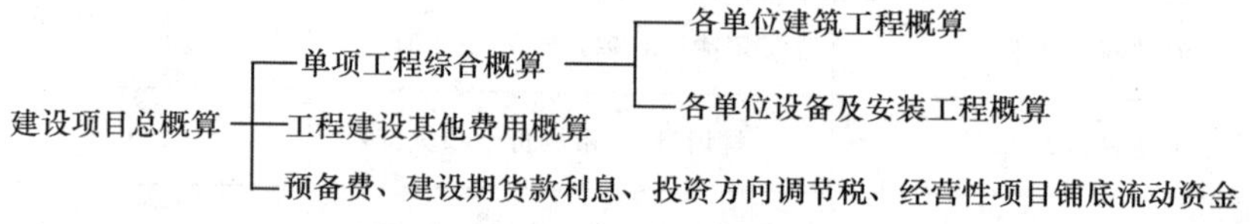

附图-2　设计概算关系图

建设项目的总概算应包括建设项目从筹建到竣工验收所需的全部建设费用。由工程费用项目、工程建设其他费用项目以及预备费、投资方向调节税等三部分组成。工程费用项目，包括建筑安装工程费和设备、工器具购置费(包括备器备件)；工程建设其他费用项目，包括根据有关规定，应在工程建设投资中支付的土地使用费、建设单位管理费、勘察设计和研究试验费、建设单位临时设施费、工程监理费、工程保险费、供电贴费、施工机械迁移费、引进技术和进口设备其他费、联合试运转费、生产准备费、办公和生活家具购置费等等；预备费、建设期贷款利息、固定资产投资方向调节税、经营性项目铺底流动资金等构成第三部分费用。

单项工程综合概算从其费用组成来看，包括建筑工程，含一般土建工程、卫生工程(给水、排水、采暖、通风工程)、工业管道工程、特殊构筑物工程和电气照明工程；设备及安装工程，含机械设备及安装工程、电气设备及安装工程、自动化控制装置及安装工程；及其他工程和费用，含工具、器具、生产家具的购置费、工程建设其他费用、预备费、建设期贷款利息，固定资产投资方向调节税和经营性项目的铺底流动资金。

单位工程概算是确定某一单项工程内的某个单位工程建设费用的文件。单位工程概算包括建筑工程概算、设备及其安装工程概算和工器具及生产家具费用概算。单位工程概算从其费用组成来看，包括工程直接费、间接费、计划利润和税金。

三、设计概算的编制

1. 概算的编制原则

（1）严格执行国家的建设方针和经济政策；

（2）完整、准备地反映设计内容；

（3）坚持结合拟建工程的实际，反映工程所在地当时的价格水平。

2. 概算的编制依据

（1）批准的建设项目可行性研究报告和主管部门的有关规定；

（2）初步设计项目一览表；

（3）用以编制设计概算的各专业已校审的设计图纸、有关文字说明及主要设备和材料表；

（4）当地和主管部门的现行建筑和安装工程的概预算定额、单位估价表、地区材料、构配件预算价格（或市场价格）、间接费用定额和有关费用规定等文件；

（5）现行相关设备的原价（或出厂价、市场价）及运杂费率；

（6）现行相关其他费用的定额、指标和价格；

（7）建设场地的自然条件和施工条件；

（8）类似工程的概、预（结）算及相应的技术经济指标。

3. 单位工程概算的编制

（1）建筑工程概算的编制

编制建筑工程概算有三种基本方法：根据概算定额编制，根据概算指标编制和利用类似工程预（结）算编制。

当初步设计或扩大初步设计深度较深，结构、建筑等要求比较明确，基本上能摘算出各种结构工程数量时，可以根据概算定额来编制建筑工程概算书，其编制步骤类似于用预算定额编制建筑工程预算书，根据概算定额编制概算，是一种比较准确的方法。

在初步设计深度较浅，尚无法摘算工程数量，或在方案阶段，初具轮廓估算造价时，可以根据概算指标编制概算。建设项目的辅助、附属或小型建筑工程也可按概算指标编制概算，根据概算指标编制概算，必须是拟建工程的结构形式与概算指标项目的结构类型、层次完全一致，且构造特征大体相同才能使用。由于拟建工程往往与概算指标的技术条件不尽相同，使用时，可根据差别情况先行调整概算指标。

类似工程预（结）算，就是已经编好的，在结构类型、层次、构造特征、建筑面积、层高上与拟编制概算的工程相类似的工程预（结）算，利用类似预（结）算编制概算，可以大大节省编制概算的工作量，也可以解决编制概算的依据不足的问题，是编制概算的一种有效方法。

(2) 设备及其安装工程概算的编制

设备购置费概算一般按下式计算：

国产设备购置费＝设备原价＋设备运杂费

进口设备购置费＝进口设备抵岸价＋进口设备国内运杂费

国产标准设备一般以设备制造厂的交货价即出厂价为设备原价，可按设备清单逐项进行计算。国产非标准设备原价可按成本计算估价法、扩大定额估价法、类似设备估价法和概算指标估价法计算。

进口设备的抵岸价包括进口设备的货价、国际运费、运输保险费、银行财务费、外贸手续费、进口关税、增值税、消费税以及海关监管手续费、车辆购置附加费。

设备运杂费是指由设备制造厂仓库或交货地点（包括港口、边境车站）运至施工工地仓库或设备存放地点所发生的运输及杂项费用，包括运费、包装费、采购保管费以及供销部门手续费。

设备安装工程费用概算通常采用扩大单价法、预算单价法、概算指标法进行编制。

(3) 工器具及生产家具费用概算的编制

工器具及生产家具购置费是指新建或扩建项目初步设计规定所必须购置的不够固定资产标准的设备、仪器工具、生产家具和备品备件等的费用。其一般计算公式为：

工器具及生产家具购置费＝设备购置费×工器具及生产家具定额费率

4. 单项工程综合概算的编制

单项工程综合概算是确定某一单项工程（如一个生产车间或独立的建筑物）所需建设费用的综合文件，它包括该单项工程中所有单位工程费用概算。当建设项目只有一个单项工程时，单项工程综合概算即为总概算，它还应包括工程建设其他费用、建设期贷款利息、预备费和固定资产投资方向调节税和经营性项目铺底流动资金的概算。单项工程综合概算内容包括编制说明（不编总概算时列入）和综合概算表两部分。编制说明的内容有工程概况、编制依据、编制方法、主要设备和材料的数量及其他有关问题；综合概算表除单项工程所包括的所有单位工程概算，按费用构成和项目划分填入表内外，还须列出技术经济指标。

5. 建设项目总概算的编制

建设项目总概算是确定某一建设项目从筹建开始到建成全部建设费用的总文件，它包括各单项工程综合概算、工程建设其他费用、建设期贷款利息、预备费、固定资产投资方向调节税和经营性项目的铺底流动资金，按照主管部门规定的统一表格进行编制而成。

设计概算文件一般应包括封面及目录、编制说明、总概算表、工程建设其他费用概算表、单项工程综合概算表、单位工程概算表、工程量计算表、分年度投资汇总表与分年度资金流量汇总表以及主要材料汇总表与工日数量表等。其中，编制说明内容有：工程概况、资金来源及投资方式、编制依据及编制原则、编制方法、投资分析以及其他需要说明的问题；总概算表应反映静态投资和动态投资两个部分，静态投资是按设计概算编制期价格、费率、利率、汇率等确定的投资；动态投资是指概算编制期到竣工验收前的工程和价格等多种因素变化所需的投资。工程建设其他费用概算表按国家或地区或部委所规定的项目和标准确定，并按统一格式编制。

第四节　建筑工程预算书的编制

一、概述

1. 施工图预算的概念

施工图预算是确定建筑工程预算造价的文件。它是在施工图设计完成以后、工程开工之前，根据已批准的施工图纸，在既定施工方案的前提下，按照统一的建筑工程预算定额、工程量计算规则和费用标准等逐项计算和汇总编制而成，它是确定建筑工程造价的具体文件。施工图预算经有关部门审定批准后，是落实或调整年度基本建设投资计划的依据；在委托承包时，是签订工程施工合同、办理财务拨款、进行工程结算的依据；在施工管理中，是施工企业编制施工计划、实行经济核算的依据；也是现行工程招投标，编制标底和报价的依据。

2. 施工图预算编制依据

编制施工图预算书，主要依据下列技术文件、资料和有关规定：

(1) 施工图纸和其他设计资料；

(2) 预算定额及单位估价表；

(3) 施工组织设计或施工方案；

(4) 人工工资标准、材料预算价格、施工机械台班使用费及其市场价格信息；

(5) 建设工程施工管理费及其他费用标准；

(6) 建筑材料手册和预算工作手册；

(7) 施工合同和施工协议；

(8) 造价管理部门的有关规定。

二、施工图预算的编制方法

1. 编制步骤

(1) 收集资料、熟悉施工图、熟悉预算定额、了解施工现场和施工组织设计；

(2) 划分和排列分部、分项工程；

(3) 计算各分项工程的工程量，计算工程量时应注意：工程量的计量单位必须与预算定额分项工程的计量单位一致，切记预算工程量不等于实际完成工程量，分项工程的工程量必须严格按照定额规定的工程量计算规则进行计算，计算工程量可参考“预算工作手册”和“工程量计算附表”等资料进行；

(4) 套用定额单价，套定额时需注意：分项工程的名称、规格、计量单位等必须与预算定额或单位估价表中所列的内容完全一致，如果某些定额的工作内容不完全符合设计图纸和施工要求时，可根据定额说明对定额进行局部的换算或调整，如果某些分项工程，既不能直接套用定额，也不能通过对定额的换算和调整来使用定额，则可以编制补充定额和补充定额单价；

(5) 编制工料分析表；

(6) 计算各项费用并汇总出工程总造价：在计算出直接费的基础上，根据规定的计费基数和相应的费率，分别计算出其他直接费、间接费、利润、其他费用和税金，再汇总求得单位工程的预算总造价；

(7) 填写编制说明和封面；

(8) 复核、装订、签章。

施工图预算编制步骤的框图如附图-3 所示。

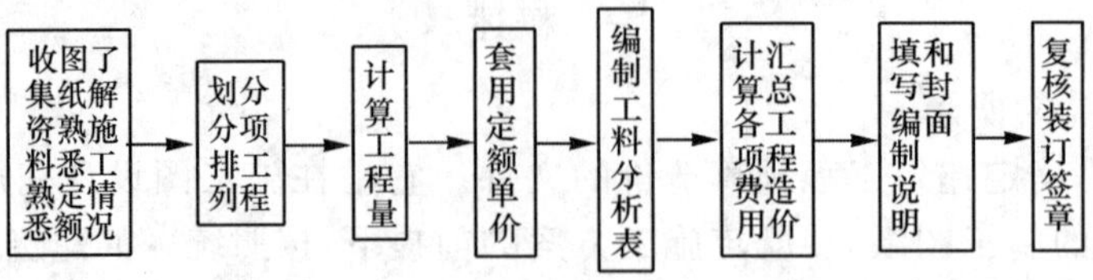

附图-3　施工图预算的编制步骤

2. 施工图预算的编制方法

(1) 分项工程量计算顺序

建筑工程通常采用的工程量计算顺序如下：

① 按顺时针方向：先外后内，从平面图左上角开始向右行，绕一周回到左上方起点；

② 先横后竖、先上后下、先左后右；

③ 按图纸上注明的不同类型的构件、配件的编号顺序；

④ 按图纸上的轴线编号顺序。

上述几种计算工程量的顺序方法，在实际应用中可根据具体情况和实践经验灵活选用或混合使用。对于某些简单的建筑物，如建筑物形体简单，平面布置单一，在计算工程量时可以简化，不一定受这些框框的约束。但其原则是，不论采用哪种工程量计算顺序，都不能有漏算或重复计算的现象出现。

(2) 工程量计算方法

① 在计算式旁标记出所计算构件的代号或其所在的部位；

② 列表计算：对于门窗、预制构件等大量标准构件，可采用列表法计算；

③ 统一算式，以便复核和校对：工程量计算式的数据顺序最好也能统一，以方便复核和校对。

(3) 计算精度

工程量的计算，其定额计量单位为立方米(m^3)、平方米(m^2)、米(m)、吨(t)的，在中间运算时应保留三位小数，最后汇总时保留两位小数，第三位四舍五入；定额计量单位为座、只、套、公斤(kg)的，可取整数。

定额单价和各分项工程的合价，精确到“分”；费用合价，精确到“元”即可，

(4) 利用常用数据——“三线一面”计算工程量

在计算分项工程的工程量时，有些数据会反复、多次的出现。基于这一特点，可将这些反复、多次出现的数据，先计算好作为基数，然后，利用这些基数计算与其相关的分项工程工程量，这样，就可以避免和减少不必要的重复计算。这些基数中常用的有三条线和一个面，即“三线一面”：

① 外墙中心线(代号 $L_{中}$)；

② 外墙外包线(代号 $L_{外}$)；

③ 内墙净长线(代号 $L_{内}$)；

④ 底层建筑面积(代号 $S_{底}$)。

"三线一面"之间有以下关系:

$$L_{中}=L_{外}-4B$$

$$L_{外}=L_{中}+4B$$

$$S_{净}=S_{底}-(L_{中}+L_{内})B$$

式中 B——外墙厚度;

$S_{净}$——底层净面积。

三、建筑面积计算规则

1. 建筑面积的概念

建筑面积,亦称"建筑展开面积",是指建筑物各层外围水平投影面积的总和。

建筑面积包括使用面积、辅助面积和结构面积。使用面积,是指建筑物各层平面布置中可直接为生产或生活使用的净面积总和;辅助面积,是指建筑物各层平面布置中为辅助生产或生活所占净面积的总和;使用面积与辅助面积的总和称"有效面积";结构面积,是指建筑物各层平面布置中的墙体、柱等结构所占面积的总和。

2. 计算建筑面积的范围

(1) 单层建筑物不论其高度如何,均按一层计算建筑面积。其建筑面积按建筑物外墙勒脚以上结构的外围水平投影面积计算。单层建筑物内设有部分楼层者,首层建筑面积已包括在单层建筑物内,二层及二层以上应计算建筑面积。高低联跨的单层建筑物,需分别计算建筑面积时,应以结构外边线为界分别计算。

需要注意的是,单层建筑物内分隔的操作间、控制室和仪表间等,如有平顶封顶,而不是楼板,则平顶上部不另计算建筑面积。

(2) 多层建筑物建筑面积,按各层建筑面积之和计算,其首层建筑面积按外墙勒脚以上结构的外围水平投影面积计算,二层及二层以上按外墙结构的外围水平投影面积计算。突出外墙面的构配件和艺术装饰,如柱、垛、勒脚、无柱雨蓬、台阶、平台等均不计算建筑面积。

(3) 同一建筑物,若结构、层数不同时,需分别计算建筑面积,其划分应以结构中心线为界。

(4) 地下室、半地下室、地下车间、仓库、商店、车站、地下指挥部等及相应的出入口建筑面积,按其上口外墙(不包括采光井、防潮层及其保护墙)外围水平投影面积计算。

(5) 建于坡地的建筑物利用吊脚空间设置架空层和深基础地下架空层设计加以利用时,其层高超过 2.2m,按围护结构外围水平投影面积计算建筑面积。

(6) 穿过建筑物的通道,建筑物的门厅、大厅、不论其高度如何均按一层建筑面积计算;门厅、大厅内设有回廊时,按其自然层的水平投影面积计算建筑面积。

(7) 室内楼梯间、电梯井、提物井、垃圾道、管道井等均按建筑物的自然层的水平投影面积计算建筑面积。

(8) 书库、立体仓库设有结构层的,按结构层计算建筑面积;没有结构层的,按承重书架层或货架层计算建筑面积。

(9) 有围护结构的舞台灯光控制室，按其围护结构外围水平投影面积乘以层数计算建筑面积。

(10) 建筑物内设备管道层、贮藏室，其层高超过 2.2m 时，应计算建筑面积。

(11) 由两根、两排或两排以上柱所支承的有柱雨篷、货棚、车棚等，均按其柱的外围水平投影面积计算建筑面积；只有一根柱(独立柱)或一排柱(单排柱)支承的雨篷、站台等，按其顶盖水平投影面积的一半计算建筑面积。

(12) 屋面上部有围护结构的楼梯间、水箱间、电梯机房等，按围护结构外围水平投影面积计算建筑面积。

(13) 建筑物外有围护结构的门斗、眺望间、楼梯间、电梯间、水箱间等，按其围护结构水平投影面积计算建筑面积。

(14) 建筑物外有柱和顶盖的走廊、檐廊，按柱外围水平面积计算建筑面积；有盖无柱的走廊、檐廊挑出墙外宽度在 1.5m 以上时，按其顶盖投影面积一半计算建筑面积；无围护结构的凹阳台、挑阳台，按其水平投影面积一半计算建筑面积；建筑物间有顶盖的架空走廊，按其顶盖水平投影面积计算建筑面积。

(15) 室外楼梯按自然层投影面积之和计算建筑面积。

(16) 建筑物内的变形缝、沉降缝等，凡缝宽在 300mm 以内者，均依其缝宽按自然层计算建筑面积，并入建筑物建筑面积内计算。

3. 不计算建筑面积的范围

(1) 突出外墙面的构件、配件、附墙柱、垛、勒脚、台阶、悬挑雨篷、墙面抹灰、镶贴块材、装饰面层等。

(2) 用于检修、消防等的室外爬梯。

(3) 层高 2.2m 以内的设备管道层、贮藏室、设计不利用的深基础架空层及吊脚架空层。

(4) 建筑物内的操作平台、上料平台、安装箱或罐体平台；没有围护结构的屋顶水箱、花架、凉棚等。

(5) 独立烟囱、烟道、地沟、油(水)罐、气柜、水塔、贮油(水)池、贮仓、栈桥、地下人防通道等构筑物。

(6) 单层建筑物内分隔单层房间，舞台及后台悬挂的幕布、布景天桥、挑台。

(7) 建筑物内宽度大于 300mm 的变形缝、沉降缝。

4. 其他

(1) 建筑物与构筑物连接成一体的，属建筑物部分按本规则前两部分之规定计算。

(2) 本规则适用于地上、地下建筑物的建筑面积计算，如遇有上述未尽事宜，可参照上述规则办理。

第五节　工程量计算规则与预算实例

本节结合上海市(1993)建筑工程综合预算定额说明分部分项工程量计算规则，并列举一住宅工程预算实例说明建筑工程预算书的编制。

在计算工程量时，不仅要懂得工程量计算规则，从工程图纸中摘算出工程数量，而且要理解定额每一分部分项工程的含义，它所包含的工作内容，它与相似、相近分项工程的区别以及与相关分项工程的分界。只有真正掌握工程量计算规则，熟悉定额内容，才能确保预算编制的质量。上海市(1993)建筑工程综合预算定额各分部工程量计算规则说明如下：

一、基础、打桩工程

基础、打桩工程，包括基础工程和打桩工程两部分。

基础工程包括：砖基础、各类混凝土与钢筋混凝土基础、基础梁、井点抽水以及零量项目；打桩工程包括：打、压各类钢筋混凝土桩，打、拔各类钢桩，平整打桩场地以及接桩等零星项目。

1. 砖基础

砖基础与墙身以设计室内地坪(±0.00)为界，室内地坪(±0.00)以下为砖基础，以上为墙身。砖基础的砌筑材料一般为标准砖，按砖基础定额包括的工作内容分为无钢筋混凝土防水带砖基础和有钢筋混凝土防水带砖基础两种。钢筋混凝土防水带厚度以 6cm 计算，如超过 6cm 时，另按钢筋混凝土防水地圈梁定额计算，并扣除所占的砖基础体积，砖基础按无钢筋混凝土防水带砖基础计算。

砖基础工程量计算规则：砖基础工程量按体积以 m^3 计算，即砖基础的长度乘以其断面积。不扣除混凝土或钢筋混凝土柱、洞口和大放脚的 T 型重叠部分所占的体积，突出墙面的垛基础、附墙烟囱的基础也不增加。

砖基础长度：外墙砖基础按外墙的中心线长度计算；内墙砖基础则按墙面间的净长度计算；砖基础断面积：按混凝土或钢筋混凝土基础顶面至室内地坪(±0.00)的高度乘以砖基础的宽度，并加上砖基础大放脚所增加的面积。计算公式为

$$V=L_{中}\ S+L_{内}\ S$$

$$S=H\times B+\Delta S$$

式中 $L_{中}$——外墙中心线的长度；

$L_{内}$——内墙净长线的长度；

S——砖基础的断面积；

H——砖基础的高度；

B——砖基础的宽度；

ΔS——砖基础大放脚增加的断面面积。

2. 混凝土、钢筋混凝土基础

混凝土、钢筋混凝土基础按其外形不同分为带形基础、独立基础、杯形基础、满堂基础；按其埋置深度不同分为 1.00m 以内、1.50m 以内、2.00m 以内、2.50m 以内等。这里，基础埋置深度是指设计室外地面至基础垫层底面的深度。

基础定额中已综合了不同土壤类别和挖土方式，工作内容除基础本身外，均已包括挖填、运土和基础下的素混凝土垫层。

(1) 混凝土、钢筋混凝土带形基础按其断面外形分为无梁式和有梁式两种。有梁式带形基础是指基础断面有突出的梁的带形基础。带形基础工程量计算规则：无梁式带形基础按砖基础的长度乘以设计断面面积，以体积计算；有梁式带形基础按突出梁的净长度乘以设

计断面面积，以体积计算，如带有杯口应增加杯口突出部分的体积和杯芯费用，但同时应扣除杯口内的空体积。基础T型接头的重叠部分不扣除，突出墙面的柱垛、附墙烟囱所放宽的部分也不增加。计算公式为

$$V_{无}=L_{中}\times S+L_{内}\times S$$

$$V_{有}=L_{梁}\times S+\sum V_{a}-\sum V_{0}$$

式中 $V_{无}$——无梁式带形基础体积；

$V_{有}$——有梁式带形基础体积；

$L_{中}$——外墙中心线的长度；

$L_{内}$——内墙净长线的长度；

$L_{梁}$——基础上突出梁的净长线的长度；

S——相应带形基础的断面积；

$\sum V_{a}$——所有杯口突出部分的体积；

$\sum V_{0}$——所有杯芯的空体积。

(2) 混凝土、钢筋混凝土独立基础和杯形基础

砖柱、钢柱、钢筋混凝土柱下的单独基础及伸缩缝处的双联柱基础，均属独立或杯形基础。现浇钢筋混凝土柱与基础以基础扩大顶面为界，基础扩大顶面以下为基础，以上为柱。独立或杯形基础工程量计算规则：独立或杯形基础的工程量均按设计的实体积以 m^3 计算。杯形基础应扣除杯口内的空体积。计算公式为

独立基础 $$V=V_1+V_2=ABH_1+H_2\frac{AB+\sqrt{ABab}+ab}{3}$$

或 $$V=V_1+V_2=ABH_1+H_2\frac{AB+(A+a)(B+b)+ab}{6}$$

杯形基础 $$V=V_1+V_2+V_3-V_0$$

$$=ABH_1+H_2\frac{AB+\sqrt{ABab}+ab}{3}+abH_3-(a_0+c)(b_0+c)H_0$$

上海地区 c 一般设计为0.025m。

(3) 钢筋混凝土满堂基础

满堂基础分无梁式和有梁式两种。无梁式满堂基础的形式是无梁式楼板的倒置，由底板和柱帽组成；有梁式满堂基础是指板上或板下有梁(肋)的基础，由底板和梁(肋)组成。满堂基础工程量计算规则：满堂基础的工程量不论有梁式还是无梁式，均按设计的实体积以 m^3 计算，有梁式满堂基础如带有杯口应增加杯口突出部分的体积和杯芯的费用，但应扣除杯口内空体积。计算公式为

无梁式满堂基础 $$V_{无}=V_{板}+V_{柱帽}$$

有梁式满堂基础 $$V_{有}=V_{板}+V_{梁}+V_{杯口}-V_{杯芯}$$

(4) 钢筋混凝土桩承台基础

桩承台基础系指基础下面有桩基(指各类桩)承载的基础。根据基础形状可分为带形桩承台基础和独立(杯形)桩承台基础。其他基础下面有桩承载的(如钢筋混凝土方桩、钻孔灌注桩等)，在按桩和基础计算后，应另外计算凿桩、截桩费以及桩顶挖土增加费。定额为桩承

台基础的工作内容，除包括一般基础的工作内容外，还包括了桩顶挖土、凿桩和焊接等内容。桩承台基础工程量计算规则：带形桩承台基础与带形基础相同；杯形桩承台基础与杯形基础相同；独立桩承台基础与独立基础相同。

3. 钢筋混凝土基础梁

钢筋混凝土基础梁分为防水地圈梁、现浇钢筋混凝土基础梁、预制钢筋混凝土基础梁等。基础梁工程量计算规则：防水地圈梁按砖基础的长度乘以断面积以 m^3 体积计算；现浇基础梁和预制基础梁按设计长度乘以断面积以 m^3 体积计算。计算公式为

$$\text{防水地圈梁}: V=(L_{中}+L_{内})S$$

$$\text{现浇或预制基础梁}: V=LS$$

4. 井点抽水

井点抽水按设备分为轻型井点抽水（每套有效长度为 100m）和喷射井点抽水（每套有效长度为 50m）。费用计算包括拆装费用：按打拔一次（套）计算；运行费用：按套×天计算。

5. 打预制钢筋混凝土方桩、板桩、管桩工程

打预制钢筋混凝土方桩、板桩、管桩的工程量按体积计算，计算体积时应按设计全长 L（包括桩尖）乘以断面面积 S 计算，管桩和空心方桩应扣除空心部分的体积。其计算公式为：

$$V=SL-V_{空}$$

6. 打钢管桩

按设计长度（设计桩底至桩顶长度）、管径、壁厚以重量按吨(t)计算。其计算公式为

$$W=(D-T)T\times 0.0246\frac{L}{1000}$$

式中 W——钢管桩的重量(t)；
L——钢管桩的设计长度(cm)；
D——钢管桩的外径(cm)；
t——钢管桩的壁厚(cm)；
0.0246——钢材比重×π。

7. 钻孔灌注混凝土桩

钻孔灌注混凝土桩的体积按设计长度（以设计桩顶标高至桩底标高）加预留长度乘以设计横断面面积计算。其计算公式为

$$V=SL$$

式中 L——计算长度，L=设计长度+预留长度(m)；
S——设计桩断面面积(m^2)。

8. 粉喷桩、树根桩、深层搅拌桩

按设计断面乘以长度计算。其计算公式为

$$V=SL$$

9. 打桩工程场地铺道碴

按底层建筑面积乘以系数以 m^2 计算。其计算公式为

$$S=S_{底}\times K$$

式中 S——打桩场地铺道碴面积；

$S_{底}$——底层建筑面积；

K——扩大系数。

二、柱梁工程

柱梁分部工程包括砖柱以及各种钢筋混凝土的柱和梁。

1. 砖柱

砖柱系指不依附在墙身上的独立砖柱。砖柱按断面形状分为矩形柱和圆形柱，对圆形柱应按直径作方计算，套用矩形柱定额。

砖柱工程量计算规则：砖柱不分柱身和柱基，按实体积以 m^3 计算。其计算公式为

$$V=V_{柱身}+V_{柱基}=SH+\Delta V$$

式中 S——砖柱断面积(或圆形柱作方面积)；

H——砖柱高，自砖柱基础底面至砖柱顶面的高度；

ΔV——砖柱大放脚增加的体积。

2. 钢筋混凝土柱

钢筋混凝土柱按柱的断面形状分为矩形、圆形和异形；矩形柱按周长分为周长 1.20m 内，1.80m 内，2.50m 以内及 2.5m 以外；圆形柱分直径 0.50m 以内和 0.50m 以外。工程量计算规则：各类柱均按实体积以 m^3 计算，依附于柱上的牛腿与悬臂梁体积与柱身体积一并计算，其计算公式为

$$V_{柱}=SH+V_{牛腿}$$

式中 $V_{柱}$——钢筋混凝土柱的体积；

S——钢筋混凝土柱的断面面积；

H——钢筋混凝土柱的计算高度；

$V_{牛腿}$——依附于柱上的牛腿或悬臂梁的体积。

柱的计算高度确定：现浇柱的柱高，自柱基上表面至楼板或梁的上表面计算；框架楼隔层的柱高，自柱基上表面或楼板上表面至上一层的楼板上表面计算；无梁板的柱高，自柱基上表面至柱帽下表面计算，柱帽体积已综合在无梁楼板定额内；预制柱的柱高，按设计长度计算。

构造柱(抗震柱)是为了加强结构的整体性、增强结构的抗震能力，在混合结构的砖墙转角处、内外墙交接处增设的钢筋混凝土柱。构造柱的工程量体积应包括周边的马牙槎，其计算公式为

$$V=ABH+\sum\frac{b}{2}A(或\ B)H$$

式中 A——构造柱断面长度；

B——构造柱断面宽度；

b——构造柱马牙槎宽度（一般 $b=60\text{mm}$）；

H——构造柱高度：自柱基或地圈梁上表面至柱顶面。

3. 钢筋混凝土梁

钢筋混凝土梁按其在房屋结构中的作用分为框架梁、连系梁、单梁、托架梁、吊车梁、圈梁、过梁、雨篷梁、楼梯梁、有梁板下的梁（肋）等；梁工程量计算规则：钢筋混凝土梁按设计断面积乘以长度以 m^3 计算，其计算公式为：

$$V=SL$$

式中 S——梁断面面积，按梁的断面图（矩形、异形）计算；

L——梁的长度。

梁的长度和高度：梁与柱连接时，梁长算至柱侧面；次梁与主梁连接时，次梁长度算至主梁侧面；梁与砖墙连接时，伸入墙内的梁头长度及悬臂梁伸入墙内部分应计入梁的长度内计算；柱间梁的高度，按设计梁高计算；预制梁的长度按设计长度计算；圆弧形梁不分曲率大小，断面不分形状，按梁中心部分的弧长计算。

4. 现浇钢筋混凝土柱梁增加费

现浇钢筋混凝土矩形柱、异形柱、矩形梁、异形梁系采用工具式钢模板按层高 3.60m 编制的，层高超过 3.60m 时，每超过 3m 可按相应定额增计费用；现浇钢筋混凝土圆形柱系采用木模板，按层高 6m 编制的，层高超过 6m 时，每超过 1m 可按相应定额增计费用。

三、墙身工程

墙身分部工程由砖墙、钢筋混凝土墙、间壁墙、轻质墙、其他墙和雨水管、水斗、脚手架等项目组成。

1. 砖墙

砖墙墙身与基础的划分以设计室内地坪±0.00 为界，室内地坪±0.00 以上为墙身。砖墙按墙体材料分为标准砖墙、八五砖墙、多孔砖墙、硅酸盐砌块墙、加气混凝土砌块墙、空心小型砌块墙等等；按墙身在建筑物中的位置分为一般墙、框架墙和排架墙。墙身工程量按墙面面积以 m^2 计算，墙身面积可利用砖基础的长度乘以墙身的高度计算。

墙身的高度计算：外墙无女儿墙者，高度算至檐口屋面板面；带有女儿墙者，高度算至女儿墙压顶面；内墙高度算至钢筋混凝土楼（屋面）板面；附墙砖垛和附墙烟囱，应折成相应的墙身长度并入墙体内计算；墙身面积应扣除门窗洞口和单个面积在 $0.3m^2$ 以上的洞孔，不扣除构造柱、圈过梁、檐口梁、压顶、梁垫、楼（屋）面板的板头所占面积。工程量计算公式为

$$\text{外墙}\quad S_{外}=L_{中}\ H-S_{门窗}+\frac{V_{垛}}{B}$$

$$\text{内墙}\quad S_{内}=L_{内}\ H-S_{门窗}+\frac{V_{垛}}{B}$$

式中 $S_{外}$——外墙面积；

$S_{内}$——内墙面积；

$L_{中}$——外墙中心线长度；

$L_{内}$——内墙净长线长度；

H——对应内外墙的计算高度；

$S_{门窗}$——对应内外墙上的门窗洞口及大于 $0.3m^2$ 的洞口；

$V_{垛}$——对应内外墙上依附的垛和烟囱的体积；

B——对应内外墙的厚度。

2. 钢筋混凝土墙

钢筋混凝土墙分为钢筋混凝土直墙、钢筋混凝土圆弧墙等。钢筋混凝土墙的工程量按墙长乘以墙高以 m^2 计算，圆弧形墙按墙中心线弧长乘以墙高以 m^2 计算，应扣除门窗洞口和单个面积在 $0.3m^2$ 以上的洞孔所占面积。工程量计算公式为

$$外墙 \quad S_{外}=L_{中} H-S_{门窗}+\frac{V_{垛}}{B}-\frac{V_{柱}}{B}$$

$$内墙 \quad S_{内}=L_{内} H-S_{门窗}+\frac{V_{垛}}{B}-\frac{V_{柱}}{B}$$

式中 $V_{垛}$——单面突出墙面的附墙柱，其突出部分的体积；

$V_{柱}$——双面突出墙面的附墙柱，其嵌入墙体部分的体积；

其余符号同前。

3. 间壁墙

间壁墙工程量按墙身面积以净长乘净高计算，应扣除门窗洞口和单个面积在 $0.3m^2$ 以上的洞孔所占面积。其计算公式为

$$S=L_{净} H_{净}-S_{门窗}$$

式中 $L_{净}$——墙身净长；

$H_{净}$——墙身净高；

$S_{门窗}$——门窗洞口及单个面积在 $0.3m^2$ 以上的洞孔面积。

4. 水落管，檐沟，水斗

水落管、檐沟按延长米计算；水斗、落水头子按个计算。

5. 脚手架

脚手架按其搭设部位和作用分为外墙脚手架、砌墙用里脚手架、粉刷用里脚手架和满堂脚手架等。

外墙脚手架可供砌筑外墙和粉刷外墙面用。定额子目脚手架高度系指设计室内地坪至檐口屋面板的高度，脚手架的计算高度为设计室外地坪面至墙顶的高度，单层建筑外墙高度超过 3m 时，可以计算外脚手架。外墙脚手架工程量按垂直投影面积以 m^2 计算，其计算公式为

$$S=L_{外} H+S_0$$

式中 S——外墙脚手架面积；

$L_{外}$——外墙外包线长度；

H——外墙脚手架计算高度，从设计室外地坪面至墙顶面的高度；

S_0——需并入外墙脚手架工程量内的其他脚手架，如：屋顶上的建筑物脚手架等。

砌墙用里脚手梁，凡层高超过 3.6m 的内墙和高度超过 3.6m 的围墙，应计算砌筑用里脚手架，内墙高度自室内地面至上层的楼面或屋面板面计算；围墙高度自设计室外地面至围

墙压顶面计算。砌筑用里脚手架工程量计算公式为

$$S=L_{内}\ H$$

式中 $L_{内}$——内墙净长或围墙净长；

H——砌筑用里脚手架的计算高度。

粉刷用里脚手架，当内墙面高度超过3.6m时，需计算粉刷里脚手架，按墙面垂直投影面积以m^2计算。天棚装饰已采用满堂脚手架的，不再计算粉刷里脚手架。

满堂脚手架，当室内净高超过3.6m，需做吊平顶或板底粉面的，应计算满堂脚手架，满堂脚手架按搭设部分的建筑面积计算，按不同高度套用相应定额。其计算公式为

$$S=S_{底}$$

式中，$S_{底}$ 为满堂脚手架搭设部分的建筑面积。

四、楼地屋面工程

楼地屋面分部工程的主要内容包括地面：平整场地、室内回填土及各类垫层；防潮隔热层：地面防潮层、屋面防潮层及架空隔热层；楼地面面层：各类找平层、整体面层、块料面层及木板面层；楼屋面板：各类现浇钢筋混凝土板及预制钢筋混凝土板；楼梯；阳台、雨篷、遮阳板、栏杆以及伸缩缝、散水、坡道、台阶等。各部分的工程量计算规则如下：

（1）地面平整场地、室内回填土工程量按底层建筑面积以m^2计算。

（2）地面垫层按底层建筑面积计算，不扣除主墙、间壁墙、柱、砖垛、附墙烟囱等所占面积，但应扣除突出地面的设备基础、地下构筑物、地沟、室内地道等所占面积。如同一建筑物内垫层用料不同时，按墙中心线分别计算。

（3）地面防潮层按实铺面积计算；屋面防潮层均按屋面投影面积（包括檐口部分）计算；铝基反光隔热涂料按屋面投影面积计算；混凝土板架空隔热层按实铺面积计算。

（4）楼地面面层分整体面层、块料面层和木板面层，整体面层定额中已包括同种材料的踢脚线；块料面层定额中未包括踢脚板，应另行计算；木板面层定额中已包括面层、木楞、毛地板、踢脚板及油漆。各种找平层和面层工程量均按建筑面积计算，不扣除主墙、间壁墙、柱、砖垛、附墙烟囱等所占面积，但应扣除突出地面的设备基础、地下构筑物、地沟、室内地道、楼梯、电梯井及单个面积大于$0.3m^2$的管道孔等所占的面积，如同一建筑层内各房间面层用料不同时，按墙中心线分别计算。

（5）楼屋面板：楼屋面板分现浇钢筋混凝土板和预制钢筋混凝土板，现浇钢筋混凝土板有：有梁板、无梁板、平板、圆弧形板、密肋板等；预制钢筋混凝土板分定型构件和非定型构件两种。楼屋面板工程量计算规则规定，底层架空楼板和楼层楼板均按底层或楼层建筑面积以m^2计算，应扣除楼梯及电梯井、管道孔所占面积，但不扣除单个面积小于$0.3m^2$的洞孔面积，洞口上盖板也不增加，如同一建筑层内不同房间楼板用材料不同时，按墙中心线分别计算。屋面板均按屋面水平投影面积计算，无挑檐者算至外墙外边线，有挑檐者算至檐口外边再乘以1.05系数计算。工程量计算公式为

底层 $$S=S_{底}$$

楼层 $$S=S_{底}-S_0$$

屋面 $$S=S_{底}K\text{(无挑檐)}$$

$$S=S_{屋面投影}\times 1.05K\text{(有挑檐)}$$

式中 $S_{底}$——底层及各楼层的建筑面积；

S_0——应扣除的楼梯、电梯井及管道孔所占的面积；

K——屋面坡度系数，当坡度小于1/12时，K取1。

现浇有梁板，指板与梁一起现浇，即板下带梁或肋者(不包括框架结构中柱与柱之间的梁)。有梁板下的梁或肋应折算成板的厚度计算；现浇无梁板系指直接用柱支承的板(板柱结构)，板柱用柱帽连接，定额中已综合了柱帽的体积，按板的厚度选用定额，柱帽体积不另计算；现浇平板系指无柱、梁，直接由墙承重的板，或框架结构中，除了柱与柱之间的梁外，板下无梁或肋的板，平板按板厚选用定额；圆弧形板系指平面形状为圆弧形的板，圆弧形板不分曲率大小，不分有梁板、平板，均按圆弧部分的弓形面积计算，如为整圆形、半圆形或椭圆形时，应扣除其内接正方形或矩形的面积计算，正方形或矩形部分的面积仍套用相应有梁板或平板定额。其计算公式为

整圆形 $$S=\pi R^2-2R^2=1.14R^2$$

半圆形 $$S=0.57R^2$$

椭圆形 $$S=1.14ab$$

(6) 楼梯：楼梯分现浇和预制两种。钢筋混凝土楼梯工程量按楼梯和休息平台的水平投影面积计算，不扣除小于50cm宽的楼梯井所占面积，楼梯与楼板的划分以楼梯梁的外侧面为界；木楼梯按水平投影面积计算，但应扣除大于30cm宽的楼梯井所占面积。楼梯工程量计算公式为

$$S=LB$$

式中 S——楼梯的投影面积；

L——楼梯的投影长度；

B——楼梯的投影宽度。

(7) 阳台：阳台按建筑结构形式分为：全挑阳台、半挑阳台和凹阳台。全挑阳台的工程量按挑出墙面的水平投影面积计算，套用阳台定额；半挑阳台按挑出墙面的水平投影面积套用半挑阳台定额，伸入墙内部分套用楼板定额；凹阳台及挑出墙面的外走廊，分别按柱、梁、板、栏杆定额计算。

(8) 雨篷：无柱雨篷，按挑出墙面的水平投影面积套用雨篷定额；有柱雨篷，柱套柱定额，梁板套用梁板相应定额。

(9) 伸缩缝、散水、坡道、台阶：伸缩缝按延长米计算；混凝土散水、坡道，按水平投影面积计算；混凝土台阶按水平投影面积计算，如台阶与平台连接时，以最高踏步外沿加30cm部分的面积按台阶定额计算。

五、门窗工程

门窗分部工程包括钢、木门窗、特种门、门窗木装修以及铝合金门窗等。

(1) 钢、木门窗工程量按砖口尺寸计算面积，门旁连窗者，应分别计算，窗宽算至门框外口，门窗定额中已综合了制作、制品、安装、玻璃、小五金及油漆等内容。

(2) 门窗贴脸按门窗面积计算，如双面钉贴脸时，其工程量应乘以 2 计算；筒子板、窗台板均按实际面积计算，窗台板如设计无规定时，长度可按窗框宽度另加 100mm，宽度可按突出墙面 50mm 计算；窗栅按垂直投影面积计算；窗帘盒按设计图示尺寸以延长米计算，如设计无规定时，可按窗框宽度加 300mm 计算。

(3) 铝合金门窗工程量按门窗砖口面积计算；铝合金卷帘门按(门砖口高度＋60cm)×实际宽度以面积计算；卷帘门上小门以扇计算(卷帘门应扣除小门所占面积)。

六、装饰工程

综合预算定额中的一般装饰均已包括在主体工程项目中了，如墙身工程项目已包括内外墙面的粉刷，门窗工程项目已包括门窗油漆，金属结构项目也已包括刷防锈漆和调和漆，如设计内容与定额相同，则相关的装饰工程可不再计算；如不同，则需计算差价。

(1) 墙身定额项目中综合了一般内外墙抹灰，并考虑了门窗洞口等展开部分的粉刷系数，墙面抹灰中综合了水泥砂浆墙裙，实际含量不同时，均不调整。

(2) 凡采用镶贴面层及特种砂浆抹灰的，均按展开面积计算，套用相应的定额子目。

(3) 各类涂料的工程量可按定额子目中粉刷系数计算。其计算公式为

$$S=QK$$

式中 S——各类涂料工程量(m^2)；

Q——主体工程的工程量(m^3 或 m^2)；

K——相应定额项目中的粉刷系数。

七、金属结构工程

金属结构系指用钢板、型钢、圆钢、异形钢等钢材制成的柱、梁、屋架、天窗架、防风架、支撑、桁条、墙架、操作台、栏杆、踏步梯、爬梯、漏斗和零星铁件等。

金属结构工程量计算，均以重量吨(t)为计算单位。金属结构均按构件主材(钢板、型钢)的重量计算，不包括螺栓、焊条的重量；钢板按作方面积乘以其理论重量计算，不扣除切边、缺角和孔眼的重量；型钢按图示规定长度乘以其理论重量计算，不扣除孔眼、切肢的重量；金属漏斗，按设计排板图示尺寸计算。

金属结构工程定额综合了金属构件的制作、场内驳运、安装和油漆等内容。

八、构筑物和杂项工程

构筑物分部工程包括设备基础、烟囱、水塔、贮水池、屋顶水箱、支架、皮带走廊、贮仓和地沟；杂项分部工程包括混凝土水槽、水盘、水池、大便槽、小便槽、垃圾间、花坛壁、住宅烟气排放烟道、壁橱及零星项目。

设备基础工程量按体积计算；钢筋混凝土水槽、水盘、水池工程量按外形尺寸以 m^3 计算，中空部分不扣除；大、小便槽按延长米计算；垃圾间分不同外形以座计；花坛壁分半砖和一砖以延长米计算；住宅烟气排放烟道分不同型号，按节计算；风帽分不同型号，按座计算；

壁橱工程量按墙体间净尺寸乘以高度所得的外形体积以 m^3 计算;水盘脚按副计算;晒衣架按只计算;信报箱按户计算。

九、附属工程

附属工程是指建筑物以外的小型室外工程。如:道路、围墙、化粪池、窨井及下水道等。

(1) 道路:道路由土方、基层、垫层、面层、人行道板和侧石组成。道路工程量按不同用料的实铺面积以 m^2 计算,道路路边侧石工程量按延长米计算。

(2) 围墙:围墙分半砖围墙、一砖围墙和半砖带花饰围墙。围墙工程量按长度乘以高度所得面积以 m^2 计算。高度自设计室外地面至围墙顶面。其计算公式为

$$S=LH$$

式中 S——围墙面积;

L——围墙长度;

H——围墙计算高度:自设计室外地面至围墙顶面。

(3) 化粪池、窨井:工程量按不同直径、不同埋深以座计算。

(4) 下水道:下水道工程量以延长米计算,不扣除窨井所占长度,管径不同时,以窨井中心为分界。

十、建筑物超高费用

建筑物总高度超过 20m 时可计算超高费用。这里的高度是指建筑物设计室内地坪±0.00至檐口屋面板面的高度。超高费以设计室内地坪以上的自然层(包括技术层)的建筑外围水平投影面积总和计算。可以计取超高费的建筑物,当层高超过 3m 时,可按每增加 1m 的单价计算层高增加费用,不足 50mm 的不计算增加费用,工程量按该层建筑物外围水平投影面积计算。

十一、预算实例

（1）封面

工 程 预 算 书

CongChengYuSuanShu

*

建设单位:某住宅建设开发有限公司

施工单位:某建筑工程公司

工程名称:某某花苑二期

建筑面积:3300m^2

层　　数:六　层

建筑类型:砖混结构

总 造 价:2437374.00 元　　　　平方米指标:738.60 元/m^2

*

工程类别:市区三类

价格依据:××年×月工程造价信息指导价

（2）费率表

… 费 率 分 析 表 …

工程名称:某某花苑二期　　　　　　　　　　　　　　　　　　　　　第 1 页

序号	费率名称	基数	百分率	价格
1	土建直接费			1413794.00
2	其他直接费	1413794.00	3.5%	49483.00
3	综合间接费	1463277.00	9%	131695.00
4	土建工程利润	1594972.00	6%	95698.00
5	小　计			1690670.00
6	人工补差费	15691.00	2.4 元	37659.00
7	施工流动津贴	15691.00	2.5 元	39228.00
8	主要材料差价			276930.00
9	土建次要材料差价	1129873.00	2.11%	23840.00
10	构件制品差价			195117.00
11	机械补差			85776.00
12	费用合计			2349220.00
13	定额编制管理费	1463277.00	0.05%	732.00
14	工程质量监督费	2349220.00	0.15%	3524.00
15	上级管理费	2349220.00	0.15%	3524.00
16	税　金	2357000.00	3.41%	80374.00
17	合　计			2437374.00

工程造价：

贰佰肆拾叁万柒仟叁佰柒拾肆元整

××年×月×日

(3) 预算书

… 工 程 预 算 书 …

工程名称:某某花苑二期　　　　第 2 页

序号	定额编号	项 目 名 称	单位	工程量	单 价	合 价
		基础打桩工程				
1	1003	标准砖砖基础 无钢筋混凝土防水带	m^3	112.450	139.58	15696.00
2	1004	标准砖砖基础 有钢筋混凝土防水带	m^3	3.360	160.33	539.00
3	1007	素混凝土带基埋深 1.5m 以内 C15	m^3	1.430	281.90	403.00
4	1107	钢筋混凝土带型桩承台基础埋深 2.5m 以内 C20	m^3	176.590	550.92	97287.00
5	1165	现浇钢筋混凝土防水地圈梁 C25	m^3	17.800	553.87	9859.00
6	1549	钢筋混凝土预制定型短桩 16m 以内	m^3	192.400	905.64	174245.00
7	1558	打桩场地铺道碴厚度 5cm	m^2	886.700	4.18	3706.00
		小 计	元			301735.00
		柱梁工程				
8	2003	现浇钢筋混凝土柱(矩形)周长 1.2m 以内 C20	m^3	1.970	817.37	1610.00
9	2005	现浇钢筋混凝土柱(矩形)周长 1.5m 以内 C20	m^3	2.650	742.77	1969.00
10	2019	现浇钢筋混凝土梁(矩形)C20	m^3	1.100	599.55	660.00
11	2099	柱粉刷	m^3	1.970	52.44	103.00
12	2101	梁粉刷	m^3	1.100	62.96	69.00
13	2111	构造柱(抗震)差价 C20	m^3	65.030	550.24	35782.00
		小 计	元			40192.00
		墙身工程				
14	3004	多孔砖—砖外墙	m^2	1498.360	59.81	89617.00
15	3008 换	外墙空心小型砌块 120 厚	m^2	61.890	74.67	4621.00
16	3029	多孔砖—砖内墙	m^2	2776.170	53.42	148303.00
17	3036	空心小型砌块内墙 120 厚	m^2	560.440	46.23	26909.00
18	3057 换	钢筋混凝土直形外墙 10cm C20	m^2	32.630	80.62	2631.00
19	3075	多孔砖墙体内圈过梁超量补差 C20	m^3	40.320	410.37	16546.00
20	3106	零星砖砌体	m^3	6.750	157.51	1063.00
21	3126	女儿墙铸铁出水弯管 $\Phi100$	个	12.000	39.50	474.00
22	3127	硬质聚氯乙烯(P.V.C)矩形水管 100×75	m	208.800	12.37	2583.00
23	3129	硬质聚氯乙烯(P.V.C)矩形水斗 4″	个	12.000	13.12	157.00
24	3135	钢管双排外脚手架高 20m 内	m^2	2485.720	6.58	16356.00
25	3-5	标准砖内墙 1/4 砖	m^3	4.140	164.47	681.00

××年×月×日

… 工 程 预 算 书 …

工程名称：某某花苑二期 第 3 页

序号	定额编号	项 目 名 称	单位	工程量	单 价	合 价
		小 计	元			308941.00
		楼地屋面工程				
26	4001	平整场地	m^2	530.960	4.30	2283.00
27	4002 换	室内回填土 室内外高差 60cm 内	m^2	530.960	2.83	1503.00
28	4008 换	道渣无砂垫层 7cm 厚	m^2	234.500	4.06	952.00
29	4011 换	混凝土垫层 7cm 厚 C15	m^2	234.500	10.43	2446.00
30	4064	水泥砂浆找平层 2cm 厚	m^2	234.000	3.66	856.00
31	4081 换	整体面层无筋细石混凝土 3cm 厚	m^2	3333.960	9.26	30872.00
32	4098	块料面层同质地砖水泥砂浆结合层	m^2	86.180	60.83	5242.00
33	4101	踢脚线同质地砖水泥砂浆结合层	m^2	56.700	69.05	3915.00
34	4109 换	现浇钢筋混凝土有梁板板厚 11.6cm C20	m^2	1360.080	65.58	89194.00
35	4109 换	现浇钢筋混凝土有梁板板厚 13cm C20	m^2	725.200	71.11	51569.00
36	4119 换	现浇钢筋混凝土平板板厚 8cm C20	m^2	50.430	46.87	2364.00
37	4119	现浇钢筋混凝土平板板厚 10cm C20	m^2	448.580	54.33	24371.00
38	4119 换	现浇钢筋混凝土平板板厚 12cm C20	m^2	858.450	61.79	53044.00
39	4119 换	现浇钢筋混凝土平板板厚 15cm C20	m^2	7.700	72.98	562.00
40	4164	定型预应力多孔板＃300 YKB(2-3)12cm 塔	m^2	269.360	50.60	13630.00
41	4235	预制多孔板平板扣除板底粉刷	m^2	269.360	－4.09	－1102.00
42	4239	现浇钢筋整体式楼梯 C20 同质地砖面	m^2	136.020	229.05	31155.00
43	4242	现浇钢筋混凝土雨篷 C20 水泥面	m^2	191.770	69.49	13326.00
44	4249	现浇阳台	m^2	338.550	172.16	58285.00
45	4266	现浇钢筋混凝土栏板 C20 水泥面	m^2	388.200	92.16	35777.00
46	4263	预制钢筋混凝土垂直遮阳板	m^2	24.860	85.45	2124.00
47	4271	铁栏杆带木扶手	m	88.740	116.75	10360.00
48	4276	地面沥青砂浆伸缩缝	m	138.740	3.18	441.00
49	4285	地面钢筋混凝土台阶 C20 水泥面	m^2	7.020	59.86	420.00
50	4064	水泥砂浆找平层 2cm 厚	m^2	655.580	3.66	2399.00
51	4043	屋面聚乙烯橡胶共混防水卷材 1.2mm 厚	m^2	655.580	26.60	17438.00
52	4062	屋面架空板隔热层混凝土板面层 3.5cm 厚	m^2	655.580	27.78	18212.00
53	饰 1-34	同质地砖(彩釉)台阶	m^2	7.930	116.36	923.00

××年×月×日

… 工 程 预 算 书 …

工程名称:某某花苑二期　　第 4 页

序号	定额编号	项 目 名 称	单位	工程量	单 价	合 价
54	5-90	现浇钢筋混凝土　零星构件	m^3	13.430	1225.35	16456.00
		小 计	元			489017.00
		门窗工程				
55	5041	实拼门	m^2	68.040	134.59	9158.00
56	5074	木门贴脸	m^2	68.040	5.11	348.00
57	饰 4-77	塑钢推拉门	m^2	55.380	180.81	10013.00
58	饰 4-79	塑钢平开窗	m^2	90.290	189.87	17143.00
59	饰 4-79	塑钢推拉窗	m^2	370.010	189.87	70254.00
60	饰 4-79	塑钢固定窗	m^2	272.460	189.87	51732.00
		小 计	元			158648.00
		装饰工程				
61	6008	墙面丙烯酸涂料二遍	m^2	2861.480	7.97	22806.00
62	6016	砖墙面 1∶1∶4 砂浆(差价)	m^2	1747.000	0.44	769.00
63	6018	内墙面混合砂浆(差价)	m^2	7530.400	1.30	9790.00
64	6154	混凝土界面处理剂 JCTA-400	m^2	2861.480	3.57	10215.00
65	6016	砖墙面 1∶1∶4 砂浆(差价)	m^2	3508.350	0.44	1544.00
66	6047 换	墙面花面砖 水泥砂浆 200 * 200	m^2	13.440	32.42	436.00
67	6137	抹灰面乳胶漆二遍	m^2	855.610	3.04	2601.00
68	6007	墙面白水泥浆涂料二遍	m^2	11038.000	0.75	8279.00
		小 计	元			56440.00
		构筑物工程				
69	9052	现浇钢筋混凝土水箱容量 5t	座	3.000	2605.71	7817.00
70	11-63	白瓷砖池槽及其他	m^2	79.920	34.83	2784.00
		小 计	元			10601.00
		杂项工程				
71	10024	住宅排烟气风帽 GB-1	座	6.000	238.48	1431.00
72	10028	住宅厨房烟气排放烟道 ZPS-A-1	节	40.000	155.91	6236.00
		小 计	元			7667.00
		附属工程				
73	11018	砖砌-砖围墙	m^2	178.860	74.95	13406.00

××年×月×日

… 工 程 预 算 书 …

工程名称:某某花苑二期　　　　第 5 页

序号	定额编号	项 目 名 称	单位	工程量	单 价	合 价
		小 计	元			13406.00
		其他工程				
74	13098	土方运费	m^3	260.00	45.00	11700.00
75	13107	打预制混凝土方桩机械场外运输费	次	1.000	7459.00	7459.00
76	13104	单斗挖土机场外运输费	次	1.000	2992.00	2992.00
77	13134	垂直运输设备场外运输费	次	1.000	4996.00	4996.00
		小 计	元			27147.00
		合 计	元			1413794.00

××年×月×日

（4）工料补差明细表

… 工料补差明细表 …

工程名称:某某花苑二期　　　　第 6 页

序号	编号	名　　称	单位	数　量	预算价	市场价	差　价
1	2012	32.5 级水泥	kg	627040.1269	0.2100	0.3309	75810.00
2	2014	白 水 泥	kg	4667.1766	0.4400	0.6038	764.00
3	2015	统 一 砖	块	99631.1771	0.1861	0.2971	11059.00
4	2016	多 孔 砖	块	269946.3895	0.2620	0.4056	38764.00
5	2025	黄　砂	kg	1743390.6154	0.0384	0.0809	74094.00
6	2029	5-15 石子	kg	246274.8267	0.0434	0.0640	5074.00
7	2030	5-25 石子	kg	260160.1055	0.0390	0.0600	5464.00
8	2032	5-40 石子	kg	940667.9784	0.0373	0.0539	15615.00
9	2034	5-70 石子	kg	98654.3432	0.0345	0.0549	2012.00
10	2045	石　灰	kg	1702.1468	0.1200	0.1955	129.00
11	2056	石 灰 膏	kg	12544.3631	0.0700	0.1039	425.00
12	2076	3mm 玻璃	m^2	9.7433	9.1100	16.2450	69.00
13	2083	# 30 石油沥青	kg	182.4695	0.4300	2.0036	288.00
14	2151	硬木成材	m^3	0.5058	1875.2400	2831.8501	484.00
15	2174	竹安全笆脚手笆	m^2	493.9126	4.5600	7.0650	1237.00
16	2194	# 26 白铁皮	m^2	7.8014	18.2900	22.0134	29.00
17	2219	工具式组合钢模	kg	5270.0344	3.1300	3.7064	3038.00
18	2223	钢模支模系统	kg	4973.7344	3.2100	3.8310	3088.00
19	2226	扣件式钢管脚手	kg	1543.1350	2.2500	3.7352	2292.00
20	2265	调 和 漆	kg	33.5972	6.2700	9.6100	112.00
21	2266	无光调和漆	kg	18.6838	4.3100	6.6100	43.00
22	2653	木材成材类	m^3	49.0516	1076.5000	1363.6200	14084.00
23	2753	石灰膏	m^3	74.5093	99.7600	149.4500	3702.00
24	2966	乳胶漆	kg	237.9452	8.0700	23.5039	3673.00
25	2973	平板玻璃 5mm	m^3	9.4534	28.0000	33.7000	54.00
26	3006	平板玻璃 3mm	m^3	565.3243	13.5000	26.3100	7242.00
27	3039	界面处理剂 JCTA-400	kg	5837.4191	1.6200	1.7165	563.00
28	4083	硬质 PVC 水管 100×75	m	212.9760	9.7200	14.7900	1080.00
29	4084	硬质 PVC 接头 100×75	只	73.9152	2.9100	4.4500	114.00

××年×月×日

… 工料补差明细表 …

工程名称：某某花苑二期　　　　　　　　　　　　　　　　　　　　第 7 页

序号	编号	名　　称	单位	数　量	预算价	市场价	差　价
30	4085	硬质 PVC 管卡 100	只	75.3864	1.8800	2.9300	79.00
31	4088	硬质 PVC 管卡 75	只	54.7097	1.3200	2.4300	61.00
32	4089	硬质 PVC 水斗 100	只	12.1200	10.0800	16.8900	83.00
33	4090	硬质 PVC 水斗 75	只	54.7097	8.1000	14.4600	348.00
34	4094	硬质 PVC 阳台落水加长 400	只	54.7097	6.5800	11.6100	275.00
35	4096	硬质 PVC 管方接圆 50	只	27.3548	1.7600	3.6300	51.00
36	4141	同质墙地砖 200×200	m^2	368.7713	52.7300	68.0000	5631.00
		小　计					276930.00
1	557	二节微型桩沪 G1	m^3	192.4000	757.3800	1196.5100	84489.00
2	648	12cm 预应力多孔板 YKBX-XX2	m^3	20.0404	474.7500	605.9801	2630.00
3	963	成型钢筋	kg	99483.4666	2.0897	3.1727	107740.00
4	966	预埋铁件	kg	878.7015	3.4200	3.9280	447.00
5	967	其他铁件	kg	1481.8725	4.5500	4.4251	−186.00
6	968	上人铁梯	kg	22.8686	4.5500	4.4251	−3.00
		小　计					195117.00
1	673	塔吊机械进出场费	台班	1.0000	4996.0000	8993.0000	3997.00
2	727	内燃光轮压路机 重量 8t 内	台班	0.1773	81.2900	222.2200	25.00
3	737	内燃夯实机 夯足直径 265mm	台班	3.2718	24.2700	24.6900	2.00
4	807	轮胎式起重机 20t 内	台班	4.4788	317.8800	733.1700	1860.00
5	812	汽车式起重机 5t 内	台班	20.7483	168.9800	342.3600	3597.00
6	854	载重汽车 载重量 4t 内	台班	38.9203	123.4100	219.3900	3736.00
7	856	载重汽车 载重量 8t 内	台班	2.0488	213.3100	370.4300	322.00
8	883	机动翻斗车 载重量 1t 内	台班	126.0510	48.0800	95.5300	5981.00
9	900	皮带运输机 运距 10m 内	台班	62.6464	34.3600	89.8200	3474.00
10	914	混凝土搅拌机(滚动式)400L 内	台班	71.4347	40.3400	78.6700	2738.00
11	926	灰浆搅拌机 200L 内	台班	84.3631	22.6200	44.4000	1838.00
12	967	木工圆锯机 ϕ500	台班	50.1785	11.4300	24.4500	653.00

××年×月×日

… 工料补差明细表 …

工程名称:某某花苑二期 第8页

序号	编号	名　　称	单位	数量	预算价	市场价	差　价
13	972	木工压刨床 单面宽度 600mm	台班	0.5358	13.0900	26.7400	7.00
14	1059	交流电焊机 容量 30kVA	台班	82.3346	40.3600	82.9700	3508.00
15	1215	单斗挖土机进出场费	次	1.0000	2992.0000	5386.0000	2394.00
16	1218	打预制桩机械进出场安拆费	次	1.0000	2746.0000	4943.0000	2197.00
17	1219	打预制桩机械进出场外运费	次	1.0000	4713.0000	8483.0000	3770.00
18	1284	电动履带挖土机 单斗 0.4L 内	台班	33.1424	93.0100	202.2700	3621.00
19	1368	混凝土振捣器(平板式)	台班	53.2335	9.5900	13.1300	188.00
20	1369	混凝土振捣器(插入式)1.1kW	台班	98.0699	8.3400	10.9800	259.00
21	1553	卷扬机带塔(单快)牵引力 1t	台班	77.3029	40.7200	82.2500	3210.00
22	1554	切割机	台班	9.1261	12.3200	38.2100	237.00
23	1577	塔式起重机 2～6t	台班	133.6286	133.0500	417.7700	38047.00
24	1599	卷扬机带塔 3t 塔高 40m	台班	0.8100	50.9800	114.2200	52.00
25	1606	卷扬机带塔 5t 塔高 60m	台班	0.8100	59.8600	136.9200	63.00
		小　计					85776.00

××年×月×日

（5）主要材料明细表

… 主要材料明细表 …

工程名称:某某花苑二期　　　　第 9 页

序号	主材料名称	单位	数　量	平方米指标
1	水　泥	kg	631707.30	191.43
2	钢　材	kg	12925.82	3.92
3	木　材	m^3	49.56	0.02
4	黄　砂	kg	1743390.62	528.30
5	石　子	kg	1545757.25	468.41
6	统一砖	块	99631.18	30.19
7	多孔砖	块	269946.39	81.80
8	石　灰	kg	60814.82	18.43
9	沥　青	kg	182.47	0.06
10	3mm 玻璃	m^2	575.07	0.17
11	5mm 玻璃	m^2	9.45	
12	工厂水泥	kg	119244.03	36.13
13	工厂黄砂	kg	142926.89	43.31
14	工厂石子	kg	296020.52	89.70
15	工厂木模	m^3	2.10	
16	工厂木材	m^3	6.86	
17	工厂钢筋	kg	31782.32	9.63
18	工厂钢材	kg	5379.14	1.63
19	制品成型钢筋	kg	100975.72	30.60

××年×月×日

第六节　应用计算机编制工程概预算

编制建筑工程概预算是一项繁琐的计算工作，通常的手工计算方法，耗用的人力多，计算时间长，而且不利于调整和修改。目前，建筑工程承发包普遍采用招投标的形式，更需要及时、迅速、准确地编制施工图预算和施工预算，进行报价。应用计算机编制建筑工程概预算速度快、结果准确、数据齐全、使用方便、有助于建筑企业现代化管理的发展。

一、计算机系统的组成

1. 硬件系统

硬件系统指构成计算机实体的电子器件和机电装置，是程序运行的物质基础，它包括计算机的主机和外部设备，具体由运算器、控制器、存储器、输入设备和输出设备五大功能部件组成。这五大部件互相配合，协同工作，其中运算器和控制器是核心部件，通常将这两个部件集成在一块芯片上，称为中央处理器(CPU)。

2. 软件系统

软件系统是计算机程序及运用数据处理系统所必须的手续、规则、文件的总称。通常将软件分为两大类：系统软件和应用软件。

(1) 系统软件：系统软件是指控制和协调计算机及其外部设备，支持应用软件的开发和运行的软件，系统软件的主要功能是进行调度、监控和系统维护等。系统软件主要包括：操作系统软件(软件的核心，如 MS-DOS 操作系统、Windows 操作系统等)、各种语言的处理程序(如解释程序和编译程序)、各种服务性程序(如机器的调试、故障检查和诊断程序)、各种数据库管理系统以及网络通信管理程序。

(2) 应用软件：应用软件是用户为解决各种实际问题而编制的计算机应用程序及有关资料，对一些解决通用性问题而设计的程序，可做成软件包形式，供许多用户使用。如用于科学计算方面的数学计算软件包、统计软件包，用于文字处理方面的 WPS 和 Word 等软件包，用于建筑管理方面的如概预算软件、工程量计算软件、招投标软件等。

二、计算机的应用

计算机是一种能快速、高效地对各种信息进行存储和处理的电子设备，它按照人们事先写好的程序对输入的原始数据进行加工处理、存储或传送，以获得预期的输出信息，提高劳动效率，改善生活质量。计算机不仅能作为计算工具进行科学计算，最重要的是能进行信息处理，它具有快速准确性、记忆性、逻辑性、通用性和自动连续性等特点。

计算机的应用已经渗透到社会、家庭的各个角落，给人类社会带来了巨大的变革。应用计算机可以进行科学计算、信息处理、自动控制、辅助工程设计以及人工智能和系统仿真等等。

随着计算机知识的普及和技术的发展，计算机在建设领域的应用越来越广泛，在设计、施工、成本控制等方面，计算机都发挥了重要的作用。目前在施工发包承包价格管理方面，计算机的应用越来越深入，主要表现在人们在制定定额、编制标底、投标报价、造价控制活动等方面，已经摆脱了手工劳动，全面借助于计算机这一先进的工具，各类与施工发包承包价格管理有关的应用软件的出现和发展就是一个最好的说明。

1. 定额编制软件

定额编制工作是一项计算复杂、数据量大、过程烦琐且需要反复检查、校验的工作，在定额编制过程中，过去一直沿用手工劳动，计算、校对工作量大，错误率高。定额编制软件的出现，解决了这一困扰定额编制工作者多年的难题，目前的定额编制软件针对编制工作的特点，设计功能齐备，完全满足了定额编制工作从基础数据确定、计算、汇总、校验、修改及打印一次完成的需要，而且操作方便直观，使定额编制工作变得轻松而准确，实现了软件设计符合手工编制习惯、相关计算一次完成、检验功能完备、符合印刷要求等目标。目前的定额软件具有相当的灵活性、易用性和准确性，对保证定额编制工作质量，提高定额编制工作效率，节约人力、物力、财力，均起到了积极的作用。

2. 工程概预算编制软件

相对于定额编制软件，工程概预算编制软件的需求量更大，应用更为广泛。目前，工程概预算编制软件的发展已经走过了两个阶段，第一阶段为基本应用阶段，即软件设计目标仅仅为满足基本计算要求的阶段；第二阶段为个性化扩充阶段，即提高了软件的通用性，增强了软件的稳定性和可扩充能力，满足工程个性化需求的阶段。

目前有些工程概预算编制软件已经具有了自动收集、整理信息资料的功能。软件在设计时就采用独立的文件，以项目为单位存储工程数据，包括全部原始数据，中间结果及最终计算结果等，保证了工程项目数据的完整性，并且数据脱离原有软件后仍能有效使用，还能通过网络传送工程项目数据，与其他办公、应用软件及数据库设有接口。

三、应用概预算编制软件编制预算的基本步骤

1. 新建项目

在新做一个预算文件前，首先要在应用软件中新建一个文件。建立一个新项目有两种方式"即[F]文件"菜单中所列出的"新建项目"功能和工具栏中的"新建项目"按钮。

2. 填写工程信息文本

准确的工程信息可以为准确地自动计取费用带来方便。对于一个单项工程，应首先填写工程信息表，即将工程概况中的内容填入信息表中，这些内容是：工程名称、建设单位、工程规模、工程类别等。

3. 定额数据的输入

定额数据包括定额子目、相应的工程量及对定额内容的调整。手工编制概预算时应在概预算表中填写，利用应用软件则应在预算表中录入，该预算表与手工编制表格相似，可以直接在表中相应单元中完成各项定额的录入、修改，以及定额的换算。用鼠标单击"预算表"页面标签可进入预算表。

(1) 录入定额号。在预算表中录入定额号有几种方式，即直接录入法、窗口选择法、条件选择录入法和鼠标右键录入法。

(2) 添加分部。在预算表中操作时，如果没有选择已有的分部分类文件，可在录入定额时添加分部。

(3) 定额顺序的调整。如果在录入定额号时没有按顺序录入或者在一个分部中录入了另一部的内容，需要对其进行重新排列，可以用鼠标直接移动定额项目，也可采用工具中的

图标按钮来完成定额的重新排序。

（4）插入删除定额。直接选择菜单中的相应按钮即可完成该项操作。

4. 修改数据

在预算表中，常常需对某项定额的定额编号、项目名称、工程量、分部名称进行修改，由于概预算编制软件采用了接近手工操作的设计思路，只需在相应位置输入要修改的数据即可，不论是定额编号、项目名称、工程量或分部名称，均可单击相应单元，将光标移到想要修改的单元，然后输入字符进行修改。软件相关计算是自动、瞬时、一次性完成的，定额号、工程量等数据修改后，软件会自动计算所有相关数据，如直接费、差价、取费等。

5. 定额材料的处理

在预算表中，我们可看到各定额序号前面都有"＋"号，但却看不到定额对应的材料量，"＋"号表示该定额材料自动隐藏，"－"号表示该定额材料的展开，若为"－"号可直接看到该定额的材料量。为操作上更为直观、简便，材料量为展开状态时，可直接对定额中的人工、材料、机械构成作调整，对于需作配合比换算、水泥标号换算等的定额，可直接查看材料的变化情况。

6. 定额换算

定额换算包括定额人工、机械、材料费以及定额基价的调整，配合比的换算，采用商品混凝土的计算，定额的相加相减即定额运算，人工、材料、机械规格、用量调整等，这些都是概预算编制中常会遇到的操作，在软件中，通过以下方式实现。

（1）人工、材料、机械基价的调整：这些调整可理解为对其单价的修改，而这种修改是在原单价基础上进行的调整，如常见的乘以系数等，基本与手工调整计算相同，操作者可直接在相应位置录入需调整的内容。

（2）配合比换算：操作方法有三种：

① 可通过鼠标右键的"配合比换算"功能来实现；

② 可双击需换算的材料，在"配合比换算"窗口中选择所需的配合比；

③ 可在展开的材料中直接选择新的配合比替换。

（3）采用商品混凝土：对于采用商品混凝土的定额，可以指定该项目混凝土作为最终材料，不作为半成品。

（4）定额所含材料消耗量的调整：本功能只需展开定额材料，在相应材料的用量单元输入相应的调整内容，软件支持"加＋，减－，乘×，除/，等＝"五种运算，所有修改均立即能看到调整后的结果，其他表格的相关数据也自动完成计算。

（5）定额运算：定额运算在建筑工程预算中表现如墙厚的调整，土方运输和预制构件运输距离以及屋面防水层厚度增减上的应用，可通过直接录入相应定额编号加以调整。

（6）定额材料名称及用量调整：在预算中有时会遇到更换材料或修改材料规格的情况，遇到此种情况时只需展开定额，在需更换材料上双击即可选择新材料。

7. 独立补充材料的录入

如需添加独立补充材料，只需在定额编号栏将"实材"二字作为定额号输入即可，或在右键菜单中选择"插入补充材料"，然后填入补充材料名称、单位、数量、单价即可，与定额录入类似。

8. 编制补充定额及调用

实际工作中，常会遇到没有定额可直接套用，需编制补充定额或一次性单位估价的时候。编制补充定额有两种方式：

(1) 从"维护"菜单中编制补充定额；

(2) 在预算表中修改某定额，然后保存为补充定额。

补充定额的调用可直接使用补充定额号或换算定额号。

9. 材料价差调整

在新建工程文件时，一般已在工程中指定了调价表格为某时段的"最高限价材料表"和"指导价材料表"，在录入定额数据时已自动根据相应的调价文件进行了调整，当然也可以手工进行修改。可以进行以下三种操作：

(1) 选择新的价格表；

(2) 直接修改材料调整价；

(3) 添加和删除材料。

10. 主要工料用量汇总

要获得单项工程所消耗的主要工料用量，并自动汇总到消耗量表中，首先要在材料表中将这些材料分别指定出来，系统已经自动给出了分类，一般无需操作。在最后汇总表中可直接查询。

11. 费用计取

鼠标单击费用表页面标签，出现费用表窗口。可直接按工程类别选择费率表，对于表中的费率可按需要修改，修改方法为直接在单元中填写。

概预算编制软件不需固定的计算程序，可随意进行任何修改，数据修改的同时软件自动计算整个表格，随时给出总造价，一旦修改完成，以后无论其他表格如何变动都不需再次修改，费用表能根据其他表格的变动随时自动计算。

12. 项目数据的保存及打印

(1) 保存项目数据：项目做完后或中途退出，都需要先保存数据，概预算软件采用一个复合文件来保存整个项目数据，在第一次保存时，会自动出现提示，要求输入文件名，一般以项目名称作为文件名，以便于查找。

(2) 工作表的打印：在完成概预算编制后，就要打印表格，打印有三种方式：

① 选定工作表，在工具栏中单击"打印当前表格"；

② 拉出菜单，选择相应打印表格；

③ 一次性打印当前单位工程所用表格。

打印输出形式可根据用户需要有多种选择。

四、计算机在工程概预算编制中的应用发展

当前的概预算编制要求能够适应不断变化着的市场信息，充分利用先进的计算机技术。传统的计算机应用技术仍存在着软件计算模式单一，计算过程机械、呆板；软件设计不能以人为本，操作使用过程较为繁琐；概预算编制工作自动化程度低，仍需投入大量人力；计算机应用的系统性不够，软件智能化水平偏低等问题。随着互联网技术的飞速发展，世界已经进入了网络时代，网络以其快速、准确的特点，正影响着生产、生活的各个角落。网络时代的协

同工作使高效有了保障，也给计算机应用于工程概预算编制、造价管理工作提出了新的要求。所以，应充分开发计算机技术在工程概预算编制、造价计算工作中的应用潜力，引导和推动计算机技术在该项工作中的普及与应用。

(1) 建立信息网络。网络不仅仅是一个信息传输的平台，也应该成为我们的工作平台。概预算编制工作所需要的大量信息，应该充分利用计算机在通信技术和资源管理技术平台上进行收集、传输、加工、利用与存储。

① 利用互联网。Internet 网作为一种多媒体公共信息服务网络在国内外的使用已经相当普及，目前我们完全可以利用这种先进的通信方式，与相关的生产厂家或价格管理部门在网上取得联系，以及时、准确、全面地获取某一产品或劳务等方面的价格信息。

② 利用局域网和广域网。应该建立价格信息资源管理系统网，该网络的组成应包括各相关单位所收集和掌握的工程价格方面的数据信息。这样，该网络上拥有的数据信息便可以通过计算机向工程价格的专业用户传递，同时，工程项目中的价格文件也可以在网上向各有关单位传递，各单位便可以及时地对文件中的数据进行验证、修改和补充，从而缩小时间、空间的距离，有效地提高工程概预算编制工作的准确度。

(2) 建立工程价格数据库。任何一个工程都不是独立存在的，都要随时接收不同的参考信息，为适应招标投标快速报价的需要，科学地进行工程价格评估，使招标投标工作自动化，还需要利用互联网搜集各类已完工程资料，建立历史数据库，该库应存有各类工程在不同年度、不同施工阶段上的各种相关数据，通过整理、分析历史数据，指导概预算编制和工程价格管理工作。另外，及时从互联网上直接下载最新的材料价格等信息，将工程与网上数据库中类似工程进行对比，还能够提高工程概预算编制的科学性。

(3) 应用软件设计上以人为本。工程概预算编制软件应通过分析概预算编制工作的需求，以人为本进行设计，通过所见所得的界面及操作，实现最大程度地接近手工计算工程价格的习惯；通过自动关联计算实现功能无序化操作，通过一种功能多种实现，顺应应用人员的思维方式及操作习惯；在设计思路上应向 Windows 及 Office 等常规软件靠拢，在设计风格、操作习惯上顺应常规软件的统一特征，强化共性，方便使用者。

(4) 软件应用网络化。利用网络建立工程价格数据库，这一方面要求数据提供者通过互联网的接口将数据上传给材料的供应商和工程承包商；另一方面数据使用者能够利用软件与互联网的接口将需要的数据下载，所以，工程概预算编制软件必须提供软件之间、软件与互联网之间的接口，实现即时数据上传与下载，这是网络时代对软件的新要求。另外，随着网络的普及，网上软件的应用需求也会随之增加。网上租用可以随时获得最新软件成果、可靠的数据支持与准确的计算结果，同时又可降低软件成本(包括用户使用成本、发行成本、销售成本等)的有效方法，用户可根据各自账户上网，在网上直接完成投标报价工作，并及时将投标文件直接发送给招标方，满足投标工作的时效性要求。

(5) 信息处理集成化。工程概预算编制工作应该将信息处理的范围扩展到相关系统，如企业定额编制系统、投标报价系统、施工管理系统、材料数据收集系统、工程造价数据收集系统、造价指标系统、工程设计的其他设计过程。例如，可以和 CAD 系统融为一体，凡是使用 CAD 系统绘图的工程，可以直接利用 CAD 软件计算出工程量，然后，借助局域网传输到工程概预算编制软件上，再根据结构部位及尺寸等方面的要求，自动在价格信息资源库中提取数据进行计算；企业定额直接传给投标报价系统，企业管理系统中的数据又可进入造价信息收集系统，指标系统又可对整个报价工作进行检验和指导。这样不仅确保了设计数据的一致性、准确性，而且还大大地提高了招标投标工作的自动化水平，从而实现计算机技术应用的集成化与系统化。

(6) 应用软件智能化。工程概预算编制软件要进一步升级到对价格进行自动分析、判断和比较上，通过计算机可以收集到各种竣工工程的各类价格信息，比如工程特征、造价成本、造价指数分析等方面的数据，作为经验数据组成智能化专家系统，在实际的工作中，可以借助它们对某一新建工程的价格数据进行分析比较，从而判断其是否失常。这样不仅可有效地改进工程审核工作方法，提高审核工作效率，而且还能根据实际情况进行调整，使审核的结果更加准确，更具有权威性。

建筑工程的特点，要求其计算机应用应当科学、准确、简便、易用，建设工程的发展决定了其软件的设计应该“以人为本”，即紧紧围绕使用者的需求，提高软件的稳定性、易用性、灵活性、接口能力和扩充能力，另外，对工程价格软件平台的设计还要求有一定的预见性，才能长期适应建筑市场发展的需要。